"十二五"国家重点图书出版规划项目

21世纪先进制造技术丛书

复杂曲面高性能多轴精密加工技术与方法

孙玉文　徐金亭　任　斐　郭　强　著

科学出版社

北　京

内 容 简 介

本书从数字化高质高效加工的角度，比较系统地探讨了复杂曲面数字化高性能多轴精密加工的技术和方法，较为全面地反映了高性能加工的相关进展以及作者的研究思路和方法。全书共 9 章：第 1 章论述复杂曲面零件高性能加工的概念和内涵；第 2、3 章叙述 Bézier 与 B 样条曲线曲面的基础知识，以及复杂曲面重构和几何连续性拼接的方法；第 4～6 章依次论述多岛链复杂型腔、复杂曲面端铣加工路径规划策略与方法、直纹面侧铣加工刀位规划方法；第 7 章论述复杂曲面的五轴加工铣削力精确预测与加工稳定性分析方法；第 8、9 章分别阐述参数曲线插补的适应性进给率定制方法和加工中的最优配准方法。

本书可作为机械工程专业本科生和研究生的参考用书，对 NC 加工、CAD/CAM/CAE 领域的研究人员和工程技术人员也有一定的参考价值。

图书在版编目(CIP)数据

复杂曲面高性能多轴精密加工技术与方法/孙玉文等著. —北京：科学出版社，2014

(“十二五”国家重点图书出版规划项目：21 世纪先进制造技术丛书)

ISBN 978-7-03-042441-9

Ⅰ.①复…　Ⅱ.①孙…　Ⅲ.①曲面-精密切削　Ⅳ.①TG506.9

中国版本图书馆 CIP 数据核字(2014)第 261748 号

责任编辑：裴 育 王 苏 / 责任校对：郭瑞芝

责任印制：吴兆东 / 封面设计：蓝正设计

科 学 出 版 社 出版

北京东黄城根北街 16 号

邮政编码：100717

http://www.sciencep.com

北京凌奇印刷有限责任公司 印刷

科学出版社发行　各地新华书店经销

*

2014年 12 月第 一 版　开本：720×1000 1/16

2024年 1 月第八次印刷　印张：19 3/4

字数：375 000

定价：160.00元

(如有印装质量问题，我社负责调换)

《21世纪先进制造技术丛书》序

21世纪，先进制造技术呈现出精微化、数字化、信息化、智能化和网络化的显著特点，同时也代表了技术科学综合交叉融合的发展趋势。高技术领域如光电子、纳电子、机器视觉、控制理论、生物医学、航空航天等学科的发展，为先进制造技术提供了更多更好的新理论、新方法和新技术，出现了微纳制造、生物制造和电子制造等先进制造新领域。随着制造学科与信息科学、生命科学、材料科学、管理科学、纳米科技的交叉融合，产生了仿生机械学、纳米摩擦学、制造信息学、制造管理学等新兴交叉科学。21世纪地球资源和环境面临空前的严峻挑战，要求制造技术比以往任何时候都更重视环境保护、节能减排、循环制造和可持续发展，激发了产品的安全性和绿色度、产品的可拆卸性和再利用、机电装备的再制造等基础研究的开展。

《21世纪先进制造技术丛书》旨在展示先进制造领域的最新研究成果，促进多学科多领域的交叉融合，推动国际间的学术交流与合作，提升制造学科的学术水平。我们相信，有广大先进制造领域的专家、学者的积极参与和大力支持，以及编委们的共同努力，本丛书将为发展制造科学，推广先进制造技术，增强企业创新能力做出应有的贡献。

先进机器人和先进制造技术一样是多学科交叉融合的产物，在制造业中的应用范围很广，从喷漆、焊接到装配、抛光和修理，成为重要的先进制造装备。机器人操作是将机器人本体及其作业任务整合为一体的学科，已成为智能机器人和智能制造研究的焦点之一，并在机械装配、多指抓取、协调操作和工件夹持等方面取得显著进展，因此，本系列丛书也包含先进机器人的有关著作。

最后，我们衷心地感谢所有关心本丛书并为丛书出版尽力的专家们，感谢科学出版社及有关学术机构的大力支持和资助，感谢广大读者对丛书的厚爱。

熊有伦

华中科技大学

2008 年 4 月

前　　言

复杂曲面零件应用的场合很多而且很关键。不同厂家制造的同类零件在使役性能方面的差异，除材料成型技术差别外，制造工艺是否会产生影响、影响程度如何；如何才能加工制造出高性能零件？材料成型过程中希望控形、控性，多轴加工过程中对零件是否也能做到控形、控性；加工运动能否做到平稳、光滑、高效、可控和可预测？这些问题一直困扰作者。高性能零件除具有复杂曲面特征外，材料往往具有高强、高硬、超韧、超脆、超黏等特征，加工表面也可能具有耐热、耐磨、耐蚀等特殊功能性表面层结构。多年来，郭东明院士一直倡导高性能零件的精密制造技术研究，作者跟随并在其熏陶之下，在上述经历和困惑中寻求数字化加工研究的切入点。

高性能加工的内涵很广，很难用一句话表达。零件加工涉及机床-刀具-工件-夹具这一复杂的工艺系统。如何针对工件和机床的特点，在加工中使机床性能得到最大限度的发挥，加工效率得到最大限度的提高，并尽量减少对机床、工件、刀具的损害，使走刀运动光滑、平稳、可控，加工的工件能够做到控形、控性，这是高性能加工涉及的主要问题。复杂曲面高性能加工的可控体现在对工艺系统的可控上。在充分了解机床、刀具和夹具以及工件形状、结构和材料特性的基础上，做到有针对性的加工过程拟实物理仿真与几何仿真，实现对零件加工效率和加工状态的预估和评价，并可在加工中引入在机测量技术，实现对刀具磨损状态、切削力状态的在线预报。由此形成的反馈控制是实现高性能加工的有效手段，但控制尚不具备普适性的方法，其迟滞性、复杂工况下因刀位、走刀骤停、路径拐点、切深或热聚积等导致的异常突发现象，往往很难将损伤或加工动力学特性限制在临界状态以内。因此，无论在加工中是否引入适应性控制，具有优良的运动学、动力学特性的刀位规划、运动规划和工艺参数规划，实现切削稳定性和加工动态误差控制，仍是高性能加工的基础和前提，这在高速加工中尤为重要。把复杂曲面高性能加工作为一个方向进行研究，通过研究高性能零件精密加工技术和方法，从中取得规律性的认识，有助于促进高性能零件加工能力的提高，以解决一类高性能零件精密加工制造的难题和需求。

近来，复杂曲面数字化加工理论和方法得到长足的发展。较早开展研究的 Altintas 等的工作在该领域内产生了深远的影响，使数字化加工正逐步向高性能加工阶段迈进。近期，国内外一批学者在复杂曲面加工的诸多方面也取得突出进展，把复杂曲面零件的加工制造水平提升到一个新高度：从常规三轴加工转向五轴加工，从常规切削转向高速加工和超高速加工，从通常的模具钢材料到高强度铝合金，再到超高强度 300M 钢、钛合金、镍基高温合金等材料。可以说，伴随这些新现象的出现而先行的往往是切削特性评价，通过实验、有限元和理论分析等手段已得到初步解决。然而，对于形状各异的高性能、高品质零件加工，高性能加工的相关理论、方法和工艺有时很难在短时间内掌握。加工路径、刀具位姿、工艺参数与材料切削特性等因素相互影响，将加工水平提升到高性能加工的层次有滞后性。在进行工艺规划时，往往因缺乏有效的加工建模手段而采取保守的策略，很大程度上限制了先进机床加工能力和效率的发挥。同时，不可否认的是，在加工仿真方面仍以几何仿真居多，即便如此，加工路径的形式也仍需进一步丰富且更具针对性。随着高端装备性能的不断提高，有关复杂曲面数字化加工的工作仍未达到成熟的程度，需要不断探索、完善和提高。高性能、高品质零件的加工制造问题，仍令我们困惑，需要去解决。

本书的宗旨就是阐述和介绍复杂曲面数字化加工方面的进展，希望能够提供一些具有借鉴、应用意义和价值的思路和方法，使读者有所启发。本书涉及的内容均体现了作者关于复杂曲面数字化高性能加工的研究思想和研究方法。在复杂曲面几何建模、加工轨迹的定域映射和自由边界映射生成方法，刀具跳动情形下侧铣加工的刀具扫掠面形成原理、几何误差预测和刀位规划方法，铣削力精确建模与加工稳定性分析，驱动特性约束的运动规划以及复杂曲面的最优配准技术等方面具有一定的特色和创新。

本书涉及 Bézier 与 B 样条曲线曲面技术及微分几何学的相关知识，但限于篇幅，只在第 2 章叙述了 Bézier 与 B 样条曲线曲面造型基础；对于初学者，可事先阅读有关微分几何学的相关书籍，在掌握微分几何学的基本知识后再阅读本书，会有更好的效果。本书涵盖了复杂曲面建模和加工的很多方面，几乎所有内容都经过作者或其指导的研究生编制程序、进行实例验证或加工测试，并经历了在实践基础上思考、提炼和创新的过程。作者得以长期坚持有关工作，离不开国家自然科学基金等项目的资助，在此一并表示感谢。

本书从构思到成稿，历时三年，其中包含了作者指导的研究生徐金亭、任斐、郭强、祝兴华、王刚、冯西友等的辛勤劳动，对他们的付出和努力表示真诚的感谢。同时，感谢导师刘健和郭东明长期以来对作者的教诲、指导。作者时刻感受到所在研究集体以及长期合作的老师和朋友的启发和鼓舞，感受到与国内兄弟院校相互间的交流、学习和探讨所带来的能力的拓展和提高。

限于作者水平和能力，书中疏漏之处在所难免，诚望同行和专家指正，并共同为高性能加工添砖加瓦。路漫漫其修远兮，彼此上下而求索，共勉。

孙玉文
2014 年 7 月
于大连理工大学

目　　录

《21 世纪先进制造技术丛书》序

前言

第 1 章　绪论 ······ 1

1.1　测量加工一体化 ······ 1

1.2　高性能加工 ······ 3

1.3　表面完整性 ······ 6

1.4　本书的结构 ······ 7

参考文献 ······ 8

第 2 章　Bézier 与 B 样条曲线曲面基础 ······ 11

2.1　Bézier 曲线曲面 ······ 11

2.1.1　Bernstein 多项式 ······ 11

2.1.2　Bernstein 多项式的算术运算 ······ 12

2.1.3　Bézier 曲线的定义和性质 ······ 14

2.1.4　Bézier 曲线的德卡斯特里奥算法 ······ 15

2.1.5　Bézier 曲面的定义和性质 ······ 16

2.1.6　Bézier 曲面的偏导和法矢量 ······ 17

2.1.7　Bézier 曲面上的等参数线 ······ 18

2.1.8　Bézier 曲面的分割算法 ······ 18

2.2　B 样条曲线曲面 ······ 20

2.2.1　B 样条基函数的递推定义和性质 ······ 20

2.2.2　B 样条基函数的导数公式 ······ 21

2.2.3　B 样条曲线的定义和性质 ······ 21

2.2.4　B 样条曲线导矢的计算公式 ······ 23

2.2.5　计算 B 样条曲线上点的德布尔算法 ······ 23

2.2.6　B 样条曲线的节点插入算法和分段 Bézier 表示 ······ 24

2.2.7　B 样条曲面的定义和性质 ······ 25

2.2.8　B 样条曲面的偏导和法矢量 ······ 27

2.2.9　B 样条曲面上的等参数线 ······ 28

2.2.10 计算 B 样条曲面上点的德布尔算法 …… 29
2.3 曲线曲面的自由变形 …… 29
2.3.1 曲线的自由变形 …… 30
2.3.2 曲面的自由变形 …… 31
参考文献 …… 32
第 3 章 自由曲面几何重构 …… 34
3.1 散乱数据的预处理 …… 34
3.1.1 曲线数据的序化处理 …… 34
3.1.2 点云数据的主元分析 …… 35
3.1.3 数据点 k 邻域的快速搜索 …… 36
3.1.4 局部数据点的最小二乘拟合 …… 37
3.1.5 空间数据的平面映射 …… 40
3.1.6 测量数据的边界点提取 …… 42
3.1.7 测量数据的截面轮廓提取 …… 43
3.2 数据点的参数化 …… 45
3.2.1 曲线数据点的参数化 …… 45
3.2.2 曲面阵列数据点的参数化 …… 46
3.2.3 曲面散乱数据点的参数化 …… 46
3.3 B 样条曲线重构 …… 52
3.3.1 节点矢量的设计方法 …… 52
3.3.2 B 样条曲线插值 …… 53
3.3.3 B 样条曲线的最小二乘逼近 …… 55
3.3.4 规定精度内的 B 样条曲线逼近 …… 57
3.4 B 样条曲面重构 …… 58
3.4.1 B 样条曲面插值 …… 58
3.4.2 规则数据点的最小二乘曲面逼近 …… 60
3.4.3 曲面蒙皮 …… 61
3.4.4 散乱数据的曲面逼近 …… 62
3.5 B 样条曲面片的拼接 …… 63
3.5.1 B 样条曲面拼接的几何连续性条件 …… 63
3.5.2 两张 B 样条曲面的 G^1 光滑拼接 …… 66
3.5.3 四张 B 样条曲面的角点 G^1 光滑拼接 …… 67
参考文献 …… 68

第 4 章　多岛链型腔加工路径 …… 71
4.1　型腔加工概述 …… 71
4.1.1　常用的型腔分层加工方法 …… 71
4.1.2　型腔加工的走刀方式 …… 72
4.1.3　型腔加工的铣削方式 …… 73
4.2　型腔加工区域的自动识别 …… 73
4.2.1　截面轮廓的获取 …… 73
4.2.2　截面轮廓嵌套关系的判断 …… 74
4.2.3　加工区域的识别 …… 75
4.3　Zig-Zag 加工路径 …… 77
4.4　加工路径生成的偏微分方程方法 …… 78
4.4.1　偏微分方程的定解问题 …… 78
4.4.2　偏微分方程的差分解法 …… 79
4.4.3　加工路径生成 …… 83
4.5　流线型加工路径 …… 84
4.5.1　流函数的数学描述 …… 84
4.5.2　平面速度矢量场的重构 …… 85
4.5.3　加工路径生成 …… 87
4.6　轮廓平行加工路径 …… 88
4.6.1　偏置曲线的计算 …… 88
4.6.2　局部自交的消除方法 …… 89
4.6.3　全局自交点计算的单调链法 …… 91
4.6.4　有效偏置环的提取 …… 93
4.7　加工路径的连接 …… 94
4.7.1　路径连接的基本元素 …… 94
4.7.2　路径的树形层次结构和连接原则 …… 95
4.7.3　路径间的连接曲线 …… 96
4.8　加工路径的拐角优化 …… 98
4.8.1　轨迹尖角的分类 …… 98
4.8.2　轨迹尖角的识别 …… 99
4.8.3　牙状清根轨迹 …… 100
4.8.4　单圆弧拐角轨迹 …… 100
4.8.5　双圆弧拐角轨迹 …… 101
参考文献 …… 103

第 5 章 复杂曲面端铣加工路径规划 ······ 106
5.1 数控加工端铣刀位规划基础 ······ 106
5.1.1 铣削刀具的统一描述 ······ 106
5.1.2 刀触点和刀位点的基本定义 ······ 107
5.1.3 刀具姿态的定义 ······ 109
5.1.4 走刀步长的计算 ······ 109
5.1.5 加工行距的计算 ······ 111
5.2 参数映射的基本原理 ······ 115
5.2.1 协调映射模型 ······ 115
5.2.2 曲面与参数域上点的双向映射 ······ 121
5.3 复杂曲面加工路径设计 ······ 124
5.3.1 曲面上相邻轨迹的对应刀触点计算 ······ 124
5.3.2 映射域中的参数增量计算 ······ 127
5.3.3 等参数加工轨迹 ······ 128
5.3.4 无亏格曲面的螺旋加工轨迹 ······ 129
5.3.5 亏格曲面上的轮廓平行环切加工轨迹 ······ 133
5.3.6 亏格曲面上的螺旋加工轨迹 ······ 137
5.4 五轴加工刀具姿态优化 ······ 139
5.4.1 局部加工干涉的消除 ······ 139
5.4.2 全局碰撞干涉的消除 ······ 141
5.4.3 加工曲面的误差控制 ······ 142
5.4.4 可行加工空间的构造 ······ 142
5.4.5 刀具姿态的优化模型 ······ 144
参考文献 ······ 148
第 6 章 侧铣加工刀位规划 ······ 152
6.1 侧铣加工刀位规划基础 ······ 152
6.1.1 数控机床的运动学变换 ······ 152
6.1.2 铣削刀具切削刃的几何模型 ······ 155
6.1.3 直纹面的基本定义 ······ 157
6.1.4 刀位路径面的 B 样条插值方法 ······ 158
6.2 侧铣加工刀位的局部优化方法 ······ 159
6.2.1 单点偏置法 ······ 159
6.2.2 两点偏置法 ······ 159

6.2.3 三点偏置法 …… 160
6.2.4 最小二乘法 …… 161
6.2.5 密切法 …… 162
6.3 侧铣加工刀位的整体优化方法 …… 164
6.3.1 刀具跳动 …… 164
6.3.2 侧铣刀具扫掠包络面的几何建模 …… 167
6.3.3 被加工表面的几何误差 …… 171
6.3.4 刀具跳动对被加工表面几何误差的影响 …… 173
6.3.5 融合刀具跳动的侧铣刀位整体优化方法 …… 174
6.4 薄壁件侧铣加工变形预测与刀位补偿方法 …… 176
6.4.1 材料模型确定 …… 177
6.4.2 有限元模型的构造 …… 177
6.4.3 加工变形误差预测 …… 179
6.4.4 薄壁件侧铣加工误差的刀位补偿 …… 180
参考文献 …… 182
第7章 切削力预测与切削稳定性分析 …… 185
7.1 切削力预测的理论模型 …… 185
7.1.1 刀刃微元切削力模型 …… 185
7.1.2 刀具跳动效应下的切削力模型 …… 187
7.2 切削力模型参数的计算 …… 188
7.2.1 瞬时未变形切屑厚度计算 …… 188
7.2.2 参与切削的刀刃微元判断 …… 193
7.2.3 切削力系数识别 …… 196
7.2.4 刀具跳动参数的获取 …… 198
7.3 铣削力模型仿真与实验 …… 199
7.4 动态切削系统的动力学模型 …… 200
7.4.1 柔性刀具-刚性工件系统的动力学方程 …… 201
7.4.2 刚性刀具-柔性工件系统的动力学方程 …… 203
7.4.3 刀具工件双柔性系统的动力学方程 …… 204
7.5 动态切削系统稳定域的求解方法 …… 206
7.5.1 常用的稳定域求解方法 …… 206
7.5.2 稳定域的三阶全离散求解方法 …… 208
7.5.3 刀具跳动下稳定域的三阶全离散求解方法 …… 214
参考文献 …… 221

第 8 章 参数曲线插补与刀具进给率定制 ······ 224
8.1 参数曲线插补的基本描述 ······ 224
8.2 常用的曲线插补方法 ······ 225
8.2.1 等参数增量插补法 ······ 225
8.2.2 恒定进给率插补法 ······ 227
8.2.3 自适应进给率插补法 ······ 228
8.3 插补点参数的求解方法 ······ 229
8.3.1 泰勒展开法 ······ 229
8.3.2 常微分方程法 ······ 230
8.3.3 预估校正法 ······ 231
8.4 微分运动分析的活动标架方法 ······ 232
8.4.1 加工路径的弧长参数化方法 ······ 233
8.4.2 Frenet 标架 ······ 234
8.4.3 Darboux 标架 ······ 237
8.4.4 刀具运动与曲线参数间的联系 ······ 240
8.5 进给率定制中运动几何学特性的数学描述 ······ 243
8.5.1 几何精度 ······ 243
8.5.2 运动学特性 ······ 244
8.5.3 机床驱动特性 ······ 246
8.6 进给率定制的线性规划算法 ······ 247
8.6.1 线性规划算法的数学模型 ······ 248
8.6.2 线性规划算法的约束条件 ······ 248
8.6.3 线性规划算法的算例 ······ 251
8.7 进给率定制的曲线演化算法 ······ 253
8.7.1 约束条件的等比例调节 ······ 253
8.7.2 进给率曲线的演化 ······ 255
8.7.3 曲线演化算法的算例 ······ 258
参考文献 ······ 259
第 9 章 复杂曲面加工中的最优匹配策略 ······ 261
9.1 曲面匹配中的基本问题 ······ 261
9.1.1 曲面最优匹配的数学模型 ······ 261
9.1.2 坐标系间的刚体运动变换 ······ 262
9.1.3 刚体运动变换的求解 ······ 263
9.1.4 坐标系间对应关系的构造 ······ 265

9.2 点到曲线曲面最近点的计算 …… 267
9.2.1 点到B样条曲线的最近点 …… 268
9.2.2 点到B样条曲面最近点的计算方法 …… 273
9.3 多视测量点云的数据融合 …… 279
9.3.1 点的曲率特征匹配 …… 280
9.3.2 三角约束条件 …… 280
9.3.3 最小距离目标函数 …… 281
9.4 复杂曲面加工精度检测与误差评估 …… 282
9.4.1 复杂曲面上检测点的数量和分布 …… 283
9.4.2 测量数据与设计模型间的精确匹配 …… 284
9.4.3 加工曲面的误差评估 …… 285
9.5 复杂曲面整体/局部的加工余量优化 …… 287
9.5.1 加工余量优化问题的数学描述 …… 287
9.5.2 加工余量的约束定位优化 …… 289
9.6 复杂曲面零件的非刚性匹配方法 …… 293
9.6.1 非刚性匹配的数学描述 …… 293
9.6.2 求解非刚性变换的轮换迭代策略 …… 294
9.6.3 基于非刚性匹配的截面轮廓重构 …… 295
参考文献 …… 296

第1章　绪　论

随着航空航天、国防、运载工具、动力和机械等行业的快速发展，对高端装备的性能要求也越来越高，涌现出一大批加工难度大、性能指标要求苛刻的高性能关键零部件，其加工已由以往单纯的形位精度要求，跃升为形位与性能指标并重的精密加工要求。这些高性能零件多呈精密复杂曲面形状，往往因工艺和使用场合等的限制，采用预硬高硬度材料或自身超硬、超脆、超黏难加工材料[1]；因轻量化、强度等要求而采用薄壁、多腔复杂结构；因高频率、长期使役特点而对加工表面完整性有较高要求；因装配、密封和传热等要求而使被加工曲面与零件自身或其他零件的某一特定曲面之间存在几何关联性。几何、结构、材料和性能等多因素间的复合作用，使得这些高性能零件的加工制造十分困难，存在废品率高、加工效率低，特别是加工表面完整性和零件性能要求难以保证等难题。高性能加工着眼于加工制造中的几何精度、加工质量和零件性能保证等问题，并把对加工中各种约束复合作用的定性认识转化为对加工行为的定量控制，以突破高性能零件数字化高质高效加工的技术瓶颈。

1.1　测量加工一体化

测量(measuring)、建模(modeling)、加工(machining)一体化(3MS)技术较早出现在数字化仿形加工上，是测量技术与数字化加工技术的有机结合，在快速产品开发和产品迭代设计等领域得到广泛应用。高性能零件制造中的测量加工一体化不同于一般意义上的仿形加工，它以保证制造件形位精度、性能指标达标和进一步提高为目标，而不仅仅局限于几何上的形似过程，是从加工和性能保证角度对当前已有加工方式的补充、完善和再提高。随着现代测量技术的发展，可以通过原位测量方法高精度地检测出制造件的面形误差和表面粗糙度，从而在误差分析、评定和校正的基础上生成加工输入数据，省时省力地加工制造出高性能零件。高性能数字化加工的可控性不仅表现在按任意加工余量去除的可控性，也表现在形位与性能指标和机床加工参数之间映射关系的可控性方面。只有这样才能真正实现高性能零件的数字化主动加工。因此，高精度、高性能复杂曲面零件制造，有时并不单纯依赖机床的精度，更依赖测量技术，需要复杂的数据处理，经反演计算与实验验证而形成的加工制造工艺的一体化综合考虑，才能制造出满足要求的高性能、高品质的零部件。

目前,数字化加工中的测量主要用于几何形状反求、工件定位、表面形貌和形位误差等方面[2],旨在解决加工中出现的几何建模、误差校正、控制、定位及与质量检测相关的分析、计算和评价问题。高品质零件高性能加工中可能需要获取的测量信息有:①被加工表面或其关联面的几何形状参数;②力、热、刀具磨损等工艺过程控制参数的测量;③关键性能参数的测量。几何参数获取通常在加工前、加工后或加工过程中与加工交替进行,一般采用三维扫描测头或激光检测等方法。由此涉及的相关问题有:①未知曲面自适应自动跟踪测量的控制与路径规划方法以及测球半径补偿办法;②数据采集、扫描点云信号的滤波、传递与定标问题;③检测中的盲点问题等。加工过程中的参数测量通常需要实时进行,通过测量工艺过程的参数,进行加工状态的分析、综合与判断,并按预设的数学模型进行计算。实时或定时调整能够改变加工状态的参数,实现加工过程的定量控制。一般来说,电、光、磁和表面完整性等参数的检测并没有统一的方法,要根据具体的性能指标特点选用或制订其检测方案。在性能参数的检测中,最关键的问题是检测原理和方法的确定。这类性能参数往往遵循一定的物理规律,要综合考虑测试精度以及测试系统物理信号处理装置、机械结构和控制实施的难易程度等因素选择具体的测试实施办法。

高性能关键件的型面尺寸往往比较大、精度要求高,用上述测量手段获取的数据点有时可多达百万量级,且这些数据还可能附加性能参数、法矢等信息。多源、异构和多维数据点的拓扑关系重建、点云平滑、测量疵点剔除、数据分割[3]、高效数据结构、多分辨率表达和运算稳定性问题等都是制约点云数据处理的瓶颈,同时还要考虑下游建模和加工等操作的便利。相对于单纯的数据可视化,机械产品的测量建模更注重模型的几何精确性与拓扑完整性以及特定信息的提取和表达。同时,数字化加工领域的测量建模已不仅仅是精度问题,一些关键件的相关曲面间往往存在着几何约束关系。例如,从常见的规则线面垂直、平行、等距等约束到复杂曲面的等距、变厚度约束再到考虑加工、配合关系的几何约束等,这些约束加大了测量建模的难度。目前,已有的测量建模方法很多,如隐式曲面建模方法[4]、细分曲面造型[5]和 NURBS 曲面建模方法[6]等,在选择具体建模方法时要以综合考虑精度和后续加工操作的便利性为原则。对于专用数字化加工设备,通用的 CAD 建模软件在约束建模能力、计算效率和精度方面有时还难于进行定量控制,而且需要过多的人机交互,不适合加工者的现场实际操作,因此通常需要开发专用的几何建模模块。在约束曲面建模时,为保证该类约束曲面几何外形的光顺性,常采用能量优化方法进行建模,优化模型具体数值解法的选择对计算效率和求解精度影响很大。此外,约束曲面还可通过曲面变形[7]或几何操作方式[8]得到。例如,可通过施加点、线或面作用外载荷推动局部曲面逐步向点、线等几何约束靠拢并最终贴合,实现几何约束建模。由于单张曲面往往无法满足高性能零件的实际建模要求,经常采用组合曲面建模方式。对于面向加工的高精度组合曲面建模，曲面间的几何连续性拼接[9]是重要的一环，有时几何连续性要求需要达到曲率连续。

高性能零件测量加工一体化技术中经常涉及的几何操作有：①被加工面及其关联面的几何特性分析与距离计算；②关联型面上对应点和线等的解析映射关系；③型面和型面上特定曲线的等距、非等距操作；④具有某种共同属性的特定区域划分；⑤型面的可加工性分析和刀具可接近性分析；⑥型面特征提取与精度评价等。由于加工任务和高性能关键件种类的不同，在某一零件加工中上述几何操作可能并不会全部涉及，但围绕这些几何操作，有必要深入分析，提出可行的具体解决措施和方法，以提高几何操作质量和效率。高性能零件的加工制造包含测量、建模、加工与精度评价等环节，涉及几何和非几何特征信息，一般具有形状特征、材料特征、精度特征、性能分析特征和附加特征等信息，需要一体化完备的信息集成系统。在该系统中，被加工零件的形状描述信息与制造所需信息不是分离的，彼此之间需要有机地传递和交换，并要保证数据信息的一致性。模型表达和所描述的信息，应能适应数据预处理、曲面重构与拼接、加工中的可制造性分析、运动几何规划与性能分析及参数反演等各种处理的要求，提供面向各种应用的特征。在特征联系和转换过程中，有时要求系统具有动态数据构型能力和中间数据模型，并尽量减少冗余信息。上升到设备层面，还涉及零件和工艺特征与设备特征之间的匹配等问题。同时，系统各特征信息之间具有一定的关联性，需要彼此之间的有机协调才能满足高性能零件加工制造的要求。

总体而言，高性能零件加工制造中的测量加工一体化，是以几何约束、物理约束和性能约束的非线性耦合模型与相容性分析为基础，基于实测的待加工表面及其关联面的几何数据，依据零件的加工要求、面形误差等相关信息求解出能补偿修正相应误差分布的工艺输入参数，真正实现对加工行为的定量控制。在满足关键件功能、制造工艺和几何物理约束的前提下提高加工效率、成品率，并实现性能的再提高。

1.2 高性能加工

高性能加工涉及刀具-工件-夹具工艺系统。如何基于特定工艺系统的刚性和机床驱动约束进行精度保持下的高效率加工，需要对工艺系统的静、动态力学特性和热特性进行深入的分析和把握，这是走刀路径、刀具姿态、加工运动学和动力学特性、铣削力/热、工件的材料和结构、应力特点和重分布、热力耦合作用下的工件变形、时变刚度下的稳定性等一系列关键因素一体化协调和控制的结果。因此，狭义上而言，高性能加工注重制造件的加工表面完整性，同样注重加工过程的稳定性和高生产率，通过建立解析模型寻求优化的工艺参数组合以取代保守的经验设定参数方式，力求产品加工质量的一致性和工艺能力的可评估性。因此，高性能加工主要集中于铣削力[10]和加工稳定性[11]控制。铣削力与刀具、工件变形和加工几何误差有直接的关系，而在加工稳定性控制中要抑制颤振的发生，需要综合考虑主轴转速、轴向切深、径向切深和刀具几何等参数的合理组合，需要考虑机床驱动单元的功率、扭矩、进给特性和加速特性。切削过程发生颤振或者不稳定情形，必然会对加工质量、机床和刀具造成影响。加工路径、刀具姿态、进给率的形式和变化特性与加工的运动学和动力学特性有直接的联系，特别是在高速加工情形下其影响越来越突出。要实现高品质零件的数字化高性能加工，建立加工过程的工艺模型是一个必要的环节，从而基于完备的工艺模型实现加工过程中的加工误差、运动和工艺能力的预估与控制。

在被加工零件的加工目标曲面确定后，还要根据加工目标曲面的特点、加工要求和余量分布，制订行之有效的全局和局部运动几何规划策略和方法。目前，串行设计走刀轨迹与进给率的方法较多，而从运动学层面考虑加工轨迹拓扑几何形状的方法较少。在常规加工中，或从考虑生成路径的方便性或以加工路径最短为主要目标，生成加工轨迹，因此产生了等残留高度法[12]、带宽最大方向法[13]等轨迹生成方法，而在轨迹光滑性和是否存在轨迹突变及尖点等方面缺乏考虑。在切削速度与进给速度不断加大的高速切削模式下，很难满足高性能加工的需求。复杂曲面的加工是各向异性的，制约因素很多，任一加工点处行距和进给最大方向并不是一致的，行距最大方向的许用进给率有时会很低，进给最大方向的走刀行距也可能很小，且要考虑抬刀、残留高度、干涉、机床动力学特性和驱动能力等因素，使多轴数控加工的路径规划更为复杂。例如，调整刀具姿态可加大走刀行距，但若存在刀具姿态突变也会造成动力学性能下降、超出驱动极限或增大因插补运动导致的非线性误差。仅从单一层面单一因素着眼的加工路径规划方法，会在一定程度上丧失运动几何规划在几何学、运动学和动力学方面的许多整体耦合效应，削弱加工质量和效率进一步改善的效果，有时甚至会降低刀具的使用寿命。针对加工曲面的几何形状特点，研究与之相适应的加工路径拓扑几何形状和刀具姿态具有重要的意义。

在高性能加工中，运动规划也非常重要，特别是在高速高精加工中，适应性进给率定制技术是加工精度和加工质量保证的有效手段。目前，进给率定制基本上采用前瞻和定制后校核的策略，尚未完全建立起轨迹内在几何特性与进给率运动特性之间的联系。对于复杂曲面，为保证精度，采用大量微小直线段的轨迹直线插补。离散直线段加工要经过加速和减速过程，因转角和固定的插补周期，有时实际的进给率根本达不到编程速度，从而显著增加切削时间；同时，频繁地加减速也降低了加工表面质量。参数插补大大减少了直线插补的数据量，通常采用泰勒公式进行采样，非常方便有效。现有的参数插补一般主要考虑弦高差，考虑加速度和加加速度限制的参数插补方法也已出现，但主要针对三轴插补[14~18]。五轴加工的刀具运动是由机床平动轴和旋转轴运动的合成运动得到，因此其进给率定制相对于三轴加工更为复杂。在复杂曲面五轴加工中，插补非线性误差与三轴加工的弦高差明显不同，单纯考虑弦高差约束会过低估计插补导致的几何误差。NURBS等参数插补中的适应性进给率定制要考虑到非线性误差、机床平动和转动轴的动力学特性、功率和扭矩。从切削角度而言，则要考虑到刀触点、刀位点进给和刀轴转动角速度等，各个因素之间是相互关联的，有时在进给定制中往往存在顾此失彼或保守定制的现象。此外，考虑到铣削力因素，粗加工和较大材料去除量的半精加工中，有时需要考虑刀杆内应力、机床主轴扭矩或刀杆变形等约束的进给率定制问题。因此，复杂曲面数字化加工的进给率定制通常要多次反复，以求在多种约束许可范围内获得尽可能高的速度，并在提高加工效率的前提下保证加工精度和进一步改善表面完整性的能力。

上述的工艺模型尚未完全触及切削过程的动力学问题。复杂曲面的多轴数字化加工是一个复杂的动态切削过程，特别是在薄壁切削或高速切削情况下，切削过程的动力学特性分析与控制非常重要。目前，国外刀具制造商都已逐步建立切削参数数据库，为合理选择切削参数提供了参考。然而，由于用于加工零件的机床各异，零件形状和走刀路径不同，采用保守参数会导致高档机床、刀具低效率；盲目选择又容易使加工产生振动，特别是对于薄壁件，工件结构与形状复杂，材料去除量大，不仅自身刚性较弱，而且属于变刚度类型，在铣削过程中的刚度变化和因铣削力作用而产生的弹性变形，极易产生振动，两者均无法实现高性能加工。多轴铣削过程中出现的振动会导致不稳定切削，严重影响加工的质量和效率，甚至损坏加工系统。切削振动有受迫振动和自激振动（颤振）两种类型，断续铣削通常引起强迫振动，自激振动往往是由系统内部的“再生反馈”引起的，与系统的固有特性和切削过程的动态特性有密切的关系，包括再生颤振和模态耦合颤振等多种形式。考虑加工过程动力学特性的工艺模型[19]主要涉及考虑瞬时切厚、切削力、主轴功率和铣削稳定性等约束的最大材料去除率问题，并以此定制出合理的工艺参数组合。切削力预测方面，主要有有限元法和基于力学模型的铣削力建模方法。实际应用中，基于力学模型的铣削力预测方法[20]被普遍采用，主要包括铣刀刃线几何模型、微元铣削力模型，以及基于刀刃切削区域判定的整体铣削力计算三部分。其中，微元铣削力模型按是否将耕犁力和剪切力的作用统一表达，分为等效剪切力模型[21]和双重效应铣削力模型[22]。铣削力系数识别和未变形切屑厚度计算是基于力学模型的铣削力预测的两个重要组成部分。当前的铣削力预测已拓展至五轴加工，并考虑跳动和不均匀刀齿间距等因素，使之更贴合实际。在基于工艺系统动力学的切削参数优化方面，加工稳定性分析和获得稳定性极限图是重要的前提。然而，切削稳定区是一个形状复杂的区域，需要对区域内的切削参数进一步分析，并考虑动态加工误差，才能实现无颤振、加工误差可控的高性能加工。通过建立工艺系统动力学模型，能够预测动态铣削力、加工表面形貌、切削稳定域和工艺系统振动等情况，实现高品质零件的高性能加工。

在高性能加工中，加工误差抑制和补偿是一个重要方面。加工误差的来源很多，如非可展直纹面侧铣加工带来的原理性几何逼近误差、薄壁件加工中刀具与工件相互作用引起的"让刀"误差[23]、刀具跳动引起的误差[24]和细长刀具加工中存在的刀杆变形[25]等，往往通过对刀轴姿态一些小的调整，就能实现一些加工误差的综合补偿，而这又体现在加工过程的刀位规划中。可以说，复杂曲面的数字化高性能加工，以工艺系统动力学为理论基础，以加工稳定性和加工误差保证为核心，体现在加工轨迹规划、进给率定制、切削力控制和切削参数优化配置等各个环节，需要多学科的交叉和支持。

1.3　表面完整性

表面完整性[26]（surface integrity）是对加工后表面质量的综合评价，主要包括粗糙度、金相组织、显微硬度和残余应力。在高性能零件加工中，表面完整性控制是其中的重要一环。数字化加工过程可以影响到最终制件的表面完整性。从面形精度而言，可能最终导致薄壁件变形；从使役角度而言，可能降低叶盘等回转类零件的疲劳寿命。加工后表面的三维形貌[27]与零件的耐磨性、润湿性、抗疲劳性和配合质量等使用性能有直接的联系。工件由于受到切削力和热的作用，其表面层与基材性能有很大不同，在物理力学性能方面发生较大的变化。因此，为提高加工表面层质量，需要深入研究表面层的残余应力、显微结构变化、白层和冷作硬化等状态，并从刀具转速、刀具几何、刀具磨损、进给率、切深和工件材料特性等方面加以综合考虑和规划。

工件在多轴数字化加工前、加工过程中和加工后的应力状态是从平衡被打破到不断演化并最终趋于平衡的过程。以高强度铝合金结构件为例，为了获得高强、高韧的机械性能，用来加工整体结构件的高强度铝合金板材必须经过铸锭、轧制、固溶、淬火、拉伸和时效等一系列工艺流程，在板材内部产生了残余应力。在加工过程中，随着材料的不断去除，板材内部残余应力得到逐步释放，只有通过变形才能达到新的应力平衡，这些变形由于定位和夹紧限制，在加工完成时得以保存，然而将工件时效处理一段时间，这些变形就会逐渐显现。航空航天领域薄壁结构件一般尺寸大、形状或结构复杂、材料去除率高，加之加工过程中残余应力、切削力和热等因素的作用，加工后残余应力的释放和重分布通常会引起复杂的弯扭组合变形，若不掌握加工变形机理和有效切削工艺，加工后的零件很难达到加工要求，甚至有可能报废。因此，薄壁件加工变形的机理、抑制变形的理论、实验与工艺亟待进行。

加工表面层残余应力[28]在影响工件表面形位精度的同时，也在影响加工表面层的物理力学性能状态。加工表面层内的特性，包括残余应力、变形强化、加工硬化、金相组织变化和裂纹等技术指标。加工表面残余应力的大小和分布对零件加工精度和疲劳性能有一定的影响，除受毛坯残余应力、切削轨迹规划和铣削力/热因素影响外，铣削过程中不同金相组织在转化中因比容不同而导致的组织应力也不容忽视。叶片断裂和飞行器故障分析表明：疲劳破坏大都起源于零件表面或接近表面的部位，材料或加工引起的表面质量缺陷容易在特定的高温、高速等极端工况条件下被诱发，而导致严重或灾难性的事故。一般说来，如果残余压应力在表面层内足够大而且分布也较为合理，则会提高制造件的疲劳强度；残余拉应力一般会引起裂纹，使制造件容易发生疲劳断裂和应力腐蚀。因此，单纯采用高温高强材料或从零件结构上增大截面积等手段也不能从根本上杜绝事故的发生，还应从加工表面层质量以及在工作状态下的所承受载荷和腐蚀介质的侵蚀对表面层的影响等方面加以考虑。

表面完整性涵盖加工表面的微观几何特征和加工表面层的物理力学性能状态，包含外部加工效应和内部加工效应。在数字化加工时，必须考虑切削要素对加工的影响。例如，含氯离子的切削液造成的钛合金抗应力磨蚀能力减弱，加工过程中因对氢、氧等元素的化学吸收而引起的脆性等问题；再如，核主泵过流部件加工、热处理和装配等过程中，刀具与工装夹具、切削液和热处理介质等可能在不锈钢零部件表面引起铁素体等黏附，造成氟、氯、镍、铬等杂质或有害元素的扩散和渗入等污染，必须保证制造过程的高洁净度。在较高温度下切削高温合金时，刀具材料中某些元素(钨、钴、钛、铌等)将向工件和切屑中扩散，造成扩散磨损，因此在高温合金、钛合金切削时，刀具材料与工件材料的匹配也非常重要。总之，在高性能零件加工时，必须对整个加工过程加以全面分析和系统考虑，采用实验和数值分析以及元素的迁移与扩散等手段研究加工表面完整性。

1.4 本书的结构

本书包含了作者对复杂曲面数字化高性能多轴加工技术和方法的理解、体会和一些新的认识。考虑到对高性能加工介绍与阐述的完整性，书中还涵盖了作者认为高性能加工所涉及的各个环节，并尽力争取凸显高性能加工的特色。本书的结构安排如下。

第1章主要介绍高性能加工的概念和内涵。加工精度和加工稳定性保持下的加工效率最大化是高性能加工的目标所在，工艺系统动力学模型和加工稳定性是高性能加工的主要核心，围绕高性能加工的目标与核心，从测量加工一体化、高性能加工和表面完整性三个层面着重阐述高性能零件加工中在加工轨迹、刀位规划、运动规划、铣削力预测、变形补偿和加工稳定性保证等方面所要关注的环节和应把握的要素。

第 2 章主要介绍 CAD/CAM 中普遍采用的曲线曲面的参数表示方法，即 Bézier 与 B 样条曲线曲面的理论基础；同时，介绍最新的 Bernstein 多项式的理论及其算术运算规则，为后续曲线曲面的相关几何操作和加工、精度检测中的最近距离求解、刀位规划、工艺力学和误差估算等提供强有力的运算工具。

第 3 章详细介绍目前最流行的 B 样条曲面的参数化建模方法，并结合作者从事相关研究和工程应用的实践经验，重点论述复杂曲面重构所涉及的数据处理、参数化和控制顶点反算，以及曲面光滑拼接等内容。

第 4 章主要针对多岛屿复杂型腔的高效数控加工方法展开论述，从型腔加工区域自动获取、加工路径生成的偏微分方程方法、流线场方法和轮廓等距偏置规划方法，以及轮廓平行路径的连接和拐角优化等方面完整地论述复杂型腔加工路径的高效生成策略和方法。

第 5 章主要介绍复杂曲面端铣加工的刀位规划原理和方法。针对复杂曲面的定域映射和自由边界映射的基本原理、映射框架下的走刀轨迹设计、参数增量计算、走刀行距控制和刀具姿态优化等问题进行详细论述。

第 6 章从刀具面族包络原理出发，围绕五轴侧铣加工刀位规划的相关理论与方法展开，重点论述刀具跳动情形下侧铣加工几何误差的形成原理和面向加工误差补偿的全局刀位规划方法，以及薄壁件侧铣加工变形预测和补偿方法等内容。

第 7 章主要围绕复杂曲面数控加工的物理过程展开论述，重点讨论五轴加工切削力精确预测的理论模型和模型参数的求解方法，给出考虑工件或刀具柔性等切削条件下动态切削系统的动力学模型，并对切削稳定性极限图的求解方法进行详细论述。

第 8 章主要围绕参数曲面加工时的刀具进给率规划技术展开论述，对参数曲线插补的基本原理、插补位置点的确定方法、微分运动分析的活动标架方法和适应性进给率定制的约束满足条件等问题进行详细讨论，并重点论述几何、工艺与机床驱动特性约束下适应性刀具进给率定制的线性规划方法和曲线演化方法。

第 9 章围绕复杂曲面加工过程中涉及的最优配准问题展开论述，详细阐述复杂曲面自动寻位加工、加工余量优化、CAD 模型驱动的几何误差评定等涉及的刚性配准方法，以及面向再制造的复杂曲面非刚性配准的数学模型和求解方法。

参考文献

[1] 郭东明. 高性能零件的性能与几何参数一体化精密加工方法与技术. 中国工程科学，2011，13(10)：47-57.

[2] 丁汉，熊有伦. 计算制造. 自然科学进展，2002，(6)：573-579.

[3] Motavalli S. Review of reverse engineering approaches. Computers & Industrial Engineer-

ing,1998,35(1/2):25-28.

[4] Abdel-Malek K,Yang J,Blackmore D. On swept volume formulations:Implicit surfaces. Computer-Aided Design,2001,33(1):113-121.

[5] Ma W Y,Ma X H,Tso S K,et al. A direct approach for subdivision surface fitting from a dense triangle mesh. Computer-Aided Design,2004,36(6):525-536.

[6] Piegl L A,Tiller W. The NURBS Book. 2nd ed. New York:Springer-Verlag,1997.

[7] Orazi L. Constrained free form deformation as a tool for rapid manufacturing. Computers in Industry,2007,58(1):12-20.

[8] Pourazady M,Xu X. Direct manipulations of NURBS surfaces subjected to geometric constraints. Computers & Graphics,2006,30(4):598-609.

[9] Hui K C. Shape blending of curves and surfaces with geometric continuity. Computer-Aided Design,1999,31(13):819-828.

[10] Kim S J,Lee H U,Cho D W. Prediction of chatter in NC machining based on a dynamic cutting force model for ball end milling. International Journal of Machine Tools and Manufacture,2007,47(12/13):1827-1838.

[11] Altintas Y,Merdol S D. Virtual high performance milling. CIRP Annals—Manufacturing Technology,2007,56(1):81-84.

[12] Feng H Y,Li H W. Constant scallop-height tool path generation for three-axis sculptured surface machining. Computer-Aided Design,2002,34(9):647-654.

[13] Chiou C J,Lee Y S. A machining potential field approach to tool path generation for multi-axis sculptured surface machining. Computer-Aided Design,2002,34(5):357-371.

[14] Cheng C W,Tsai M C. Real-time variable feed rate NURBS curve interpolator for CNC machining. International Journal of Advanced Manufacturing Technology,2004,23(11/12):865-873.

[15] Lin M T,Tsai M S,Yau H T. Development of a dynamics-based NURBS interpolator with real-time look-ahead algorithm. International Journal of Machine Tools and Manufacture,2007,47(15):2246-2262.

[16] Liu X B,Ahmad F,Yamazaki K,et al. Adaptive interpolation scheme for NURBS curves with the integration of machining dynamics. International Journal of Machine Tools and Manufacture,2005,45(4/5):433-444.

[17] Sun Y W,Wang J,Guo D M. Guide curve based interpolation scheme of parametric curves for precision CNC machining. International Journal of Machine Tools and Manufacture,2006,46(3/4):235-242.

[18] Lai J Y,Lin K Y,Tseng S J,et al. On the development of a parametric interpolator with confined chord error,feedrate,acceleration and jerk. International Journal of Advanced Manufacturing Technology,2008,37(1/2):104-121.

[19] Merdol S D,Altintas Y. Virtual simulation and optimization of milling applications—Part Ⅱ:Optimization and feedrate scheduling. Journal of Manufacturing Science and Engineer-

ing, ASME, 2008, 130(5): 0510051-05100510.

[20] Guo Q, Sun Y W, Guo D M. Analytical modeling of geometric errors induced by cutter runout and tool path optimization for five-axis flank machining. Science China (Technological Sciences), 2011, 54(12): 3180-3190.

[21] Yun W S, Ko J H, Lee H U, et al. Development of a virtual machining system. Part 3: Cutting process simulation in transient cuts. International Journal of Machine Tools and Manufacture, 2002, 42: 1617-1626.

[22] Budak E, Altintas Y, Armarego E J A. Prediction of milling force coefficients from orthogonal cutting data. Journal of Engineering for Industry, ASME, 1996, 118(2): 216-224.

[23] Ratchev S, Liu S, Becker A A. Error compensation strategy in milling flexible thin-wall parts. Journal of Materials Processing Technology, 2005, 162/163: 673-681.

[24] Sun Y W, Guo Q. Numerical simulation and prediction of cutting forces in five-axis milling processes with cutter run-out. International Journal of Machine Tools and Manufacture, 2011, 51(10/11): 806-815.

[25] Kim G M, Kim B H, Chu C N. Estimation of cutter deflection and form error in ball-end milling processes. International Journal of Machine Tools and Manufacture, 2003, 43(9): 917-924.

[26] Chevrier P, Tidu A, Bolle B, et al. Investigation of surface integrity in high speed end milling of a low alloyed steel. International Journal of Machine Tools and Manufacture, 2003, 43(11): 1135-1142.

[27] Toh C K. Surface topography analysis in high speed finish milling inclined hardened steel. Precision Engineering, 2004, 28(4): 386-398.

[28] Dehmani H, Salvatore F, Hamdi H. Numerical study of residual stress induced by multi-steps orthogonal cutting. Procedia CIRP, 2013, 8: 298-303.

第 2 章　Bézier 与 B 样条曲线曲面基础

本章主要介绍计算机辅助设计与制造(CAD/CAM)中广泛采用的曲线曲面的参数表示方法,即 Bézier 与 B 样条曲线曲面的理论基础,同时介绍最新的 Bernstein 多项式的理论及其算术运算规则,为后续曲线曲面的相关操作以及加工制造、精度检测中的最近距离求解和误差估算等提供强有力的运算工具。

2.1　Bézier 曲线曲面

2.1.1　Bernstein 多项式

Bernstein 多项式定义为

$$B_{i,n}(t)=\begin{cases}\dbinom{n}{i}(1-t)^{n-i}t^i, & i=0,\cdots,n\\ 0, & 其他\end{cases} \tag{2.1}$$

式中,$\dbinom{n}{i}=\dfrac{n!}{i!(n-i)!}$。所有 $B_{i,n}(t)$形成了多项式空间的一组基,并且具有如下性质。

(1) 非负性。$B_{i,n}(t)\geqslant 0(0\leqslant t\leqslant 1, i=0,\cdots,n)$。

(2) 规范性。$\sum\limits_{i=0}^{n}B_{i,n}(t)=(1-t+t)^n=1$,此式可由二项式定理证得。

(3) 对称性。$B_{i,n}(t)=B_{n-i,n}(1-t)$。

(4) 递归性。$B_{i,n}(t)=(1-t)B_{i,n-1}(t)+tB_{i-1,n-1}(t)$。当 $i<0$ 或 $i>n$ 时,$B_{i,n}(t)=0$,并且 $B_{0,0}(t)=1$。

(5) 线性精度。

$$t=\sum_{i=0}^{n}\frac{i}{n}B_{i,n}(t) \tag{2.2}$$

式(2.2)表明,单项式 t 可以表示为 n 次 Bernstein 多项式的加权组合,其中权系数均匀分布在区间[0,1]中,在 9.2 节中会使用到这个性质。

(6) 升阶性质。n 次 Bernstein 多项式可以表示为 $n+1$ 次 Bernstein 多项式的线性组合:

$$B_{i,n}(t)=\left(1-\frac{i}{n+1}\right)B_{i,n+1}(t)+\frac{i+1}{n+1}B_{i+1,n+1}(t), \qquad i=0,\cdots,n \tag{2.3}$$

$B_{i,n}(t)$也可表示为$n+r$次 Bernstein 多项式的线性组合：

$$B_{i,n}(t)=\sum_{j=i}^{i+r}\frac{\binom{n}{i}\binom{r}{j-i}}{\binom{n+r}{j}}B_{j,n+r}(t),\qquad i=0,\cdots,n \tag{2.4}$$

(7) 分割性质。

$$B_{i,n}(st)=\sum_{j=0}^{n}B_{i,j}(s)B_{j,n}(t) \tag{2.5}$$

(8) 积分性质。

$$\int_0^1 B_{i,n}(t)\mathrm{d}t=\frac{1}{n+1} \tag{2.6}$$

(9) Bernstein 多项式导数的递推公式为

$$\frac{\mathrm{d}B_{i,n}(t)}{\mathrm{d}t}=n[B_{i-1,n-1}(t)-B_{i,n-1}(t)] \tag{2.7}$$

式中，$B_{-1,n-1}(t)=B_{n,n-1}(t)=0$。

2.1.2 Bernstein 多项式的算术运算

由 Farouki 等[1]和 Berchtold 等[2]发展出的 Bernstein 多项式的算术运算已广泛应用于曲线曲面的求交和分割等几何处理中，而本书在建立后续点到曲线曲面的最近投影点和加工误差估算的数学模型中，也采用了 Bernstein 多项式算术运算进行公式推导。为了后续公式处理以及读者理解的方便，本节将对 Bernstein 多项式的升阶运算以及多项式之间的加、减和乘法运算进行详细介绍。

1) 升阶运算公式

设$f(\boldsymbol{x})$为一个N次多元 Bernstein 多项式，参数$\boldsymbol{x}$由l个变量组成，即$\boldsymbol{x}=[x_0,\cdots,x_l]$，各变量的次数为$n_0,\cdots,n_l$，多项式的系数为$F$。如果参数$\boldsymbol{x}$的升阶次数为$E$，则升阶后$N+E$次 Bernstein 多项式$f^{(N+E)}(\boldsymbol{x})$的系数$F_K^{(N+E)}$可按如下公式计算：

$$F_K^{(N+E)}=\sum_{L\in S^*}\frac{\binom{N}{L}\binom{E}{K-L}}{\binom{N+E}{K}}F_L,\qquad K\in S_{\mathrm{new}} \tag{2.8}$$

式中，$L\in S^*=\{I:I=\max(0,K-E),\cdots,\min(N,K)\}$；$K\in S_{\mathrm{new}}=\{I:I=0,\cdots,(N+E)\}$。

由于在 CAD/CAM 处理中，曲线曲面的数学形式多是u、v参数的一元或二元多项式，故在涉及曲线曲面的几何操作中经常使用的就是一元或二元 Bernstein 多项式的算术运算。将一元或二元 Bernstein 多项式的相关参数代入式(2.8)中，即可得到一元或二元 Bernstein 多项式升阶运算的具体运算公式。以二元 Bernstein 多项式为例，设 $f(x_0,x_1)$为二元 Bernstein 多项式，参数 x_0 和 x_1 的次数分别是 m 和 n 次，参数 x_0 和 x_1 需要升阶的次数分别是 r 和 s 次，则二元 Bernstein 多项式的升阶公式为

$$F_{i,j}^{(m+r,n+s)} = \sum_{k=\max(0,i-r)}^{\min(m,i)} \sum_{l=\max(0,j-s)}^{\min(n,j)} \frac{\binom{m}{k}\binom{r}{i-k}\binom{n}{l}\binom{s}{j-l}}{\binom{m+r}{i}\binom{n+s}{j}} F_{k,l} \tag{2.9}$$

式中，$i=0,\cdots,m+r$；$j=0,\cdots,n+s$；$F_{k,l}$为 Bernstein 多项式 $f(x_0,x_1)$的系数。

2) 加法和减法算术运算公式

设 $f(\boldsymbol{x})$、$g(\boldsymbol{x})$分别为 M 和 N 次多元 Bernstein 多项式，其系数分别为 F_I 和 G_J。如果两个多项式的次数相同，即 $M=N$，则多项式 $f(\boldsymbol{x})$和 $g(\boldsymbol{x})$的加、减运算只需要简单地将其系数相加减，即

$$H_K = F_I \pm G_J \tag{2.10}$$

式中，H_K 为 M 次 Bernstein 多项式 $h(x)=f(\boldsymbol{x})\pm g(\boldsymbol{x})$的系数。如果 $M>N$，则需要利用式(2.8)将多项式 $g(\boldsymbol{x})$升阶 $M-N$ 次，再将两多项式的系数相加减；反之，如果 $M<N$，则将多项式 $f(\boldsymbol{x})$升阶 $N-M$ 次，再进行加减运算。

3) 乘法算术运算公式

设 $f(\boldsymbol{x})$、$g(\boldsymbol{x})$分别为 N_f 和 N_g 次的多元 Bernstein 多项式，其系数分别为 F 和 G，如果 $f(\boldsymbol{x})$和 $g(\boldsymbol{x})$相乘，则可以得到一个 $N=N_f+N_g$ 次的 Bernstein 多项式 $h(x)=f(\boldsymbol{x})g(\boldsymbol{x})$，其系数 $H_K^{(N)}$ 可按下式计算：

$$H_K^{(N)} = \sum_{L\in S^*} \frac{\binom{N_f}{L}\binom{N_g}{K-L}}{\binom{N_f+N_g}{K}} F_L^{(N_f)} G_{K-L}^{(N_g)} \tag{2.11}$$

式中，$L\in S^*=\{I:I=\max(0,K-N_g),\cdots,\min(N_f,K)\}$；$K\in S_{\text{new}}=\{I:I=0,\cdots,(N_f+N_g)\}$。需要注意的是，多项式的系数也可能是矢量形式(如 Bézier 曲线曲面数学表达式中的位置矢量)，此时多项式系数的相乘可以是数量积也可以是矢量积。

同样，给出二元 Bernstein 多项式相乘的具体运算公式。设 $f(x_0,x_1)$和 $g(x_0,x_1)$是二元 Bernstein 多项式，式(2.11)可改写为

$$H_{a,b}^{(m+p,n+q)} = \sum_{l=\max(0,a-p)}^{\min(m,a)} \sum_{k=\max(0,b-q)}^{\min(n,b)} \frac{\binom{m}{l}\binom{p}{a-l}\binom{n}{k}\binom{q}{b-k}}{\binom{m+p}{a}\binom{n+q}{b}} F_{l,k}^{(m,n)} G_{a-l,b-k}^{(p,q)} \tag{2.12}$$

式中，m、n、p 和 q 分别是多项式 $f(x_0,x_1)$ 和 $g(x_0,x_1)$ 中各参数的最大次数；$F_{l,k}^{(m,n)}$ 和 $G_{a-l,b-k}^{(p,q)}$ 为多项式 $f(x_0,x_1)$ 和 $g(x_0,x_1)$ 的系数；$H_{a,b}^{(m+p,n+q)}$ 为多项式 $f(x_0,x_1)$ 和 $g(x_0,x_1)$ 相乘后所得多项式 $h(x_0,x_1)=f(x_0,x_1)g(x_0,x_1)$ 的系数。

2.1.3 Bézier 曲线的定义和性质

Bézier 曲线是采用上述 Bernstein 多项式作为基函数的参数曲线，一条 n 次 Bézier 曲线可以表示为

$$\boldsymbol{r}(t)=\sum_{i=0}^{n}\boldsymbol{b}_iB_{i,n}(t),\qquad 0\leqslant t\leqslant 1 \tag{2.13}$$

式中，$\boldsymbol{b}_i$ 称为控制顶点或 Bézier 点（图 2.1），它们与基函数 $B_{i,n}(t)$ 共同确定了曲线的形状。注意，Bézier 曲线控制顶点的数目等于曲线的次数加 1，即 $n+1$。如果顺序连接所有的控制顶点，所得的直线段就形成了 Bézier 曲线的控制多边形。图 2.1(a)为一条三次的 Bézier 曲线及其控制多边形。Bézier 曲线具有如下性质。

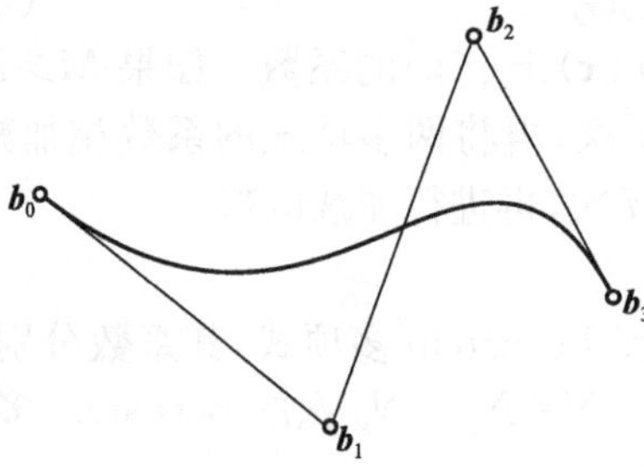

(a) Bézier曲线及其控制多边形

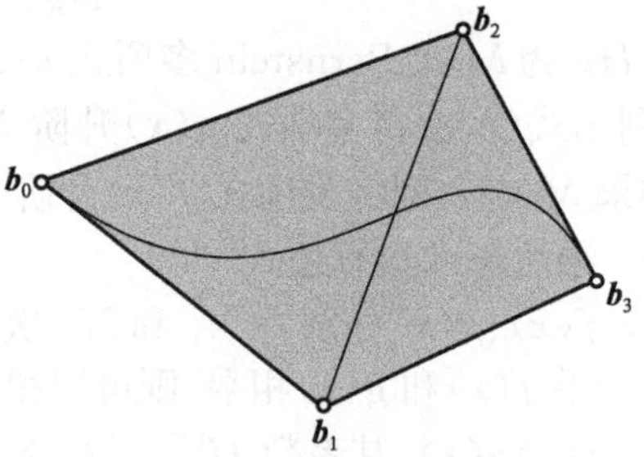

(b) Bézier曲线控制顶点的凸包

图 2.1　三次 Bézier 曲线、控制多边形和凸包

1) 端点的几何性质

(1) Bézier 曲线的首末端点分别是控制多边形的首末顶点，即 $\boldsymbol{r}(0)=\boldsymbol{b}_0$，$\boldsymbol{r}(1)=\boldsymbol{b}_n$。

(2) Bézier 曲线在首末端点处与控制多边形首末两边相切。

该性质可根据 Bézier 曲线的一阶导矢得到，Bézier 曲线一阶导矢的计算公式为

$$\dot{\boldsymbol{r}}(t)=\frac{\mathrm{d}\boldsymbol{r}(t)}{\mathrm{d}t}=n\sum_{i=0}^{n-1}\Delta\boldsymbol{b}_iB_{i,n-1}(t),\qquad 0\leqslant t\leqslant 1 \tag{2.14}$$

式中，向前差分矢量 $\Delta\boldsymbol{b}_i=\boldsymbol{b}_{i+1}-\boldsymbol{b}_i$ 是控制多边形的边矢量。在首末端点处，$\dot{\boldsymbol{r}}(0)=n\Delta\boldsymbol{b}_0$，$\dot{\boldsymbol{r}}(1)=n\Delta\boldsymbol{b}_{n-1}$，即 Bézier 曲线的一阶导矢与控制多边形的首末边方向重合。一阶导矢 $\dot{\boldsymbol{r}}(t)$ 仍是一条 Bézier 曲线，被称为原 Bézier 曲线 $\boldsymbol{r}(t)$ 的一阶速端曲线，常用于曲线求交、最近点计算等几何处理问题。

2) 凸包性质

如图 2.1(b)所示,Bézier 曲线恒位于其控制顶点的凸包内,这一性质在两曲线求交处理中十分有用。如果两条 Bézier 曲线的凸包不相交,则 Bézier 曲线必定不会相交。利用这一性质也可以快速地估算出 Bézier 曲线的所在位置。

3) 变差缩减性质

(1) 对于平面 Bézier 曲线,一条直线与 Bézier 曲线的交点个数不会多于该直线与控制多边形的交点个数。由这一性质可以引出如下凸性定理:如果定义平面 Bézier 曲线的控制多边形是凸的,则所定义的平面 Bézier 曲线也是凸的。

(2) 对于空间 Bézier 曲线,当一个平面与一条空间 Bézier 曲线相交时,该平面与曲线的交点个数不会多于其与 Bézier 曲线控制多边形的交点个数。

2.1.4 Bézier 曲线的德卡斯特里奥算法

德卡斯特里奥(De Casteljau)算法是 Bézier 曲线的一个基本算法。它把一个复杂的几何计算问题化解为一系列的线性运算,使得使用几何作图的方法就可以求得 Bézier 曲线在给定参数 t_0 处的值,也可实现在该参数处对 Bézier 曲线的分割[3]。Bézier 曲线的德卡斯特里奥递推定义(又称为德卡斯特里奥递推算法)为

$$\boldsymbol{r}(t)=\sum_{i=0}^{n-k}\boldsymbol{b}_i^k B_{i,n-k}(t)=\cdots=\boldsymbol{b}_0^n \tag{2.15}$$

式中,中间控制顶点为

$$\boldsymbol{b}_i^k=\begin{cases}\boldsymbol{b}_i, & k=0\\ (1-t)\boldsymbol{b}_i^{k-1}+t\boldsymbol{b}_{i+1}^{k-1}, & \\ \quad k=1,2,\cdots,n;i=0,1,\cdots,n-k & \end{cases}$$

上标 k 表示递推级数,每进行一级递推,控制顶点就少一个。图 2.2 用三角阵列给出了德卡斯特里奥的递推过程和生成的每一级中间控制顶点。

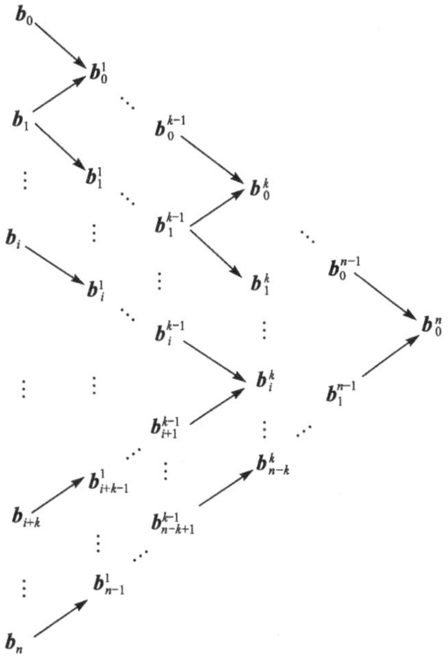

图 2.2　Bézier 曲线德卡斯特里奥递推算法的三角阵列

下面详细介绍在给定参数值 t_0 处利用德卡斯特里奥算法分割 Bézier 曲线的具体过程。给定 Bézier 曲线 $\boldsymbol{r}(t)$的控制顶点 $\boldsymbol{b}_i(i=0,1,\cdots,n)$及一参数值 $t_0\in[0,1]$,可由上述德卡斯特里奥算法求出 Bézier 曲线 $\boldsymbol{r}(t)$上参数值 t_0 所对应的一点 $\boldsymbol{r}(t_0)$。该点把曲线 $\boldsymbol{r}(t)$分成两个子曲线段,即 $\boldsymbol{r}(t),t\in[0,t_0]$和 $\boldsymbol{r}(t),t\in[t_0,1]$,那么这两条 Bézier 曲线的控制顶点可在执

行德卡斯特里奥算法的同时得到。在图 2.2 所示的德卡斯特里奥算法过程的三角阵列中，三角形右上边所含的顶点 $\boldsymbol{b}_0, \boldsymbol{b}_0^1, \cdots, \boldsymbol{b}_0^n$ 就是定义在 $t\in[0,t_0]$上的那段子 Bézier 曲线段的控制顶点，右下边所含顶点 $\boldsymbol{b}_0^n, \boldsymbol{b}_1^{n-1}, \cdots, \boldsymbol{b}_n$ 为定义在 $t\in[t_0,1]$上的那段子 Bézier 曲线段的控制顶点。这样，用这两组控制顶点就分别给出了这两段子曲线的 Bézier 表示形式。图 2.3 为一条五次 Bézier 曲线在参数 $u=0.5$ 处分割的例子。

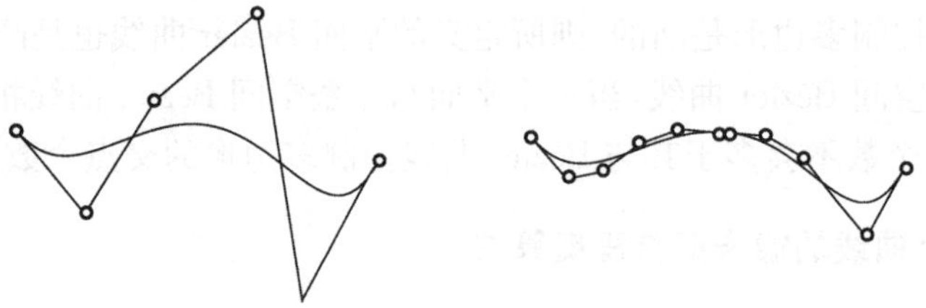

(a) Bézier曲线　　(b) Bézier子曲线段

图 2.3　五次 Bézier 曲线的分割

2.1.5　Bézier 曲面的定义和性质

本书采用张量积方法表示 Bézier 和 B 样条曲面。张量积表示方法在曲面两个参数方向(u、v 参数方向)上均采用曲线处理方式，所表示的曲面片可形象地看成将一条曲线在空间移动形成的，在移动过程中，允许曲线发生变形。也可以理解为定义曲线的 $m+1$ 个控制顶点分别沿着空间 $m+1$ 条曲线运动而成。对于张量积 Bézier 曲面可采用 Bernstein 基函数和对应的控制顶点位置矢量的乘积之和的形式表示，其数学表达式为

$$\boldsymbol{r}(u,v)=\sum_{i=0}^{m}\sum_{j=0}^{n}\boldsymbol{b}_{i,j}B_{i,m}(u)B_{j,n}(v),\qquad 0\leqslant u\leqslant 1;0\leqslant v\leqslant 1 \tag{2.16}$$

式中，$\boldsymbol{b}_{i,j}(i=0,1,\cdots,m;j=0,1,\cdots,n)$称为曲面的控制顶点或 Bézier 点。控制顶点沿 u 向和 v 向分别构成 $n+1$ 个和 $m+1$ 个控制多边形，这两个多边形的所有直线段组成了曲面的控制网格(或称为 Bézier 网格)。边界等参数线($u=0, u=1, v=0$和 $v=1$)的控制顶点与控制网的边界顶点重合。图 2.4 为一张双三次 Bézier 曲面及其控制网。

由于曲面是单变量 Bézier 曲线到双变量曲面形式的直接推广，它完全继承了 2.1.3 节(除变差缩减性质外)所述 Bézier 曲线的所有性质，如：

1) 端点的几何性质

(1) Bézier 网格的 4 个角点正好是 Bézier 曲面的 4 个角点，即 $\boldsymbol{r}(0,0)=\boldsymbol{b}_{0,0}$，$\boldsymbol{r}(1,0)=\boldsymbol{b}_{m,0}$，$\boldsymbol{r}(0,1)=\boldsymbol{b}_{0,n}$，$\boldsymbol{r}(1,1)=\boldsymbol{b}_{m,n}$。

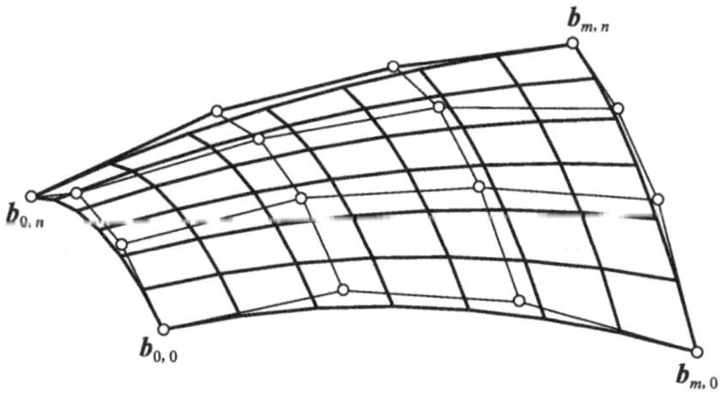

图 2.4　双三次 Bézier 曲面及控制网

(2) Bézier 网格最外一圈顶点定义了 Bézier 曲面的 4 条边界；Bézier 曲面边界的跨界切矢只与定义该边界的顶点及相邻一排顶点有关；其跨界二阶导矢只与定义该边界的顶点及相邻的两排顶点有关。

2) 凸包性质

Bézier 曲面 $\boldsymbol{r}(u,v)$ 包含在其控制顶点的凸包内。此性质将用于后续点到 Bézier 曲面最近点的计算，以简化计算过程，避免迭代运算。

2.1.6　Bézier 曲面的偏导和法矢量

Bézier 曲面的偏导矢计算是 Bézier 曲线导矢计算公式(2.14)的推广，u、v 参数方向的偏导矢计算公式为

$$\boldsymbol{r}_{u,v}^{(k,0)}(u,v)=\frac{\partial^k \boldsymbol{r}(u,v)}{\partial u^k}=\frac{m!}{(m-k)!}\sum_{i=0}^{m-k}\sum_{j=0}^{n}\Delta^{k,0}\boldsymbol{b}_{i,j}B_{i,m-k}(u)B_{j,n}(v) \tag{2.17}$$

$$\boldsymbol{r}_{u,v}^{(0,l)}(u,v)=\frac{\partial^l \boldsymbol{r}(u,v)}{\partial v^l}=\frac{n!}{(n-l)!}\sum_{i=0}^{m}\sum_{j=0}^{n-l}\Delta^{0,l}\boldsymbol{b}_{i,j}B_{i,m}(u)B_{j,n-l}(v) \tag{2.18}$$

式中，向前差分矢量 $\Delta^{k,0}\boldsymbol{b}_{i,j}$ 和 $\Delta^{0,l}\boldsymbol{b}_{i,j}$ 与式(2.14)中曲线控制顶点向前差分矢量的定义类似。Bézier 曲面 u、v 参数的混合偏导矢为

$$\boldsymbol{r}_{u,v}^{(k,l)}(u,v)=\frac{\partial^{k+l} \boldsymbol{r}(u,v)}{\partial u^k\partial v^l}=\frac{m!n!}{(m-k)!(n-l)!}\sum_{i=0}^{m-k}\sum_{j=0}^{n-l}\Delta^{k,l}\boldsymbol{b}_{i,j}B_{i,m-k}(u)B_{j,n-l}(v) \tag{2.19}$$

式中，向前差分矢量 $\Delta^{k,l}\boldsymbol{b}_{i,j}$ 的计算与 $\Delta^{k,0}\boldsymbol{b}_{i,j}$ 和 $\Delta^{0,l}\boldsymbol{b}_{i,j}$ 的计算类似。Bézier 曲面 $\boldsymbol{r}(u,v)$ 在点 (u,v) 处的法矢量可根据其在 u、v 参数方向的一阶偏导矢 $\boldsymbol{r}_{u,v}^{(1,0)}(u,v)$ 和 $\boldsymbol{r}_{u,v}^{(0,1)}(u,v)$ 计算：

$$\boldsymbol{n}(u,v)=\frac{\boldsymbol{r}_{u,v}^{(1,0)}(u,v)\times\boldsymbol{r}_{u,v}^{(0,1)}(u,v)}{\|\boldsymbol{r}_{u,v}^{(1,0)}(u,v)\times\boldsymbol{r}_{u,v}^{(0,1)}(u,v)\|} \tag{2.20}$$

2.1.7　Bézier 曲面上的等参数线

考虑式(2.16)所表示的 Bézier 曲面 $\boldsymbol{r}(u,v)$，如果固定参数 u，即 $u=u_0$，则

$$\boldsymbol{r}_{u_0}(v)=\boldsymbol{r}(u_0,v)=\sum_{j=0}^{n}\Big[\sum_{i=0}^{m}\boldsymbol{b}_{i,j}B_{i,m}(u_0)\Big]B_{j,n}(v)=\sum_{j=0}^{n}\boldsymbol{g}_j(u_0)B_{j,n}(v) \tag{2.21}$$

是位于曲面 $\boldsymbol{r}(u,v)$ 上的 Bézier 曲线，其中

$$\boldsymbol{g}_j(u_0)=\sum_{i=0}^{m}\boldsymbol{b}_{i,j}B_{i,m}(u_0) \tag{2.22}$$

为 Bézier 曲线 $\boldsymbol{r}_{u_0}(v)$ 的控制顶点。类似地，$\boldsymbol{r}_{v_0}(u)$ 也是曲面 $\boldsymbol{r}(u,v)$ 上的 Bézier 曲线，曲线 $\boldsymbol{r}_{u_0}(v)$ 和 $\boldsymbol{r}_{v_0}(u)$ 相交于 Bézier 曲面上的点 $\boldsymbol{r}(u_0,v_0)$，这些曲线称为 Bézier 曲面 $\boldsymbol{r}(u,v)$ 的等参数线，$\boldsymbol{r}_{u_0}(v)$ 称为 v 方向的等参数线(或 v 参数线)，$\boldsymbol{r}_{v_0}(u)$ 称为 u 方向的等参数线(或 u 参数线)，如图 2.5 所示。

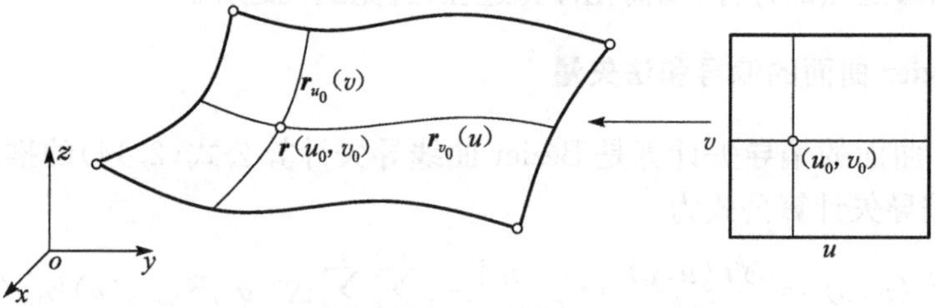

图 2.5　张量积 Bézier 曲面及其等参数线

2.1.8　Bézier 曲面的分割算法

在 2.1.4 节中，在指定参数 $t=t_0$ 处，对 Bézier 曲线 $\boldsymbol{r}(t)$ 执行德卡斯特里奥算法，就可将曲线 $\boldsymbol{r}(t)$ 在参数 t_0 处一分为二，并同时得到各段 Bézier 曲线的控制顶点。很容易将德卡斯特里奥算法推广用于计算 Bézier 曲面上的点，实现 Bézier 曲面在任意参数(u,v)处的分割。给定呈拓扑矩形阵列的 Bézier 曲面的控制顶点 $\boldsymbol{b}_{i,j}(i=0,1,\cdots,m;j=0,1,\cdots,n)$ 和一对参数值(u,v)，Bézier 曲面的德卡斯特里奥递推定义如下[3]：

$$\boldsymbol{r}(u,v)=\sum_{i=0}^{m-k}\sum_{j=0}^{n-l}\boldsymbol{b}_{i,j}^{k,l}B_{i,m-k}(u)B_{j,n-l}(v)=\cdots=\boldsymbol{b}_{0,0}^{m,n},\qquad 0\leqslant u\leqslant 1;0\leqslant v\leqslant 1 \tag{2.23}$$

式中

$$
\boldsymbol{b}_{i,j}^{k,l}=\begin{cases}\boldsymbol{b}_{i,j}, & k=l=0\\ (1-u)\boldsymbol{b}_{i,j}^{k-1,0}+u\boldsymbol{b}_{i+1,j}^{k-1,0}, & k=1,2,\cdots,m;l=0\\ (1-v)\boldsymbol{b}_{0,j}^{m,l-1}+v\boldsymbol{b}_{0,j+1}^{m,l-1}, & k=m;l=1,2,\cdots,n\end{cases}\tag{2.24}
$$

或

$$
\boldsymbol{b}_{i,j}^{k,l}=\begin{cases}\boldsymbol{b}_{i,j}, & k=l=0\\ (1-v)\boldsymbol{b}_{i,j}^{0,l-1}+v\boldsymbol{b}_{i,j+1}^{0,l-1}, & k=0;l=1,2,\cdots,n\\ (1-u)\boldsymbol{b}_{i,0}^{k-1,n}+u\boldsymbol{b}_{i+1,0}^{k-1,n}, & k=1,2,\cdots,m;l=n\end{cases}\tag{2.25}
$$

式(2.24)和式(2.25)给出了确定曲面上一点的两种方案。当按式(2.24)执行时，先以参数值 u 对控制网格沿 u 向的 $n+1$ 个多边形执行曲线的德卡斯特里奥算法，m 级递推后得到沿 v 向的 $n+1$ 个顶点 $\boldsymbol{b}_{0,j}^{m,0}(j=0,1,\cdots,n)$ 构成的中间多边形；再以参数值 v 对其执行曲线的德卡斯特里奥算法，n 级递推后，得到的 $\boldsymbol{b}_{0,0}^{m,n}$ 就是所求曲面上的点 $\boldsymbol{r}(u,v)$。也可先沿 v 执行德卡斯特里奥算法，再对所得到的 u 向中间多边形进行递推分割，得到所求点 $\boldsymbol{b}_{0,0}^{m,n}$，具体过程同上。

在给定参数(u,v)处，应用德卡斯特里奥算法对 Bézier 曲面进行分割是 Bézier 曲线德卡斯特里奥分割的进一步推广。给定一对参数值(u_0,v_0)，应用上述德卡斯特里奥算法即可求出曲面上一点 $\boldsymbol{r}(u_0,v_0)$，过该点的两条等参数线 $\boldsymbol{r}_{u_0}(v)$ 和 $\boldsymbol{r}_{v_0}(u)$ 把曲面一分为四。具体过程如下：先用其中一个参数如 u_0 对控制网格沿 u 向的 $n+1$ 排控制多边形进行一分为二的分割，原始的 v 向控制多边形就从原来的 $m+1$ 排变成 $2m+1$ 排；再用 v_0 对这 $2m+1$ 排控制多边形进行一分为二的分割；最后得到由 u 向 $2n+1$ 排控制多边形和 v 向 $2m+1$ 排控制多边形组成的 Bézier 控制网格，其顶点为 $\boldsymbol{b}_{i,j}^{0}(i=0,1,\cdots,2m;j=0,1,\cdots,2n)$。其中，$\boldsymbol{b}_{m,j}^{0}(j=0,1,\cdots,2n)$ 与 $\boldsymbol{b}_{i,n}^{0}(i=0,1,\cdots,2m)$ 是定义 4 片子曲面片的公共边界的控制顶点，其余的网格顶点 $\{\boldsymbol{b}_{i,j}^{0}\}$ 被划分为 4 部分，连同公共边界的有关部分控制顶点，就是定义 4 片子曲面片的控制网格顶点。图 2.6 为一张双三次 Bézier 曲面在参数(0.5,0.5)处一分为四的例子。

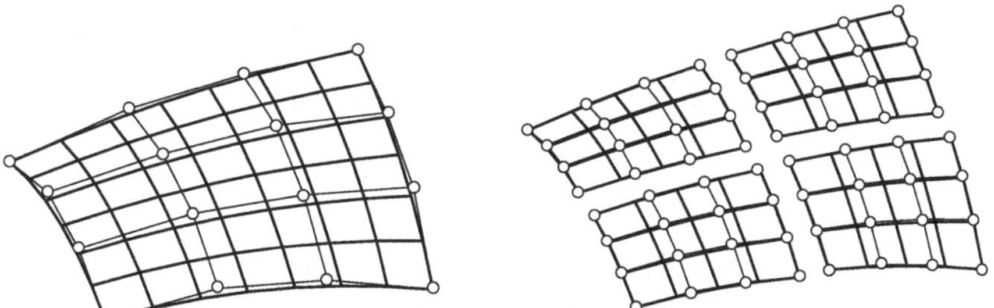

(a) 双三次Bézier曲面　　(b) 4片双三次Bézier子曲面片

图 2.6　双三次 Bézier 曲面的分割

2.2 B样条曲线曲面

2.2.1 B样条基函数的递推定义和性质

B样条基函数有多种等价定义，理论上较多采用截尾幂函数的差商定义。本书只介绍作为标准算法的德布尔(De Boor)-考克斯递推定义，又称为德布尔-考克斯递推公式[4~6]，这种定义方法在计算机实现中是最有效的。令$\boldsymbol{U}=[u_0,u_1,\cdots,u_{m-1},u_m]$是一个单调非减的实数序列，即$u_i\leqslant u_{i+1}(i=0,1,\cdots,m-1)$，其中$u_i$称为节点，$\boldsymbol{U}$称为节点矢量。如果用$N_{i,k}(u)$表示第$i$个$k$次B样条基函数，其德布尔-考克斯递推定义如下：

$$\begin{cases} N_{i,0}(u)=\begin{cases}1, & u_i\leqslant u<u_{i+1}\\ 0, & \text{其他}\end{cases}\\ N_{i,k}(u)=\dfrac{u-u_i}{u_{i+k}-u_i}N_{i,k-1}(u)+\dfrac{u_{i+k+1}-u}{u_{i+k+1}-u_{i+1}}N_{i+1,k-1}(u)\\ \dfrac{0}{0}=0\end{cases} \tag{2.26}$$

式中，$N_{i,k}(u)$的双下标中第一个下标i表示序号，第二个下标k表示次数。该递推公式表明，确定第i个k次B样条$N_{i,k}(u)$需要用到$u_i,u_{i+1},\cdots,u_{i+k+1}$共$k+2$个节点。区间$[u_i,u_{i+k+1}]$称为$N_{i,k}(u)$的支撑区间。

下面列出B样条基函数的一些重要性质。在后续的章节中将会看到，正是这些性质决定了B样条曲线曲面的几何特性。

(1) 局部支撑性。

$$N_{i,k}(u)\begin{cases}\geqslant 0, & u_i\leqslant u<u_{i+k+1}\\ =0, & \text{其他}\end{cases}$$

它包含了B样条基函数的非负性。

(2) 规范性。对于任意的节点区间$[u_i,u_{i+1}]$，如果$u\in[u_i,u_{i+1}]$，则

$$\sum_{i=0}^{n}N_{i,k}(u)=\sum_{j=i-k}^{i}N_{j,k}(u)=1 \tag{2.27}$$

(3) 在任意节点区间$[u_i,u_{i+1}]$上，最多有$k+1$个基函数是非零的，即$N_{i-k,k}(u)$，$N_{i-k+1,k}(u)$，…，$N_{i,k}(u)$。

(4) 可微性。在节点区间内部，$N_{i,k}(u)$是无限可微的；在节点处，$N_{i,k}(u)$是C^{k-r}连续的，其中r是节点的重复度。因此，增加曲线的次数将提高曲线的连续性，而增加节点的重复度将降低曲线的连续性。

(5) 递推性质。见B样条基函数的定义式(2.26)。

2.2.2　B 样条基函数的导数公式

B 样条基函数的求导公式为

$$\begin{cases}\dfrac{\mathrm{d}N_{i,k}(u)}{\mathrm{d}u}=k\left[\dfrac{N_{i,k-1}(u)}{u_{i+k}-u_i}-\dfrac{N_{i+1,k-1}(u)}{u_{i+k+1}-u_{i+1}}\right]\\ \dfrac{0}{0}=0\end{cases}\tag{2.28}$$

式(2.28)可利用归纳法进行证明,详细证明可参考文献[7]。式(2.28)表明,k 次 B 样条基函数 $N_{i,k}(u)$对参数 u 的一阶导数等于将德布尔-考克斯递推公式(2.26)右端两个低一次的 B 样条的系数对 u 求一阶导数,然后乘以次数 k。如果重复对式(2.28)两端求导,则可得到 B 样条基函数 w 阶导数的一般公式为

$$N_{i,k}^{(w)}(u)=\frac{\mathrm{d}^w N_{i,k}(u)}{\mathrm{d}u^w}=k\left[\frac{N_{i,k-1}^{(w-1)}(u)}{u_{i+k}-u_i}-\frac{N_{i+1,k-1}^{(w-1)}(u)}{u_{i+k+1}-u_{i+1}}\right]\tag{2.29}$$

在文献[8]中,给出的另外一种利用 $N_{i,k-1}(u)$和 $N_{i+1,k-1}(u)$的 w 阶导数计算 $N_{i,k}(u)$的 w 阶导数的计算公式为

$$N_{i,k}^{(w)}(u)=\frac{k}{k-w}\left[\frac{u-u_i}{u_{i+k}-u_i}N_{i,k-1}^{(w)}(u)-\frac{u_{i+k+1}-u}{u_{i+k+1}-u_{i+1}}N_{i+1,k-1}^{(w)}(u)\right]\tag{2.30}$$

2.2.3　B 样条曲线的定义和性质

k 次 B 样条曲线是采用上述 B 样条作为基函数的参数曲线,其数学定义为

$$\boldsymbol{r}(u)=\sum_{i=0}^{n}\boldsymbol{d}_i N_{i,k}(u),\qquad 0\leqslant u\leqslant 1\tag{2.31}$$

式中,$\boldsymbol{d}_i(i=0,1,\cdots,n)$为控制顶点,也称为德布尔点;$N_{i,k}(u)(i=0,1,\cdots,n)$为定义在节点矢量

$$\boldsymbol{U}=[u_0,u_1,\cdots,u_{m-1},u_m]\tag{2.32}$$

上的 k 次 B 样条基函数。顺序连接各控制顶点构成的多边形称为 B 样条曲线的控制多边形,常简称为控制多边形。下面列出 B 样条曲线的一系列性质,这些性质是由 2.2.1 节中 B 样条基函数的性质决定的。

(1) 根据 $N_{i,k}(u)$支撑区间的定义,B 样条曲线的次数 k,控制顶点个数 $n+1$ 和节点个数 $m+1$ 满足如下关系:

$$m=n+k+1\tag{2.33}$$

(2) 局部调整性质。根据 B 样条基函数的局部支撑性,对于 B 样条曲线$\boldsymbol{r}(u)$定义在区间$[u_i,u_{i+1}]$上的那一段曲线段,略去其中基函数为零的那些项(图 2.7),则可以表示为

$$\boldsymbol{r}(u)=\sum_{j=i-k}^{i}\boldsymbol{d}_j N_{j,k}(u),\qquad u\in[u_i,u_{i+1}]\tag{2.34}$$

由式(2.34)可知,定义在区间$[u_i,u_{i+1}]$上的曲线段只与$k+1$个控制顶点$\boldsymbol{d}_{i-k},\cdots,\boldsymbol{d}_i$相关;此外,移动B样条曲线$\boldsymbol{r}(u)$的第$i$个控制顶点$\boldsymbol{d}_i$只改变定义在第$i$个B样条$N_{i,k}(u)$的支撑区间$[u_i,\cdots,u_{i+k+1}]$上那部分曲线的形状,对曲线的其余部分不发生影响,这是因为对于$u\notin[u_i,\cdots,u_{i+k+1}]$,$N_{i,k}(u)=0$。

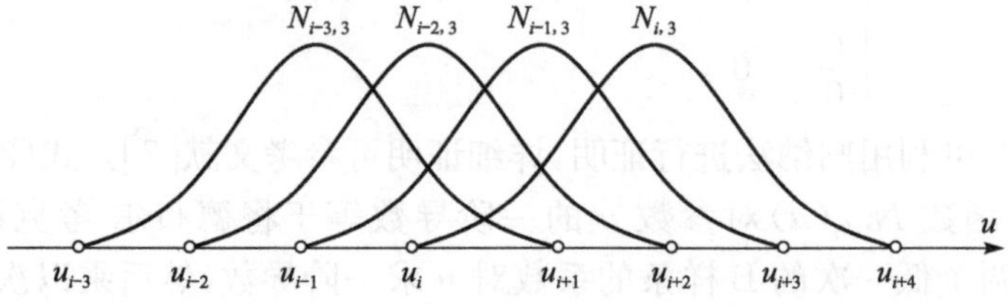

图2.7 在区间$[u_i,u_{i+1}]$上至多有4个非零的三次B样条基函数

(3) 凸包性质。定义在区间$[u_i,u_{i+1}]$上的那一段曲线段包含在控制顶点$\boldsymbol{d}_{i-k},\cdots,\boldsymbol{d}_i$的凸包内,而整条B样条曲线的凸包是定义各曲线段的控制顶点凸包的并集。B样条曲线的凸包比同一组顶点定义的Bézier曲线的凸包更紧,故B样条曲线具有更强的凸包性。该性质导致B样条曲线的一些特殊的造型手段,如顺序$k+1$个顶点重合时,由该$k+1$个顶点定义的k次B样条曲线段退化到这一重合点;顺序$k+1$个顶点共线时,由该$k+1$个顶点定义的k次B样条曲线为一直线段。

(4) 端点几何性质。由B样条基的连续性性质可知,在k重节点处,控制多边形与曲线重合;在$k+1$重节点处,曲线是不连续曲线。因此,将端节点重复$k+1$次可以使曲线端点与控制多边形的端点重合,这一性质在后续的曲线插值或拟合计算中经常用到。此时,经常将端节点分别取值为0与1且将两端节点的重复度设为$k+1$,即

$$\boldsymbol{U}=[\underbrace{0,\cdots,0}_{k+1},u_{k+1},\cdots,u_n,\underbrace{1,\cdots,1}_{k+1}] \tag{2.35}$$

图2.8为采用此类节点矢量的端点插值型三次B样条曲线及其控制多边形。在多数情况下,B样条曲线的节点矢量$\boldsymbol{U}$大都采用式(2.35)所示形式,定义域采用规范参数域表示,即$u\in[u_i,u_{i+1}]\subset[0,1]$。

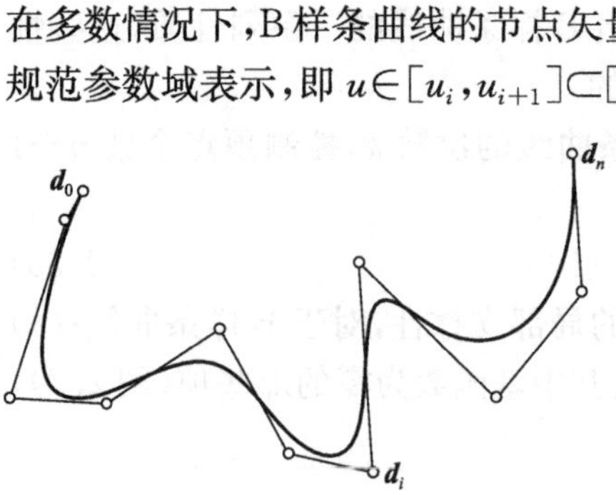

图2.8 端点插值型三次B样条曲线

(5) 变差缩减性质。直线或平面与B样条曲线(二维或三维)的交点个数不多于该直线或平面与控制多边形的交点个数。

(6) 磨光性质。除共线顶点外,次数越高,B样条曲线离定义它的控制多边形越远。对于同一组控制顶点定义的B样条曲线,随着次数k的升高,曲线将变得

越来越光滑。

(7) B 样条曲线转化为 Bézier 曲线的性质。k 次 Bézier 曲线实际上是一条特殊的 B 样条曲线，它的节点矢量没有内部节点且两端节点是重复度为 $k+1$ 的重节点：

$$\boldsymbol{U}=[\underbrace{0,\cdots,0}_{k+1},\underbrace{1,\cdots,1}_{k+1}] \tag{2.36}$$

进一步地，如果 B 样条节点矢量 $\boldsymbol{U}$ 中的任意节点 u_i 都是重复度为 k 的重节点，那么定义在区间 $[u_i,u_{i+1}]$ 上的那段曲线就是一条 Bézier 曲线，B 样条曲线就是一条分段 Bézier 曲线。

2.2.4　B 样条曲线导矢的计算公式

B 样条曲线方程(2.31)的 w 阶导数为

$$\boldsymbol{r}^{(w)}(u)=\frac{\mathrm{d}^w\boldsymbol{r}(u)}{\mathrm{d}u^w}=\sum_{i=0}^{n}\boldsymbol{d}_iN_{i,k}^{(w)}(u) \tag{2.37}$$

可通过计算 B 样条基函数 $N_{i,k}(u)$ 的 w 阶导数得到。实际应用中，为计算方便，一般并不直接采用式(2.37)，而是采用如下的递推公式：

$$\begin{cases}\boldsymbol{r}^{(w)}(u)=\displaystyle\sum_{i=0}^{n-w}\boldsymbol{d}_i^wN_{i,k-w}(u)\\ \boldsymbol{d}_i^w=\begin{cases}\boldsymbol{d}_i, & w=0\\ \dfrac{k-w+1}{u_{i+k+1}-u_{i+w}}(\boldsymbol{d}_{i+1}^{w-1}-\boldsymbol{d}_i^{w-1}), & w>0\end{cases}\end{cases} \tag{2.38}$$

式中，$N_{i,k-w}(u)$ 为定义在节点矢量

$$\boldsymbol{U}^w=[\underbrace{0,\cdots,0}_{k-w+1},u_{k+1},\cdots,u_n,\underbrace{1,\cdots,1}_{k-w+1}]$$

上的 B 样条基函数。

2.2.5　计算 B 样条曲线上点的德布尔算法

对于 B 样条曲线在给定参数 $u\in[u_i,u_{i+1}]\subset[0,1]$ 处的点，可利用 B 样条曲线方程(2.31)和 B 样条基函数式(2.26)进行计算，也可以利用更为快捷的德布尔算法计算该点。德布尔算法是 2.1.4 节中德卡斯特里奥算法在 B 样条曲线上的推广[3]，将 B 样条基函数的递推定义式(2.26)重复代入 B 样条曲线方程(2.34)，并重新安排下标，即可得到德布尔算法的递推公式为

$$\boldsymbol{r}(u)=\sum_{i=0}^{n}\boldsymbol{d}_iN_{i,k}(u)=\sum_{j=i-k}^{i-l}\boldsymbol{d}_j^lN_{j,k-l}(u)=\cdots=\boldsymbol{d}_{i-k}^k \tag{2.39}$$

式中，中间控制顶点 $\boldsymbol{d}_j^l$ 的计算公式为

$$\boldsymbol{d}_j^l = \begin{cases} \boldsymbol{d}_j, & l = 0 \\ (1-\alpha_j^l)\boldsymbol{d}_j^{l-1} + \alpha_j^l \boldsymbol{d}_{j+1}^{l-1}, & j = i-k,\cdots,i-l; l = 1,\cdots,k \\ \alpha_j^l = \dfrac{u - u_{j+l}}{u_{j+k+1} - u_{j+l}} \\ \dfrac{0}{0} = 0 \end{cases} \tag{2.40}$$

从上述递推公式可以看到，用参数 u 经 k 级递推得到的最后一个中间顶点 $\boldsymbol{d}_{i-k}^k$，就是曲线上的点 $\boldsymbol{r}(u)$。当 u 在曲线定义域内变化时，$\boldsymbol{d}_{i-k}^k$ 就扫出了整条 B 样条曲线，故上述递推公式实际上给出了 B 样条曲线的递推定义。用上述递推公式求曲线上点 $\boldsymbol{r}(u)$ 的过程可用如图 2.9 所示的三角阵列表示，最左列（$l=0$）表示求该点 $\boldsymbol{r}(u)$ 所涉及的控制顶点仅为 $\boldsymbol{d}_{i-k},\boldsymbol{d}_{i-k+1},\cdots,\boldsymbol{d}_i$ 共 $k+1$ 个，涉及的节点仅为 $u_{i-k+1},u_{i-k+2},\cdots,u_{i+k}$ 共 $2k$ 个。这些顶点与节点决定了 k 次 B 样条曲线段 $\boldsymbol{r}(u)$（$u\in[u_i,u_{i+1}]$）。经过 k 级递推得到最后一个控制顶点 $\boldsymbol{d}_{i-k}^k$，就是要求的该段曲线上参数为 u 的点 $\boldsymbol{r}(u)$。

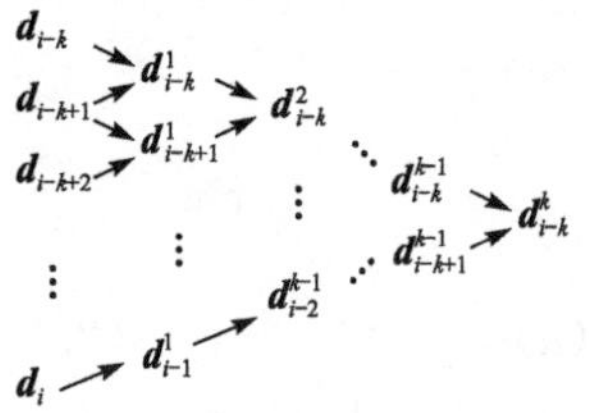

图 2.9　德布尔算法求 k 次 B 样条曲线上一点的递推过程

2.2.6　B 样条曲线的节点插入算法和分段 Bézier 表示

节点插入是 B 样条方法中重要的内容之一，广泛应用于：

(1) 计算曲线曲面上的点；

(2) 实现对曲线曲面的分割；

(3) 增加控制顶点数，提高对 B 样条曲线曲面形状控制的潜在灵活性；

(4) 实现不同节点矢量的融合；

(5) 生成曲线曲面的 Bézier 点，得到 B 样条曲线曲面的分段 Bézier 表示。

设 $\boldsymbol{r}(u)$ 是定义在节点矢量

$$\boldsymbol{U} = [u_0, u_1, \cdots, u_{m-1}, u_m]$$

上的 k 次 B 样条曲线。若在曲线定义域某个节点区间内插入一个新的节点 $\bar{u}\in[u_j,u_{j+1}]\subset[u_k,u_{n+1}]$，则形成新的节点矢量为

$$\bar{\boldsymbol{U}} = [\bar{u}_0 = u_0, \bar{u}_1 = u_1, \cdots, \bar{u}_k = u_k, \bar{u}, \bar{u}_{k+2} = u_{k+1}, \cdots, \bar{u}_m = u_{m-1}, \bar{u}_{m+1} = u_m]$$

上述新的节点矢量定义了一组新的 B 样条基函数 $\bar{N}_{i,k}(u)$（$i=0,1,\cdots,n+1$）。由于节点插入只是向量空间基底的改变，并不影响曲线的几何形状[7]，所以节点插入后得到的新曲线与原曲线完全重合。通过新的未知控制顶点 $\bar{\boldsymbol{d}}_i$ 和 B 样条基函数 $\bar{N}_{i,k}(u)$ 重新定义曲线 $\boldsymbol{r}(u)$ 如下：

$$\boldsymbol{r}(u) = \sum_{i=0}^{n+1} \bar{\boldsymbol{d}}_i \bar{N}_{i,k}(u) \tag{2.41}$$

控制顶点增加了一个,曲线形状和连续性均保持不变。新的控制顶点 $\bar{\boldsymbol{d}}_i(i=0,1,\cdots,n+1)$的计算公式如下(其严格的推导过程可参考文献[7]和[9]):

$$\begin{cases}\bar{\boldsymbol{d}}_i=\boldsymbol{d}_i, & i=0,1,\cdots,j-k\\ \bar{\boldsymbol{d}}_{i+1}=(1-\alpha_i)\boldsymbol{d}_i+\alpha_i\boldsymbol{d}_{i+1}, & i=j-k,j-k+1,\cdots,j-r-1\\ \bar{\boldsymbol{d}}_i=\boldsymbol{d}_{i-1}, & i=j-r+1,\cdots,n+1\\ \alpha_i=\dfrac{u-u_{i+1}}{u_{i+k+1}-u_{i+1}} & \\ \dfrac{0}{0}=0 & \end{cases} \tag{2.42}$$

式中,r 表示所插入节点在原节点矢量 $\boldsymbol{U}$ 中的重复度。上述算法也称为伯姆(Boehm)算法[9],它给出了 B 样条曲线节点插入的基本方法。对于实际处理中经常碰到的需要一次插入多个节点的情况,如不相容节点矢量的融合、曲线曲面的分段 Bézier 表示等,可以多次应用上述节点插入算法来实现,也可采用更为高效的奥斯陆(Oslo)算法[10]或改进的伯姆算法[11]等,这里不再赘述。根据 B 样条曲线的性质(7),只需要利用上述节点插入方法使两相邻节点 u_i 和 u_{i+1} 的重复度都达到 k,则定义在区间 $[u_i,u_{i+1}]$上的 B 样条曲线段的控制顶点就是该段曲线的 Bézier 点。如果 B 样条曲线的每一个节点都达到它的满重复度(等于次数 k),那么该 B 样条曲线就被转化为一条分段 Bézier 曲线。图 2.10 就是一条三次 B 样条曲线和它的分段 Bézier 曲线表示。

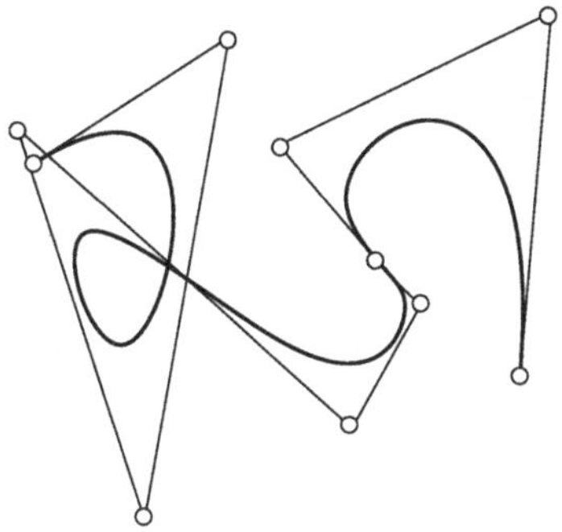

(a) 三次B样条曲线

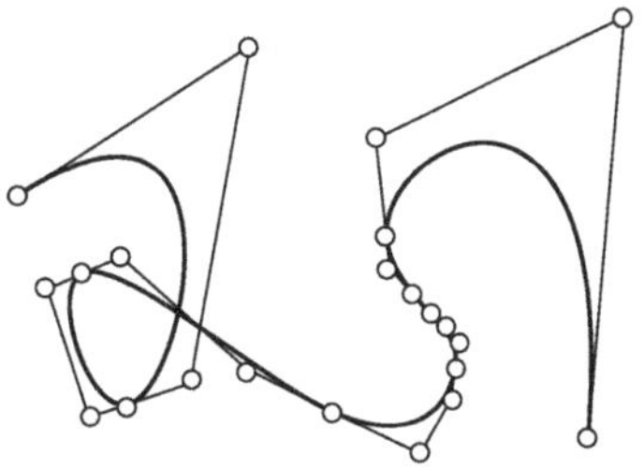

(b) 等价分段Bézier曲线表示

图 2.10 通过节点插入将 B 样条曲线转化为分段 Bézier 曲线

2.2.7 B 样条曲面的定义和性质

$k\times l$ 次 B 样条张量积曲面的数学表达式为

$$\boldsymbol{r}(u,v)=\sum_{i=0}^{m}\sum_{j=0}^{n}\boldsymbol{d}_{i,j}N_{i,k}(u)N_{j,l}(v) \tag{2.43}$$

式中,$\boldsymbol{d}_{i,j}(i=0,1,\cdots,m;j=0,1,\cdots,n)$为 B 样条曲面的控制网格顶点;$k$、$l$ 为曲面

参数u与v的次数;$N_{i,k}(u)$和$N_{j,l}(v)$分别是按德布尔-考克斯递推公式(2.26)定义在节点矢量$\boldsymbol{U}=[u_0,u_1,\cdots,u_{m+k+1}]$和$\boldsymbol{V}=[v_0,v_1,\cdots,v_{n+l+1}]$上的B样条基函数。类似Bézier曲线性质向Bézier曲面的推广,除变差缩减性质外,B样条曲线的其他性质都可以推广到B样条曲面上,如:

(1) 局部调整性质。根据B样条基函数的局部支撑性,略去B样条基函数为零的那些项,对于B样条曲面$\boldsymbol{r}(u,v)$定义在区间$[u_e,u_{e+1}]\times[v_f,v_{f+1}]$上的曲面片,可表示为

$$\boldsymbol{r}(u,v)=\sum_{i=e-k}^{e}\sum_{j=f-l}^{f}\boldsymbol{d}_{i,j}N_{i,k}(u)N_{j,l}(v) \tag{2.44}$$

由式(2.44)可以看到,定义在子矩形域$[u_e,u_{e+1}]\times[v_f,v_{f+1}]$上的曲面片仅与控制顶点阵中的部分顶点$\boldsymbol{d}_{i,j}(i=e-k,\cdots,e;j=f-l,\cdots,f)$有关。此外,移动B样条曲面$\boldsymbol{r}(u,v)$的一个控制顶点$\boldsymbol{d}_{i,j}$,仅影响定义在$N_{i,k}(u)$和$N_{j,l}(v)$的支撑区域$[u_i,u_{i+k+1}]\times[v_j,v_{j+l+1}]$上那部分曲面的形状,对曲面的其余部分不产生影响。

(2) 凸包性质。定义在区间$[u_i,u_{i+1}]\times[v_j,v_{j+1}]$上的B样条曲面片包含在控制顶点$\boldsymbol{d}_{s,t}(s=i-k,\cdots,i;t=j-l,\cdots,l)$的凸包内,整张B样条曲面的凸包是定义各张子曲面片的控制顶点凸包的并集。同样,B样条曲面比Bézier曲面具有更强的凸包性。

(3) 端点几何性质。当B样条曲面u、v方向的节点矢量采用式(2.45)所给形式时,

$$\begin{aligned}\boldsymbol{U}&=\Big[\underbrace{0,\cdots,0}_{k+1},u_{k+1},\cdots,u_m,\underbrace{1,\cdots,1}_{k+1}\Big]\\ \boldsymbol{V}&=\Big[\underbrace{0,\cdots,0}_{l+1},v_{l+1},\cdots,v_n,\underbrace{1,\cdots,1}_{l+1}\Big]\end{aligned} \tag{2.45}$$

B样条曲面插值于控制网格的4个角点:$\boldsymbol{r}(0,0)=\boldsymbol{d}_{0,0}$,$\boldsymbol{r}(1,0)=\boldsymbol{d}_{1,0}$,$\boldsymbol{r}(0,1)=\boldsymbol{d}_{0,1}$,$\boldsymbol{r}(1,1)=\boldsymbol{d}_{1,1}$。图2.11为一张插值于控制网格4个角点的双三次B样条曲面,为了清晰表示,控制网格与其所定义的曲面分别显示在图2.11(a)和(b)中。在多数情况下,B样条曲面的节点矢量$\boldsymbol{U}$和$\boldsymbol{V}$大都采用式(2.45)所示形式,定义域采用规范参数域表示,即$u\in[u_i,u_{i+1}]\times[v_j,v_{j+1}]\subset[0,1]\times[0,1]$。

(4) B样条曲面转换为Bézier曲面的性质。类似B样条曲线向Bézier曲线的转化,$k\times l$次Bézier曲面实际上是一张特殊的B样条曲面,它的$\boldsymbol{U}$、$\boldsymbol{V}$节点矢量没有内部节点,而且$\boldsymbol{U}$、$\boldsymbol{V}$节点矢量的端节点分别是重复度为$k+1$和$l+1$的重节点:

$$\boldsymbol{U}=\Big[\underbrace{0,\cdots,0}_{k+1},\underbrace{1,\cdots,1}_{k+1}\Big]$$

$$\boldsymbol{V}=\Big[\underbrace{0,\cdots,0}_{l+1},\underbrace{1,\cdots,1}_{l+1}\Big]$$

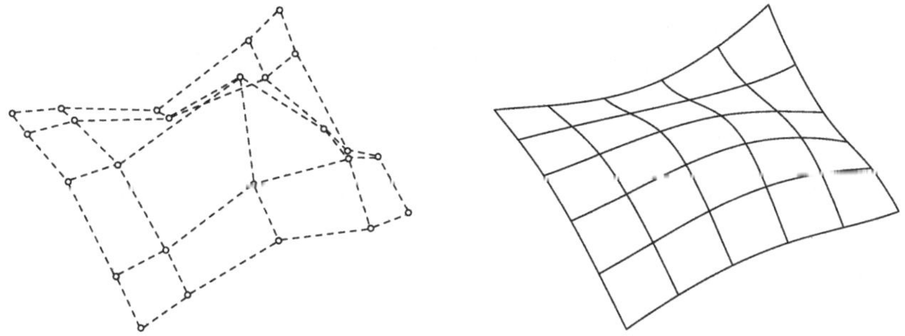

(a) 控制网格　(b) 所定义的B样条曲面

图 2.11　插值于控制网格 4 个角点的双三次 B 样条曲面

进一步地，如果 B 样条曲面节点矢量 $\boldsymbol{U}$ 中的任意节点 u_i 都是重复度为 k 的重节点，节点矢量 $\boldsymbol{V}$ 中的任意节点 v_j 都是重复度为 l 的重节点，那么定义在 $[u_i, u_{i+1}]\times[v_j, v_{j+1}]$ 区间域上的那张曲面片就是一张 Bézier 曲面，即该 B 样条曲面 $\boldsymbol{r}(u,v)$ 是由多张 Bézier 曲面片组合而成的。B 样条曲面转换为 Bézier 曲面可采用 2.2.5 节所述的节点插入方法完成，使节点矢量 $\boldsymbol{U}$ 中的每一节点 u_i 的重复度都为 k，而节点矢量 $\boldsymbol{V}$ 中的每一节点 v_j 的重复度都为 l。这样，就可以得到 B 样条曲面的分片 Bézier 曲面表示。图 2.12 为一张双三次 B 样条曲面和它的分片 Bézier 曲面表示。

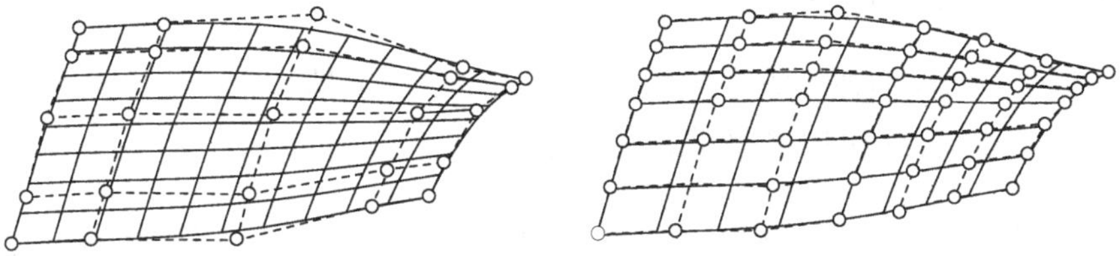

(a) 双三次B样条曲面　(b) 等价分片Bézier曲面表示

图 2.12　通过节点插入将 B 样条曲面转化为分片 Bézier 曲面

2.2.8　B 样条曲面的偏导和法矢量

曲面关于 u、v 参数的偏导矢可通过计算 B 样条曲面 $\boldsymbol{r}(u,v)$ 基函数的导数得到

$$\boldsymbol{r}_{u,v}^{(s,t)}(u,v)=\frac{\partial^{s+t}\boldsymbol{r}(u,v)}{\partial u^s\partial v^t}=\sum_{i=0}^{m}\sum_{j=0}^{n}\boldsymbol{d}_{i,j}N_{i,k}^{(s)}(u)N_{j,l}^{(t)}(v) \tag{2.46}$$

类似 B 样条曲线导数的递推公式(2.38)，下面给出 B 样条曲面偏导 $\boldsymbol{r}_{u,v}^{(s,t)}(u,v)$ 的一般递推公式，详细推导可参见文献[7]。曲面 $\boldsymbol{r}(u,v)$ 关于参数 u、v 的偏导的一般公式为

$$\begin{cases}\dfrac{\partial^{s+t}\boldsymbol{r}(u,v)}{\partial u^s\partial v^t}=\sum\limits_{i=0}^{m-s}\sum\limits_{j=0}^{n-t}\boldsymbol{d}_{i,j}^{s,t}N_{i,k-s}(u)N_{j,l-t}(v)\\ \boldsymbol{d}_{i,j}^{s,t}=\dfrac{l-t+1}{v_{j+l+1}-v_{j+t}}(\boldsymbol{d}_{i,j+1}^{s,t-1}-\boldsymbol{d}_{i,j}^{s,t-1})\end{cases}\tag{2.47}$$

式中,B样条基函数 $N_{i,k-s}(u)$ 和 $N_{j,l-t}(v)$ 的节点矢量 $\boldsymbol{U}^s$ 和 $\boldsymbol{V}^t$ 分别为

$$\boldsymbol{U}^s=\Big[\underbrace{0,\cdots,0}_{k-s+1},u_{k+1},\cdots,u_m,\underbrace{1,\cdots,1}_{k-s+1}\Big],\qquad \boldsymbol{V}^t=\Big[\underbrace{0,\cdots,0}_{l-t+1},v_{l+1},\cdots,v_n,\underbrace{1,\cdots,1}_{l-t+1}\Big]$$

当 $s=1,t=0$,即计算 $\dfrac{\partial\boldsymbol{r}(u,v)}{\partial u}$ 时,

$$\boldsymbol{d}_{i,j}^{1,0}=\frac{k}{u_{i+k+1}-u_{i+1}}(\boldsymbol{d}_{i+1,j}-\boldsymbol{d}_{i,j})$$

当 $s=0,t=1$,即计算 $\dfrac{\partial\boldsymbol{r}(u,v)}{\partial v}$ 时,

$$\boldsymbol{d}_{i,j}^{0,1}=\frac{l}{v_{j+l+1}-v_{j+1}}(\boldsymbol{d}_{i,j+1}-\boldsymbol{d}_{i,j})$$

进而,曲面 $\boldsymbol{r}(u,v)$ 在一点 (u,v) 处的法矢量 $\boldsymbol{n}(u,v)$ 可根据曲面一阶偏导矢量 $\boldsymbol{r}_{u,v}^{(1,0)}(u,v)$ 和 $\boldsymbol{r}_{u,v}^{(0,1)}(u,v)$ 进行计算:

$$\boldsymbol{n}(u,v)=\frac{\boldsymbol{r}_{u,v}^{(1,0)}(u,v)\times\boldsymbol{r}_{u,v}^{(0,1)}(u,v)}{\left\|\boldsymbol{r}_{u,v}^{(1,0)}(u,v)\times\boldsymbol{r}_{u,v}^{(0,1)}(u,v)\right\|}\tag{2.48}$$

2.2.9 B样条曲面上的等参数线

类似于Bézier曲面上的等参数线,如果固定参数 u,即 $u=u_0$,则可得到B样条曲面 $\boldsymbol{r}(u,v)$ 在 v 方向的等参数线 $\boldsymbol{r}_{u_0}(v)$ 为

$$\boldsymbol{r}_{u_0}(v)=\boldsymbol{r}(u_0,v)=\sum_{j=0}^{n}\Big[\sum_{i=0}^{m}\boldsymbol{d}_{i,j}N_{i,k}(u_0)\Big]N_{j,l}(v)=\sum_{j=0}^{n}\boldsymbol{g}_j(u_0)N_{j,l}(v)\tag{2.49}$$

式中

$$\boldsymbol{g}_j(u_0)=\sum_{i=0}^{m}\boldsymbol{d}_{i,j}N_{i,k}(u_0)$$

为B样条曲线 $\boldsymbol{r}_{u_0}(v)$ 的控制顶点,$\boldsymbol{r}_{u_0}(v)$ 是B样条曲面 $\boldsymbol{r}(u,v)$ 定义在节点矢量 $\boldsymbol{V}$ 上的 l 次 v 向等参数B样条曲线。类似地,曲面 $\boldsymbol{r}(u,v)$ 上 u 向的等参数线 $\boldsymbol{r}_{v_0}(u)$ 为

$$\boldsymbol{r}_{v_0}(u)=\sum_{i=0}^{m}\Big[\sum_{j=0}^{n}\boldsymbol{d}_{i,j}N_{i,l}(v_0)\Big]N_{i,k}(u)=\sum_{i=0}^{m}\boldsymbol{g}_i(v_0)N_{i,k}(u)\tag{2.50}$$

式中

$$\boldsymbol{g}_i(v_0)=\sum_{j=0}^{n}\boldsymbol{d}_{i,j}N_{i,l}(v_0)$$

是等参数线 $\boldsymbol{r}_{v_0}(u)$ 的控制顶点。$\boldsymbol{r}(u_0,v_0)$ 是等参数线 $\boldsymbol{r}_{u_0}(v)$ 和 $\boldsymbol{r}_{v_0}(u)$ 的交点。图 2.11(b)和图 2.12(a)中的所有曲线都是等参数线。

2.2.10　计算 B 样条曲面上点的德布尔算法

与推广到 Bézier 曲面上的德卡斯特里奥算法类似，计算 B 样条曲线上点的德布尔算法(见 2.2.5 节)也可以加以推广用于计算 B 样条曲面的点。假定参数 $(u,v)\in[u_i,u_{i+1}]\times[v_j,v_{j+1}]$，它在 B 样条曲面上对应点的计算过程如下：先沿任一参数方向如沿 u 参数方向，以 u 参数值对 u 方向的 $l+1$ 个控制多边形执行 B 样条曲线的德布尔算法，即

$$\boldsymbol{d}_{e,f}^{s,0}=\begin{cases}(1-\alpha_e^s)\boldsymbol{d}_{e,f}^{s-1,0}+\alpha_e^s\boldsymbol{d}_{e+1,f}^{s-1,0}, & s=1,\cdots,k;e=i-k,\cdots,i-s\\ \alpha_e^s=\dfrac{u-u_{e+s}}{u_{e+k+1}-u_{e+s}} & \\ \dfrac{0}{0}=0 & \end{cases}\tag{2.51}$$

求得 $l+1$ 个点作为中间顶点 $\boldsymbol{d}_{i-k,f}^{k,0}(f=j-l,\cdots,j)$ 构成中间多边形；再以参数值 v 对这个中间多边形执行 B 样条曲线的德布尔算法，即

$$\boldsymbol{d}_{e,f}^{s,t}=\begin{cases}(1-\alpha_f^t)\boldsymbol{d}_{i-k,f}^{k,t-1}+\alpha_f^t\boldsymbol{d}_{i-k,f+1}^{k,t-1}, & t=1,\cdots,l;f=j-l,\cdots,j-t\\ \alpha_f^t=\dfrac{v-v_{f+t}}{v_{f+l+1}-v_{f+t}} & \\ \dfrac{0}{0}=0 & \end{cases}\tag{2.52}$$

所得一点 $\boldsymbol{d}_{i-k,j-l}^{k,l}$ 就是该 B 样条曲面上的所求点 $\boldsymbol{r}(u,v)$，即

$$\boldsymbol{r}(u,v)=\sum_{e=i-k}^{i-s}\sum_{f=j-l}^{j-t}\boldsymbol{d}_{e,f}^{s,t}N_{e,k-s}(u)N_{f,l-t}(v)=\cdots=\boldsymbol{d}_{i-k,j-l}^{k,l}\tag{2.53}$$

由于 B 样条曲面是张量积曲面，可将双参数曲面上的相关问题转化为一系列单参数曲线问题来处理。对于上述的计算曲面上点的德布尔算法，也可按不同顺序进行，如先 v 后 u 或 u、v 方向同时进行。但无论采用何种处理顺序，最后得到的结果都完全相同。类似地，对于 B 样条曲面的节点插入操作，同样也可以利用张量积曲面的性质，将 B 样条曲面上的节点插入操作转化为一系列单参数(u 或 v)曲线的节点插入问题。B 样条曲面上的这些算法本质上是相应 B 样条曲线算法的多次重复应用，在此不再赘述。

2.3　曲线曲面的自由变形

由上述 Bézier 和 B 样条曲线曲面的定义和性质可知，通过移动控制多边形或

控制网格的顶点可以灵活地调整曲线曲面的形状，实现曲线曲面的自由变形。应注意的是，仅通过直接移动控制顶点很难准确控制曲线曲面的形状和曲线曲面上点的位移，而且当需要移动曲线曲面的多个控制顶点时，其变形操作将会变得更加困难。在此情况下，基于辅助控制网格和控制体的多种变形方法被先后提出[12]。本节仅对目前在曲线曲面变形中使用较多的直接变形（direct manipulation of free-form deformation，DFFD）法[13,14]进行论述。直接变形法的核心思想是，代替操纵曲线曲面控制顶点的方式，直接选择要变形的曲线曲面上一点，将该点移动至所要求的位置，进而反算出控制网格或控制体的控制顶点的位置变化，并计算出变形后的曲线曲面。

2.3.1 曲线的自由变形

根据曲线上点的位移来计算曲线变形控制网格顶点的变化量，最自然的方法就是利用最小二乘法来重新配置控制网格的控制顶点。假定变形曲线 $\boldsymbol{r}(u)$ 的辅助控制网格 $\boldsymbol{F}(u,v)$ 是由控制顶点 $\boldsymbol{d}_{i,j}$ 所定义的一张B样条曲面：

$$\boldsymbol{F}(u,v)=\sum_{i=0}^{m_u}\sum_{j=0}^{m_v}\boldsymbol{d}_{i,j}N_{i,j}(u,v) \tag{2.54}$$

式中，$N_{i,j}(u,v)=N_{i,k}(u)N_{j,l}(v)$ 为 $\boldsymbol{F}(u,v)$ 的B样条基函数。这里假定 $\boldsymbol{r}(u)$ 为平面曲线，那么控制网格 $\boldsymbol{F}(u,v)$ 就是一张由式(2.54)定义的B样条平面，如图2.13所示。

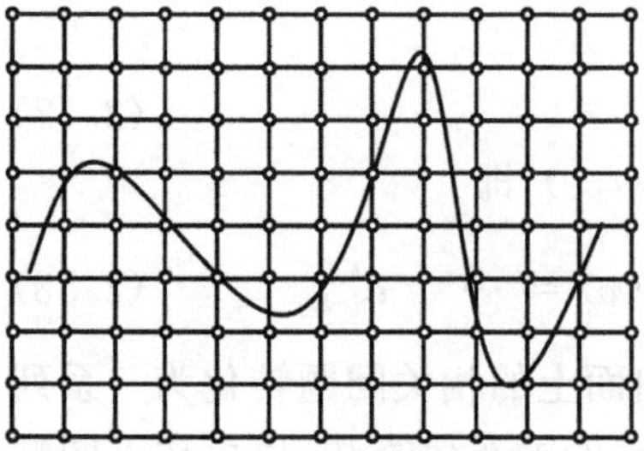

图 2.13 变形控制网格

设 $\boldsymbol{q}_s$ 为曲线 $\boldsymbol{r}(u)$ 上一点，(u_s,v_s) 为 $\boldsymbol{q}_s$ 在 $\boldsymbol{F}(u,v)$ 上所对应的参数值，即满足

$$\boldsymbol{q}_s=\boldsymbol{F}(u_s,v_s)=\sum_{i=0}^{m_u}\sum_{j=0}^{m_v}\boldsymbol{d}_{i,j}N_{i,j}(u_s,v_s) \tag{2.55}$$

设在曲线变形过程中，控制网格 $\boldsymbol{F}(u,v)$ 的每一个控制顶点 $\boldsymbol{d}_{i,j}$ 的移动量为 $\boldsymbol{\delta}_{i,j}$，即满足

$$\boldsymbol{p}'=\sum_{i=0}^{m_u}\sum_{j=0}^{m_v}(\boldsymbol{d}_{i,j}+\boldsymbol{\delta}_{i,j})N_{i,j}(u_s,v_s)=\boldsymbol{q}_s+\sum_{i=0}^{m_u}\sum_{j=0}^{m_v}\boldsymbol{\delta}_{i,j}N_{i,j}(u_s,v_s) \tag{2.56}$$

那么，如果 $\boldsymbol{p}_s$ 为曲线 $\boldsymbol{r}(u)$ 变形后 $\boldsymbol{q}_s$ 所对应的目标点，则根据式(2.56)和最小二乘原理，可建立如下关于控制顶点移动矢量 $\boldsymbol{\delta}=[\boldsymbol{\delta}_{0,0},\cdots,\boldsymbol{\delta}_{m_u,m_v}]^{\mathrm{T}}$ 的最小二乘目标函数：

$$E(\boldsymbol{\delta})=\sum_{s=0}^{m_s}\left\|\boldsymbol{p}_s-\left[\boldsymbol{q}_s+\sum_{i=0}^{m_u}\sum_{j=0}^{m_v}\boldsymbol{\delta}_{i,j}N_{i,j}(u_s,v_s)\right]\right\|^2 \tag{2.57}$$

式中，m_s 为目标点 $\boldsymbol{p}_s$ 的个数。将式(2.57)进一步表示为如下的矩阵形式：

$$\boldsymbol{A\delta}=\boldsymbol{b} \tag{2.58}$$

式中，$\boldsymbol{A}$ 为 $m_s\times(m_u\times m_v)$ 系数矩阵：

$$\boldsymbol{A}=\begin{bmatrix} N_{0,0}(u_0,v_0) & \cdots & N_{m_u,m_v}(u_0,v_0) \\ \vdots & & \vdots \\ N_{0,0}(u_{m_s},v_{m_s}) & \cdots & N_{m_u,m_v}(u_{m_s},v_{m_s}) \end{bmatrix}$$

$\boldsymbol{\delta}$ 为 $(m_u+1)\times(m_v+1)$ 个未知控制顶点移动矢量 $\{\boldsymbol{\delta}_{i,j}\}$ 构成的列向量：

$$\boldsymbol{\delta}=\begin{bmatrix} \boldsymbol{\delta}_{0,0} \\ \vdots \\ \boldsymbol{\delta}_{m_u,m_v} \end{bmatrix}$$

$\boldsymbol{b}$ 为由曲线数据点 $\{\boldsymbol{q}_s\}$ 和目标点 $\{\boldsymbol{p}_s\}$ 构成的列向量：

$$\boldsymbol{b}=\begin{bmatrix} \boldsymbol{p}_0-\boldsymbol{q}_0 \\ \vdots \\ \boldsymbol{p}_{m_s}-\boldsymbol{q}_{m_s} \end{bmatrix}$$

于是，式(2.58)的解可求得为 $\boldsymbol{\delta}=\boldsymbol{G}^{\mathrm{T}}(\boldsymbol{G}\boldsymbol{G}^{\mathrm{T}})^{-1}(\boldsymbol{H}^{\mathrm{T}}\boldsymbol{H})^{-1}\boldsymbol{H}^{\mathrm{T}}\boldsymbol{b}$，其中 $\boldsymbol{G}\boldsymbol{H}=\boldsymbol{A}$，$\boldsymbol{G}$ 为 $(m_u+1)\times r$ 矩阵，$\boldsymbol{H}$ 为 $r\times(m_v+1)$ 矩阵，矩阵 $\boldsymbol{A}$、$\boldsymbol{G}$ 和 $\boldsymbol{H}$ 的秩均为 $\boldsymbol{r}$。如果式(2.58)是欠定线性方程组，即 $m_s<m_u\times m_v$，系数矩阵 $\boldsymbol{A}$ 为行满秩阵时，式(2.58)的解可写为 $\boldsymbol{\delta}=\boldsymbol{A}^{\mathrm{T}}(\boldsymbol{A}\boldsymbol{A}^{\mathrm{T}})^{-1}\boldsymbol{b}$；如果式(2.58)是正定或超定线性方程组，即 $m_s\geqslant m_u\times m_v$，且系数矩阵为列满秩时，式(2.58)的解为 $\boldsymbol{\delta}=(\boldsymbol{A}^{\mathrm{T}}\boldsymbol{A})^{-1}\boldsymbol{A}^{\mathrm{T}}\boldsymbol{b}$。特别地，当只有一个目标点 $\boldsymbol{p}_s$，即 $\boldsymbol{A}$ 为单行非零矩阵时，式(2.58)的解可表示为 $\boldsymbol{\delta}=\boldsymbol{1}/\|\boldsymbol{A}\|^2\boldsymbol{A}^{\mathrm{T}}\boldsymbol{b}$。一般情况下，为了保证系数矩阵各行或各列元素线性不相关，在建立式(2.58)时，应保证没有重复数据点，此时可采用上述广义逆的方式进行求解。

2.3.2 曲面的自由变形

类似曲线的直接自由变形法，曲面的自由变形也可以通过最小二乘法重新配置控制体的控制顶点来实现。假定变形曲面 $\boldsymbol{r}(u,v)$ 的辅助控制体 $\boldsymbol{F}(u,v,w)$ 由控制顶点 $\boldsymbol{d}_{i,j,k}$ 和B样条基函数 $N_{i,j,k}(u,v,w)$ 所定义：

$$\boldsymbol{F}(u,v,w)=\sum_{i=0}^{m_u}\sum_{j=0}^{m_v}\sum_{k=0}^{m_w}\boldsymbol{d}_{i,j,k}N_{i,j,k}(u,v,w) \tag{2.59}$$

式中，B样条基函数 $N_{i,j,k}(u,v,w)=N_{i,e}(u)N_{j,f}(v)N_{l,g}(w)$。注意，当处理空间曲线的变形时，所使用的也是变形控制体 $\boldsymbol{F}(u,v,w)$，如图2.14所示。类似地，根据曲面 $\boldsymbol{r}(u,v)$ 上的数据点 $\boldsymbol{q}_s$ 和它所对应的变形后的目标点 $\boldsymbol{p}_s$ 以及最小二乘原理，也可建立如下关于控制体顶点移动矢量 $\boldsymbol{\delta}=[\boldsymbol{\delta}_{0,0,0},\cdots,\boldsymbol{\delta}_{m_u,m_v,m_w}]^{\mathrm{T}}$ 的最小二乘目标函数：

$$E(\boldsymbol{\delta}) = \sum_{s=0}^{m_s} \left\| \boldsymbol{p}_s - \left[\boldsymbol{q}_s + \sum_{i=0}^{m_u} \sum_{j=0}^{m_v} \sum_{k=0}^{m_w} \boldsymbol{\delta}_{i,j,k} N_{i,j,k}(u,v,w) \right] \right\|^2 \tag{2.60}$$

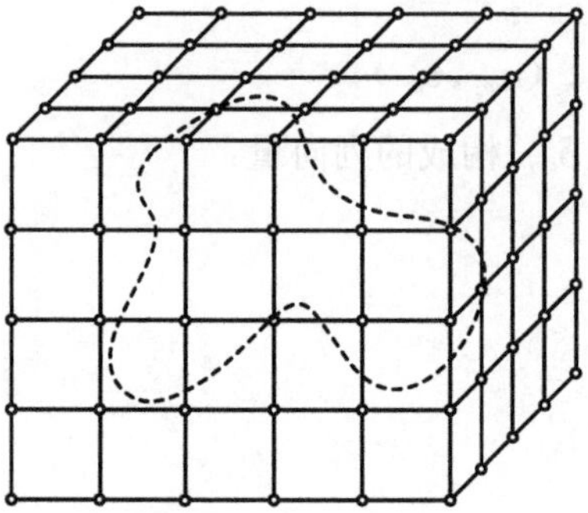

图 2.14 变形控制体

式(2.60)可进一步表示为如下的矩阵形式：

$$\boldsymbol{A\delta} = \boldsymbol{b} \tag{2.61}$$

式中，$\boldsymbol{\delta}$ 为由 $(m_u+1)\times(m_v+1)\times(m_w+1)$ 个未知控制顶点移动矢量 $\{\boldsymbol{\delta}_{i,j}\}$ 构成的列向量：

$$\boldsymbol{\delta} = \begin{bmatrix} \boldsymbol{\delta}_{0,0,0} \\ \vdots \\ \boldsymbol{\delta}_{m_u,m_v,m_w} \end{bmatrix}$$

$\boldsymbol{A}$ 为 $m_s\times(m_u\times m_v\times m_w)$ 系数矩阵：

$$\boldsymbol{A} = \begin{bmatrix} N_{0,0,0}(u_0,v_0,w_0) & \cdots & N_{m_u,m_v,m_w}(u_0,v_0,w_0) \\ \vdots & & \vdots \\ N_{0,0,0}(u_{m_s},v_{m_s},w_{m_s}) & \cdots & N_{m_u,m_v,m_w}(u_{m_s},v_{m_s},w_{m_s}) \end{bmatrix}$$

$\boldsymbol{b}$ 为由变形曲面的线数据点 $\{\boldsymbol{q}_s\}$ 和目标点 $\{\boldsymbol{p}_s\}$ 构成的列向量：

$$\boldsymbol{b} = \begin{bmatrix} \boldsymbol{p}_0 - \boldsymbol{q}_0 \\ \vdots \\ \boldsymbol{p}_{m_s} - \boldsymbol{q}_{m_s} \end{bmatrix}$$

上述矩阵方程的求解过程与曲线情形类似，在此不再赘述。

参考文献

[1] Farouki R T, Rajan V T. Algorithms for polynomials in Bernstein form. Computer Aided Geometric Design, 1988, 5(1): 1-26.

[2] Berchtold J, Bowyer A. Robust arithmetic for multivariate Bernstein-form polynomials. Computer-Aided Design, 2000, 32(11): 681-689.

[3] 施法中. 计算机辅助几何设计与非均匀有理B样条. 2版. 北京：高等教育出版社，2001.

[4] Cox M G. The numerical evaluation of B-splines. IMA Journal of Applied Mathematics, 1972, 10(2): 134-149.

[5] De Boor C. On calculating with B-splines. Journal of Approximation Theory, 1972, 6: 50-62.

[6] De Boor C. A Practical Guide to Splines. New York: Springer-Verlag, 1978.

[7] Piegl L, Tiller W. The NURBS Book. 2nd ed. New York: Springer-Verlag, 1997.

[8] Butterfield K R. The computation of all the derivatives of a B-spline basis. IMA Journal of Applied Mathematics, 1976, 17(1): 15-25.

[9] Boehm W. Inserting new knots into B-spline curve. Computer-Aided Design, 1980, 12(4):

199-201.

[10] Boehm W, Prautzsch H. The inserting algorithm. Computer-Aided Design, 1985, 17(2): 58-59.

[11] Cohen E, Lyche T, Riesenfeld R. Discrete B-spline and subdivision techniques in computer-aided geometric design and computer graphics. Computer Graphics and Image Processing, 1980, 14(2): 87-111.

[12] 朱心雄. 自由曲线曲面造型技术. 北京：科学出版社，2000.

[13] Hsu W M, Hughes J F, Kaufman H. Direct manipulation of free-form deformation. ACM SIGGRAPH Computer Graphics, 1992, 26(2): 177-184.

[14] Hu S M, Zhang H, Tai C L, et al. Direct manipulation of FFD: Efficient explicit solutions and decomposable multiple point constraints. The Visual Computer, 2001, 17(6): 370-379.

第3章 自由曲面几何重构

造型灵活、美观又符合空气动力学、流体力学外形等要求的复杂曲面已广泛应用于航空航天、能源动力和信息电子等行业产品的外形设计，其高效、精确、灵活的三维建模方法一直是计算机辅助几何设计(computer aided geometric design, CAGD)、计算机图形学(computer graphics, CG)和逆向工程(reverse engineering, RE)等领域的研究热点。复杂曲面的几何精确表达不仅是产品在计算机中进行数字化表示和迭代设计的需要，也是数控加工刀位规划、余量均化和精度检测等制造过程的模型依据，其建模的质量与精度直接影响到产品的后续加工过程。本章主要介绍目前最流行的B样条自由曲面建模方法，并结合作者从事相关研究和工程应用的实践经验，重点论述自由曲面重构所涉及的数据处理、参数化、控制顶点反算和曲面光滑拼接等内容。

3.1 散乱数据的预处理

3.1.1 曲线数据的序化处理

一般情况下，三维测量特别是激光测量得到的数据点都是散乱点，存储位置相邻的数据点在三维空间并不一定具有邻接关系。如图3.1所示，未经处理的散乱数据是很难直接用于数据的参数化和后续的曲线拟合的。为得到理想的曲线拟合结果，必须对散乱的曲线点进行有序化处理，使其按照既定的空间位置邻接关系顺序排列[1]。

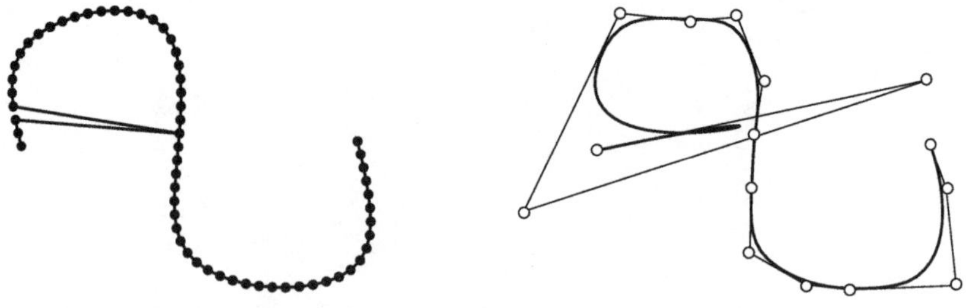

(a) 散乱曲线数据点　　(b) 拟合曲线的扭曲变形

图3.1 直接拟合散乱数据时的曲线扭曲变形

假设散乱曲线点 $\boldsymbol{p}_i(i=0,1,\cdots,m)$ 所在的曲线至少是 G^1 连续的。在该假设前提下，给出如下散乱曲线点的排序策略：

(1) 选择任一点如 $\boldsymbol{p}_0$ 为开始点，并连接到它的最近点；

(2) 将开始点到其最近点的矢量作为搜索方向，搜索下一个邻近点；

(3) 更新起始点和搜索方向，重复上述过程直至所有数据点都被遍历。

如图 3.2 所示，数据起始点 $\boldsymbol{p}_0$ 位于点集序列的中间位置，数据点 $\boldsymbol{p}_i(i=0,1,\cdots,m)$ 并未按其存储顺序在三维空间中顺序排列。如果按存储顺序参数化数据点 $\{\boldsymbol{p}_i\}$，势必使拟合曲线发生严重扭曲。为此，在参数化数据点 $\boldsymbol{p}_i$ 之前，必须先完成散乱点的有序化。根据前面所述的排序策略：将 $\boldsymbol{p}_0$ 作为开始点，将其连接到它的最近点 $\boldsymbol{p}_s$，并将 $\boldsymbol{p}_0\boldsymbol{p}_s$ 作为搜索方向。此时更新开始点为 $\boldsymbol{p}_s$，继续向前搜索最近点 $\boldsymbol{p}_w$，并计算 $\boldsymbol{p}_s\boldsymbol{p}_w$ 和 $\boldsymbol{p}_0\boldsymbol{p}_s$ 之间的夹角：

$$\theta_s = \arccos\left(\frac{\boldsymbol{p}_0\boldsymbol{p}_s}{\|\boldsymbol{p}_0\boldsymbol{p}_s\|}\cdot\frac{\boldsymbol{p}_s\boldsymbol{p}_w}{\|\boldsymbol{p}_s\boldsymbol{p}_w\|}\right) \tag{3.1}$$

如果 $\theta_s<\theta_{\text{th}}$，$\theta_{\text{th}}$ 为给定的角度阈值，一般可选择 60°～90°，那么 $\boldsymbol{p}_s$ 将被作为新的开始点，同时将搜索矢量更新为 $\boldsymbol{p}_s\boldsymbol{p}_w$，继续上述过程，直至到达一点 $\boldsymbol{p}_{e1}$，其最近点不再满足 $\theta_s<\theta_{\text{th}}$，则认为已搜索到曲线的端点。然后，将开始点重新设置为 $\boldsymbol{p}_0$，搜索方向设置为 $\boldsymbol{p}_0\boldsymbol{p}_s$ 的反方向 $\boldsymbol{p}_s\boldsymbol{p}_0$，继续上述搜索过程，直到另一个端点也被找到。将数据点按新的顺序存储，得到序化数据。

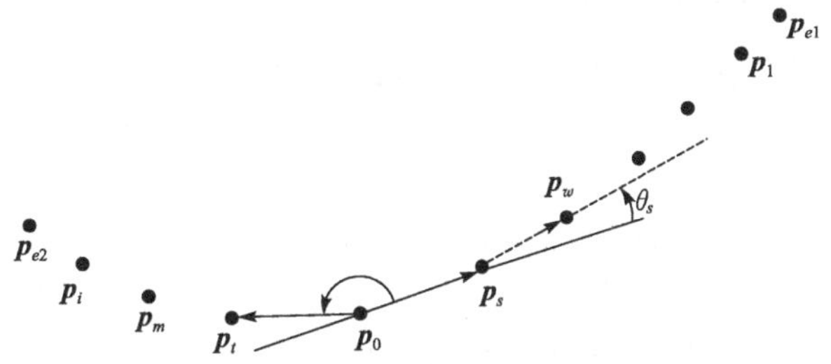

图 3.2　散乱曲线数据点的有序化处理

3.1.2　点云数据的主元分析

点云的主元分析就是利用多元统计学方法构造测量数据的协方差矩阵[2]，然后通过矩阵的特征值分解求得协方差矩阵的特征值和特征向量。该方法在数据最小二乘平面拟合、法矢估计、切平面分析和主轴计算等方面具有广泛应用。下面将详细讨论点云数据的主元分析过程。

设 $\boldsymbol{p}_i(i=0,1,\cdots,m)$ 为测量数据，其协方差矩阵 $\boldsymbol{H}$ 表示为

$$\boldsymbol{H}=\frac{1}{m+1}\sum_{i=0}^{m}(\boldsymbol{p}_i-\boldsymbol{\mu}_p)(\boldsymbol{p}_i-\boldsymbol{\mu}_p)^{\mathrm{T}},\qquad \boldsymbol{\mu}_p=\frac{1}{m+1}\sum_{i=0}^{m}\boldsymbol{p}_i \tag{3.2}$$

式中，$\boldsymbol{H}$ 为 3×3 的对称阵；$\boldsymbol{\mu}_p$ 为测量数据的形心。设 $\boldsymbol{v}$ 为单位矢量，$\beta_i=\boldsymbol{v}^{\mathrm{T}}(\boldsymbol{p}_i-$

$\boldsymbol{\mu}_p$)为形心 $\boldsymbol{\mu}_p$ 到测量点 $\boldsymbol{p}_i$ 的方向矢量 $\boldsymbol{p}_i\boldsymbol{\mu}_p=\boldsymbol{p}_i-\boldsymbol{\mu}_p$ 在 $\boldsymbol{v}$ 方向上的投影,则$\{\beta_i^2\}$的平均值为

$$\overline{\beta^2}=\frac{1}{m+1}\sum_{i=0}^{m}\beta_i^2=\frac{1}{m+1}\sum_{i=0}^{m}\boldsymbol{v}^{\mathrm{T}}(\boldsymbol{p}_i-\boldsymbol{\mu}_p)(\boldsymbol{p}_i-\boldsymbol{\mu}_p)^{\mathrm{T}}\boldsymbol{v}=\boldsymbol{v}^{\mathrm{T}}\boldsymbol{H}\boldsymbol{v} \tag{3.3}$$

式中,$\overline{\beta^2}$为单位矢量 $\boldsymbol{v}$ 的函数。当 $\boldsymbol{v}$ 为某特定方向时,$\overline{\beta^2}$取得最大值,即所有矢量$\{\boldsymbol{p}_i\boldsymbol{\mu}_p\}$在该方向的投影$\{\beta_i\}$的平方和达到最大值。后面将证明该方向就是矩阵 $\boldsymbol{H}$ 最大特征值所对应的特征矢量方向。首先,构造如下拉格朗日乘子函数

$$\phi=\boldsymbol{v}^{\mathrm{T}}\boldsymbol{H}\boldsymbol{v}-\lambda(\boldsymbol{v}^{\mathrm{T}}\boldsymbol{v}-1) \tag{3.4}$$

式中,λ 为拉格朗日乘子。若在 $\boldsymbol{v}$ 为单位矢量即 $\boldsymbol{v}^{\mathrm{T}}\boldsymbol{v}=1$ 的约束条件下,式(3.4)能够取得极值,则 ϕ 对 $\boldsymbol{v}$ 的偏导矢量 $\partial\phi/\partial\boldsymbol{v}$ 必满足如下条件:

$$\frac{\partial\phi}{\partial\boldsymbol{v}}=(\boldsymbol{H}-\lambda\boldsymbol{I})\boldsymbol{v}=0 \tag{3.5}$$

若式(3.5)有解,则 $\boldsymbol{H}-\lambda\boldsymbol{I}$ 必须为奇异阵,即 λ 满足

$$|\boldsymbol{H}-\lambda\boldsymbol{I}|=0 \tag{3.6}$$

显然,式(3.6)的解 λ 为协方差阵 $\boldsymbol{H}$ 的特征值。若在$(\boldsymbol{H}-\lambda\boldsymbol{I})\boldsymbol{v}=0$ 左边乘以 $\boldsymbol{v}^{\mathrm{T}}$,则可得 $\boldsymbol{v}^{\mathrm{T}}\boldsymbol{H}\boldsymbol{v}=\lambda$。由此可见,$\boldsymbol{H}$ 最大特征值$\lambda_{\max}$就是$\{\beta_i^2\}$平均值的最大值,其最小特征值 $\lambda_{\min}$为$\{\beta_i^2\}$平均值的最小值[3]。

3.1.3 数据点 k 邻域的快速搜索

对于任一数据点 $\boldsymbol{p}$,测量数据点中与其距离最近的 k 个点被称为 $\boldsymbol{p}$ 的 k 邻域点[4,5]。利用数据点的 k 邻域可以加快相关数据处理算法的运算速度,也可用于局部切空间的曲面拟合处理等环节。

在计算 $\boldsymbol{p}$ 点的 k 邻域时,为节省计算时间,提高算法效率,可先把数据空间分隔成许多大小相同的立方体子空间,如图 3.3 所示,然后将测量数据中的每一数据点放入其对应的子空间中,再利用子空间中点的信息对每个候选点进行 k 邻域搜索。为此,首先计算测量数据的最小包围盒$[x_{\min},x_{\max}]\times[y_{\min},y_{\max}]\times[z_{\min},z_{\max}]$,可根据式(3.7)估算立方体子空间的边长 L_{c}:

$$L_{\mathrm{c}}=\alpha\cdot\sqrt[3]{\frac{k}{n}(x_{\max}-x_{\min})(y_{\max}-y_{\min})(z_{\max}-z_{\min})} \tag{3.7}$$

式中,n 为测量数据点数;α 为调整立方体子空间尺寸的控制因子,一般取为 0.8～1.5。于是,可以得到立方体子空间在 x、y、z 方向的分辨率为

$$\begin{cases} r_x=\mathrm{int}\left(\dfrac{x_{\max}-x_{\min}}{L_{\mathrm{c}}}\right) \\ r_y=\mathrm{int}\left(\dfrac{y_{\max}-y_{\min}}{L_{\mathrm{c}}}\right) \\ r_z=\mathrm{int}\left(\dfrac{z_{\max}-z_{\min}}{L_{\mathrm{c}}}\right) \end{cases} \tag{3.8}$$

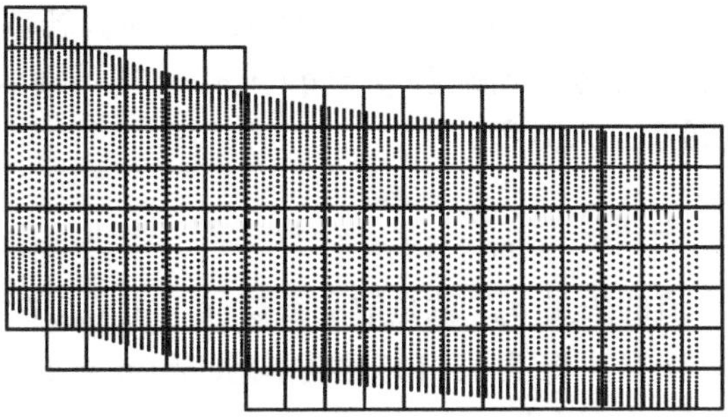

图 3.3　数据点云的空间分割

在实际的处理中，考虑到计算机浮点数的表示精度，L_c 会被乘以一个稍小于 1 的数，以保证位于最小包围盒边界上的数据点能落入其对应的立方体子空间中。现在，可以建立如下的数据结构存储测量数据点，将每一测量点 $\boldsymbol{p}$ 放入其对应的立方体子空间中。由于每个子空间内含有数据点的个数是未知的，为了节省存储空间，可采用链表数据结构进行存储：

$$\text{cube}[i][j][k]=\begin{cases} i,j,k, & \text{立方体索引值} \\ \{\boldsymbol{p}\}, & \text{存储的数据点} \end{cases} \tag{3.9}$$

利用前面得到的立方体子空间的数据结构，搜索 $\boldsymbol{p}$ 点 k 邻域的步骤如下：

(1) 计算 $\boldsymbol{p}$ 所在的立方体子空间 cube[i][j][k]，其中

$$i=\text{int}\left(\frac{x_p-x_{\min}}{r_x}\right),\quad j=\text{int}\left(\frac{y_p-y_{\min}}{r_y}\right),\quad k=\text{int}\left(\frac{z_p-z_{\min}}{r_z}\right)$$

(2) 计算 $\boldsymbol{p}$ 到当前立方体子空间 6 个面的最短距离 d_s。

(3) 在当前子空间内搜索与点 $\boldsymbol{p}$ 最近的 k 个点，并按距离升序方式存储，同时对访问过的立方体子空间进行标记。

(4) 在当前子立方体空间内，如果 $\boldsymbol{p}$ 的 k 个最近邻域点已找到，并且 $\boldsymbol{p}$ 到第 k 个最近点的距离小于 d_s，则 $\boldsymbol{p}$ 的 k 邻域搜索结束；否则，立方体子空间向外扩张一圈，转到步骤(2)继续搜索。

3.1.4　局部数据点的最小二乘拟合

局部邻域点集的平面、二次曲面的最小二乘逼近在测量数据的精简、序化处理和局部微分几何特性分析等方面具有广泛的应用，它们与后面将要详细介绍的 B 样条曲面拟合有明显的不同，其操作简单、计算方便，又与前面所述的主元分析、k 邻域等内容有密切的联系。

1. 最小二乘平面拟合

最小二乘平面拟合就是，已知一点 $\boldsymbol{q}$ 的邻域点集 $\boldsymbol{p}_i$ ($i=0,1,\cdots,k$)，求过 $\boldsymbol{q}$ 点

的逼近平面 P。如图 3.4 所示，设平面 P 的法矢量为 $\boldsymbol{n}_p$，若数据点 $\boldsymbol{p}_i$ 在平面 P 上，则 $\boldsymbol{p}_i$ 到平面的距离为零，即满足 $(\boldsymbol{p}_i-\boldsymbol{q})\cdot\boldsymbol{n}_p=0$。据此，对于所有数据点 $\{\boldsymbol{p}_i\}$，可建立如下的最小二乘方程：

$$E(\boldsymbol{n}_p)=\frac{1}{m+1}\sum_{i=0}^{m}\|(\boldsymbol{p}_i-\boldsymbol{q})\cdot\boldsymbol{n}_p\|^2 \tag{3.10}$$

使式(3.10)取得最小值的矢量 $\boldsymbol{n}_p^{\min}$ 就是散乱数据 $\{\boldsymbol{p}_i\}$ 过 $\boldsymbol{q}$ 点的最小二乘逼近平面的法矢量 $\boldsymbol{n}_p$，即 $\boldsymbol{n}_p=\boldsymbol{n}_p^{\min}$。将式(3.10)中方向矢量 $(\boldsymbol{p}_i-\boldsymbol{q})$ 和法矢量 $\boldsymbol{n}_p$ 看成 3×1 的列向量，则式(3.10)可表示为

$$E(\boldsymbol{n}_p)=\frac{1}{m+1}\sum_{i=0}^{m}\boldsymbol{n}_p^{\mathrm{T}}(\boldsymbol{p}_i-\boldsymbol{q})(\boldsymbol{p}_i-\boldsymbol{q})^{\mathrm{T}}\boldsymbol{n}_p=\boldsymbol{n}_p^{\mathrm{T}}\boldsymbol{H}_p\boldsymbol{n}_p \tag{3.11}$$

显然，$\boldsymbol{H}_p$ 为测量数据关于点 $\boldsymbol{q}$ 的协方差矩阵：

$$\boldsymbol{H}_p=\frac{1}{m+1}\sum_{i=0}^{m}(\boldsymbol{p}_i-\boldsymbol{q})(\boldsymbol{p}_i-\boldsymbol{q})^{\mathrm{T}} \tag{3.12}$$

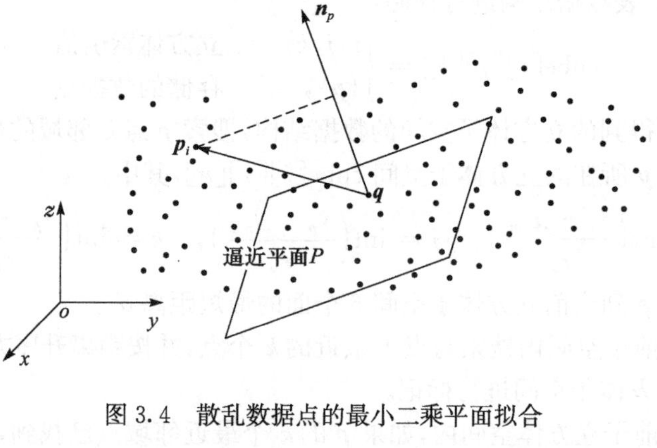

图 3.4 散乱数据点的最小二乘平面拟合

比较式(3.3)和式(3.11)，可以看到，$E(\boldsymbol{n}_p)$ 的最小值就是协方差矩阵 $\boldsymbol{H}_p$ 的最小特征值，换句话说，$\boldsymbol{H}_p$ 的最小特征值所对应的特征向量 $\boldsymbol{e}_{\min}$ 就是数据点 $\{\boldsymbol{p}_i\}$ 最佳逼近平面的法矢量，即 $\boldsymbol{n}_p=\boldsymbol{e}_{\min}$。对于测量数据任一点处的法矢估计、切平面构造和点云的主轴计算都可以利用前面所述的主元分析方法快速得到。在后面的章节中，将会看到一些具体的应用。

2. 最小二乘二次曲面拟合

下面给出 $\boldsymbol{q}$ 点处二次曲面的最小二乘拟合方法。如图 3.5 所示，在 $\boldsymbol{q}$ 点处建立局部坐标系 $\xi^{(\mathrm{L})}=\{\boldsymbol{O};\boldsymbol{e}_1^{(\mathrm{L})},\boldsymbol{e}_2^{(\mathrm{L})},\boldsymbol{e}_3^{(\mathrm{L})}\}$，坐标原点为 $\boldsymbol{q}$，$\boldsymbol{e}_3^{(\mathrm{L})}$ 为 $\boldsymbol{q}$ 点处逼近平面的法矢量 $\boldsymbol{n}_p$，$\boldsymbol{e}_2^{(\mathrm{L})}$ 为点 $\boldsymbol{q}$ 到数据点 $\boldsymbol{p}_0$ 连线 $\boldsymbol{p}_0\boldsymbol{q}$ 在逼近平面上投影的单位矢量，$\boldsymbol{e}_1^{(\mathrm{L})}$ 为 $\boldsymbol{e}_2^{(\mathrm{L})}$ 到 $\boldsymbol{e}_3^{(\mathrm{L})}$ 的矢量积，则

$$\begin{cases} \boldsymbol{O} = \boldsymbol{q} \\ \boldsymbol{e}_1^{(L)} = \boldsymbol{e}_2^{(L)} \times \boldsymbol{e}_3^{(L)} \\ \boldsymbol{e}_2^{(L)} = \dfrac{(\boldsymbol{p}_0 - \boldsymbol{q}) + (\boldsymbol{p}_0 - \boldsymbol{q}) \cdot \boldsymbol{n}_p \cdot \boldsymbol{n}_p}{\|(\boldsymbol{p}_0 - \boldsymbol{q}) + (\boldsymbol{p}_0 - \boldsymbol{q}) \cdot \boldsymbol{n}_p \cdot \boldsymbol{n}_p\|} \\ \boldsymbol{e}_3^{(L)} = \boldsymbol{n}_p \end{cases} \tag{3.13}$$

进而，将 $\boldsymbol{q}$ 点的邻域点 $\{\boldsymbol{p}_r\}$ 变换到局部坐标系 $\xi^{(L)}$ 下，变换公式为

$$\boldsymbol{p}_r^{(L)} = \begin{bmatrix} x_r^{(L)} \\ y_r^{(L)} \\ z_r^{(L)} \end{bmatrix} = \begin{bmatrix} \boldsymbol{e}_1^{(L)} \\ \boldsymbol{e}_2^{(L)} \\ \boldsymbol{e}_3^{(L)} \end{bmatrix} [\boldsymbol{p}_r - \boldsymbol{q}] \tag{3.14}$$

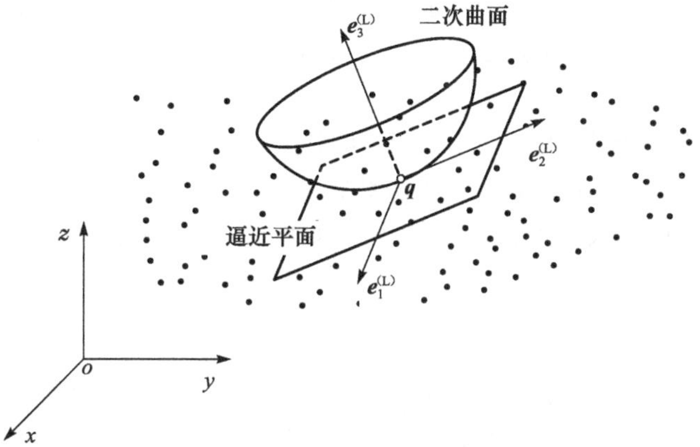

图 3.5　散乱数据点的局部二次曲面拟合

记 $\boldsymbol{q}$ 的邻域点 $\{\boldsymbol{p}_r\}$ 在局部坐标系 $\xi^{(L)}$ 下为 $\{\boldsymbol{p}_r^{(L)}\}$，然后对局部点集 $\{\boldsymbol{p}_r^{(L)}\}$ 进行二次曲面拟合。设二次曲面的方程为 $z^{(L)}(x^{(L)}, y^{(L)}) = a{x^{(L)}}^2 + bx^{(L)}y^{(L)} + c{y^{(L)}}^2$，其中 a、b、c 是二次曲面的系数。据此方程，建立邻域点集 $\{\boldsymbol{p}_r^{(L)}\}$ 的最小二乘拟合目标函数为

$$E = \min\left\{\sum_{r=1}^{k} \left| z^{(L)}(x_r^{(L)}, y_r^{(L)}) - z_r^{(L)} \right|^2\right\} \tag{3.15}$$

式(3.15)等价于求解如下矩阵方程：

$$\boldsymbol{AX} = \boldsymbol{B} \tag{3.16}$$

式中

$$\boldsymbol{A} = \begin{bmatrix} {x_1^{(L)}}^2 & x_1^{(L)} y_1^{(L)} & {y_1^{(L)}}^2 \\ \vdots & \vdots & \vdots \\ {x_k^{(L)}}^2 & x_k^{(L)} y_k^{(L)} & {y_k^{(L)}}^2 \end{bmatrix}, \quad \boldsymbol{X} = \begin{bmatrix} a \\ b \\ c \end{bmatrix}, \quad \boldsymbol{B} = \begin{bmatrix} z_1^{(L)} \\ \vdots \\ z_k^{(L)} \end{bmatrix} \tag{3.17}$$

$\boldsymbol{A}$ 为 $k\times3$ 的系数矩阵，$\boldsymbol{X}$ 为二次曲面方程 $z^{(L)}(x^{(L)},y^{(L)})$ 的 3 个未知系数 a、b、c 构成的列向量，$\boldsymbol{B}$ 为局部邻域点 $\boldsymbol{p}_r^{(L)}$ 的 z 向分量所构成的列向量。式(3.16)可采用 2.3.1 节所述求解曲线自由变形矩阵方程的方法进行求解。

3.1.5 空间数据的平面映射

在实际处理中，为了点云边界提取、数据网格化和参数化等几何操作的方便，有时需要将空间点云映射到二维平面域进行降维处理。但为了保证数据降维处理的正确性，此类映射必须保证平面点集能够正确继承空间点集之间的既定邻接关系，实现空间点集到平面点集之间的一一映射。

常用的数据点平面映射方法有如下两种。

(1) z 向投影法。z 向投影法是最常用的二维平面映射方法，就是将所有空间数据点的 z 坐标设为零，将点云投影到 x-y 平面上，如图 3.6 所示。数学描述为

$$f^{(z)}:(x,y,z)\rightarrow(x,y) \tag{3.18}$$

有时由于测量定位的问题，沿 z 向投影可能会造成投影数据局部出现重叠，此时可以通过 3.1.2 节所述的主元分析法获得测量数据最小二乘拟合平面的法矢量 $\boldsymbol{n}_p$，沿法矢量方向将数据点投影到最小二乘平面上，实现空间点云到二维平面的映射。

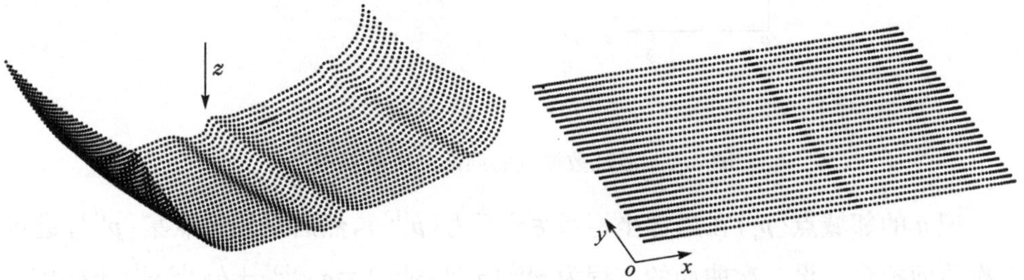

图 3.6 空间点云到 x-y 平面的 z 向投影

一般而言，适合三轴数控加工的复杂曲面零件，其测量数据都可以通过 z 向投影法映射到 x-y 平面上。对于只适合五轴数控加工的复杂曲面零件，采用 z 向投影法就可能导致空间测量数据在其投影平面上的映射区域发生重叠，无法保证平面点集正确继承空间点集之间的既定邻接关系，也就无法用于后续的数据处理。

(2) 柱面坐标映射。如图 3.7(a)所示，圆柱曲面可表示为

$$\boldsymbol{r}(R,\theta,z)=\begin{bmatrix}R\cos\theta\\R\sin\theta\\z\end{bmatrix} \tag{3.19}$$

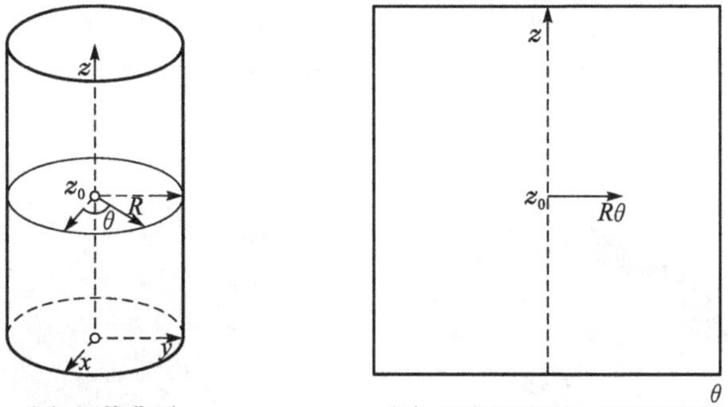

（a）圆柱曲面　　（b）圆柱曲面到 θ-z 平面的映射

图 3.7　基于柱面坐标的二维平面映射

如果固定圆柱半径 R，则圆柱曲面 $\boldsymbol{r}(R,\theta,z)$ 就由参数 (θ,z) 唯一确定，这样就确定了圆柱曲面 $\boldsymbol{r}(R,\theta,z)$ 到 θ-z 参数平面的一一映射关系，如图 3.7(b)所示。考虑到纵向坐标 z 与横向坐标 θ 在度量上的差异，横坐标实际取为 $R\theta$，即在 $z=z_0$ 圆柱截面内旋转角度 θ 所对应的弧长。在几何上，上述的二维平面映射过程实际上就是可展直纹柱面的展平过程。从曲面到二维平面映射的角度考虑，圆柱曲面具有如下特点：对于圆柱轴线上的任意一点，过该点作轴线的垂直截面，则垂直截面与圆柱面的截面线对该点是最近可视的。理论上，具有上述特点的曲面都可以利用柱面参数 (θ,z) 将其映射到 θ-z 平面上。后面详细讨论复杂曲面测量数据到 θ-z 平面的映射过程。

首先，利用 3.1.2 节所述主元分析法获得测量数据 $\boldsymbol{p}_i(i=0,1,\cdots,m)$ 的 3 个特征向量 $\boldsymbol{e}_1$、$\boldsymbol{e}_2$ 和 $\boldsymbol{e}_3$。如图 3.8 所示，在测量数据形心 $\boldsymbol{\mu}_p$ 处建立坐标系 $\xi^{(\mathrm{L})}=\{\boldsymbol{\mu}_p;\boldsymbol{e}_1,\boldsymbol{e}_2,\boldsymbol{e}_3\}$，选择最大特征向量 $\boldsymbol{e}_1$ 作为测量数据的主轴 $\boldsymbol{A}_{\mathrm{axis}}$。然后，计算形心 $\boldsymbol{\mu}_p$ 与数据点 $\boldsymbol{p}_i$ 之间的连线矢量 $\boldsymbol{\mu}_p\boldsymbol{p}_i$ 在 $\boldsymbol{e}_2$-$\boldsymbol{e}_3$ 平面内的投影 $\boldsymbol{\mu}_p\boldsymbol{p}_i^s$ 与 $\boldsymbol{e}_2$ 之间的夹角和其在轴线 $\boldsymbol{A}_{\mathrm{axis}}$ 上的投影距离：

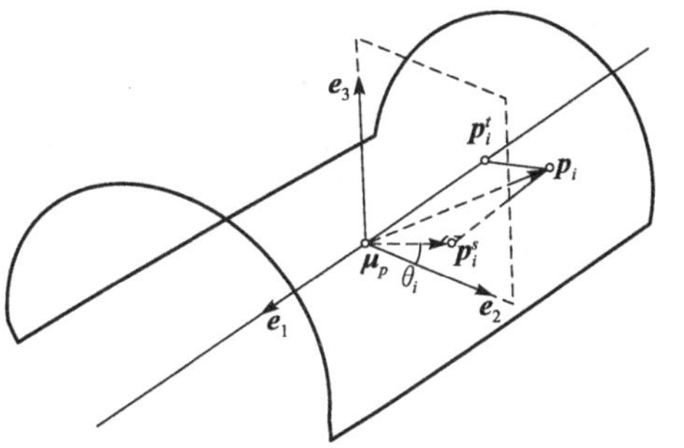

图 3.8　柱面坐标映射

$$\begin{cases}\theta_i=\arccos\left(\dfrac{\boldsymbol{\mu}_p\boldsymbol{p}_i^s}{\|\boldsymbol{\mu}_p\boldsymbol{p}_i^s\|}\cdot\boldsymbol{e}_2\right)\\ L_i=\boldsymbol{\mu}_p\boldsymbol{p}_i\cdot\boldsymbol{A}_{\mathrm{axis}}\end{cases}\tag{3.20}$$

这样，以 L_i 为横坐标、θ_i 为纵坐标，就可以将测量数据 $\boldsymbol{p}_i(i=0,1,\cdots,m)$ 映射到 θ-z 参数平面域，其中纵坐标的实际值为 $\theta_i R_{\mathrm{a}}$，R_{a} 可取为测量数据到主轴的平均半径。在工程实际应用中，经常处理的曲面如回转类曲面、机身覆盖件等曲面大都具有圆柱曲面的特点,采用柱面坐标映射方法都可以给出良好的映射结果[6,7]。图 3.9 给出了一个利用柱面坐标映射将一卷曲类曲面的测量数据映射到参数平面上的例子。

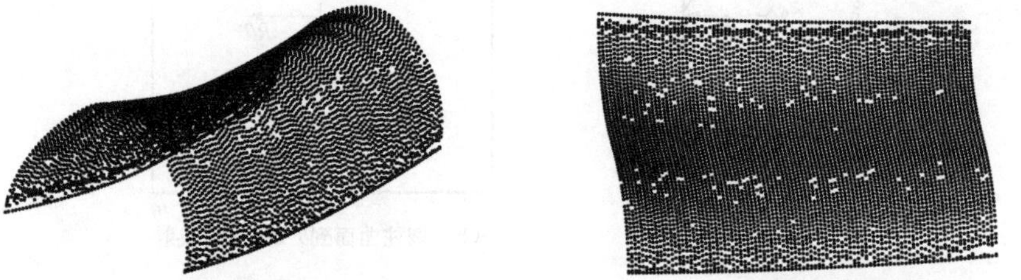

(a) 测量数据点　　(b) 平面映射数据点

图 3.9　基于柱面坐标的测量数据到平面的映射

3.1.6　测量数据的边界点提取

对于三维曲面重建,曲面的边界信息是必不可少的,但曲面的测量数据并没有明确指明哪些数据点是边界点,因此必须通过手动或程序完成边界的提取。考虑到直接提取三维测量数据边界的复杂性,本节利用 3.1.5 节所述的空间点云到二维平面的映射方法先将空间测量数据转化为平面点集,进而在二维平面上提取测量数据的边界点,这无疑将简化空间测量数据的边界处理问题[6,7]。

这里,假定测量数据已经被映射到平面域。首先,计算平面数据点集的最小包围盒$[x_{\min},x_{\max}]\times[y_{\min},y_{\max}]$。任取矩形包围盒 4 个角点中的一个,不妨设为点 $\boldsymbol{A}$,找到点集中与点 $\boldsymbol{A}$ 距离最近的一点,设为点 $\boldsymbol{B}$。将点 $\boldsymbol{B}$ 作为边界搜索的始发点。利用 3.1.4 节所述的 k 邻域搜索方法得到点 $\boldsymbol{B}$ 的 k 邻域点,设为 $Q_k^{(B)}$。遍历 $\boldsymbol{B}$ 的 k 邻域 $Q_k^{(B)}$,求出点集 $Q_k^{(B)}$ 内满足 $f(\boldsymbol{A},\boldsymbol{B},\boldsymbol{p}_i)>0$ 且方向转角$\angle \boldsymbol{ABp}_i$ 最小的点 $\boldsymbol{p}_i$,其中

$$f(\boldsymbol{p}_1,\boldsymbol{p}_2,\boldsymbol{p}_3)=\begin{vmatrix} x_1 & y_1 & 1 \\ x_2 & y_2 & 1 \\ x_3 & y_3 & 1 \end{vmatrix} \tag{3.21}$$

当 $f(\boldsymbol{p}_1,\boldsymbol{p}_2,\boldsymbol{p}_3)=0$ 时,3 点 $\boldsymbol{p}_1$、$\boldsymbol{p}_2$、$\boldsymbol{p}_3$ 共线;当 $f(\boldsymbol{p}_1,\boldsymbol{p}_2,\boldsymbol{p}_3)<0$ 时,$\boldsymbol{p}_3$ 位于 $\boldsymbol{p}_1$ 到 $\boldsymbol{p}_2$ 有向线段的右侧;$f(\boldsymbol{p}_1,\boldsymbol{p}_2,\boldsymbol{p}_3)>0$ 时,$\boldsymbol{p}_3$ 位于 $\boldsymbol{p}_1$ 到 $\boldsymbol{p}_2$ 有向线段的左侧,如图 3.10所示。再求出过点 $\boldsymbol{p}_i$ 且与矢量 $\boldsymbol{Bp}_i$ 垂直的直线,并在其上取点 $\boldsymbol{C}$,且令 $\boldsymbol{C}$ 满足函数 $f(\boldsymbol{B},\boldsymbol{p}_i,\boldsymbol{C})>0$,即保证 $\boldsymbol{C}$ 在矢量 $\boldsymbol{Bp}_i$ 的左侧;以矢量 $\boldsymbol{Bp}_i$ 所在直线和矢量 $\boldsymbol{p}_i\boldsymbol{C}$ 所在直线为界,把 $\boldsymbol{p}_i$ 的 k 邻域 $Q_k^{(i)}$ 内的点分为两部分:

$$\begin{cases} Q_{k1}: f(\boldsymbol{B},\boldsymbol{p}_i,\boldsymbol{q})>0, & \boldsymbol{q}\in Q_{k1} \\ Q_{k2}: f(\boldsymbol{B},\boldsymbol{p}_i,\boldsymbol{q})<0, & \boldsymbol{q}\in Q_{k2} \end{cases} \tag{3.22}$$

如果点集 Q_{k1} 非空，则计算满足方向转角 θ 最小的点，记为 $\boldsymbol{p}_{i+1}$；如果点集 Q_{k1} 为空，说明遇到平面点集的角点，计算满足方向转角 θ 最大的点，记为 $\boldsymbol{p}_{i+1}$。然后，计算 $\boldsymbol{p}_{i+1}$ 与开始点 $\boldsymbol{B}$ 的距离，若距离小于给定的阈值，则认为回到开始点；否则将搜索起始点更新为 $\boldsymbol{p}_{i+1}$，重复上述过程，继续搜索。

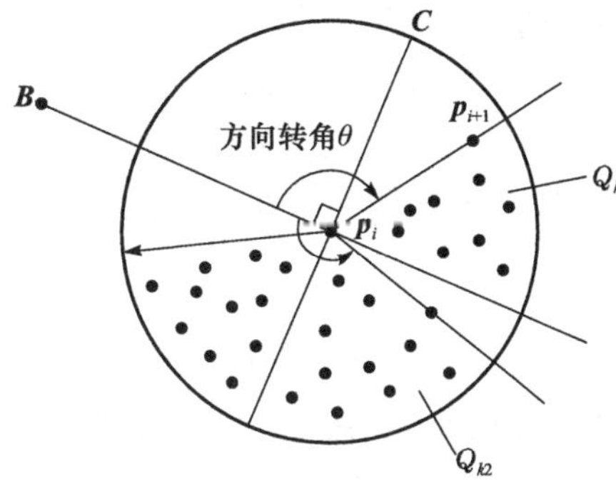

图 3.10　k 邻域边界点搜索示意图

上述过程的基本思路是先设定搜索始发点，然后按照右向优先原则沿逆时针方向提取平面点集的边界点。为提高点云数据遍历的效率，先建立点云数据的 k 邻域邻接关系，缩小边界点的搜索范围，其中 k 值应根据测量数据的疏密程度进行选择，一般可取为 15～30。利用上述方法得到平面点集的有序边界点后，依据数据与平面点集之间的对应关系，就可以得到实际测量数据的边界点。图 3.11(a)为利用上述方法得到的图 3.9(b)所示平面点云的边界，进而利用测量数据与平面数据之间的对应关系，得到测量数据的边界点，如图 3.11(b)所示。

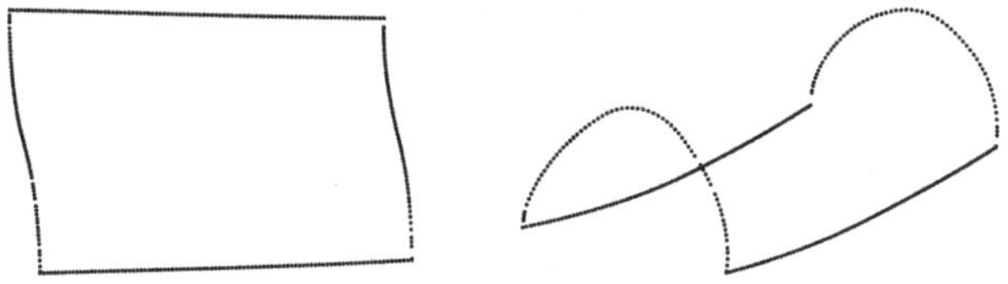
(a) 平面点集的边界点　　(b) 测量数据的边界点

图 3.11　由平面映射数据边界得到的测量数据的边界点

3.1.7　测量数据的截面轮廓提取

通过截面轮廓重构模型曲面是自由曲面建模中的重要方法，在蒙皮、扫掠等曲面重构操作中具有广泛的应用[1,8～10]。通常，离散数据截面轮廓由一系列平行截面与测量数据相交获得，设截平面的方向矢量为 $\boldsymbol{n}_p$，则第 i 个截平面 $P^{(i)}$ 的方程可表示为

$$\{\boldsymbol{p}^{(i)} - [\boldsymbol{p}_0 + \Delta h \boldsymbol{n}_p (i-1)]\} \cdot \boldsymbol{n}_p = 0 \tag{3.23}$$

式中，Δh 为截面间距；i 为截平面序号；$\boldsymbol{p}^{(i)}$ 为第 i 个截平面上的点；$\boldsymbol{p}_0$ 为第一个截平面上的已知点。获取截面数据的一般方法是将相邻截面平面如 $P^{(i)}$ 和 $P^{(i+1)}$ 之间的测量数据直接投影到其中任一截平面上，但受限于截面间距 Δh 和曲面的局部几何形状，此类方法得到的截面轮廓数据点有时会呈现为带状，并不能直接用于

后续的截面曲线拟合。

为了避免上述问题，选取截面 $P^{(i)}$ 两侧的最近点对为处理对象，以最近点对连线与截平面的交点作为该截面上的轮廓点。为了减少数据点的搜索范围，将截平面 $P^{(i)}$ 向其两侧各偏置 $\Delta\delta(\Delta\delta\leqslant\Delta h)$，得两个辅助截面 $P_{+}^{(i)}$ 和 $P_{-}^{(i)}$：

$$\begin{cases}P_{+}^{(i)}:(\boldsymbol{p}^{(i)}-\{\boldsymbol{p}_0+[\Delta h(i-1)+\Delta\delta]\boldsymbol{n}_p\})\cdot\boldsymbol{n}_p=0\\P_{-}^{(i)}:(\boldsymbol{p}^{(i)}-\{\boldsymbol{p}_0+[\Delta h(i-1)-\Delta\delta]\boldsymbol{n}_p\})\cdot\boldsymbol{n}_p=0\end{cases}\tag{3.24}$$

如图 3.12 所示，截平面 $P^{(i)}$ 将辅助截面 $P_{+}^{(i)}$ 和 $P_{-}^{(i)}$ 之间的数据点分为两部分，$P^{(i)}$ 与 $P_{+}^{(i)}$ 之间的数据点 $Q_{+}=\{\boldsymbol{q}_{+}^{(j)}\}$，满足

$$\{[\boldsymbol{p}_0+\Delta h\boldsymbol{n}_p(i-1)]-\boldsymbol{q}_{+}^{(j)}\}\cdot\boldsymbol{n}_p>0$$

而 $P^{(i)}$ 与 $P_{-}^{(i)}$ 之间的数据点 $Q_{-}=\{\boldsymbol{q}_{-}^{(j)}\}$，满足

$$\{[\boldsymbol{p}_0+\Delta h\boldsymbol{n}_p(i-1)]-\boldsymbol{q}_{-}^{(j)}\}\cdot\boldsymbol{n}_p<0$$

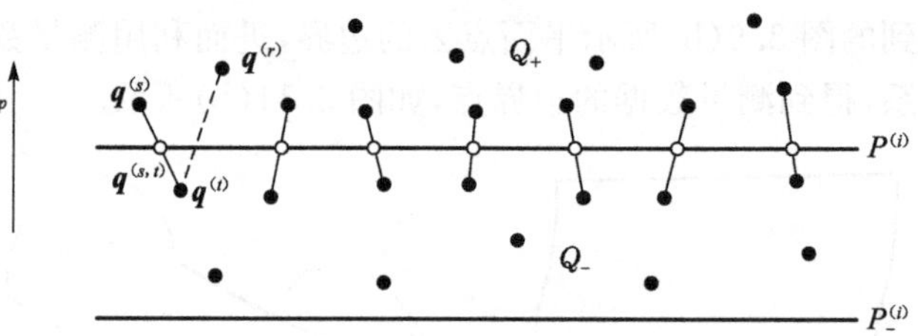

图 3.12　测量数据的截面轮廓点提取

在点集 Q_{+} 中任选一点 $\boldsymbol{q}^{(r)}$，搜索其在点集 Q_{-} 中的最近点，记为 $\boldsymbol{q}^{(t)}$。再在点集 Q_{+} 中，搜索 $\boldsymbol{q}^{(t)}$ 的最近点，记为 $\boldsymbol{q}^{(s)}$。如果 $\boldsymbol{q}^{(s)}$ 和 $\boldsymbol{q}^{(r)}$ 重合，则这两点构成最近点对；否则，$\boldsymbol{q}^{(s)}$ 和 $\boldsymbol{q}^{(t)}$ 构成最近点对。重复上述过程，遍历整个 Q_{+} 和 Q_{-} 中的所有数据点后将形成截平面 $P^{(i)}$ 两侧的最近距离关联点对集合，记为$\{(\boldsymbol{q}^{(s)},\boldsymbol{q}^{(t)})\}$。

最近点对$(\boldsymbol{q}^{(s)},\boldsymbol{q}^{(t)})$中点 $\boldsymbol{q}^{(t)}$ 到截平面 $P^{(i)}$ 的距离 $L_{t,P}$ 为

$$L_{t,P}=|\{[\boldsymbol{p}_0+\Delta h\boldsymbol{n}_p(i-1)]-\boldsymbol{q}^{(t)}\}\cdot\boldsymbol{n}_p|\tag{3.25}$$

最近点对连线 $\boldsymbol{q}^{(s)}\boldsymbol{q}^{(t)}$ 在截平面方向矢量上的投影 $L_{s,t,P}$ 为

$$L_{s,t,P}=|[\boldsymbol{q}^{(s)}-\boldsymbol{q}^{(t)}]\cdot\boldsymbol{n}_p|\tag{3.26}$$

根据 $L_{t,P}$ 和 $L_{s,t,P}$，最近点对连线 $\boldsymbol{q}^{(s)}\boldsymbol{q}^{(t)}$ 与截平面 $P^{(i)}$ 的交点 $\boldsymbol{q}^{(s,t)}$ 可按如下公式计算：

$$\boldsymbol{q}^{(s,t)}=\boldsymbol{q}^{(t)}+\frac{L_{t,P}}{L_{s,t,P}}[\boldsymbol{q}^{(s)}-\boldsymbol{q}^{(t)}]\tag{3.27}$$

这样通过最近点对连线与截平面的截交，就得到了该层截面轮廓上的轮廓点，克服

了单纯点集投影造成的精度低和带状轮廓点问题。该方法在工程实际中已得到很好的应用[11]。图3.13为利用上述方法得到的测量数据的截面轮廓点。

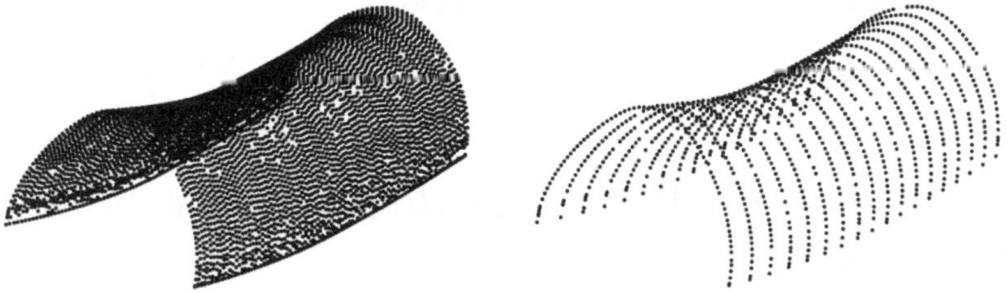

(a) 测量数据点　(b) 截面轮廓数据点

图3.13　测量数据截面轮廓的提取

3.2　数据点的参数化

3.2.1　曲线数据点的参数化

给定一组有序数据点 $\boldsymbol{p}_i(i=0,1,\cdots,m)$，要想确定一条插值或逼近于这些点的B样条曲线，必须先为每一数据点 $\boldsymbol{p}_i$ 指定一个参数值 $\bar{u}_i$。通常有如下3种参数化方法。

1) 均匀参数化

$$\bar{u}_0=0,\qquad \bar{u}_m=1,\qquad \bar{u}_i=\bar{u}_{i-1}+\frac{1}{m},\qquad i=1,\cdots,m-1 \tag{3.28}$$

这种参数化方法仅适合数据点 $\boldsymbol{p}_i$ 分布比较均匀的情形。当数据点分布不均匀时，生成的曲线会产生扭曲变形，甚至出现尖点或打圈自交现象。一般情况下，不推荐采用这种参数化方法。

2) 弦长参数化

$$\bar{u}_0=0,\qquad \bar{u}_m=1,\qquad \bar{u}_i=\bar{u}_{i-1}+\|\boldsymbol{p}_i-\boldsymbol{p}_{i-1}\|\Big/\sum_{j=1}^{m}\|\boldsymbol{p}_j-\boldsymbol{p}_{j-1}\|,$$
$$i=1,\cdots,m-1 \tag{3.29}$$

这是目前最常用的数据参数化方法。这种参数化方法真实反映了数据点按弦长分布的情况，克服了当数据点分布不均时采用均匀参数化所出现的问题。在多数情况下，利用弦长参数化方法所得到的曲线具有较好的光顺性。

3) 向心参数化

$$\bar{u}_0=0,\qquad \bar{u}_m=1,\qquad \bar{u}_i=\bar{u}_{i-1}+\sqrt{\|\boldsymbol{p}_i-\boldsymbol{p}_{i-1}\|}\Big/\sum_{j=1}^{m}\sqrt{\|\boldsymbol{p}_i-\boldsymbol{p}_{i-1}\|},$$
$$i=1,\cdots,m-1 \tag{3.30}$$

这是由波音公司的 Lee 提出的参数化方法[12]。当数据点急剧转弯变化时，这种参数化方法能得到比弦长参数化方法更好的结果。

下面，给出上述 3 种参数化方法的统一表示：

$$\bar{u}_0 = 0, \quad \bar{u}_m = 1, \quad \bar{u}_i = \bar{u}_{i-1} + \| \boldsymbol{p}_i - \boldsymbol{p}_{i-1} \|^r \Big/ \sum_{j=1}^{m} \| \boldsymbol{p}_i - \boldsymbol{p}_{i-1} \|^r,$$
$$i = 1, \cdots, m-1 \tag{3.31}$$

当参数 r 取 0、0.5 或 1 时，式(3.31)分别对应着均匀参数化、向心参数化和规范积累弦长参数化。

3.2.2　曲面阵列数据点的参数化

规则的曲面数据点，如图 3.14 所示，每一行或每一列都含有相同数目的数据点，可表示为 $\boldsymbol{p}_{i,j}(i=0,1,\cdots,m;j=0,1,\cdots,n)$。对于沿 u 向的第 j 行曲线数据点 $\boldsymbol{p}_{i,j}(i=0,1,\cdots,m)$ 可利用 3.2.1 节的方法进行参数化，设其对应的参数值为 $u_{i,j}(i=0,1,\cdots,m)$，则曲面数据点 u 向的参数化可取所有行数据点的参数值的算术平均值：

$$\bar{u}_i = \frac{1}{n+1}\sum_{j=0}^{n} u_{i,j}, \qquad i = 0,1,\cdots,m \tag{3.32}$$

类似地，v 向数据点的参数化可按下式计算：

$$\bar{v}_j = \frac{1}{m+1}\sum_{i=0}^{m} v_{i,j}, \qquad j = 0,1,\cdots,n \tag{3.33}$$

式中，$v_{i,j}$ 为 v 向第 $i(i=0,1,\cdots,m)$ 列数据点 $\boldsymbol{p}_{i,j}(j=0,1,\cdots,n)$ 经 3.2.1 节曲线点参数化方法得到的参数值。

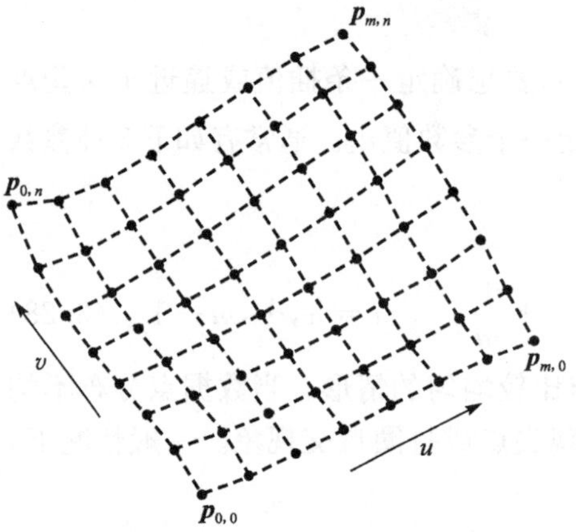

图 3.14　排列规则的曲面数据点

3.2.3　曲面散乱数据点的参数化

1. 参数化基面的构造

散乱数据并不能直接使用上述参数化方法进行参数化，而是采用预先构造基面的参数化方法。基面参数化就是依据数据点与基面上点的对应关系确定每个数据点参数值(u,v)的过程[13~17]。最理想的基面被认为是与实际曲面最相近的曲面。但在实际的处理中，应根据数据点分布的情况确定切合实际的基面。常用的基面构造方法有如下两种。

1) Shepard 插值曲面

设散乱数据点集为 $\boldsymbol{p}_i=[x_i, y_i, z_i](i=0,1,\cdots,m)$，则由 Shepard 局部插值函数所构造的曲面模型的数学表达式为

$$z(x,y)=\begin{cases}\sum\limits_{i=0}^{m} z_i\varphi(r_i)^2 \Big/ \sum\limits_{i=0}^{m}\varphi(r_i)^2, & r_i\neq 0\\ z_i, & r_i=0\end{cases} \tag{3.34}$$

式中，权值函数 $\varphi(r_i)$ 为

$$\varphi(r_i)=\begin{cases}\dfrac{1}{r_i}, & 0<r_i\leqslant\dfrac{R}{3}\\ \dfrac{27}{4R}\left(\dfrac{r_i}{R}-1\right)^2, & \dfrac{R}{3}<r_i\leqslant R\\ 0, & r_i>R\end{cases} \tag{3.35}$$

其中，R 为以点 (x,y) 为圆心的局部圆形域半径；$r_i=\sqrt{(x-x_i)^2+(y-y_i)^2}$ 为圆形域内点 (x_i,y_i) 到点 (x,y) 的距离。对于 x-y 平面上的任意点 (x,y) 都可根据式(3.34)得到对应的 z 轴坐标。这样，如果将测量数据 $\{\boldsymbol{p}_i\}$ 在 x-y 平面上的对应点 (x_i,y_i) 缩放到标准参数域 $[0,1]\times[0,1]$，也就是给每一个点 (x_i,y_i) 指定参数值 (u_i,v_i)，则 Shepard 插值曲面就可表示为如下的参数曲面：

$$\boldsymbol{r}(u,v)=[x(u,v), y(u,v), z(x(u,v), y(u,v))]^{\mathrm{T}} \tag{3.36}$$

2) 双线性 Coons 曲面

基面通常可以用逼近曲面的特征曲线来定义。对于大多数情况，运用 4 条近似边界就足够了。当处理复杂曲面造型时，也可以用一些其他的内部特征曲线来提高基面与理想曲面的近似程度[17]。下面详述常用的双线性 Coons 基面的构造方法[18,19]。

如图 3.15 所示，设已知曲面的 4 条边界为

$$\boldsymbol{r}_s(u)=\sum_{i=0}^{m} N_{i,k}\boldsymbol{d}_{i,s},\quad s=0,1; u\in[0,1] \tag{3.37a}$$

$$\boldsymbol{r}_t(v)=\sum_{j=0}^{n} N_{j,l}\boldsymbol{d}_{j,t},\quad t=0,1; v\in[0,1] \tag{3.37b}$$

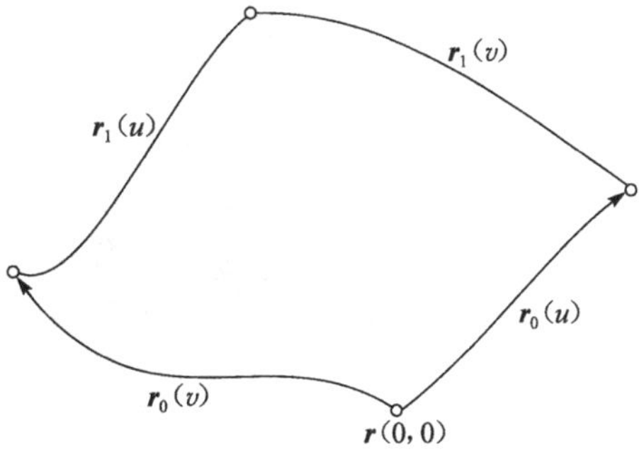

图 3.15　定义双线性 Coons 曲面片的 4 条边界曲线

要构造一张以这 4 条曲线为边界的曲面。假定这 4 条曲线满足如下的相容性条件，即每一组中的两条曲线在 B 样条意义下相容，就是说，$\boldsymbol{r}_s(u)(s=0,1)$ 定义在相同

的节点矢量 $\boldsymbol{U}$ 上，而 $\boldsymbol{r}_t(v)(t=0,1)$ 定义在相同的节点矢量 $\boldsymbol{V}$ 上，且 4 个角点满足

$$\boldsymbol{r}(0,0)=\boldsymbol{r}_{s=0}\big|_{u=0}=\boldsymbol{r}_{t=0}\big|_{v=0},\qquad \boldsymbol{r}(1,0)=\boldsymbol{r}_{s=0}\big|_{u=1}=\boldsymbol{r}_{t=1}\big|_{v=0}$$

$$\boldsymbol{r}(0,1)=\boldsymbol{r}_{s=1}\big|_{u=0}=\boldsymbol{r}_{t=0}\big|_{v=1},\qquad \boldsymbol{r}(1,1)=\boldsymbol{r}_{s=1}\big|_{u=1}=\boldsymbol{r}_{t=1}\big|_{v=1}$$

满足上述要求的曲面有无穷多解，但对于基面，在逼近理想曲面的前提下尽可能计算简单是最为可取的，为此只考虑最简单的双线性 Coons 曲面片，其定义为

$$\boldsymbol{r}(u,v)=\boldsymbol{s}_1(u,v)+\boldsymbol{s}_2(u,v)-\boldsymbol{s}_3(u,v) \tag{3.38}$$

式中，$\boldsymbol{s}_1(u,v)$ 为 v 边界曲线之间由线性插值构造的 u 向直纹面（图 3.16(a)）：

$$\boldsymbol{s}_1(u,v)=(1-u)\boldsymbol{r}_0(v)+u\boldsymbol{r}_1(v),\qquad 0\leqslant u\leqslant 1;0\leqslant v\leqslant 1 \tag{3.39}$$

类似地，$\boldsymbol{s}_2(u,v)$ 为 u 边界曲线之间的 v 向直纹面（图 3.16(b)）：

$$\boldsymbol{s}_2(u,v)=(1-v)\boldsymbol{r}_0(u)+v\boldsymbol{r}_1(u),\qquad 0\leqslant u\leqslant 1;0\leqslant v\leqslant 1 \tag{3.40}$$

$\boldsymbol{s}_3(u,v)$ 为由曲面片 4 角点决定的一张双线性插值张量积曲面（图 3.16(c)）：

$$\boldsymbol{s}_3(u,v)=[1-u,u]\begin{bmatrix}\boldsymbol{r}(0,0) & \boldsymbol{r}(0,1)\\ \boldsymbol{r}(1,0) & \boldsymbol{r}(1,1)\end{bmatrix}\begin{bmatrix}1-v\\ v\end{bmatrix} \tag{3.41}$$

将式(3.39)～式(3.41)代入 Coons 曲面的定义式(3.38)，Coons 曲面（图 3.16(d)）可进一步写为

$$\boldsymbol{r}(u,v)=-[-1,1-u,u]\begin{bmatrix}0 & \boldsymbol{r}_0(u) & \boldsymbol{r}_1(u)\\ \boldsymbol{r}_0(v) & \boldsymbol{r}(0,0) & \boldsymbol{r}(0,1)\\ \boldsymbol{r}_1(v) & \boldsymbol{r}(1,0) & \boldsymbol{r}(1,1)\end{bmatrix}\begin{bmatrix}-1\\ 1-v\\ v\end{bmatrix},$$

$$0\leqslant u\leqslant 1;0\leqslant v\leqslant 1 \tag{3.42}$$

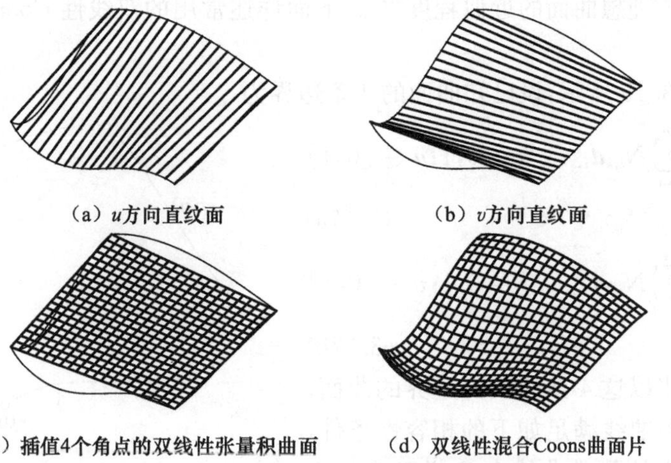

（a）u方向直纹面　（b）v方向直纹面

（c）插值4个角点的双线性张量积曲面　（d）双线性混合Coons曲面片

图 3.16　双线性混合 Coons 曲面片的构造

式中，右端三阶方阵包含曲面的全部边界信息，而右下角二阶子块中4个矢量是曲面片的4个角点，左右端行列矩阵中是以 u、v 为变量的线性混合函数 $1-u$ 与 u、$1-v$ 与 v。利用上述双线性 Coons 曲面片就可以方便地实现插值4条边界曲线的要求。

2. 基于基面的测量数据有序参数化方法

为避免数据量过大可能导致的曲面重建速度缓慢甚至曲面方程无法求解的奇异现象，对于大数据量散乱点的曲面重构，一般应进行必要的数据压缩和序化处理。先以特征曲线如边界曲线或较少的控制顶点逼近测量数据，再以逼近曲面的采样网格对测量数据进行精简，得到序化点集。其主要过程如下。

1）测量数据逼近曲面的采样网格

假设根据点云特征曲线得到的基面或采用较少控制顶点得到的逼近曲面为 $\boldsymbol{r}_s(u,v)$。数学上，逼近曲面 $\boldsymbol{r}_s(u,v)$ 可被看成空间上无限多点组成的集合，对曲面的任何离散采样都是对原始曲面的近似逼近。为了能够使曲面 $\boldsymbol{r}_s(u,v)$ 的采样网格最大限度地反映曲面 $\boldsymbol{r}_s(u,v)$ 的形状信息，采样网格的排布形式应反映曲面曲率的变化。为此，可采用如下采样方法：

（1）如图3.17所示，构造初始等参数网格 $(\boldsymbol{r}_s(u,v)|_{u=u_i}\times\boldsymbol{r}_s(u,v)|_{v=v_i})$；

（2）检查网格中点 $\boldsymbol{q}_s(u_s,v_s)$ 到曲面的最近距离 $d(\boldsymbol{q}_s,\boldsymbol{r}_s)$ 是否小于给定的逼近误差 ε_e；

（3）若 $d(\boldsymbol{q}_s,\boldsymbol{r}_s)>\varepsilon_e$，则将等参数 $\boldsymbol{r}_s(u,v)|_{u=u_s}$ 和 $\boldsymbol{r}_s(u,v)|_{v=v_s}$ 插入曲线网格中；

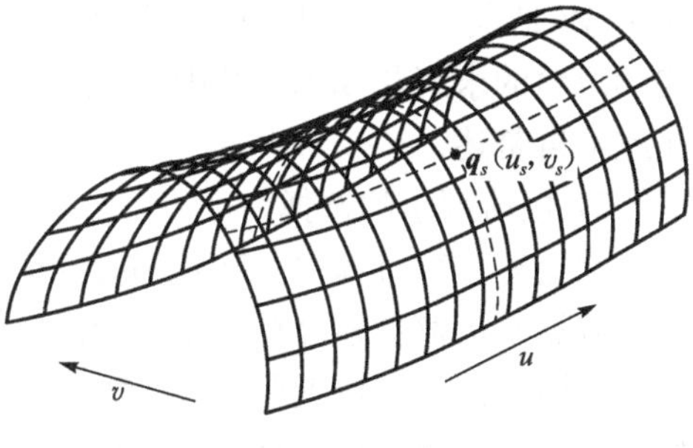

图3.17　基面的离散采样网格

（4）检查所有曲线网格，重复上述插入操作，直至所有网格都满足逼近误差 ε_e。

经过上述处理，就可以得到在给定逼近误差 ε_e 下能够反映曲面形状变化的采样网格。为后续处理方便，记所有采样点为 $\boldsymbol{q}_{s,t}(s=0,1,\cdots,m_s;t=0,1,\cdots,n_t)$，其对应的参数值为 $(u_s,v_t)(s=0,1,\cdots,m_s;t=0,1,\cdots,n_t)$。对于每一采样点 $\boldsymbol{q}_{s,t}$，在测量数据中选取与它距离最近的点作为测量数据的采样点，参数值 (u_s,v_t) 作为该测量数据采样点的参数值。经上述处理，就可以实现大数据量散乱点的序化压缩，同时完成序化数据的参数化。

2）局部最小二乘曲面拟合

在实际的应用中，测量数据有时疏密不均，直接选用采样点 $\boldsymbol{q}_{s,t}$ 的最近点进行测量数据的有序参数化，可能会导致局部数据出现奇异。例如，在测量点稀疏区域可能会出现不同采样点 $\boldsymbol{q}_{s,t}$ 对应同一测量数据点的现象，从而导致该数据点具有不同的参数值(u_s, v_t)。为避免这一问题，使有序参数化方法能够适用于更为一般的测量数据，对有序参数化方法进行如下改进：利用 3.1.3 节所述的 k 邻域搜索方法得到采样点 $\boldsymbol{q}_{s,t}$ 在测量数据中的 k 邻域 $\boldsymbol{p}_r(r=1,\cdots,k)$，再对 k 邻域点集$\{\boldsymbol{p}_r\}$进行局部二次曲面拟合，最后计算点 $\boldsymbol{q}_{s,t}$ 到该曲面的法向投影，所得投影点就是序化数据点。

为了确保 $\boldsymbol{q}_{s,t}$ 所对应序化点的准确性，必须保证 $\boldsymbol{q}_{s,t}$ 的邻域点$\{\boldsymbol{p}_r\}$均匀分布在过点 $\boldsymbol{q}_{s,t}$ 且沿其法线方向的直线的周围。邻近点数 k 是个重要参数，如果取值过小，则不足以反映曲面的局部性质；反之，取值过大则会造成拟合曲面过分光顺而丢失曲面局部几何特征。根据不同点集特点，k 取 15～25 效果较好，一般可取 20。二次曲面拟合采用 3.1.4 节中"最小二乘二次曲面拟合"小节所述方法，并将式(3.15)改写为如下的加权最小二乘目标函数：

$$E = \min\left\{ \sum_{r=1}^{k} w_r \mid z^{(L)}(x_r^{(L)}, y_r^{(L)}) - z_r^{(L)} \mid^2 \right\} \tag{3.43}$$

式中，w_r 为权因子。上述最小二乘问题等价于求解如下矩阵方程：

$$\boldsymbol{WAX} = \boldsymbol{WB} \tag{3.44}$$

式中，$\boldsymbol{W}$ 是全因子对角阵，$\boldsymbol{W}=\mathrm{diag}(w_1, w_2, \cdots, w_{k-1}, w_k) \in \mathbf{R}^{k\times k}$；$\boldsymbol{A}$、$\boldsymbol{X}$、$\boldsymbol{B}$ 的表示和式(3.44)的求解与 3.1.4 节中"最小二乘二次曲面拟合"小节所述相关内容类似，在此不再赘述。

3) 权值因子的选择

在上述计算过程中，权因子的选择非常重要。受测量方法、人为因素的影响，测量数据不可避免地存在或多或少的噪声，不同区域数据的疏密不同。为了得到更贴近原始曲面的逼近曲面，对每一个 $\boldsymbol{q}_{s,t}$ 的邻域数据点 $\boldsymbol{p}_r$ 赋予一个权值，借助该权因子调节邻域点$\{\boldsymbol{p}_r\}$对 $\boldsymbol{q}_{s,t}$ 的影响。权因子应具有如下特点：离 $\boldsymbol{q}_{s,t}$ 点距离越近权值越大，距离越远权因子越小。换句话说，权因子应该是邻域点到 $\boldsymbol{q}_{s,t}$ 距离的单调递减函数。经计算和误差分析，可采用下式计算权因子：

$$w(d_r) = \exp\left[-d_r \Big/ \left(1/k \sum_{r=1}^{k} d_r \right) \right] \tag{3.45}$$

经过上述处理，就得到了点 $\boldsymbol{q}_{s,t}$ 最近邻域点$\{\boldsymbol{p}_r\}$在局部坐标系 $\xi^{(L)}$ 下最小二乘逼近的二次曲面 $z^{(L)}(x^{(L)}, y^{(L)})$。于是，点 $\boldsymbol{q}_{s,t}$ 所对应的序化数据点为

$$\boldsymbol{p}_{s,t} = \boldsymbol{q}_{s,t} + z^{(L)}(0,0)\boldsymbol{n}_p \tag{3.46}$$

对所有的采样点 $\boldsymbol{q}_{s,t}(s=0,1,\cdots,m_s; t=0,1,\cdots,n_t)$，重复上述计算过程，就可得到采样点 $\boldsymbol{q}_{s,t}$ 所对应的呈矩形拓扑网格排列的序化数据点 $\boldsymbol{p}_{s,t}(s=0,1,\cdots,m_s; t=0,1,\cdots,n_t)$，其对应参数值为$(u_s, v_t)(s=0,1,\cdots,m_s; t=0,1,\cdots,n_t)$。图 3.18 给出了一个利用上述方法完成的散乱数据有序参数化的处理结果。

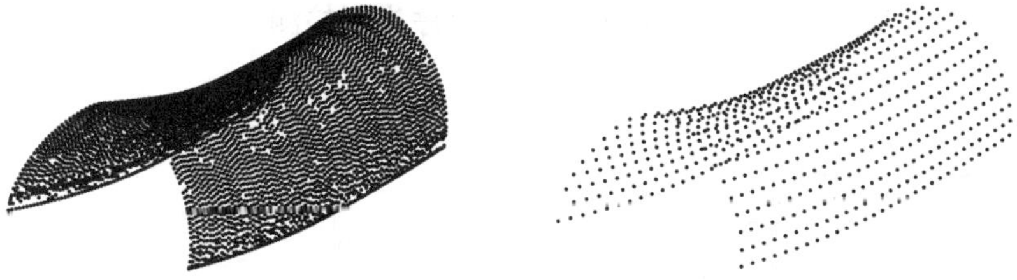

(a) 散乱测量数据　　(b) 有序化数据点

图 3.18　散乱测量数据的有序参数化

3. 散乱数据点的直接基面参数化

如图 3.19 所示，基面构造完成后，就可把数据点投影到基面上，以对应投影点的(u,v)参数作为该点的参数值，完成散乱数据点的参数化。最常用的投影方式是计算散乱数据点到基面的最近点。当投影点取为数据点在基面上的最近距离点时，数据点 $\boldsymbol{p}_i$ 与基面 $\boldsymbol{r}(u,v)$间的向量可表示为参数(u,v)的函数：

$$\boldsymbol{d}(u,v)=\boldsymbol{p}_i-\boldsymbol{r}(u,v) \tag{3.47}$$

如果直线向量 $\boldsymbol{d}(u,v)$与基面上一点 $\boldsymbol{q}_i=\boldsymbol{r}(u_i,v_i)$处的切平面垂直，则其必与曲面在该点处的偏导矢 $\partial\boldsymbol{r}(u,v)/\partial u$ 和 $\partial\boldsymbol{r}(u,v)/\partial v$ 垂直，即满足下述方程：

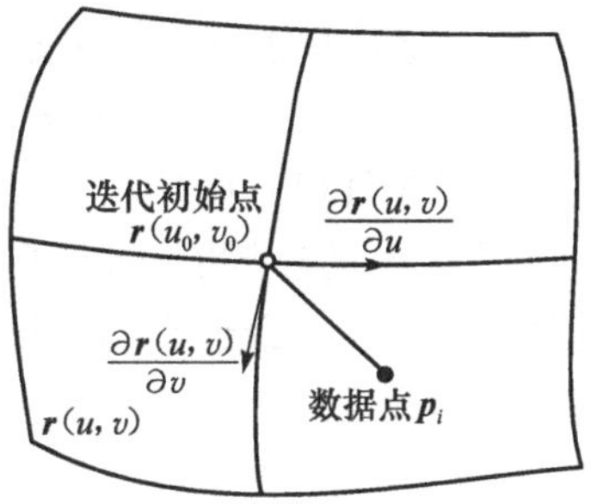

图 3.19　基面上数据点参数的逆求

$$\begin{cases}f(u,v)=\dfrac{\partial\boldsymbol{r}(u,v)}{\partial u}\cdot[\boldsymbol{p}_i-\boldsymbol{r}(u,v)]=0\\[2ex]g(u,v)=\dfrac{\partial\boldsymbol{r}(u,v)}{\partial v}\cdot[\boldsymbol{p}_i-\boldsymbol{r}(u,v)]=0\end{cases} \tag{3.48}$$

为了找到点 $\boldsymbol{p}_i$ 在基面 $\boldsymbol{r}(u,v)$上的最近点 $\boldsymbol{q}_i$，可采用 Newton 迭代法进行求解。首先，估算曲面上的 $n\times n$ 个采样点，并从中找到距离 $\boldsymbol{p}_i$ 最近的采样点，将其(u,v)参数作为投影点迭代计算的初始值。在第 i 步 Newton 迭代中，需要求解一个以 $\boldsymbol{\sigma}_i$ 为未知量的 2×2 的线性方程系统：

$$\begin{bmatrix}f_u(u_i,v_i) & f_v(u_i,v_i)\\ g_u(u_i,v_i) & g_v(u_i,v_i)\end{bmatrix}\begin{bmatrix}\sigma u\\ \sigma v\end{bmatrix}=\begin{bmatrix}f(u_i,v_i)\\ g(u_i,v_i)\end{bmatrix} \tag{3.49}$$

则第 $i+1$ 次迭代的起始点(u_{i+1},v_{i+1})为

$$\begin{cases}u_{i+1}=u_i+\sigma u\\ v_{i+1}=v_i+\sigma v\end{cases} \tag{3.50}$$

Piegl 等利用两个容差来判断迭代的收敛性[18]：ε_1 度量欧几里得距离是否为

零;ε_2 度量余弦是否为零。收敛准则按如下顺序进行检测:

(1) 点是否重合:

$$\| \boldsymbol{p}_i - \boldsymbol{r}(u_i, v_i) \| \leqslant \varepsilon_1$$

(2) 余弦是否为零:

$$\frac{\left\| \dfrac{\partial \boldsymbol{r}(u_i, v_i)}{\partial u} \cdot [\boldsymbol{p}_i - \boldsymbol{r}(u_i, v_i)] \right\|}{\left\| \dfrac{\partial \boldsymbol{r}(u_i, v_i)}{\partial u} \right\| \| [\boldsymbol{p}_i - \boldsymbol{r}(u_i, v_i)] \|} \leqslant \varepsilon_2$$

$$\frac{\left\| \dfrac{\partial \boldsymbol{r}(u_i, v_i)}{\partial v} \cdot [\boldsymbol{p}_i - \boldsymbol{r}(u_i, v_i)] \right\|}{\left\| \dfrac{\partial \boldsymbol{r}(u_i, v_i)}{\partial v} \right\| \| [\boldsymbol{p}_i - \boldsymbol{r}(u_i, v_i)] \|} \leqslant \varepsilon_2$$

(3) 参数是否在定义域内($u \in [a, b], v \in [c, d]$):

$$a \leqslant u_i \leqslant b, \quad c \leqslant v_i \leqslant d$$

(4) 参数是否不再显著改变:

$$\| (u_{i+1} - u_i) \boldsymbol{r}_u(u_i, v_i) + (v_{i+1} - v_i) \boldsymbol{r}_v(u_i, v_i) \| \leqslant \varepsilon_1$$

如果条件(1)、(2)或(4)得到满足,则迭代停止。将投影点的参数值(u_i, v_i)作为数据点 $\boldsymbol{p}_i$ 的参数值,遍历所有散乱数据点后,完成参数化过程。当然,也可采用其他关于曲面上最近点的计算方法[20~24],或可采用将在第 9 章详细介绍的基于曲面细分的最近点计算方法来完成散乱数据点的参数化。

3.3　B样条曲线重构

3.3.1　节点矢量的设计方法

用B样条曲线拟合或插值数据点 $\boldsymbol{q}_i (i=0,1,\cdots,m)$的过程中,节点矢量 $\boldsymbol{U}$ 选择的好坏将直接影响曲线的形状和逼近精度。常用的节点矢量设计方法有如下两种。

1) 均匀节点矢量

$$u_0 = u_1 = \cdots = u_k = 0, \qquad u_{n+1} = u_{n+2} = \cdots = u_{n+k+1} = 1$$
$$u_{j+k} = \frac{j}{n-k+1}, \qquad j = 1, \cdots, n-k \tag{3.51}$$

这是最简单的节点矢量确定方法。但若它和式(3.28)或式(3.29)在曲线拟合中联合使用,有可能导致某些节点区间包含多个数据点参数 u_i,而另外一些节点区间只包含一个甚至没有数据点的情况发生,这可能造成后续逼近计算产生奇异现象,导致曲线方程无法求解。因此,在设计节点矢量时应充分考虑数据点参数 u_i 的分布情况。

2) 平均节点矢量

当数据点数目 $m+1$ 与控制顶点数目 $n+1$ 相同即 $m=n$ 时，节点矢量可按如下方式确定：

$$u_0 = u_1 = \cdots = u_k = 0, \qquad u_{n+1} = u_{n+2} = \cdots = u_{n+k+1} = 1$$
$$u_{j+k} = \frac{1}{k}\sum_{i=j}^{j+k-1}\bar{u}_i, \qquad j = 1,\cdots,n-k \tag{3.52}$$

式中，$\bar{u}_i$ 为数据点 $\boldsymbol{q}_i$ 所对应的参数值。

当数据点数 $m+1$ 大于控制顶点数 $n+1$ 即 $m>n$ 时，节点矢量按如下方式确定：

$$i = \text{int}(jc), \qquad \alpha = jc - i$$
$$u_{k+j} = (1-\alpha)\bar{u}_{i-1} + \alpha\bar{u}_i, \qquad j = 1,\cdots,n-k \tag{3.53}$$

式中

$$c = \frac{m}{n-k+1}$$

其中，$n-k+1$ 为定义域包含的节点区间个数。平均节点矢量能很好地反映数据点参数 $\bar{u}_i$ 的分布情况，保证每个节点区间内至少包含一个数据点参数 $\bar{u}_i$。

当数据点数目 $m+1$ 小于控制顶点数 $n+1$ 即 $m<n$ 时，一般来说，B 样条曲线的逼近方程不存在唯一解，此时必须补充数据点使其满足 $m\geqslant n$ 或进行特殊处理。一般情况下，可采用重节点方式给出定义域内的节点，或者在规定逼近精度下减少控制顶点的数目；也可以先对截面数据进行插值处理，然后进行曲线采样以补充数据点，再根据数据点对应的参数值给出节点矢量。在实际工程应用中，具体采用哪种处理方法，要根据数据点的分布、疏密和规定的逼近精度等条件进行选择。

如果逼近曲线为闭曲线，则定义域内节点可仍按上述方法确定，定义域外节点按如下方式确定[19]：

$$[u_0,\cdots,u_{k-1}] = [u_{n-k+1}-1,\cdots,u_n-1]$$
$$[u_{n+2},\cdots,u_{n+k+1}] = [1+u_{k+1},\cdots,1+u_{2k}] \tag{3.54}$$

如果数据点 $\boldsymbol{q}_i(i=0,1,\cdots,m)$ 是曲面数据点，曲面的节点矢量 $\boldsymbol{U}$ 和 $\boldsymbol{V}$ 仍可按上述方式分别确定。但对于通过基面参数化方法得到的散乱数据的参数值 (u_i, v_i)，需要对所有 u_i 值或 v_i 值进行升序排列，组成非递减参数序列：

$$u_0 \leqslant u_1 \leqslant \cdots \leqslant u_{m-1} \leqslant u_m$$
$$v_0 \leqslant v_1 \leqslant \cdots \leqslant v_{m-1} \leqslant v_m \tag{3.55}$$

然后，利用式(3.52)或式(3.53)得到曲面的 $\boldsymbol{U}$、$\boldsymbol{V}$ 节点矢量。

3.3.2　B 样条曲线插值

给定一组数据点 $\boldsymbol{q}_s(s=0,1,\cdots,m)$，构造一条插值于这些数据点的 k 次 B 样

条曲线。设插值于数据点$\{\boldsymbol{q}_s\}$的B样条曲线为

$$\boldsymbol{r}(u)=\sum_{i=0}^{n}\boldsymbol{d}_iN_{i,k}(u)=\sum_{j=i-k}^{i}\boldsymbol{d}_jN_{j,k}(u),\qquad u\in[u_i,u_{i+1}]\in[u_k,u_{n+1}] \tag{3.56}$$

如果为每一个数据点$\boldsymbol{q}_s$指定一个参数值$\bar{u}_s$，再选定一个合适的节点矢量$\boldsymbol{U}$，就可以建立一个以控制顶点$\boldsymbol{d}_i(i=0,1,\cdots,n)$为未知量的$(m+1)\times(n+1)$的线性方程组：

$$\boldsymbol{r}(\bar{u}_s)=\sum_{i=0}^{n}\boldsymbol{d}_iN_{i,k}(\bar{u}_s) \tag{3.57}$$

数据点$\{\boldsymbol{q}_s\}$所对应的参数值可根据3.2.1节所述方法计算，常采用弦长参数化方法，而节点矢量可采用3.3.1节所述方法进行构造。求解式(3.57)就可得到所求B样条插值曲线的控制顶点。

上述方法适用于任何次数$k>1$的情况。当$k=3$时，下面给出一种效率更高的方法，用于生成工程实际中常用的三次B样条曲线。为使B样条曲线$\boldsymbol{r}(u)$通过给定的数据点$\{\boldsymbol{q}_s\}$，可使曲线的分段连接点分别与B样条曲线定义域内的节点一一对应。换句话说，曲线刚好在节点处插值于$\boldsymbol{q}_s$，则插值曲线的控制顶点数为

$$n=m+k-1 \tag{3.58}$$

根据端点插值要求，采用$k+1$重节点端点的固支条件和规范定义域，则B样条开曲线的节点矢量可由式(3.59)给出：

$$u_0=u_1=\cdots=u_k=0,\qquad u_{n+1}=u_{n+2}=\cdots=u_{n+k+1}=1,\qquad u_{k+s}=\bar{u}_s,$$
$$s=1,\cdots,m-1 \tag{3.59}$$

如果B样条插值曲线为闭曲线，定义域内节点仍按式(3.59)确定，定义域外节点则按式(3.54)确定。将曲线定义域$[u_3,u_{n+1}]$内的节点值依次代入式(3.56)，可得

$$\boldsymbol{d}_{i-3}N_{i-3,3}(u_i)+\boldsymbol{d}_{i-2}N_{i-2,3}(u_i)+\boldsymbol{d}_{i-1}N_{i-1,3}(u_i)=\boldsymbol{q}_{i-3},\qquad i=3,4,\cdots,n+1 \tag{3.60}$$

式(3.60)共含$n-1$个方程。

对于三次B样条闭曲线，首末数据点重合，即$\boldsymbol{r}(u_i)=\boldsymbol{r}(u_{n+1})$，式(3.60)实际为$n-2$个方程，又因其首末3个控制顶点依次相重，即$\boldsymbol{d}_{n-2}=\boldsymbol{d}_0,\boldsymbol{d}_{n-1}=\boldsymbol{d}_1,\boldsymbol{d}_n=\boldsymbol{d}_2$，未知控制顶点数少了3个，也只剩下$n-2$个。因此，就可从上述$n-2$个方程构成的线性方程组(3.60)中求解出$n-2$个未知控制顶点。令

$$a_{i-3}=N_{i-3,3}(u_i),\quad b_{i-3}=N_{i-2,3}(u_i),\quad c_{i-3}=N_{i-1,3}(u_i)$$

式(3.60)可改写为如下的矩阵形式：

$$\begin{bmatrix} b_0 & c_0 & & & a_0 \\ a_1 & b_1 & c_1 & & \\ & \ddots & \ddots & \ddots & \\ & & a_{n-4} & b_{n-4} & c_{n-4} \\ c_{n-3} & & & a_{n-3} & b_{n-3} \end{bmatrix} \begin{bmatrix} \boldsymbol{d}_1 \\ \boldsymbol{d}_2 \\ \vdots \\ \boldsymbol{d}_{n-3} \\ \boldsymbol{d}_{n-2} \end{bmatrix} = \begin{bmatrix} \boldsymbol{q}_0 \\ \boldsymbol{q}_1 \\ \vdots \\ \boldsymbol{q}_{n-4} \\ \boldsymbol{q}_{n-3} \end{bmatrix} \tag{3.61}$$

求解上述方程组就可得到闭曲线的控制顶点 $\boldsymbol{d}_i(i=0,1,\cdots,n)$。

对于三次 B 样条开曲线，式(3.60)中 $n-1$ 个方程不足以决定其中包含的 $n+1$个未知控制顶点，还必须增加两个通常由边界条件给定的附加方程[19]。常用的边界条件有切矢条件、自由端点条件、抛物线条件和虚节点条件等。无特定要求时，常采用切矢条件，即给定曲线首末端的切矢量。加上约束条件后，式(3.61)可改写为

$$\begin{bmatrix} a_{-1} & b_{-1} & c_{-1} & & \\ a_1 & b_1 & c_1 & & \\ & \ddots & \ddots & \ddots & \\ & & a_{n-3} & b_{n-3} & c_{n-3} \\ & & a_{n-2} & b_{n-2} & c_{n-2} \end{bmatrix} \begin{bmatrix} \boldsymbol{d}_1 \\ \boldsymbol{d}_2 \\ \vdots \\ \boldsymbol{d}_{n-2} \\ \boldsymbol{d}_{n-1} \end{bmatrix} = \begin{bmatrix} \boldsymbol{e}_{-1} \\ \boldsymbol{q}_1 \\ \vdots \\ \boldsymbol{q}_{n-3} \\ \boldsymbol{e}_{n-2} \end{bmatrix} \tag{3.62}$$

式中，系数矩阵中首行的非零元素 a_{-1}、b_{-1}、c_{-1}与右端的列矩阵中 $\boldsymbol{e}_{-1}$分别表示首端点的边界条件；而系数矩阵中末行的非零元素 a_{n-2}、b_{n-2}、c_{n-2}与右端的列矩阵中 $\boldsymbol{e}_{n-2}$表示末端点的边界条件；其余元素与式(3.61)中的定义一致。式(3.62)可采用 Piegl 给出的 A9.2 算法快速求解[18]。至此，由式(3.56)表示的三次 B 样条插值曲线就完全确定。图 3.20 给出了两个三次 B 样条插值曲线的例子，数据点采用弦长参数化和边界切矢条件。

图 3.20　数据点弦长参数化和三次 B 样条曲线插值的例子

3.3.3　B 样条曲线的最小二乘逼近

假设已经预设好数据点的参数值 $\bar{u}_j$ 和节点矢量 $\boldsymbol{U}$，那么就可以通过建立线性最小二乘模型来求解未知控制顶点。设给定 $m+1$ 个数据点 $\boldsymbol{q}_j(j=0,1,\cdots,m;m>n)$和逼近曲线的次数 $k(k\geqslant 1)$，试图寻找一条 k 次 B 样条曲线：

$$\boldsymbol{r}(u)=\sum_{i=0}^{n}\boldsymbol{d}_iN_{i,k}(u),\qquad u\in[0,1]\tag{3.63}$$

并满足：

(1) $\boldsymbol{q}_0=\boldsymbol{r}(0),\boldsymbol{q}_m=\boldsymbol{r}(1)$；

(2) 其余数据点 $\boldsymbol{q}_j$ 在最小二乘意义下被逼近，即

$$E=\sum_{j=1}^{m-1}\|\boldsymbol{q}_j-\boldsymbol{r}(\bar{u}_j)\|^2\tag{3.64}$$

式(3.64)是关于 $n-1$ 个控制顶点 $\boldsymbol{d}_i(i=1,\cdots,n-1)$的最小二乘问题，$\bar{u}_j$ 是数据点 $\boldsymbol{q}_j$ 的参数值。注意，要生成的逼近曲线一般并不能精确地通过数据点$\{\boldsymbol{q}_j\}$，并且 $\boldsymbol{r}(\bar{u}_j)$也不是曲线上与 $\boldsymbol{q}_j$ 距离最近的数据点。设

$$\boldsymbol{w}_j=\boldsymbol{q}_j-\boldsymbol{q}_0N_{0,k}(\bar{u}_j)-\boldsymbol{q}_mN_{n,k}(\bar{u}_j),\qquad j=1,2,\cdots,m-1\tag{3.65}$$

将参数值 $\bar{u}_j$ 和式(3.65)一起代入式(3.64)，可得

$$\begin{aligned}E&=\sum_{j=1}^{m-1}\|\boldsymbol{q}_j-\boldsymbol{r}(\bar{u}_j)\|^2=\sum_{j=1}^{m-1}\left\|\boldsymbol{w}_j-\sum_{i=1}^{n-1}\boldsymbol{d}_iN_{i,k}(\bar{u}_j)\right\|^2\\&=\sum_{j=1}^{m-1}\left[\boldsymbol{w}_j-\sum_{i=1}^{n-1}\boldsymbol{d}_iN_{i,k}(\bar{u}_j)\right]\left[\boldsymbol{w}_j-\sum_{i=1}^{n-1}\boldsymbol{d}_iN_{i,k}(\bar{u}_j)\right]\\&=\sum_{j=1}^{m-1}\left\{\boldsymbol{w}_j\cdot\boldsymbol{w}_j-2\sum_{i=1}^{n-1}(\boldsymbol{d}_i\cdot\boldsymbol{w}_j)N_{i,k}(\bar{u}_j)+\left[\sum_{i=1}^{n-1}\boldsymbol{d}_iN_{i,k}(\bar{u}_j)\right]\cdot\left[\sum_{i=1}^{n-1}\boldsymbol{d}_iN_{i,k}(\bar{u}_j)\right]\right\}\end{aligned}\tag{3.66}$$

E 是关于 $n-1$ 个变量 $\boldsymbol{d}_i(i=1,\cdots,n-1)$的标量值函数。应用标准的线性最小二乘拟合技术，欲使目标函数 E 最小，应使其关于 $n-1$ 个未知控制顶点的偏导数等于零。它的第 l 个偏导数为

$$\frac{\partial E}{\partial\boldsymbol{d}_l}=\sum_{j=1}^{m-1}\left[-2\boldsymbol{w}_jN_{l,k}(\bar{u}_j)+2N_{l,k}(\bar{u}_j)\sum_{i=1}^{n-1}\boldsymbol{d}_iN_{i,k}(\bar{u}_j)\right]$$

这意味着

$$-\sum_{j=1}^{m-1}\boldsymbol{w}_jN_{l,k}(\bar{u}_j)+\sum_{j=1}^{m-1}\sum_{i=1}^{n-1}\boldsymbol{d}_iN_{l,k}(\bar{u}_j)N_{i,k}(\bar{u}_j)=0$$

于是

$$\sum_{i=1}^{n-1}\left[\sum_{j=1}^{m-1}N_{l,k}(\bar{u}_j)N_{i,k}(\bar{u}_j)\right]\boldsymbol{d}_i=\sum_{j=1}^{m-1}\boldsymbol{w}_jN_{l,k}(\bar{u}_j)\tag{3.67}$$

式(3.67)给出了一个以控制顶点 $\boldsymbol{d}_i(i=1,\cdots,n-1)$为未知量的线性方程。令 $l=1,2,\cdots,n-1$，则可得到含有 $n-1$ 个未知量和 $n-1$ 个方程的线性方程组：

$$(\boldsymbol{N}^{\mathrm{T}}\boldsymbol{N})\boldsymbol{D}=\boldsymbol{R}\tag{3.68}$$

式中，$\boldsymbol{N}$ 为如下$(m-1)\times(n-1)$的标量矩阵：

$$\boldsymbol{N}=\begin{bmatrix} N_{1,k}(\bar{u}_1) & \cdots & N_{n-1,k}(\bar{u}_1) \\ \vdots & & \vdots \\ N_{1,k}(\bar{u}_{m-1}) & \cdots & N_{n-1,k}(\bar{u}_{m-1}) \end{bmatrix} \tag{3.69}$$

$\boldsymbol{R}$ 是由 $n-1$ 个点组成的列向量：

$$\boldsymbol{R}=\begin{bmatrix} \boldsymbol{w}_1 N_{1,k}(\bar{u}_1)+\cdots+\boldsymbol{w}_{m-1} N_{1,k}(\bar{u}_{m-1}) \\ \vdots \\ \boldsymbol{w}_1 N_{n-1,k}(\bar{u}_1)+\cdots+\boldsymbol{w}_{m-1} N_{n-1,k}(\bar{u}_{m-1}) \end{bmatrix} \tag{3.70}$$

并且

$$\boldsymbol{D}=\begin{bmatrix} \boldsymbol{d}_1 \\ \vdots \\ \boldsymbol{d}_{n-1} \end{bmatrix} \tag{3.71}$$

为了计算式(3.69)和式(3.70)，需要知道节点矢量 $\boldsymbol{U}=[u_0,u_1,\cdots,u_{n+k},u_{n+k+1}]$ 和各数据点 $\{\boldsymbol{q}_j\}$ 的参数值 $\bar{u}_j$。$\bar{u}_j$ 可根据 3.2.1 节所述方法计算，常采用弦长参数化方法，而节点矢量可采用式(3.53)进行构造，这样能够保证每个节点区间内至少包含一个 $\bar{u}_j$，而且在这种情况下，式(3.68)中的 $\boldsymbol{N}^{\mathrm{T}}\boldsymbol{N}$ 是正定的并且条件数良好，其半带宽小于 $k+1$[18]，也可采用高斯消元法进行求解。为了提高算法的运算效率，在实际处理时，可利用成熟的线性方程组求解器如 UMFPACK、TAUCS 进行求解。图 3.21 给出了一条开曲线和一条闭曲线的 B 样条曲线拟合的例子。

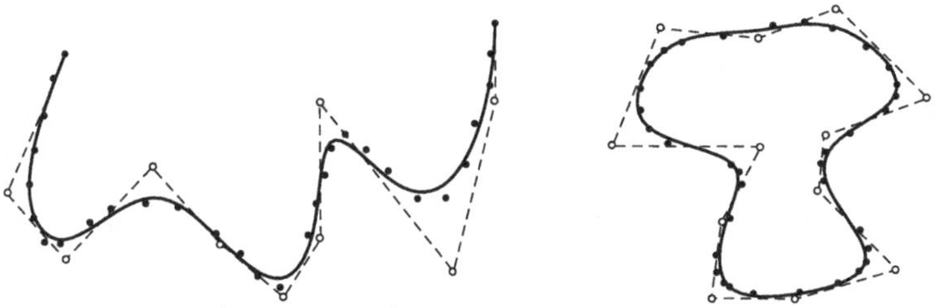

(a) 开曲线(30个数据点，11个控制顶点)　(b) 闭曲线(35个数据点，12个控制顶点)

图 3.21　三次 B 样条曲线拟合的例子

3.3.4 规定精度内的 B 样条曲线逼近

现在考虑数据点在某一规定误差 ε_e 内的曲线逼近问题。曲线逼近比插值更困难，在插值问题中，控制顶点的个数由所选择的曲线次数和所给定的数据点个数自动确定，数据点的参数化直接决定节点矢量，也不需要进行曲线误差的检查。而在逼近问题中，曲线拟合误差 ε_e 要和被拟合的数据点一起作为输入。通常情况下，并不知道需要多少个控制顶点才能达到预期的控制精度 ε_e。因此，逼近一般是一个迭代过程，具体的方案可从选择最少的控制顶点数或最多的控制顶点开始，经过拟合、误差检查，再根据逼近误差的情况决定是增加还是减少控制顶点数。3.3.3 节的最小二乘拟合方法适合于拟合步骤，而在误差检查这一步中，通常检查由

$$\max_{0\leqslant j\leqslant m} \| \boldsymbol{q}_j - \boldsymbol{r}(\bar{u}_j) \| \tag{3.72}$$

所定义的最大距离。一般情况下，$\boldsymbol{r}(\bar{u}_j)$并不是数据点 $\boldsymbol{q}_j$ 在逼近曲线上的最近点。另外，也可以使用式(3.49)和式(3.50)计算 $\boldsymbol{q}_j$ 在逼近曲线上的最近点，以

$$\max_{0\leqslant j\leqslant m} \{ \min_{0\leqslant u\leqslant 1} \| \boldsymbol{q}_j - \boldsymbol{r}(u) \| \} \tag{3.73}$$

定义的数据点 $\boldsymbol{q}_j$ 到逼近曲线 $\boldsymbol{r}(u)$ 的最近距离作为曲线拟合的误差。显然，式(3.73)的计算量大于式(3.72)，但这却是希望度量的误差。一般情况下，由式(3.73)生成的曲线具有更少的控制顶点。

下面简述以较少控制顶点开始拟合的方案。由最少的 $k+1$ 个控制顶点开始，用 3.3.3 节的最小二乘拟合方法对数据点 $\boldsymbol{q}_j(j=0,1,\cdots,m)$进行拟合，得到一条逼近曲线 $\boldsymbol{r}(u)$，然后用式(3.72)或式(3.73)检查数据点$\{\boldsymbol{q}_j\}$到曲线 $\boldsymbol{r}(u)$的最大距离是否小于给定的拟合精度 ε_e。在计算最大距离过程中，对每一个节点区间$[u_i, u_{i+1}]\in[u_k, u_{n+1}]$都进行记录，以表明在该节点区间上曲线拟合精度是否已经满足要求 ε_e。如果对于所有的 $\bar{u}_j\in[u_i, u_{i+1}]$都满足拟合精度 ε_e，则该节点区间上的逼近曲线满足拟合误差。在每次拟合和误差检查后，在每一个不满足误差要求的节点区间内插入一个节点：

$$u_s = \frac{u_i + u_{i+1}}{2} \tag{3.74}$$

相应的控制顶点也随之增加一个。重复上述拟合、误差检查、节点插入过程直到所有的数据点$\{\boldsymbol{q}_j\}$到逼近曲线 $\boldsymbol{r}(u)$的最大距离小于给定拟合精度 ε_e。采用从较多控制顶点开始拟合的方式时，对于节点的处理恰恰相反，需要不断消去节点和减少控制顶点数目，最终得到满足拟合要求的最少数目控制顶点数的逼近曲线。

3.4 B 样条曲面重构

3.4.1 B 样条曲面插值

给定$(m_s+1)\times(n_t+1)$个呈矩形拓扑阵列的曲面数据点 $\boldsymbol{q}_{s,t}(s=0,1,\cdots,m_s;t=0,1,\cdots,n_t)$，要构造一张插值于这些数据点的 $k\times l$ 次的 B 样条曲面，即

$$\boldsymbol{q}_{s,t} = \boldsymbol{r}(\bar{u}_s, \bar{v}_t) = \sum_{i=0}^{m}\sum_{j=0}^{n} \boldsymbol{d}_{i,j} N_{i,k}(\bar{u}_s) N_{j,l}(\bar{v}_t) \tag{3.75}$$

式中，$(\bar{u}_s, \bar{v}_t)$为数据点 $\boldsymbol{q}_{s,t}$的参数值。与曲线插值类似，第一步也是计算出合理的$(\bar{u}_s, \bar{v}_t)$参数值和对应的节点矢量 $\boldsymbol{U}$ 和 $\boldsymbol{V}$。由于$\{\boldsymbol{q}_{s,t}\}$是呈矩形拓扑阵列的规则曲

面数据点(见 3.2.2 节)，可利用式(3.32)和式(3.33)对 u、v 参数方向的数据点进行参数化。然后，按式(3.52)或式(3.53)计算 $\boldsymbol{U}$、$\boldsymbol{V}$ 节点矢量。对于 3×3 次的 B 样条曲面插值，类似于三次曲线插值时的式(3.59)，节点矢量 $\boldsymbol{U}$ 和 $\boldsymbol{V}$ 也可按如下方式进行定义：

$$\boldsymbol{U}=\begin{cases}u_0=u_1=\cdots=u_k=0, & u_{m+1}=u_{m+2}=\cdots=u_{m+k+1}=1\\ u_{k+s}=\bar{u}_s, & s=1,\cdots,m_s-1\end{cases}$$

$$\boldsymbol{V}=\begin{cases}v_0=v_1=\cdots=v_l=0, & v_{n+1}=v_{n+2}=\cdots=v_{n+l+1}=1\\ v_{l+t}=\bar{v}_t, & t=1,\cdots,n_t-1\end{cases}$$

式中，$m=m_s+k-1$；$n=n_t+l-1$。

下面考虑曲面控制顶点$\{\boldsymbol{d}_{i,j}\}$的反算。显然，式(3.75)式给出了$(m_s+1)\times(n_t+1)$个线性方程，现在只有$\{\boldsymbol{d}_{i,j}\}$是未知的。考虑到 $\boldsymbol{r}(u,v)$是张量积曲面，利用张量积曲面的性质，可将曲面控制顶点$\{\boldsymbol{d}_{i,j}\}$的反算问题转化为一系列曲线控制顶点的反算问题，从而使$\{\boldsymbol{d}_{i,j}\}$可通过一系列曲线插值操作更简单、高效地得到。

如果固定 t，可将式(3.75)改写为

$$\boldsymbol{q}_{s,t}=\sum_{i=0}^{m}N_{i,k}(\bar{u}_s)\Big[\sum_{j=0}^{n}\boldsymbol{d}_{i,j}N_{j,l}(\bar{v}_t)\Big]=\sum_{i=0}^{m}N_{i,k}(\bar{u}_s)\boldsymbol{r}_{i,t}(\bar{v}_t) \tag{3.76}$$

式中

$$\boldsymbol{r}_{i,t}(\bar{v}_t)=\sum_{j=0}^{n}\boldsymbol{d}_{i,j}N_{j,l}(\bar{v}_t) \tag{3.77}$$

可以看到，式(3.76)是对数据点 $\boldsymbol{q}_{s,t}(s=0,1,\cdots,m_s)$进行曲线插值，其中 $\boldsymbol{r}_{i,t}(\bar{v}_t)(i=0,1,\cdots,m)$为控制顶点。如果固定 i 让 t 变化，则式(3.77)是对数据点 $\boldsymbol{r}_{i,0}(\bar{v}_0),\cdots,\boldsymbol{r}_{i,n_t}(\bar{v}_{n_t})$进行曲线插值的方程，控制顶点 $\boldsymbol{d}_{i,0},\cdots,\boldsymbol{d}_{i,n}$恰恰就是所要计算的曲面的控制顶点。图 3.22 给出了三次 B 样条曲面控制顶点的反算过程。

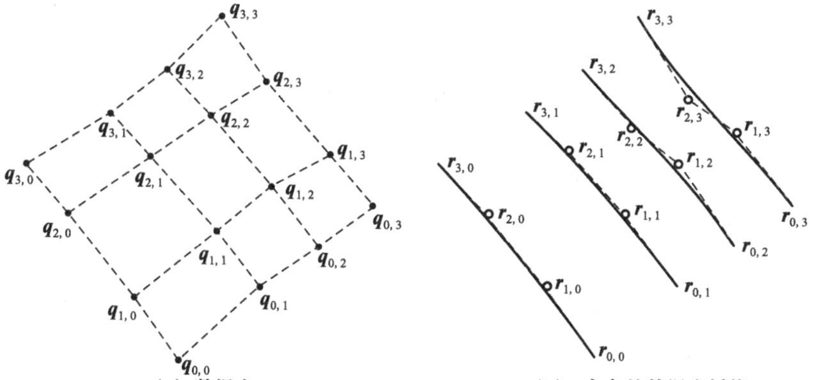

(a) 数据点　　(b) v方向的数据点插值

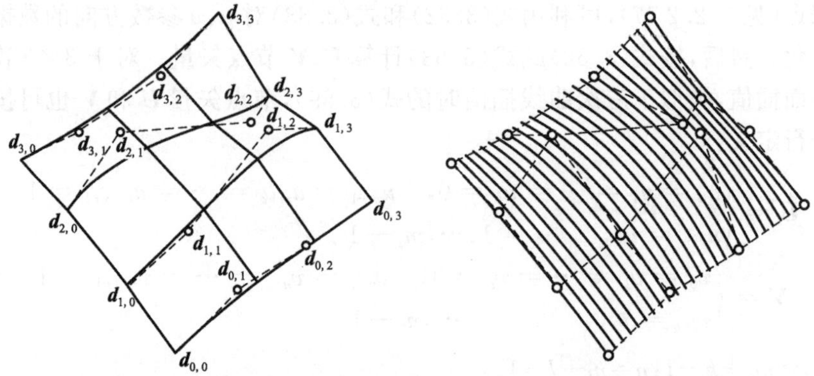

（c）沿u方向对v方向得到的控制顶点插值　　（d）插值曲面和控制顶点

图 3.22　B样条插值曲面构造过程

3.4.2　规则数据点的最小二乘曲面逼近

假设要用一张含有$(m+1)\times(n+1)$个控制顶点的$k\times l$次的B样条曲面$\boldsymbol{r}(u,v)$：

$$\boldsymbol{r}(u,v)=\sum_{i=0}^{m}\sum_{j=0}^{n}\boldsymbol{d}_{i,j}N_{i,k}(u)N_{j,l}(v) \tag{3.78}$$

去逼近呈矩阵拓扑阵列的规则曲面数据点$\boldsymbol{q}_{s,t}(s=0,1,\cdots,m_s;t=0,1,\cdots,n_t)$。尽管可以直接建立一个以控制顶点$\{\boldsymbol{d}_{i,j}\}$为未知量的线性方程组，但对于规则的曲面数据点，可以利用 3.4.1 节曲面插值的思想，先沿一个方向对数据点进行最小二乘逼近，然后沿另一个方向对所生成的控制顶点进行曲线拟合，最终生成的逼近曲面$\boldsymbol{r}(u,v)$将精确地插值于数据的 4 个角点$\boldsymbol{q}_{0,0}$、$\boldsymbol{q}_{1,0}$、$\boldsymbol{q}_{0,1}$和$\boldsymbol{q}_{1,1}$，并且逼近其他数据点$\{\boldsymbol{q}_{s,t}\}$。这种方法简单，能满足大多数实际应用的需要。

在曲面逼近过程中先沿哪一个方向进行曲线拟合，并没有明确的依据准则。一般可先用$n+1$个控制顶点的l次B样条曲线拟合m_s+1行数据点，得到$(m_s+1)\times(n+1)$个中间控制顶点。然后，沿列方向用$m+1$个控制顶点的k次B样条曲线对$n+1$列中间控制顶点进行拟合，生成$(m+1)\times(n+1)$个曲面控制顶点。对于每一方向，曲线拟合方程(3.68)中的系数矩阵$\boldsymbol{N}$和$\boldsymbol{N}^{\mathrm{T}}\boldsymbol{N}$只需要计算一次。当然，也可先拟合$n_t+1$列数据点，再对得到的$m+1$行中间控制顶点进行拟合。与曲面插值不同，采用上述两种顺序的结果一般是不同的。到目前为止，对于特定的数据点阵，依旧没有任何准则能够预先判断出哪种顺序将得到最佳的拟合结果。图 3.23(a)给出了用 4×4 个控制顶点 2×3 次的B样条曲面进行最小二乘拟合的结果；图 3.23(b)给出了对同一数据点进行 2×3 次B样条曲面插值的例子，控制顶点为 9×10 个。相比较而言，最小二乘拟合可以得到更为光顺的曲面。

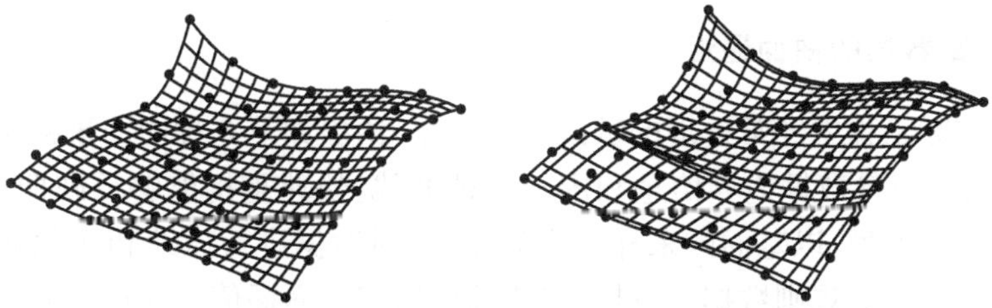

（a）2×3次B样条曲面的最小二乘逼近（4×4个控制顶点）　（b）2×3次B样条曲面的插值（9×10个控制顶点）

图 3.23　B样条曲面逼近和插值

3.4.3　曲面蒙皮

如图 3.13 所示，工程实际中的截面轮廓数据点，大都不能构成矩形阵列数据。换句话说，由于每一截面轮廓的数据点数目并不固定，且各截面数据的分布存在差别，造成每条截面曲线的节点矢量也各不相同，导致无法直接使用 3.4.1 节和 3.4.2 节的插值或逼近方法进行曲面重构[25]。对于此类截面数据，大多通过蒙皮操作重构模型曲面。基于B样条曲线，蒙皮曲面的构造过程如下。令

$$\boldsymbol{c}_s(u)=\sum_{i=0}^{m}\boldsymbol{b}_{i,s}N_{i,k}(u),\qquad s=0,1,\cdots,g \tag{3.79}$$

为通过曲线插值或逼近构造的截面曲线，g 为截面线的数目。由于各截面数据分布存在差别，造成各条截面曲线 $\boldsymbol{c}_s(u)$的节点矢量各不相同。为了保持蒙皮曲线的相容性，必须采用节点插入技术，获得统一的节点矢量 $\boldsymbol{U}$。然后在 v 方向，选择次数 l，对截面曲线的控制顶点$\{\boldsymbol{b}_{i,s}\}$，利用式(3.33)得到参数值 $\bar{v}_s(s=0,1,\cdots,g)$，进而利用式(3.52)所示的平均节点矢量法得到 v 向节点矢量 $\boldsymbol{V}$。根据参数$\{\bar{v}_s\}$和节点矢量 $\boldsymbol{V}$ 对截面曲线族$\{\boldsymbol{c}_s(u)\}$的第 $i(i=0,1,\cdots,m)$列控制顶点$\{\boldsymbol{b}_{i,s}\}_{s=0}^{g}$进行B样条曲线的插值或拟合得到蒙皮曲面的控制顶点$\{\boldsymbol{d}_{i,j}\}$。图 3.24 给出了利用蒙皮方法得到的曲面模型的例子。可见曲面的光顺性较好，没有剧烈的扭曲情况。如果对拟合结果不满意，可以增加控制顶点数并通过迭代提高曲面的重建精度。

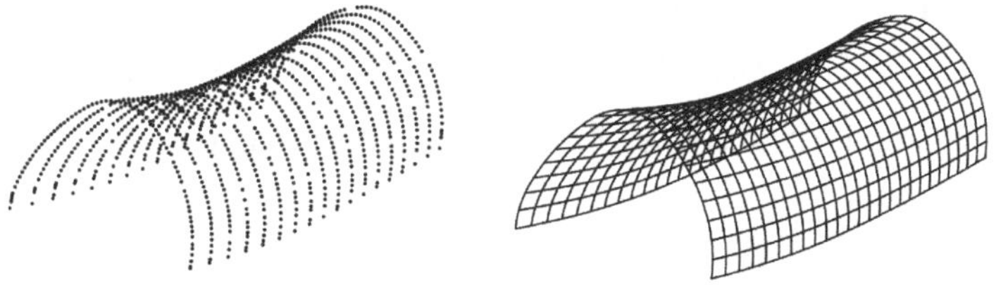

（a）截面轮廓点　（b）蒙皮曲面

图 3.24　截面轮廓数据的蒙皮曲面

3.4.4 散乱数据的曲面逼近

对于实际工程中经常处理的散乱测量数据，给出如下 3 种曲面重构策略：

(1) 提取测量数据边界信息和内部特征曲线，快速重构能够反映曲面基本几何形状的基面模型，以基面的采样网格为依据，对数据进行压缩和序化处理，得到呈拓扑矩形阵列的规则数据点，进而采用前面所述曲面插值或逼近的方法，重构模型曲面；

(2) 截取测量数据截面轮廓，重构截面曲线，然后利用蒙皮操作重构模型曲面；

(3) 利用基面参数化方法得到测量数据的参数值，直接进行最小二乘曲面逼近。

利用本章所述的数据处理、参数化和曲线曲面的重构方法，可以方便地实现前两种曲面重构策略。下面将详细论述第三种曲面重构策略。

假定散乱测量数据 $\boldsymbol{q}_s(s=0,1,\cdots,m_s)$ 的参数值 $(\bar{u}_s,\bar{v}_s)$ 以及沿 u、v 方向的节点矢量 $\boldsymbol{U}$ 和 $\boldsymbol{V}$ 已经利用本章所述方法确定，现在要用 $(m+1)\times(n+1)$ 个控制顶点的 $k\times l$ 次 B 样条曲面 $\boldsymbol{r}(u,v)$：

$$\boldsymbol{r}(u,v)=\sum_{i=0}^{m}\sum_{j=0}^{n}\boldsymbol{d}_{i,j}N_{i,k}(u)N_{j,l}(v)$$

去拟合测量数据 $\{\boldsymbol{q}_s\}$。对于每一个数据点 $\boldsymbol{q}_s$ 应在最小二乘意义下使下述方程：

$$E=\sum_{s=0}^{m_s}\|\boldsymbol{r}(\bar{u}_s,\bar{v}_s)-\boldsymbol{q}_s\|^2=\sum_{s=0}^{m_s}\left\|\sum_{i=0}^{m}\sum_{j=0}^{n}\boldsymbol{d}_{i,j}N_{i,k}(\bar{u}_s)N_{j,l}(\bar{v}_s)-\boldsymbol{q}_s\right\|^2 \tag{3.80}$$

关于 $(m+1)\times(n+1)$ 个控制顶点 $\{\boldsymbol{d}_{i,j}\}$ 达到最小。理论上，上述最小二乘目标函数的求解等价于如下以控制顶点 $\{\boldsymbol{d}_{i,j}\}$ 为未知量的线性方程组的求解：

$$\boldsymbol{AX}=\boldsymbol{B} \tag{3.81}$$

式中，$\boldsymbol{A}$ 为 $(m_s+1)\times[(m+1)\times(n+1)]$ 的标量矩阵：

$$\boldsymbol{A}=\begin{bmatrix} N_{0,k}(\bar{u}_0)N_{0,l}(\bar{v}_0) & \cdots & N_{m,k}(\bar{u}_0)N_{n,l}(\bar{v}_0) \\ \vdots & & \vdots \\ N_{0,k}(\bar{u}_{m_s})N_{0,l}(\bar{v}_{m_s}) & \cdots & N_{m,k}(\bar{u}_{m_s})N_{n,l}(\bar{v}_{m_s}) \end{bmatrix} \tag{3.82}$$

$\boldsymbol{X}$ 为 $(m+1)\times(n+1)$ 个未知控制顶点 $\{\boldsymbol{d}_{i,j}\}$ 构成的列向量：

$$\boldsymbol{X}=\begin{bmatrix} \boldsymbol{d}_{0,0} \\ \vdots \\ \boldsymbol{d}_{m,n} \end{bmatrix} \tag{3.83}$$

$\boldsymbol{B}$ 为被逼近数据点 $\{\boldsymbol{q}_s\}$ 构成的列向量：

$$\boldsymbol{B}=\begin{bmatrix}\boldsymbol{q}_0\\ \vdots \\ \boldsymbol{q}_{m_s}\end{bmatrix} \tag{3.84}$$

为了保证系数矩阵各行元素线性无关，在建立式(3.81)所示的线性方程组时，要保证没有重复点，此时式(3.81)可利用 2.3.1 节的求解方法进行求解，也可以采用专门用于大型矩阵方程的求解器如 UMFPACK、TACUS 等进行求解。对于在用户规定的精度 ε_e 范围内的曲面数据点逼近问题，可采用如下两种迭代方案：方案一，先从少的控制顶点开始，拟合、检查偏差，如果有必要，则增加控制顶点个数；方案二，先从足够多的控制顶点开始，拟合、检查偏差，如果有必要，则减少控制顶点个数。前面给出的基于最小二乘逼近的方法适合拟合这一步，而对于偏差检查，通常需要计算由

$$\max_{0\leqslant s\leqslant m_s}\left\{\min_{\substack{0\leqslant u\leqslant 1\\ 0\leqslant v\leqslant 1}}\left\|\boldsymbol{r}(u,v)-\boldsymbol{q}_s\right\|\right\} \tag{3.85}$$

定义的最大距离，它可利用 3.2.3 节中的“散乱数据点的直接基面参数化”小节所述数据点 $\boldsymbol{q}_s$ 到曲面 $\boldsymbol{r}(u,v)$ 的最近距离进行计算。图 3.25 给出了一个直接基于散乱数据重构模型曲面的例子。

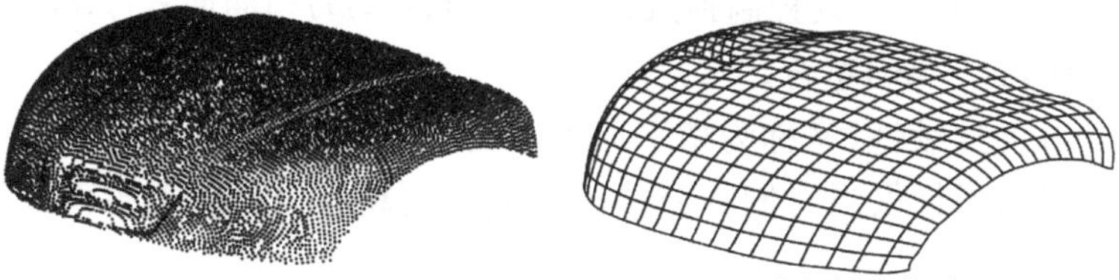

(a) 散乱测量数据点　　(b) 拟合曲面

图 3.25　散乱数据点的直接最小二乘拟合

3.5　B 样条曲面片的拼接

实际的复杂曲面零件往往含有多个曲面几何特征，由多张曲面片组合而成。如果直接进行拟合，常常会增加曲面模型数学表示和拟合处理的难度，有时根本无法用较简单的数学模型描述零件曲面。因此，在实际处理中，一般是将数据点云划分成具有单一几何特征的拓扑区域进行曲面重构。在曲面片重构完成后，再进行曲面片间的光滑拼接，进而构成一个完整的 CAD 模型。为此，本节将详细讨论作为拼接曲面间光滑度定义的几何连续性条件，并给出相应的 B 样条曲面间光滑拼接的几何处理方法。

3.5.1　B 样条曲面拼接的几何连续性条件

(1) G^0 几何连续性，又称为位置连续性。为论述方便，设 $\boldsymbol{r}_1(u,v)$ 和 $\boldsymbol{r}_2(s,t)$ 两

张相邻的 $k\times l$ 次 B 样条曲面片，在两个参数方向上具有相同节点矢量。

$$\boldsymbol{r}_1(u,v)=\sum_{i=0}^{m}\sum_{j=0}^{n}\boldsymbol{d}_{i,j}^{1}N_{i,k}(u)N_{j,l}(v) \tag{3.86}$$

$$\boldsymbol{r}_2(s,t)=\sum_{i=0}^{p}\sum_{j=0}^{q}\boldsymbol{d}_{i,j}^{2}N_{i,k}(s)N_{j,l}(t) \tag{3.87}$$

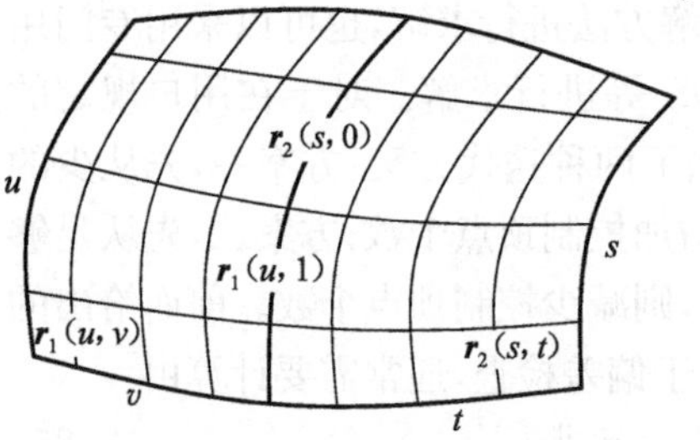

图 3.26　两曲面片的 G^0 拼接

当两张曲面 $\boldsymbol{r}_1(u,v)$ 和 $\boldsymbol{r}_2(s,t)$ 满足位置连续性时，它们应该有一条公共的边界 $\boldsymbol{r}_1(u,1)=\boldsymbol{r}_2(s,0)$，如图 3.26 所示。把 $v=1$ 代入式(3.86)，$t=0$ 代入式(3.87)，可得

$$\sum_{i=0}^{m}\boldsymbol{d}_{i,n}^{1}N_{i,k}(u)=\sum_{i=0}^{p}\boldsymbol{d}_{i,0}^{2}N_{i,k}(s) \tag{3.88}$$

如果沿着公共边界，两曲面片 $\boldsymbol{r}_1(u,v)$ 和 $\boldsymbol{r}_2(s,t)$ 的控制顶点个数相等，即 $m=p$，那么这两张拼接曲面 G^0 几何连续的条件为

$$\boldsymbol{d}_{i,n}^{1}=\boldsymbol{d}_{i,0}^{2},\qquad i=0,1,\cdots,m \tag{3.89}$$

即曲面 $\boldsymbol{r}_1(u,v)$ 的最后一列控制顶点 $\boldsymbol{d}_{i,n}^{1}(i=0,1,\cdots,m)$ 与曲面 $\boldsymbol{r}_2(s,t)$ 第一列控制顶点 $\boldsymbol{d}_{i,0}^{2}(i=0,1,\cdots,m)$ 重合。

(2) G^1 几何连续性，又称为切平面连续，其定义为两曲面沿它们的公共边界具有 G^1 连续性，当且仅当它们在公共边界上处处具有公共的切平面或公共的曲面法线[26～30]。

设两张曲面片为 $\boldsymbol{r}_1(u,v)$ 和 $\boldsymbol{r}_2(s,t)$，其表达式由式(3.86)和式(3.87)给定，它们之间有一条公共边界，见图 3.27。若该公共边界线不是曲面的等参数线，则沿公共边界线上每一点处有不相重的 4 个切矢 $\frac{\partial \boldsymbol{r}_1(u,v)}{\partial u}$、$\frac{\partial \boldsymbol{r}_1(u,v)}{\partial v}$、$\frac{\partial \boldsymbol{r}_2(s,t)}{\partial s}$ 和 $\frac{\partial \boldsymbol{r}_2(s,t)}{\partial t}$。根据公共切平面的要求，这 4 个切矢应该共面，其共面条件在数学上可表示为[19]

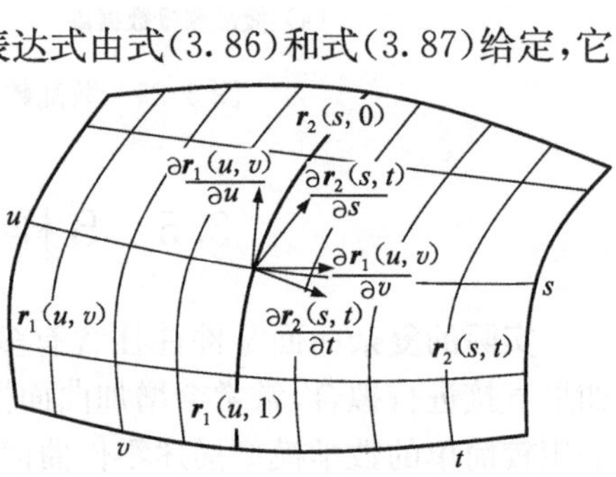

图 3.27　两曲面片的 G^1 拼接

$$\left[\frac{\partial \boldsymbol{r}_1(u,v)}{\partial u}\times\frac{\partial \boldsymbol{r}_1(u,v)}{\partial v}\right]\times\left[\frac{\partial \boldsymbol{r}_2(s,t)}{\partial s}\times\frac{\partial \boldsymbol{r}_2(s,t)}{\partial t}\right]=0 \tag{3.90}$$

特殊地，当公共边界线为两曲面的等参数线时，在公共等参数线上任意一点处 $\frac{\partial \boldsymbol{r}_1(u,v)}{\partial u}$ 与 $\frac{\partial \boldsymbol{r}_2(s,t)}{\partial s}$ 是平行的，于是公共切平面要求就转化为 $\frac{\partial \boldsymbol{r}_1(u,v)}{\partial u}$、$\frac{\partial \boldsymbol{r}_1(u,v)}{\partial v}$

和$\frac{\partial \boldsymbol{r}_2(s,t)}{\partial t}$三矢量共面条件，数学上标识为三矢量的混合积为零，即

$$\left(\frac{\partial \boldsymbol{r}_1(u,v)}{\partial u},\frac{\partial \boldsymbol{r}_1(u,v)}{\partial v},\frac{\partial \boldsymbol{r}_2(s,t)}{\partial t}\right)=0 \tag{3.91}$$

或将一矢量表示为另外两矢量的线性组合：

$$\frac{\partial \boldsymbol{r}_2(s,t)}{\partial t}=h(u)\frac{\partial \boldsymbol{r}_1(u,v)}{\partial v}+g(u)\frac{\partial \boldsymbol{r}_1(u,v)}{\partial u},\qquad h(u)>0 \tag{3.92}$$

式中，$h(u)$和 $g(u)$可以是常数，也可以是多项式。$h(u)>0$ 保证两曲面在公共等参数线处不形成尖棱。尽管 $h(u)$和 $g(u)$的不同组合也能用于 B 样条曲面，但是在公共边界附近它可能会使未知控制顶点的关系变得非常复杂，因此一般用最简单的形式：$h(u)=h_0$，$g(u)=0$。在这种情况下，公共边界的每一个控制顶点和它两边的非边界控制顶点共线。

根据第 2 章中 B 样条曲面的一阶偏导矢公式和 B 样条基函数的导数公式，曲面 $\boldsymbol{r}_1(u,v)$关于参数 $v|_{v=1}$的一阶偏导矢为

$$\left.\frac{\partial \boldsymbol{r}_1(u,v)}{\partial v}\right|_{v=1}=\frac{l}{v_{n+l}-v_n}\sum_{i=0}^{m}N_{i,k}(u)(\boldsymbol{d}_{i,n}^1-\boldsymbol{d}_{i,n-1}^1) \tag{3.93}$$

同样，曲面 $\boldsymbol{r}_2(s,t)$关于参数 $t|_{t=0}$的一阶偏导矢为

$$\left.\frac{\partial \boldsymbol{r}_2(s,t)}{\partial t}\right|_{t=0}=\frac{l}{t_{l+1}-t_1}\sum_{i=0}^{p}N_{i,k}(s)(\boldsymbol{d}_{i,1}^2-\boldsymbol{d}_{i,0}^2) \tag{3.94}$$

将式(3.93)和式(3.94)代入式(3.92)，并取 $h(u)=h_0$，$g(u)=0$，可得

$$\frac{1}{t_{l+1}-t_1}\sum_{i=0}^{p}N_{i,k}(s)(\boldsymbol{d}_{i,1}^2-\boldsymbol{d}_{i,0}^2)=\frac{h_0}{v_{n+l}-v_n}\sum_{i=0}^{m}N_{i,k}(u)(\boldsymbol{d}_{i,n}^1-\boldsymbol{d}_{i,n-1}^1) \tag{3.95}$$

如果曲面片 $\boldsymbol{r}_1(u,v)$和 $\boldsymbol{r}_2(s,t)$沿 u 向或s 向具有相同的控制顶点数目，即$m=p$，则式(3.95)可简化为

$$\frac{1}{\Delta t_f}(\boldsymbol{d}_{i,1}^2-\boldsymbol{d}_{i,0}^2)=\frac{h_0}{\Delta v_e}(\boldsymbol{d}_{i,n}^1-\boldsymbol{d}_{i,n-1}^1),\qquad i=0,1,\cdots,m \tag{3.96}$$

式中，Δt_f 为采用 $l+1$ 重节点、端点固支条件的曲面 $\boldsymbol{r}_2(s,t)$的节点矢量 $\boldsymbol{T}$ 的第一个节点区间的长度；Δv_e 为采用 $l+1$ 重节点、端点固支条件的曲面 $\boldsymbol{r}_1(u,v)$的节点矢量 $\boldsymbol{V}$ 的最后一个节点区间的长度。将 G^0 几何连续条件式(3.89)代入式(3.96)，即可得到两曲面拼接的 G^1 几何连续性条件[7]：

$$\boldsymbol{d}_{i,1}^2=(1+w)\boldsymbol{d}_{i,n}^1-w\boldsymbol{d}_{i,n-1}^1,\qquad w=\frac{\Delta t_f}{\Delta v_e}h_0 \tag{3.97}$$

(3) G^2 几何连续性，又称为曲率连续，其定义为两曲面沿它们公共的边界具有 G^2 连续性或是 G^2 连续[19,31]，当且仅当它们沿该公共边界除处处具有公共切平面外，还具有公共的主曲率，以及在两个主曲率不相等时具有公共的主方向

或者一致的杜潘标线。这不仅要求满足 G^1 连续的条件式(3.92)，还必须满足如下条件：

$$\begin{cases}\dfrac{\partial^2 \boldsymbol{r}_2(s,t)}{\partial t \partial s} = g(u)\dfrac{\partial^2 \boldsymbol{r}_1(u,u)}{\partial u^2} + h(u)\dfrac{\partial^2 \boldsymbol{r}_1(u,u)}{\partial u \partial v} \\ \qquad + a(u)\dfrac{\partial \boldsymbol{r}_1(u,v)}{\partial u} + b(u)\dfrac{\partial \boldsymbol{r}_1(u,v)}{\partial v} \\ \dfrac{\partial^2 \boldsymbol{r}_2(s,t)}{\partial t^2} = g^2(u)\dfrac{\partial^2 \boldsymbol{r}_1(u,u)}{\partial u^2} + 2g(u)h(u)\dfrac{\partial^2 \boldsymbol{r}_1(u,u)}{\partial u \partial v} + h^2(u)\dfrac{\partial^2 \boldsymbol{r}_1(u,u)}{\partial v^2} \\ \qquad + c(u)\dfrac{\partial \boldsymbol{r}_1(u,v)}{\partial u} + d(u)\dfrac{\partial \boldsymbol{r}_1(u,v)}{\partial v}\end{cases} \tag{3.98}$$

上面所述的几何连续性与参数选取及具体的参数化无关，这就避免了由参数选取引起的非正则情况。此外，几何连续性是对用参数连续性度量正则参数曲线连接光滑度的苛刻而不必要限制的松弛，即对参数化的松弛。几何连续性只要求较弱的限制条件，也就为形状定义与形状控制提供了额外的自由度。由于几何连续性摆脱了对参数选择的依赖，着眼于形状内在几何特征的描述，从而获得了对形状控制更大的灵活性。在工程实际中，无论曲线还是曲面，一般 G^0、G^1 就可以满足大多数工程应用的要求[32]。下面将针对典型的两张和四张曲面一阶光滑拼接进行论述。

3.5.2　两张 B 样条曲面的 G^1 光滑拼接

如图 3.28 所示，为使相邻曲面片 $\boldsymbol{r}_1(u,v)$ 和 $\boldsymbol{r}_2(s,t)$ 在边界曲线 $\boldsymbol{r}_1(u,1)$ 或 $\boldsymbol{r}_2(s,0)$ 处实现 G^1 光滑拼接，必须重新调整相关控制顶点 $\{\boldsymbol{d}^1_{i,n-1}\}$、$\{\boldsymbol{d}^1_{i,n}\}$ 和 $\{\boldsymbol{d}^2_{i,0}\}$、$\{\boldsymbol{d}^2_{i,1}\}$ 的位置，使其满足 G^1 光滑拼接条件式(3.97)。根据 B 样条曲面的局部支撑性质，调整控制顶点 $\{\boldsymbol{d}^1_{i,n-1}\}$ 和 $\{\boldsymbol{d}^1_{i,n}\}$ 只影响曲面 $\boldsymbol{r}_1(u,v)$ 定义在区间 $[u_k, u_{m+1}] \times [v_{n-1}, v_{n+1}]$ 上的那些曲面片：

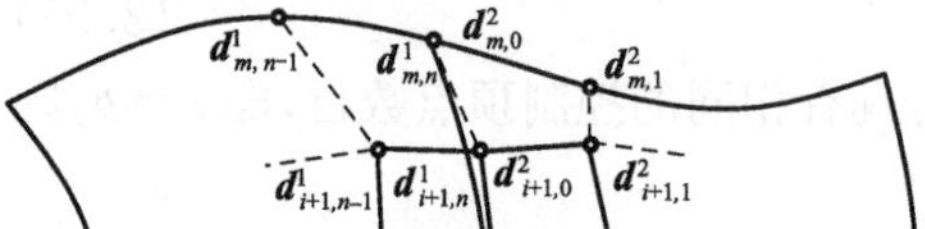

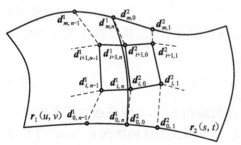

图 3.28　拼接公共边处的控制顶点

$$\boldsymbol{r}_1(u,v) = \sum_{i=0}^{m}\sum_{j=n-l-1}^{n} \boldsymbol{d}^1_{i,j} N_{i,k}(u) N_{j,l}(v) \tag{3.99}$$

将式(3.99)进一步展开，可得

$$\sum_{i=0}^{m}\sum_{j=n-1}^{n} \boldsymbol{d}^1_{i,j} N_{i,k}(u) N_{j,l}(v) = \boldsymbol{r}_1(u,v) - \sum_{i=0}^{m}\sum_{j=n-l-1}^{n-2} \boldsymbol{d}^1_{i,j} N_{i,k}(u) N_{j,l}(v) \tag{3.100}$$

式中，左端项中的$\{\boldsymbol{d}_{i,n}^1\}$、$\{\boldsymbol{d}_{i,n-1}^1\}$为需要调整的控制顶点，为未知量；而右端项中的$\{\boldsymbol{d}_{i,j}^1\}$是已知的曲面片$\boldsymbol{r}_1(u,v)$的控制顶点。类似地，曲面$\boldsymbol{r}_2(s,t)$定义在区间$[s_k,s_{m+1}]\times[t_l,t_{l+2}]$上的受控制顶点$\{\boldsymbol{d}_{i,0}^2\}$和$\{\boldsymbol{d}_{i,1}^2\}$影响的曲面片可表示为

$$\sum_{i=0}^{m}\sum_{j=0}^{1}\boldsymbol{d}_{i,j}^2 N_{i,k}(s)N_{j,l}(t)=\boldsymbol{r}_2(s,t)-\sum_{i=0}^{m}\sum_{j=2}^{l+1}\boldsymbol{d}_{i,j}^2 N_{i,k}(s)N_{j,l}(t)\quad(3.101)$$

根据曲面间G^1光滑拼接条件式(3.97)，可将式(3.100)和式(3.101)转化为如下矩阵方程：

$$\boldsymbol{AX}=\boldsymbol{B}\quad(3.102)$$

式中，$\boldsymbol{A}$为$n_p\times2(m+1)$的系数矩阵，n_p为曲面$\boldsymbol{r}_1(u,v)$的控制顶点$\{\boldsymbol{d}_{i,n-1}^1\}$、$\{\boldsymbol{d}_{i,n}^1\}$和$\boldsymbol{r}_2(s,t)$的控制顶点$\{\boldsymbol{d}_{i,0}^2\}$、$\{\boldsymbol{d}_{i,1}^2\}$所影响曲面区域的数据点数；$\boldsymbol{X}$为所要调整的控制顶点$\{\boldsymbol{d}_{i,0}^2\}$和$\{\boldsymbol{d}_{i,1}^2\}$构成的$2(m+1)\times1$的列向量；$\boldsymbol{B}$为$n_p\times1$的系数列向量。式(3.102)一般是超线性方程组，为确保列满秩，在确定影响区域数据点时，应保证没有重复点。关于上述矩阵$\boldsymbol{A}$、$\boldsymbol{X}$和$\boldsymbol{B}$的具体数学表达可参见文献[32]。求得控制顶点$\{\boldsymbol{d}_{i,1}^2\}$、$\{\boldsymbol{d}_{i,0}^2\}$后，将其代入式(3.97)，就可得到曲面$\boldsymbol{r}_1(u,v)$在靠近公共边界处的最后两列控制顶点$\{\boldsymbol{d}_{i,n}^1\}$和$\{\boldsymbol{d}_{i,n-1}^1\}$，从而完成曲面片$\boldsymbol{r}_1(u,v)$和$\boldsymbol{r}_2(s,t)$间的光滑拼接。图 3.29 为利用上述方法实现曲面两两G^1光滑拼接的算例，可以看到G^1拼接能很好地反映原始曲面模型的几何特征。

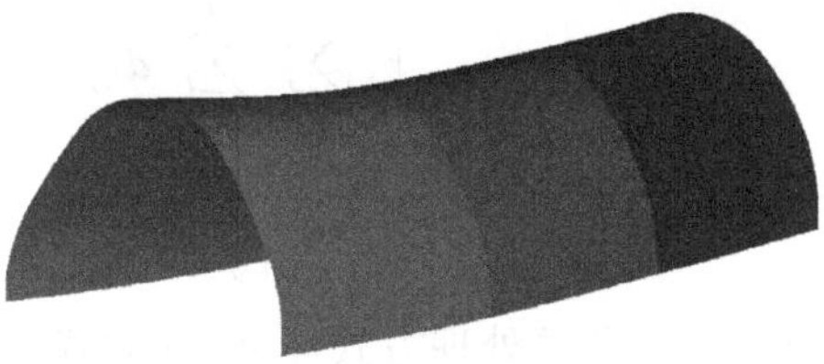

图 3.29　三张 B 样条曲面片的G^1光滑拼接

3.5.3　四张 B 样条曲面的角点G^1光滑拼接

在分片曲面重构中，经常遇到N面角点的拼接问题。本节将以四张曲面片拼接为例，论述其角点处的G^1光滑拼接方法。

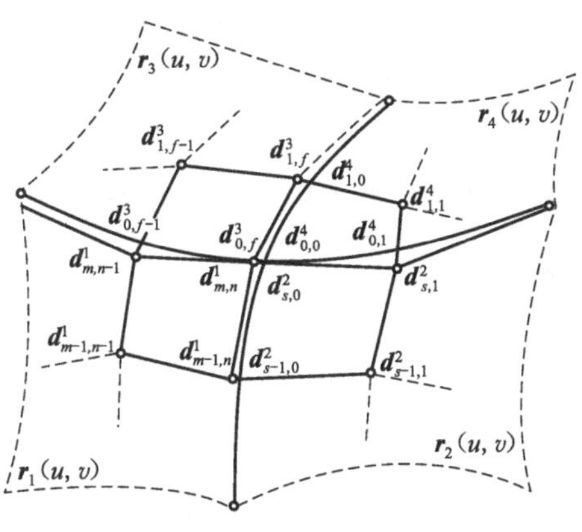

图 3.30　四张 B 样条曲面片拼接角点周围的控制顶点

如图 3.30 所示，设四张曲面片分别为$\boldsymbol{r}_1(u,v)$、$\boldsymbol{r}_2(u,v)$、$\boldsymbol{r}_3(u,v)$和$\boldsymbol{r}_4(u,v)$，$\boldsymbol{r}_1(u,v)$的控制顶点数为$(m+1)\times(n+1)$，$\boldsymbol{r}_2(u,v)$的控制顶点数为$(s+1)\times(t+1)$，$\boldsymbol{r}_3(u,v)$的控制顶点数为$(e+1)\times(f+1)$。根据 3.5.1 节和 3.5.2 节的讨论，相邻两曲面沿公共边界处的控制顶点数应该相等，即$m=s$、$n=f$，由此可得到$\boldsymbol{r}_4(u,v)$的控制顶点数为$(e+1)\times(t+1)$。四张曲面片上非角点处的相关控制顶点可采

用 3.5.2 节所述的两张曲面片拼接方法调整，但对于四张曲面片角点处的控制顶点 $\boldsymbol{d}_{i,j}^1(i=m-1,m;j=n-1,n)$、$\boldsymbol{d}_{i,j}^2(i=s-1,s;j=0,1)$、$\boldsymbol{d}_{i,j}^3(i=0,1;j=f-1,f)$、$\boldsymbol{d}_{i,j}^4(i=0,1;j=0,1)$，则需要单独进行调整，使其满足 G^1 光滑拼接的要求。根据 G^1 光滑拼接条件，四张曲面片角点处控制顶点 $\{\boldsymbol{d}_{i,j}^1\}$、$\{\boldsymbol{d}_{i,j}^2\}$、$\{\boldsymbol{d}_{i,j}^3\}$ 和 $\{\boldsymbol{d}_{i,j}^4\}$ 应满足如下条件：

$$\begin{cases}\boldsymbol{d}_{i,1}^2=(1+w_{12})\boldsymbol{d}_{i,n}^1-w_{12}\boldsymbol{d}_{i,n-1}^1, & i=m-1,m\\ \boldsymbol{d}_{1,j}^3=(1+w_{13})\boldsymbol{d}_{m,j}^1-w_{13}\boldsymbol{d}_{m-1,j}^1, & j=n-1,n\\ \boldsymbol{d}_{i,1}^4=(1+w_{34})\boldsymbol{d}_{i,f}^3-w_{34}\boldsymbol{d}_{i,f-1}^3, & i=0,1\end{cases}\tag{3.103}$$

根据 B 样条曲面的局部支撑性质，可以得到如下方程：

$$\begin{cases}\sum\limits_{i=m-k-1}^{m}\sum\limits_{j=n-l-1}^{n}\boldsymbol{d}_{i,j}^1N_{i,k}(u)N_{j,l}(v)=\boldsymbol{r}_1(u,v)\\ \sum\limits_{i=s-k-1}^{m}\sum\limits_{j=0}^{l+1}\boldsymbol{d}_{i,j}^2N_{i,k}(u)N_{j,l}(v)=\boldsymbol{r}_2(u,v)\\ \sum\limits_{i=0}^{k+1}\sum\limits_{j=f-l-1}^{f}\boldsymbol{d}_{i,j}^2N_{i,k}(u)N_{j,l}(v)=\boldsymbol{r}_3(u,v)\\ \sum\limits_{i=0}^{k+1}\sum\limits_{j=0}^{l+1}\boldsymbol{d}_{i,j}^2N_{i,k}(u)N_{j,l}(v)=\boldsymbol{r}_2(u,v)\end{cases}\tag{3.104}$$

与 3.5.2 节的处理方式类似，联立式(3.103)和式(3.104)，可得到曲面片 $\boldsymbol{r}_1(u,v)$ 在角点处关于控制顶点 $\boldsymbol{d}_{i,j}^1(i=m-1,m;j=n-1,n)$ 的一个超定线性方程组 $\boldsymbol{AX}=\boldsymbol{B}$。求解该方程，就可得到曲面片 $\boldsymbol{r}_1(u,v)$ 在角点处的新的控制顶点 $\{\boldsymbol{d}_{i,j}^1\}$，将其代入式(3.103)，便可得到其他三片曲面 $\boldsymbol{r}_2(u,v)$、$\boldsymbol{r}_3(u,v)$ 和 $\boldsymbol{r}_4(u,v)$ 在角点处的控制顶点。由此，就可完成如图 3.31 所示的四张曲面片在其公共角点处的 G^1 光滑拼接。

图 3.31　四张曲面片角点处的 G^1 光滑拼接

参 考 文 献

[1] Sun Y W, Guo D M, Jia Z Y, et al. B-spline surface reconstruction and direct slicing from point clouds. International Journal of Advanced Manufacturing Technology, 2006, 27(9/10): 918-924.

[2] Anderson T W. An Introduction to Multivariate Statistical Analysis. 3rd ed. Hoboken: John Wiley & Sons, 2003.

[3] 徐金亭，刘伟军. 基于散乱数据的罐车曲面重建与容积检定系统. 机械工程学报，2010,

46(7):154-159.

[4] Piegl L A,Tiller W. Algorithm for finding all k nearest neighbors. Computer-Aided Design, 2002,34(2):167-172.

[5] Goodsell G. On finding p-th nearest neighbors of scattered points in two dimensions for small p. Computer Aided Geometric Design,2000,17(4):387-392.

[6] 王刚. 基于散乱点云的卷曲模型建模和精度评价. 大连:大连理工大学硕士学位论文, 2007.

[7] 孙玉文,冯西友,郭东明. 一类卷曲模型的组合 B 样条曲面重建方法. 机械工程学报,2010, 46(3):125-130.

[8] Jones M,Chen M. A new approach to the construction of surfaces from contour data. Computer Graphics Forum,1994,13(3):75-84.

[9] Bajaj C,Coyle E J,Lin K N. Arbitrary topology shape reconstruction from planar cross-sections. Graphical Models and Image Processing,1996,58(6):524-543.

[10] Park H,Kim K. Smooth surface approximation to serial cross-sections. Computer-Aided Design,1997,28(12):995-1005.

[11] 孙玉文,贾振元,王越超,等. 基于自由曲面点云的快速原型制作技术研究. 机械工程学报,2003,39(1):56-59,83.

[12] Lee E T Y. Choosing nodes in parametric curve interpolation. Computer-Aided Design, 1989,21(6):363-370.

[13] Ma W Y,Kruth J P. Parameterization of randomly measured points for least squares fitting of B-spline curves and surfaces. Computer-Aided Design,1995,27(9):663-675.

[14] Bradley C H,Vickers G W. Free-form surface reconstruction for machine vision rapid prototyping. Optical Engineering,1993,32(9):2191-2200.

[15] Piegl L A,Tiller W. Parametrization for surface fitting in reverse engineering. Computer-Aided Design,2001,33(8):593-603.

[16] Azariadis P N. Parameterization of clouds of unorganized points using dynamic base surfaces. Computer-Aided Design,2004,36(7):607-623.

[17] 孙玉文,吴宏基,刘健. 基于 NURBS 的自由曲面精确拟合方法. 机械工程学报,2004, 40(3):10-14.

[18] Piegl L A,Tiller W. The NURBS Book. 2nd ed. New York :Springer-Verlag,1997.

[19] 施法中. 计算机辅助几何设计与非均匀有理 B 样条. 2 版. 北京:高等教育出版社,2001.

[20] Ma Y L,Hewitt W T. Point inversion and projection for NURBS curve and surface:Control polygon approach. Computer Aided Geometric Design,2003,20(2):79-99.

[21] Hu S M,Wallner J. A second algorithm for orthogonal projection onto curves and surfaces. Computer Aided Geometric Design,2005,22(3):251-260.

[22] Selimovic I. Improved algorithm for the projection of points on NURBS curves and surfaces. Computer Aided Geometric Design,2006,23(5):439-445.

[23] Chen X D,Xu G,Yong J H,et al. Computing the minimum distance between a point and a

clamped B-spline surface. Graphical Models, 2009, 71(3): 107-112.

[24] Liu X M, Lei Y, Yong J H, et al. A torus patch approximation approach for point projection on surfaces. Computer Aided Geometric Design, 2009, 26(5): 593-598.

[25] Piegl L A, Tiller W. Algorithm for approximate NURBS skinning. Computer-Aided Design, 1996, 28(9): 699-706.

[26] Milroy M J, Bradly C, Vickers G W, et al. G^1 continuity of B-spline surface patches in reverse engineering. Computer-Aided Design, 1995, 27(6): 471-478.

[27] Shi X, Yu P, Wang T. G^1 continuous conditions of biquartic B-spline surfaces. Journal of Computional and Applied Mathematics, 2002, 144(1/2): 251-262.

[28] Shi X, Wang T, Wu P, et al. Reconstruction of convergent G^1 smooth B-spline surfaces. Computer Aided Geometric Design, 2004, 21(9): 893-913.

[29] Che X, Liang X, Li Q. G^1 continuity conditions of adjacent NURBS surfaces. Computer Aided Geometric Design, 2005, 22(4): 285-298.

[30] 于丕强，施锡泉. 一类双 k 次 B 样条曲面的 G^1 连续性条件. 应用数学，2002, 15(7): 97-102.

[31] Lai J Y, Ueng W D. G^2 continuity for multiple surfaces fitting. International Journal of Advanced Manufacturing Technology, 2001, 17(8): 575-585.

[32] 冯西友. 基于海量数据的卷曲模型组合曲面建模与光顺. 大连：大连理工大学硕士学位论文，2008.

第 4 章　多岛链型腔加工路径

在以汽车、航空航天、船舶和模具制造等为代表的制造业中，复杂型腔类零件的应用越来越广泛。此类零件不仅型腔边界、面型是复杂的自由曲线曲面，型腔内部也不乏岛屿或孔洞等复杂几何特征。这给数控加工的运动几何规划带来很大难度，既要保证型腔轮廓和面型的加工精度，还要处理一系列诸如干涉自交、清根等复杂的加工操作。本章针对多岛屿复杂型腔的高效数控加工问题，从基于偏微分方程、流线场的刀具路径生成，常用的环切加工轨迹的快速构造，以及轨迹的连接和拐角优化等方面，完整地论述复杂型腔加工路径的几种典型生成策略和方法。

4.1　型腔加工概述

型腔是指具有封闭边界轮廓的平底或曲底凹坑，其内部可能存在一个或多个岛屿或孔洞，如图 4.1 所示。当型腔底面为平面时，其也可称为二维型腔，一般可利用三轴数控机床加工完成。由于刀具只在 x-y 平面和沿 z 轴正向运动，此类型腔加工又被称为 2.5D 加工。型腔加工过程一般分为粗加工和精加工两个阶段，粗加工是指从毛坯上快速切除多余的材料的过程，其考虑的重点是加工效率；精加工的目的是精确得到所要求的型腔形状与几何尺寸，加工精度是其考虑的重点。一般情况下，粗加工阶段所用时间占型腔总加工时间的 50%～60%，有时可达到 70%以上[1]。

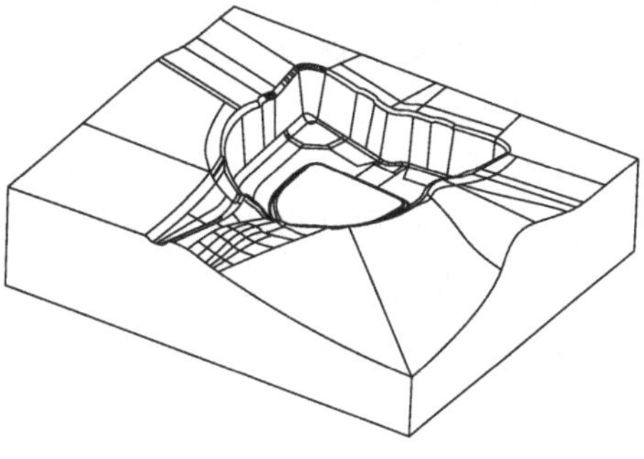

图 4.1　复杂型腔模具

4.1.1　常用的型腔分层加工方法

层切法是最常用的型腔加工方法[2~4]。该方法在三轴数控机床上即可实现，其实质是 2.5D 加工。基本思想是，根据毛坯的尺寸和预设的工艺参数构造一系列垂直于 z 轴的平面，将这些截平面与零件曲面和毛坯体求交，求得型腔的二维封闭轮廓，然后确定这些轮廓所围的加工区域，生成刀具轨迹，并将各层的刀具轨迹统一组织，形成最终的加工路径。为了减少垂直进刀时对刀具的冲击，常在加工之前先进行开孔处理或改用螺旋进刀和折线进刀，以避免切削力的突变，延长刀具使用寿命。当一层加工结束后，刀具抬至安全平面，在安全平面上快速移动，从下一层的起始切削位置开始加工，直至型腔全部加工完毕。图 4.2(a)为型腔分层加工示意图；图 4.2(b)为刀具在分层截面上的走刀轨迹。

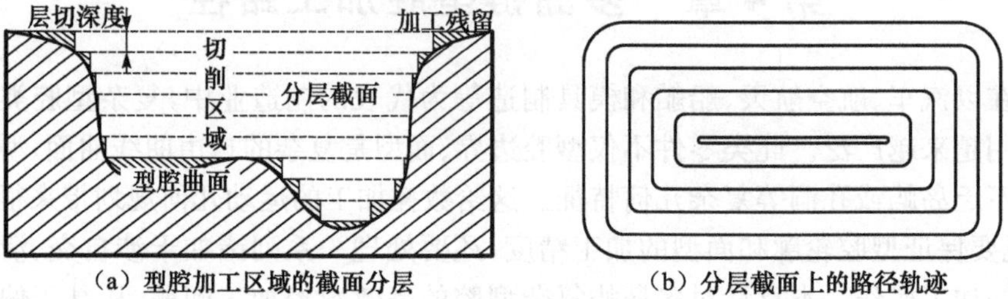

图 4.2　常用的型腔层切加工

4.1.2　型腔加工的走刀方式

型腔加工路径的区别在于走刀方式的不同。采用不同的走刀方式，型腔的加工效率、轮廓的成形精度都有较大差异。实际加工中，应根据型腔边界轮廓的几何形状、加工精度和效率等要求，合理地选择走刀方式。常用的走刀方式如下：

(1) 环切加工。其为型腔加工中常见的走刀方式，它是由型腔边界轮廓向里和岛屿边界轮廓向外进行偏置而形成的轮廓平行走刀轨迹，具有轨迹连续、抬刀次数少等特点，能够保持一致的顺铣或逆铣加工操作，如图 4.3(a)所示。

(2) 行切加工。其为型腔加工中最简单的走刀方式，又分为两种：单向平行走刀和 Zig-Zag 走刀方式，如图 4.3(b)所示。单向平行走刀能够保持一致的顺铣或逆铣操作，但存在过多的无效铣削运动；Zig-Zag 走刀方式可以减少加工过程中的抬刀次数，避免无效切削，但顺铣和逆铣的交替出现，容易引起刀具振动，影响轮廓表面的加工质量。

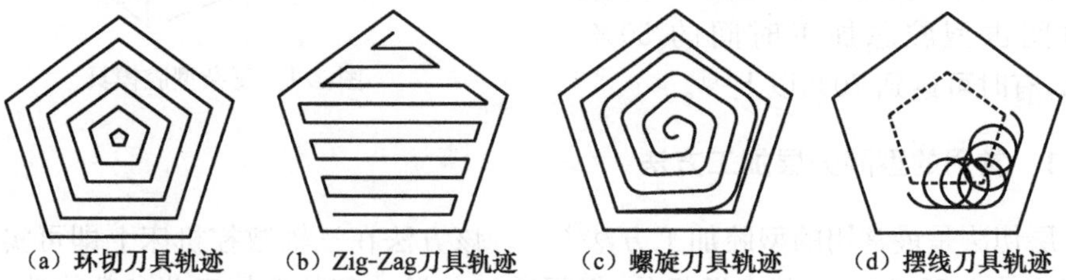

图 4.3　常见的型腔加工走刀方式

(3) 螺旋加工。其走刀轨迹光滑连续，能够有效减少加工过程中的抬刀次数和刀具的行间移动，只需要一次切入切出就可完成加工区域的铣削，如图 4.3(c)所示。为了控制相邻螺旋曲线间的加工行距，螺旋轨迹一般较环切和行切轨迹略长，且适合的型腔范围较窄，一般只用于无岛屿或孔洞的单连通型腔区域的高速切削。

(4) 摆线加工。摆线是指圆周上一固定点随着圆沿曲线滚动而生成的轨迹，如图 4.3(d)所示。摆线轨迹适合加工沟槽类型腔，加工过程中能保持恒定的进给率，但刀具在未切削和已切削区域间交替切入切出，会导致切削力发生周期性的变化，而且约一半的时间处于非切削状态，不利于型腔切削效率的提高。

4.1.3　型腔加工的铣削方式

在型腔铣削加工中，沿刀具的进给方向看，若工件位于铣刀进给方向的左侧，则进给方向定义为逆时针方向；反之，当工件位于铣刀进给方向的右侧时，进给方向定义为顺时针方向。如图 4.4 所示，当铣刀的旋转方向和工件进给方向相同时称为顺铣；反之，当铣刀旋转方向与工件进给方向相反时称为逆铣[5]。在同等切削条件下，顺铣功率消耗比逆铣要低 5%～15%，铣刀耐用度是逆铣的 2～3 倍，同时顺铣也更加有利于排屑，被加工表面具有更好的光洁度，因此在一般情况下应尽量采用顺铣加工。但顺铣不宜铣削带硬皮的工件，当切削面上有硬质层、积渣或毛坯表面凹凸不平较为显著，如加工锻造毛坯时，应采用逆铣加工。

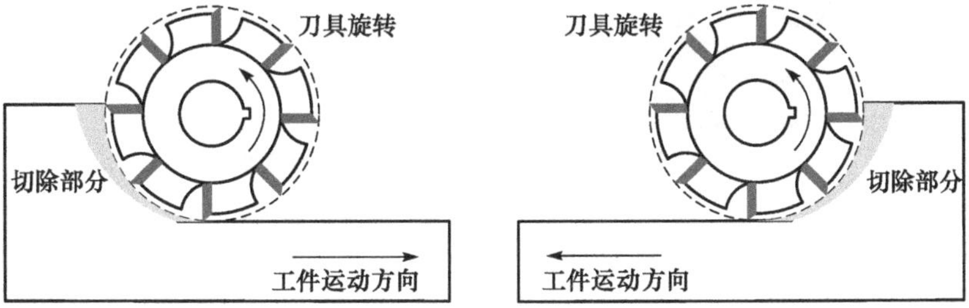

(a) 顺铣　　(b) 逆铣

图 4.4　型腔铣削时的顺铣和逆铣

4.2　型腔加工区域的自动识别

4.2.1　截面轮廓的获取

截面轮廓通常是通过一系列垂直于刀轴的截平面与型腔曲面和毛坯求交获得。首先，根据加工参数、工艺要求和毛坯尺寸等构造一系列垂直于刀轴的截平面 $\{P^{(i)}\}$。刀轴矢量 $\boldsymbol{n}_c$ 一般选为 z 轴正方向，即 $\boldsymbol{n}_c=[0,0,1]$，则截平面 $P^{(i)}$ 的方程可表示为

$$\{\boldsymbol{p}^{(i)} - [\boldsymbol{p}_0 + \Delta h \boldsymbol{n}_c (i-1)]\} \cdot \boldsymbol{n}_c = 0 \tag{4.1}$$

式中，Δh 为截面间距；i 为截平面序号；$\boldsymbol{p}^{(i)}$ 为第 i 个截平面上的点；$\boldsymbol{p}_0$ 为第一个截平面上的已知点，通常为型腔加工区域的最高点 $\boldsymbol{p}_t=[0,0,z_{max}]$或最低点 $\boldsymbol{p}_l=[0,0,z_{min}]$。当 $\boldsymbol{p}_0$ 选择为最高点 $\boldsymbol{p}_t$ 时，截面间距 Δh 为负值；反之，Δh 取为正值。然后，将截平面$\{P^{(i)}\}$与型腔曲面和毛坯求交，获得型腔加工区域的封闭二维轮廓。设型腔曲面为 $\boldsymbol{r}(u,v)$，则截面轮廓可通过求解方程

$$\begin{cases}\{\boldsymbol{p}^{(i)} - [\boldsymbol{p}_0 + \Delta h \boldsymbol{n}_c (i-1)]\} \cdot \boldsymbol{n}_c = 0 \\ \boldsymbol{r}(u,v) = \boldsymbol{p}^{(i)}\end{cases} \tag{4.2}$$

获得。式(4.2)可通过交线跟踪法进行求解[6]，该方法由计算初始交点和交线的迭代跟踪两步组成。在实际处理中，为避免上述交线迭代追踪过程计算不稳定和依赖初始迭代点等不足，常采用原始型腔的逼近网格模型来计算分层交线轮廓[7~9]。这样截平面与参数曲面的迭代求交被转化为平面与三角面片的解析求交。实际的计算结果表明，这一处理完全适合型腔的分层切削和复杂曲面的粗加工。图 4.5 为利用截平面与网格模型求交得到的型腔模型的截面轮廓。

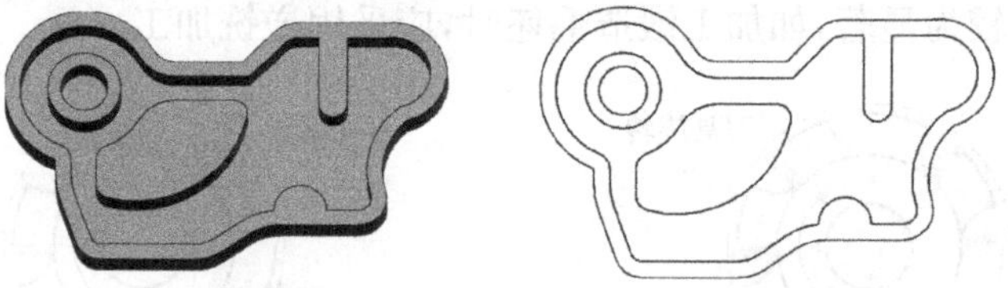

(a) 型腔模型　　(b) 分层截面轮廓

图 4.5　截平面上的型腔二维轮廓

4.2.2　截面轮廓嵌套关系的判断

在确定加工区域前，必须明确边界、岛屿等截面轮廓之间的嵌套关系。截面轮廓嵌套关系的判断基于如下简单准则。如果轮廓 A 上任意一点位于轮廓 B 中，则称轮廓 A 被包含在轮廓 B 内。对于单个点与截面轮廓的关系，可利用射线相交法快速判断。设 L 为截面轮廓，$\boldsymbol{p}$ 为任意一点，F_{IO}为 $\boldsymbol{p}$ 的标识位，以 $\boldsymbol{p}$ 为端点向右发出射线 R_p，然后遍历轮廓 L 的所有边，并记录射线 R_p 与轮廓 L 边的相交次数 n，依据 n 的奇偶性判断点 $\boldsymbol{p}$ 与轮廓 L 的关系：

$$F_{IO} = \begin{cases}\text{OUT}, & n\text{为偶数} \\ \text{IN}, & n\text{为奇数}\end{cases} \tag{4.3}$$

如果 n 为奇数，则说明 $\boldsymbol{p}$ 点位于轮廓 L 内部；n 为偶数，则说明点 $\boldsymbol{p}$ 位于轮廓 L 之外。如图 4.6 所示，经 $\boldsymbol{p}_s$ 发出的射线 R_s 依次穿越轮廓多边形 $L=\{\boldsymbol{p}_1,\cdots,\boldsymbol{p}_{15}\}$的

5条边 $\boldsymbol{p}_{14}\boldsymbol{p}_{15}$、$\boldsymbol{p}_{10}\boldsymbol{p}_{11}$、$\boldsymbol{p}_8\boldsymbol{p}_9$、$\boldsymbol{p}_6\boldsymbol{p}_7$ 和 $\boldsymbol{p}_4\boldsymbol{p}_5$，即 $n=5$ 为奇数，说明 $\boldsymbol{p}$ 点在轮廓多边形 L 内部。在实际处理中，应注意对以下几种特殊情况的处理。

(1) 射线穿过两邻接边的公共顶点且两邻接边位于射线的两侧。如图4.6所示，点 $\boldsymbol{p}_t$ 发出的射线 R_t 经过边 $\boldsymbol{p}_{11}\boldsymbol{p}_{12}$ 和 $\boldsymbol{p}_{10}\boldsymbol{p}_{11}$ 的公共顶点 $\boldsymbol{p}_{11}$，边 $\boldsymbol{p}_{11}\boldsymbol{p}_{12}$ 和 $\boldsymbol{p}_{10}\boldsymbol{p}_{11}$ 分别位于射线 R_t 的两侧。此时，虽然射线 R_t 穿过 $\boldsymbol{p}_{11}$ 点与两条边都相交，但应只记边相交一次，即 $n=n+1$。

(2) 射线穿过两邻接边的公共顶点且两邻接边位于射线的同侧。如图4.6所示，射线 R_t 经过边 $\boldsymbol{p}_2\boldsymbol{p}_3$ 和 $\boldsymbol{p}_3\boldsymbol{p}_4$ 的公共顶点 $\boldsymbol{p}_3$，而边 $\boldsymbol{p}_2\boldsymbol{p}_3$ 和 $\boldsymbol{p}_3\boldsymbol{p}_4$ 位于射线 R_t 的同侧。此时，射线 R_t 并没有横切轮廓边界，应该忽略射线 R_t 在该顶点与轮廓边的交点，即 $n=n+0$。

(3) 边与射线重合且该边的前后邻接边位于射线两侧。如图4.6所示，$\boldsymbol{p}_{13}\boldsymbol{p}_{14}$ 与射线 R_t 重合，而其前后邻接边 $\boldsymbol{p}_{12}\boldsymbol{p}_{13}$ 和 $\boldsymbol{p}_{14}\boldsymbol{p}_{15}$ 位于射线 R_t 的两侧。此种情况下，只记射线 R_t 与轮廓边相交一次，即 $n=n+1$。

(4) 边与射线重合且该边的前后邻接边位于射线同侧。如图4.6所示，$\boldsymbol{p}_7\boldsymbol{p}_8$ 与射线 R_t 重合，而其前后邻接边 $\boldsymbol{p}_6\boldsymbol{p}_7$ 和 $\boldsymbol{p}_8\boldsymbol{p}_9$ 位于射线 R_t 的同侧。此时，应该忽略射线 R_t 与轮廓边的交点，即 $n=n+0$。

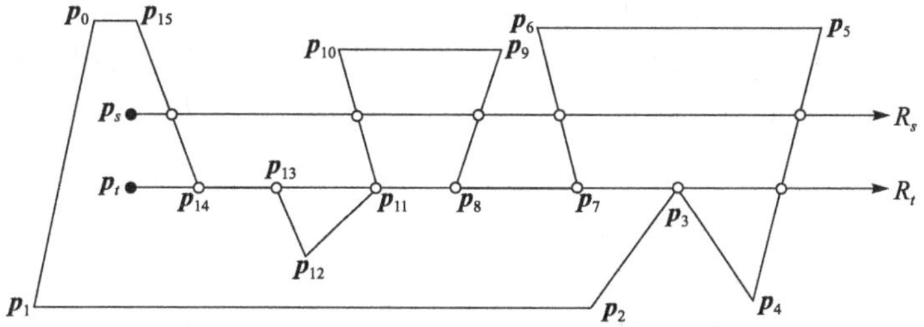

图4.6　点与轮廓多边形的关系判断

利用上述方法就可快速判断一点 $\boldsymbol{p}$ 是否位于轮廓 L 的内部，进而确定各截面轮廓之间的相互嵌套关系，从而为型腔加工区域的快速识别提供依据。

4.2.3　加工区域的识别

利用4.2.2节所述截面轮廓嵌套关系的判断方法，遍历所有截面轮廓 $\{L_i\}$ 并进行两两判断，可将各截面轮廓之间的嵌套关系分为如下3类，如图4.7所示。

(1) 分离。如果轮廓 L_i 和轮廓 L_j 互不包含，则轮廓 L_i 与轮廓 L_j 为分离关系。

(2) 包含。如果轮廓 L_j 在轮廓 L_i 的内部，则轮廓 L_i 与轮廓 L_j 为包含关系。

(3) 在内。如果轮廓 L_i 在轮廓 L_j 的内部，则轮廓 L_i 与轮廓 L_j 为在内关系。

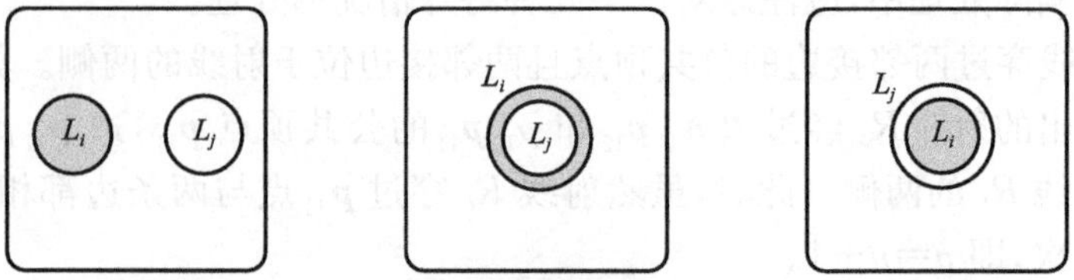

(a) 分离关系　(b) 包含关系　(c) 在内关系

图 4.7　型腔截面轮廓间的嵌套关系

一般情况下，各截面轮廓之间的关系只有上述 3 种，即分离、包含和在内。其中，包含和在内关系是相对而言的，与轮廓 L_i 和轮廓 L_j 的表述顺序有关。例如，如果轮廓 L_i 在轮廓 L_j 的内部，那么轮廓 L_j 就包含着轮廓 L_i。据此，就可以型腔截面各轮廓$\{L_0, L_1, \cdots, L_n\}$的索引为横纵坐标，构造$(n+1)\times(n+1)$的二维关系矩阵 $\boldsymbol{M}$，然后遍历各轮廓之间的嵌套关系，完成关系矩阵 $\boldsymbol{M}$ 的填充。

截面轮廓关系矩阵 $\boldsymbol{M}$ 确定后，就可通过遍历上述关系矩阵，构建能够直观反映截面轮廓嵌套关系的树形结构。首先，确定树形结构的根节点，即查找最外层的截面轮廓。可根据关系矩阵 $\boldsymbol{M}$，遍历所有截面轮廓$\{L_i\}$，选择与其他轮廓没有在内关系的轮廓作为根节点。然后，遍历根节点所包含的轮廓，依据各轮廓之间的在内或分离关系快速构建轮廓关系树。图 4.8(a)就是利用上述方法得到的图 4.5(b)所示截面轮廓的嵌套关系树。得到轮廓关系树后，就可对其进行广度优先遍历，根据轮廓节点在轮廓树中的深度就可快速地确定型腔截面的加工区域。基本规则如下：除根节点外，奇数节点为边界轮廓，偶数节点为岛屿轮廓，二者之间所界定的区域就是加工区域；如果叶节点为边界轮廓，则它界定的区域也是加工区域。为了区分界定加工区域的边界轮廓和岛屿轮廓，常将二者用不同的旋向表示，规定边界轮廓为逆时针，岛屿轮廓为顺时针。图 4.8(b)中的空白区域就是图 4.5(b)所示型腔截面的加工区域。

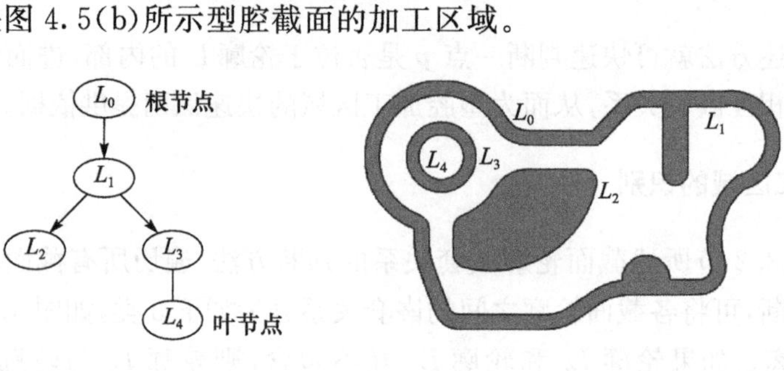

(a) 轮廓嵌套关系树　(b) 加工区域

图 4.8　基于轮廓关系树的型腔加工区域识别

4.3　Zig-Zag 加工路径

Zig-Zag 加工路径是最简单的型腔加工路径之一，可应用于任意复杂的型腔加工区域。它是以一族平行直线段扫描整个加工区域，然后根据加工区域的内外边界截取扫描线以填充加工区域，再将填充线段首尾相连生成 Zig-Zag 路径。一般情况下，填充线的方向为 x 坐标方向或 y 坐标方向，但也可根据型腔的拓扑结构和几何形状等因素，利用优化方法选择扫描线的方向，以使加工路径的总长度最短。本节只简单介绍 Zig-Zag 加工路径生成方法，详细的构造过程可参考文献[10]～[14]。

如图 4.9 所示，首先计算加工区域的最小包围盒$[x_{\min}, x_{\max}]\times[y_{\min}, y_{\max}]$，然后在包围盒的外侧，也就是加工区域的外围，沿扫描方向 $\boldsymbol{\tau}$ 向加工区域发射间距为可行走刀行距的射线，并计算射线与加工区域边界和岛屿轮廓的交点$\{\boldsymbol{p}_i^s\}$，选取奇数交点与偶数交点之间的直线段作为型腔加工路径。交点计数过程中可能发生的特殊情况，可按 4.2.2 节所述方法进行处理。加工区域的有效加工路径S_t 可表示为

$$S_t=\{\boldsymbol{p}_i^s\boldsymbol{p}_{i+1}^s\},\qquad 若\ i\%2=1 \tag{4.4}$$

式中，%表示取余运算符。将所有加工路径段$\{S_t\}$首尾相连就得到 Zig-Zag 加工路径。加工路径段之间的最短连接(也形象地称为“送货郎”问题)也是 Zig-Zag 路径生成中的一个重要问题，详细介绍过程可以参考文献[12]，在此不再赘述。图 4.10 给出了在图 4.8 所示加工区域中所生成的 Zig-Zag 加工路径。

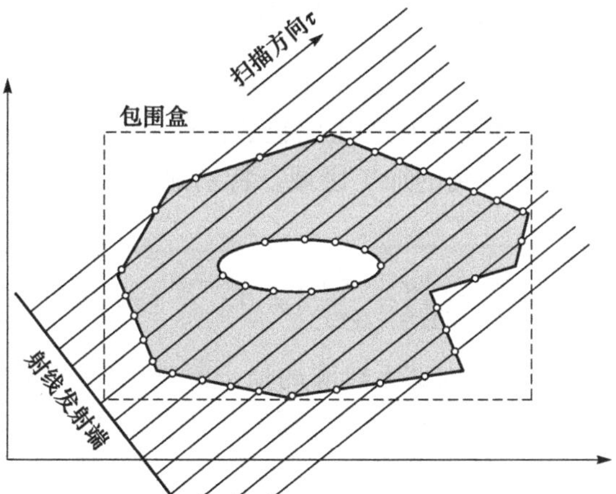

图 4.9　型腔加工区域的扫描填充

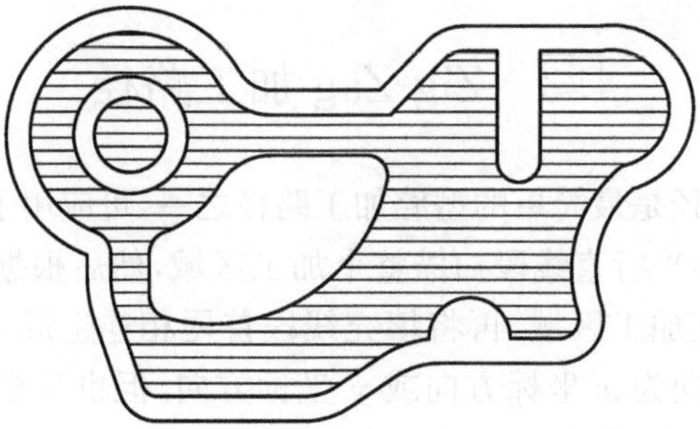

图 4.10 Zig-Zag 加工路径

4.4 加工路径生成的偏微分方程方法

偏微分方程定值问题的求解在物理、力学和图形图像处理等众多领域中有着广泛的实际应用[15,16]。对于本章所讨论的型腔加工路径生成问题，也可通过求解加工区域边界所限定的偏微分方程，获得刀具运动特性良好的型腔加工路径。下面将主要围绕二阶椭圆型偏微分方程定值问题的差分解法展开论述，详细讨论利用偏微分方程原函数的等值线构造型腔加工路径的具体过程。

4.4.1 偏微分方程的定解问题

最具有代表性的椭圆型偏微分方程是泊松(Poisson)方程：

$$-\Delta u = -\left(\frac{\partial^2 u}{\partial x^2}+\frac{\partial^2 u}{\partial y^2}\right)= f(x,y), \qquad (x,y)\in\Omega \tag{4.5}$$

式中，Δ 为拉普拉斯(Laplace)算子；Ω 为 $\mathbf{R}^2$ 中的一个有界区域，通常用 $\Gamma=\partial\Omega$ 表示该有界区域的边界。在本节型腔加工路径的计算中，偏微分方程(4.5)定值问题的有界区域 Ω 就是 4.3 节得到的加工区域。特别地，当 $f(x,y)=0$ 时，泊松方程就变为拉普拉斯方程：

$$-\Delta u = -\left(\frac{\partial^2 u}{\partial x^2}+\frac{\partial^2 u}{\partial y^2}\right)= 0, \qquad (x,y)\in\Omega \tag{4.6}$$

一般情况下，带有稳定热源或内部无热源的稳定温度场的分布就满足上述拉普拉斯方程。直观上，有界区域 Ω 上的等温线通过适当的加工行距控制就可被用做型腔加工的刀具路径，而且路径光滑连续、无曲率突变的尖锐角点，非常适合型腔的高速铣削。这也是选择利用偏微分方程定值问题求解构造型腔加工路径的主要原因。

偏微分方程的定解条件通常有如下三类。

(1) 第一类边界条件(Dirichlet 边界条件)：

$$u|_{\Gamma} = \varphi_1(x, y)$$

(2) 第二类边界条件(Neumann 条件)：

$$\left.\frac{\partial u}{\partial \boldsymbol{n}}\right|_{\Gamma} = \varphi_2(x, y)$$

(3) 第三类边界条件：

$$\left.\left[\frac{\partial u}{\partial \boldsymbol{n}} + \lambda(x, y)u\right]\right|_{\Gamma} = \varphi_3(x, y)$$

式中，Γ 为有界区域 Ω 的分段光滑的边界曲线 $\partial\Omega$；$\boldsymbol{n}$ 为边界 Γ 的单位外法线。通常，将第二类边界条件和第三类边界条件统称为导数边界条件。为在型腔加工路径生成中应用方便，下面只讨论椭圆偏微分方程在第一类边界条件下的有限差分解法。

4.4.2 偏微分方程的差分解法

椭圆型偏微分方程定值问题的精确解只在一些特殊情况下才可以求得，多数情况下只能通过有限元法或有限差分法进行近似的数值计算。本节主要讨论 4.4.1 节所述椭圆偏微分方程在第一类边界条件下的有限差分解法。有限差分法的基本思想是先对求解区域 Ω 进行网格划分，将原函数 $u(x, y)$ 连续变化的定义域用离散的网格节点代替，且该函数替换为定义在离散节点上的网格函数，进而通过节点上网格函数的差商替代导数，将含连续变量的偏微分方程定解问题转化为只含有限个未知数的代数方程组的求解。

1. 定解区域的网格剖分

为简单起见，先假定求解区域 Ω 为如图 4.11 所示的矩形域：

$$\Omega = \{(x, y) \mid a \leqslant x \leqslant b, c \leqslant y \leqslant d\}$$

然后，沿 x 方向将区间 $[a, b]$ 进行 m 等分，记 $h = (b-a)/m$，h 称为 x 方向的步长。同样地，沿 y 方向将区间 $[c, d]$ 进行 n 等分，记 $\tau = (d-c)/n$，τ 称为 y 方向的步长。用两族平行线：

$$\begin{cases} x = a + ih, & 0 \leqslant i \leqslant m \\ y = c + j\tau, & 0 \leqslant j \leqslant n \end{cases} \tag{4.7}$$

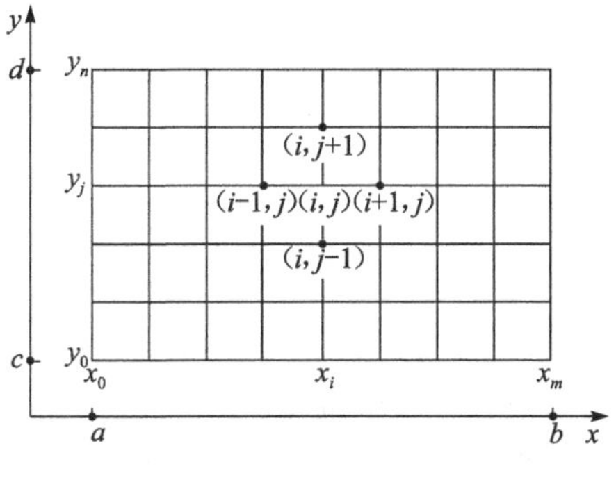

图 4.11　定解区域矩形网格的剖分

将定解区域 Ω 剖分为 $m \times n$ 的矩形网格，将这两族平行线的交点 (x_i, y_j) 定义为网格节点，简记为 (i, j)，所有节点的集合记为 Ω_d；在定解区域 Ω 内部的节点称为内节点，记为 Ω_d°；而位于边界曲线 Γ 上的节点则称为边界节点，记为 Γ_d。显然，$\Omega_d = \Gamma_d \cup \Omega_d^\circ$。另外，将沿 x 方向或 y 方向与节点 (i,j) 只差一个步长的节点 $(i\pm1,j)$ 和 $(i,j\pm1)$ 定义为该节点的相邻节点，如图 4.11 所示。

2. 差分格式的建立

在上述定解区域剖分的基础上，在节点 (i,j) 处考虑泊松方程（式(4.5)）在第一边界条件下的定解问题。首先，定义 Ω_d 上的网格函数：

$$U = \{u_{i,j} \mid 0 \leqslant i \leqslant m, 0 \leqslant j \leqslant n\} \tag{4.8}$$

式中，$u_{i,j} = u(x_i, y_j)$。在每个内节点 (i,j) 处利用差商替代微商，将式(4.5)在 (i,j) 处离散化，即对充分光滑的解 $u(x,y)$ 在 $(x,y)=(x_i,y_j)$ 处进行泰勒展开，可得

$$u_{i+1,j} = u_{i,j} + \frac{\partial u(x_i,y_j)}{\partial x}h + \frac{h^2}{2}\frac{\partial^2 u(x_i,y_j)}{\partial x^2} + \frac{h^3}{3!}\frac{\partial^3 u(x_i,y_j)}{\partial x^3} + O(h^4) \tag{4.9}$$

$$u_{i-1,j} = u_{i,j} - \frac{\partial u(x_i,y_j)}{\partial x}h + \frac{h^2}{2}\frac{\partial^2 u(x_i,y_j)}{\partial x^2} - \frac{h^3}{3!}\frac{\partial^3 u(x_i,y_j)}{\partial x^3} + O(h^4) \tag{4.10}$$

令式(4.9)和式(4.10)的左右两端分别相加，经过整理可得 u 对 x 二阶偏导 $\partial^2 u/\partial x^2$ 的逼近表示，也就是沿 x 方向用二阶中心差商代替 $\partial^2 u/\partial x^2$，即

$$\frac{\partial^2 u(x_i,y_j)}{\partial x^2} = \frac{1}{h^2}(u_{i+1,j} - 2u_{i,j} + u_{i-1,j}) - O(h^4) \tag{4.11}$$

同样，可得 y 方向 $\partial^2 u/\partial y^2$ 的二阶中心差商表示为

$$\frac{\partial^2 u(x_i,y_j)}{\partial y^2} = \frac{1}{\tau^2}(u_{i,j+1} - 2u_{i,j} + u_{i,j-1}) - O(\tau^4) \tag{4.12}$$

略去式(4.11)和式(4.12)中的 4 阶无穷小量，将两式相加就得到逼近泊松方程的差分格式为

$$\Delta u_{ij} = -\left[\frac{1}{h^2}(u_{i+1,j} - 2u_{i,j} + u_{i-1,j}) + \frac{1}{\tau^2}(u_{i,j+1} - 2u_{i,j} + u_{i,j-1})\right] = f_{i,j} \tag{4.13}$$

式中，$f_{i,j} = f(x_i, y_j)$。在上述差分格式中，由于只出现了内节点 (i,j) 及其 4 个相邻节点 $(i\pm1,j)$ 和 $(i,j\pm1)$ 上的 u 值，所以式(4.13)所示的差分格式也被称为五点菱形差分格式。若 $f(x,y)\equiv 0$，则式(4.13)就成为逼近拉普拉斯方程的差分格式：

$$\Delta u_{ij} = -\left[\frac{1}{h^2}(u_{i+1,j} - 2u_{i,j} + u_{i-1,j}) + \frac{1}{\tau^2}(u_{i,j+1} - 2u_{i,j} + u_{i,j-1})\right] = 0 \tag{4.14}$$

3. 差分格式的求解

可以看到,差分格式(4.13)和式(4.14)是以内节点 $u_{i,j}\in\Omega_d^o$ 为未知量的线性方程组。设 $\boldsymbol{u}_j=[u_{1,j},\cdots,u_{m-1,j}]^{\mathrm{T}}$,结合泊松方程的第一边界条件 $u_{ij}=\varphi_{1,i,j}$ $((i,j)\in\Gamma_d)$,式(4.13)可改写为如下线性方程:

$$\begin{bmatrix}\boldsymbol{A} & \boldsymbol{B} & & & \\ \boldsymbol{B} & \boldsymbol{A} & \boldsymbol{B} & & \\ & \ddots & \ddots & \ddots & \\ & & \boldsymbol{B} & \boldsymbol{A} & \boldsymbol{B} \\ & & & \boldsymbol{B} & \boldsymbol{A}\end{bmatrix}\begin{bmatrix}\boldsymbol{u}_1\\ \boldsymbol{u}_2\\ \vdots\\ \boldsymbol{u}_{n-2}\\ \boldsymbol{u}_{n-1}\end{bmatrix}=\begin{bmatrix}\boldsymbol{f}_1-\boldsymbol{B}\boldsymbol{u}_0\\ \boldsymbol{f}_2\\ \vdots\\ \boldsymbol{f}_{n-2}\\ \boldsymbol{f}_{n-1}-\boldsymbol{B}\boldsymbol{u}_n\end{bmatrix} \tag{4.15}$$

式中

$$\boldsymbol{A}=\begin{bmatrix}2(1/h^2+1/\tau^2) & -1/h^2 & & & \\ -1/h^2 & 2(1/h^2+1/\tau^2) & -1/h^2 & & \\ & \ddots & \ddots & \ddots & \\ & & -1/h^2 & 2(1/h^2+1/\tau^2) & -1/h^2 \\ & & & -1/h^2 & 2(1/h^2+1/\tau^2)\end{bmatrix}$$

$$\boldsymbol{B}=\begin{bmatrix}-1/\tau^2 & & & & \\ & -1/\tau^2 & & & \\ & & \ddots & & \\ & & & -1/\tau^2 & \\ & & & & -1/\tau^2\end{bmatrix},\quad \boldsymbol{f}_j=\begin{bmatrix}f_{1,j}+1/h^2\varphi_{1,0,j}\\ f_{2,j}\\ \vdots\\ f_{m-2,j}\\ f_{m-1,j}+1/h^2\varphi_{1,m,j}\end{bmatrix}$$

式(4.15)的系数矩阵为分块三对角阵,右端列向量依赖 $f(x,y)$ 和 $\varphi_1(x,y)$,为已知条件,可采用成熟的大型矩阵求解器如 UMFPACK、TAUCS 进行求解。图 4.12 给出了在边界条件 $\varphi_1(x,y)\equiv 10$ 下,利用上述方法计算得到的拉普拉斯方程在 10×10 的矩形定解区域上的数值解。

4. 曲线边界条件的处理

前面讨论了矩形域上椭圆偏微分方程差分格式的建立和求解过程。应注意,当定解区域的边界不是规则的矩形而是任意封闭曲线时,靠近边界处的内点的差分格式会因步长的变化而略有不同。如图 4.13 所示,进一步将定解区域的内点分为如下两类。

(1) 正则内点。该节点的 4 个相邻节点均属 Ω_d,如图 4.13 中“◦”所示节点。

(2) 非正则内点。该节点的 4 个相邻节点中至少有一个不属于 Ω_d,如图 4.13 中“×”所示节点。

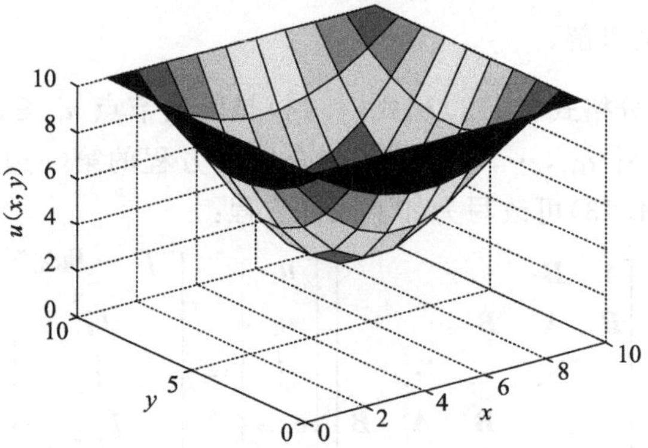

图 4.12　拉普拉斯方程的数值解

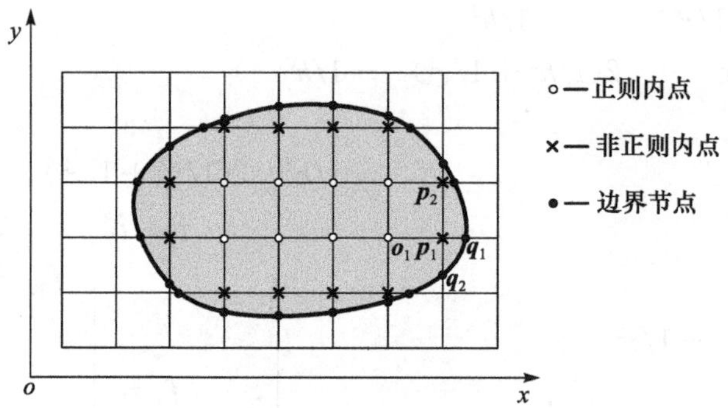

图 4.13　曲线边界定解区域的矩形剖分

由于式(4.13)中所含方程的个数等于正则内点的个数，而未知数变量$\{\boldsymbol{u}_j\}$除了包含正则内点外，还包含非正则内点，所以必须补充方程个数，这需要利用边界条件得到。关于第一边界条件下偏微分方程的定值问题，对于正则内点，可以按式(4.13)和式(4.14)给出的方法建立五点菱形差分格式；而对于非正则内点，则可建立不等距差分格式。图 4.13 中 $\boldsymbol{p}_1$ 点为一非正则内点，则该点处的差分格式可写为

$$-\left[\frac{2}{h_{q_1,p_1}+h}\left(\frac{u_{q_1}-u_{p_1}}{h_{q_1,p_1}}-\frac{u_{p_1}-u_{o_1}}{h}\right)+\frac{2}{\tau_{q_2,p_1}+\tau}\left(\frac{u_{p_2}-u_{p_1}}{\tau}-\frac{u_{p_1}-u_{q_2}}{\tau_{q_2,p_1}}\right)\right]=f_{p_1} \tag{4.16}$$

联合式(4.15)和式(4.16)就得到曲线边界区域上椭圆形偏微分方程的数值解。另外，在实际处理中，为计算方便，也可采用线性插值的方式构造 $\boldsymbol{p}_1$ 点处的差分格式。如图 4.13 所示，$\boldsymbol{o}_1$ 为与 $\boldsymbol{p}_1$ 相邻的正则内点，$\boldsymbol{q}_1$ 为其右边的边界节点，则可在 $\boldsymbol{o}_1$ 和 $\boldsymbol{q}_1$ 之间进行线性插值求得 $\boldsymbol{p}_1$ 点的函数值 u_{p_1}，从而得到

$$u_{p_1}-\frac{h_{q_1,p_1}}{h_{q_1,p_1}+h}u_{o_1}=\frac{h}{h_{q_1,p_1}+h}u_{q_1} \tag{4.17}$$

将式(4.17)和式(4.15)联立，也可以得到曲线边界区域上椭圆形偏微分方程的数值解。

4.4.3　加工路径生成

经过前面的计算，就得到了定解区域所有网格节点和边界节点上的 u 函数值，这样就可以通过线性插值的方法快速地得到 u 函数值在定解区域上的等值线。如图 4.14 所示，对于给定的函数值 $u=u_c$，可利用线性插值公式(4.18)得到 u_c 在所有网格边上所对应的坐标值：

$$(x_c,y_c)=\frac{u_c-u_{i,j-1}}{u_{i,j}-u_{i,j-1}}(x_i,y_j)+\frac{u_{i,j}-u_c}{u_{i,j}-u_{i,j-1}}(x_i,y_{j-1}) \tag{4.18}$$

将所有等值点 $\{(x_c,y_c)\}$ 顺序相连，就可得到定解区域上 u 函数的 u_c 等值线的逼近表示，如图 4.14 所示。随着网格剖分的加密，线性插值得到的等值线会非常逼近 u_c 等值线。

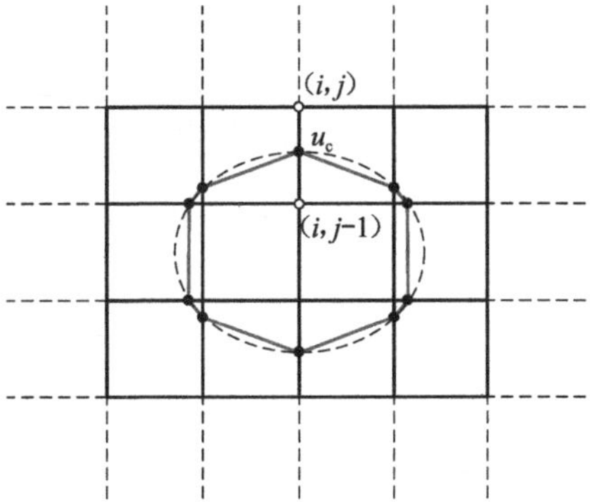

图 4.14　定解区域的等值线的提取

当偏微分方程的定解区域选择为型腔的加工区域，并对加工区域的外边界和岛屿轮廓赋予一定的边界条件时，就可通过上述偏微分方程在加工区域上进行定解问题的求解，使 u 函数的等值线覆盖整个加工区域，构成型腔加工路径。但应注意，两相邻等值线 $u_{c,s}$ 和 $u_{c,s+1}$ 之间的最大间隔 $d_{s,s+1}$ 必须满足型腔加工可行走刀行距 L_w 的要求，即 $d_{s,s+1}\leqslant L_w$。为此，可如图 4.15 所示，先计算加工区域边界曲线采样点 $\{\boldsymbol{p}_i\}$ 在可行走刀行距 L_w 下的对应点 $\{\boldsymbol{p}_i^o\}$，进而就可利用 $\boldsymbol{p}_i^o$ 所在网格 4 个节点的 (x,y) 坐标和对应的 u 函数值，通过线性插值的方式快速获得 $\boldsymbol{p}_i^o$ 所对应的 u 函数值 $u_{p_i^o}$，这样就可以选择最大或最小(这依赖内外轮廓的边界条件)的 u 函数值：

$$u_c=\max\{u_{p_0^o},\cdots,u_{p_n^o}\}\ \text{或}\ \min\{u_{p_0^o},\cdots,u_{p_n^o}\} \tag{4.19}$$

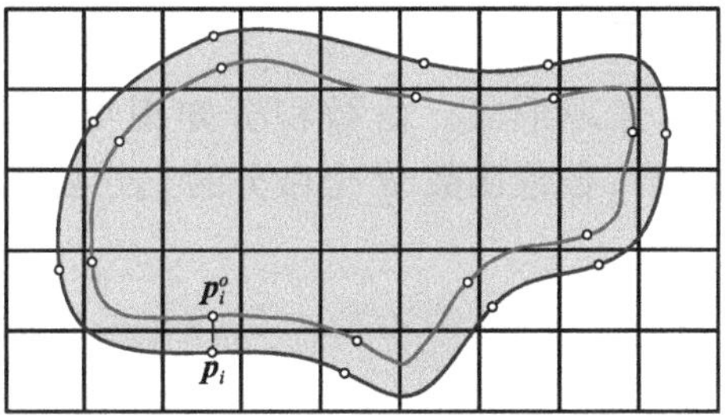

图 4.15　加工路径的构造

生成等值线，构造加工路径。应该注意，为构造出与边界轮廓近似平行的刀具轨迹，在设定 Dirichlet 边界条件时，

$\varphi_1(x,y)$应为定值，即$\varphi_1(x,y)=\text{const}$。在如图4.16(a)所示无岛屿型腔加工路径的算例中，外边界轮廓满足Dirichlet边界条件，$u|_\Gamma=\varphi_1(x,y)\equiv 0$，而且设定$f(x,y)\equiv 10$。通过前面有限差分法数值求解泊松方程，所获得的型腔加工路径如图4.16(a)所示。在如图4.16(b)所示的岛屿型腔加工路径生成的算例中，所有边界轮廓都满足Dirichlet边界条件，外边界轮廓为$\varphi_1(x,y)\equiv 10$，内部岛屿轮廓为$\varphi_1(x,y)\equiv 0$，而且$f(x,y)\equiv 10$。所生成的型腔加工路径如图4.16(b)所示。在相邻加工路径之间，通过对角插值还可快速生成螺旋刀具轨迹，具体插值过程可参考文献[17]和[18]。

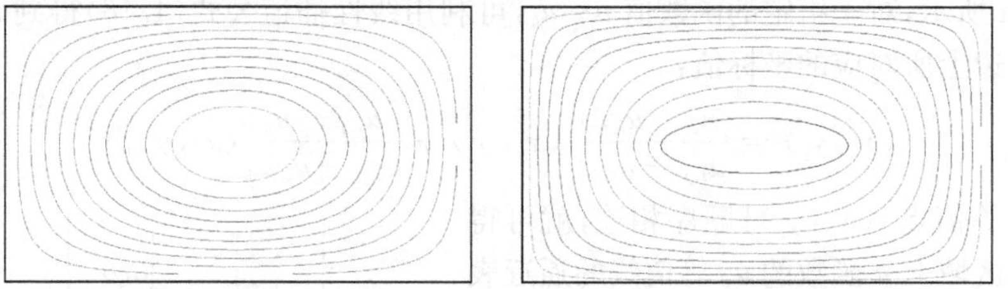

（a）无岛屿型腔加工路径　　（b）岛屿型腔加工路径

图4.16　基于偏微分方程数值解的型腔加工路径

4.5　流线型加工路径

型腔加工中的刀具运动，类似于流体质点在平面流场中的流动。直观上，平面流场中的流线在经过适当的行距控制后，就可作为型腔加工的刀具轨迹，而且流线既不相交，也不突然转折，只能是光滑曲线的特点[19,20]，非常适合型腔的高速铣削。为此，本节将围绕平面流线场展开论述，详细讨论型腔流线型加工路径的生成方法。

4.5.1　流函数的数学描述

在平面流动中，不可压缩流体的连续性方程为

$$\nabla \boldsymbol{v}=\frac{\partial v_x}{\partial x}+\frac{\partial v_y}{\partial y}=0 \tag{4.20}$$

式(4.20)是质量守恒定律在平面流场中的表现形式。由微积分知识可知，式(4.20)正是微分表达式$-v_y\mathrm{d}x+v_x\mathrm{d}y$成为某一数量函数$\Psi$全微分的充分必要条件，即

$$\begin{cases}\dfrac{\partial \Psi}{\partial y}=v_x\\[2ex]\dfrac{\partial \Psi}{\partial x}=-v_y\end{cases} \tag{4.21}$$

符合式(4.21)条件的数量函数 Ψ 被称为二维不可压缩流体平面运动的流函数。下面将简单介绍流函数 Ψ 的两个性质,这两个性质在流线型加工路径的设计中起到非常关键的作用。

(1) 平面有势流动的流函数是调和函数。

不可压缩流体的平面势流(平面无旋流)没有绕 z 轴的旋转运动,即满足

$$\omega_z=\frac{1}{2}\left(\frac{\partial v_y}{\partial x}-\frac{\partial v_x}{\partial y}\right)=0 \tag{4.22}$$

将式(4.21)代入式(4.22),可得

$$\Delta\Psi=\frac{\partial^2\Psi}{\partial x^2}+\frac{\partial^2\Psi}{\partial y^2}=0 \tag{4.23}$$

式(4.23)表明,平面有势流动中的流函数 Ψ 满足拉普拉斯方程,也就是调和函数。这样,平面有势流问题就可归结为流函数 Ψ 的拉普拉斯方程的第一类边界值问题,具体的证明过程见文献[19]。并且根据后面所述的性质(2)可知,由流函数的拉普拉斯方程 $\Delta\Psi=0$ 的解所构造的等值线就是流线。由此,在任意的型腔加工区域上,就可以利用 4.4.3 节所述加工路径生成方法,快速构造出能够满足给定边界条件的流线型刀具轨迹。

(2) 平面流函数的等值线是流线。

根据流函数的定义,可得

$$\mathrm{d}\Psi=\frac{\partial\Psi}{\partial x}\mathrm{d}x+\frac{\partial\Psi}{\partial y}\mathrm{d}y=(-v_y)\mathrm{d}x+v_x\mathrm{d}y \tag{4.24}$$

在流函数的任意等值线 $\Psi=c_i$ 上,$\mathrm{d}\Psi=0$。将其代入式(4.24),则流线上任一点处速度矢量在各坐标轴上的分量 v_x、v_y 与该点处流线上微元线段 $\mathrm{d}s$ 的分量 $\mathrm{d}x$、$\mathrm{d}y$ 之间具有如下微分关系:

$$\frac{\mathrm{d}x}{v_x}=\frac{\mathrm{d}y}{v_y} \tag{4.25}$$

该微分关系式恰好与流线关于流线上每一点的切线和速度矢量相重合的定义相符合。由此可以说,流函数的等值线就是流线,式(4.25)就是平面流线的微分方程。后面将详细论述加工区域上连续矢量场的重构过程,以及基于该矢量场的流线型加工路径的设计方法。

4.5.2 平面速度矢量场的重构

为了增加流线型加工路径设计的灵活性和走刀模式选择的多样性,可以为加工区域中的关键点指定速度矢量,或在给定的边界条件下通过有限元的方法获得加工区域离散网格节点上的速度分布。这样,就可利用插值或逼近技术,构造发生该速度矢量场的流函数,然后通过对式(4.25)进行数值积分,获得用于构造加工路

径的流线场。

为增强所重构矢量场的整体平滑效果，提高对矢量场的局部调控能力，本节将采用B样条基函数多项式来构造能够发生速度矢量场的流函数，实现矢量场的整体重建[21]。其他矢量场重构方法可参考文献[22]～[24]。假定加工区域网格节点 $\boldsymbol{v}_s(x_s,y_s)$ 上的速度矢量分布为 $\boldsymbol{\tau}_s=[\tau_s^u,\tau_s^v]^{\mathrm{T}}(s=0,\cdots,m_s)$，节点所对应的参数值为 (u_s,v_s)。节点的参数化可由第3章所述相关方法进行处理，并得到 u、v 参数方向的节点矢量 $\boldsymbol{U}$、$\boldsymbol{V}$。设由B样条基函数表示的流函数为

$$\Psi(u,v)=\sum_{i=0}^{m}\sum_{j=0}^{n}d_{i,j}N_{i,k}(u)N_{j,l}(v) \tag{4.26}$$

根据数量函数梯度的定义，流函数 $\Psi(u,v)$ 的梯度 $\boldsymbol{\nabla}\Psi(u,v)$ 为

$$\boldsymbol{\nabla}\Psi(u,v)=\left[\frac{\partial\Psi(u,v)}{\partial u},\frac{\partial\Psi(u,v)}{\partial v}\right]^{\mathrm{T}} \tag{4.27}$$

根据式(2.37)所示曲面 $\boldsymbol{r}(u,v)$ 关于参数 u、v 的偏导矢的一般公式，可得 $\dfrac{\partial\Psi(u,v)}{\partial u}$ 的表达式为

$$\begin{cases}\dfrac{\partial\Psi(u,v)}{\partial u}=\displaystyle\sum_{i=0}^{m-1}\sum_{j=0}^{n}d_{i,j}^{1,0}N_{i,k-1}(u)N_{j,l}(v)\\[2ex] d_{i,j}^{1,0}=\dfrac{k}{u_{i+k+1}-u_{i+1}}(d_{i+1,j}-d_{i,j})\end{cases} \tag{4.28}$$

$\dfrac{\partial\Psi(u,v)}{\partial v}$ 的表达式为

$$\begin{cases}\dfrac{\partial\Psi(u,v)}{\partial v}=\displaystyle\sum_{i=0}^{m}\sum_{j=0}^{n-1}d_{i,j}^{0,1}N_{i,k}(u)N_{j,l-1}(v)\\[2ex] d_{i,j}^{0,1}=\dfrac{l}{v_{j+l+1}-u_{j+1}}(d_{i,j+1}-d_{i,j})\end{cases} \tag{4.29}$$

流函数的等值线就是流线，而梯度 $\boldsymbol{\nabla}\Psi$ 是等值线的法线，也就是流线的法线。根据流线上每一点的切线与速度矢量相重合的定义，可知网格节点上的速度矢量 $\boldsymbol{\tau}_s$ 与流函数 Ψ 的梯度 $\boldsymbol{\nabla}\Psi$ 相垂直，即在加工区域上满足 $\boldsymbol{\tau}_s\cdot\boldsymbol{\nabla}\Psi=0$，且

$$\frac{\partial\Psi(u,v)}{\partial u}=-\tau_s^v,\quad \frac{\partial\Psi(u,v)}{\partial v}=\tau_s^u \tag{4.30}$$

将式(4.28)和式(4.29)代入式(4.30)，经整理可得

$$\begin{aligned}k\sum_{j=0}^{n}N_{j,l}(v)\Bigg\{&-d_{0,j}\frac{N_{0,k-1}(u)}{u_{k+1}-u_1}+\sum_{i=1}^{m-1}\left[\frac{N_{i,k-1}(u)}{u_{i+k}-u_i}-\frac{N_{i+1,k-1}(u)}{u_{i+k+1}-u_{i+1}}\right]d_{i,j}\\&+d_{m,j}\frac{N_{m-1,k-1}(u)}{u_{m+k}-u_m}\Bigg\}=-\tau_s^v\end{aligned} \tag{4.31}$$

$$l\sum_{i=0}^{m}N_{i,k}(u)\left\{-d_{i,0}\frac{N_{0,l-1}(v)}{v_{l+1}-v_1}+\sum_{j=1}^{n-1}\left[\frac{N_{j,l-1}(v)}{v_{j+l}-v_j}-\frac{N_{j+1,l-1}(v)}{v_{j+l+1}-v_{j+1}}\right]d_{i,j}\right.$$
$$\left.+d_{i,n}\frac{N_{n-1,l-1}(v)}{v_{n+l}-v_n}\right\}=\tau_s^u \tag{4.32}$$

式(4.31)和式(4.32)可联立写为线性方程组 $\boldsymbol{AX}=\boldsymbol{B}$ 的形式，其中 $\boldsymbol{A}$ 为 B 样条基函数和节点矢量 $\boldsymbol{U}$、$\boldsymbol{V}$ 构成的系数矩阵，$\boldsymbol{X}$ 为由未知系数 $d_{i,j}$ 构成的列向量，$\boldsymbol{B}$ 为速度矢量 $\boldsymbol{\tau}_s$ 构成的列向量。求解该方程就可得到发生速度矢量场 $\boldsymbol{\tau}_s$ 的流函数 $\Psi(u,v)$。图 4.17 给出了一个利用上述方法重构发生平面速度矢量场流函数的例子。

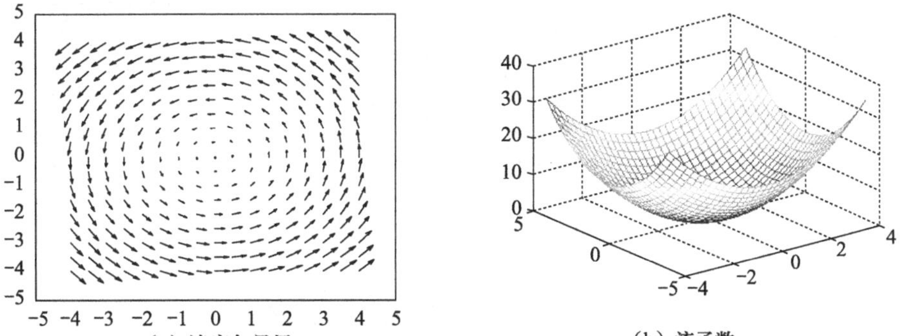

(a) 速度矢量场　(b) 流函数

图 4.17　平面速度矢量场的重构

4.5.3　加工路径生成

得到流函数 Ψ 后，就可计算出网格节点 $\boldsymbol{v}_s(x_s,y_s)$ 上的函数值，再利用 4.4.3 节所述方法就可得到所要求的流线型加工轨迹。与该方法不同，本节将通过对流线的微分方程(4.25)进行数值积分，直接计算流线来构造加工路径。

平面流线的微分方程(4.25)可改写为

$$\frac{\mathrm{d}y}{\mathrm{d}x}=\frac{v_x}{v_y}=f(x,y) \tag{4.33}$$

式中，(x,y) 为加工区域上的点，与流函数 Ψ 的参数 (u,v) 相对应。对式(4.33)进行求解时，可采用具有较高求解精度的 4 阶 Runge-Kutta 方法：

$$\begin{cases} y_{n+1}=y_n+\dfrac{h}{6}(k_1+2k_2+2k_3+k_4) \\ k_1=f(x_n,y_n) \\ k_2=f\left(x_n+\dfrac{1}{2}h,y_n+\dfrac{1}{2}hk_1\right) \\ k_3=f\left(x_n+\dfrac{1}{2}h,y_n+\dfrac{1}{2}hk_2\right) \\ k_4=f(x_n+h,y_n+hk_3) \end{cases} \tag{4.34}$$

这样，就可从加工区域中任取一点(x_0, y_0)作为上述数值积分的开始点，得到一条流线作为初始加工路径。然后，在可行走刀行距 L_w 下，计算初始加工路径采样点$\{\boldsymbol{p}_i\}$在相邻路径上的采样点$\{\boldsymbol{p}_i^o\}$，根据 $\boldsymbol{p}_i$ 与 $\boldsymbol{p}_i^o$ 间最小的增量$(\Delta x, \Delta y)$，得到下一条加工流线的开始点。不断重复上述步骤，直至流线型加工路径充满整个加工区域。图 4.18 为利用上述方法生成的流线型加工路径。

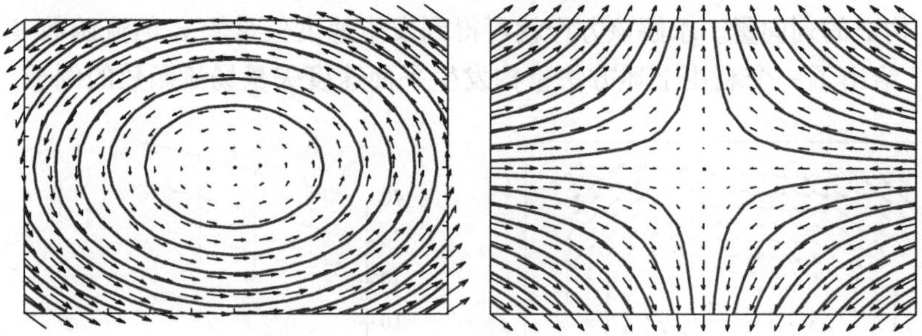

图 4.18　流线型加工轨迹

4.6　轮廓平行加工路径

轮廓平行加工路径的生成方法主要有两类：一类是边界轮廓分段线性偏置方法[25~28]；另一类是基于 Voronoi 图的边界轮廓偏置方法[29,30]。分段线性偏置法几何直观、计算方便，但受边界轮廓几何形状的限制，偏置曲线可能存在复杂的局部或全局自交干涉。基于 Voronoi 图法构造的偏置曲线虽不会产生自交干涉，但却需要事先构造 Voronoi 图这一额外的图形单元，这对曲线偏置问题而言就显得过于复杂，而且 Voronoi 图本身也存在近圆奇异性的数值计算问题。目前，对多岛屿复杂型腔加工，边界轮廓的直接分段线性偏置仍是最常用的加工路径生成方法，本节也将围绕该方法展开讨论，详细论述多岛屿复杂型腔轮廓平行加工路径生成中所涉及的各种问题。

4.6.1　偏置曲线的计算

在实际的型腔加工路径处理中，为了偏置曲线计算及其自交干涉处理方便，型腔加工区域的边界曲线和岛屿轮廓均由规定精度下的离散直线段逼近表示。目前，常用的偏置曲线计算方法主要有如下两种。

(1) 线段偏置法。如图 4.19 所示，该方法以表示型腔边界轮廓的直线段为偏置单元，直线段 $\boldsymbol{p}_i\boldsymbol{p}_{i+1}$ 的偏置线段 $\boldsymbol{p}_i^o\boldsymbol{p}_{i+1}^o$ 可按如下公式计算：

$$\boldsymbol{p}_j^o = \boldsymbol{p}_j + d\begin{bmatrix} 0 & -1 \\ 1 & 0 \end{bmatrix}\frac{\boldsymbol{p}_i - \boldsymbol{p}_{i+1}}{\|\boldsymbol{p}_i - \boldsymbol{p}_{i+1}\|}, \qquad j = i, i+1 \tag{4.35}$$

式中，d 为偏置距离。由于边界轮廓形状的复杂性，单纯利用上述线段偏置方法得到的偏置曲线经常出现相交、分离等复杂情形。如图 4.19 所示的凸顶点 $\boldsymbol{p}_i$ 处，相邻直线段 $\boldsymbol{p}_{i-1}\boldsymbol{p}_i$ 和 $\boldsymbol{p}_i\boldsymbol{p}_{i+1}$ 偏置后发生分离。在这种情况下，可采用附加圆弧段进行连接，形成封闭连续的偏置曲线，该圆弧的圆心为 $\boldsymbol{p}_i$ 点，半径 r 等于偏置距离 d。

(2) 顶点偏置法。如图 4.20 所示，该方法以表示型腔轮廓的直线段的顶点为偏置单元，将顶点 $\boldsymbol{p}_i$ 沿其两邻接边 $\boldsymbol{p}_{i-1}\boldsymbol{p}_i$ 和 $\boldsymbol{p}_i\boldsymbol{p}_{i+1}$ 之间夹角的角平分线进行偏置，具体计算公式如下：

$$\begin{cases} \boldsymbol{p}_i^o = \boldsymbol{p}_i + \dfrac{d}{\sin\theta_i} \dfrac{\boldsymbol{e}_\mathrm{b} - \boldsymbol{e}_\mathrm{f}}{\| \boldsymbol{e}_\mathrm{b} - \boldsymbol{e}_\mathrm{f} \|} \\ \boldsymbol{e}_\mathrm{b} = \dfrac{\boldsymbol{p}_{i+1} - \boldsymbol{p}_i}{\| \boldsymbol{p}_{i+1} - \boldsymbol{p}_i \|} \\ \boldsymbol{e}_\mathrm{f} = \dfrac{\boldsymbol{p}_i - \boldsymbol{p}_{i-1}}{\| \boldsymbol{p}_i - \boldsymbol{p}_{i-1} \|} \end{cases} \tag{4.36}$$

式中，d 为偏置距离；θ_i 为邻接边 $\boldsymbol{p}_{i-1}\boldsymbol{p}_i$ 和 $\boldsymbol{p}_i\boldsymbol{p}_{i+1}$ 之间夹角的一半。与线段偏置法不同，顶点偏置法能够形成封闭连续的偏置曲线，但尖锐夹角顶点的偏置点却可能落在边界轮廓之外，导致偏置曲线之间产生许多不必要的交点和干涉环，增加了后续自交干涉处理的难度。为了偏置曲线局部、全局自交干涉处理的方便，下面的讨论将主要围绕线段偏置法展开。

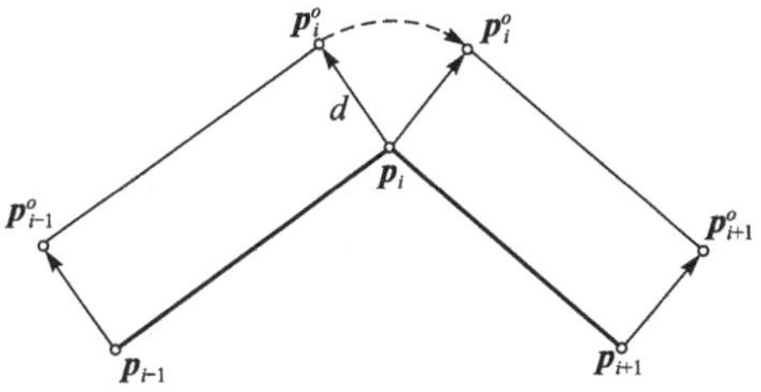

图 4.19　线段偏置方法

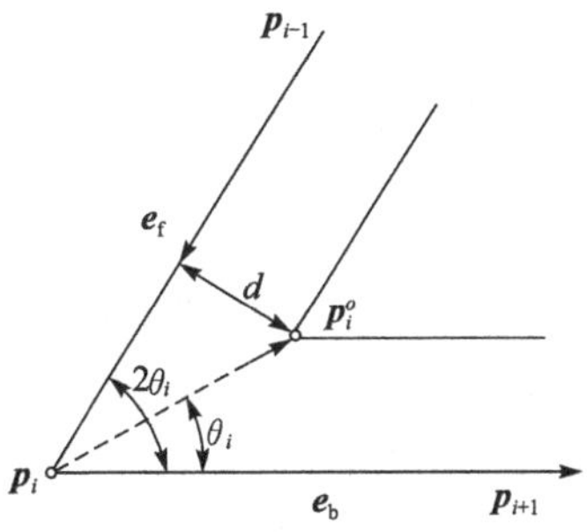

图 4.20　顶点偏置方法

4.6.2　局部自交的消除方法

复杂型腔边界轮廓的偏置经常导致偏置曲线出现自相交现象，如图 4.21 所示。对于型腔加工，自交点的出现意味着刀具开始切入型腔边界或岛屿轮廓，或刀具进入已加工区域而处于非切削状态，因此必须消除偏置曲线中的自交干涉。偏置曲线的自交干涉可分为两类：局部自交干涉和全局自交干涉，如图 4.21 所示。在多数情况下,曲线偏置产生的自交干涉以局部自交为主,而且多出现在轮廓的拐角处。

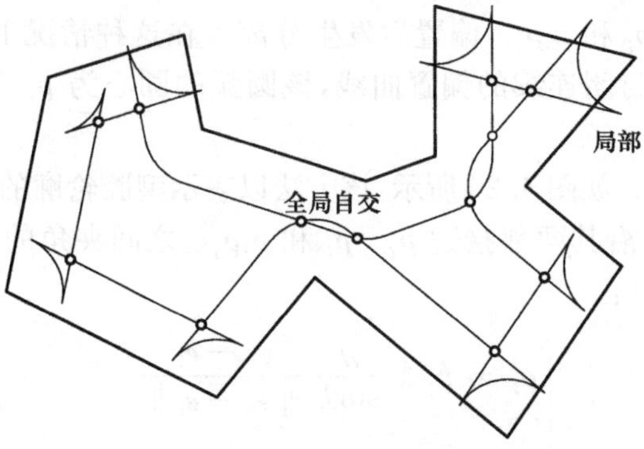

图 4.21　偏置曲线的局部和全局自交干涉

对于局部干涉的传统处理是,先计算偏置曲线后计算自交点,再利用各种无效环的消除准则(如旋向规则)消除局部自交干涉。在实际的处理中,利用当前直线段对前一邻接线段的偏置段进行干涉检测,就可快速消除可能存在的局部干涉。在这一处理方法中,如图 4.22 所示,需要检测当前直线段 $\boldsymbol{p}_i\boldsymbol{p}_{i+1}$ 与其邻接直线段的偏置段$\{\boldsymbol{p}_j^o\boldsymbol{p}_{j+1}^o\}$之间的距离关系:

$$d_{\max}(\boldsymbol{p}_i\boldsymbol{p}_{i+1},\boldsymbol{p}_j^o\boldsymbol{p}_{j+1}^o)=\max\{d(\boldsymbol{p}_i\boldsymbol{p}_{i+1},\boldsymbol{p}_j^o),d(\boldsymbol{p}_i\boldsymbol{p}_{i+1},\boldsymbol{p}_{j+1}^o)\} \tag{4.37}$$

式中,$d_{\max}(\boldsymbol{p}_i\boldsymbol{p}_{i+1},\boldsymbol{p}_j^o\boldsymbol{p}_{j+1}^o)$为两直线段 $\boldsymbol{p}_i\boldsymbol{p}_{i+1}$ 和 $\boldsymbol{p}_j^o\boldsymbol{p}_{j+1}^o$ 之间的最大距离;$d(\boldsymbol{p}_i\boldsymbol{p}_{i+1},\boldsymbol{p}_j^o)$和 $d(\boldsymbol{p}_i\boldsymbol{p}_{i+1},\boldsymbol{p}_{j+1}^o)$分别为点 $\boldsymbol{p}_j^o$ 和 $\boldsymbol{p}_{j+1}^o$ 到线段 $\boldsymbol{p}_i\boldsymbol{p}_{i+1}$ 的最近距离:

$$d(\boldsymbol{p}_i\boldsymbol{p}_{i+1},\boldsymbol{p}_j^o)=\begin{cases}d(\boldsymbol{p}_c,\boldsymbol{p}_j^o), & \boldsymbol{p}_c\text{ 在 }\boldsymbol{p}_i\boldsymbol{p}_{i+1}\text{ 上}\\ \max\{d(\boldsymbol{p}_i,\boldsymbol{p}_j^o),d(\boldsymbol{p}_{i+1},\boldsymbol{p}_j^o)\}, & \boldsymbol{p}_c\text{ 在 }\boldsymbol{p}_i\boldsymbol{p}_{i+1}\text{ 的延长线上}\end{cases} \tag{4.38}$$

式中,$\boldsymbol{p}_c$ 为点 $\boldsymbol{p}_j^o$ 在线段 $\boldsymbol{p}_i\boldsymbol{p}_{i+1}$上的最近点。如果 $d_{\max}<d$,d 为偏置距离,则说明偏置段 $\boldsymbol{p}_j^o\boldsymbol{p}_{j+1}^o$ 为无效偏置段,则继续检查上一偏置段 $\boldsymbol{p}_{j-1}^o\boldsymbol{p}_j^o$ 与当前段 $\boldsymbol{p}_i\boldsymbol{p}_{i+1}$ 之间的关系。如果 $d_{\max}\geqslant d$,则判断当前段 $\boldsymbol{p}_i\boldsymbol{p}_{i+1}$ 的偏置 $\boldsymbol{p}_i^o\boldsymbol{p}_{i+1}^o$ 与 $\boldsymbol{p}_j^o\boldsymbol{p}_{j+1}^o$ 是否相交:

(1) 如图 4.22(a)所示,如果 $\boldsymbol{p}_i^o\boldsymbol{p}_{i+1}^o$ 与 $\boldsymbol{p}_j^o\boldsymbol{p}_{j+1}^o$ 相交于 $\boldsymbol{p}_s$ 点,则更新偏置段 $\boldsymbol{p}_j^o\boldsymbol{p}_{j+1}^o$ 为 $\boldsymbol{p}_j^o\boldsymbol{p}_s$,增加偏置段 $\boldsymbol{p}_{j+1}^o\boldsymbol{p}_{j+2}^o=\boldsymbol{p}_s\boldsymbol{p}_{i+1}^o$;

(2) 如图 4.22(b)所示,如果 $\boldsymbol{p}_i^o\boldsymbol{p}_{i+1}^o$ 与 $\boldsymbol{p}_j^o\boldsymbol{p}_{j+1}^o$ 不相交,则消除偏置段 $\boldsymbol{p}_j^o\boldsymbol{p}_{j+1}^o$ 与线段 $\boldsymbol{p}_i\boldsymbol{p}_{i+1}$ 的干涉部分,即图 4.22(b)中所示的线段 $\boldsymbol{p}_i\boldsymbol{p}_{i+1}$ 虚偏置线内的部分,更新偏置段 $\boldsymbol{p}_j^o\boldsymbol{p}_{j+1}^o$ 为 $\boldsymbol{p}_j^o\boldsymbol{p}_s$。

不断重复上述过程,直至偏置过程结束。图 4.23 为经上述方法消除局部干涉后的偏置曲线。从图中可以看到,偏置曲线已经不存在任何局部干涉,但仍存在全局干涉,此类干涉将从全局自交点的检测、有效环的提取等方面进行处理。

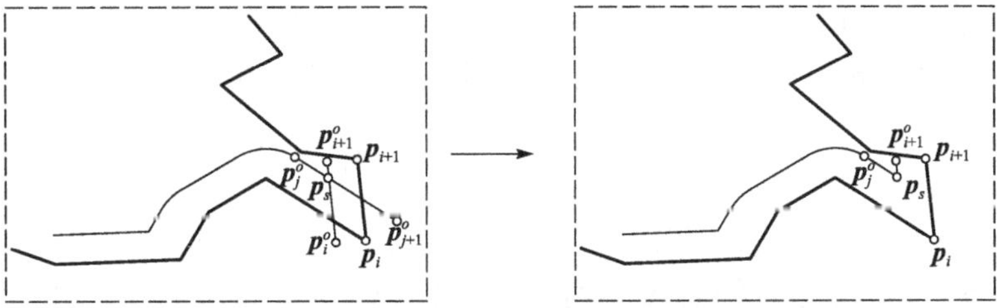

（a）当前偏置段与上一段偏置线相交

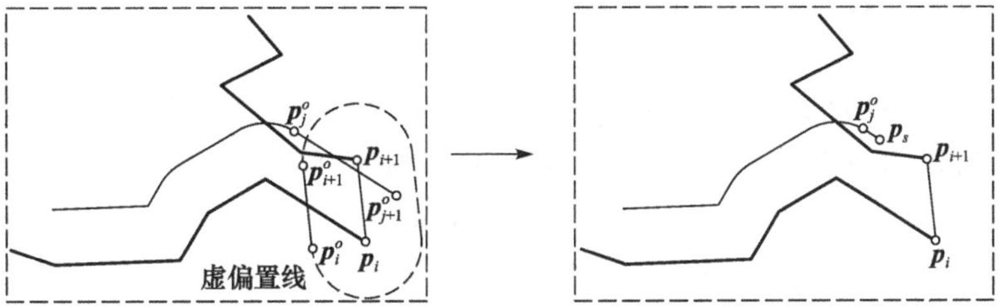

（b）当前偏置段与上一段偏置线分离

图 4.22　曲线偏置局部自交干涉的消除

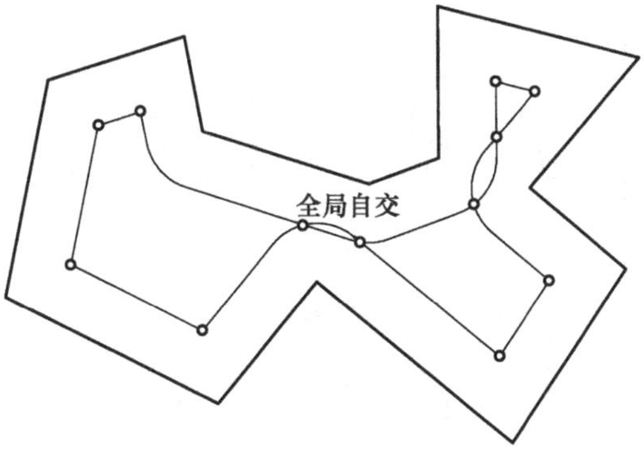

图 4.23　消除局部干涉后的偏置曲线

4.6.3　全局自交点计算的单调链法

为了有效解决偏置曲线的全局自交干涉问题，必须首先检测其可能存在的全局自交点。本节将利用 3.1.3 节给出的包围盒分割方法，对偏置曲线段进行栅格划分存储，再利用单调链法快速地判断偏置线段是否相交并计算交点。具体过程如下。

1. 偏置线段的存储结构

首先，利用 3.1.3 节给出的包围盒分割方法对加工区域进行栅格划分，具体过程不再赘述，所划栅格如图 4.24 所示。假设所划分的栅格是边长为 w_r 的正方形，则偏置段 $\boldsymbol{p}_i^o\boldsymbol{p}_{i+1}^o$ 端点 $\boldsymbol{p}_i^o$ 所在栅格 $R_{s,t}$ 的索引 (s,t) 可按下式计算：

$$s=\operatorname{int}\left[\frac{x-x_{\min}}{w_r}\right],\qquad t=\operatorname{int}\left[\frac{y-y_{\min}}{w_r}\right] \tag{4.39}$$

式中，$(x_{\min},y_{\min})$ 为加工区域包围盒左下角的坐标；int[·]为取整运算。对于每一偏置段 $\boldsymbol{p}_i^o\boldsymbol{p}_{i+1}^o$，不仅记录偏置段本身，还需要存储该偏置段所穿越的所有栅格 $\{R_{s,t}\}$，并按如下数据结构进行存储：

$$\boldsymbol{p}_i^o\boldsymbol{p}_{i+1}^o=\{\boldsymbol{p}_i^o\boldsymbol{p}_{i+1}^o,\{R_{s,t}\}\} \tag{4.40}$$

同时，对每一栅格 $R_{s,t}$ 也记录穿越它的所有偏置段 $\{\boldsymbol{p}_i^o\boldsymbol{p}_{i+1}^o\}$。注意，栅格中存储的不是该偏置段的截线段，而是该偏置段本身。数据存储结构如下：

$$R_{s,t}=\{R_{s,t},\{\boldsymbol{p}_i^o\boldsymbol{p}_{i+1}^o\}\} \tag{4.41}$$

这样，对于任意的偏置段 $\boldsymbol{p}_i^o\boldsymbol{p}_{i+1}^o$，利用数组存储结构式(4.40)就可以快速遍历它所穿越的所有栅格 $\{R_{s,t}\}$；而利用栅格的数据结构式(4.41)就可以判断栅格 $R_{s,t}$ 中是否存在其他偏置段 $\boldsymbol{p}_j^o\boldsymbol{p}_{j+1}^o$，如果存在其他偏置段，则计算它们之间可能存在的交点。

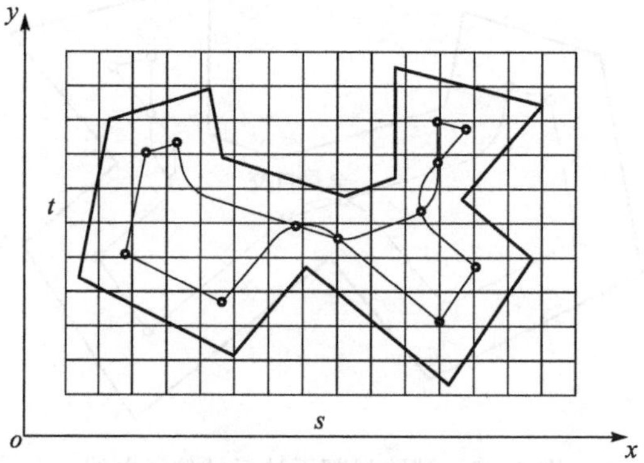

图 4.24　栅格划分

2. 计算交点的单调链法

栅格数据存储结构的引入，改变了传统偏置段的存储方式，使偏置全局自交的整体处理简化为局部的分布式处理。下面将在栅格划分的基础上，引入单调链的概念，以进一步减少交点计算的次数，提高算法的运算效率[31,32]。如果栅格中偏置段 $\{\boldsymbol{p}_i^o\boldsymbol{p}_{i+1}^o\}$ 顶点坐标的 x 或 y 分量，沿 x 或 y 方向是单调增加或单调减少的，即满足

$$\boldsymbol{p}_i^o\boldsymbol{p}_{i+1}^o\cdot\boldsymbol{x}_0\geqslant 0 \tag{4.42}$$

或

$$\boldsymbol{p}_i^o \boldsymbol{p}_{i+1}^o \cdot \boldsymbol{y}_0 \geqslant 0 \tag{4.43}$$

则称栅格中的偏置段$\{\boldsymbol{p}_i^o \boldsymbol{p}_{i+1}^o\}$构成单调链，其中 $\boldsymbol{x}_0$、$\boldsymbol{y}_0$ 为栅格 $R_{s,t}$ 中所存储的第一段偏置段在 x 或 y 方向的投影矢量。从图 4.24 中也可以看到，构成单调链的偏置段$\{\boldsymbol{p}_i^o \boldsymbol{p}_{i+1}^o\}$间不存在交点，而对于不满足单调性条件的栅格，则将其所存储的偏置段分解为多个单调链，然后计算各个单调链之间的交点。单调链的分解界点应满足

$$\boldsymbol{p}_i^o \boldsymbol{p}_{i+1}^o \cdot \boldsymbol{x}_0 < 0$$

或

$$\boldsymbol{p}_i^o \boldsymbol{p}_{i+1}^o \cdot \boldsymbol{y}_0 < 0 \tag{4.44}$$

图 4.25 中各个单调链已以不同线型显示，然后就可在不同单调链之间计算交点。

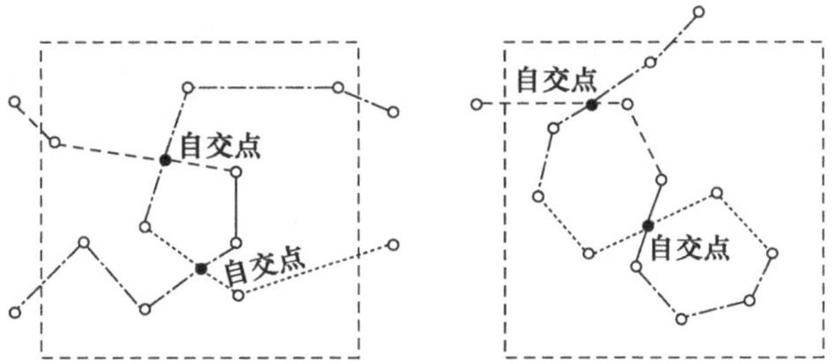

图 4.25　栅格内偏置段的单调链分解

4.6.4　有效偏置环的提取

偏置曲线的自交点是分割曲线偏置环的依据，而交点处偏置段的转向决定了偏置环的有效性。如图 4.26 所示，设点 $\boldsymbol{p}_s$ 为曲线偏置环的交点，$\boldsymbol{p}_\mathrm{f}$、$\boldsymbol{p}_\mathrm{b}$ 为偏置环中 $\boldsymbol{p}_s$ 点的前后邻接点，则可通过计算 z 轴矢量 $\boldsymbol{z}=[0,0,1]^\mathrm{T}$、方向矢量 $\boldsymbol{p}_s-\boldsymbol{p}_\mathrm{f}$ 和 $\boldsymbol{p}_\mathrm{b}-\boldsymbol{p}_s$ 的混合积：

$$\Delta = \boldsymbol{z} \cdot [(\boldsymbol{p}_s - \boldsymbol{p}_\mathrm{f}) \times (\boldsymbol{p}_\mathrm{b} - \boldsymbol{p}_s)] \tag{4.45}$$

来确定 $\boldsymbol{p}_\mathrm{f}$、$\boldsymbol{p}_\mathrm{b}$ 所在偏置环的有效性。如果 $\Delta>0$，则偏置环的旋向为逆时针，说明该偏置环为有效环；如果 $\Delta<0$，则偏置环的旋向为顺时针，该偏置环为干涉环。对于偏置环的提取，可按偏置顺序遍历所有偏置段。如果遍历至交点处则转到另一相交线段的终点继续遍历，直至偏置曲线闭合，再利用式(4.45)判断所提取偏置环的有效性。图 4.27 给出了两个利用前面方法生成的复杂轮廓平行加工路径的例子。

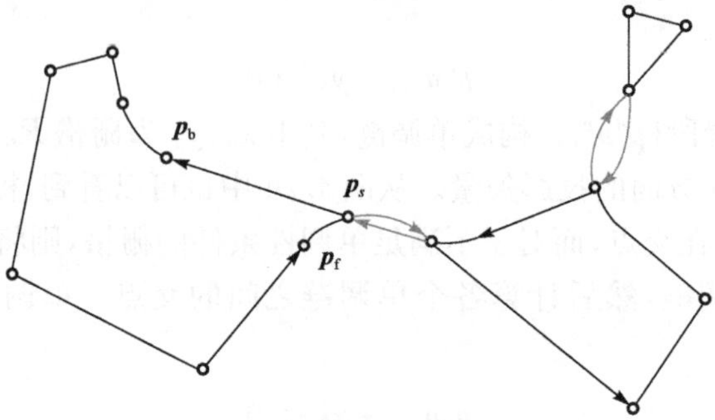

图 4.26　偏置环的有效性判别

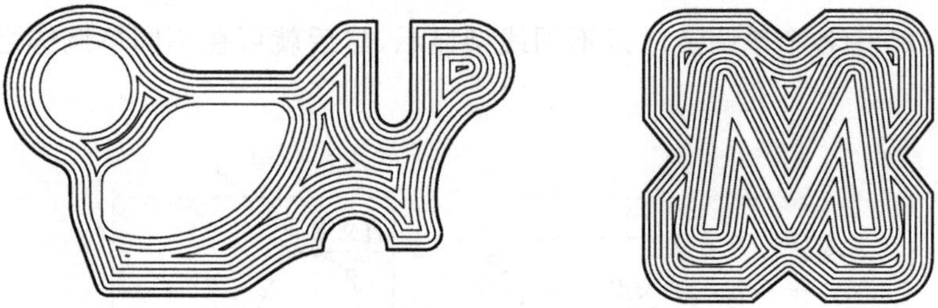

图 4.27　两个轮廓平行加工路径的例子

4.7　加工路径的连接

前几节所得的环切路径是独立存在的，刀具直接沿此类环切轨迹进行加工，在各轨迹环间将不可避免地产生频繁的抬刀、退刀，直接影响加工过程的连续性。为了减少环切加工中的抬退刀次数，实现轨迹间的光滑过渡，需要对前面所生成的环切轨迹进行优化连接。本节将介绍环切轨迹连接的有关概念以及能够反映环切轨迹间层次关系的树形结构，并给出对应连接点的确定方法、连接原则和过渡曲线的构造方法。

4.7.1　路径连接的基本元素

为了系统地阐述环切轨迹间的关系和连接步骤，本节首先对后续论述中将要用到的一些术语加以简单的定义[32]。边界岛屿轮廓和等距环由符号 G_{ij} 表示，其中第一个下标 i 表示偏置环的层次，第二个下标 j 表示在第 i 层偏置中偏置环的排序，如 G_{21} 表示第二层偏置中的第一个偏置环。

(1) 根环。由边界轮廓向内一次偏置所生成的偏置环为根环。如图 4.28(a) 所示，虚线为型腔边界轮廓，G_{11} 为根环。

(2) 父环与子环。邻接两偏置环间的相互关系，外部的称为父环，内部的称为

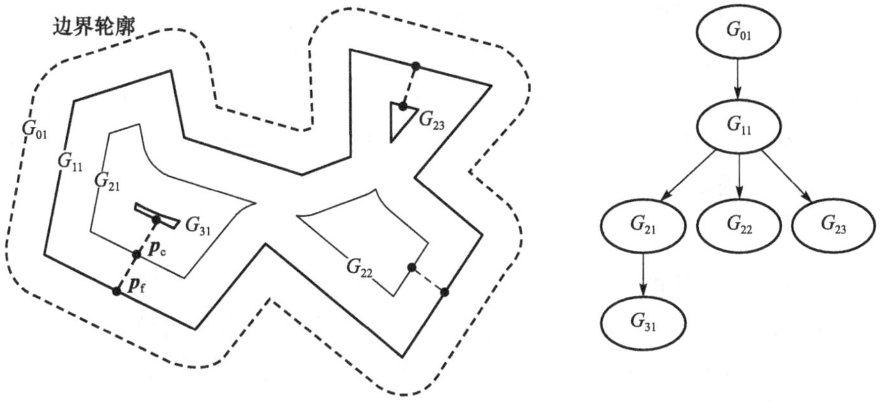

(a) 偏置环　　(b) 树形结构

图 4.28　路径连接的基本元素

子环。如图 4.28(a)所示，环 G_{21}、G_{22}、G_{23} 由根环 G_{11} 偏置生成，则 G_{11} 为 G_{21}、G_{22}、G_{23} 的父环，而 G_{21}、G_{22}、G_{23} 为 G_{11} 的子环。

(3) 兄弟环。由同一父环偏置生成的等距环互为兄弟环。如图 4.28(a)所示，G_{21}、G_{22} 和 G_{23} 均由父环 G_{11} 偏置而成，它们互称为兄弟环。

(4) 叶环。没有子环或岛屿轮廓向外偏置一次所生成的偏置环。如图 4.28(a)所示，G_{23}、G_{31}、G_{22} 为叶环。

(5) 连接点对。连接点对 $P=\{\boldsymbol{p}_f,\boldsymbol{p}_c\}$ 用于父环与子环之间的连接，以便于刀具在各偏置环间移动。如图 4.28(a)所示，记父环上的连接点为父连接点 $\boldsymbol{p}_f$，子环上的连接点为子连接点 $\boldsymbol{p}_c$。连接点成对出现但并不唯一，它们可以出现在父环与子环之间的任何位置上，但连接点对之间的距离不应大于偏置距离。当从父环开始遍历，至父连接点 $\boldsymbol{p}_f$ 时，由该点转到子环的连接点 $\boldsymbol{p}_c$，再沿子环继续遍历；若从子环开始遍历，至连接点 $\boldsymbol{p}_c$ 时，从该点转到父环的连接点 $\boldsymbol{p}_f$，然后继续沿父环进行遍历。

(6) 树形层次结构。环切路径是由型腔边界和岛屿轮廓依次偏置而成的，根据上述父环、子环、兄弟环之间的相互关系，可以自动地生成各偏置环之间的树形层次结构，如图 4.28(b)所示。通过遍历路径环间的树形层次结构就可快速地生成无抬刀加工路径。

4.7.2　路径的树形层次结构和连接原则

以轮廓环的树形结构表达为基础，可通过相邻偏置环间的对应连接点对实现环与环之间的连接过渡，将除边界轮廓之外的各偏置环连接成连续的加工路径。偏置环连接的基本原则如下：

(1) 根环之间不能进行连接，兄弟环之间不能相连；

(2) 只在父子环间进行连接，一般从叶环开始遍历连接。

如图 4.29 所示，如果兄弟环 G_{21} 和 G_{23} 或 G_{22} 直接相连，那么连接线就会穿过岛屿或型腔外部边界轮廓，造成实际加工中刀具切入型腔边界。在构造轮廓环转接路径时，连接从子环 G_{41} 向外开始搜索，其父环之间的连接点 $\boldsymbol{p}_f$ 应与子连接点 $\boldsymbol{p}_c$ 尽量靠近，即满足

$$d(\boldsymbol{p}_f) = \min_{\boldsymbol{p}_i}\{\ \|\boldsymbol{p}_i - \boldsymbol{p}_c\|\ \} \tag{4.46}$$

式中，$\{\boldsymbol{p}_i\}$ 为组成父环的所有数据点。当子环为叶环时，$\boldsymbol{p}_c$ 一般选为该环的起始点。在确定了所有偏置环间的连接点对 $\{\boldsymbol{p}_f, \boldsymbol{p}_c\}$ 后，就可选取偏置路径上任意一点作为路径的起点，沿偏置环的旋向遍历顶点数据，当遇到偏置环的连接点时，转到对应环的连接点继续遍历，如果某连接点同时连接该环的父环和子环时，则子环优先遍历。当遍历至起始点时，路径连接完毕。

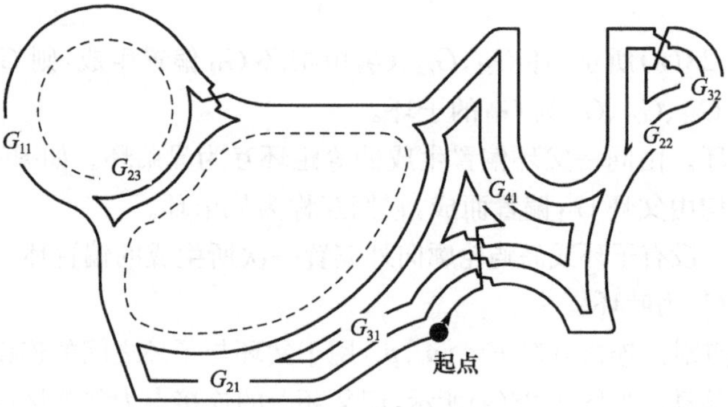

图 4.29　偏置路径的连接

4.7.3　路径间的连接曲线

通常，各偏置环是通过连接点对之间的直线段直接相连的，如图 4.29 和图 4.30(a)所示。在这种连接方式下，刀具在环间进刀时，由于刀具路径在连接点处存在尖角突变，会导致刀具的进给方向突然发生改变，致使铣削力瞬时增大，产生大的惯性冲击和加速度跃动，由此引起刀具的振动、磨损，势必影响型腔的加工效率，破坏整个加工过程的稳定性。

在实际处理中，可在相邻环切路径连接点对间，插入过渡圆弧并使其与相邻环切路径相切，以完成刀具在环切路径间的光滑过渡。图 4.30(b)和(c)分别为环切路径间的单圆弧和双圆弧过渡曲线。环切轨迹间也可以采用 Bézier 曲线进行光滑过渡连接[33]。根据连接点对 $\{\boldsymbol{p}_f, \boldsymbol{p}_c\}$ 间的位置差异，Bézier 过渡曲线又分为 C 型曲线和 S 型曲线两种类型。如图 4.31(a)所示，当点 $\boldsymbol{p}_f$ 与 $\boldsymbol{p}_c$ 在偏置线段方向上的距离 d_b 小于或等于偏置距离 d 的一半，即满足

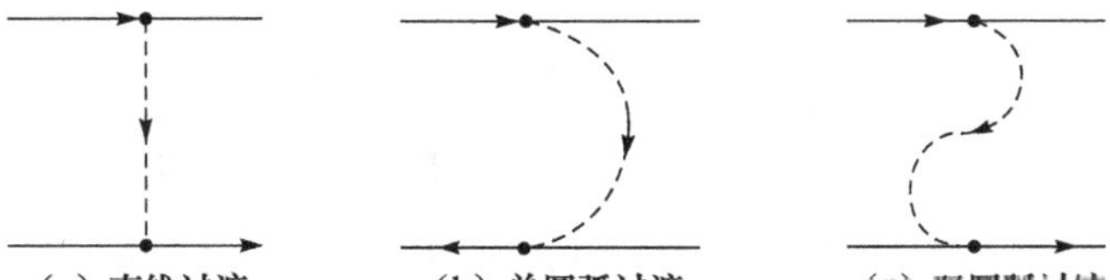

图 4.30　路径间的直线和圆弧过渡连接

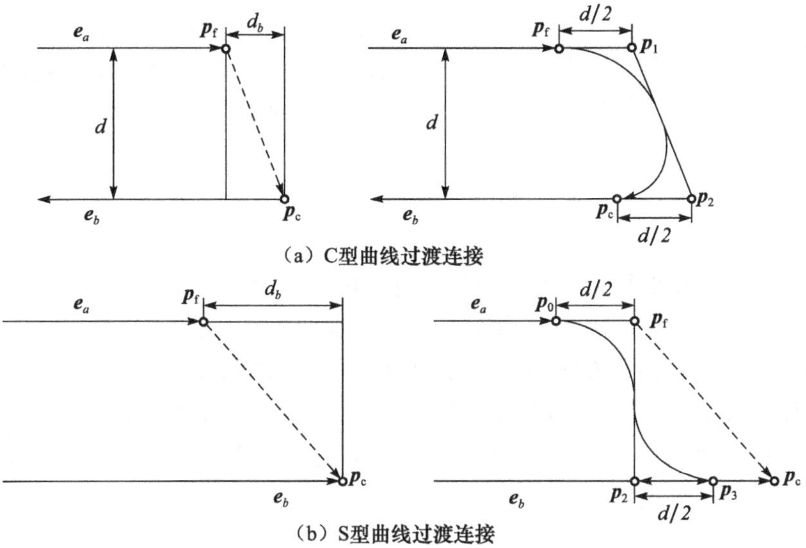

图 4.31　环切路径间 Bézier 曲线的过渡连接

$$d_b = \| (\boldsymbol{p}_{\mathrm{f}} - \boldsymbol{p}_{\mathrm{c}}) \cdot \boldsymbol{e}_b \| \leqslant \frac{d}{2} \tag{4.47}$$

时，可采用 C 型 Bézier 曲线进行过渡，Bézier 曲线的控制顶点为$\{\boldsymbol{p}_{\mathrm{f}}, \boldsymbol{p}_1, \boldsymbol{p}_2, \boldsymbol{p}_{\mathrm{c}}\}$，其中

$$\begin{cases} \boldsymbol{p}_1 = \boldsymbol{p}_{\mathrm{f}} + \dfrac{d}{2}\boldsymbol{e}_a \\ \boldsymbol{p}_2 = \boldsymbol{p}_{\mathrm{c}} - \dfrac{d}{2}\boldsymbol{e}_b \end{cases} \tag{4.48}$$

而如图 4.31(b)所示，当点 $\boldsymbol{p}_{\mathrm{f}}$ 与 $\boldsymbol{p}_{\mathrm{c}}$ 在偏置线段方向上的距离 d_b 大于偏置距离 d 的一半，即满足

$$d_b = \| (\boldsymbol{p}_{\mathrm{f}} - \boldsymbol{p}_{\mathrm{c}}) \cdot \boldsymbol{e}_b \| > \frac{d}{2} \tag{4.49}$$

时，可采用 S 型 Bézier 曲线进行过渡，Bézier 曲线的控制顶点为$\{\boldsymbol{p}_0, \boldsymbol{p}_{\mathrm{f}}, \boldsymbol{p}_2, \boldsymbol{p}_3\}$，其中

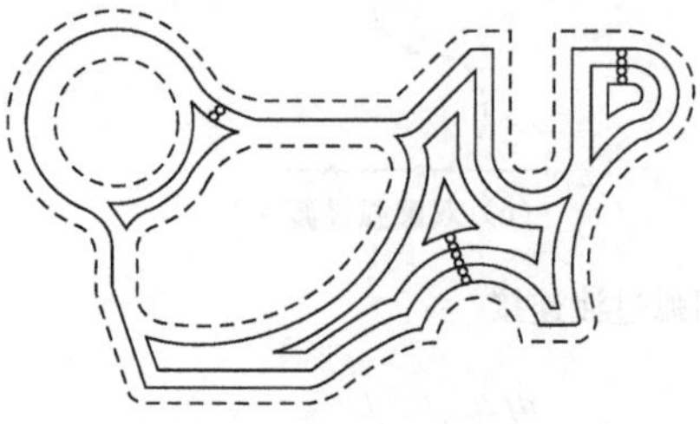

图 4.32　环切路径间光滑曲线过渡的算例

$$\begin{cases} \boldsymbol{p}_0 = \boldsymbol{p}_{\mathrm{f}} - \dfrac{d}{2}\boldsymbol{e}_a \\ \boldsymbol{p}_2 = \boldsymbol{p}_{\mathrm{c}} - \| (\boldsymbol{p}_{\mathrm{f}} - \boldsymbol{p}_{\mathrm{c}}) \cdot \boldsymbol{e}_b \| \boldsymbol{e}_b \\ \boldsymbol{p}_3 = \boldsymbol{p}_{\mathrm{c}} - \left[\| (\boldsymbol{p}_{\mathrm{f}} - \boldsymbol{p}_{\mathrm{c}}) \cdot \boldsymbol{e}_b \| - \dfrac{d}{2} \right] \boldsymbol{e}_b \end{cases} \tag{4.50}$$

根据 Bézier 曲线的端点性质，加入的过渡 Bézier 曲线在连接点处必与环切路径相切，从而实现环切路径间的光滑过渡。图 4.32 为环切路径间光滑曲线过渡的算例。

4.8　加工路径的拐角优化

环切路径内在地复制了型腔边界的所有角点，当刀具高速切入角点区域时，刀具与工件的接触角会迅速增大，将导致切削力突然上升，致使刀具磨损加剧甚至发生崩刀现象[34,35]。路径方向的突然变化也造成机床频繁地加速、减速，直接影响型腔的加工效率，而且在尖锐的拐角处，有时存在无法加工的残留区域，需要进一步进行清根处理[36]。为此，本节将从拐角加工残留去除和运动控制两方面对环切路径的拐角进行优化处理。

4.8.1　轨迹尖角的分类

在环切加工轨迹中，当前轨迹段终点的进给方向和下一个轨迹段起点的进给方向相反时，就会产生一个尖角，如图 4.33 所示。一般情况下，4.7 节生成的环切刀具轨迹只包括直线段和圆弧段两种类型的轨迹段。根据构成尖角的两轨迹段的类型，本书将尖角分为 3 类，即 L-L 型、L-A 型、A-A 型，如图 4.33 所示，其中 L 表示直线段，A 表示圆弧。如果考虑到圆弧段与直线段、圆弧段与圆弧段的相对位置以及圆弧段、直线段在尖角处的走刀方向，可进一步将轨迹尖角细分为 9 类[34]。根据尖角的类型，可利用图形学中的中轴变换原理或直接采用在两相邻轨迹段间

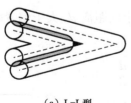

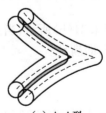

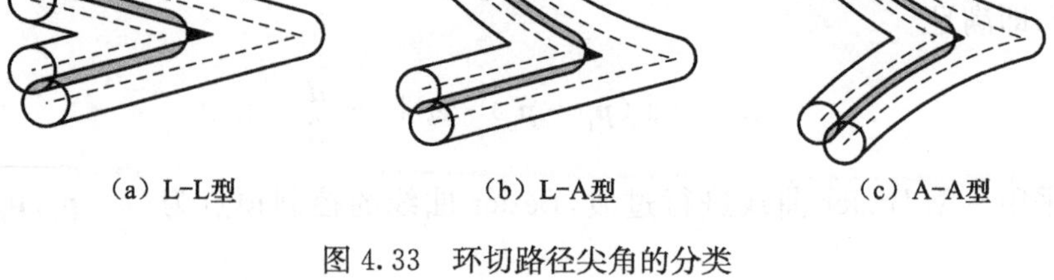

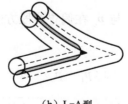

(a) L-L型　　(b) L-A型　　(c) A-A型

图 4.33　环切路径尖角的分类

离散细分偏置的方法求得尖角的中分线，直接将尖角中分线作为清根加工轨迹，这种轨迹就是传统的牙状清根轨迹。对于只存在直线段和圆弧段的环切加工路径，中分线可为直线、抛物线、椭圆或双曲线。在实际处理中，也可以以尖角中分线为基础，生成其他形式的清角轨迹。后面将给出详细论述。

4.8.2　轨迹尖角的识别

环切轨迹的尖角通常出现在有效偏置环中的自交点处，但并不是在所有的角点处都需要加入清根轨迹。只有当刀具沿尖角处轨迹加工后，在该拐角处仍存在无法加工的残留区域时，才需要进行清根加工，如图 4.34 所示。此时，环切轨迹加工区域的重叠率小于 50%或走刀行距满足

$$L_w > R_c\left[1+\sin\left(\frac{\theta}{2}\right)\right] \tag{4.51}$$

式中，R_c 为刀具半径；L_w 为加工行距，也就是偏置距离 d。根据式(4.51)，可以得到如下判断拐角需要清根加工的条件：

$$\theta < 2\arcsin\left(\frac{L_w - R_c}{R_c}\right) \tag{4.52}$$

如图 4.35 所示，对于连续轨迹段 $\boldsymbol{p}_{i-1}\boldsymbol{p}_i$、$\boldsymbol{p}_i\boldsymbol{p}_{i+1}$，令 $\boldsymbol{e}_e$ 为 $\boldsymbol{p}_{i-1}\boldsymbol{p}_i$ 在其终点处的方向矢量，$\boldsymbol{e}_s$ 为 $\boldsymbol{p}_i\boldsymbol{p}_{i+1}$ 在其开始点处的方向矢量，若 $\boldsymbol{e}_e$ 和 $\boldsymbol{e}_s$ 方向不同，则二者之间的夹角 θ_i 为

$$\theta_i = \pi - \arccos(\boldsymbol{e}_e \cdot \boldsymbol{e}_s) \tag{4.53}$$

当轨迹拐角$\angle \boldsymbol{p}_i$ 处的夹角 θ_i 满足拐角需要清根加工的条件式(4.52)时，该拐角处的加工会发生欠切。也可以说，轨迹段 $\boldsymbol{p}_{i-1}\boldsymbol{p}_i$ 和 $\boldsymbol{p}_i\boldsymbol{p}_{i+1}$ 在顶点 $\boldsymbol{p}_i$ 形成了需要加入清角轨迹的尖角$\angle \boldsymbol{p}_i$。如果轨迹段 $\boldsymbol{p}_{i-1}\boldsymbol{p}_i$ 和 $\boldsymbol{p}_i\boldsymbol{p}_{i+1}$ 继续偏置，对应偏置段 $\boldsymbol{p}^o_{i-1}\boldsymbol{p}^o_i$ 和 $\boldsymbol{p}^o_i\boldsymbol{p}^o_{i-1}$ 将形成另一尖角$\angle \boldsymbol{p}^o_i$，这里将尖角$\angle \boldsymbol{p}_i$ 与$\angle \boldsymbol{p}^o_i$ 称为尖角对，显然尖角对标识了残留区域的位置。

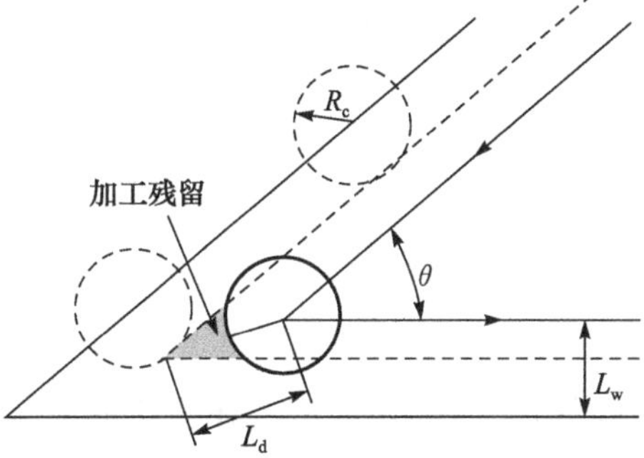

图 4.34　型腔环切加工时的残留区域

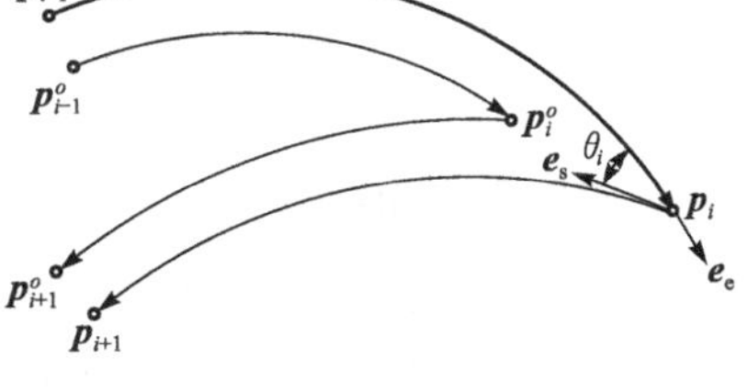

图 4.35　环切路径中的尖角

4.8.3　牙状清根轨迹

如第 4.8.1 节所述，尖角的牙状清根轨迹为偏置曲线段 $\boldsymbol{p}_{i-1}\boldsymbol{p}_i$ 和 $\boldsymbol{p}_i\boldsymbol{p}_{i+1}$ 在尖角对$\angle\boldsymbol{p}_i$ 与$\angle\boldsymbol{p}_i^o$ 之间的中分线。当构成尖角的偏置曲线段 $\boldsymbol{p}_{i-1}\boldsymbol{p}_i$ 和 $\boldsymbol{p}_i\boldsymbol{p}_{i+1}$ 为直线段，即 L-L 型尖角时，牙状清根轨迹就是尖角$\angle\boldsymbol{p}_i$ 的角平分线。对于其他如 L-A 型和 A-A 型尖角，偏置线段 $\boldsymbol{p}_{i-1}\boldsymbol{p}_i$ 和 $\boldsymbol{p}_i\boldsymbol{p}_{i+1}$之间的中分线可利用中轴变换或尖角离散细分偏置法获得。应该注意，在实际处理中，为了避免刀具进入已加工区域或与边界轮廓发生过切，应只采用尖角中分线的一部分作为清角加工轨迹。如图 4.36 所示，清角轨迹从内角点 $\boldsymbol{p}_s$ 开始沿中分线向 $\boldsymbol{p}_i$ 延伸至 $\boldsymbol{p}_e$ 点处，$\boldsymbol{p}_e$ 点到构成尖角$\angle\boldsymbol{p}_i$ 的轨迹段的距离等于刀具的半径 R_c。图 4.37(a)给出了一个尖角处牙状清根轨迹的例子。应注意的是，尖角处的牙状清根轨迹能够有效地消除尖角处的局部加工残留，但加工轨迹中仍可能存在如图 4.37(b)所示的全局加工残留区域。对于全局残留区域的清除，可利用前面所述的边界轮廓偏置算法将轨迹曲线向里偏置一个刀具半径 R_c 的距离，生成清根轨迹，如图 4.37(b)中虚线所示，相关的处理方法可参考文献[36]。

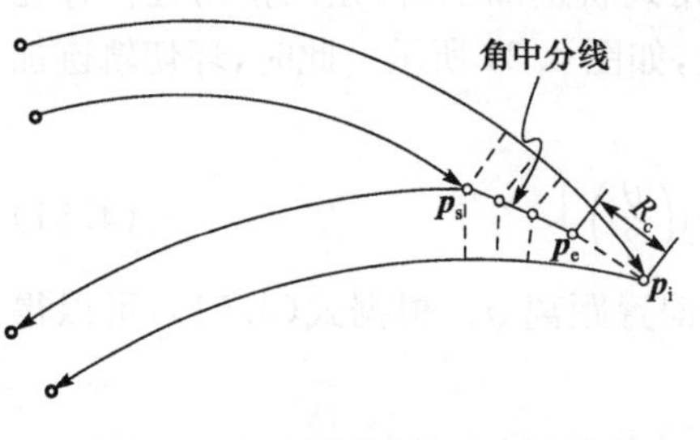

图 4.36　牙状清根轨迹的计算

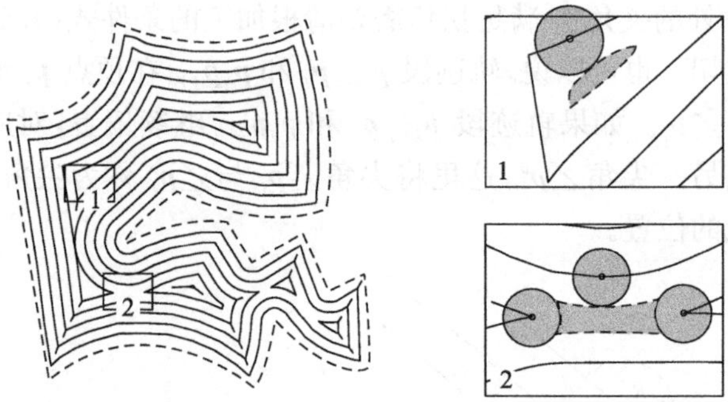

(a)　　(b)

图 4.37　牙状清根轨迹的例子

4.8.4　单圆弧拐角轨迹

前述牙状清根轨迹能够有效清除尖角处的加工残留，但刀具在牙状清根轨迹上的运动方向仍然存在突变，在此处，刀具的加速、减速的运动状态并没有得到任何改善。为了在清除残留区域的同时改善刀具在轨迹尖角处的运动状态，可在尖角处增加过渡圆弧，以实现刀具在清根加工时的光滑过渡。如图 4.38 所示，可以以尖角中分线上距内角点 $\boldsymbol{p}$ 距离为 L_{d} 的位置 $\boldsymbol{p}_{\mathrm{c}}$ 为圆心，以 $\boldsymbol{p}_{\mathrm{c}}$ 到内部刀轨反向延长线的距离 r 为半径作过渡圆弧，其中

$$\begin{cases}\boldsymbol{p}_{\mathrm{c}}=\boldsymbol{p}+\dfrac{\boldsymbol{e}_a-\boldsymbol{e}_b}{\|\boldsymbol{e}_a-\boldsymbol{e}_b\|}L_{\mathrm{d}}\\ L_{\mathrm{d}}=\dfrac{r}{\sin(\theta/2)}\\ r=L_{\mathrm{w}}-R_{\mathrm{c}}\end{cases}\tag{4.54}$$

式中，L_{w} 为加工行距，也就是偏置距离 d。这样，既可以完全消除角点处的加工残留，又可以保证刀具在角点处的光滑过渡。图 4.39 为经拐角优化后的树形型腔的环切轨迹，拐角处为单圆弧清角轨迹。

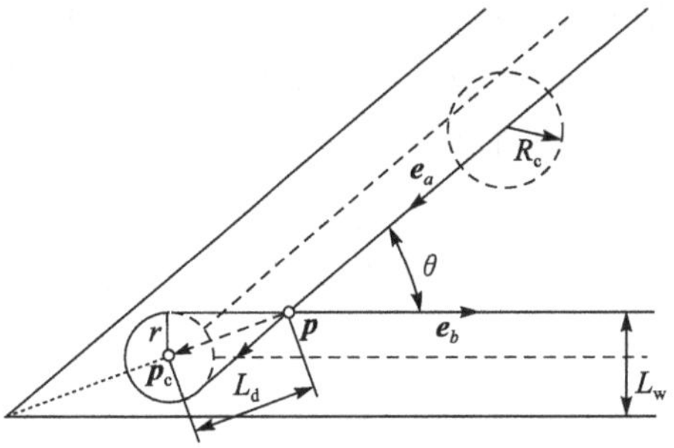

图 4.38　单圆弧拐角轨迹

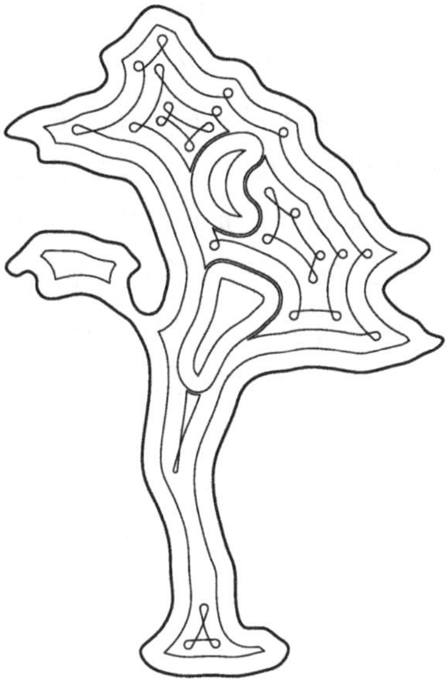

图 4.39　单圆弧拐角轨迹的算例

4.8.5　双圆弧拐角轨迹

在生成牙状清角轨迹和单圆弧过渡拐角轨迹的基础上，可进一步生成双圆弧清角过渡轨迹。如图 4.40 所示，$\boldsymbol{p}_{\mathrm{s}}$、$\boldsymbol{p}_{\mathrm{e}}$ 为牙状清角轨迹的始点和终点，$\boldsymbol{p}_{t_1}$、$\boldsymbol{p}_{t_2}$ 为在 $\boldsymbol{p}_{\mathrm{e}}$ 点处的刀具与轨迹段 $\boldsymbol{p}_{i-1}\boldsymbol{p}_i$、$\boldsymbol{p}_i\boldsymbol{p}_{i+1}$ 的切点，$\boldsymbol{e}_1$、$\boldsymbol{e}_2$ 为构成尖角 $\boldsymbol{p}_{\mathrm{s}}$ 的轨迹段的切线方向，这两条切线的延长线与过点 $\boldsymbol{p}_{\mathrm{e}}$ 且与 $\boldsymbol{p}_{t_1}\boldsymbol{p}_{t_2}$ 平行的直线相交于 $\boldsymbol{p}_{s_1}$、$\boldsymbol{p}_{s_2}$，$\boldsymbol{e}_3$ 为 $\boldsymbol{p}_{s_1}\boldsymbol{p}_{s_2}$ 方向矢量，则切入圆弧 $\mathrm{Arc}(\boldsymbol{p}_{\mathrm{s}}\boldsymbol{p}_{\mathrm{c}_2})$ 和 $\mathrm{Arc}(\boldsymbol{p}_{\mathrm{c}_2}\boldsymbol{p}_{\mathrm{e}})$ 可按如下条件构造：

(1) 圆弧 $\mathrm{Arc}(\boldsymbol{p}_{\mathrm{s}}\boldsymbol{p}_{\mathrm{c}_2})$ 过点 $\boldsymbol{p}_{\mathrm{s}}$ 且与方向矢量 $\boldsymbol{e}_2$ 相切；

(2) 圆弧 $\mathrm{Arc}(\boldsymbol{p}_{\mathrm{c}_2}\boldsymbol{p}_{\mathrm{e}})$ 过点 $\boldsymbol{p}_{\mathrm{e}}$ 且与方向矢量 $\boldsymbol{e}_3$ 相切；

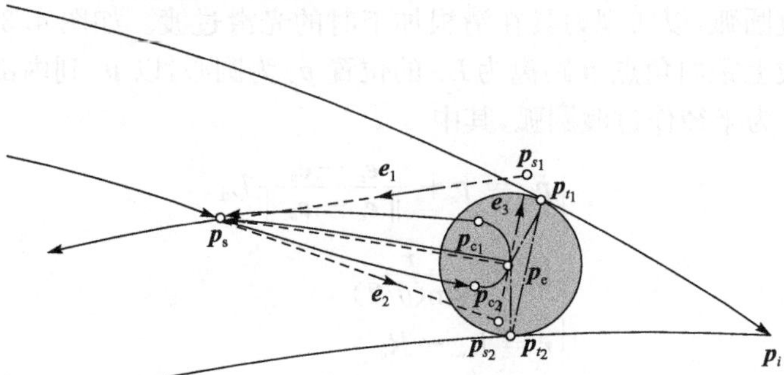

图 4.40　角点处的双圆弧插值过渡曲线

(3) 圆弧 Arc($\boldsymbol{p}_s\boldsymbol{p}_{c_2}$)与圆弧 Arc($\boldsymbol{p}_{c_2}\boldsymbol{p}_e$)在点 $\boldsymbol{p}_{c_2}$ 处相切；

(4) 点 $\boldsymbol{p}_{c_2}$ 为三角形 $\boldsymbol{p}_s\boldsymbol{p}_{s_2}\boldsymbol{p}_e$ 的质心。

退出圆弧 Arc($\boldsymbol{p}_e\boldsymbol{p}_{c_1}$)和 Arc($\boldsymbol{p}_{c_1}\boldsymbol{p}_s$)的插值条件如下：

(1) 圆弧 Arc($\boldsymbol{p}_e\boldsymbol{p}_{c_1}$)过点 $\boldsymbol{p}_e$ 且与方向矢量 $\boldsymbol{e}_3$ 相切；

(2) 圆弧 Arc($\boldsymbol{p}_{c_1}\boldsymbol{p}_s$)过点 $\boldsymbol{p}_s$ 且与方向矢量 $\boldsymbol{e}_1$ 相切；

(3) 圆弧 Arc($\boldsymbol{p}_e\boldsymbol{p}_{c_1}$)与圆弧 Arc($\boldsymbol{p}_{c_1}\boldsymbol{p}_s$)在点 $\boldsymbol{p}_{c_1}$ 处相切；

(4) 点 $\boldsymbol{p}_{c_1}$ 为三角形 $\boldsymbol{p}_s\boldsymbol{p}_{s_1}\boldsymbol{p}_e$ 的质心。

上述条件就唯一确定了如图 4.40 所示 C 型切入双切入圆弧 Arc($\boldsymbol{p}_s\boldsymbol{p}_{c_2}$)和 Arc($\boldsymbol{p}_{c_2}\boldsymbol{p}_e$)以及退出双圆弧 Arc($\boldsymbol{p}_e\boldsymbol{p}_{c_1}$)和 Arc($\boldsymbol{p}_{c_1}\boldsymbol{p}_s$)。应该注意的是，切入圆弧 Arc($\boldsymbol{p}_s\boldsymbol{p}_{c_2}$)和 Arc($\boldsymbol{p}_{c_2}\boldsymbol{p}_e$)的连接点 $\boldsymbol{p}_{c_2}$ 以及退出圆弧 Arc($\boldsymbol{p}_e\boldsymbol{p}_{c_1}$)和 Arc($\boldsymbol{p}_{c_1}\boldsymbol{p}_s$)之间的连接点 $\boldsymbol{p}_{c_1}$ 可以不选择为三角形 $\boldsymbol{p}_s\boldsymbol{p}_{s_2}\boldsymbol{p}_e$ 和三角形 $\boldsymbol{p}_s\boldsymbol{p}_{s_1}\boldsymbol{p}_e$ 的质心。如果只给出上述双圆弧插值条件的前三项，切入圆弧 Arc($\boldsymbol{p}_s\boldsymbol{p}_{c_2}$)和 Arc($\boldsymbol{p}_{c_2}\boldsymbol{p}_e$)之间的连接点 $\boldsymbol{p}_{c_2}=[x_{c_2},y_{c_2}]$满足下述的位置方程[37]：

$$\left(x_{c_2}-\frac{L}{2}\right)^2+\left(y_{c_2}+\frac{L}{2}\cot\theta\right)^2=\left(\frac{L}{2\sin\theta}\right)^2 \tag{4.55}$$

式中

$$\theta=\left[\arccos\left(\frac{\boldsymbol{p}_s\boldsymbol{p}_e\cdot\boldsymbol{e}_2}{\|\boldsymbol{p}_s\boldsymbol{p}_e\|}\right)+\arccos\left(-\frac{\boldsymbol{p}_e\boldsymbol{p}_s\cdot\boldsymbol{e}_3}{\|\boldsymbol{p}_e\boldsymbol{p}_s\|}\right)\right]\Big/2$$

对于退出圆弧 Arc($\boldsymbol{p}_e\boldsymbol{p}_{c_1}$)和 Arc($\boldsymbol{p}_{c_1}\boldsymbol{p}_s$)之间的连接点 $\boldsymbol{p}_{c_1}$ 也存在上述类似的位置方程。在实际处理中，为了计算方便，一般情况下，可以将连接点 $\boldsymbol{p}_{c_2}$ 和 $\boldsymbol{p}_{c_1}$ 选取为三角形 $\boldsymbol{p}_s\boldsymbol{p}_{s_2}\boldsymbol{p}_e$ 和三角形 $\boldsymbol{p}_s\boldsymbol{p}_{s_1}\boldsymbol{p}_e$ 的质心，即

$$\begin{cases}\boldsymbol{p}_{c_2}=\dfrac{\boldsymbol{p}_s+\boldsymbol{p}_{s_2}+\boldsymbol{p}_e}{2}\\[2ex]\boldsymbol{p}_{c_1}=\dfrac{\boldsymbol{p}_s+\boldsymbol{p}_{s_1}+\boldsymbol{p}_e}{2}\end{cases} \tag{4.56}$$

得到连接点 $\boldsymbol{p}_{c_2}$ 和 $\boldsymbol{p}_{c_1}$ 的位置后，利用上述双圆弧插值条件就可以唯一确定切入切出圆弧轨迹。图 4.41 为利用上述方法生成的双圆弧清角轨迹的例子。

图 4.41　双圆弧清角过渡轨迹的算例

参考文献

[1] 范玉鹏，冉瑞江，唐荣锡. 雕塑曲面型腔粗加工刀位轨迹生成算法. 计算机辅助设计与图形学学报，1998，10(3)：241-247.

[2] Kim K，Jeong J. Tool path generation for machining free-form pockets with islands. Computers & Industrial Engineering，1995，(28)：399-407.

[3] Hu Y N，Tse W C，Chen Y H，et al. Tool-path planning for rough machining of a cavity by layer-shape analysis. International Journal of Manufacturing Technology，1998，14(5)：321-329.

[4] Park S C. Sculptured surface machining using triangular mesh slicing. Computer-Aided Design，2004，36(3)：279-288.

[5] 顾京. 数控加工编程及操作. 北京：高等教育出版社，2003.

[6] Li X Y，Jiang H，Chen S，et al. An efficient surface-surface intersection algorithm based on geometry characteristics. Computers & Graphics，2004，28(4)：527-537.

[7] 孙玉文，刘伟军，王越超. 基于三角网格曲面模型的刀位轨迹计算方法. 机械工程学报，2002，38(10)：50-53.

[8] Pandey P M，Reddy N V，Dhande S G. Slicing procedures in layered manufacturing：A review. Rapid Prototyping Journal，2003，9(5)：274-288.

[9] Wang D X，Guo D M，Jia Z Y，et al. Slicing of CAD models in color STL format. Computer in Industry，2006，57(1)：3-10.

[10] Sarma S E. The crossing function and its application to Zig-Zag tool paths. Computer-Aided Design，1999，31(14)：881-890.

[11] Tang K，Chou S，Chen L. An algorithm for reducing tool retractions in zig zag pocket

machining. Computer-Aided Design, 1998, 30(2): 123-129.

[12] Choi B K, Jerard R B. Sculptured Surface Machining. Dordrecht: Kluwer Academic Publisher, 1999.

[13] Park S C, Choi B K. Tool path planning for direction-parallel area milling. Computer-Aided Design, 2000, 32(1): 17-25.

[14] Arkin E M, Held M, Smith C L. Optimization problems related to zigzag pocket machining. Algorithmica, 2000, 26(2): 197-236.

[15] 孙志忠. 偏微分方程数值解法. 北京:科学出版社,2005.

[16] 陆君安,尚涛,谢进,等. 偏微分方程的 MATLAB 解法. 武汉:武汉大学出版社,2001.

[17] Bieterman M B, Sandstorm D R. A curvilinear tool path method for pocket machining. ASME Transactions, Journal of Manufacturing Science and Engineering, 2003, 125(4): 709-715.

[18] Xu J T, Sun Y W, Zhang X K. A mapping-based spiral cutting strategy for pocket machining. International Journal of Advanced Manufacturing Technology, 2013, 67(9/10/11/12): 2489-2500.

[19] 刘树红,吴玉林,左志钢. 应用流体力学. 北京:清华大学出版社,2006.

[20] 罗惕乾,程兆雪,谢永曜,等. 流体力学. 3 版. 北京:机械工业出版社,2007.

[21] 孙玉文,束长林,刘健. 基于矢量分析的数控加工轨迹设计方法研究. 机械工程学报,2005,41(3):160-164,170.

[22] Mussa-Ivaldi F A. From basis functions to basis field: Vector field approximation from sparse data. Biological Cybernetics, 1992, 67(6): 479-489.

[23] Scheuermann G, Tricoche X, Hagen H. C1-interpolation for vector field topology visualization. Proceedings of Visualization, 1999, 99: 271-279.

[24] Kim T, Sarma S E. Toolpath generation along directions of maximum kinematic performance: A first cut at machine-optimal paths. Computer-Aided Design, 2002, 34(6): 453-468.

[25] Choi B K, Park S C. A pair-wise offset algorithm for 2D point-sequence curve. Computer-Aided Design, 1999, 31(12): 735-745.

[26] Park S C, Chung Y C, Choi B K. Contour-parallel offset machining without tool-retractions. Computer-Aided Design, 2003, 35(9): 841-849.

[27] Shih J L, Chuang S H F. One-sided offset approximation of freeform curves for interference-free NURBS machining. Computer-Aided Design, 2008, 40(9): 931-937.

[28] Dhanik S, Xirouchakis P. Contour parallel milling tool path generation for arbitrary pocket shape using a fast marching method. International Journal of Advanced Manufacturing Technology, 2010, 50(9/10/11/12): 1101-1111.

[29] Jeong J, Kim K. Tool path generation for machining free-form pockets using Voronoi diagrams. International Journal of Advanced Manufacturing Technology, 1998, 14(12): 876-881.

[30] Held M. VRONI: An engineering approach to the reliable and efficient computation of Voronoi diagrams of points and line segments. Computational Geometry, 2001, 18(2): 95-123.

[31] Sun Y W, Ren F, Zhu X H, et al. Contour-parallel offset machining for trimmed surfaces based on conformal mapping with free boundary. International Journal of Advanced Manufacturing Technology, 2012, 60(1/2/3/4): 261-271.

[32] 祝兴华. 复杂型腔数控环切加工轨迹的高效生成方法研究. 大连：大连理工大学硕士学位论文，2009.

[33] Kim B H, Choi B K. Machining efficiency comparison direction-parallel tool path with contour-parallel tool path. Computer-Aided Design, 2002, 34(1): 89-95.

[34] Choy H, Chan K. A corner-looping based tool path for pocket milling. Computer-Aided Design, 2001, 35(2): 155-166.

[35] Wang H, Jang P, Stori J A. A metric-based approach to two dimensional (2D) tool path optimization for high speed machining. ASME Transactions, Journal of Manufacturing Science and Engineering, 2005, 127(1): 33-48.

[36] Park S C, Choi B K. Uncut free pocketing tool paths generation using pair-wise offset algorithm. Computer-Aided Design, 2001, 33(10): 739-746.

[37] Zhao Z, Wang C, Zhou H, et al. Pocketing toolpath optimization for sharp corners. Journal of Materials Processing Technology, 2007, 192(192/193): 175-180.

第 5 章　复杂曲面端铣加工路径规划

加工路径规划的优劣，是能否提高复杂曲面加工精度和效率的关键。目前，参数曲面、网格曲面、裁剪曲面、组合曲面乃至数据点云等都已被用做复杂曲面零件加工的描述模型。然而，传统的加工路径设计方法，如等参数线、等残留高度、截平面和轮廓平行等轨迹规划方法，往往只适用于特定类型的曲面，难以适应零件几何描述模型的多样性和复杂曲面高质高效加工要求。本章围绕基于坐标映射的复杂曲面数控加工路径规划原理和方法展开论述，以实现各类模型曲面加工路径规划在同一框架下的统一处理，并对映射模式下的参数增量计算、走刀行距控制、路径模式选择和刀具姿态优化等端铣加工路径规划所涉及的关键问题进行详细讨论。

5.1　数控加工端铣刀位规划基础

5.1.1　铣削刀具的统一描述

在复杂曲面端铣加工中，常用的铣削刀具从几何形状上主要分为球头刀、平底刀和环形刀。为使加工路径生成算法具有更好的通用性，同时避免对不同刀具分类论述的繁琐，如图 5.1 所示，采用环形刀的刀具模型来统一定义上述几种刀具。其中，当 $R=0$ 时，此刀具模型表示球头刀；当 $r=0$ 时，此刀具模型表示平底刀。数学上，环形刀回转面 $\boldsymbol{S}(\theta,\varphi)$ 表示为

$$\boldsymbol{S}(\theta,\varphi)=\begin{bmatrix}(R+r\sin\theta)\cos\varphi\\(R+r\sin\theta)\sin\varphi\\-r\cos\theta\end{bmatrix}\tag{5.1}$$

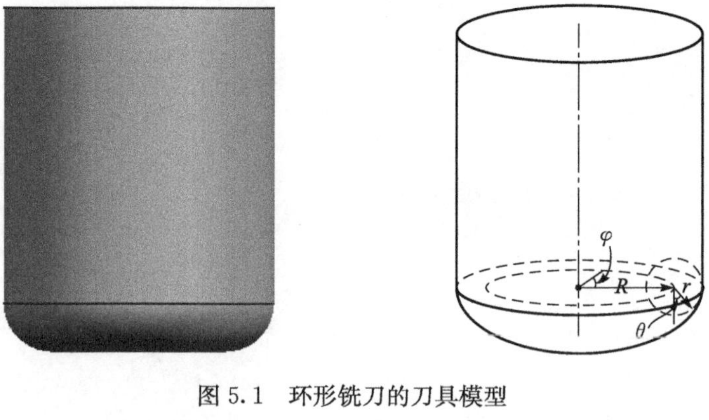

图 5.1　环形铣刀的刀具模型

式中,坐标原点为刀具的中心点,角度 θ、φ,半径 R、r 如图 5.1 所示。由微分几何学中曲面的第一、第二基本形式[1],可以计算出环形刀回转面 $\boldsymbol{S}(\theta,\varphi)$ 上对数控加工非常重要的曲率信息,即最大主曲率 k_{1t} 和最小主曲率 k_{2t}:

$$k_{1t}=\frac{1}{r},\qquad k_{2t}=\frac{\sin\theta}{R+r\sin\theta} \tag{5.2}$$

可见,环形刀回转面的最小曲率半径为环形圆角半径 r,即 $\rho_{\min}=r$;最大曲率半径 $\rho_{\max}$ 随 θ 的变化而变化,取值从 $R+r$ 到 ∞,即 $\rho_{\max}\geqslant R+r$。实际上,刀具曲面上刀触点处的 θ 决定了环形刀具曲面的有效切削轮廓 Ω_c,切削轮廓在刀触点处的曲率就是 k_{2t},曲率半径为 $\rho_e=1/k_{2t}$,也称为环形刀的最大有效切削半径。在后续讨论中,将详细论述有效切削轮廓 Ω_c 的数学表达,以及由其决定的加工行距的计算方法。

5.1.2　刀触点和刀位点的基本定义

(1) 刀触点。刀具在加工过程中与被加工表面的实际接触点,如图 5.2 中的 $\boldsymbol{p}_C$ 点。

(2) 刀位点。用来确定刀具在加工过程中所在空间的位置点。一般来说,刀具在工件坐标系中的准确位置可以用刀具中心点和刀轴矢量来描述。其中,刀具中心点可以是刀心点,如图 5.2 中的 $\boldsymbol{p}_L$ 所示,也可以是刀尖点。在图 5.2 中,设被加工曲面的参数方程为 $\boldsymbol{r}(u,v)$,$\boldsymbol{p}_C$ 为曲面上任一刀触点,$\boldsymbol{n}_s$ 为曲面在 $\boldsymbol{p}_C$ 点处的法矢量,$\boldsymbol{n}_t$ 为刀轴矢量。根据图中的矢量关系,刀触点 $\boldsymbol{p}_C$ 对应的刀位点 $\boldsymbol{p}_L$ 可表示为

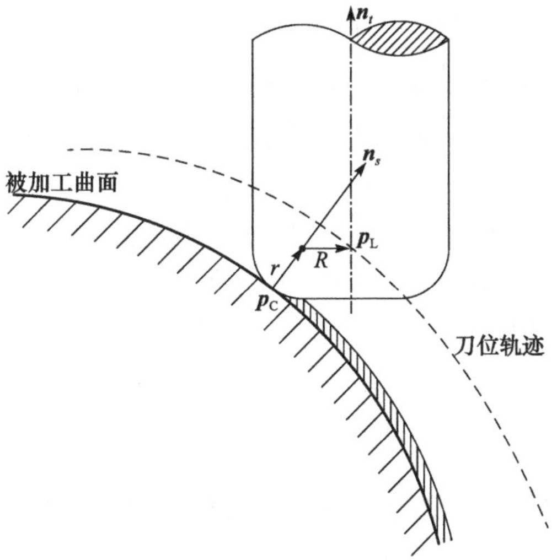

图 5.2　复杂曲面上刀位点的计算

$$\begin{cases} \boldsymbol{p}_{\mathrm{L}} = \boldsymbol{p}_{\mathrm{C}} + r\boldsymbol{n}_s + R\dfrac{\boldsymbol{n}_s - \boldsymbol{n}_t}{\|\boldsymbol{n}_s - \boldsymbol{n}_t\|}, & \text{三轴加工} \\ \boldsymbol{p}_{\mathrm{L}} = \boldsymbol{p}_{\mathrm{C}} + r\boldsymbol{n}_s + R\dfrac{(\boldsymbol{n}_t \times \boldsymbol{n}_s) \times \boldsymbol{n}_t}{\|(\boldsymbol{n}_t \times \boldsymbol{n}_s) \times \boldsymbol{n}_t\|}, & \text{五轴加工} \end{cases} \tag{5.3}$$

将 $R=0$ 代入式(5.3)，就可得到球头刀刀位点的计算公式；当选择平底刀中心点作为其刀位点时，将 $r=0$ 代入式(5.3)，就可得到平底刀刀位点的计算公式。

(3) 刀位面。当刀具扫过整张被加工曲面时，由刀具参考点即刀位点轨迹所定义的曲面，如图 5.3 所示。数学上，刀位面就是被加工曲面的偏置曲面。对于球头刀，偏置距离为刀具半径 R，刀位面 $\boldsymbol{r}^{(\mathrm{L})}(u,v)$ 为被加工曲面 $\boldsymbol{r}(u,v)$ 的等距面：

$$\boldsymbol{r}^{(\mathrm{L})}(u,v) = \boldsymbol{r}(u,v) + R\frac{\partial \boldsymbol{r}(u,v)}{\partial u} \times \frac{\partial \boldsymbol{r}(u,v)}{\partial v} \Bigg/ \left\| \frac{\partial \boldsymbol{r}(u,v)}{\partial u} \times \frac{\partial \boldsymbol{r}(u,v)}{\partial v} \right\| \tag{5.4}$$

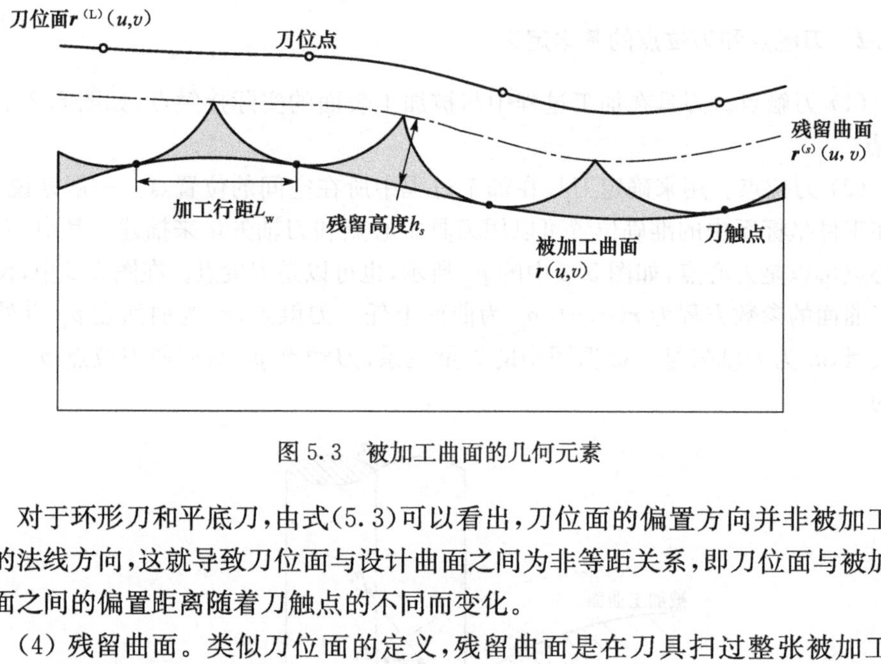

图 5.3 被加工曲面的几何元素

对于环形刀和平底刀，由式(5.3)可以看出，刀位面的偏置方向并非被加工曲面的法线方向，这就导致刀位面与设计曲面之间为非等距关系，即刀位面与被加工曲面之间的偏置距离随着刀触点的不同而变化。

(4) 残留曲面。类似刀位面的定义，残留曲面是在刀具扫过整张被加工曲面时，由残留曲线所定义的曲面，如图 5.3 所示。同样，对于球头刀，残留曲面 $\boldsymbol{r}^{(s)}(u,v)$ 也是被加工曲面 $\boldsymbol{r}(u,v)$ 的偏置曲面，偏置距离为残留高度 h_s，其数学表达如下：

$$\boldsymbol{r}^{(s)}(u,v) = \boldsymbol{r}(u,v) + h_s\frac{\partial \boldsymbol{r}(u,v)}{\partial u} \times \frac{\partial \boldsymbol{r}(u,v)}{\partial v} \Bigg/ \left\| \frac{\partial \boldsymbol{r}(u,v)}{\partial u} \times \frac{\partial \boldsymbol{r}(u,v)}{\partial v} \right\| \tag{5.5}$$

如果加工路径为等残留刀具轨迹，则球头铣刀的残留曲面就是被加工曲面的等距面，偏置距离为残留高度 h_s。有关非等残留加工或非球头刀的残留曲面和刀位曲面的处理方法可参考文献[2]。

5.1.3　刀具姿态的定义

如图 5.4 所示，$\boldsymbol{p}_{\mathrm{C}}$ 为设计曲面 $\boldsymbol{r}(u,v)$ 上任一刀触点，在 $\boldsymbol{p}_{\mathrm{C}}$ 点处构造局部坐标系 $\xi^{(\mathrm{L})}=[\boldsymbol{p}_{\mathrm{C}};\boldsymbol{e}_1^{(\mathrm{L})},\boldsymbol{e}_2^{(\mathrm{L})},\boldsymbol{e}_3^{(\mathrm{L})}]$，其中 $\boldsymbol{e}_2^{(\mathrm{L})}$ 为刀触点 $\boldsymbol{p}_{\mathrm{C}}$ 处的加工行距方向，$\boldsymbol{e}_1^{(\mathrm{L})}$ 为曲面上切削点处沿进给方向的单位切矢量 $\boldsymbol{f}_p$，$\boldsymbol{e}_3^{(\mathrm{L})}$ 为曲面上切触点 $\boldsymbol{p}_{\mathrm{C}}$ 处的单位法矢量 $\boldsymbol{n}_s$，分别表示如下：

$$
\begin{cases}
\boldsymbol{e}_2^{(\mathrm{L})}=\boldsymbol{e}_3^{(\mathrm{L})}\times\boldsymbol{e}_1^{(\mathrm{L})}\\
\boldsymbol{e}_1^{(\mathrm{L})}=\boldsymbol{f}_p\\
\boldsymbol{e}_3^{(\mathrm{L})}=\dfrac{\partial\boldsymbol{r}(u,v)}{\partial u}\times\dfrac{\partial\boldsymbol{r}(u,v)}{\partial v}\Big/\left\|\dfrac{\partial\boldsymbol{r}(u,v)}{\partial u}\times\dfrac{\partial\boldsymbol{r}(u,v)}{\partial v}\right\|
\end{cases}
\tag{5.6}
$$

在五轴加工中，理论上刀轴矢量 $\boldsymbol{n}_t$ 平行于切削点 $\boldsymbol{p}_{\mathrm{C}}$ 处法矢量 $\boldsymbol{n}_s$，刀具的底平面位于矢量 $\boldsymbol{e}_1^{(\mathrm{L})}$ 和 $\boldsymbol{e}_2^{(\mathrm{L})}$ 构成的切平面上。而在实际加工中，为更好控制切削条件、改善切削效果，常使刀轴在切触点处绕单位矢量 $\boldsymbol{e}_2^{(\mathrm{L})}$ 转动一个角度 α（后跟角，tilt angle），同时为避免刀具与被加工曲面发生局部干涉，也常将刀具绕单位法矢 $\boldsymbol{e}_3^{(\mathrm{L})}$ 旋转一定角度 β（侧偏角，yaw angle），如图 5.4 所示。这两个角度完全决定了刀具的姿态 $O=(\alpha,\beta)$。

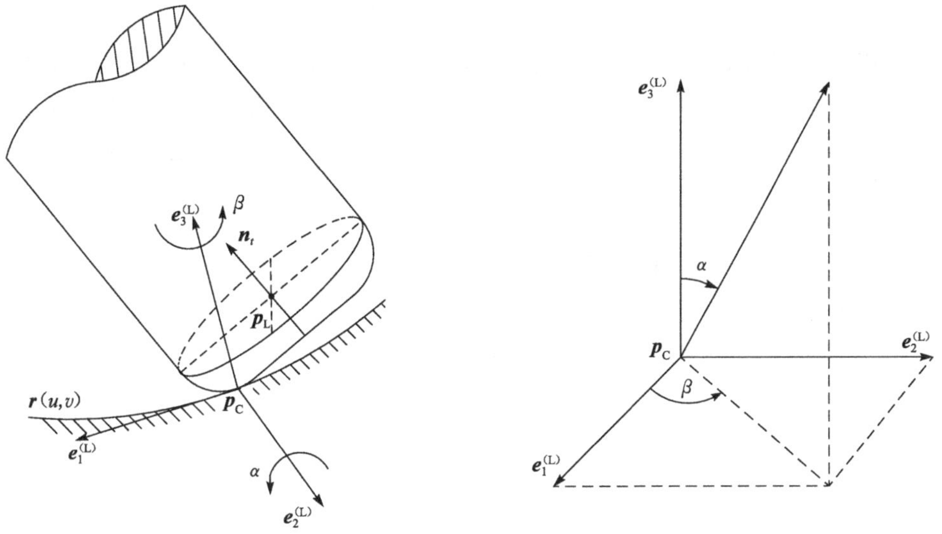

图 5.4　刀具姿态

5.1.4　走刀步长的计算

走刀步长是指同一条刀具轨迹上两相邻刀触点之间的距离。对于复杂曲面，无论采用何种加工方式，都是通过刀具的插补运动来逼近被加工曲面，这将不可避免地带来加工误差(图 5.5)。为此，在生成刀具轨迹的同时，必须严格控制走刀步长以使不同刀位之间的插补足够精确。曲面加工刀具轨迹的步长计算方法可分为等参数步长法、参数筛选法、局部等参数步长法、等参数的差分法和步长估计法等[3]。这些方法分别从计算效率和曲面的局部几何形状等角度入手，给出了不同的离散方式。在实际处理中常用的方法是，在给定离散精度下利用圆弧逼近局部轨迹来快速计算走刀步长。

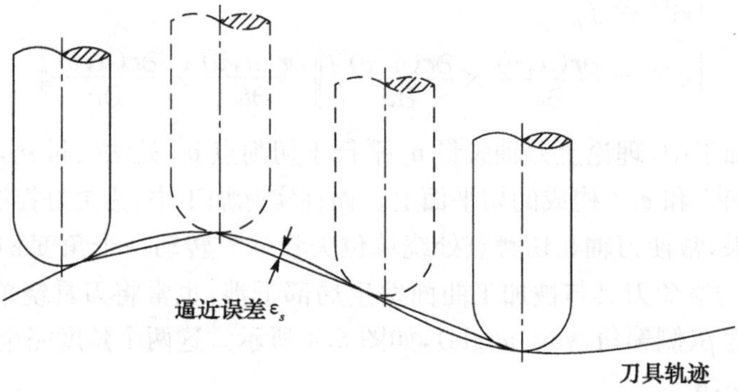

图 5.5　轨迹曲线的离散逼近

如图 5.6 所示，取一条刀具轨迹上两相邻刀触点 $\boldsymbol{p}_A$ 和 $\boldsymbol{p}_B$ 之间的部分轨迹曲线为研究对象，设步长内的线性化逼近误差为 ε_s，被加工曲面在 $\boldsymbol{p}_A$ 点处沿走刀方向的法曲率半径为 ρ_A。为简化计算，采用以 ρ_A 为半径的圆弧逼近 $\boldsymbol{p}_A$ 和 $\boldsymbol{p}_B$ 之间的局部轨迹，如图 5.6 所示。

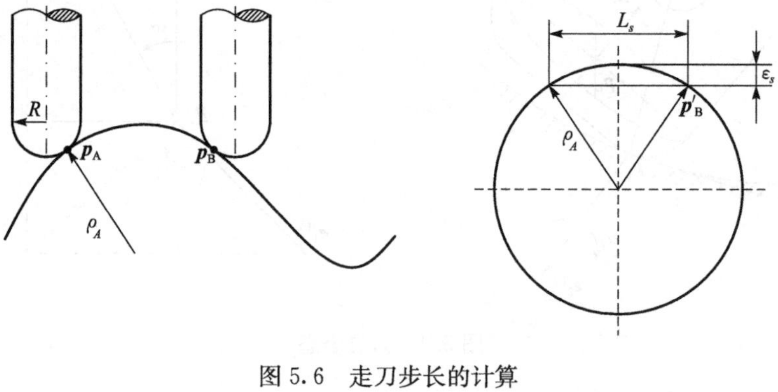

图 5.6　走刀步长的计算

由图 5.6 中三角几何关系可得走刀步长 L_s 的计算公式为

$$L_s = 2\sqrt{\varepsilon_s(2\rho_A - \varepsilon_s)} \tag{5.7}$$

由 L_s 就可得到逼近圆弧上的点 $\boldsymbol{p}'_B$，则 $\boldsymbol{p}'_B$ 在轨迹曲线上的最近点或投影点就是在规定逼近误差 ε_s 内的刀触点 $\boldsymbol{p}_A$ 的相邻刀触点 $\boldsymbol{p}_B$。目前，上述加工步长计算方法广泛应用于三轴或五轴数控加工。对于五轴加工，式(5.7)并未考虑刀具摆动引入的非线性误差。文献[4]讨论了刀具摆动产生的加工误差对走刀步长的影响并给出了详细的计算方法。但由于非线性误差计算的复杂性，目前在实际的数控加工处理中仍多采用式(5.7)对走刀步长和刀触点的计算进行简化处理。

5.1.5 加工行距的计算

1. 加工行距的简化计算公式

加工行距是相邻刀具轨迹对应刀触点之间的距离，它通常看成被加工曲面残留高度 h_s、刀具半径 R 和被加工曲面在刀触点处曲率半径 ρ 的函数[5]。根据如图 5.7 所示的刀具与被加工曲面之间的几何关系，可得

$$h_s = \frac{(\rho+R)}{\rho}\sqrt{\rho^2-\left(\frac{L_w}{2}\right)^2}-\sqrt{R^2-\left[\frac{(\rho+R)}{\rho}\frac{L_w}{2}\right]^2}-\rho \tag{5.8}$$

由于被加工曲面上的残留高度 h_s 通常远小于曲面的局部曲率半径 ρ，即 $h_s \ll \rho$。根据这一条件，式(5.8)可简化为

$$L_w = \sqrt{\frac{8h_sR\rho}{R+\rho}}, \qquad h_s \ll \rho \tag{5.9}$$

由式(5.9)可知，在残留高度 h_s 和刀具半径 R 一定的情况下，加工行距 L_w 由曲面的局部形态决定。一般曲面的局部形态可简单分为凸曲面、凹曲面和平面。当刀触点 $\boldsymbol{p}_0$ 处的曲面局部区域为凸曲面时，ρ 为正；当刀触点 $\boldsymbol{p}_0$ 点处的曲面局部区域为凹曲面时，ρ 为负；如果 $\boldsymbol{p}_0$ 点处的曲面局部区域近似于平面，即 $\rho \to \infty$ 时，式(5.9)可进一步简化为

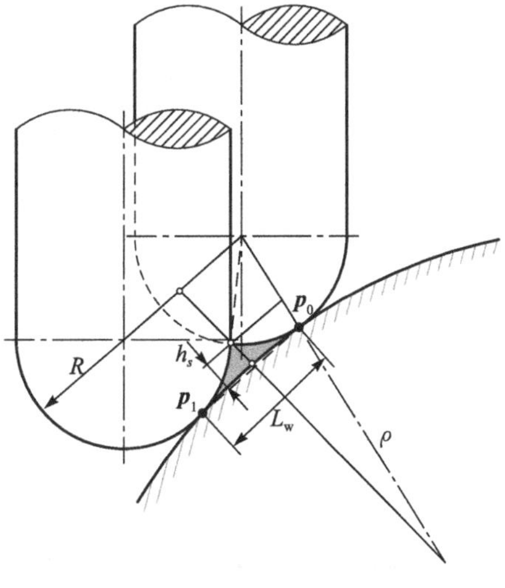

图 5.7　残留高度与加工行距的关系

$$L_w = \sqrt{8h_sR}, \qquad \rho \to \infty \tag{5.10}$$

在上述加工行距计算公式的推导过程中，所使用的刀具为球头刀。由于在加工过程中球头刀的切削轮廓不会随刀轴矢量的摆动而发生变化，这在一定程度上简化了残留高度 h_s、刀具半径 R 和曲面局部曲率半径 ρ 之间的几何关系。当采用环形刀或平底刀等非球头刀进行曲面加工时，公式中的刀具半径 R 可被替换为刀具的有效切削半径 R_e，有关刀具有效切削半径的计算可以参考文

献[6]和[7]。

2. 基于有效切削轮廓的加工行距计算公式

如前所述，采用球头刀加工时，无论刀轴如何摆动，其有效切削轮廓并不会发生变化。若采用平底刀或环形刀等非球头刀，可将其有效切削半径 R_e 代入式(5.9)计算加工行距，但这样处理的一个隐含的前提条件是，相邻刀具轨迹对应刀触点处的刀轴位向相同。对于五轴加工，这一条件是可以满足的，却不是必要的。本节将详细论述更具一般性的环形刀有效切削轮廓和加工行距的计算方法。

如图 5.8 所示，$\boldsymbol{r}(t)$为被加工曲面 $\boldsymbol{r}(u,v)$上的一条刀触点轨迹，$\boldsymbol{o}_L$ 为当前时刻刀具与被加工曲面的接触点，$\boldsymbol{o}_L \in \boldsymbol{r}(t)$，在 $\boldsymbol{o}_L$ 点处构造局部坐标系 $\xi^{(L)}=[\boldsymbol{o}_L;\boldsymbol{e}_1^{(L)},\boldsymbol{e}_2^{(L)},\boldsymbol{e}_3^{(L)}]$，其中 $\boldsymbol{e}_1^{(L)}$ 为刀触点轨迹在切削点 $\boldsymbol{o}_L$ 处的单位切矢量，$\boldsymbol{e}_3^{(L)}$ 为曲面 $\boldsymbol{r}(u,v)$在刀触点 $\boldsymbol{o}_L$ 处的单位法矢量，$\boldsymbol{e}_2^{(L)}$ 为矢量 $\boldsymbol{e}_3^{(L)}$ 和 $\boldsymbol{e}_1^{(L)}$ 的矢量积，分别表示如下：

$$\begin{cases}\boldsymbol{e}_1^{(L)}=\dfrac{\mathrm{d}\boldsymbol{r}(t)}{\mathrm{d}t}\Big/\left\|\dfrac{\mathrm{d}\boldsymbol{r}(t)}{\mathrm{d}t}\right\| \\ \boldsymbol{e}_2^{(L)}=\boldsymbol{e}_3^{(L)}\times\boldsymbol{e}_1^{(L)} \\ \boldsymbol{e}_3^{(L)}=\dfrac{\partial\boldsymbol{r}(u,v)}{\partial u}\times\dfrac{\partial\boldsymbol{r}(u,v)}{\partial v}\Big/\left\|\dfrac{\partial\boldsymbol{r}(u,v)}{\partial u}\times\dfrac{\partial\boldsymbol{r}(u,v)}{\partial v}\right\|\end{cases} \tag{5.11}$$

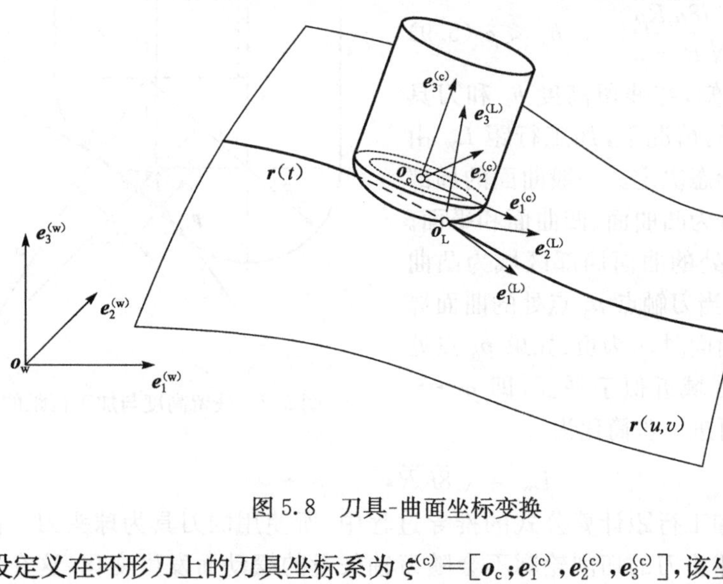

图 5.8　刀具-曲面坐标变换

另外，设定义在环形刀上的刀具坐标系为 $\xi^{(c)}=[\boldsymbol{o}_c;\boldsymbol{e}_1^{(c)},\boldsymbol{e}_2^{(c)},\boldsymbol{e}_3^{(c)}]$，该坐标系与刀具固连，在切削加工中作刚体运动，其中 $\boldsymbol{e}_3^{(c)}$ 为刀轴矢量，$\boldsymbol{e}_1^{(c)}$、$\boldsymbol{e}_2^{(c)}$ 定义在与 $\boldsymbol{e}_3^{(c)}$ 垂直的刀具截平面上。如果刀轴矢量 $\boldsymbol{e}_3^{(c)}$ 与被加工曲面 $\boldsymbol{r}(u,v)$在刀触点 $\boldsymbol{o}_L$ 的法矢量重合，则刀具坐标系 $\xi^{(c)}$ 中的 $\boldsymbol{e}_1^{(c)}$ 和 $\boldsymbol{e}_2^{(c)}$ 轴与刀触点处局部坐标系 $\xi^{(L)}$ 中的 $\boldsymbol{e}_1^{(L)}$ 和

$\boldsymbol{e}_2^{(L)}$ 轴重合。

如 5.1.3 节所述，在实际加工中，刀轴在切触点 $\boldsymbol{o}_L$ 处常绕单位矢量 $\boldsymbol{e}_2^{(L)}$ 转动一个角度 α(后跟角)；同时，绕单位法向矢量 $\boldsymbol{e}_3^{(L)}$ 旋转一个角度 β(侧偏角)，其中所涉及的坐标变换为

$$\boldsymbol{T}_r(\boldsymbol{e}_2^{(L)},\alpha)=\begin{bmatrix}\cos\alpha & 0 & \sin\alpha & 0\\ 0 & 1 & 0 & 0\\ -\sin\alpha & 0 & \cos\alpha & 0\\ 0 & 0 & 0 & 1\end{bmatrix},\quad \boldsymbol{T}_r(\boldsymbol{e}_3^{(L)},\beta)=\begin{bmatrix}\cos\beta & -\sin\beta & 0 & 0\\ \sin\beta & \cos\beta & 0 & 0\\ 0 & 0 & 1 & 0\\ 0 & 0 & 0 & 1\end{bmatrix} \tag{5.12}$$

在刀具坐标系 $\xi^{(c)}$ 下，环形刀具回转面可以表示为

$$\boldsymbol{S}^{(c)}(\theta,\varphi)=(R+r\sin\theta)\cos\varphi\boldsymbol{e}_1^{(c)}+(R+r\sin\theta)\sin\varphi\boldsymbol{e}_2^{(c)}-r\cos\theta\boldsymbol{e}_3^{(c)} \tag{5.13}$$

根据坐标变换关系式(5.12)，刀具坐标系 $\xi^{(c)}$ 和局部坐标系 $\xi^{(L)}$ 具有如下转换关系：

$$\begin{cases}\boldsymbol{e}_1^{(c)}=\cos\alpha[\cos\beta\boldsymbol{e}_1^{(L)}+\sin\beta\boldsymbol{e}_2^{(L)}]-\sin\alpha\boldsymbol{e}_3^{(L)}\\ \boldsymbol{e}_2^{(c)}=-\sin\beta\boldsymbol{e}_1^{(L)}+\cos\beta\boldsymbol{e}_2^{(L)}\\ \boldsymbol{e}_3^{(c)}=\sin\alpha[\cos\beta\boldsymbol{e}_1^{(L)}+\sin\beta\boldsymbol{e}_2^{(L)}]+\cos\alpha\boldsymbol{e}_3^{(L)}\end{cases} \tag{5.14}$$

将刀具坐标系 $\xi^{(c)}$ 平移至刀触点 $\boldsymbol{o}_L$ 处，则 $\boldsymbol{o}_L$ 在刀具坐标系 $\xi^{(c)}$ 下的坐标为

$$\boldsymbol{o}_L=[R+r\sin\alpha,0,-r\cos\alpha] \tag{5.15}$$

则环形刀具回转面方程变为

$$\begin{aligned}\boldsymbol{S}^{(c)}(\theta,\varphi)=&[(R+r\sin\theta)\cos\varphi-(R+r\sin\alpha)]\boldsymbol{e}_1^{(c)}+(R+r\sin\theta)\sin\varphi\boldsymbol{e}_2^{(c)}\\ &-(r\cos\theta-r\cos\alpha)\boldsymbol{e}_3^{(c)}\end{aligned} \tag{5.16}$$

依据刀具坐标系 $\xi^{(c)}$ 和局部坐标系 $\xi^{(L)}$ 之间的转化关系式(5.14)，则局部坐标系 $\xi^{(L)}$ 下的环形刀具回转面的方程为

$$\begin{aligned}\boldsymbol{S}^{(L)}(\theta,\varphi,\alpha,\beta)=&\{[(R+r\sin\theta)\cos\varphi-(R+r\sin\alpha)]\cos\alpha\cos\beta\\ &-(R+r\sin\theta)\sin\varphi\sin\beta-(r\cos\theta-r\cos\alpha)\sin\alpha\cos\beta\}\boldsymbol{e}_1^{(L)}\\ &+\{[(R+r\sin\theta)\cos\varphi-(R+r\sin\alpha)]\cos\alpha\sin\beta\\ &+(R+r\sin\theta)\sin\varphi\cos\beta-(r\cos\theta-r\cos\alpha)\sin\alpha\sin\beta\}\boldsymbol{e}_2^{(L)}\\ &-\{[(R+r\sin\theta)\cos\varphi-(R+r\sin\alpha)]\sin\alpha\\ &+(r\cos\theta-r\cos\alpha)\cos\alpha\}\boldsymbol{e}_3^{(L)}\end{aligned} \tag{5.17}$$

$\boldsymbol{S}^{(L)}(\theta,\varphi,\alpha,\beta)$就是给定刀具后跟角 α 和侧偏角 β 下，在局部坐标系 $\xi^{(L)}$ 中环形刀具回转面的参数方程。为了计算环形刀具的最大切削宽度和加工行距，需要首先计算环形刀具回转面 $\boldsymbol{S}^{(L)}(\theta,\varphi,\alpha,\beta)$的有效切削轮廓 $\Omega_c^{(L)}$，如图 5.9 所示。

环形刀回转面上的有效切削轮廓满足 $\boldsymbol{n}_s(\theta,\varphi,\alpha,\beta)\cdot\boldsymbol{e}_1^{(L)}=0$，即

$$\Omega_c^{(L)}=\boldsymbol{S}^{(L)}(\theta_\Omega,\varphi_\Omega,\alpha_\Omega,\beta_\Omega)\quad 且\quad \boldsymbol{n}_s(\theta_\Omega,\varphi_\Omega,\alpha_\Omega,\beta_\Omega)\cdot\boldsymbol{e}_1^{(L)}=0 \tag{5.18}$$

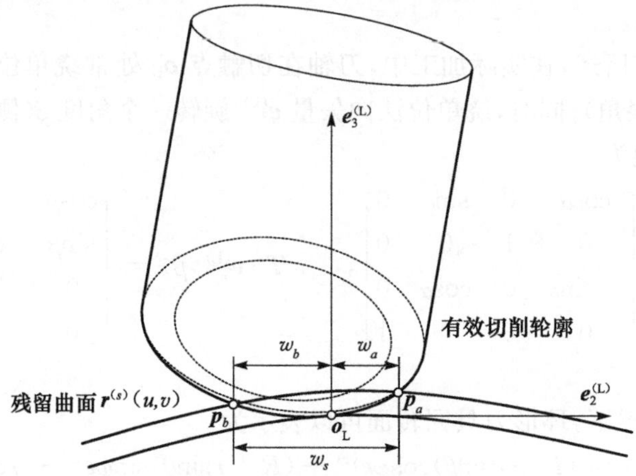

图 5.9　切削轮廓和加工带宽

式中，θ_Ω、φ_Ω、α_Ω、β_Ω 为有效切削轮廓的参数值，并且在这些参数处满足 $\boldsymbol{n}_s \cdot \boldsymbol{e}_1^{(L)}=0$。

在给定刀具倾角 α 和 β 下，刀具曲面的法矢 $\boldsymbol{n}_s$ 为

$$\boldsymbol{n}_s=\frac{\partial \boldsymbol{S}^{(L)}(\theta,\varphi,\alpha,\beta)}{\partial\theta}\times\frac{\partial \boldsymbol{S}^{(L)}(\theta,\varphi,\alpha,\beta)}{\partial\varphi}\Big/\left\|\frac{\partial \boldsymbol{S}^{(L)}(\theta,\varphi,\alpha,\beta)}{\partial\theta}\times\frac{\partial \boldsymbol{S}^{(L)}(\theta,\varphi,\alpha,\beta)}{\partial\varphi}\right\| \tag{5.19}$$

将式(5.19)代入式(5.18)，可将环形刀具回转面有效切削轮廓 $\Omega_c^{(L)}$ 的条件$\boldsymbol{n}_s \cdot \boldsymbol{e}_1^{(L)}=0$ 转换为

$$\left(\frac{\partial \boldsymbol{S}^{(L)}(\theta,\varphi,\alpha,\beta)}{\partial\theta},\frac{\partial \boldsymbol{S}^{(L)}(\theta,\varphi,\alpha,\beta)}{\partial\varphi},\boldsymbol{e}_1^{(L)}\right)=0 \tag{5.20}$$

将环形刀具回转面参数方程式(5.17)代入式(5.20)，即可得到有效切削轮廓 $\Omega_c^{(L)}$ 应满足的参数方程：

$$g_{11}g_{22}-g_{12}g_{21}=0 \tag{5.21}$$

式中

$$g_{11}=r\cos\theta\cos\varphi\cos\alpha\cos\beta+r\cos\theta\sin\varphi\cos\beta+r\sin\theta\sin\alpha\cos\beta$$
$$g_{22}=(R+r\sin\theta)\sin\varphi\sin\alpha$$
$$g_{12}=-r\cos\theta\cos\varphi\sin\alpha-r\sin\theta\cos\alpha$$
$$g_{21}=-(R+r\sin\theta)\sin\varphi\cos\alpha\cos\beta+(R+r\sin\theta)\cos\varphi\cos\beta$$

得到环形刀具回转面的有效切削轮廓 $\Omega_c^{(L)}$ 后，就可以根据曲面加工所要求的残留高度 h_s 计算出环形刀在后跟角 α 和侧偏角 β 下的最大切削带宽 w_s。由 5.1.2 节可知，残留高度 h_s 由被加工曲面 $\boldsymbol{r}(u,v)$ 与其残留曲面 $\boldsymbol{r}^{(s)}(u,v)$ 决定，因此如图 5.9 所示的切削轮廓 $\Omega_c^{(L)}$ 与残留曲面的交点即残留点 $\boldsymbol{p}_a$ 和 $\boldsymbol{p}_b$ 可由下式计算：

$$\Omega_c^{(L)}-\boldsymbol{r}^{(s)}(u,v)=0 \tag{5.22}$$

可采用数值优化方法如二分法求解上述方程，得到残留点 $\boldsymbol{p}_a$ 和 $\boldsymbol{p}_b$。进而，可得环形铣刀在刀触点 $\boldsymbol{o}_{\mathrm{L}}$ 处的最大切削带宽 $w_s(\theta,\varphi,\alpha,\beta,h_s)$ 为

$$w_s(\theta,\varphi,\alpha,\beta,h_s) = |\ \overrightarrow{\boldsymbol{p}_a\boldsymbol{p}_b} \cdot \boldsymbol{e}_2^{(\mathrm{L})}\ | \tag{5.23}$$

为了计算加工行距 L_{w}，将刀触点 $\boldsymbol{o}_{\mathrm{L}}$ 处的切削带宽以 $\boldsymbol{e}_1^{(\mathrm{L})}$ 轴为界，分为 w_a 和 w_b 两部分，并且满足 $w_s=w_a+w_b$，如图 5.9 所示。假设 $\boldsymbol{o}_{\mathrm{L}}'$ 为当前轨迹 $\boldsymbol{r}(t)$ 的相邻刀触点轨迹上 $\boldsymbol{o}_{\mathrm{L}}$ 的对应刀触点，$w_s'=w_a'+w_b'$ 为环形铣刀在刀触点 $\boldsymbol{o}_{\mathrm{L}}'$ 处的切削带宽，则相邻刀触点 $\boldsymbol{o}_{\mathrm{L}}$ 和 $\boldsymbol{o}_{\mathrm{L}}'$ 间的加工行距 L_{w} 为

$$L_{\mathrm{w}} = w_b + w_a' \tag{5.24}$$

实际处理中，考虑到计算过程引入的误差，一般加工行距的实际取值略小于 L_{w}。

5.2　参数映射的基本原理

参数映射旨在建立空间复杂曲面与平面映射域之间的对应关系，实现三维复杂曲面上刀具路径规划到二维平面路径设计的降维处理。对于简单的单片参数曲面，模型曲面与平面映射域之间的参数映射可以选择为曲面的参数方程本身，但对于复合拼接裁剪曲面、网格曲面甚至点云曲面，三维模型曲面与平面域之间的对应关系就很难用简单的参数方程进行描述。为了简化并统一各类曲面模型与平面域之间的参数映射，本节将以三角网格曲面为导引模型详细论述复杂曲面与平面域之间对应关系的构造过程。

5.2.1　协调映射模型

1. 离散协调映射的数学模型

对于两个拓扑同胚的任意曲面，总存在某种映射关系，使两个曲面上的点一一对应。假设 M、N 是两个黎曼流形，g、h 是分别定义在 M 和 N 上的黎曼度量，令 $f(M,g)\rightarrow(N,h)$ 为定义在两个黎曼流形间的光滑映射函数，则函数 f 的调和能 $E_g(f)$ 被定义为[8,9]

$$E_g(f) = \frac{1}{2}\int_M |\ \mathrm{d}f\ |_g^2 \mathrm{d}A_g \tag{5.25}$$

式中，$|\cdot|_g$ 为关于 g 的范数；$\mathrm{d}A_g$ 为由 g 所诱导的流形 M 上的面积元素。式(5.25)表示的调和能是定义在光滑流形曲面上的调和能。对于导引网格曲面，定义在网格曲面上的调和能 $E_g(f)$ 有如下离散定义，设网格曲面 $T=\{T_\alpha,\alpha=0,\cdots,m\}$ 为三角面片 T_α 的集合，则离散调和能 $E_g(f)$ 为

$$E_g(f) = \frac{1}{2}\int_M |\ \mathrm{d}f\ |_g^2 \mathrm{d}A_g = \frac{1}{2}\sum_\alpha \int_{T_\alpha} |\ \mathrm{d}f\ |_g^2 \mathrm{d}A_g \tag{5.26}$$

式中，f 为 $f:M\to N$ 是分段光滑函数。在网格曲面 T 上，式(5.26)中的积分项满足

$$\int_{T_\alpha} |\mathrm{d}f|_g^2 \mathrm{d}A_g = \frac{1}{2}\sum_{i,j}\omega_{i,j}^\alpha |f(\boldsymbol{v}_i)-f(\boldsymbol{v}_j)|^2 \tag{5.27}$$

式中，$\boldsymbol{v}_i$、$\boldsymbol{v}_j$ 为网格曲面上三角形单元中边$\{\boldsymbol{v}_i,\boldsymbol{v}_j\}$的两个顶点，对于$\{\boldsymbol{v}_1,\boldsymbol{v}_2,\boldsymbol{v}_3\}$构成的三角面片 T_α，式(5.27)中的 $\omega_{i,j}^\alpha$ 按下式计算：

$$\begin{aligned}\omega_{1,2}^\alpha &= \frac{1}{2}\frac{(\boldsymbol{v}_1-\boldsymbol{v}_3)\cdot(\boldsymbol{v}_2-\boldsymbol{v}_3)}{|(\boldsymbol{v}_1-\boldsymbol{v}_3)\times(\boldsymbol{v}_2-\boldsymbol{v}_3)|}\\ \omega_{2,3}^\alpha &= \frac{1}{2}\frac{(\boldsymbol{v}_2-\boldsymbol{v}_1)\cdot(\boldsymbol{v}_3-\boldsymbol{v}_1)}{|(\boldsymbol{v}_2-\boldsymbol{v}_1)\times(\boldsymbol{v}_3-\boldsymbol{v}_1)|}\\ \omega_{3,1}^\alpha &= \frac{1}{2}\frac{(\boldsymbol{v}_3-\boldsymbol{v}_2)\cdot(\boldsymbol{v}_1-\boldsymbol{v}_2)}{|(\boldsymbol{v}_3-\boldsymbol{v}_2)\times(\boldsymbol{v}_1-\boldsymbol{v}_2)|}\end{aligned} \tag{5.28}$$

对于网格模型的内部边$\{\boldsymbol{v}_i,\boldsymbol{v}_j\}$，其两个邻接三角面片为 T_α 和 T_β，故

$$k_{i,j} = \omega_{i,j}^\alpha + \omega_{i,j}^\beta \tag{5.29}$$

$k_{i,j}$被称为边$\{\boldsymbol{v}_i,\boldsymbol{v}_j\}$的弹性系数。如果边$\{\boldsymbol{v}_i,\boldsymbol{v}_j\}$为边界边，则

$$k_{i,j} = \omega_{i,j}^\alpha \tag{5.30}$$

如此，将网格曲面看成由 $m+1$ 个三角形橡胶片沿着它们的边缝接而成的一个具有弹性的橡胶块。映射 $f:M\to N$ 就是要将该橡胶块挤压或拉伸成另一张曲面，而 $E_g(f)$表示在此变形过程中的能量，即调和能。将式(5.27)～式(5.29)代入式(5.26)，就得到了导引网格曲面的离散调和能 $E_g(f)$：

$$E_g(f) = \frac{1}{2}\sum_{i,j}k_{i,j} |f(\boldsymbol{v}_i)-f(\boldsymbol{v}_j)|^2 \tag{5.31}$$

2. 约束边界协调映射

如前所述，函数 $f:M\to N$ 表示网格曲面到二维参数域的分段线性映射，式(5.31)中的 $f(\boldsymbol{v}_i)$和 $f(\boldsymbol{v}_j)$就是网格曲面顶点 $\boldsymbol{v}_i$ 和 $\boldsymbol{v}_j$ 在平面参数域上的像，即网格曲面顶点 $\boldsymbol{v}_i$ 和 $\boldsymbol{v}_j$ 所对应的平面网格的顶点 $\boldsymbol{v}_i^p$ 和 $\boldsymbol{v}_j^p$。考虑到在平面矩形域、圆形域等简单拓扑域上能够更方便地生成轨迹导引曲线，如等参数曲线和螺旋曲线等。本节首先解决网格曲面到平面简单拓扑域的参数映射，即约束边界协调映射问题。对于约束边界协调映射，映射区域的参数边界是已知的，为指定的平面域边界，由此，约束边界协调映射可分为两步实现，即边界映射和内部映射。

(1) 边界映射。对于边界映射，在实际的处理中通常采用弦长参数化方法建立导引网格曲面边界顶点与平面映射域边界之间的对应关系。下面以图 5.10 所示圆形参数映射域为例，说明网格曲面到平面参数域的映射过程。

设网格曲面边界顶点为 $\boldsymbol{v}_i(i=0,1,\cdots,r)$，并按邻接关系逆时针依次排列，则每一边界顶点所对应的参数值 u_i 为

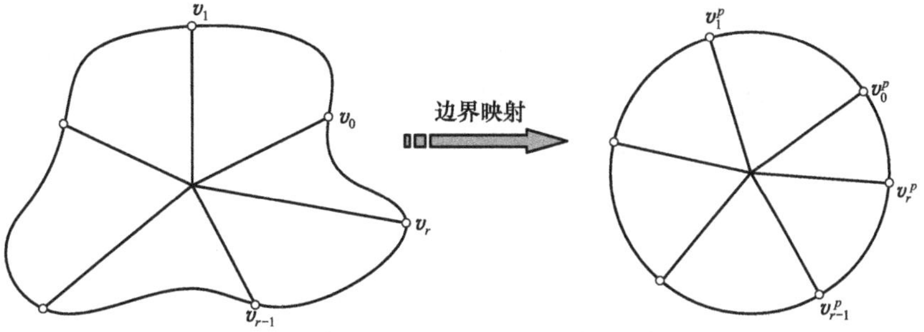

图 5.10　模型曲面到平面圆形参数域的映射

$$u_0 = 0, \qquad u_i = u_{i-1} + \| v_i - v_{i-1} \| \Big/ \sum_{j=1}^{r} \| v_j - v_{j-1} \|, \qquad i = 1, \cdots, r \tag{5.32}$$

任选圆形域边界上的一点 v_0^p 为网格边界起始顶点 v_0 的对应点，以 u_i 为圆形域边界顶点 v_i^p 所对应的弧长参数，则网格边界顶点$\{v_i\}$所对应的圆形域边界点$\{v_i^p\}$为

$$v_i^p = o_c + r_c[\cos(2\pi u_i + \theta_0), \sin(2\pi u_i + \theta_0), 0] \tag{5.33}$$

式中，o_c 为圆形域中心的位置矢量；r_c 为圆盘半径；θ_0 为起始矢径 $o_c v_0^p$ 与 x 轴的夹角。

一般情况下，圆形参数域可选为圆心在坐标原点的单位圆盘。这样，式(5.33)可简化为

$$v_i^p = [\cos(2\pi u_i + \theta_0), \sin(2\pi u_i + \theta_0), 0] \tag{5.34}$$

经过上述处理，就将曲面边界映射到圆形参数域的边界上。接下来，需要将网格曲面的内部顶点 $v_i(i=r+1, \cdots, n)$，按它们之间既定的邻接关系排列到圆形参数域的内部，并使在此过程中产生的离散调和能 $E_g(f)$最小。

(2) 内部映射。设映射平面方程为 $ax+by+cz+d=0$，网格顶点 v_i 和 v_j 在该平面上的对应顶点为 $v_i^p(x_i, y_i, z_i)$和 $v_j^p(x_j, y_j, z_j)$，即 $v_i^p=f(v_i)$、$v_j^p=f(v_j)$。假设 $c\neq0$，则 $z=-(ax+by+d)/c$，将上述参数代入式(5.31)中，则可将其改写为

$$E_g(f) = \frac{1}{2}\sum_{i,j} k_{i,j} \left\{ (x_i - x_j)^2 + (y_i - y_j)^2 + \frac{1}{c^2}[a(x_i - x_j) + b(y_i - y_j)]^2 \right\} \tag{5.35}$$

为计算方便，在实际处理中，通常可选取 x-y 坐标平面($z=0$)为映射平面，此时 $a=b=0$、$c=1$，将其代入式(5.35)中，式(5.35)可简化为

$$E_g(f) = \frac{1}{2}\sum_{i,j} k_{i,j}[(x_i - x_j)^2 + (y_i - y_j)^2] \tag{5.36}$$

由于已通过边界映射得到网格曲面边界顶点 $\boldsymbol{v}_i(i=0,1,\cdots,r)$ 在参数平面上的对应顶点 $\boldsymbol{v}_i^p(i=0,1,\cdots,r)$，现在只需要令 $E_g(f)$ 对未知内部映射顶点 $\boldsymbol{v}_i^p(i=r+1,\cdots,n)$ 的偏导数为零，就可得到使调和能 $E_g(f)$ 最小的平面映射顶点。由此得到如下最小二乘线性方程：

$$\begin{cases}\dfrac{\partial E_g(f)}{\partial x_{r+1}}=0\\ \quad\vdots\\ \dfrac{\partial E_g(f)}{\partial x_n}=0\end{cases},\quad \begin{cases}\dfrac{\partial E_g(f)}{\partial y_{r+1}}=0\\ \quad\vdots\\ \dfrac{\partial E_g(f)}{\partial y_n}=0\end{cases} \tag{5.37}$$

式(5.37)可以利用广义逆或高斯消元法进行求解。但考虑到算法的效率，建议采用成熟的大型稀疏矩阵方程的求解器如 UMFPACK、TAUCS 等求解上述方程，得到网格曲面内部顶点 $\boldsymbol{v}_i(i=r+1,\cdots,n)$ 在平面参数域上的对应顶点 $\boldsymbol{v}_i^p(i=r+1,\cdots,n)$。图 5.11 是利用上述方法将复杂曲面映射到圆形和矩形参数域的两个算例。在圆形参数域上可以方便地生成螺旋导引曲线，进而将导引曲线逆映射到原始曲面上，就可得到螺旋加工轨迹。在矩形域上可方便地生成能够保持边界一致性的等参数线型导引曲线，这些无疑为适用于复杂曲面高效数控加工的刀具轨迹生成提供了良好的设计思路。

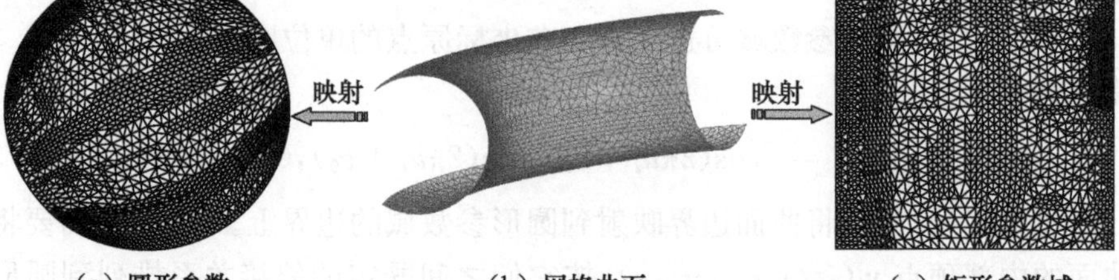

图 5.11　网格曲面到平面简单拓扑参数域的映射

3. 自由边界协调映射

前述约束边界协调映射需要根据曲面的边界事先指定平面参数域的边界，这对于多孔洞的复杂裁剪曲面，就显得过于繁琐。在处理此类复杂裁剪曲面时，通常是直接将曲面展平到平面参数域，并不附加任何边界限制。下面将详细论述网格曲面到自由边界平面参数域的映射方法。

在连续参数曲面上，如图 5.12 所示，如果曲面上任一点处的 u、v 等参数线的切矢量正交且长度相等，则可以说从 u-v 参数域到空间曲面的映射 $\boldsymbol{r}(u,v)$ 是协调映射，反之亦然[10]。数学表达如下：

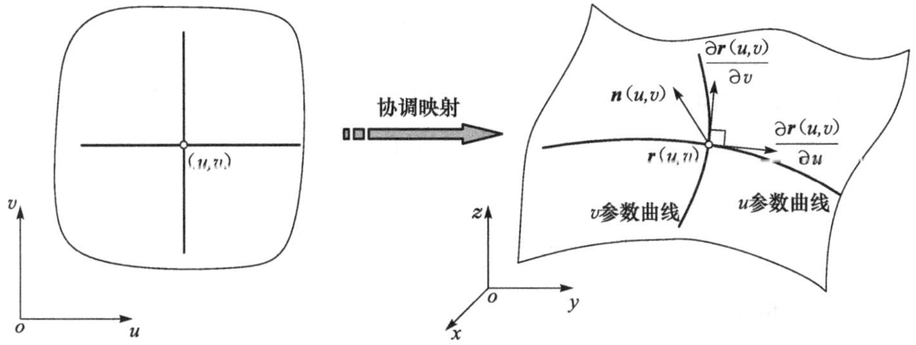

图 5.12　协调映射中曲面上一点处 u、v 等参数曲线的切矢量相互垂直

$$\boldsymbol{n}(u,v)\times\frac{\partial\boldsymbol{r}(u,v)}{\partial u}=\frac{\partial\boldsymbol{r}(u,v)}{\partial v}\tag{5.38}$$

式中，$\boldsymbol{n}(u,v)$为曲面上(u,v)点处的单位法矢量。下面在三角网格曲面上考虑协调映射 $\boldsymbol{r}(u,v)$。设 $\Gamma=\{T_s,s=0,1,\cdots,m;\boldsymbol{v}_t,t=0,1,\cdots,n\}$为三角网格曲面，其中 T_s 为构成网格曲面的三角面片，$\boldsymbol{v}_t$ 为网格曲面的顶点。在每一个三角面片 T_s 上构建一正交标架 $\xi^{(s)}=[\boldsymbol{o}_s;\boldsymbol{e}_1^{(s)},\boldsymbol{e}_2^{(s)},\boldsymbol{e}_3^{(s)}]$，其中 $\boldsymbol{e}_3^{(s)}$ 为面片的法矢量，$\boldsymbol{o}_s$ 为三角面片 T_s 上的任意一点，并保证共享一条边的两个邻接面片的局部标架具有一致的指向。这样，就可以得到三角面片三个顶点在正交标架 $\xi^{(s)}$ 下的局部坐标(x_1,y_1)、(x_2,y_2)、(x_3,y_3)。在局部坐标系 $\xi^{(s)}$ 下，协调映射准则式(5.38)改写为

$$\frac{\partial\boldsymbol{r}(u,v)}{\partial u}-\mathrm{i}\,\frac{\partial\boldsymbol{r}(u,v)}{\partial v}=0\tag{5.39}$$

式中，曲面上的点 $\boldsymbol{r}(u,v)$被写为复数形式，即 $\boldsymbol{r}(u,v)=x+\mathrm{i}y$。将协调映射的准则式(5.38)应用到 $\boldsymbol{r}$ 的逆映射 $\boldsymbol{r}^{-1}:(x,y)\rightarrow(u,v)$，根据反函数的求导原理，可以得到：

$$\frac{\partial\boldsymbol{r}^{-1}(x,y)}{\partial x}+\mathrm{i}\,\frac{\partial\boldsymbol{r}^{-1}(x,y)}{\partial y}=0\tag{5.40}$$

式中，$\boldsymbol{r}^{-1}(x,y)=u+\mathrm{i}v$ 为复数形式。由于网格曲面的离散形态，在三角面片 T_s 上，上述协调映射条件并不能严格成立，但可在最小二乘意义下将网格曲面 Γ 上的协调映射条件重新定义为

$$\begin{aligned}\delta(\Gamma)&=\sum_{T_s\in\Gamma}\int_{T_s}\left|\frac{\partial\boldsymbol{r}^{-1}(x,y)}{\partial x}+\mathrm{i}\,\frac{\partial\boldsymbol{r}^{-1}(x,y)}{\partial y}\right|^2\mathrm{d}A_s\\&=\sum_{T_s\in\Gamma}\left|\frac{\partial\boldsymbol{r}^{-1}(x,y)}{\partial x}+\mathrm{i}\,\frac{\partial\boldsymbol{r}^{-1}(x,y)}{\partial y}\right|^2A_s\end{aligned}\tag{5.41}$$

式中，A_s 表示三角面片 T_s 的面积；$|\cdot|$表示复数的模。式(5.41)在本质上等价于约束协调映射中的式(5.27)和式(5.36)。

现在，为每一个网格顶点 $\boldsymbol{v}_t$ 指定一个复数 $C_t=u_t+\mathrm{i}v_t$，以使式(5.41)在最小二乘意义下被满足。假定 $\boldsymbol{r}^{-1}:(x,y)\to(u,v)$ 是网格曲面 Γ 上的分段线性映射函数，即在每一个三角面片 T_s 上，$\boldsymbol{r}^{-1}$ 是线性变化的。如果为 T_s 的 3 个顶点 (x_1,y_1)、(x_2,y_2)、(x_3,y_3) 指定 c_1、c_2 和 c_3 三个数量因子，则可得到

$$\frac{\partial u}{\partial x}+\mathrm{i}\frac{\partial u}{\partial y}=\frac{\mathrm{i}}{A_s}[w_1,w_2,w_3]\begin{bmatrix}c_1\\c_2\\c_3\end{bmatrix}\tag{5.42}$$

式中，A_s 是三角面片 T_s 面积的 2 倍；$w_1=(x_3-x_2)+\mathrm{i}(y_3-y_2)$，$w_2=(x_1-x_3)+\mathrm{i}(y_1-y_3)$，$w_3=(x_2-x_1)+\mathrm{i}(y_2-y_1)$。根据式(5.42)，式(5.40)可改写为

$$\frac{\partial\boldsymbol{r}^{-1}(x,y)}{\partial x}+\mathrm{i}\frac{\partial\boldsymbol{r}^{-1}(x,y)}{\partial y}=\frac{\mathrm{i}}{A_s}[w_1,w_2,w_3]\begin{bmatrix}C_1\\C_2\\C_3\end{bmatrix}\tag{5.43}$$

式中，$C_j=u_j+\mathrm{i}v_j$。对于整张网格曲面 Γ，最小二乘意义下的目标函数(5.41)可改写为

$$\delta(\boldsymbol{C})=\sum_{T_s\in\Gamma}\frac{1}{A_s}\left|[w_{i_1,s},w_{i_2,s},w_{i_3,s}]\begin{bmatrix}C_{i_1}\\C_{i_2}\\C_{i_3}\end{bmatrix}\right|^2\tag{5.44}$$

式中，$\boldsymbol{C}=[C_0,\cdots,C_n]^{\mathrm{T}}$ 为三角网格顶点在映射域上的对应顶点；i_1、i_2、i_3 为三角面片 T_s 三个顶点的索引。可以证明，$\delta(\boldsymbol{C})$ 是关于复数 $C_0,\cdots,C_n$ 的二次型[10]，式(5.44)可进一步改写为如下形式：

$$\delta(\boldsymbol{C})=\boldsymbol{C}^*\boldsymbol{L}\boldsymbol{C}\tag{5.45}$$

式中，$\boldsymbol{C}^*$ 为 $\boldsymbol{C}$ 的复共轭矩阵；$\boldsymbol{L}$ 为 $(n+1)\times(n+1)$ 的共轭对称矩阵，写为 $\boldsymbol{L}=\boldsymbol{M}^*\boldsymbol{M}$，$\boldsymbol{M}$ 为 $(m+1)\times(n+1)$ 的矩阵，$m+1$ 为三角面片的数目，$n+1$ 为网格曲面顶点的数目。矩阵 $\boldsymbol{M}$ 的元素 $m_{i,j}$ 定义为

$$m_{i,j}=\begin{cases}\dfrac{w_{j,T_i}}{\sqrt{A_i}}, & \text{顶点 } j \text{ 为三角面片 } T_i \text{ 的顶点}\\[2ex] 0, & \text{其他}\end{cases}\tag{5.46}$$

为了能够求解式(5.45)，必须事先确定至少两个网格顶点在平面参数域上的对应点作为已知条件。通常可指定网格曲面边界上距离最远的两个点为已知点，这样就将矢量 $\boldsymbol{C}$ 分解为两部分，即 $\boldsymbol{C}=[\boldsymbol{C}_f^{\mathrm{T}},\boldsymbol{C}_p^{\mathrm{T}}]^{\mathrm{T}}$。其中，$\boldsymbol{C}_f^{\mathrm{T}}$ 为未知映射顶点矢量，$\boldsymbol{C}_p^{\mathrm{T}}$ 为固定坐标映射顶点矢量。依据相同的行列分解，矩阵 $\boldsymbol{M}$ 也可分解为分块矩阵 $\boldsymbol{M}=[\boldsymbol{M}_f,\boldsymbol{M}_p]$，其中 $\boldsymbol{M}_f$ 为 $(m+1)\times(n-p+1)$ 的矩阵，$\boldsymbol{M}_p$ 为 $(m+1)\times p$ 的矩阵，p 为已知的映射顶点数目。将上述分解矩阵代入式(5.45)，式(5.45)可改写为

$$\delta(\boldsymbol{C})=\boldsymbol{C}^*\boldsymbol{M}^*\boldsymbol{M}\boldsymbol{C}=\|\boldsymbol{M}\boldsymbol{C}\|^2=\|\boldsymbol{M}_f\boldsymbol{C}_f+\boldsymbol{M}_p\boldsymbol{C}_p\|^2\tag{5.47}$$

式(5.47)为自由边界映射目标函数的复矩阵形式。为了求解方便,可将式(5.47)改写为实矩阵的表达形式:

$$\delta(\boldsymbol{C}) = \|\boldsymbol{A}\boldsymbol{x}-\boldsymbol{b}\|^2,\boldsymbol{A}=\begin{bmatrix}\boldsymbol{M}_f^1 & -\boldsymbol{M}_f^2\\ \boldsymbol{M}_f^2 & \boldsymbol{M}_f^1\end{bmatrix},\boldsymbol{b}=\begin{bmatrix}\boldsymbol{M}_p^1 & -\boldsymbol{M}_p^2\\ \boldsymbol{M}_p^2 & \boldsymbol{M}_p^1\end{bmatrix}\begin{bmatrix}\boldsymbol{C}_p^1\\ \boldsymbol{C}_p^2\end{bmatrix},\boldsymbol{x}=[\boldsymbol{C}_f^{1^{\mathrm{T}}},\boldsymbol{C}_f^{2^{\mathrm{T}}}] \tag{5.48}$$

式中,上标 1 和 2 分别表示复数的实部和虚部;‖ · ‖表示 2 范数;$\boldsymbol{x}$ 为 $2(n-p+1)\times 1$ 的未知映射顶点矢量;$\boldsymbol{A}$ 为 $2(m+1)\times 2(n-p+1)$ 的矩阵;$\boldsymbol{b}$ 为 $2(m+1)\times 1$ 的列矢量。利用广义逆的方法就可得到解 $\boldsymbol{x}=(\boldsymbol{A}^{\mathrm{T}}\boldsymbol{A})^{-1}\boldsymbol{A}^{\mathrm{T}}\boldsymbol{b}$。在实际处理中,考虑到算法运行的效率和稳定性,仍可采用成熟的求解器 UMFPACK、TAUCS 求解式(5.48)。图 5.13 和图 5.14 给出了无孔洞和多孔洞复杂裁剪曲面的两个自由边界参数域映射算例。

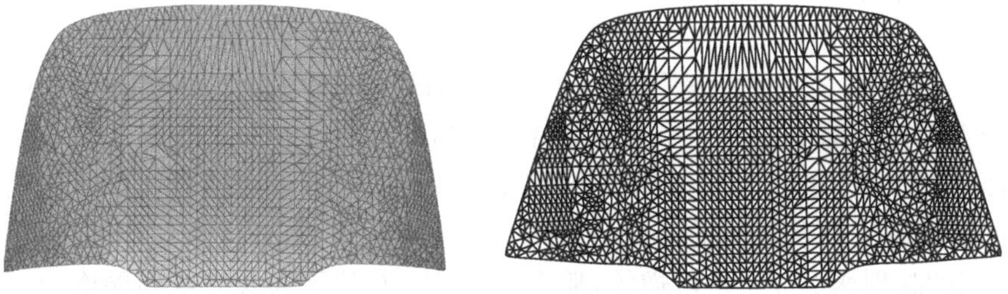

(a) 三维模型曲面　　(b) 自由边界映射结果

图 5.13　无孔洞网格曲面在平面域上的自由边界参数映射

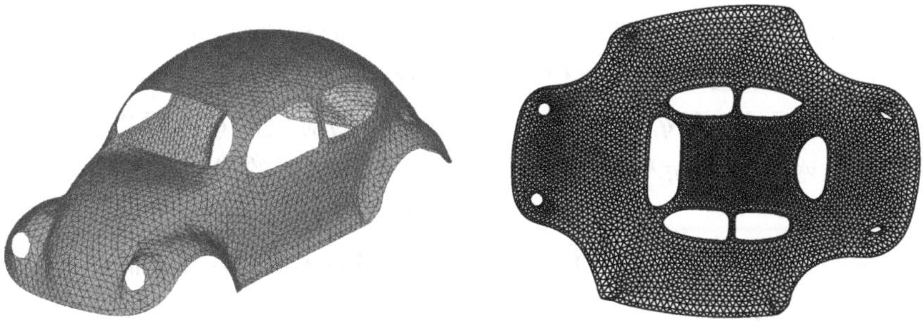

(a) 三维模型曲面　　(b) 自由边界映射结果

图 5.14　多孔洞自由裁剪曲面在平面域上的自由边界参数映射

5.2.2　曲面与参数域上点的双向映射

采用 5.2.1 节所述方法将导引网格模型映射到平面参数域后,就建立了网格曲面顶点与平面映射域顶点之间的一一对应关系。但对于实际的加工路径，映射平面上的导引路径并非都经过平面网格的顶点。因此，为了将参数域上任意导引路径曲线上的点快速地映射到模型曲面上以生成刀具轨迹，就需要进一步建立参数域内任意点与导引网格曲面以及原始模型曲面上对应点间的映射关系。

1. 网格曲面与平面参数域上点的映射关系

设 T_s 为导引网格曲面 Γ 上的三角面片，T_s 在映射参数域 P 上的对应三角面为 T_p，则 5.2.1 节所建立的三角面片 T_s 到 T_p 的映射可表示为

$$f_{s,p}[\boldsymbol{v}_1^{(s)},\boldsymbol{v}_2^{(s)},\boldsymbol{v}_3^{(s)}]=[\boldsymbol{v}_1^{(p)},\boldsymbol{v}_2^{(p)},\boldsymbol{v}_3^{(p)}] \tag{5.49}$$

式中，$\boldsymbol{v}_1^{(s)}$、$\boldsymbol{v}_2^{(s)}$ 和 $\boldsymbol{v}_3^{(s)}$ 为三角面片 T_s 的 3 个顶点；$\boldsymbol{v}_1^{(p)}$、$\boldsymbol{v}_2^{(p)}$ 和 $\boldsymbol{v}_3^{(p)}$ 为三角面片 T_p 的 3 个顶点。对式(5.49)进行矩阵的逆变换，就可得到三角面片 T_s 到 T_p 的映射函数 $f_{s,p}$：

$$f_{s,p}=[\boldsymbol{v}_1^{(p)},\boldsymbol{v}_2^{(p)},\boldsymbol{v}_3^{(p)}][\boldsymbol{v}_1^{(s)},\boldsymbol{v}_2^{(s)},\boldsymbol{v}_3^{(s)}]^{-1} \tag{5.50}$$

对于导引网格曲面上的每一个三角面片 T_s，都可以得到它与其在参数域上对应的三角面片 T_p 之间的一个映射函数 $f_{s,p}$。所有映射函数 $f_{s,p}$ 的集合 $\{f_{s,p}\}$ 就构成了网格曲面到其平面参数域的一个分段映射，$f:\Gamma\to P$。如果任意对应三角面片 T_s 与 T_p 间的映射函数 $f_{s,p}$ 是可逆的，那么 $f^{-1}:P\to\Gamma$ 就称为参数域到网格曲面的逆映射。这样，对于参数域上的任一点 $\boldsymbol{q}_i^{(p)}$，假定它位于三角形 T_p 中，则其在网格曲面上的对应点 $\boldsymbol{q}_i^{(s)}$ 为

$$\boldsymbol{q}_i^{(s)}=f_{s,p}^{-1}\boldsymbol{q}_i^{(p)} \tag{5.51}$$

应注意的是，上述构造映射函数的过程涉及矩阵的乘法和求逆运算。考虑到算法的执行效率，在实际处理中可采取如下基于面积坐标的线性映射方法。如图 5.15 所示，$\boldsymbol{q}_i^{(p)}$ 为参数域 P 上位于三角面片 T_p 中的一点，T_s 为 T_p 在网格曲面 Γ 上的对应三角面片，则 $\boldsymbol{q}_i^{(p)}$ 点在三角面片 T_s 中的对应点 $\boldsymbol{q}_i^{(s)}$，可以表示为 T_s 的 3 个顶点 $\boldsymbol{v}_1^{(s)}$、$\boldsymbol{v}_2^{(s)}$、$\boldsymbol{v}_3^{(s)}$ 按 $\boldsymbol{q}_i^{(p)}$ 在三角面片 T_p 中面积坐标的线性插值：

$$\boldsymbol{q}_i^{(s)}=A_1\boldsymbol{v}_1^{(s)}+A_2\boldsymbol{v}_2^{(s)}+A_3\boldsymbol{v}_3^{(s)} \tag{5.52}$$

式中，A_1、A_2、A_3 为点 $\boldsymbol{q}_i^{(p)}$ 在平面三角形 T_p 中的面积坐标，并且满足 $A_1+A_2+A_3=1$，计算公式为

$$A_1=\frac{\mathrm{Area}(\Delta\boldsymbol{q}_i^{(p)}\boldsymbol{v}_2^{(p)}\boldsymbol{v}_3^{(p)})}{\mathrm{Area}(\Delta\boldsymbol{v}_1^{(p)}\boldsymbol{v}_2^{(p)}\boldsymbol{v}_3^{(p)})},A_2=\frac{\mathrm{Area}(\Delta\boldsymbol{q}_i^{(p)}\boldsymbol{v}_3^{(p)}\boldsymbol{v}_1^{(p)})}{\mathrm{Area}(\Delta\boldsymbol{v}_1^{(p)}\boldsymbol{v}_2^{(p)}\boldsymbol{v}_3^{(p)})},A_3=\frac{\mathrm{Area}(\Delta\boldsymbol{q}_i^{(p)}\boldsymbol{v}_1^{(p)}\boldsymbol{v}_2^{(p)})}{\mathrm{Area}(\Delta\boldsymbol{v}_1^{(p)}\boldsymbol{v}_2^{(p)}\boldsymbol{v}_3^{(p)})} \tag{5.53}$$

式中，Area(Δ)表示三角形的面积。如果是求网格曲面上一点在参数域上的对应点，则只需要将式(5.52)中的面积坐标替换为 $\boldsymbol{q}_i^{(s)}$ 在 T_s 中的面积坐标，T_s 的顶点替换为 T_p 的 3 个顶点即可。

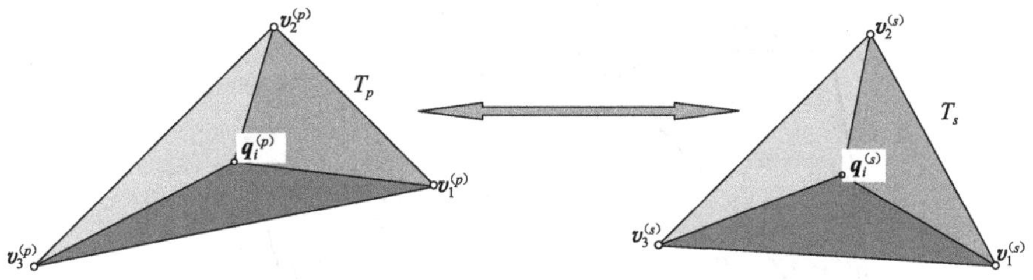

（a）参数域上的三角面片　　（b）模型曲面上的三角面片

图 5.15　基于面积坐标的模型曲面与参数域之间的线性映射

2. 裁剪曲面与平面参数域中点的映射关系

对于复杂拼接裁剪曲面加工，平面映射参数域上的轨迹导引曲线需要逆映射到原始参数模型曲面 $\boldsymbol{r}(u,v)$ 上，而不是仅映射到它的导引网格模型 Γ 上。一般情况下，可先将参数域上的一点 $\boldsymbol{q}_i^{(p)}$ 映射到它在导引网格曲面上的对应轨迹点 $\boldsymbol{q}_i^{(s)}$，再将轨迹点 $\boldsymbol{q}_i^{(s)}$ 投影到被加工模型曲面 $\boldsymbol{r}(u,v)$ 上。对于 $\boldsymbol{q}_i^{(s)}$ 在模型曲面 $\boldsymbol{r}(u,v)$ 上的投影点 $\boldsymbol{p}_i^{(m)}$，可以利用第 3 章所述的 Newton-Raphson 数值迭代进行快速求解，也可采用将在第 9 章中给出的基于细分的最近点求解方法进行求解。

在此，为了统一并简化模型曲面 $\boldsymbol{r}(u,v)$ 上投影点 $\boldsymbol{p}_i^{(m)}$ 的计算过程，本节将给出一种基于前面所述面积坐标插值的简单计算方法。如图 5.16 所示，设 $\boldsymbol{q}_i^{(s)}$ 所在的三角面片为 $T_s=\{\boldsymbol{v}_1^{(s)}(u_1,v_1),\boldsymbol{v}_2^{(s)}(u_2,v_2),\boldsymbol{v}_3^{(s)}(u_3,v_3)\}$，其中 (u_i,v_i) 为三角面片顶点对应的曲面参数值。与式(5.52)类似，可以得到如下 $\boldsymbol{q}_i^{(s)}$ 的计算公式：

$$\boldsymbol{q}_i^{(s)}=A_1\boldsymbol{v}_1^{(s)}(u_1,v_1)+A_2\boldsymbol{v}_2^{(s)}(u_2,v_2)+A_3\boldsymbol{v}_3^{(s)}(u_3,v_3) \tag{5.54}$$

式中，A_1、A_2、A_3 为点 $\boldsymbol{q}_i^{(s)}$ 在三角面片 T_s 中的面积坐标。设 $\boldsymbol{q}_i^{(s)}$ 在被加工曲面 $\boldsymbol{r}(u,v)$ 上的投影点 $\boldsymbol{p}_i^{(m)}$ 的参数为 (u_c,v_c)，将 (u_c,v_c) 和三角面片 T_s 各顶点 $\boldsymbol{v}_1^{(s)}$、$\boldsymbol{v}_2^{(s)}$ 和 $\boldsymbol{v}_3^{(s)}$ 的曲面参数 (u_i,v_i) 代入式(5.54)，可得

$$\begin{bmatrix}u_c\\v_c\end{bmatrix}=A_1\begin{bmatrix}u_1\\v_1\end{bmatrix}+A_2\begin{bmatrix}u_2\\v_2\end{bmatrix}+A_3\begin{bmatrix}u_3\\v_3\end{bmatrix} \tag{5.55}$$

由此可快速地得到点 $\boldsymbol{q}_i^{(s)}$ 在被加工曲面 $\boldsymbol{r}(u,v)$ 上的投影点 $\boldsymbol{p}_i^{(m)}=\boldsymbol{r}(u_c,v_c)$。利用上述方法就可快速地将平面参数域上的导引轨迹映射到原始参数模型曲面上，从而方便地生成各种走刀形式的加工路径。类似地，对于参数曲面上的任意一点 $\boldsymbol{p}^{(m)}=\boldsymbol{r}(u_c,v_c)$，利用点 $\boldsymbol{p}^{(m)}$ 以及导引网格三角面片各顶点的曲面参数 (u_i,v_i)，就可以快速地确定 $\boldsymbol{p}^{(m)}$ 所在的三角面片 T_s，进而得到 $\boldsymbol{p}^{(m)}$ 在三角面片 T_s 中的对应点 $\boldsymbol{q}^{(s)}$，再利用上述面积坐标插值的方法就可得到 $\boldsymbol{q}^{(s)}$ 或 $\boldsymbol{p}^{(m)}$ 在平面参数域上的对应点 $\boldsymbol{q}^{(p)}$。

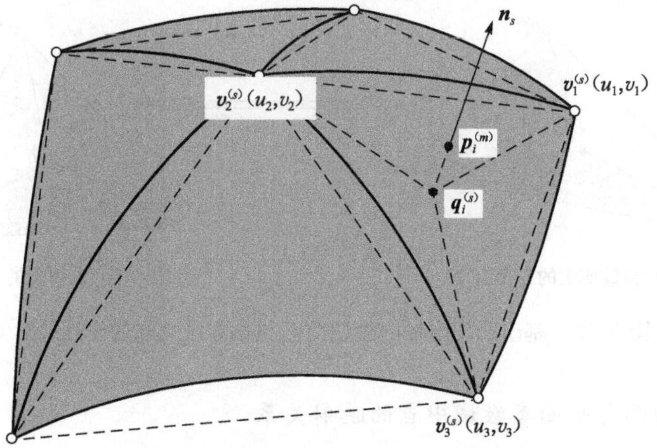

图 5.16　网格曲面上点到参数曲面映射

5.3　复杂曲面加工路径设计

常用的加工路径设计方法主要包括等参数线法[11~14]、等残留高度法[15~19]和截平面法[20~25]，其他形式的轨迹生成方法可参考文献[26]～[28]。但如前面所述，这些刀具轨迹设计方法仍主要围绕单张参数曲面或网格曲面等特定类型曲面进行规划，轨迹形式相对单一，需要进一步丰富和发展。为统一裁剪曲面、组合曲面、网格曲面和数据点云等各类模型曲面上加工路径的构造过程，本节将把前面所述的参数映射方法引入加工路径规划之中，并详细论述参数映射模式下各种形式加工路径的生成过程。

5.3.1　曲面上相邻轨迹的对应刀触点计算

刀具轨迹生成过程的几何本质是初始轨迹曲线在模型曲面上连续偏置，偏置距离为两相邻轨迹间的可行走刀行距 L_w。在实际的处理中，偏置轨迹曲线的计算过程通常简化为一系列偏置刀触点的计算。在得到刀触点$\{\boldsymbol{p}_{i,j}\}$后，再利用直线段线性连接或采用 B 样条曲线对刀触点$\{\boldsymbol{p}_{i,j}\}$进行拟合以得到最终的轨迹曲线。

1. 参数曲面上相邻轨迹的对应刀触点计算

如图 5.17(a)所示，在被加工曲面 $\boldsymbol{r}(u,v)$上，当前刀触点 $\boldsymbol{p}_{i,j}$(在第 i 条刀触轨迹上)的相邻刀触点 $\boldsymbol{p}_{i+1,j}$(在第 $i+1$ 条刀触轨迹上)可由下式计算：

$$\begin{cases}(\boldsymbol{r}(u,v)-\boldsymbol{p}_{i,j})\cdot\boldsymbol{f}_{\mathrm{c}}=0\\ \|\boldsymbol{r}(u,v)-\boldsymbol{p}_{i,j}\|=L_{\mathrm{w},i}\end{cases}\tag{5.56}$$

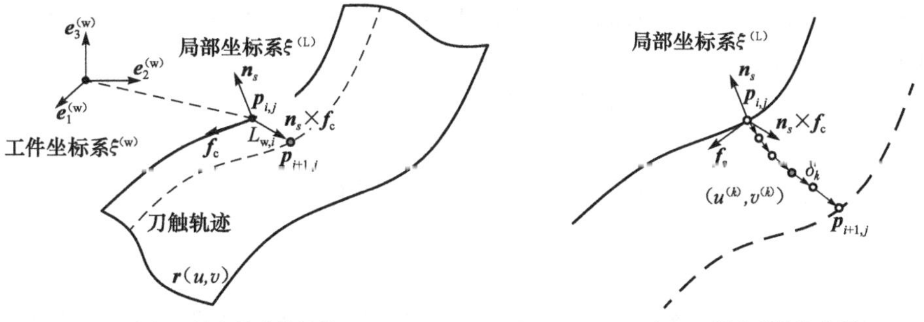

（a）刀触点的直接计算　　（b）刀触点的迭代求解

图 5.17 模型曲面上刀触点的偏置计算

式中，$\boldsymbol{f}_c$ 为当前刀触点 $\boldsymbol{p}_{i,j}$ 处刀具的进给方向矢量，第一个式子保证相邻刀触点 $\boldsymbol{p}_{i,j}$ 和 $\boldsymbol{p}_{i+1,j}$ 间的连线与进给方向 $\boldsymbol{f}_c$ 正交，第二个式子保证相邻刀触点 $\boldsymbol{p}_{i,j}$ 和 $\boldsymbol{p}_{i+1,j}$ 间的走刀行距为 $L_{w,i}$。式(5.56)可以采用 Newton-Raphson 数值迭代方法进行求解，也可采用如下解析方法进行计算。首先，将曲面的方程 $\boldsymbol{r}(u,v)$ 在 $\boldsymbol{p}_{i,j}$ 点处进行一阶泰勒展开：

$$\boldsymbol{r}(u,v)=\boldsymbol{p}_{i,j}+\frac{\partial \boldsymbol{r}(u,v)}{\partial u}\Delta u+\frac{\partial \boldsymbol{r}(u,v)}{\partial v}\Delta v \tag{5.57}$$

在式(5.57)的条件下，式(5.56)中的第二式可替换为$[\boldsymbol{r}(u,v)-\boldsymbol{p}_{i,j}]\cdot(\boldsymbol{n}_s\times\boldsymbol{f}_c)=L_{w,i}$，其中 $\boldsymbol{n}_s$ 为当前刀触点 $\boldsymbol{p}_{i,j}$ 处曲面的单位法矢量，将该式以及式(5.57)代入式(5.56)可得

$$\begin{cases}\Delta u_f\Delta u+\Delta v_f\Delta v=0\\ \Delta u_{nf}\Delta u+\Delta v_{nf}\Delta v=L_{w,i}\end{cases} \tag{5.58}$$

式中，Δu_f、Δv_f 满足 $\boldsymbol{f}_c=\boldsymbol{r}_u(u,v)\Delta u_f+\boldsymbol{r}_v(u,v)\Delta v_f$；$\Delta u_{nf}$、$\Delta v_{nf}$ 满足 $\boldsymbol{n}_s\times\boldsymbol{f}_c=\boldsymbol{r}_u(u,v)\Delta u_{nf}+\boldsymbol{r}_v(u,v)\Delta v_{nf}$。求解式(5.58)，就可得到 $\boldsymbol{p}_{i+1,j}$ 所对应的曲面参数增量 Δu、Δv：

$$\begin{cases}\Delta u=\dfrac{L_{w,i}\Delta v_f}{\Delta u_{nf}\Delta v_f-\Delta v_{nf}\Delta u_f}\\[2ex] \Delta v=\dfrac{-L_{w,i}\Delta u_f}{\Delta u_{nf}\Delta v_f-\Delta v_{nf}\Delta u_f}\end{cases} \tag{5.59}$$

从而得到当前刀触点 $\boldsymbol{p}_{i,j}$ 的相邻触点 $\boldsymbol{p}_{i+1,j}=\boldsymbol{r}(u_{i,j}+\Delta u,v_{i,j}+\Delta v)$，其中$(u_{i,j},v_{i,j})$为刀触点 $\boldsymbol{p}_{i,j}$ 的曲面参数，但这里所说的曲面参数并不是映射参数域上的参数。

应注意的是，当加工行距 $L_{w,i}$ 较小时，采用上述解析方法可得到较为精确的相邻刀触点 $\boldsymbol{p}_{i+1,j}$，但当加工行距 $L_{w,i}$ 较大，特别是曲面在刀触点 $\boldsymbol{p}_{i,j}$ 的邻域内变化较剧烈时，利用上面方法得到的刀触点 $\boldsymbol{p}_{i+1,j}$ 存在较大的误差。此时，可以通过迭代

策略搜索刀触点 $\boldsymbol{p}_{i+1,j}$。如图 5.17(b)所示，设第 k 次迭代的搜索步长为 δ_k，则式(5.58)改写为

$$\begin{cases}\Delta u_f^{(k)}\Delta u^{(k)}+\Delta v_f^{(k)}\Delta v^{(k)}=0\\ \Delta u_{nf}^{(k)}\Delta u^{(k)}+\Delta v_{nf}^{(k)}\Delta v^{(k)}=\delta_k\end{cases} \tag{5.60}$$

第 $k+1$ 次迭代的开始点 $\boldsymbol{p}[u^{(k+1)},v^{(k+1)}]$ 由下式计算：

$$\begin{cases}u^{(k+1)}=u^{(k)}+\Delta u^{(k)}\\ v^{(k+1)}=v^{(k)}+\Delta v^{(k)}\end{cases} \tag{5.61}$$

对于搜索步长 δ_k 的选择，可以采用 $\boldsymbol{p}[u^{(k)},v^{(k)}]$ 点处沿加工行距方向在规定精度内的圆弧逼近方式进行计算。反复迭代上述过程，直到满足如下迭代终止条件：

$$\left|\frac{\|\boldsymbol{p}[u^{(k)},v^{(k)}]-\boldsymbol{p}[u^{(0)},v^{(0)}]\|-L_{\mathrm{w},i}}{L_{\mathrm{w},i}}\right|\leqslant\varepsilon_0 \tag{5.62}$$

式中，ε_0 为给定的迭代精度。

2. 网格曲面上相邻轨迹的对应刀触点计算

由于网格曲面是原始参数曲面的线性逼近，刀触点的计算公式(5.56)可简化为一个半径为 $L_{\mathrm{w},i}$ 的辅助圆 C 与三角面片的交点，如图 5.18 所示。圆 C 垂直于刀具的进给方向 $\boldsymbol{f}_{\mathrm{c}}$，在局部坐标系 $\xi^{(\mathrm{L})}=[\boldsymbol{o}_{\mathrm{L}};\boldsymbol{e}_1^{(\mathrm{L})},\boldsymbol{e}_2^{(\mathrm{L})},\boldsymbol{e}_3^{(\mathrm{L})}]$ 中可表示为

$$\boldsymbol{r}_{\mathrm{c}}(\theta)=L_{\mathrm{w},i}[\cos\theta\boldsymbol{e}_1^{(\mathrm{L})}+\sin\theta\boldsymbol{e}_2^{(\mathrm{L})}] \tag{5.63}$$

式中，局部坐标系的原点 $\boldsymbol{o}_{\mathrm{L}}$ 为刀触点 $\boldsymbol{p}_{i,j}$；$\boldsymbol{e}_3^{(\mathrm{L})}$ 为刀具在刀触点 $\boldsymbol{p}_{i,j}$ 处进给方向 $\boldsymbol{f}_{\mathrm{c}}$ 的单位矢量，即刀触轨迹 $\boldsymbol{r}(t)$ 在 $\boldsymbol{p}_{i,j}$ 点处的单位切矢量；$\boldsymbol{e}_2^{(\mathrm{L})}$ 为被加工曲面在刀触点 $\boldsymbol{p}_{i,j}$ 处的单位法矢量 $\boldsymbol{n}_s$；$\boldsymbol{e}_1^{(\mathrm{L})}$ 为矢量 $\boldsymbol{e}_3^{(\mathrm{L})}$ 和 $\boldsymbol{e}_2^{(\mathrm{L})}$ 的矢量积，分别表示如下：

$$\begin{cases}\boldsymbol{e}_1^{(\mathrm{L})}=\boldsymbol{e}_2^{(\mathrm{L})}\times\boldsymbol{e}_3^{(\mathrm{L})}\\ \boldsymbol{e}_2^{(\mathrm{L})}=\dfrac{\partial\boldsymbol{r}(u,v)}{\partial u}\times\dfrac{\partial\boldsymbol{r}(u,v)}{\partial v}\Big/\left\|\dfrac{\partial\boldsymbol{r}(u,v)}{\partial u}\times\dfrac{\partial\boldsymbol{r}(u,v)}{\partial v}\right\|\\ \boldsymbol{e}_3^{(\mathrm{L})}=\dfrac{\mathrm{d}\boldsymbol{r}(t)}{\mathrm{d}t}\Big/\left\|\dfrac{\mathrm{d}\boldsymbol{r}(t)}{\mathrm{d}t}\right\|\end{cases} \tag{5.64}$$

可以看到，辅助圆 C 在 $\boldsymbol{e}_1^{(\mathrm{L})}$-$\boldsymbol{e}_2^{(\mathrm{L})}$ 平面内。如果将三角面片 Δ_j 的平面方程也变换到局部坐标系 $\xi^{(\mathrm{L})}$ 中，那么刀触点 $\boldsymbol{p}_{i+1,j}$ 的计算就被简化为计算圆 C 与三角面 Δ_j 的交点，圆 C 与三角面 Δ_j 的交点实际上就是圆 C 与它和三角面 Δ_j 截交线的交点，如图 5.18(b)所示。这样，就将刀触点 $\boldsymbol{p}_{i+1,j}$ 的计算转化为圆与直线的解析求交。在获得圆与直线的交点 $\boldsymbol{O}^{(\mathrm{L})}$ 后，利用如下坐标变换：

$$\boldsymbol{p}_{i+1,j}=[R]_{\mathrm{L}}^{\mathrm{w}}\boldsymbol{O}^{(\mathrm{L})}+\boldsymbol{p}_{i,j},\qquad [R]_{\mathrm{L}}^{\mathrm{w}}=[\boldsymbol{e}_1^{(\mathrm{L})\mathrm{T}},\boldsymbol{e}_2^{(\mathrm{L})\mathrm{T}},\boldsymbol{e}_3^{(\mathrm{L})\mathrm{T}}]^{\mathrm{T}} \tag{5.65}$$

将其从局部坐标系 $\xi^{(\mathrm{L})}$ 转化到曲面工件坐标系 $\xi^{(\mathrm{w})}=[\boldsymbol{o}_{\mathrm{w}};\boldsymbol{e}_1^{(\mathrm{w})},\boldsymbol{e}_2^{(\mathrm{w})},\boldsymbol{e}_3^{(\mathrm{w})}]$ 中，即可得到当前刀触点 $\boldsymbol{p}_{i,j}$ 的相邻触点 $\boldsymbol{p}_{i+1,j}$，其中 $[R]_{\mathrm{L}}^{\mathrm{w}}$ 为局部坐标系 $\xi^{(\mathrm{L})}$ 到工件坐标系 $\xi^{(\mathrm{w})}$ 的坐标变换。

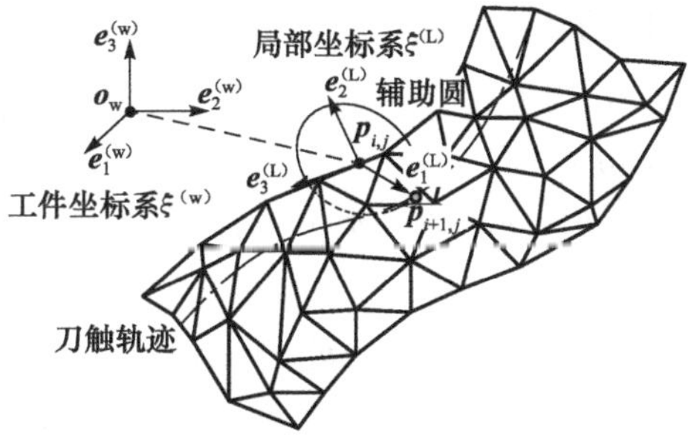

(a) 网格曲面上的刀触点与坐标变换

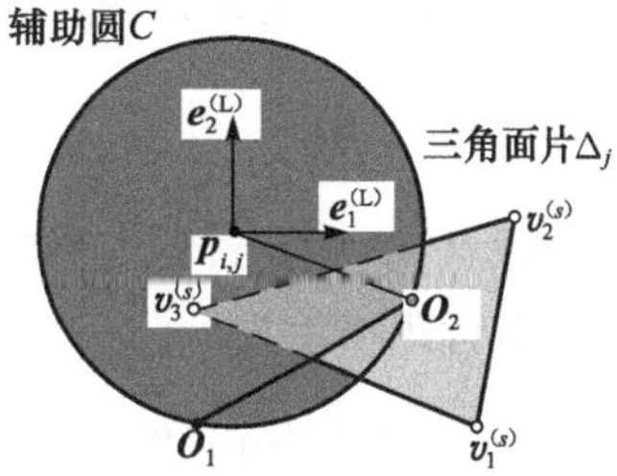

(b) 圆与三角面片的交点

图 5.18 网格曲面上刀触点的偏置计算

应注意的是,圆 C 与截交线共有两个交点 $\boldsymbol{O}_1$ 和 $\boldsymbol{O}_2$,如图 5.18(b)所示,其中只有一个点为刀触点 $\boldsymbol{p}_{i+1,j}$。在得到两个交点之后,可利用式(5.66)判断交点 $\boldsymbol{O}$ 是否位于三角面片 Δ_j 中,以快速确定所得交点是否为所求的刀触点。设三角面片 Δ_j 的三个顶点为 $\boldsymbol{v}_1^{(s)}$、$\boldsymbol{v}_2^{(s)}$ 和 $\boldsymbol{v}_3^{(s)}$,$\Delta\boldsymbol{v}_1^{(s)}\boldsymbol{v}_2^{(s)}\boldsymbol{O}$、$\Delta\boldsymbol{O}\boldsymbol{v}_2^{(s)}\boldsymbol{v}_3^{(s)}$ 和 $\Delta\boldsymbol{v}_1^{(s)}\boldsymbol{O}\boldsymbol{v}_3^{(s)}$ 为交点 $\boldsymbol{O}$ 与 3 个顶点连线构成的三角形,则计算下式:

$$\delta = \text{Area}[\Delta\boldsymbol{v}_1^{(s)}\boldsymbol{v}_2^{(s)}\boldsymbol{v}_3^{(s)}] - \{\text{Area}[\Delta\boldsymbol{v}_1^{(s)}\boldsymbol{v}_2^{(s)}\boldsymbol{O}] + \text{Area}[\Delta\boldsymbol{O}\boldsymbol{v}_2^{(s)}\boldsymbol{v}_3^{(s)}] + \text{Area}[\Delta\boldsymbol{v}_1^{(s)}\boldsymbol{O}\boldsymbol{v}_3^{(s)}]\} \quad (5.66)$$

式中,Area(Δ)为三角形的面积。如果 $\delta<0$,则交点 $\boldsymbol{O}$ 在三角面片 Δ_j 外部;如果 $\delta=0$,则交点 $\boldsymbol{O}$ 就是刀触点;如果所得两个交点均在三角面片 Δ_j 外部,则需要选取新的三角面片 Δ_i,继续上述计算和判断过程,直至找到刀触点 $\boldsymbol{p}_{i+1,j}$。

5.3.2 映射域中的参数增量计算

在实际加工中,必须控制相邻轨迹 C_i 和 C_{i+1} 间的走刀行距以使相邻轨迹间的残留高度 h_s 满足给定加工精度 ε_e,即 $h_s \leqslant \varepsilon_e$。在利用 5.1.5 节给出的走刀行距计算方法获得当前轨迹 C_i 的每一刀触点 $\boldsymbol{p}_{i,j}$ 的可行走刀行距 $L_{w,i,j}$ 后,需要在映射参数域中计算其对应的参数增量(Δu_j,Δv_j)以用于构造平面映射域上的轨迹导引曲线。在这里,应该注意本节所述映射参数域与传统曲面参数域之间的区别,前者是指利用 5.2 节所述映射方法得到的平面映射域,其形状可以根据加工要求任意指定;而后者则是指曲面[0,1]×[0,1]的标准参数域,其形状为标准的单位矩形。

首先,利用 5.3.1 节所述的刀触点计算方法得到当前轨迹 C_i 上的每一刀触点 $\boldsymbol{p}_{i,j}$ 在其相邻轨迹 C_{i+1} 上的相邻刀触点 $\boldsymbol{p}_{i+1,j}$,然后利用 5.2.2 节给出的曲面与参数域上点的双向映射方法将刀触点 $\boldsymbol{p}_{i,j}$ 和它的相邻刀触点 $\boldsymbol{p}_{i+1,j}$ 都映射到参数域上,设它们在参数域上的对应点分别为 $\boldsymbol{q}_{i,j}(u_{i,j},v_{i,j})$ 和 $\boldsymbol{q}_{i+1,j}(u_{i+1,j},v_{i+1,j})$,其中 (u,v) 为 $\boldsymbol{q}$ 点在映射参数域上的对应点坐标,也就是刀触点 $\boldsymbol{p}$ 在映射域上的参数

值，由此可以得到相邻刀触点 $\boldsymbol{p}_{i,j}$ 和 $\boldsymbol{p}_{i+1,j}$ 间的参数增量：

$$\begin{cases}\Delta u_{i,j} = u_{i+1,j} - u_{i,j} \\ \Delta v_{i,j} = v_{i+1,j} - v_{i,j}\end{cases} \tag{5.67}$$

相邻刀触点 $\boldsymbol{p}_{i,j}$ 和 $\boldsymbol{p}_{i+1,j}$ 在参数域上的对应点 $\boldsymbol{q}_{i,j}(u_{i,j}, v_{i,j})$ 和 $\boldsymbol{q}_{i+1,j}(u_{i+1,j}, v_{i+1,j})$ 之间的映射行距增量为

$$L_{\mathrm{w},i,j}^{(p)} = \| \boldsymbol{q}_{i+1,j}(u_{i+1,j}, v_{i+1,j}) - \boldsymbol{q}_{i,j}(u_{i,j}, v_{i,j}) \| = (\Delta u_{i,j}^2 + \Delta v_{i,j}^2)^{\frac{1}{2}} \tag{5.68}$$

对于所有当前刀触轨迹 C_i 上的刀触点 $\{\boldsymbol{p}_{i,j}\}$，重复上述计算过程就可得到下一条刀触轨迹 C_{i+1} 上的刀触点 $\{\boldsymbol{p}_{i+1,j}\}$ 所对应的参数增量 $\{(\Delta u_{i,j}, \Delta v_{i,j})\}$，以及参数点 $\boldsymbol{q}_{i,j}$ 和 $\boldsymbol{q}_{i+1,j}$ 间的映射行距增量 $\{L_{\mathrm{w},i,j}^{(p)}\}$。利用 $\{(\Delta u_{i,j}, \Delta v_{i,j})\}$ 或 $\{L_{\mathrm{w},i,j}^{(p)}\}$ 就可以在参数域上生成各种形式的轨迹导引曲线，这些内容将在后续章节详细论述。

5.3.3 等参数加工轨迹

能够保持边界一致性的等参数刀具路径(往往也被称为流线型轨迹)是复杂曲面加工路径的常用形式[29~31]，但对于实际加工中经常处理的组合裁剪曲面，受限于曲面片间的裁剪和拼接等操作，传统的等参数路径生成方法所得到的刀具轨迹曲线已很难与裁剪曲面的边界保持良好的一致性。为了解决这一问题，本节将在5.2节所述参数映射方法的基础上，给出能够适用于组合裁剪曲面、网格曲面甚至数据点云的边界一致性等参数刀具轨迹生成方法。

如图5.19所示，首先利用5.2节所述约束边界协调映射方法将模型曲面映射到标准 u-v 参数域。不失一般性，可选取参数域上的 $v|_{v=0}$ 边界等参数曲线为初始轨迹，利用5.3.1节所述方法计算当前刀触点轨迹 C_i 的每一刀触点 $\boldsymbol{p}_{i,j}$ 在相邻刀触轨迹 C_{i+1} 上的相邻刀触点 $\boldsymbol{p}_{i+1,j}$，进而利用5.3.2节所述方法得到相邻轨迹 C_i 和 C_{i+1} 对应刀触点在参数域上的参数增量：

$$\{(\Delta u_{i,0}, \Delta v_{i,0}), \cdots, (\Delta u_{i,n}, \Delta v_{i,n})\} \tag{5.69}$$

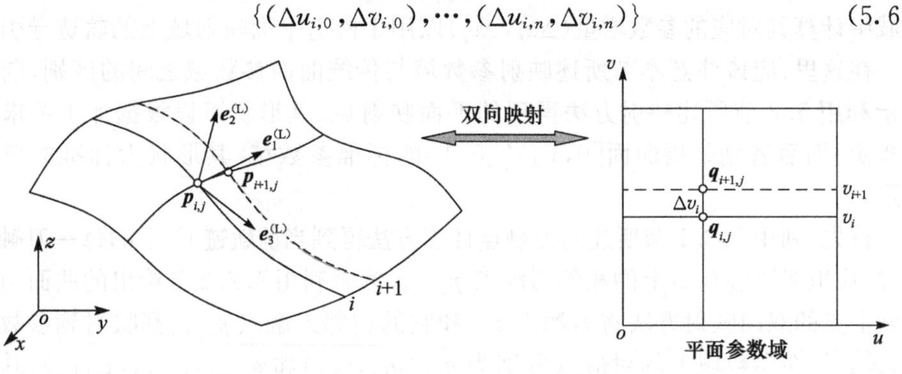

图5.19 边界一致性等参数轨迹曲线

由于选择 v 向等参数曲线为轨迹导引曲线，只需要 v 向参数增量 $\{\Delta v_{i,0},\cdots,\Delta v_{i,n}\}$ 参与后续计算。为了控制相邻轨迹间的走刀行距 L_w，以使轨迹间的残留高度 h_s 满足给定加工精度 ε_e，即 $h_s \leqslant \varepsilon_e$，必须选择最小的参数增量用于生成下一条等参数轨迹曲线，即

$$\begin{cases} v_{i+1} = v_i + \Delta v_i \\ \Delta v_i = \min\{\Delta v_{i,0},\cdots,\Delta v_{i,n}\} \end{cases} \tag{5.70}$$

由此，得到下一条轨迹导引曲线 $v|_{v=v_{i+1}}$。

假定导引网格曲面到原始曲面的逼近精度满足加工误差的要求，那么就可以只选择等参数线 $v|_{v=v_i}$ 与参数域上平面网格边的交点为导引曲线点，进而利用 5.2.2 节中所述方法将参数域中的导引点映射为网格曲面上的刀触点 $\boldsymbol{q}_c^{(s)}$。对于参数曲面加工，还需要利用 5.2.2 节所述方法将网格曲面上的刀触点映射为参数曲面上的刀触点 $\boldsymbol{p}_c^{(m)}$，从而可快速地生成能保持边界一致性的等参数线型轨迹。由于前面所述方法并没有限制模型曲面的类型，所以它具有更为广泛的适用性，能够在组合裁剪曲面、网格曲面甚至数据点云等各类复杂曲面模型上生成等参数刀具轨迹。图 5.20 为利用上述方法在组合裁剪曲面上生成的边界一致性的等参数刀具轨迹。

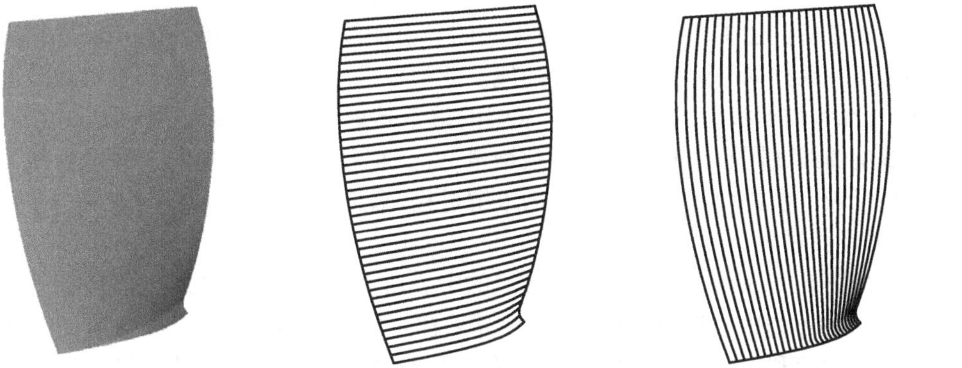

图 5.20　边界一致性的等参数轨迹曲线

5.3.4　无亏格曲面的螺旋加工轨迹

5.3.3 节将组合裁剪曲面的导引网格映射到标准 u-v 参数域，方便快速地生成了能够保持边界一致性的等参数刀具轨迹。类似地，本节将借助导引网格曲面到圆形域的参数映射，将圆形域上的简单螺旋曲线逆映射到无亏格网格曲面(也就是不含岛屿或空洞的曲面)，快速地生成能够实现复杂曲面高速加工的螺旋刀具轨迹[32,33]。由于复杂曲面的导引网格以及网格曲面到圆形域的参数映射在前几节中已进行了详细论述，在此不再赘述。下面将详细讨论圆形域上螺旋导引曲线和螺旋刀具轨迹的生成过程。

1. 平面螺旋曲线的数学定义

在圆形域上，最简单的螺旋曲线是阿基米德螺线，将其逆映射到网格曲面上就可生成光滑连续的螺旋轨迹。但应注意的是，必须控制螺旋轨迹曲线间的径向间距 $\Delta\Gamma$ 也就是走刀行距 L_{w}，以使轨迹间的残留高度 h_s 满足给定加工精度 ε_{e}，即 $h_s\leqslant\varepsilon_{\mathrm{e}}$。轨迹间的径向间距 $\Delta\Gamma$ 反映在圆形参数域中，即平面螺旋曲线的径向参数增量 $\Delta\lambda$。数学上，平面螺旋曲线在极坐标系中的一般定义如下：

$$R(\theta)=\lambda(\theta)\theta \tag{5.71}$$

式中，θ 为角度变量；$\lambda(\theta)$ 为角度变量 θ 的函数。如果 $\lambda(\theta)$ 为常数即 $\lambda(\theta)=\lambda_0$，则式(5.71)就是阿基米德螺线的数学表达；否则，$R(\theta)$ 是一条非线性螺线，其径向间距 $\Delta\lambda$ 随角度 θ 的变化而变化。数学上，$\lambda(\theta)$ 描述了平面螺线间的径向增量，而对于曲面上对应的螺旋轨迹曲线，$\lambda(\theta)$ 定性地反映了螺旋轨迹间的走刀行距。由此可以看到，$\lambda(\theta)$ 是螺旋轨迹规划中的关键参数。在后面将讨论的螺旋刀具轨迹设计中，正是通过对径向参数增量 $\Delta\lambda$ 的限制，控制着螺旋轨迹曲线间的走刀行距。

2. 螺旋加工中的径向参数增量计算

对于螺旋加工轨迹的生成，所采用的导引曲线通常是简单的阿基米德螺线或插值于一系列同心圆的分段螺旋曲线。此类导引曲线一般只能在圆形参数域上生成。此时，需要根据加工行距 L_{w} 求解的就不是矩形域的参数增量 Δu_i 或 Δv_i，而是螺旋曲线或同心圆间的径向参数增量 $\Delta\lambda_i$。但径向参数增量的求解过程却类似于矩形域上参数增量 Δu_i 或 Δv_i 的求解过程，都是采用"行距采样→映射→参数增量"的计算过程。

如图 5.21 所示，首先计算圆形域的中心点 $\boldsymbol{O}_p$ 在被加工曲面 $\boldsymbol{r}(u,v)$ 上的对应点 $\boldsymbol{O}_s$，以 $\boldsymbol{O}_s$ 为中心进行圆周采样，计算采样点的可行行距 $\{L_{\mathrm{w},i}^{(1)}\}$ 和对应的刀触点 $\{\boldsymbol{p}_i^{(1)}\}$，然后利用 5.2.2 节所述方法将所有刀触点 $\{\boldsymbol{p}_i^{(1)}\}$ 映射到圆形域，记对应点为 $\{\boldsymbol{q}_i^{(1)}\}$，进而计算圆形域圆心 $\boldsymbol{O}_p$ 到点 $\{\boldsymbol{q}_i^{(1)}\}$ 所构成边界曲线的最近点，则圆心 $\boldsymbol{O}_p$ 与最近点的连线就是第一次采样的等参数圆的半径参数，即 $r_{\min}^{(1)}=\lambda_{\min}^{(1)}$。以 $r_{\min}^{(1)}$ 为半径作圆，即可得到第一个等参数圆 C_1，然后将圆 C_1 进行离散，映射到被加工曲面 $\boldsymbol{r}(u,v)$，再次计算可行走刀行距 $\{L_{\mathrm{w},i}^{(2)}\}$ 和所对应的刀触点 $\{\boldsymbol{p}_i^{(2)}\}$，重复上述过程直至等参数圆 C_n 到达圆形域的边界。通过上述过程，可以得到每层螺旋轨迹导引曲线的径向参数增量：

$$\Delta\lambda_i=\begin{cases}r_{\min}^{(1)}, & i=1\\ r_{\min}^{(i)}-r_{\min}^{(i-1)}, & 1<i\leqslant n\end{cases} \tag{5.72}$$

式中，i 表示第 i 次采样；$r_{\min}^{(i)}$ 为第 i 次采样的等参数圆的半径。利用上述径向参数增量 $\{\Delta\lambda_1,\cdots,\Delta\lambda_n\}$ 即可快速地生成螺旋轨迹导引曲线。

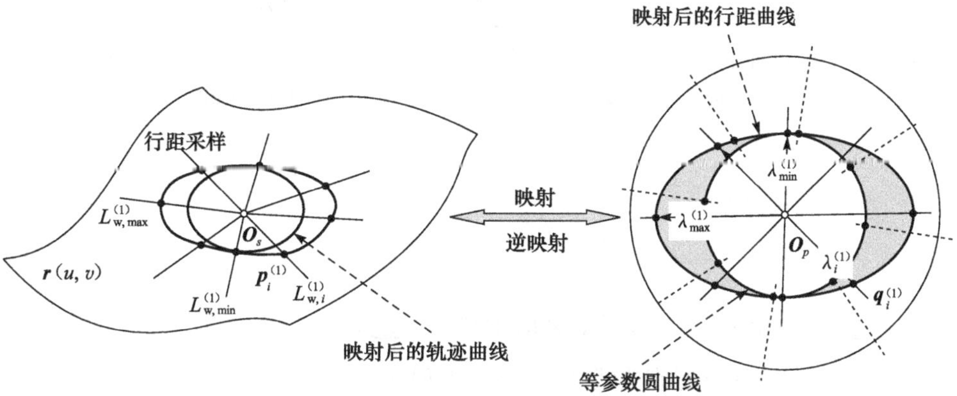

图 5.21　螺旋加工映射域上径向参数增量的计算过程

3. 圆形域中导引螺旋曲线的设计

由“螺旋加工中的径向参数增量计算”小节可知，为了得到理想的螺旋轨迹曲线，必须严格控制平面螺旋曲线间的径向参数增量 $\Delta\lambda$，以使螺旋轨迹间的走刀行距 L_w 不会超出轨迹间的最大可行走刀行距 L_w^{max}。假设$\{\Delta\lambda_1,\cdots,\Delta\lambda_n\}$为在加工精度 ε_e 下得到的平面螺旋曲线的径向参数增量。为了计算方便，可以选取所有径向参数增量$\{\Delta\lambda_1,\cdots,\Delta\lambda_n\}$中的最小径向参数增量 $\Delta\lambda_{min}$ 作为阿基米德螺线的径向参数增量，即

$$\begin{cases}\lambda = \dfrac{\Delta\lambda_{min}}{2\pi} \\ \Delta\lambda_{min} = \min\{\Delta\lambda_1,\cdots,\Delta\lambda_n\}\end{cases} \tag{5.73}$$

由此，可以得到加工精度 ε_e 下的平面阿基米德导引螺线：

$$R(\theta) = \frac{\Delta\lambda_{min}}{2\pi}\theta \tag{5.74}$$

在曲面上各点处可行走刀行距$\{L_{w,i}\}$相差不是很大的情况下，可以只考虑利用最小径向参数增量 $\Delta\lambda_{min}$ 生成平面导引螺线。此类导引螺旋线几何直观、计算方便，能够极大地简化导引螺线和螺旋加工轨迹的生成过程。但当各点处的可行走刀行距$\{L_{w,i}\}$相差较大时，仅考虑最小径向参数增量 $\Delta\lambda_{min}$ 就可能会导致局部螺旋轨迹过密，不可避免地产生走刀路径重叠、造成频繁重复切削，从而影响螺旋刀具轨迹的加工效率。

从刀具轨迹加工效率的角度考虑，理想的螺旋轨迹曲线应该使刀具沿螺旋轨迹绕螺线中心 $\boldsymbol{O}_s$ 切削一周的径向移动距离尽可能接近最大可行走刀行距 L_w^{max}。由于平面导引螺线的径向参数增量$\{\Delta\lambda_1,\cdots,\Delta\lambda_n\}$本质上反映了螺旋轨迹间的走刀行距，在设计平面导引螺线时，就应当充分考虑径向参数增量$\{\Delta\lambda_1,\cdots,\Delta\lambda_n\}$的

变化。基于这一考虑，在每一径向区间 $\Delta\lambda_i$ 上，采用线性插值的方法去构造一条分段线性的导引螺旋曲线。如图 5.22 所示，以旋转角度 θ 为变量，利用线性插值的方式，在两邻接等参数圆 C_{j-1} 和 C_j 之间插入一段360°的螺旋曲线：

$$R_j(\theta)=\begin{cases}\dfrac{\Delta\lambda_1}{2\pi}\theta, & j=1\\ \sum\limits_{i=1}^{j-1}\Delta\lambda_i+\dfrac{\Delta\lambda_j}{2\pi}\theta, & j>1\end{cases}\qquad 0\leqslant\theta<2\pi \tag{5.75}$$

式中，$\sum\limits_{i=1}^{j-1}\Delta\lambda_i$ 为第 $j-1$ 个等参数圆的半径，即 $\sum\limits_{i=1}^{j-1}\Delta\lambda_i=r_{\min}^{(j)}$；$\Delta\lambda_j\theta/(2\pi)$ 为等参数圆 C_{j-1} 和 C_j 间的插值螺旋曲线，它开始于上段螺旋线的终点 $\boldsymbol{q}_{j-1}$，终止于下端螺旋曲线的开始点 $\boldsymbol{q}_j$。在获得所有螺旋曲线段$\{R_1(\theta),\cdots,R_n(\theta)\}$后，将它们顺序首尾相连即可得到分段线性的平面螺旋导引曲线 $R(\theta)$。图 5.23 为两个将平面导引螺旋曲线逆映射到被加工曲面上生成螺旋加工轨迹的算例。

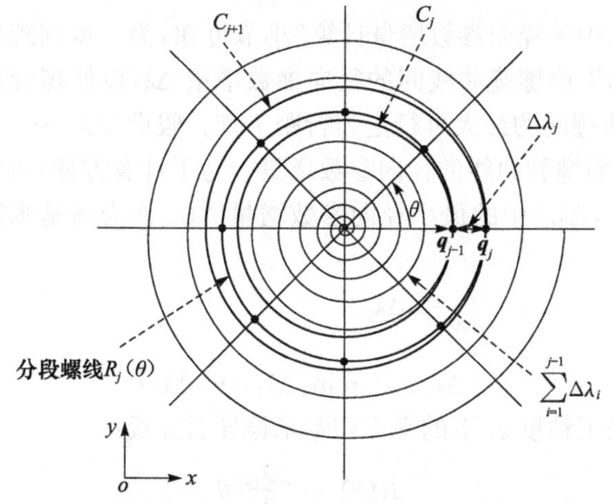

图 5.22 通过等参数圆间的线性插值构造导引螺旋曲线

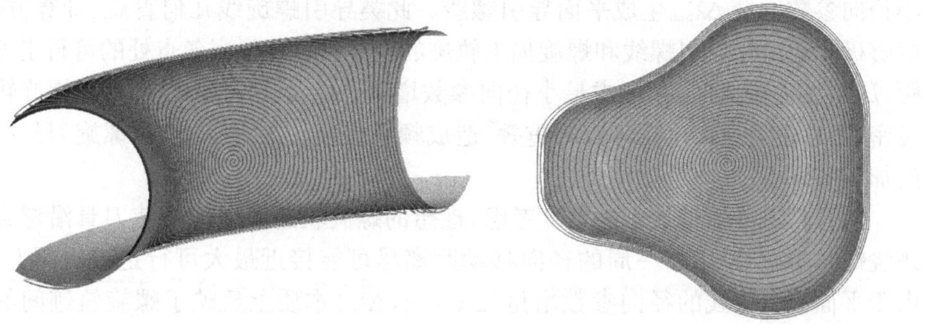

图 5.23 基于圆形域参数映射的螺旋刀具轨迹生成

5.3.5 亏格曲面上的轮廓平行环切加工轨迹

结合第 5.2.1 节所述的自由边界协调映射方法，本节将详细论述两种复杂模型曲面上轮廓平行刀具轨迹的设计方法，一种是先利用自由边界映射将复杂曲面展平到平面参数域，在参数域上构造二维偏置曲线，并将其逆映射回复杂曲面上生成轮廓平行环切轨迹的方法；另一种方法就是直接在复杂曲面上构造偏置曲线，在平面参数域上处理偏置曲线的自交干涉问题的方法。下面将围绕这两种方法展开论述。

1. 基于平面偏置曲线映射的环切路径规划方法

为了降低复杂曲面上曲线偏置操作的复杂性，可先利用 5.2.1 节中的自由边界映射方法将复杂曲面展平到平面参数域，在平面参数域上利用第 4 章所述的平面曲线偏置方法得到轮廓平行导引轨迹，进而将其逆映射到原始参数曲面上生成轮廓平行的环切刀具轨迹[34,35]。这里，假定已经将复杂曲面 $\boldsymbol{r}(u,v)$ 映射到平面参数域上，得到其对应的平面网格曲面。对于平面网格曲面，可依据其三角面片之间的邻接关系，快速地确定它的内外边界，其中外边界为逆时针，内部孔洞或凸台的边界为顺时针。如图 5.24 所示，选取曲面 $\boldsymbol{r}(u,v)$ 的边界曲线为初始偏置曲线，结合初始刀轴矢量方向，计算各采样点处的最大可行走刀行距 $\{L_{\mathrm{w},i}\}$，并利用 5.3.2 节所述方法得到其在映射参数域所对应的映射行距增量 $\{L_{\mathrm{w},i}^{(p)}\}$，选择最小的映射行距增量为平面边界曲线的最大可行偏置距离：

$$d_o = \min\{L_{\mathrm{w},0}^{(p)},\cdots,L_{\mathrm{w},n}^{(p)}\} \tag{5.76}$$

以 d_o 为偏置驱动，利用第 4 章所述的二维轮廓曲线偏置方法就可得到平面映射区域边界轮廓的偏置曲线，将其逆映射到裁剪曲面 $\boldsymbol{r}(u,v)$ 上就可得到轮廓平行的刀具轨迹，再以此刀具轨迹曲线为驱动轨迹，不断重复上述行距采样、映射、曲线偏置

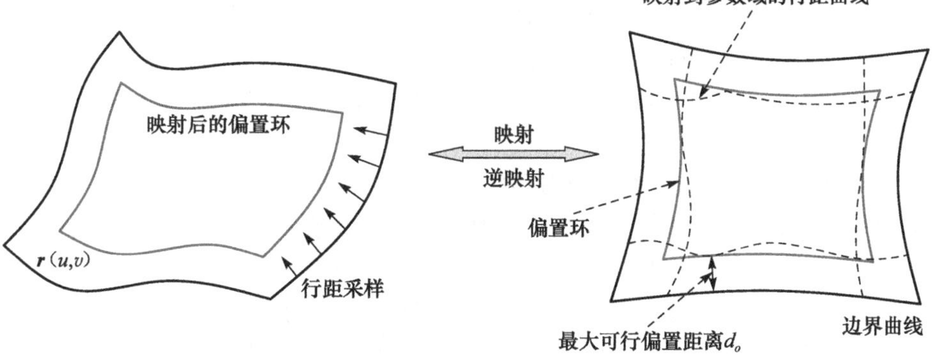

图 5.24　行距的采样及平面映射参数域上的边界偏置

和逆映射等计算过程，直至环切轨迹布满整张裁剪曲面。图 5.25 为采用基于自由边界映射的环切路径规划策略生成的复杂裁剪曲面上轮廓平行刀具轨迹的算例。

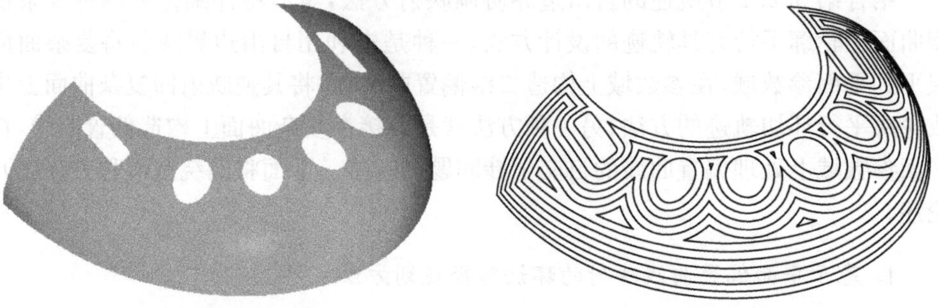

(a) 复杂曲面模型　　(b) 轮廓平行刀具轨迹

图 5.25　基于自由边界映射的轮廓平行刀具轨迹

2. 复杂曲面上的偏置曲线轨迹

本节将讨论在曲面上直接构造加工行距驱动的偏置轨迹曲线，并以此为基础生成等距环切刀具轨迹或更为高效的最大可行走刀行距驱动的等残留刀具轨迹。这里，假定已经利用 5.1.5 节中的加工行距计算方法得到了边界轮廓各采样点处的可行走刀行距$\{L_{w,i}\}$，那么就可利用 5.3.1 节中给出的刀触点计算方法，计算相邻刀具轨迹上的刀触点$\{\boldsymbol{p}_{i+1,j}\}$。不断重复上述过程，就可得到整张曲面上的轮廓平行环切刀具轨迹。然而，应注意的是，由于被加工曲面和曲面边界形状的复杂性，在曲面上进行轨迹曲线偏置经常导致轨迹曲线发生干涉自交[36]。目前，有关曲面上环切轨迹生成，特别是等残留刀具轨迹生成方法的研究大都集中在初始轨迹曲线的构造上，而对于轨迹曲线在偏置推进过程产生的干涉自交的消除方法却很少涉及，目前还没有十分有效的处理方法。由于曲面上的曲线偏置并非是平面曲线偏置的简单推广，离散操作造成的相交曲线异面以及推进过程中产生的复杂空间局部、全局干涉环(图 5.26)的有效性识别都使这个问题变得异常棘手，这也是前文引入自由边界协调映射将曲面上轨迹曲线偏置过程变换为平面曲线偏置进行降维处理的主要原因。

考虑到导引网格曲面参数映射已建立了模型曲面与参数域之间的一一映射关系，可将模型曲面的偏置轨迹曲线首先映射到平面参数域，利用平面曲线偏置的方法消除自交干涉后，再将其逆映射到原始曲面上生成无干涉偏置轨迹曲线。对于封闭曲线偏置，可利用旋向的规则，即与边界旋向一致的环为有效环，反之为无效环，快速地判断偏置环的有效性。但对于开曲线偏置如行切轨迹曲线，由于初始曲线及其偏置曲线的非封闭性，就无法直接利用上述旋向规则进行轨迹曲线无效环

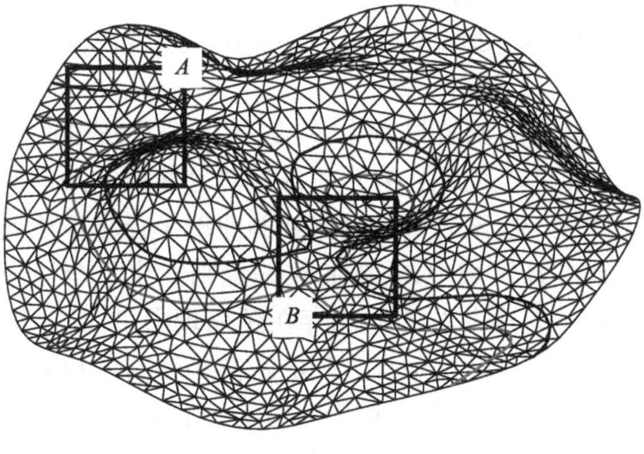

（a）初始偏置刀具轨迹曲线

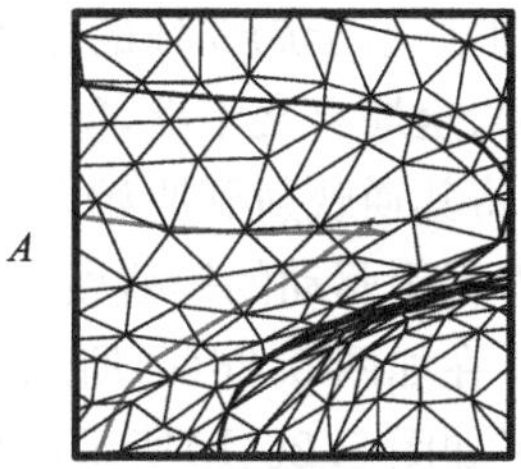

（b）局部自交

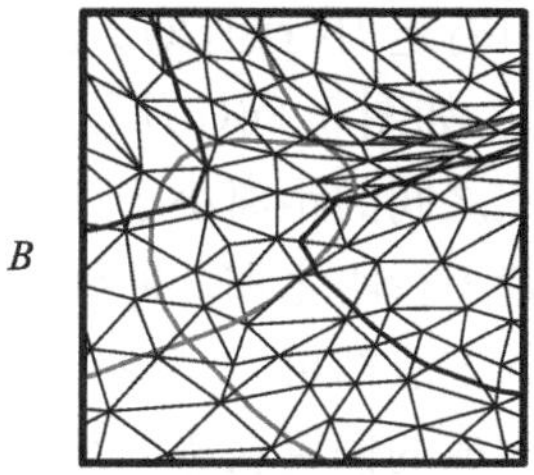

（c）全局自交

图 5.26　初始偏置轨迹曲线的自交干涉

的判断与消除。本节将提出局部环的概念，将闭曲线的旋向规则推广到开曲线偏置，用于快速消除开曲线偏置过程中的干涉自交。如图 5.27 所示，$\boldsymbol{q}_s$ 为偏置曲线的自交点，$\boldsymbol{q}_1$ 和 $\boldsymbol{q}_2$ 为自交点 $\boldsymbol{q}_s$ 在初始曲线上的对应点。将自交点 $\boldsymbol{q}_s$ 与 $\boldsymbol{q}_1$ 和 $\boldsymbol{q}_2$ 分别相连，就构造出两条临时边 $\boldsymbol{q}_s\boldsymbol{q}_1$ 和 $\boldsymbol{q}_2\boldsymbol{q}_s$，那么这两条临时边 $\boldsymbol{q}_s\boldsymbol{q}_1$ 和 $\boldsymbol{q}_2\boldsymbol{q}_s$ 与原始曲线在 $\boldsymbol{q}_1$ 和 $\boldsymbol{q}_2$ 之间的部分曲线段就构成一个局部环 $\mathrm{Loop}_{q_1q_2}$。特别提及的是，自交环是由局部环 $\mathrm{Loop}_{q_1q_2}$ 的偏置曲线构成的，而不是整条初始曲线的偏置。尽管无法确定初始曲线和偏置曲线的旋向，但是局部环 $\mathrm{Loop}_{q_1q_2}$ 及其偏置自交环的旋向却很容易计算，由此可以快速地判断自交环的有效性。从图 5.27 中也可以看

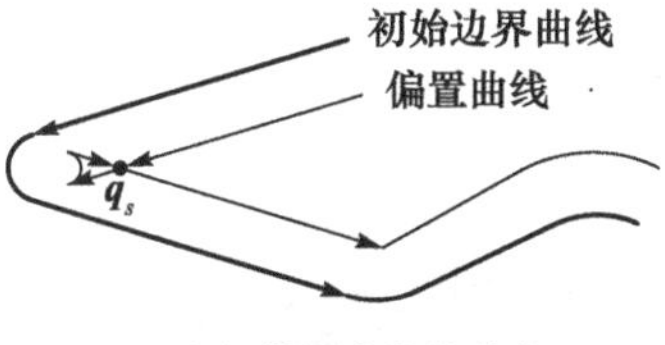

（a）偏置曲线的分离

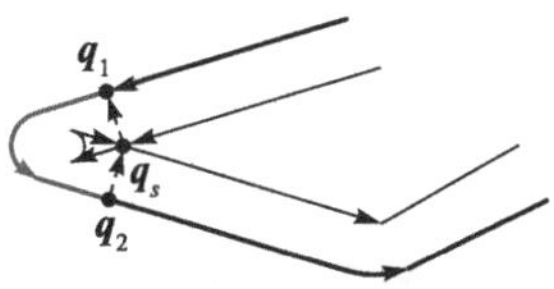

（b）局部自交干涉

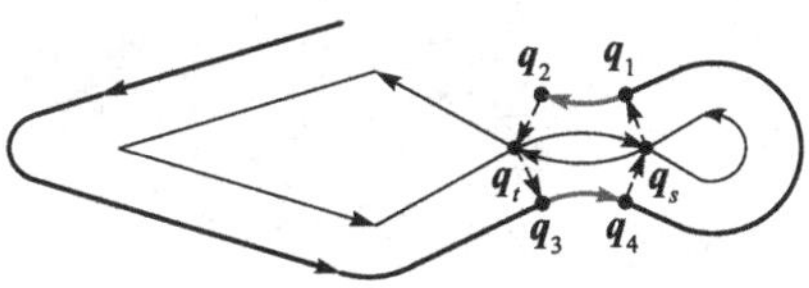

（c）全局自交干涉

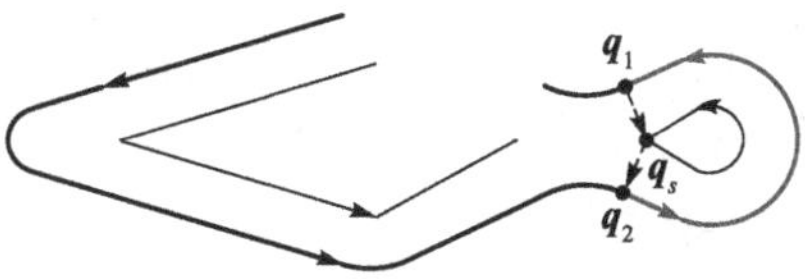

（d）有效偏置环

图 5.27　局部环的构造和干涉自交的消除

到，上述基于局部环的偏置轨迹曲线的干涉处理方法，能够有效地消除偏置曲线中局部、全局自交干涉，能够正确地识别有效的偏置环。在消除偏置曲线的自交干涉后，将其逆映射到原始曲面上，就得到无干涉轮廓平行的环切轨迹曲线或最大可行走刀行距驱动的等残留刀具轨迹。

在如图 5.26(a)所示曲面上开曲线的偏置过程中，A 区域处偏置轨迹曲线产生了如图 5.26(b)所示的局部干涉自交。其原因在于 A 区域轨迹曲线的局部曲率半径小于轨迹曲线的偏置距离，也可以说，该区域刀触点处的曲率半径小于该点处的可行走刀行距，即 $L_w^{(A)}>\rho^{(A)}$。而在 B 区域中，轨迹曲线偏置则发生了全局干涉自交，如图 5.26(c)所示。其原因在于轨迹曲线的局部存在颈缩现象，即这一区域两点之间的距离小于两倍偏置距离，或者说，这两点之间的距离小于这两点处的可行走刀行距之和。曲线偏置过程中出现的局部、全局干涉自交，利用上述基于局部环的方法都可以有效地消除掉，如图 5.28 所示。图 5.29 给出了两个在复杂曲面上生成的偏置轨迹曲线的算例。

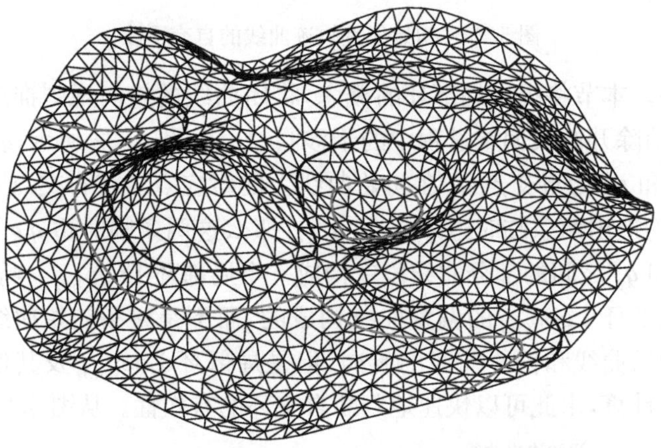

图 5.28　消除干涉后的偏置路径曲线

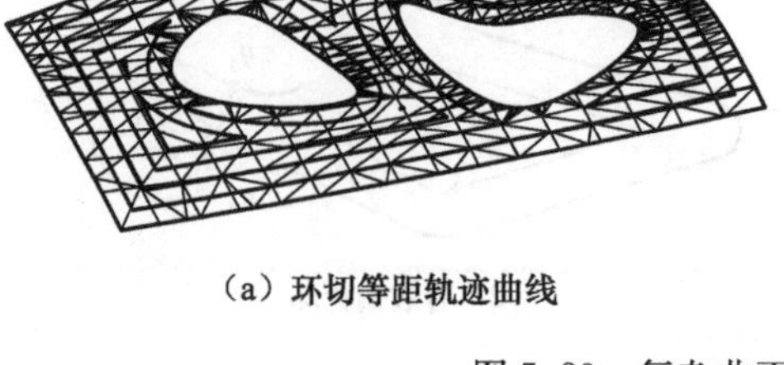

(a) 环切等距轨迹曲线

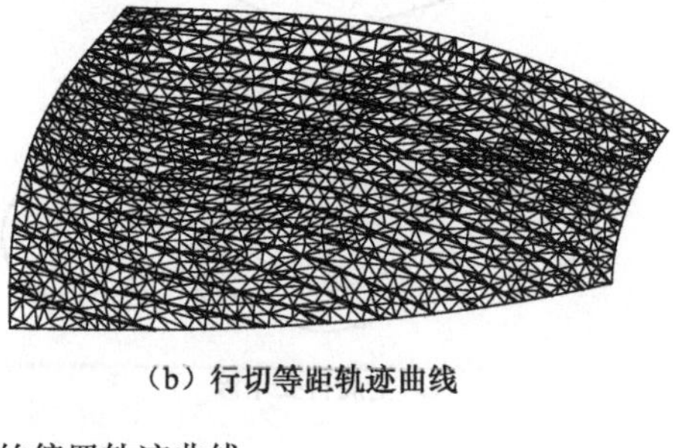

(b) 行切等距轨迹曲线

图 5.29　复杂曲面上的偏置轨迹曲线

5.3.6　亏格曲面上的螺旋加工轨迹

从图 5.25 和图 5.29 所示的轮廓平行刀具轨迹可以看到，无效自交环的消除会使刀具轨迹在自交点处形成许多尖锐的交点，这既不利于加工过程的平稳光顺，又可能造成自交点处出现欠切现象。本节将对 5.3.3 节和 5.3.4 节相关内容进行进一步扩展，在任意亏格曲面上生成光滑连续的高速螺旋加工轨迹。

1. 无亏格曲面的构造

为了实现光滑连续加工轨迹的构造，受 5.3.3 节和 5.3.4 节无亏格曲面向简单域映射的启发，首先将亏格曲面即含岛屿或空洞的曲面，转化为无亏格曲面。这里，采用内外边界间的桥接技术和树形结构来实现这一目标。如图 5.30 所示，将外轮廓 L_0 作为树形结构的根节点，然后可将任一岛屿或空洞轮廓如 L_1 作为与之相连的子轮廓，并利用二者之间的最近点对实现外部轮廓 L_0 和岛屿轮廓 L_1 之间的桥接。之后，对于岛屿轮廓 $L_i(i=1,\cdots,n)$，计算两两之间的最近距离，利用最近点对实现当前岛屿轮廓与其最近岛屿轮廓间的桥接。例如，对于岛屿轮廓 L_s，其桥接轮廓 L_t 为与 L_s 最近的岛屿轮廓：

$$d_{s,t}=\min_{1\leqslant i\leqslant n}\{d_{s,i}\} \tag{5.77}$$

由此完成所有岛屿轮廓之间的桥接，并根据相互之间的桥接关系，建立如图 5.30(b) 所示的树形组织结构。得到曲面内外轮廓间桥接的树形组织结构后，就可通过树形结构的深度优先遍历将所有的边界连接成一条边界曲线。这里，规定外轮廓旋

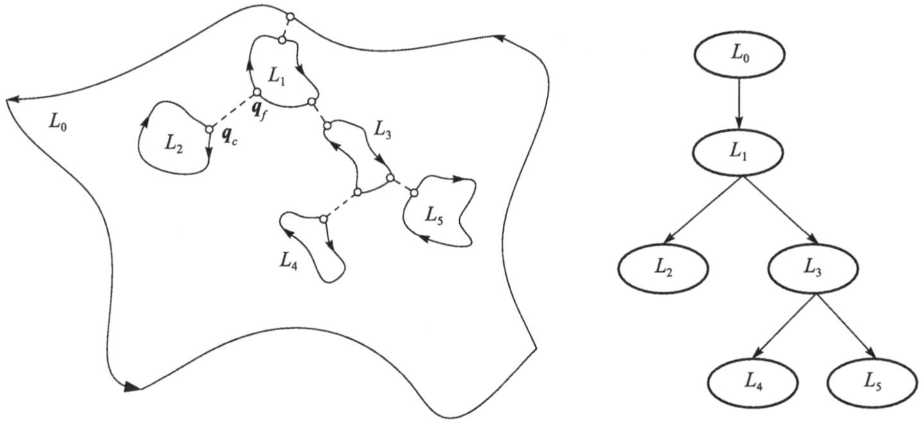

(a) 内外边界间的桥接　　(b) 树形组织结构

图 5.30　无亏格曲面的构造过程

向为逆时针，内部岛屿轮廓旋向为顺时针。这样，就可以以外轮廓上任一点为起点对曲面轮廓进行遍历，遇到桥接点则进入其子桥接轮廓，直到进入树形结构的叶节点。遍历完叶节点后，通过桥接点进入其父桥接轮廓继续遍历，直至所有轮廓被遍历完毕。

2. 平面导引轨迹的设计

将所有的内外轮廓连接成一条边界曲线后，亏格曲面就被转化为无亏格曲面。这样就可将其映射到简单域，生成更为高效的刀具轨迹。与 5.3.4 节所述螺旋加工轨迹的生成方法不同，本节将利用柱面螺线的基本思想，构造亏格曲面上的螺旋加工轨迹。如图 5.31 所示，所述柱面螺线的切线与圆柱的轴线成恒定的角度。将圆柱面沿螺线起点处的直母线剪开并展平到平面域后，柱面螺线将变为一组等间距、相互平行且与 u 边保持定角度的倾斜直线段。利用这一思想，就可以在亏格曲面上生成光滑连续的螺旋加工轨迹。在将前面得到的无亏格曲面映射到矩形域时，矩形域的左右两边一般应与外边界与其桥接岛屿之间的桥接边相对应。另外，为了控制相邻轨迹间的残留高度，应对轨迹间的走刀行距或者矩形域上导引平行线间的参数增量进行严格控制。导引轨迹间的参数增量 Δv 可按 5.3.2 节方法计算。为计算方便起见，可取所有参数增量中的最小值作为矩形域上导引轨迹的计算依据，设为 $\Delta v_{\min}$，则矩形域上的导引轨迹为

$$\begin{cases} v_i^* = i\Delta v_{\min}, & v_i^* \leqslant 1 \\ v_i = v_i^* + \Delta v_{\min} u, & u \in [0,1] \end{cases} \tag{5.78}$$

式中，v_i^* 为第 i 导引平行线起点的 v 参数；$v_i = v_i^* + \Delta v_{\min} u$ 为平行线的直线方程。利用 5.3.1 节所述方法将矩形域上的平行导引轨迹映射到原始曲面上，就可生成螺旋加工轨迹。图 5.32 给出了利用上述方法在亏格曲面上生成的螺旋加工轨迹，以及与利用 5.3.4 节的圆形域映射生成的螺旋加工轨迹之间的比较。

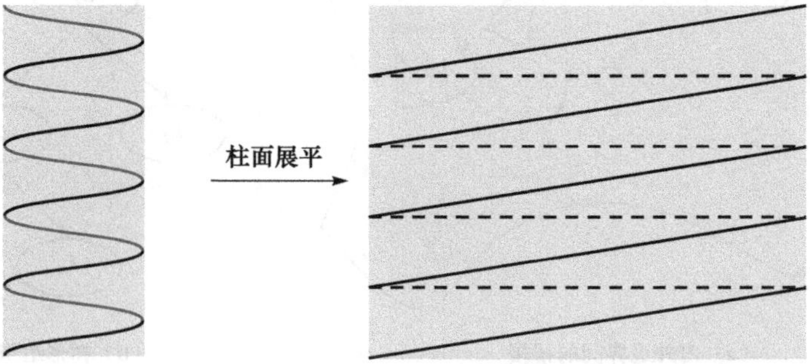

图 5.31　柱面螺线

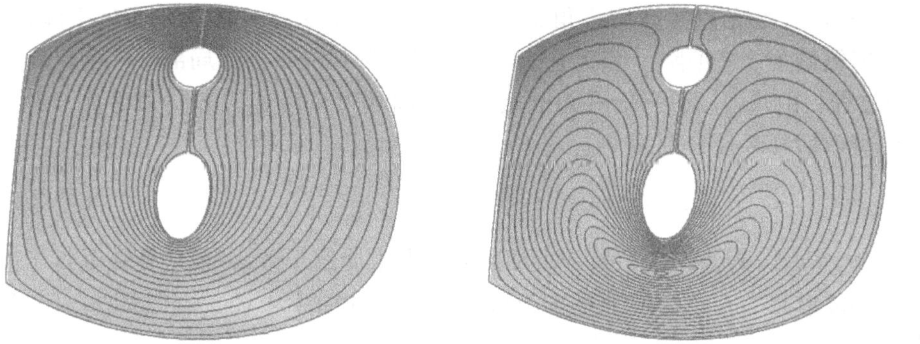

(a) 基于柱面螺线的螺旋加工轨迹　　(b) 基于平面螺线的螺旋加工轨迹

图 5.32　亏格曲面上的螺旋加工轨迹

5.4　五轴加工刀具姿态优化

前面着重讨论了基于协调参数映射的刀具轨迹设计方法。对于五轴加工，在考虑刀具轨迹光滑连续的同时，还必须考虑刀轴矢量即刀具姿态 $O(\alpha,\beta)$ 的变化，以避免加工过程中可能出现的局部、全局加工干涉[37~39]。对于任意刀触点，它所对应的刀轴矢量必须存在于该点的可行加工空间 C_s，可行加工空间 C_s 中的任一点 (α,β) 都可作为该刀触点处的刀轴矢量。但实际上，刀触点处刀轴矢量的选取又受其相邻刀触点甚至整条刀触轨迹的刀轴矢量变化的限制。如果相邻刀轴矢量变化过于剧烈，就可能出现实际加工过程中机床各轴的速度和加速度超出限制的情形，导致加工过程失稳、破坏加工表面的完整性。对于刀具姿态的选取，不仅要从几何学层面考虑加工精度、刀具的加工干涉碰撞，还必须考虑刀具姿态变化与机床动力学性能之间的关系[40~45]。本节将对五轴加工刀具姿态优化进行初步探讨，更多的细节问题仍有待进一步深入。

5.4.1　局部加工干涉的消除

局部加工干涉是指在刀触点处由于刀具的有效切削半径 ρ_e 与被加工曲面在垂直于进给方向的局部曲率半径 ρ_λ 不匹配，即 $\rho_e > \rho_\lambda$ 时，发生的加工过切现象，如图 5.33 所示。因此，必须确定合理的刀具姿态以避免局部加工干涉。

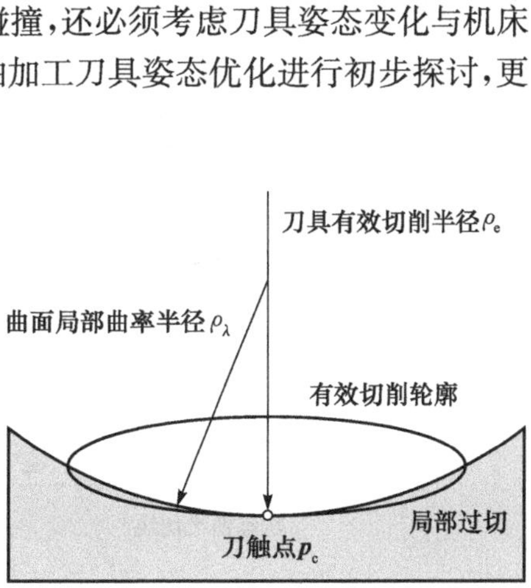

图 5.33　局部加工干涉示意图

在实际处理中，考虑到侧偏角 β 计算的复杂性，为简化分析计算，在确定刀具姿态时，一般先只考虑后跟角 α，而将侧偏角 β 取为零。如果仍发生干涉，再通过调整侧偏角 β 来消除干涉。下面以环形刀为例来说明消除局部干涉确定后跟角 α 的过程。由式(5.2)可知，在刀触点 $\boldsymbol{p}_c$ 处，圆环刀刃沿走刀方向和垂直于走刀方向的有效切削半径分别为

$$\rho_{1t}=r,\qquad \rho_{2t}=\frac{R+r\sin\theta}{\sin\theta} \tag{5.79}$$

显然，$\rho_{1t}<\rho_{2t}$。若要避免刀具与被加工曲面发生局部干涉，一般应使在垂直于进给方向的环形刀的有效切削半径小于被加工曲面的曲率半径 $1/k_\lambda^{(s)}$，即 $\rho_{2t}\leqslant 1/k_\lambda^{(s)}$，其中

$$k_\lambda^{(s)}=k_{\min}^{(s)}\cos(\lambda-\omega_0)+k_{\max}^{(s)}\sin(\lambda-\omega_0) \tag{5.80}$$

式中，λ 为刀触点处任一方向与刀触轨迹切线方向之间的夹角；ω_0 为刀触轨迹切线方向与最小主曲率方向 $\boldsymbol{\tau}_{\min}$ 之间的夹角，如图 5.34 所示。为计算方便，考虑到 $1/k_{\max}^{(s)}<1/k_{\min}^{(s)}$，只要满足 $\rho_{2t}\leqslant 1/k_{\max}^{(s)}$ 就可避免刀具与被加工曲面之间的局部干涉。于是，可以得到

$$\frac{R+r\sin\theta}{\sin\theta}=\frac{1}{k_{\max}^{(s)}} \tag{5.81}$$

反解式(5.81)即可求得角度 θ，也就是后跟角 α：

$$\alpha=\arcsin\left[\frac{R}{\rho_{\min}^{(s)}-r}\right] \tag{5.82}$$

式中，$\rho_{\min}^{(s)}$ 为被加工曲面在切削点 $\boldsymbol{p}_c$ 处的最小曲率半径 $\rho_{\min}^{(s)}=1/k_{\max}^{(s)}$。将曲面在切削点 $\boldsymbol{p}_c$ 处的最小曲率半径 $\rho_{\min}^{(s)}$ 代入式(5.82)，即可得到刀触点 $\boldsymbol{p}_c$ 处能够避免刀具局部加工干涉的最小后跟角 $\alpha_{\min}$。只要后跟角 α 满足 $\alpha>\alpha_{\min}$ 就可避免局部加工干涉，$\alpha_{\min}$ 也是后面将要建立的可行加工空间 C_s 的 α 的取值下限。

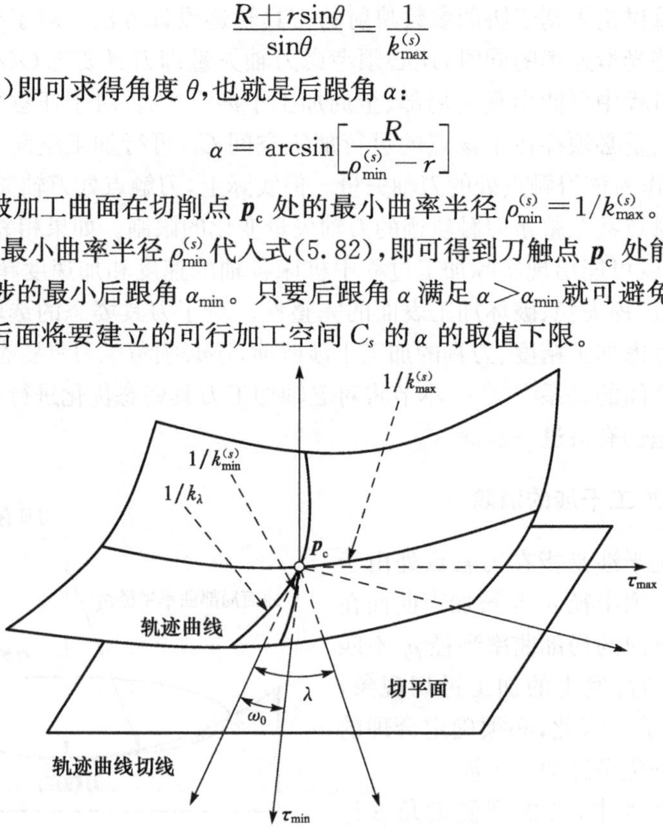

图 5.34　刀触点处的局部几何

5.4.2　全局碰撞干涉的消除

这里，将除刀触点外刀具与被加工曲面之间的接触全归为刀具与被加工曲面间的碰撞干涉，一般包括如图 5.35 所示的两种情形，即刀具底面和刀杆部分与被加工曲面之间的碰撞。

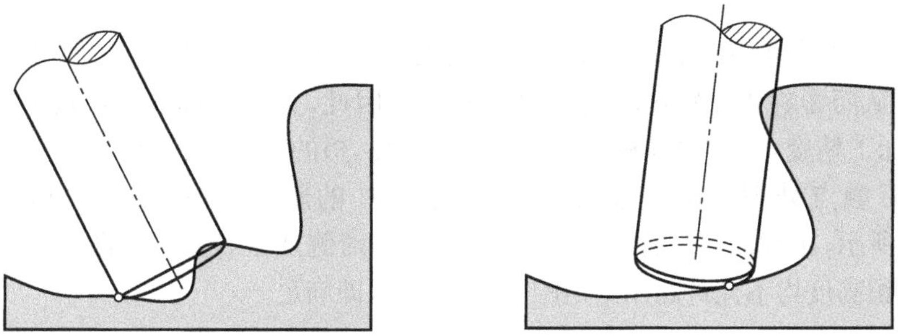

(a) 刀具底面与被加工曲面的碰撞干涉　　(b) 刀杆部分与被加工曲面的碰撞干涉

图 5.35　全局碰撞干涉示意图

碰撞干涉检测就是检查被加工曲面 $\boldsymbol{S}^{(r)}$ 和刀具曲面 $\boldsymbol{S}^{(t)}$ 之间的接触状态，如果被加工曲面 $\boldsymbol{S}^{(r)}$ 到刀具曲面 $\boldsymbol{S}^{(t)}$ 的有向距离

$$d_{r,t} = [\boldsymbol{S}^{(t)} - \boldsymbol{S}^{(r)}] \cdot \boldsymbol{n}_r \tag{5.83}$$

大于零，即 $d_{r,t}>0$，则被加工曲面 $\boldsymbol{S}^{(r)}$ 和刀具 $\boldsymbol{S}^{(t)}$ 之间无碰撞干涉；反之，则存在碰撞干涉。为加速上述检测过程，避免参数曲面上复杂的数值处理，被加工曲面 $\boldsymbol{S}^{(r)}$ 一般被首先转化为三角网格模型，然后根据刀具的包围盒快速确定被加工网格曲面上需要检测的区域 $S^{(e)}$，如图 5.36 所示。可根据待检测区域 $S^{(e)}$ 与刀具底面之

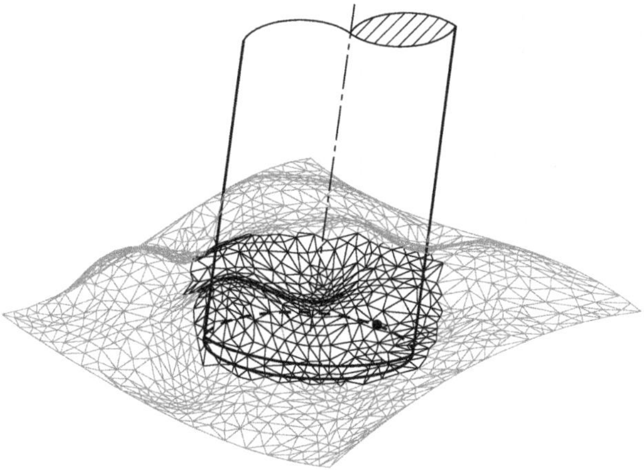

图 5.36　碰撞干涉检测区域示意图

间的关系，将 $S^{(e)}$ 进一步分解为刀具底面检测区域 $S^{(b)}$ 和刀杆碰撞检测区域 $S^{(g)}$。在各检测区域上，根据检测区域与刀具曲面之间的接触关系，快速判断刀具姿态为 $O(\alpha,\beta)$ 时是否存在上述全局碰撞干涉，从而为后续可行加工空间的构造提供依据。具体的检测过程也可参考文献[41]和[42]。

5.4.3 加工曲面的误差控制

由 5.1.5 节可知，刀具姿态 $O(\alpha,\beta)$ 的变化会导致刀具的有效切削轮廓 Ω_c 发生改变，从而影响相邻轨迹间的残留高度 h_s。因此，为了保证残留高度 h_s 不超出给定的加工精度 ε_e，必须严格控制刀具姿态 $O(\alpha,\beta)$ 的变化。这里，为了同时考虑相邻轨迹刀触点处刀具姿态变化对残留高度 h_s 的影响，进行如下严格规定：如图 5.37 所示，在刀具姿态的调整过程中，刀触点两侧加工行距 L_w 的一半（即 $L_w/2$ 处）的残留高度均不允许超出给定的加工精度 ε_e，即满足

$$\max\{h_s^{(L)}, h_s^{(R)}\} \leqslant \varepsilon_e \tag{5.84}$$

相邻轨迹 C_i 和 C_{i+1} 间的残留高度 h_s 为

$$h_s = \max\{h_{s,i}^{(R)}, h_{s,i+1}^{(L)}\} \tag{5.85}$$

这样，相邻轨迹 C_i 和 C_{i+1} 间的残留高度 h_s 必定满足加工精度 ε_e 的要求。式(5.84)和式(5.85)中的残留高度 $h_s^{(L)}$ 和 $h_s^{(R)}$ 可根据 5.1.5 节给出的环形刀的有效切削轮廓 Ω_c 进行计算。由此，就可以控制因刀具姿态 $O(\alpha,\beta)$ 调整对相邻轨迹间的残留高度 h_s 的影响。

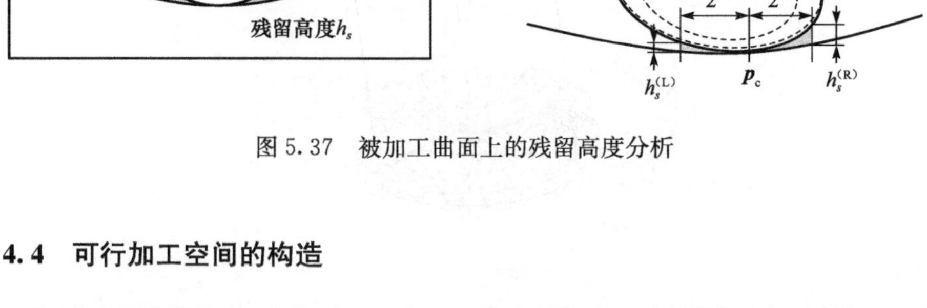

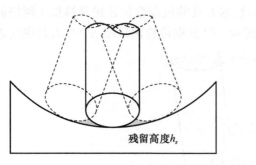

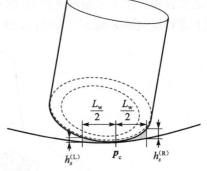

图 5.37　被加工曲面上的残留高度分析

5.4.4 可行加工空间的构造

由前面的分析可知，刀触点 p_c 处刀具姿态的调整必须能够避免局部加工干涉

和全局碰撞干涉，同时还要满足加工精度的要求。在理论上，满足上述要求的后跟角 α 和侧偏角 β 都可以用于确定五轴加工中的刀具姿态，因此把所有满足上述要求的刀具姿态 $O(\alpha,\beta)$ 的并集称为刀具在刀触点 $\boldsymbol{p}_c$ 处的可行加工空间 C_s。

显然，可行加工空间 C_s 是一连续的参数空间，但是为了构造和后续使用的方便，通常采用离散采样的方式生成。一般情况下，后跟角的取值范围为$0\leqslant\alpha\leqslant\pi/2$，侧偏角的取值范围为$-\pi/2\leqslant\beta\leqslant\pi/2$。为了确定可行加工空间 C_s，可根据给定的采样精度 $\Delta\alpha$ 和 $\Delta\beta$，对刀具姿态的参数空间进行离散采样 $O(\alpha_i,\beta_j)(i=0,1,\cdots,m;j=0,1,\cdots,n)$，并构造采样网格 $C_{i,j}$：

$$C_{i,j}=\{(\alpha_i,\beta_j),(\alpha_{i+1},\beta_j),(\alpha_{i+1},\beta_{j+1}),(\alpha_i,\beta_{j+1})\} \tag{5.86}$$

式中，(α_i,β_j) 为采样网格的顶点，如图 5.38 所示。然后，根据 5.4.1 节～5.4.3 节所述的避免局部加工干涉、全局碰撞干涉和保证加工精度控制的方法判断采样网格顶点 (α_i,β_j) 所表示的刀具姿态是否为可行刀具姿态，进而判断其所在的采样网格 $C_{i,j}$ 是否是刀具姿态调整的可行子空间：

(1) 如果采样网格 $C_{i,j}$ 的 4 个角点都为可行刀具姿态，则该采样网格为刀轴矢量的可行子空间 $C^s_{i,j}$；

(2) 如果采样网格 $C_{i,j}$ 的 4 个角点中任意一个角点为不可行刀具姿态，则该采样网格被认为是刀轴矢量的不可达子空间 $C^N_{i,j}$。

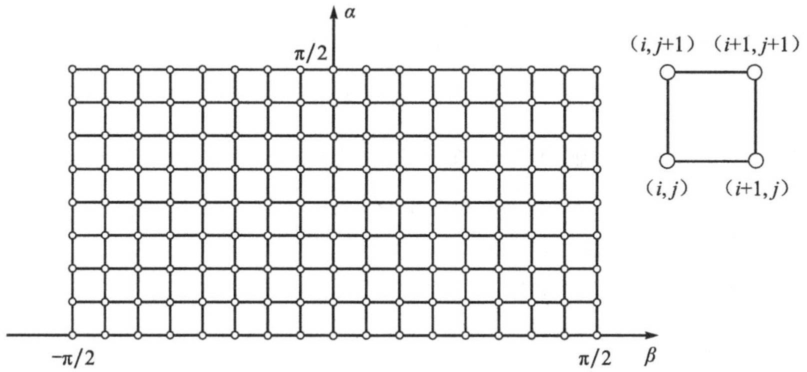

图 5.38　刀具姿态 $O(\alpha,\beta)$ 的参数空间

所有可行空间 $\{C^s_{i,j}\}$ 的并集就构成刀触点 $\boldsymbol{p}_c$ 处的可行加工空间 C_s。另外，对有的角点是可行刀具姿态的不可达子空间 $C^N_{i,j}$，也可以进一步细分采样以确定更为精确的可行空间 C_s 的边界。图 5.39 为利用上述方法构造的刀具姿态的可行加工空间。其他可行加工空间的构造方法也可参考文献[41]～[43]。

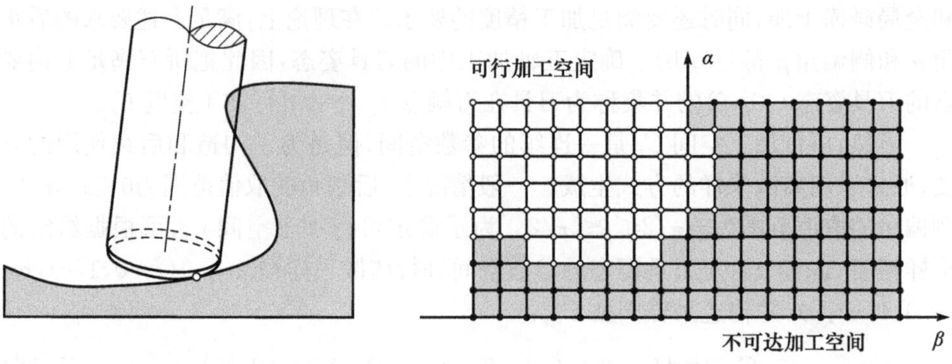

图 5.39 刀具姿态的可行加工空间

5.4.5 刀具姿态的优化模型

理论上，刀触点 $\boldsymbol{p}_c$ 处可行加工空间 C_s 中的任一点都可用做该点处的刀轴矢量 $\boldsymbol{A}(\alpha,\beta)$。这样，虽然每一刀触点处的刀具姿态不仅满足被加工曲面的加工精度要求，而且不会与被加工曲面发生局部加工干涉和全局碰撞干涉，但对于存在过多局部或全局干涉的复杂形状曲面零件，前面所确定的刀轴矢量仍有可能在相邻位置间出现突变，当刀具经过刀轴矢量突变点处时，机床各运动轴需要以较大的速度和加速度来完成刀轴转角的变化，这将会导致机床旋转轴的角速度和角加速度超出机床各旋转轴本身的对于角速度和角加速度的限制，破坏零件表面的加工质量。为了能够有效地避免此类问题，下面以双摆头五轴数控机床为例，讨论刀轴矢量的整体优化方法。

1. 工件笛卡儿坐标系下的刀具姿态优化模型

如图 5.40 所示，设刀触点坐标系为 $\xi^{(L)}=[\boldsymbol{p}_c;\boldsymbol{e}_1^{(L)},\boldsymbol{e}_2^{(L)},\boldsymbol{e}_3^{(L)}]$，其中 $\boldsymbol{p}_c$ 为当前时刻刀具与被加工曲面上刀触轨迹 $\boldsymbol{r}(t)$ 的接触点，$\boldsymbol{e}_1^{(L)}$ 为刀触轨迹在切削点 $\boldsymbol{p}_c$ 处的单位切矢量，$\boldsymbol{e}_3^{(L)}$ 为被加工曲面 $\boldsymbol{r}(u,v)$ 在切触点 $\boldsymbol{p}_c$ 处的单位法矢量，$\boldsymbol{e}_2^{(L)}$ 为矢量 $\boldsymbol{e}_1^{(L)}$ 和 $\boldsymbol{e}_3^{(L)}$ 的矢量积，分别表示如下：

$$\begin{cases}\boldsymbol{e}_1^{(L)}=\dfrac{\mathrm{d}\boldsymbol{r}(t)}{\mathrm{d}t}\Bigg/\left\|\dfrac{\mathrm{d}\boldsymbol{r}(t)}{\mathrm{d}t}\right\|\\ \boldsymbol{e}_2^{(L)}=\boldsymbol{e}_3^{(L)}\times\boldsymbol{e}_1^{(L)}\\ \boldsymbol{e}_3^{(L)}=\dfrac{\partial\boldsymbol{r}(u,v)}{\partial u}\times\dfrac{\partial\boldsymbol{r}(u,v)}{\partial v}\Bigg/\left\|\dfrac{\partial\boldsymbol{r}(u,v)}{\partial u}\times\dfrac{\partial\boldsymbol{r}(u,v)}{\partial v}\right\|\end{cases}\tag{5.87}$$

则刀轴矢量 $\boldsymbol{A}_c(\alpha,\beta)$ 在刀触点局部坐标系 $\xi^{(L)}$ 中表示为

$$\boldsymbol{A}_c^{(L)}(\alpha,\beta)=[\sin\alpha\cos\beta,\sin\alpha\sin\beta,\cos\alpha]\tag{5.88}$$

根据刀触点坐标系 $\xi^{(L)}$ 和工件坐标系 $\xi^{(w)}$ 之间的变换关系，刀轴矢量 $\boldsymbol{A}_c^{(L)}(\alpha,\beta)$ 在工件坐标系中的表示为

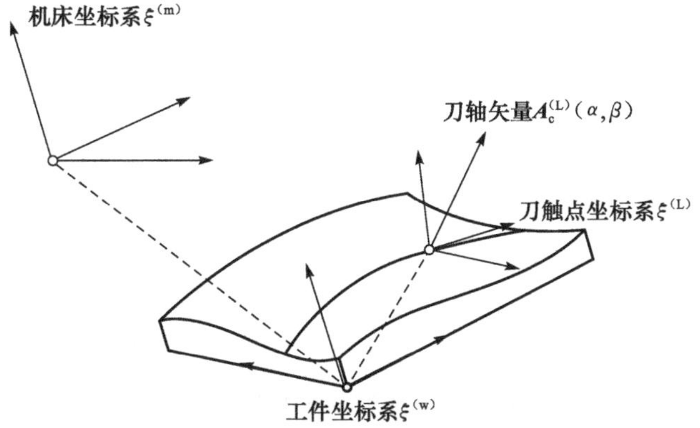

图5.40　五轴数控机床的坐标变换

$$A_c^{(w)}(\alpha,\beta)=\sin\alpha\cos\beta e_1^{(L)}+\sin\alpha\sin\beta e_2^{(L)}+\cos\alpha e_3^{(L)} \tag{5.89}$$

设$A_c^{(w)}(\alpha_i,\beta_i)$为第$i$个刀触点$p_c^i$处的刀轴矢量，$A_c^{(w)}(\alpha_{i+1},\beta_{i+1})$为第$i+1$个刀触点$p_c^{i+1}$处的刀轴矢量，则这两个相邻刀触点处的刀轴矢量的变化可表示为

$$\theta_{i,i+1}=\arccos[A_c^{(w)}(\alpha_i,\beta_i)\cdot A_c^{(w)}(\alpha_{i+1},\beta_{i+1})] \tag{5.90}$$

应该注意的是，式(5.90)并未考虑刀触点的分布情况，即刀触轨迹形状的变化。如果刀触点为均匀分布，则上面角度的变化也就反映了角速度$\omega_{i,i+1}$的变化，但是如果刀触点为非均匀分布(多数情况下)，$\theta_{i,i+1}$并不能表示$\omega_{i,i+1}$的变化，必须考虑刀具在刀触点p_c^i和p_c^{i+1}之间的运动距离$d_{p_i,p_{i+1}}$。于是

$$\omega_{i,i+1}=\frac{\theta_{i,i+1}}{d_{p_i,p_{i+1}}}f_{p_i}=\frac{\arccos[A_c^{(w)}(\alpha_i,\beta_i)\cdot A_c^{(w)}(\alpha_{i+1},\beta_{i+1})]}{d_{p_i,p_{i+1}}}f_{p_i} \tag{5.91}$$

式中，f_{p_i}为刀触点p_c^i处的进给速度。刀轴矢量整体优化的目标就是使刀触点轨迹上所有相邻刀触点$\{p_c^i,p_c^{i+1}\}$间角速度$\{\omega_{i,i+1}\}$的变化最小。根据最小二乘原理，可得到如下的优化目标函数：

$$\begin{cases}\min\ E(\alpha,\beta)=\min\left\{\sum\limits_{i=0}^{n-1}\|\omega_{i,i+1}\|^2\right\}\\ \qquad\qquad\quad =\min\left\{\sum\limits_{i=0}^{n-1}\left\|\dfrac{\arccos[A_c^{(w)}(\alpha_i,\beta_i)\cdot A_c^{(w)}(\alpha_{i+1},\beta_{i+1})]}{d_{p_i,p_{i+1}}}f_{p_i}\right\|^2\right\}\\ \text{s.t.}\ (\alpha,\beta)\in C_s\end{cases} \tag{5.92}$$

上述目标函数解的可行空间就是前面建立的所有刀触点$\{p_c^i\}$处的可行加工空间$\{C_i^s\}$。图5.41给出了以相邻刀触点处刀轴摆动角速度最小为目标的刀轴矢量优化结果。可以看到，优化后刀轴矢量变化更为光滑连续。

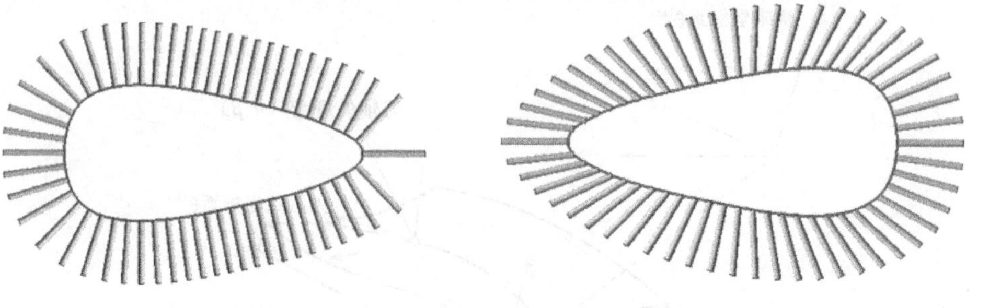

（a）优化前刀轴矢量　　（b）优化后刀轴矢量

图 5.41　刀轴矢量优化算例

2. 机床运动学特性约束下的刀具姿态优化

应该注意的是，尽管前面给出的刀具姿态优化模型能够避免相邻刀触点位置间刀轴矢量的突然变化，但整个优化模型却是建立在工件坐标系 $\xi^{(w)}$ 下的，而且前面提到的角速度 $\omega_{i,i+1}$ 并不能真正反映机床各旋转轴（如 A、C 轴）角速度的变化。这样，依旧可能存在刀轴矢量变化引起的机床各旋转轴的角速度和角加速度会超出机床各旋转轴本身对于角速度和角加速度的限制。理想的刀轴矢量优化模型应该建立在机床坐标系 $\xi^{(m)}$ 下，并同时考虑机床各旋转轴的运动学特性约束。

首先，应该根据机床的逆向运动学变换得到刀触点坐标系 $\xi^{(L)}$ 中刀轴矢量 $\boldsymbol{A}_c^{(L)}(\alpha,\beta)$ 在机床坐标系 $\xi^{(m)}$ 中所对应的机床旋转轴如 A、C 轴的旋转角 θ_A 和 θ_C。如图 5.40 所示，从刀触点坐标系 $\xi^{(L)}$ 到机床坐标系 $\xi^{(m)}$ 的逆向运动变换可表示为

$$\boldsymbol{T}(\xi^{(L)}\rightarrow\xi^{(m)})=\boldsymbol{T}(\xi^{(w)}\rightarrow\xi^{(m)})\boldsymbol{T}(\xi^{(L)}\rightarrow\xi^{(w)}) \tag{5.93}$$

注意，由于平移并不改变矢量的方向，对于刀轴矢量从刀触点坐标系 $\xi^{(L)}$ 到机床坐标系 $\xi^{(m)}$ 的运动变换，可以不用考虑平移运动变换。式(5.93)中各坐标系之间的运动变换表示如下：

$$\begin{cases}\boldsymbol{T}(\xi^{(L)}\rightarrow\xi^{(w)})=[\boldsymbol{e}_1^{(L)^T},\boldsymbol{e}_2^{(L)^T},\boldsymbol{e}_3^{(L)^T}]^T\\ \boldsymbol{T}(\xi^{(w)}\rightarrow\xi^{(m)})=\boldsymbol{T}_r(A,-\theta_A)\boldsymbol{T}_r(C,-\theta_C)\end{cases} \tag{5.94}$$

式中，$\boldsymbol{T}_r(A,-\theta_A)$ 为 $\boldsymbol{T}_r(A,\theta_A)$ 的逆矩阵。由此可以建立刀触点坐标系 $\xi^{(L)}$ 中的刀轴矢量 $\boldsymbol{A}_c^{(L)}(\alpha,\beta)$ 和机床坐标系的 $\boldsymbol{Z}^{(m)}=[0,0,1]^T$ 的关系：

$$\begin{cases}\boldsymbol{Z}^{(m)}=\boldsymbol{T}(\xi^{(L)}\rightarrow\xi^{(m)})\boldsymbol{A}_c^{(L)}(\alpha,\beta)\\ \boldsymbol{A}_c^{(L)}(\alpha,\beta)=\boldsymbol{T}_r(\boldsymbol{e}_3^{(L)},\beta)\boldsymbol{T}_r(\boldsymbol{e}_2^{(L)},\alpha)[0,0,1]^T\end{cases} \tag{5.95}$$

将式(5.94)代入式(5.95)，可得

$$\boldsymbol{Z}^{(\mathrm{m})} = \boldsymbol{T}_r(A, -\theta_A)\boldsymbol{T}_r(C, -\theta_C)\begin{bmatrix}\boldsymbol{e}_1^{(\mathrm{L})^{\mathrm{T}}} \\ \boldsymbol{e}_2^{(\mathrm{L})^{\mathrm{T}}} \\ \boldsymbol{e}_3^{(\mathrm{L})^{\mathrm{T}}}\end{bmatrix}\boldsymbol{T}_r(\boldsymbol{e}_3^{(\mathrm{L})}, \beta)\boldsymbol{T}_r(\boldsymbol{e}_2^{(\mathrm{L})}, \alpha)\begin{bmatrix}0\\0\\1\end{bmatrix} \tag{5.96}$$

反解式(5.96)就可得到刀触点 $\boldsymbol{p}_{\mathrm{c}}^i$ 处的刀轴矢量在机床坐标系下 A、C 轴所对应的旋转角 θ_A^i 和 θ_C^i。根据得到的 θ_A^i 和 θ_C^i，就可给出机床各旋转轴运动性能的约束条件。当刀具从刀触点 $\boldsymbol{p}_{\mathrm{c}}^i$ 运动到 $\boldsymbol{p}_{\mathrm{c}}^{i+1}$ 时，刀轴矢量从 $\boldsymbol{A}_{\mathrm{c}}^{(\mathrm{L})}(\alpha_i, \beta_i)$ 变化为 $\boldsymbol{A}_{\mathrm{c}}^{(\mathrm{L})}(\alpha_{i+1}, \beta_{i+1})$，刀具的运动距离为 $d_{p_i, p_{i+1}} = \| \boldsymbol{p}_{\mathrm{c}}^i - \boldsymbol{p}_{\mathrm{c}}^{i+1} \|$。此时，刀轴矢量 $\boldsymbol{A}_{\mathrm{c}}^{(\mathrm{L})}(\alpha, \beta)$ 在机床坐标系下所对应的 A、C 轴的旋转角度 θ_A 和 θ_C 的变化量为

$$\begin{cases}\omega_i^A = f_{p_i} \mid \theta_A^{i+1} - \theta_A^i \mid / d_{p_i, p_{i+1}} \\ \omega_i^C = f_{p_i} \mid \theta_C^{i+1} - \theta_C^i \mid / d_{p_i, p_{i+1}}\end{cases} \tag{5.97}$$

式中，f_{p_i} 为刀具在 $\boldsymbol{p}_{\mathrm{c}}^i$ 处的进给速度。

从运动学角度而言，ω_i^A 和 ω_i^C 就是刀具从刀触点 $\boldsymbol{p}_{\mathrm{c}}^i$ 运动到 $\boldsymbol{p}_{\mathrm{c}}^{i+1}$ 时，机床 A、C 旋转轴的角速度。进而，利用差分方法就可以快速得到数控机床 A、C 轴的角加速度：

$$\begin{cases}\alpha_i^A = 2f_{p_i}^2\left(\dfrac{\mid \theta_A^{i+1} - \theta_A^i \mid}{d_{p_i, p_{i+1}}} - \dfrac{\mid \theta_A^i - \theta_A^{i-1} \mid}{d_{p_i, p_{i-1}}}\right)\Big/(d_{p_i, p_{i+1}} + d_{p_i, p_{i-1}}) \\ \alpha_i^C = 2f_{p_i}^2\left(\dfrac{\mid \theta_C^{i+1} - \theta_C^i \mid}{d_{p_i, p_{i+1}}} - \dfrac{\mid \theta_C^i - \theta_C^{i-1} \mid}{d_{p_i, p_{i-1}}}\right)\Big/(d_{p_i, p_{i+1}} + d_{p_i, p_{i-1}})\end{cases} \tag{5.98}$$

五轴数控机床 A、C 轴的角速度和角加速度的极限值 ω_A^l、ω_C^l 和 α_A^l、α_C^l 可根据机床说明书中提供的技术参数确定。由此，就可以得到以角速度变化最小为目标的刀具姿态优化目标函数：

$$\begin{cases}\min\{E_\omega(\alpha, \beta)\} = \min\left\{\sum\limits_{i=0}^{n-1}\left[(\omega_i^A)^2 + (\omega_i^C)^2\right]\right\} \\ \text{s. t. } (\alpha, \beta) \in C_s\end{cases} \tag{5.99}$$

如果以角加速度变化最小为目标，则刀具姿态优化的目标函数如下：

$$\begin{cases}\min\{E_\alpha(\alpha, \beta)\} = \min\left\{\sum\limits_{i=0}^{n-1}\left[(\alpha_i^A)^2 + (\alpha_i^C)^2\right]\right\} \\ \text{s. t. } (\alpha, \beta) \in C_s\end{cases} \tag{5.100}$$

上述目标函数(5.99)和式(5.100)解的可行空间，同样也是前面所给出的刀触点$\{\boldsymbol{p}_{\mathrm{c}}^i\}$处的可行加工空间$\{C_i^s\}$。图 5.42 为采用上述方法进行刀轴矢量优化的算例。优化前刀轴位向如图 5.42(a)所示，可以看到当刀具接近障碍物时，相邻刀轴位向间出现突变。经上述方法优化后，刀轴可光滑连续地避开障碍物，如图5.42(b)所示。从图 5.42(c)和(d)中也可看到，优化后机床两旋转轴角速度的变化明显小于优化之前，从而使加工过程更加平稳。

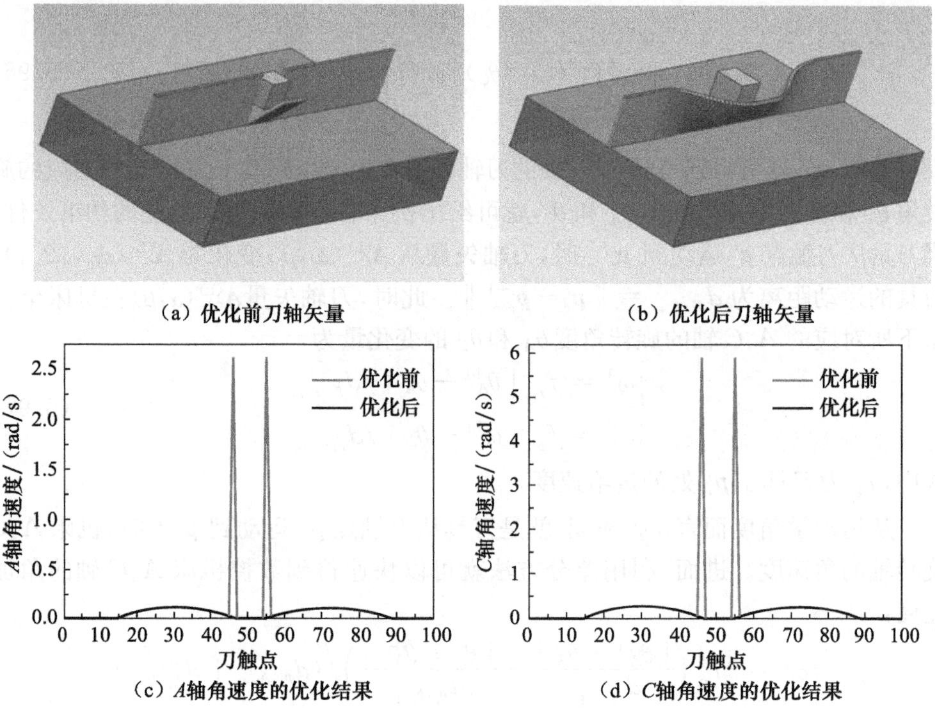

图 5.42　刀轴矢量优化算例

参 考 文 献

[1] 梅向明，黄敬之. 微分几何. 3 版. 北京：高等教育出版社，2003.

[2] Tournier C, Duc E. Iso-scallop tool path generation in 5-axis milling. International Journal of Advanced Manufacturing Technology, 2005, 25(9/10): 867-875.

[3] 刘雄伟，张定华，王增强，等. 数控加工理论与编程技术. 2 版. 北京：机械工业出版社，2007.

[4] Li H W, Tutunea-Fatan O R, Feng H Y. An improved tool path discretization method for five-axis sculptured surface machining. International Journal of Advanced Manufacturing Technology, 2007, 33(9/10): 994-1000.

[5] Lin R S, Koren Y. Efficient tool-path planning for machining free-form surfaces. ASME Transactions, Journal of Engineering for Industry, 1996, 118(1): 20-28.

[6] Lee Y S, Chang T C. Automatic cutter selection for five-axis sculptured surface machining. International Journal of Production Research, 1996, 34(4): 977-998.

[7] Rao A, Sarma R. On local gouging in five-axis sculptured surface machining using flat-end tools. Computer-Aided Design, 2000, 32(7): 409-420.

[8] Burstall F E. Harmonic maps and solution theory. Mathematica Contemporanea, 1992, 2: 1-18.

[9] Gu X. Parameterization for surfaces with arbitrary topologies. Cambridge: Harvard University, 2002.

[10] Lévy B, Petitjean S, Ray N, et al. Least squares conformal maps for automatic texture atlas generation. ACM Transactions on Graphics, 2002, 21(3): 362-371.

[11] Loney G C, Ozsoy T M. NC machining of free form surfaces. Computer-Aided Design, 1987, 19(2): 85-90.

[12] Hatna A, Grieve B. Cartesian machining versus parametric machining: A comparative study. International Journal of Production Research, 2000, 8(13): 3043-3065.

[13] Sun Y W, Guo D M, Jia Z Y, et al. Iso-parametric tool path generation from triangular meshes for free-form surface machining. International Journal of Advanced Manufacturing Technology, 2006, 28(7/8): 721-726.

[14] 孙玉文,王海霞,刘伟军,等. 流形网格上机构运动轨迹的参数化生成方法. 机械工程学报,2006,42(8):84-88,94.

[15] Suresh K, Yang D C H. Constant scallop-height machining of free-form surfaces. ASME Transactions, Journal of Engineering for Industry, 1994, 116(2): 253-259.

[16] Feng H S, Li H W. Constant scallop-height tool path generation for three-axis sculptured surface machining. Computer-Aided Design, 2002, 34(9): 647-654.

[17] Can A, Ünüvar A. A novel iso-scallop tool path generation for efficient five-axis machining of free-form surfaces. International Journal of Advanced Manufacturing Technology, 2010, 51(9/10/11/12): 1083-1098.

[18] Lee S G, Kim H C, Yang M Y. Mesh-based tool path generation for constant scallop-height machining. International Journal of Advanced Manufacturing Technology, 2008, 37(1/2): 15-22.

[19] 徐金亭,刘伟军,卞宏友,等. 基于网格曲面模型的等残留刀位轨迹生成方法. 机械工程学报,2010,46(11):193-198.

[20] 孙玉文,刘伟军,王越超. 基于三角网格曲面模型的刀位轨迹计算方法. 机械工程学报,2002,38(10):50-53.

[21] Ding S, Mannan M A, Poo A N, et al. The implementation of adaptive isoplanar tool path generation for the machining of free-form surfaces. International Journal of Advanced Manufacture Technology, 2005, 26(7/8): 852-860.

[22] Kim S J, Yang M Y. Incomplete mesh offset for NC machining. Journal of Materials Processing Technology, 2007, 194(1/2/3): 110-120.

[23] Park S C, Chang M. Tool path generation for surface model with defects. Computer in Industry, 2010, 61(1): 75-82.

[24] Kiswanto G, Lauwers B, Kruth J P. Gouging elimination through tool lifting in tool path generation for five-axis milling based on faceted models. International Journal of Advanced Manufacturing Technology, 2007, 32(3/4): 293-309.

[25] Lu J W, Cheatham R, Jensen C G, et al. A three-dimensional configuration-space method

for 5-axis tessellated surface machining. International Journal of Computer Integrated Manufacturing, 2008, 21(5): 550-568.

[26] 吴宝海，罗明，张莹，等. 自由曲面五轴加工刀具轨迹规划技术的研究进展. 机械工程学报，2008，44(10)：9-18.

[27] Makhanov S S. Adaptable geometric patterns for five-axis machining: A survey. International Journal of Advanced Manufacturing Technology, 2010, 47 (9/10/11/12): 1167-1208.

[28] Lasemi A, Xue D Y, Gu P H. Recent development in CNC machining of freeform surfaces: A state-of-the-art review. Computer-Aided Design, 2010, 42(7): 641-654.

[29] Ding S, Yang D C H, Han Z. Boundary-conformed machining of turbine blades. Proceedings of the IMechE, Part B: Journal of Engineering Manufacturing, 2005, 219(3): 255-263.

[30] Li C L. A geometric approach to boundary-conformed toolpath generation. Computer-Aided Design, 2007, 39(11): 941-952.

[31] Xu J T, Jin C N. Boundary-conformed machining for trimmed free-form surfaces based on mesh mapping. International Journal of Computer Integrated Manufacturing, 2013, 26(8): 720-730.

[32] Sun Y W, Guo D M, Jia Z Y. Spiral cutting operation strategy for machining of sculptured surfaces by conformal map approach. Journal of Materials Processing Technology, 2006, 180(1/2/3): 74-82.

[33] Ren F, Sun Y W, Guo D M. Combined reparameterization-based spiral tool path generation for five-axis sculptured surface machining. International Journal of Advanced Manufacturing Technology, 2009, 40(7/8): 760-768.

[34] Sun Y W, Ren F, Zhu X H, et al. Contour-parallel offset machining for trimmed surfaces based on conformal mapping with free boundary. International Journal of Advanced Manufacturing Technology 2012, 60(1/2/3/4): 261-271.

[35] Xu J T, Wang Y J, Zhang X K, et al. Contour-parallel tool path generation for three-axis mesh surface machining based on one-step inverse forming. Proceedings of the IMechE, Part B: Journal of Engineering Manufacture, 2013, 227(12): 1800-1807.

[36] Xu J T, Sun Y W, Wang S K. Tool path generation by offsetting curves on polyhedral surfaces based on mesh flattening. International Journal of Advanced Manufacturing Technology, 2013, 64(9/10/11/12): 1201-1212.

[37] Lee Y S, Chang T C. 2-phase approach to global tool interference avoidance in 5-axis machining. Computer-Aided Design, 1995, 27(10): 715-729.

[38] Yang D C H, Han Z. Interference detection and optimal tool selection in 3-axis NC machining of free-form surfaces. Computer-Aided Design, 1999, 31(5): 303-315.

[39] Jensen C G, Red W E, Pi J. Tool selection for five-axis curvature matched machining. Computer-Aided Design, 2002, 34(3): 251-266.

[40] Ho M C, Hwang Y R, Hu C H. Five-axis tool orientation smoothing using quaternion interpolation algorithm. International Journal of Machine Tools & Manufacture, 2003, 43(12): 1259-1267.

[41] Jun C S, Cha K D, Lee Y S. Optimizing tool orientations for 5-axis machining by configuration space search method. Computer-Aided Design, 2003, 35(6): 549-566.

[42] Wang N, Tang K. Automatic generation of gouge-free and angular-velocity-compliant five-axis tool path. Computer-Aided Design, 2007, 39(10): 841-852.

[43] Castagnetti C, Duc E, Ray P. The domain of admissible orientation concept: A new method for five-axis tool path optimization. Computer-Aided Design, 2008, 40(9): 938-950.

[44] Farouki R T, Li S Q. Optimal tool orientation control for 5-axis CNC milling with ball-end cutters. Computer Aided Geometric Design, 2013, 30(2): 226-239.

[45] Sun Y W, Bao Y R, Kang K X, et al. A cutter orientation modification method for five-axis ball-end machining with kinematic constraints. The International Journal of Advanced Manufacturing Technology, 2013, 67(9/10/11/12): 2863-2874.

第6章 侧铣加工刀位规划

五轴侧铣加工作为一种强力、高效的材料去除方式，已广泛应用于航空航天整体结构件、大型民用压缩机和航空发动机整体叶轮等直纹面类高性能零件的加工中。从几何学而言，侧铣加工的刀具扫掠包络面无法精确贴合非可展直纹面，存在原理性误差；在采用大轴向切深加工薄壁件时，工件易变形，加工精度保证困难。侧铣加工自身所具有的这些特点，导致侧铣加工的几何误差形成原理、刀位规划方法与前面所述的点铣加工有明显的不同。本章将从刀具面族包络原理出发，围绕五轴侧铣加工几何误差的形成原理以及刀位规划的相关理论与方法展开论述，并对薄壁件侧铣加工的弹性变形预测与补偿的方法加以详细讨论。

6.1 侧铣加工刀位规划基础

6.1.1 数控机床的运动学变换

五轴数控机床的运动学变换就是要将刀具相对于工件的运动转化为数控机床各轴的运动，它是刀具包络面几何建模、刀具/工件相对运动分析的基础。根据五轴数控机床的串联特点，可以在刀具、工作台、工件和各运动构件上建立坐标系，然后利用各运动部件上局部坐标系之间的级联关系，实现刀具到工件的整体坐标转换[1]。在各个部件上建立如下坐标系。

(1) 刀具坐标系$\{\boldsymbol{O}^{(c)};\boldsymbol{x}^{(c)},\boldsymbol{y}^{(c)},\boldsymbol{z}^{(c)}\}$。与刀具固连的坐标系，简记为$\xi^{(c)}$，其原点在刀位点处。

(2) 工件坐标系$\{\boldsymbol{O}^{(w)};\boldsymbol{x}^{(w)},\boldsymbol{y}^{(w)},\boldsymbol{z}^{(w)}\}$。与工件固连的坐标系，简记为$\xi^{(w)}$，它通常在零件几何设计时确定，确定时应该考虑编程计算、机床调整、对刀和毛坯上零点位置确定的方便性等因素。

(3) 运动部件坐标系$\{\boldsymbol{O}_i;\boldsymbol{x}_i,\boldsymbol{y}_i,\boldsymbol{z}_i\}(i=1,2,\cdots,n-1,n)$。与各个运动部件固连的坐标系，简记为$\xi_i$，其中$n$为运动部件的个数。

当机床处于初始状态时，上述各个坐标系的坐标轴方向与机床坐标系相应的坐标轴方向平行。在图6.1所示的坐标系统中，任意两个相邻的坐标系ξ_i和ξ_{i+1} $(i=1,\cdots,n-1)$之间的坐标变换$\boldsymbol{T}_{i,i+1}$为

$$\boldsymbol{T}_{i,i+1}=\boldsymbol{T}_t(\boldsymbol{r}_{i,i+1})\boldsymbol{T}_r(\boldsymbol{n}_i,s_i) \tag{6.1}$$

式中，$\boldsymbol{T}_t(\boldsymbol{r}_{i,i+1})$表示由坐标系$\xi_i$、$\xi_{i+1}$之间初始位置关系决定的平移矩阵，$\boldsymbol{r}_{i,i+1}$为坐

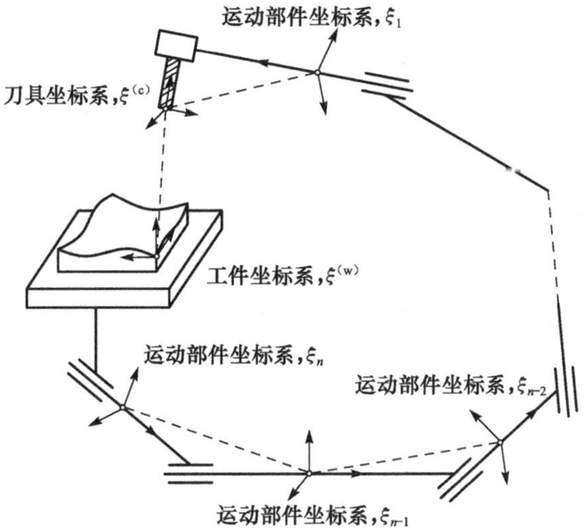

图 6.1　五轴数控机床的坐标系统

标系 ξ_i 的原点 $\boldsymbol{O}_i$ 在坐标系 ξ_{i+1} 中的位置矢量。若设 $\boldsymbol{r}_{i,i+1}=[x_{i,i+1},y_{i,i+1},z_{i,i+1}]$，则

$$\boldsymbol{T}_t(\boldsymbol{r}_{i,i+1})=\begin{bmatrix}1 & 0 & 0 & x_{i,i+1}\\ 0 & 1 & 0 & y_{i,i+1}\\ 0 & 0 & 1 & z_{i,i+1}\\ 0 & 0 & 0 & 1\end{bmatrix} \tag{6.2}$$

$\boldsymbol{T}_r(\boldsymbol{n}_i,s_i)$表示局部坐标系 ξ_i 随其运动副动构件沿方向 $\boldsymbol{n}_i$ 平移或绕方向 $\boldsymbol{n}_i$ 旋转运动 s_i 的变换矩阵。根据坐标系 ξ_i 所在运动副性质的不同，$\boldsymbol{T}_r(\boldsymbol{n}_i,s_i)$表示不同的变换矩阵。当坐标系 ξ_i 所在运动副为平动副时，s_i 表示沿方向 $\boldsymbol{n}_i$ 的直线运动位移，$\boldsymbol{T}_r(\boldsymbol{n}_i,s_i)$表示平移变换矩阵：

$$\boldsymbol{T}_r(\boldsymbol{n}_i,s_i)=\begin{bmatrix}1 & 0 & 0 & s_i n_i^{(x)}\\ 0 & 1 & 0 & s_i n_i^{(y)}\\ 0 & 0 & 1 & s_i n_i^{(z)}\\ 0 & 0 & 0 & 1\end{bmatrix} \tag{6.3}$$

当坐标系 ξ_i 所在运动副为转动副时，s_i 表示绕方向 $\boldsymbol{n}_i$ 的旋转角度，$\boldsymbol{T}_r(\boldsymbol{n}_i,s_i)$表示旋转变换矩阵：

$$\boldsymbol{T}_r(\boldsymbol{n}_i,s_i)=\begin{bmatrix}a_{00} & a_{01} & a_{02} & 0\\ a_{10} & a_{11} & a_{12} & 0\\ a_{20} & a_{21} & a_{22} & 0\\ 0 & 0 & 0 & 1\end{bmatrix} \tag{6.4}$$

式中

$$a_{00}=n_i^{(x)^2}+[1-n_i^{(x)^2}]\cos s_i,\qquad a_{01}=n_i^{(x)}n_i^{(y)}(1-\cos s_i)-n_i^{(z)}\sin s_i$$
$$a_{02}=n_i^{(x)}n_i^{(z)}(1-\cos s_i)+n_i^{(y)}\sin s_i,\qquad a_{10}=n_i^{(x)}n_i^{(y)}(1-\cos s_i)+n_i^{(z)}\sin s_i$$
$$a_{11}=n_i^{(y)^2}+[1-n_i^{(y)^2}]\cos s_i,\qquad a_{12}=n_i^{(y)}n_i^{(z)}(1-\cos s_i)-n_i^{(x)}\sin s_i$$
$$a_{20}=n_i^{(x)}n_i^{(z)}(1-\cos s_i)-n_i^{(y)}\sin s_i,\qquad a_{21}=n_i^{(y)}n_i^{(z)}(1-\cos s_i)+n_i^{(x)}\sin s_i$$
$$a_{22}=n_i^{(z)^2}+[1-n_i^{(z)^2}]\cos s_i$$

由上述推导可知，从刀具坐标系 $\xi^{(c)}$ 到工件坐标系 $\xi^{(w)}$ 的运动变换矩阵 $\boldsymbol{T}_{c,w}$ 可表示为

$$\begin{aligned}\boldsymbol{T}_{c,w}&=\boldsymbol{T}_{n,w}\boldsymbol{T}_{n-1,n}\cdots\boldsymbol{T}_{1,2}\boldsymbol{T}_{c,1}\\&=\boldsymbol{T}_t(\boldsymbol{r}_{n,w})\boldsymbol{T}_r(\boldsymbol{n}_n,s_n)\boldsymbol{T}_t(\boldsymbol{r}_{n-1,n})\boldsymbol{T}_r(\boldsymbol{n}_{n-1},s_{n-1})\cdots\boldsymbol{T}_t(\boldsymbol{r}_{1,2})\boldsymbol{T}_r(\boldsymbol{n}_1,s_1)\boldsymbol{T}_t(\boldsymbol{r}_{c,1})\end{aligned}\tag{6.5}$$

式中，$\boldsymbol{T}_{c,1}$ 为刀具坐标系 $\xi^{(c)}$ 到局部坐标系 ξ_1 的坐标变换。由于 $\xi^{(c)}$ 与 ξ_1 固连，二者之间无旋转变换，故只存在平移变换矩阵 $\boldsymbol{T}_t(\boldsymbol{r}_{c,1})$。

由式(6.5)可知，要计算刀具坐标系 $\xi^{(c)}$ 到工件坐标系 $\xi^{(w)}$ 的运动变换矩阵 $\boldsymbol{T}_{c,w}$，需要知道各相邻坐标系原点间的相对位置关系 $\{\boldsymbol{r}_{i,i+1}\}$、转动关系 $\{s_i\}$ 以及运动副动构件的方向 $\{\boldsymbol{n}_i\}$。由式(6.3)可知，平动副引起的变换矩阵 $\boldsymbol{T}_r(\boldsymbol{n},s_i)$ 与坐标系间初始位置关系决定的变换矩阵 $\boldsymbol{T}_t(\boldsymbol{r}_{i,i+1})$ 都是平移变换，而平移变换矩阵的相乘与矩阵顺序无关，而且所有连乘的平移变换都可归结为一个由首尾坐标系相对位置决定的平移变换矩阵。由此，只需要知道各转动副坐标系之间、刀具坐标系与相邻转动副坐标系之间以及机床坐标系与相邻转动副之间的初始位置关系，就可确定刀具坐标系到机床坐标系的变换矩阵。如图 6.2 所示，对于常用的双摆头型

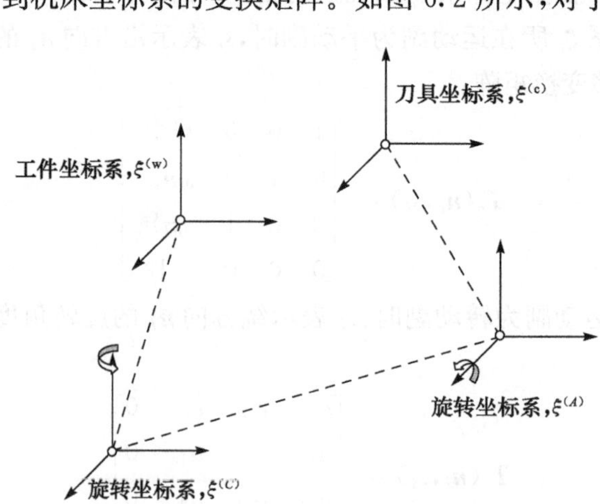

图 6.2 双摆头型五轴数控机床的运动变换

五轴数控机床，只需要给出刀具坐标系 $\xi^{(c)}$、旋转坐标系 $\xi^{(A)}$ 和 $\xi^{(C)}$ 以及工件坐标系 $\xi^{(w)}$ 之间的关系，就可确定刀具坐标系 $\xi^{(c)}$ 到工件坐标系 $\xi^{(w)}$ 的变换矩阵。这样，刀具坐标系 $\xi^{(c)}$ 下的任意一点 $\boldsymbol{p}_i$ 都可以利用上述变换转换到工件坐标系 $\xi^{(w)}$ 中表示。

6.1.2 铣削刀具切削刃的几何模型

在侧铣加工刀位规划中，切削刃的几何模型是计算切削刃回转面和刀具包络面的依据，为此本节将详细介绍通用切削刃的几何建模方法。通用回转刀具的切削刃模型如图 6.3 所示，其中以刀具的轴线为 z 轴，以垂直于轴线的截面为 xoy 平面，建立笛卡儿坐标系，则回转体表面的方程可表示为

$$\boldsymbol{r}(\varphi,z)=\begin{bmatrix}\rho(z)\cos\varphi\\ \rho(z)\sin\varphi\\ z\end{bmatrix} \tag{6.6}$$

式中，$\boldsymbol{r}(\varphi,z)$表示图 6.3 中回转体表面上的任意一点 $\boldsymbol{p}$；$\rho(z)$为刀具旋转体的母线；φ 为横截面内 $\boldsymbol{p}$ 点和截面圆心的连线与 x 轴之间的夹角。由于切削刃螺线位于刀具旋转体表面上，所以只需要确定旋转角 φ 与 z 之间的函数关系，就可得到切削刃的螺线方程。

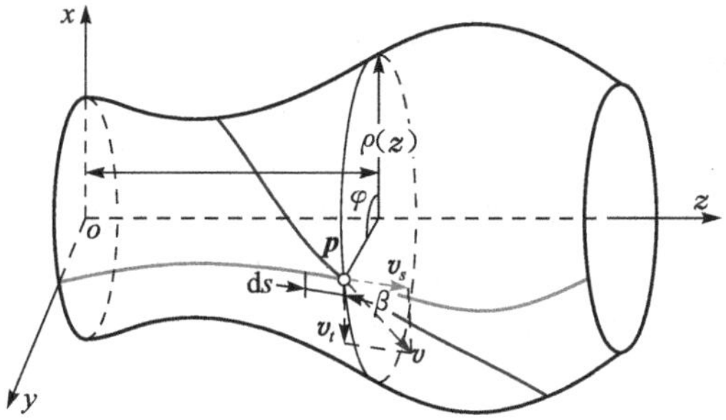

图 6.3　通用回转刀具的切削刃模型

立铣刀刀具按其刃形曲线的广义螺旋运动规律，可分为广义等导程铣刀和广义等螺旋角铣刀两种。不失一般性，本节以广义等螺旋角型铣刀为例，讨论立铣刀切削刃的几何建模过程。对于等螺旋角型铣刀，切削刃上任意点沿刀具回转体母线方向的运动速度 $\boldsymbol{v}_s$ 与该点螺旋运动速度 $\boldsymbol{v}$ 之间的夹角保持不变，这一夹角被称为广义螺旋角 β，如图 6.3 所示。根据这一定义，可得

$$\tan\beta=\frac{\|\boldsymbol{v}_t\|}{\|\boldsymbol{v}_s\|}=\rho(z)\,\frac{\mathrm{d}\varphi}{\mathrm{d}t}\Big/\frac{\mathrm{d}s}{\mathrm{d}t}=\rho(z)\,\frac{\mathrm{d}\varphi}{\mathrm{d}s}=\rho(z)\,\frac{\mathrm{d}\varphi}{\sqrt{[\mathrm{d}\rho(z)]^2+(\mathrm{d}z)^2}} \tag{6.7}$$

式中，v_t 为刀具切削刃上任意一点的回转速度。由于广义螺旋角 β 为常数，对式(6.7)积分可得

$$\varphi = \tan\beta\int\frac{\sqrt{[\mathrm{d}\rho(z)/\mathrm{d}z]^2+1}}{\rho(z)}\mathrm{d}z \tag{6.8}$$

将式(6.8)代入式(6.6)就可得到等螺旋角刃形螺线的方程。

下面根据式(6.8)具体给出最复杂的锥形球头铣刀的刃形螺线方程。如图 6.4 所示，锥形球头铣刀由螺旋角 β、锥顶角 θ 以及球头半径 R_0 描述，其母线 $\rho(z)$ 为

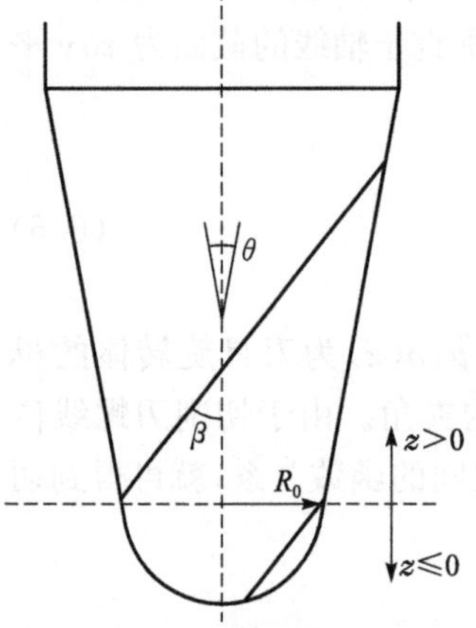

图 6.4　锥形球头铣刀

$$\rho(z)=\begin{cases}R_0+z\tan\left(\dfrac{\theta}{2}\right), & z>0\\ \sqrt{R_0^2-z^2}, & z\leqslant 0\end{cases} \tag{6.9}$$

将式(6.9)代入式(6.8)并进行积分，可得

$$\varphi=\begin{cases}\dfrac{\tan\beta\ln[\rho(z)/R_0]}{\sin(\theta/2)}+\dfrac{2(k-1)\pi}{N}, & z>0\\ \dfrac{\tan\beta\ln[(R_0+z)/(R_0-z)]}{2}+\dfrac{2(k-1)\pi}{N}, & z\leqslant 0\end{cases} \tag{6.10}$$

式中，N 代表刀具所含切削刃的个数；k 表示刀具切削刃的编号。将式(6.10)代入式(6.6)就可得到刀具第 k 条切削刃的螺线方程。对于球头铣刀的螺旋切削刃方程，可直接使用式(6.10)中 $z\leqslant 0$ 的公式。对于平底铣刀，圆柱刀杆部分的刃形螺线方程并不能直接由假设锥顶角 θ 为零而使用式(6.10)中 $z>0$ 时的公式进行计算。这是因为，当 $z>0$ 时，式(6.10)中出现了分子分母同为零的情形，对此必须进行单独处理。可将母线方程 $\rho(z)=R_0$ 代入式(6.8)，然后积分就可得到

$$\varphi=\frac{z\tan\beta}{R_0}+\frac{2(k-1)\pi}{N} \tag{6.11}$$

同样，对于环形铣刀，对刀杆部分可用式(6.11)进行计算，而圆弧部分的 φ 角可表示为

$$\varphi=\begin{cases}\dfrac{-2r_2\tan\beta}{\sqrt{r_1^2-r_2^2}}\arctan\left[\dfrac{r_1\tan(z/2)+r_2}{\sqrt{r_1^2-r_2^2}}+\dfrac{2(k-1)\pi}{N}\right], & r_1^2>r_2^2\\ \dfrac{-r_2\tan\beta}{\sqrt{r_2^2-r_1^2}}\ln\left|\dfrac{r_1\tan(z/2)+r_2-\sqrt{r_2^2-r_1^2}}{r_1\tan(z/2)+r_2+\sqrt{r_2^2-r_1^2}}\right|+\dfrac{2(k-1)\pi}{N}, & r_1^2\leqslant r_2^2\end{cases} \tag{6.12}$$

式中，r_1 是环形铣刀切削圆弧中心到刀轴的垂直距离；r_2 为环形铣刀切削圆弧的半径。

6.1.3　直纹面的基本定义

直纹面是侧铣加工的主要研究和应用对象，其特征是它的两族等参数线族（u 线和 v 线）中有一族是直线，也就是说直纹面是由一条直线沿任意轨迹曲线运动时所形成的曲面。其中，直线族称为直母线，运动轨迹曲线称为准线或导线[2]。

在图 6.5(a)中，$\boldsymbol{\rho}(u)$表示的曲线为准线，假设 $\boldsymbol{\tau}(u)$为 $\boldsymbol{\rho}(u)$点处母线的单位方向矢量，v 为 $\boldsymbol{\rho}(u)$点到直母线上任一点 $\boldsymbol{r}(u,v)$的距离，则直纹面的方程可表示为

$$\boldsymbol{r}(u,v)=\boldsymbol{\rho}(u)+v\boldsymbol{\tau}(u) \tag{6.13}$$

若如图 6.5(b)所示，已知直纹面上具有相同参数 u 的两条准线 $\boldsymbol{r}_0(u)$和 $\boldsymbol{r}_1(u)$，直纹面也可由下述方程表示：

$$\boldsymbol{r}(u,v)=v\boldsymbol{r}_1(u)+(1-v)\boldsymbol{r}_0(u) \tag{6.14}$$

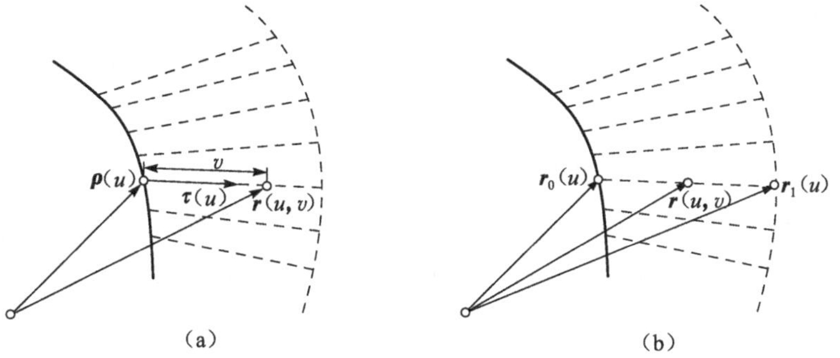

图 6.5　直纹面的两种定义方式

根据式(6.13)，可得到直纹面 $\boldsymbol{r}(u,v)$上任一点的法矢量 $\boldsymbol{n}_r(u,v)$，其方向与如下矢量平行：

$$\frac{\partial \boldsymbol{r}(u,v)}{\partial u}\times\frac{\partial \boldsymbol{r}(u,v)}{\partial v}=\frac{\mathrm{d}\boldsymbol{\rho}(u)}{\mathrm{d}u}\times\boldsymbol{\tau}(u)+v\left[\frac{\mathrm{d}\boldsymbol{\tau}(u)}{\mathrm{d}u}\times\boldsymbol{\tau}(u)\right] \tag{6.15}$$

根据微分几何知识，当 3 个矢量$\frac{\mathrm{d}\boldsymbol{\rho}(u)}{\mathrm{d}u}$、$\boldsymbol{\tau}(u)$和$\frac{\mathrm{d}\boldsymbol{\tau}(u)}{\mathrm{d}u}$的混合积为零，即$\left(\frac{\mathrm{d}\boldsymbol{\rho}(u)}{\mathrm{d}u},\boldsymbol{\tau}(u),\frac{\mathrm{d}\boldsymbol{\tau}(u)}{\mathrm{d}u}\right)=0$时，直纹面 $\boldsymbol{r}(u,v)$为可展直纹面。也就是说，可展直纹面的任一条母线上的所有点具有相同的切平面，即一条直母线上的所有点具有相同方向的法线，此类直纹面只包括柱面、锥面和切线曲面。当$\left(\frac{\mathrm{d}\boldsymbol{\rho}(u)}{\mathrm{d}u},\boldsymbol{\tau}(u),\frac{\mathrm{d}\boldsymbol{\tau}(u)}{\mathrm{d}u}\right)\neq 0$时，直纹面 $\boldsymbol{r}(u,v)$为非可展直纹面。当非可展直纹面上一点 $\boldsymbol{r}(u,v)$在一条直母线上运动时，该点的法矢量 $\boldsymbol{n}_r(u,v)$将绕该直母线发生旋

转，如马鞍面等。数学上，尽管非可展直纹面也是由直线沿准线运动扫描生成的曲面，但它并不能由半径大于零的圆柱滚动包络形成，其侧铣加工刀位需要通过优化方法进行计算。在后续章节中，将详细论述非可展直纹面侧铣加工的刀位规划方法。

6.1.4 刀位路径面的B样条插值方法

五轴侧铣加工中，刀具轴线沿着刀位路径运动扫掠而形成的曲面称为刀位路径面，又简称为刀位面或刀轴面。刀位面在五轴侧铣加工几何误差分析和相关刀位规划方法的研究中起着非常关键的作用。目前，常用的刀位面表示方法有两种：线性插值方法和球面插值方法。这两种方法的优点是计算简单方便，但它们所构造的刀位面都存在一阶不连续的问题。为了得到具有更高连续性的刀位面，可采用第3章中所述B样条曲线曲面的构造方法对刀位数据$\{\boldsymbol{p}(u_i),\boldsymbol{a}(u_i)\}$进行插值，生成B样条曲面形式的刀位面。

首先，计算沿刀轴矢量$\boldsymbol{a}(u_i)$方向且距刀位点$\boldsymbol{p}(u_i)$距离为l_A的刀具顶端点$\boldsymbol{p}_u(u_i)$：

$$\boldsymbol{p}_u(u_i) = \boldsymbol{p}(u_i) + l_A\boldsymbol{a}(u_i) \tag{6.16}$$

根据式(6.16)，得到所有刀位点处刀具顶端点$\{\boldsymbol{p}_u(u_i)\}$后，就可利用B样条曲线的插值方法分别对刀位点$\{\boldsymbol{p}(u_i)\}$和刀具顶端点$\{\boldsymbol{p}_u(u_i)\}$进行曲线插值。假设刀位点和刀具顶端点的B样条曲线表示为

$$\boldsymbol{p}(u_i) = \boldsymbol{r}(u_i) = \sum_{j=0}^{n}\boldsymbol{d}_j N_{j,k}(u_i), \qquad \boldsymbol{p}_u(u_i) = \boldsymbol{r}_u(u_i) = \sum_{j=0}^{n}\boldsymbol{d}_j^u N_{j,k}(u_i) \tag{6.17}$$

应该注意的是，当进行上述刀位数据的曲线插值时，刀位点曲线$\boldsymbol{r}(u)$和刀具顶端点曲线$\boldsymbol{r}_u(u)$应采用统一的节点矢量，且每一刀位点与其对应的刀具顶端点应具有相同的参数值，以保证刀位点与刀具顶端点对应关系的正确性。这样，任意时刻t的刀轴矢量就可以表示为

$$\boldsymbol{a}(u) = \frac{1}{l_A}[\boldsymbol{r}_u(u) - \boldsymbol{r}(u)] = \frac{1}{l_A}\left[\sum_{j=0}^{n}\boldsymbol{d}_j^u N_{j,k}(u) - \sum_{j=0}^{n}\boldsymbol{d}_j N_{j,k}(u)\right] \tag{6.18}$$

将式(6.17)和式(6.18)代入直纹面方程(6.14)中，就可得到刀位面$\boldsymbol{r}_a(u,v)$的表示方程为

$$\boldsymbol{r}_a(u,v) = (1-v)\boldsymbol{p}(u) + v\boldsymbol{p}_u(u) = \boldsymbol{p}(u) + v\frac{1}{l_A}\left[\sum_{j=0}^{n}\boldsymbol{d}_j^u N_{j,k}(u) - \sum_{j=0}^{n}\boldsymbol{d}_j N_{j,k}(u)\right] \tag{6.19}$$

6.2　侧铣加工刀位的局部优化方法

根据侧铣加工刀位优化的目标和关注的侧重点不同,目前的侧铣加工刀位规划方法可分为局部优化和全局优化方法两类,前者主要研究单一刀触点在被加工曲面局部区域的优化方法,而后者更注重侧铣刀位路径的整体设计,这也是本章将要论述的重点。这里,为了侧铣加工刀位规划方法论述的完整性,本节将首先介绍目前常用的几种局部优化方法,如单点偏置法、两点偏置法、三点偏置法、最小二乘法和密切法等。

6.2.1　单点偏置法

单点偏置法就是以直母线上的刀触点 $\boldsymbol{p}$ 为依据,将该点沿法矢方向偏置一个刀具半径 R_c 来计算刀位点,$\boldsymbol{p}$ 点所在的直母线方向作为刀轴矢量。

如图 6.6 所示,点 $\boldsymbol{p}$ 为刀触点,在该点建立局部坐标系 $\{\boldsymbol{p};\boldsymbol{e}_1,\boldsymbol{e}_2,\boldsymbol{e}_3\}$,其中 $\boldsymbol{e}_1$ 为刀具进给方向 $\boldsymbol{f}$,$\boldsymbol{e}_2$ 为直母线方向 $\boldsymbol{\tau}$,$\boldsymbol{e}_3$ 为被加工曲面的法矢量 $\boldsymbol{n}_r$。根据图 6.6 所示几何关系,可得到刀位点 $\boldsymbol{o}$:

$$\boldsymbol{r}_o = \boldsymbol{r}_p + R_c\boldsymbol{e}_3 - \frac{1}{2}L_c\boldsymbol{e}_2 \tag{6.20}$$

式中,L_c 为刀杆长度;R_c 为刀具半径。刀轴矢量 $\boldsymbol{A}_c$ 为

$$\boldsymbol{A}_c = \boldsymbol{e}_2 \tag{6.21}$$

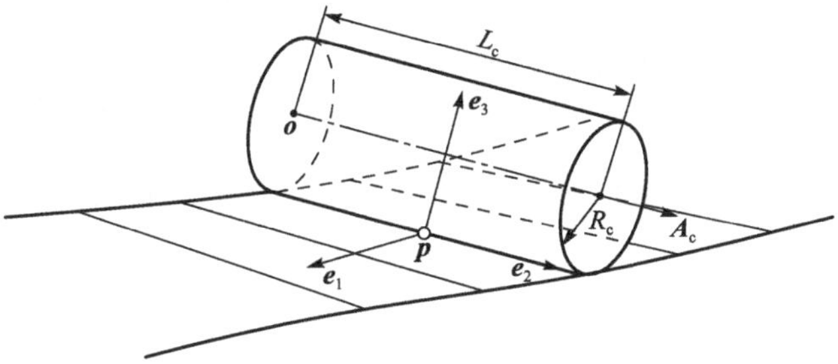

图 6.6　单点偏置法

6.2.2　两点偏置法

两点偏置法就是选取一条直母线上的两个点,分别沿着这两个点的法线偏置一个刀具半径 R_c 的距离,将这两个偏置点的连线作为刀轴矢量。

一般情况下,可以选取一条直母线的两个端点作为计算依据,则对应的刀轴线上的两点为

$$\begin{cases} \boldsymbol{r}_0^o = \boldsymbol{r}(u,0) + R_c \boldsymbol{n}_r(u,0) \\ \boldsymbol{r}_1^o = \boldsymbol{r}(u,1) + R_c \boldsymbol{n}_r(u,1) \end{cases} \tag{6.22}$$

刀轴矢量 $\boldsymbol{A}_c$ 为

$$\boldsymbol{A}_c = \frac{\boldsymbol{r}_1^o - \boldsymbol{r}_0^o}{\| \boldsymbol{r}_1^o - \boldsymbol{r}_0^o \|} \tag{6.23}$$

注意，当加工非可展直纹面时，由于直母线上的各点法矢量并不一致，上述偏置方法形成的刀轴矢量会使刀具中部发生过切(凸面)或欠切(凹面)现象。此时，任意一条母线上各个截面位置的过切或欠切误差分布如图 6.7(a)所示。为了减小刀具中间部位的加工误差，使加工误差的分布更为均匀，可如图 6.7(b)所示，把直母线均匀分成四等份，分别在 0.25 和 0.75 的位置上计算两个偏置参考点 $\boldsymbol{r}_{0.25}^o$ 和 $\boldsymbol{r}_{0.75}^o$：

$$\begin{cases} \boldsymbol{r}_{0.25}^o = \boldsymbol{r}(u,0.25) + R_c \boldsymbol{n}_r(u,0.25) \\ \boldsymbol{r}_{0.75}^o = \boldsymbol{r}(u,0.75) + R_c \boldsymbol{n}_r(u,0.75) \end{cases} \tag{6.24}$$

来计算刀轴矢量 $\boldsymbol{A}_c$

$$\boldsymbol{A}_c = \frac{\boldsymbol{r}_{0.75}^o - \boldsymbol{r}_{0.25}^o}{\| \boldsymbol{r}_{0.75}^o - \boldsymbol{r}_{0.25}^o \|} \tag{6.25}$$

这种改进的两点偏置方法能有效减小侧铣加工产生的过切或欠切误差，如图 6.7(b)所示。

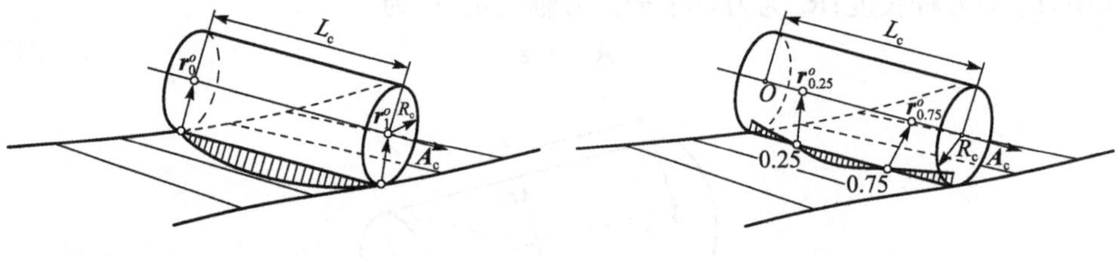

(a) 传统的两端偏置法和加工误差　　(b) 改进的两点偏置法和加工误差

图 6.7　两点偏置法

6.2.3　三点偏置法

三点偏置法是在被加工直纹面 $\boldsymbol{r}(u,v)$ 的偏置曲面 $\boldsymbol{r}^o(u,v)$ 上固定刀轴的一个端点，而使另一个端点在对应曲线上滑动，以使刀轴轴线与偏置曲面 $\boldsymbol{r}^o(u,v)$ 上等参数线 $\boldsymbol{r}_{0.5}^o(u)$ 之间的误差最小，将此时两端点的连线作为刀轴方向。

被加工直纹面 $\boldsymbol{r}(u,v)$ 的偏置曲面 $\boldsymbol{r}^o(u,v)$ 可表示为

$$\boldsymbol{r}^o(u,v) = \boldsymbol{r}(u,v) + R_c \frac{\partial \boldsymbol{r}(u,v)}{\partial u} \times \frac{\partial \boldsymbol{r}(u,v)}{\partial v} \Big/ \left\| \frac{\partial \boldsymbol{r}(u,v)}{\partial u} \times \frac{\partial \boldsymbol{r}(u,v)}{\partial v} \right\| \tag{6.26}$$

式中,R_c 为刀具半径。如图 6.8 所示,$\boldsymbol{r}_0^o(u)$、$\boldsymbol{r}_1^o(u)$和 $\boldsymbol{r}_{0.5}^o(u)$为直纹面准线 $\boldsymbol{r}_0(u)$、$\boldsymbol{r}_1(u)$和直纹面 $v=0.5$ 等参数线 $\boldsymbol{r}_{0.5}(u)$在偏置曲面 $\boldsymbol{r}^o(u,v)$上的对应曲线,$\boldsymbol{r}_0^o(u_s,0)$、$\boldsymbol{r}_1^o(u_s,1)$为 $u=u_s$ 的直母线上两个端点在偏置曲面 $\boldsymbol{r}^o(u,v)$上的对应点。三点偏置法的基本思想是,固定一个端点如 $\boldsymbol{r}_0^o(u_s,0)$,使另一个端点 $\boldsymbol{r}_1^o(u_s,1)$在给定的区间 $u\in[u_s-\delta,u_s+\delta]$上自由滑动,并计算 $\boldsymbol{r}_0^o(u_s,0)$和 $\boldsymbol{r}_1^o(u_s,1)$两点之间连线与曲线 $\boldsymbol{r}_{0.5}^o(u)$间的距离误差 ε:

$$\varepsilon=\left\|\left[\boldsymbol{r}_{0.5}^o(u)-\boldsymbol{r}_0^o(u_s,0)\right]\times\frac{\boldsymbol{r}_1^o(u_s,1)-\boldsymbol{r}_0^o(u_s,0)}{\|\boldsymbol{r}_1^o(u_s,1)-\boldsymbol{r}_0^o(u_s,0)\|}\right\| \tag{6.27}$$

选择一条满足 $\varepsilon\leqslant\varepsilon_d$ 的直线作为刀轴矢量 $\boldsymbol{A}_c$,其中 ε_d 为给定的计算阈值。与前面所述的单点偏置法和两点偏置法相比,三点偏置法在被加工曲面的局部邻域内进行了一定的优化处理,对被加工曲面具有更好的逼近精度[3]。

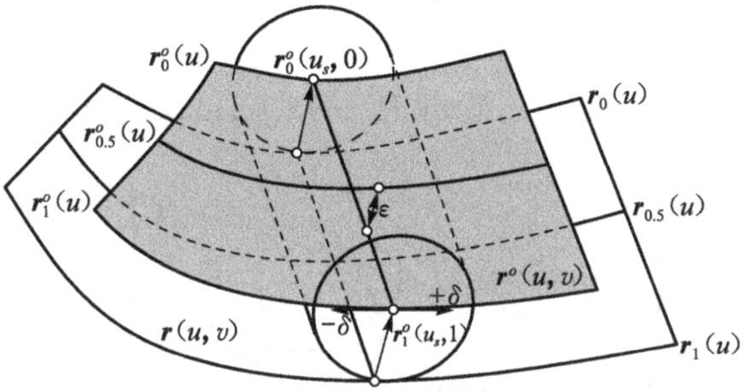

图 6.8　三点偏置法

6.2.4　最小二乘法

选择一条直母线,并将其离散为一系列均匀参考点 $\boldsymbol{p}_k(k=0,1,\cdots,m)$,再将$\{\boldsymbol{p}_k\}$沿其法矢方向偏置一个刀具半径 R_c 的距离,得到相应的空间偏置点$\{\boldsymbol{p}_k^o\}$:

$$\boldsymbol{p}_k^o=\boldsymbol{p}_k+R_c\boldsymbol{n}_k \tag{6.28}$$

最小二乘侧铣刀位规划方法的基本思想就是,利用空间偏置点$\{\boldsymbol{p}_k^o\}$去逼近刀轴矢量所在的空间直线。设刀轴直线的方程为

$$\boldsymbol{r}_L(u)=(1-u)\boldsymbol{a}_0+u\boldsymbol{a}_1 \tag{6.29}$$

对空间数据点$\{\boldsymbol{p}_k^o\}$进行参数化处理并代入式(6.29),将得到最小二乘目标函数如下:

$$\min(\delta)=\min\left\{\sum_{k=0}^{m}\|\boldsymbol{p}_k^o-[(1-u_k)\boldsymbol{a}_0+u_k\boldsymbol{a}_1]\|^2\right\} \tag{6.30}$$

式(6.30)可写为矩阵形式:$\boldsymbol{Ax}=\boldsymbol{b}$,其中 $\boldsymbol{A}$ 为$(m+1)\times2$ 的系数矩阵,$\boldsymbol{x}$ 为由未知矢量 $\boldsymbol{a}_0$ 和 $\boldsymbol{a}_1$ 组成的列向量,$\boldsymbol{b}$ 为由空间偏置点$\{\boldsymbol{p}_k^o\}$组成的列向量:

$$A=\begin{bmatrix}1-u_0 & u_0\\ \vdots & \vdots\\ 1-u_m & u_m\end{bmatrix},\quad x=\begin{bmatrix}a_0\\ a_1\end{bmatrix},\quad b=\begin{bmatrix}p_0^o\\ \vdots\\ p_m^o\end{bmatrix}$$

解矩阵方程 $\boldsymbol{Ax}=\boldsymbol{b}$，就可得到刀轴矢量 $\boldsymbol{A}_c$：

$$\boldsymbol{A}_c=\frac{\boldsymbol{a}_1-\boldsymbol{a}_0}{\|\boldsymbol{a}_1-\boldsymbol{a}_0\|} \tag{6.31}$$

为计算最小二乘法的加工误差，需要计算直纹面母线上各参考点$\{\boldsymbol{p}_k\}$到刀轴直线的距离：

$$d_k=\left\|(\boldsymbol{p}_k-\boldsymbol{a}_0)\times\frac{\boldsymbol{a}_1-\boldsymbol{a}_0}{\|\boldsymbol{a}_1-\boldsymbol{a}_0\|}\right\| \tag{6.32}$$

以及铣刀两端点对应准线到刀轴直线的距离 L_0 和 L_1，如图 6.9 所示。这样，就可以通过 L_0、L_1 以及$\{d_k\}$与刀具半径 R_c 之间的比较，得到最小二乘法的最大加工误差 $\Delta_{\max}$：

$$\Delta_{\max}=\max(\|R_c-L_0\|,\|R_c-L_1\|,\max(\|R_c-d_k\|)) \tag{6.33}$$

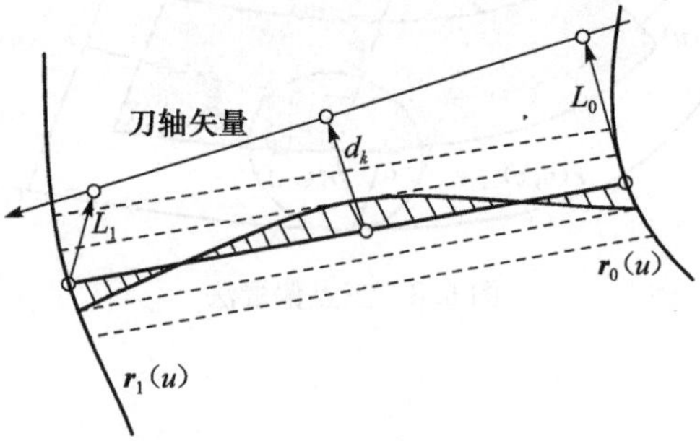

图 6.9　最小二乘法的加工误差

6.2.5　密切法

密切法是通过调整刀具的位置与姿态，使加工出的刀具包络面带与被加工曲面在加工路径上形成带状密切[3,4]。如图 6.10 所示，$S^{(1)}$为被加工曲面，$S^{(2)}$为刀具曲面，$C^{(b)}$为被加工曲面上的加工路径。在加工过程中，沿加工路径 $C^{(b)}$，应使刀具曲面 $S^{(2)}$与被加工曲面 $S^{(1)}$处处相切接触。首先，建立如下局部坐标系：

(1) 在加工路径 $C^{(b)}$上一点 $\boldsymbol{o}^{(b)}$处，在被加工曲面 $S^{(1)}$上建立局部坐标系 $\xi^{(b)}\{\boldsymbol{o}^{(b)};\boldsymbol{e}_1^{(b)},\boldsymbol{e}_2^{(b)},\boldsymbol{e}_3^{(b)}\}$，其中 $\boldsymbol{e}_1^{(b)}$ 和 $\boldsymbol{e}_2^{(b)}$ 为 $S^{(1)}$在 $\boldsymbol{o}^{(b)}$点处的主方向，$\boldsymbol{e}_3^{(b)}$ 为 $S^{(1)}$在 $\boldsymbol{o}^{(b)}$点处的法矢量；

(2) 在刀具曲面 $S^{(2)}$上建立局部坐标系 $\xi^{(2)}\{\boldsymbol{o}^{(b)};\boldsymbol{e}_1,\boldsymbol{e}_2,\boldsymbol{e}_3^{(b)}\}$，其中 $\boldsymbol{e}_1$ 和 $\boldsymbol{e}_2$ 为 $S^{(2)}$在 $\boldsymbol{o}^{(b)}$点处的主方向；

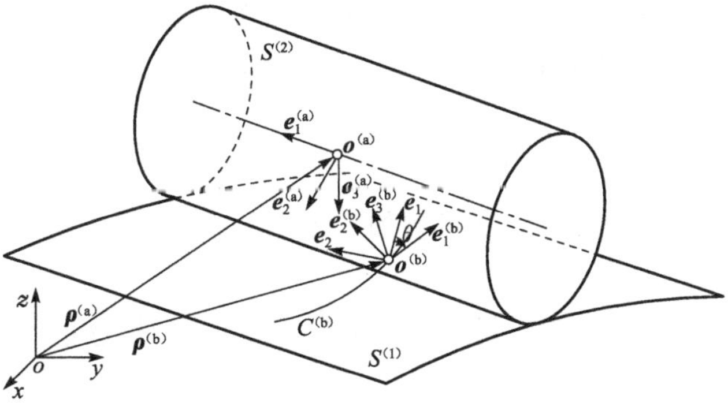

图 6.10　密切法法加工示意图

(3) 在刀轴上建立刀具局部坐标系 $\xi^{(a)}\{\boldsymbol{o}^{(a)};\boldsymbol{e}_1^{(a)},\boldsymbol{e}_2^{(a)},\boldsymbol{e}_3^{(a)}\}$，其中 $\boldsymbol{e}_1^{(a)}$ 为刀轴的单位方向矢量，局部坐标系原点 $\boldsymbol{o}^{(a)}$ 为刀心点，其在绝对坐标系下的矢量为

$$\boldsymbol{\rho}^{(a)}=\boldsymbol{\rho}^{(b)}+R_c\boldsymbol{e}_3^{(b)} \tag{6.34}$$

刀具坐标系 $\xi^{(a)}$ 与被加工曲面 $S^{(1)}$ 上的局部坐标系 $\xi^{(b)}$ 之间具有如下转换关系：

$$\begin{cases}\boldsymbol{e}_1^{(a)}=\sin\gamma[-\sin\theta\boldsymbol{e}_1^{(b)}+\cos\theta\boldsymbol{e}_2^{(b)}]-\cos\gamma\boldsymbol{e}_3^{(b)}\\ \boldsymbol{e}_2^{(a)}=-\cos\theta\boldsymbol{e}_1^{(b)}-\sin\theta\boldsymbol{e}_2^{(b)}\\ \boldsymbol{e}_3^{(a)}=\cos\gamma[-\sin\theta\boldsymbol{e}_1^{(b)}+\cos\theta\boldsymbol{e}_2^{(b)}]+\sin\gamma\boldsymbol{e}_3^{(b)}\end{cases} \tag{6.35}$$

式中，γ 为刀具倾角；θ 为被加工曲面 $S^{(1)}$ 和刀具曲面 $S^{(2)}$ 在 $\boldsymbol{o}^{(b)}$ 点处第一主方向之间的夹角。密切刀位的计算就是要确定刀具曲面 $S^{(2)}$ 与被加工曲面 $S^{(1)}$ 在密切条件下的 $\boldsymbol{\rho}^{(a)}$ 和 $\boldsymbol{e}_3^{(a)}$，或者确定 $\xi^{(b)}$、γ 和 θ。

对于圆柱铣刀，当它沿着刀具路径 $C^{(b)}$ 与被加工曲面 $S^{(2)}$ 做相切运动时，刀具倾角 $\gamma=0$，式(6.35)可以简化为

$$\begin{cases}\boldsymbol{e}_1^{(a)}=-\boldsymbol{e}_3^{(b)}\\ \boldsymbol{e}_2^{(a)}=-\cos\theta\boldsymbol{e}_1^{(b)}-\sin\theta\boldsymbol{e}_2^{(b)}\\ \boldsymbol{e}_3^{(a)}=-\sin\theta\boldsymbol{e}_1^{(b)}+\cos\theta\boldsymbol{e}_2^{(b)}\end{cases} \tag{6.36}$$

在密切加工条件下，刀具曲面 $S^{(2)}$ 与被加工曲面 $S^{(1)}$ 的主方向 $\boldsymbol{e}_1$ 与 $\boldsymbol{e}_1^{(b)}$ 之间的夹角 θ 可按如下公式计算：

$$\tan\theta=\pm\sqrt{\frac{[k_1^{(2)}-k_1^{(1)}][k_2^{(2)}-k_2^{(1)}]}{[k_2^{(2)}-k_1^{(1)}][k_1^{(2)}-k_2^{(1)}]}} \tag{6.37}$$

式中，$k_1^{(1)}$、$k_1^{(2)}$ 为被加工曲面 $S^{(1)}$ 沿 $\boldsymbol{e}_1^{(b)}$、$\boldsymbol{e}_2^{(b)}$ 两个主方向对应的主曲率；$k_2^{(1)}$、$k_2^{(2)}$ 为刀具曲面 $S^{(2)}$ 沿 $\boldsymbol{e}_1$、$\boldsymbol{e}_2$ 两个主方向对应的主曲率。到此，便可以确定 $\xi^{(b)}$、γ 和 θ，将它们代入式(6.34)和式(6.36)，就可得到密切加工条件下的刀位点 $\boldsymbol{\rho}^{(a)}$ 和刀轴矢量 $\boldsymbol{e}_3^{(a)}$，即密切刀位。应注意的是，密切法加工也存在一定局限性，只有当刀具曲面最大主曲率大于被加工曲面的最大主曲率，而其最小主曲率内含于被加工曲面

两主曲率之间时，刀具包络面带与被加工曲面才能在加工路径上形成带状密切。例如，对于圆柱铣刀密切加工，需要满足如下条件：

$$\frac{1}{R_c} \geqslant k_{\max}^{(1)} \geqslant 0 \geqslant k_{\min}^{(1)} \tag{6.38}$$

可见，采用圆柱铣刀密切加工的被加工曲面只能含有双曲点或抛物点。

6.3 侧铣加工刀位的整体优化方法

在几何上，侧铣加工中刀具与工件毛坯的接触过程，可视为切削刃旋转体沿刀具路径的扫掠包络面与工件毛坯的求交过程。与前面所述的刀位局部优化方法相比，刀位整体优化方法并不拘泥于局部加工误差的大小，而是要求加工所得包络面在整体上最大限度地逼近被加工曲面，同时还要满足加工精度的要求，这显然是一个更为复杂的优化问题。本节将从刀具扫掠包络原理出发，并考虑数控加工中存在的刀具跳动效应，围绕五轴侧铣加工刀具扫掠包络面的建模和被加工曲面几何误差计算方法等内容展开论述，详细讨论复杂曲面高效侧铣加工的刀位整体优化方法。

6.3.1 刀具跳动

刀具跳动是指由于制造和安装等因素的影响，造成刀具轴线与机床主轴轴线不重合或在两者重合的条件下刀具实际切削刃的位置偏离了其理想位置，它是数控加工过程中最普遍的加工现象之一。由于刀具跳动的存在，刀具相对于工件的运动不再是理想情况下刀具沿给定刀位点和相应的刀轴矢量的运动，而是刀具在进行理想运动的同时还存在“摆动”，这种“摆动”使刀具周期性地偏离其理想运动路径，导致刀具切削刃绕机床主轴旋转形成的旋转体，与刀具母线绕其轴线形成的旋转体存在明显差别，以至于将切削刃绕主轴旋转形成的旋转体简化为刀具母线绕其轴线形成的旋转体的传统方法已无法准确描述复杂曲面侧铣加工的成形过程。因此，有必要对刀具跳动的形成及其对加工过程的影响进行深入研究，并将其纳入侧铣加工几何误差计算和刀位规划之中。

1. 刀具跳动的描述参数

为后续讨论的方便，本节将针对最常见的平行轴跳动进行论述。如图 6.11 所示，刀具的平行轴跳动可用如下参数进行描述。

(1) 偏心距 ρ：刀具轴线和主轴轴线之间的距离。

(2) 位置角 λ：刀具轴线位于刀具端面的点和旋转坐标系原点之间的连线矢量

与刀具坐标系中刀具第一个切削刃和刀具坐标系原点连线矢量之间的夹角。

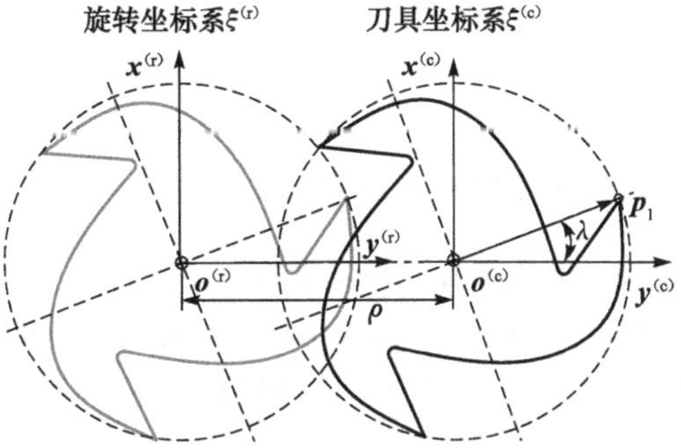

图 6.11　描述刀具平行轴跳动的参数

利用上述参数 ρ 和 λ 就可以方便地描述刀具的平行轴跳动。关于刀具坐标系与机床主轴旋转坐标系之间的变换关系将在后面详细介绍。

2. 刀具坐标系与旋转坐标系间的变换关系

如前所述，当加工中存在刀具跳动时，刀具轴线会偏离机床主轴轴线。本节将利用刀具坐标系 $\xi^{(c)}=\{\boldsymbol{o}^{(c)};\boldsymbol{x}^{(c)},\boldsymbol{y}^{(c)},\boldsymbol{z}^{(c)}\}$ 与旋转坐标系 $\xi^{(r)}=\{\boldsymbol{o}^{(r)};\boldsymbol{x}^{(r)},\boldsymbol{y}^{(r)},\boldsymbol{z}^{(r)}\}$ 之间的运动变换来描述这一变化。如图 6.11 所示，两坐标系的定义如下。

(1) 刀具坐标系 $\xi^{(c)}=\{\boldsymbol{o}^{(c)};\boldsymbol{x}^{(c)},\boldsymbol{y}^{(c)},\boldsymbol{z}^{(c)}\}$：原点 $\boldsymbol{o}^{(c)}$ 位于刀具端面处的轴线上，$\boldsymbol{z}^{(c)}$ 轴与刀具轴线重合，$\boldsymbol{y}^{(c)}$ 与刀具坐标系和旋转坐标系原点的连线平行，$\boldsymbol{x}^{(c)}$ 轴方向由右手法则确定。

(2) 旋转坐标系 $\xi^{(r)}=\{\boldsymbol{o}^{(r)};\boldsymbol{x}^{(r)},\boldsymbol{y}^{(r)},\boldsymbol{z}^{(r)}\}$：将刀具坐标系 $\xi^{(c)}$ 沿其 $\boldsymbol{y}^{(c)}$ 轴平移一个偏心距 $\boldsymbol{\rho}$ 的距离后所得到的坐标系。

从上述定义可以看到，初始状态下的刀具坐标系与旋转坐标系的各轴是相互平行的。下面将通过刀具坐标系 $\xi^{(c)}$ 和旋转坐标系 $\xi^{(r)}$ 之间的变换关系，把刀具坐标系中的点转换到旋转坐标系中，从而为后续切削刃绕机床主轴的回转面的构建奠定基础。从刀具坐标系和旋转坐标系的定义可以看到，当只考虑平行轴跳动时，刀具坐标系 $\xi^{(c)}$ 到旋转坐标系 $\xi^{(r)}$ 的坐标变换仅为平移坐标变换，平移矢量为

$$\boldsymbol{T}_t(\boldsymbol{o}^{(c)}\rightarrow\boldsymbol{o}^{(r)})=[0,-\rho,0]^{\mathrm{T}} \tag{6.39}$$

根据坐标变换式(6.39)，就可将刀具坐标系 $\xi^{(c)}$ 中任一点 $\boldsymbol{P}^{(c)}$ 转换到旋转坐标系 $\xi^{(r)}$ 中，并表示为

$$\boldsymbol{P}^{(r)}=\boldsymbol{P}^{(c)}+\boldsymbol{T}_t(\boldsymbol{o}^{(c)}\rightarrow\boldsymbol{o}^{(r)}) \tag{6.40}$$

式(6.40)给出了刀具坐标系与旋转坐标系之间的坐标变换关系，其齐次变换形式如下：

$$\begin{bmatrix} \boldsymbol{P}^{(r)} \\ 1 \end{bmatrix} = \begin{bmatrix} 1 & 0 & 0 & 0 \\ 0 & 1 & 0 & -\rho \\ 0 & 0 & 0 & 0 \\ 0 & 0 & 0 & 1 \end{bmatrix} \begin{bmatrix} \boldsymbol{P}^{(c)} \\ 1 \end{bmatrix} \tag{6.41}$$

3. *刀具跳动对刀具切削刃回转面的影响*

如前所述，当不存在刀具跳动时，刀具坐标系 $\xi^{(c)}$ 的 $\boldsymbol{z}^{(c)}$ 轴与旋转坐标系 $\xi^{(r)}$ 的 $\boldsymbol{z}^{(r)}$ 轴重合，此时刀具切削刃绕机床主轴 $\boldsymbol{A}_{\mathrm{m}}$ 旋转形成的回转面，可简化为刀具切削刃绕刀具轴线 $\boldsymbol{A}_{\mathrm{c}}$ 旋转所形成的回转面。该回转面可表示为

$$\boldsymbol{sf}_{\mathrm{ce}}^{(c)}(\phi, z) = \boldsymbol{T}_r(\boldsymbol{A}_{\mathrm{c}}, \phi)\boldsymbol{P}^{(c)} \tag{6.42}$$

式中，$\boldsymbol{T}_r(\boldsymbol{A}_{\mathrm{c}}, \phi)$ 为绕刀具轴线 $\boldsymbol{A}_{\mathrm{c}}$ 旋转 ϕ 角的旋转矩阵：

$$\boldsymbol{T}_r(\boldsymbol{A}_{\mathrm{c}}, \phi) = \begin{bmatrix} \cos\phi & -\sin\phi & 0 \\ \sin\phi & \cos\phi & 0 \\ 0 & 0 & 1 \end{bmatrix} \tag{6.43}$$

$\boldsymbol{P}^{(c)}$ 为刀具坐标系 $\xi^{(c)}$ 中刀具切削刃上的点：

$$\boldsymbol{P}^{(c)} = \begin{bmatrix} \rho(z)\cos\varphi \\ \rho(z)\sin\varphi \\ z \end{bmatrix} \tag{6.44}$$

根据不同刀具类型，φ 可按式(6.10)～式(6.12)进行计算。注意，当刀具跳动存在时，刀具坐标系 $\xi^{(c)}$ 的 $\boldsymbol{z}^{(c)}$ 轴与旋转坐标系 $\xi^{(r)}$ 的 $\boldsymbol{z}^{(r)}$ 轴不再重合。此时，切削刃绕机床主轴的回转面必须考虑刀具坐标系 $\xi^{(c)}$ 与旋转坐标系 $\xi^{(r)}$ 之间的运动变换式(6.30)。在旋转坐标系 $\xi^{(r)}$ 中，刀具切削刃绕机床主轴的回转面可表示为

$$\boldsymbol{sf}_{\mathrm{ce}}^{(r)}(\phi, z) = \boldsymbol{T}_r(\boldsymbol{A}_{\mathrm{m}}, \phi)\boldsymbol{P}^{(r)} = \boldsymbol{T}_r(\boldsymbol{A}_{\mathrm{m}}, \phi)[\boldsymbol{P}^{(c)} + \boldsymbol{T}_t(\boldsymbol{o}^{(c)} \to \boldsymbol{o}^{(r)})] \tag{6.45}$$

式中，$\boldsymbol{T}_r(\boldsymbol{A}_{\mathrm{m}}, \phi)$ 为绕机床主轴 $\boldsymbol{A}_{\mathrm{m}}$ 旋转 ϕ 的旋转矩阵。根据式(6.45)，就可分析刀具跳动参数对切削刃绕机床主轴旋转形成的回转面几何形状的影响。

图 6.12 给出了存在平行轴跳动时平底立铣刀切削刃回转面的形状及与其理想形状的比较。当不考虑刀具跳动时，刀具任一切削刃绕机床主轴的回转面与切削刃绕刀具轴线旋转所形成的回转面相同，都为标准圆柱面，如图 6.12(b)所示。当考虑刀具的跳动效应时，每一切削刃绕机床主轴旋转所形成的回转面就各不相同(图 6.12(d)和(e))，而且各切削刃回转面复合形成的刀具回转面(图 6.12(c))也与理想情况下刀具切削刃的回转面存在明显差别(图 6.12(b))。由于五轴侧铣加工中刀具与工件毛坯的瞬时接触，可看成刀具切削刃绕机床主轴旋转所形成的旋转体与工件毛坯相互作用的过程，那么刀具跳动必然通过切削刃的回转面影响被加工曲面的成形过程，从而直接影响被加工曲面的加工误差和切削过程中的瞬时未变形切屑厚度，所以在后续刀具扫掠包络面建模以及第 7 章切削力的建模与预测中必

须考虑刀具跳动下各个切削刃绕机床主轴旋转形成的旋转体对加工过程的影响，这也是将刀具跳动纳入侧铣加工刀位规划的主要原因。

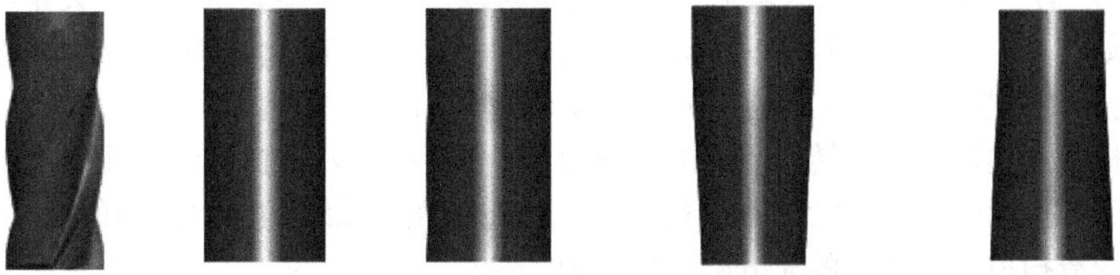

(a) 平底立铣刀　(b) 无刀具跳动时的回转面　(c) 两个切削刃回转面的复合曲面　(d) 第一个切削刃绕机床主轴形成的回转面　(e) 第二个切削刃绕机床主轴形成的回转面

图 6.12　刀具跳动下平底立铣刀切削刃的回转面

6.3.2　侧铣刀具扫掠包络面的几何建模

当刀具有多个切削刃时，刀具扫掠包络面的计算应先构造每个切削刃绕机床主轴旋转的回转体沿刀位路径运动形成的包络面，再对所有切削刃的包络面进行融合以得到刀具的扫掠包络面。目前，关于刀具扫掠包络面的计算大都采用数值求解方法，如雅可比亏损法[5]、扫掠面微分方程法[6]、隐式建模法[7]和双参数球族法[8,9]等。与这些数值求解方法不同，本节将以单个切削刃绕机床主轴旋转形成的旋转体为例，详细论述刀具包络面的解析计算方法，其他刀具扫掠包络面的建模方法也可参考文献[10]～[13]。

1. *刀具扫掠包络面的计算条件*

根据切削刃回转体上点的法矢量与该点绝对速度矢量之间的夹角，可将切削刃回转体表面分为如下 3 个区域[14]。

(1) $\boldsymbol{sf}_{\mathrm{ce}}^{(\mathrm{r},-)}(\phi,z)$。该区域上点的法矢量与该点绝对速度矢量之间的夹角小于 $\pi/2$，如图 6.13 中上半部分所示。

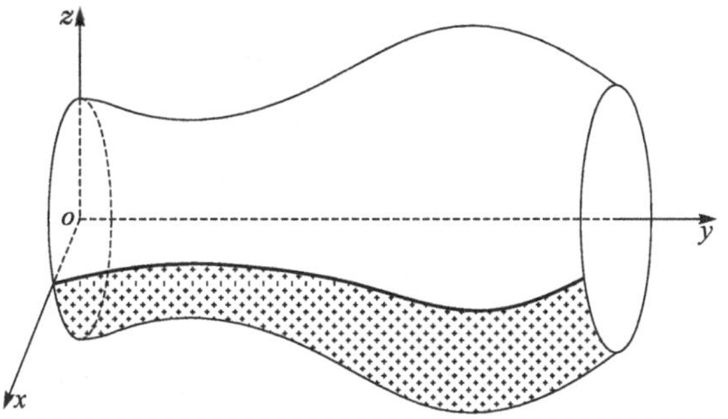

图 6.13　刀具切削刃旋转体外表面上区域分类

(2) $\boldsymbol{sf}_{\text{ce}}^{(\text{r},+)}(\phi,z)$。该区域上点的法矢量与该点绝对速度矢量之间的夹角大于 $\pi/2$，如图 6.13 中下半部分所示。

(3) $\boldsymbol{sf}_{\text{ce}}^{(\text{r},0)}(\phi,z)$。该区域上点的法矢量与该点绝对速度矢量之间的夹角等于 $\pi/2$，如图 6.13 中部黑粗实线所示，该曲线被称为切削刃旋转体扫掠包络面的生成线，它既在切削刃旋转体上，也在切削刃旋转体的扫掠包络面上。

根据上述切削刃回转体表面的区域分类，可以看到刀具扫掠包络面建模的关键在于扫掠面生成线 $\boldsymbol{sf}_{\text{ce}}^{(\text{r},0)}(\phi,z)$ 的求解。由扫掠面生成线 $\boldsymbol{sf}_{\text{ce}}^{(\text{r},0)}(\phi,z)$ 的定义，可得到构造扫掠面生成线的充分必要条件为

$$\boldsymbol{n}_{sf}^{(\text{r})}(\phi,z)\cdot\boldsymbol{v}_{sf}^{(\text{r})}(\phi,z)=0 \tag{6.46}$$

式中，$\boldsymbol{n}_{sf}^{(\text{r})}(\phi,z)$ 为切削刃回转体 $\boldsymbol{sf}_{\text{ce}}^{(\text{r})}(\phi,z)$ 在 (ϕ,z) 处的法线；$\boldsymbol{v}_{sf}^{(\text{r})}(\phi,z)$ 为点 (ϕ,z) 处的速度矢量。式(6.46)中的 $\boldsymbol{n}_{sf}^{(\text{r})}(\phi,z)$ 和 $\boldsymbol{v}_{sf}^{(\text{r})}(\phi,z)$ 都表示在旋转坐标系 $\xi^{(\text{r})}$ 下，也可以表示在其他坐标系下。但无论在哪个坐标系中求解，上述法矢量和速度矢量都应该表示在同一坐标系中。由式(6.46)可以得到求解刀具扫掠包络面的基本步骤如下：

(1) 计算切削刃旋转体表面上任意一点 $\boldsymbol{P}^{(\text{r})}=\boldsymbol{sf}_{\text{ce}}^{(\text{r})}(\phi,z)$ 处的法矢量 $\boldsymbol{n}_{sf}^{(\text{r})}(\phi,z)$。

(2) 求解切削刃旋转体表面上 $\boldsymbol{P}^{(\text{r})}$ 点的速度矢量 $\boldsymbol{v}_{sf}^{(\text{r})}(\phi,z)$。

(3) 求解式(6.46)中的未知变量 ϕ，将其代入式(6.45)计算扫掠面生成线上的点。

当所有刀位点处的扫掠面生成线计算完成后，就可得到切削刃旋转体的扫掠包络面。下面将针对上述求解步骤中所涉及的关键内容展开详细论述。

2. 切削刃旋转体上点的法向矢量

数学上，切削刃旋转体上任何一点的法矢量方向都可以表示为

$$\boldsymbol{n}_{sf}^{(\text{r})}(\phi,z)=\frac{\partial\boldsymbol{sf}_{\text{ce}}^{(\text{r})}(\phi,z)}{\partial\phi}\times\frac{\partial\boldsymbol{sf}_{\text{ce}}^{(\text{r})}(\phi,z)}{\partial z} \tag{6.47}$$

注意，式(6.47)中的法矢量 $\boldsymbol{n}_{sf}^{(\text{r})}(\phi,z)$ 并不是单位矢量。考虑到式(6.46)中扫掠面生成线的计算只与法矢量和速度矢量的方向有关而与其长度无关，在后续计算处理中并不需要将法矢量 $\boldsymbol{n}_{sf}^{(\text{r})}(\phi,z)$ 进行归一化处理，可直接将式(6.47)代入式(6.46)进行求解。在实际的求解过程中，由于式(6.47)中法矢量涉及切削刃回转面复杂的偏导计算，这将导致式(6.46)的求解过程过于繁琐，只能采用数值方法进行求解。

为简化上述求解过程，本节将利用回转曲面的如下特点进行简化处理，给出一种简单的法矢量 $\boldsymbol{n}_{sf}^{(\text{r})}(\phi,z)$ 的计算方法。

(1) 回转面上任一点的法矢量都与回转轴线相交。如图 6.14 所示，回转面上 1～6 点的法线与回转轴的交点为 $\boldsymbol{O}_1$～$\boldsymbol{O}_6$。

（2）垂直于回转轴线的截面与回转面的交线为圆心在回转轴线上的圆，此圆称为该回转面的纬线。

（3）位于同一纬线上点的法线必与回转轴线相交于一点，且该点为纬线圆上点在回转面上主曲率的曲率中心，如图6.14中纬线圆上11～55点的法线与回转轴交于$\boldsymbol{O}_{11}$点。

根据上面给出的回转面的第一个性质，回转面上任一点$\boldsymbol{P}^{(\mathrm{r})}$处的法矢量可表示为

$$\boldsymbol{n}_{sf}^{(\mathrm{r})}(\boldsymbol{P}^{(\mathrm{r})}) = \boldsymbol{P}^{(\mathrm{r})} - \boldsymbol{O}_P^{(\mathrm{r})} \tag{6.48}$$

式中，$\boldsymbol{O}_P^{(\mathrm{r})}$为$\boldsymbol{P}^{(\mathrm{r})}$点处法线与回转轴的交点。6.1.2节已经给出了切削刃方程，并在6.3.1节将其转化到了旋转坐标系$\xi^{(\mathrm{r})}$下，所以可以方便地得到切削刃在$\boldsymbol{P}^{(\mathrm{r})}$处的切线矢量，其表示为

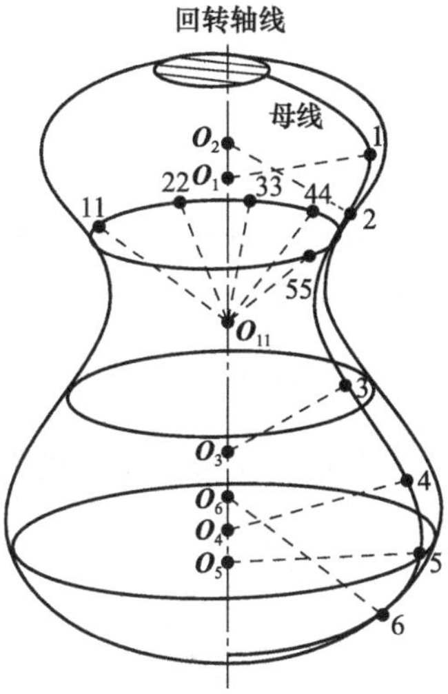

图6.14　回转面的性质

$$\boldsymbol{\tau}^{(P)} = \frac{\mathrm{d}\boldsymbol{P}^{(\mathrm{r})}}{\mathrm{d}z} = [\tau_x^{(P)}, \tau_y^{(P)}, \tau_z^{(P)}]^{\mathrm{T}} \tag{6.49}$$

与切线矢量$\boldsymbol{\tau}^{(P)}$垂直的平面必然包含点$\boldsymbol{P}^{(\mathrm{r})}$处的法线，也必与回转轴交于点$\boldsymbol{O}_P^{(\mathrm{r})}$，所以点$\boldsymbol{O}_P^{(\mathrm{r})}$可表示为

$$\boldsymbol{O}_P^{(\mathrm{r})} = \left[0, 0, \frac{\tau_x^{(P)} p_x^{(\mathrm{r})} + \tau_y^{(P)} p_y^{(\mathrm{r})}}{\tau_z^{(P)}} + p_z^{(\mathrm{r})}\right]^{\mathrm{T}} \tag{6.50}$$

式中，$\boldsymbol{P}^{(\mathrm{r})} = [p_x^{(\mathrm{r})}, p_y^{(\mathrm{r})}, p_z^{(\mathrm{r})}]^{\mathrm{T}}$。将式(6.50)代入式(6.48)，就可得到回转面在点$\boldsymbol{P}^{(\mathrm{r})}$处的法矢量$\boldsymbol{n}_{sf}^{(\mathrm{r})}(\boldsymbol{P}^{(\mathrm{r})})$。

3. 切削刃旋转体上点的速度矢量

切削刃旋转体表面任何一点的速度矢量都由两部分组成，即平动速度和转动速度，该速度矢量可由下式表示：

$$\boldsymbol{v}_{sf}^{(\mathrm{w})}(\phi, z, t) = \boldsymbol{v}(t) + \boldsymbol{\omega}(t) \times [\boldsymbol{sf}_{\mathrm{ce}}^{(\mathrm{w})}(\phi, z) - \boldsymbol{O}_{\mathrm{r}}^{(\mathrm{w})}] \tag{6.51}$$

式中，$\boldsymbol{v}_{sf}^{(\mathrm{w})}(\phi, z, t)$为切削刃旋转体表面上一点的速度在工件坐标系$\xi^{(\mathrm{w})}$中的表示；$\boldsymbol{v}(t)$表示刀位点的平动速度；$\boldsymbol{\omega}(t)$表示刀轴矢量的转动速度；$\boldsymbol{sf}_{\mathrm{ce}}^{(\mathrm{w})}(\phi, z)$为切削刃回转面在工件坐标系$\xi^{(\mathrm{w})}$中的表示；$\boldsymbol{O}_{\mathrm{r}}^{(\mathrm{w})}$为旋转坐标系原点在工件坐标系中的表示。从式(6.51)可以看到，计算速度矢量$\boldsymbol{v}_{sf}^{(\mathrm{w})}(\phi, z)$的关键在于刀位点平动速度$\boldsymbol{v}(t)$和刀轴矢量转动速度$\boldsymbol{\omega}(t)$的求解。6.1.4节已经给出了刀轴面$\boldsymbol{r}_a(u, v)$的定义，为处理方便，将参数$u$替换为时间参数$t$，根据刚体运动学相关理论，就可得到刀位点的平动速度$\boldsymbol{v}(t)$和刀轴矢量的转动速度$\boldsymbol{\omega}(t)$：

$$\begin{cases} \boldsymbol{v}(t) = \dfrac{\mathrm{d}\boldsymbol{p}(t)}{\mathrm{d}t} \\ \boldsymbol{\omega}(t) = \boldsymbol{a}(t) \times \dfrac{\mathrm{d}\boldsymbol{a}(t)}{\mathrm{d}t} \end{cases} \tag{6.52}$$

刀轴矢量可以通过式(6.18)进行计算。将式(6.52)代入式(6.51)就可得到切削刃旋转体表面任何一点的速度矢量 $\boldsymbol{v}_{sf}^{(\mathrm{w})}(\phi,z,t)$。

4. 扫掠面生成线上点的计算

从前面法矢量和速度矢量的计算可以看到，法矢量 $\boldsymbol{n}_{sf}^{(\mathrm{r})}(\phi,z)$ 是在旋转坐标系中，而速度矢量 $\boldsymbol{v}_{sf}^{(\mathrm{w})}(\phi,z,t)$ 是在工件坐标系中。为了两者在坐标系上的统一，可将式(6.52)中的平动速度 $\boldsymbol{v}(t)$ 和刀轴矢量的转动速度 $\boldsymbol{\omega}(t)$ 转化到旋转坐标系中。对于如图 6.15 所示的 A-C 双摆头五轴数控机床，在旋转坐标系 $\xi^{(\mathrm{r})}$ 中，$\boldsymbol{v}(t)$ 和 $\boldsymbol{\omega}(t)$ 可表示为

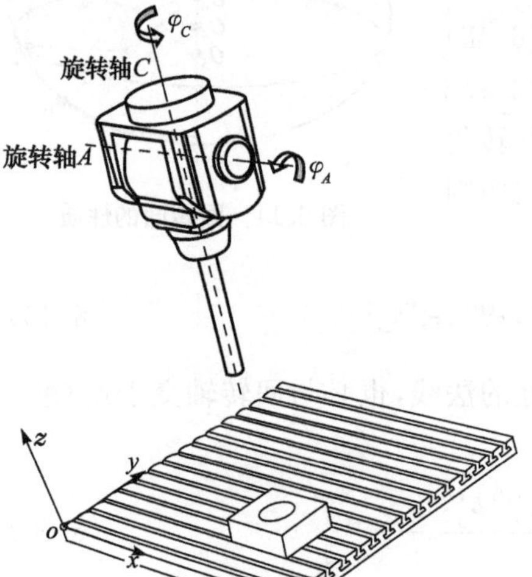

图 6.15 双摆头型五轴数控机床

$$\begin{cases} \boldsymbol{v}^{(\mathrm{r})}(t) = \boldsymbol{T}_r^{-1}(A,\varphi_A)\boldsymbol{T}_r^{-1}(C,\varphi_C)\boldsymbol{v}(t) \\ \qquad\quad = [v_x^{(\mathrm{r})}, v_y^{(\mathrm{r})}, v_x^{(\mathrm{r})}]^{\mathrm{T}} \\ \boldsymbol{\omega}^{(\mathrm{r})}(t) = \boldsymbol{T}_r^{-1}(A,\varphi_A)\boldsymbol{T}_r^{-1}(C,\varphi_C)\boldsymbol{\omega}(t) \\ \qquad\quad = [\omega_x^{(\mathrm{r})}, \omega_y^{(\mathrm{r})}, \omega_z^{(\mathrm{r})}]^{\mathrm{T}} \end{cases} \tag{6.53}$$

式中，$\boldsymbol{T}_r^{-1}(A,\varphi_A)$、$\boldsymbol{T}_r^{-1}(C,\varphi_C)$ 为刀具绕机床 A、C 轴的旋转矩阵 $\boldsymbol{T}_r(A,\varphi_A)$、$\boldsymbol{T}_r(C,\varphi_C)$：

$$\boldsymbol{T}_r(A,\varphi_A) = \begin{bmatrix} 1 & 0 & 0 \\ 0 & \cos\varphi_A & -\sin\varphi_A \\ 0 & \sin\varphi_A & \cos\varphi_A \end{bmatrix}, \quad \boldsymbol{T}_r(C,\varphi_C) = \begin{bmatrix} \cos\varphi_C & -\sin\varphi_C & 0 \\ \sin\varphi_C & \cos\varphi_C & 0 \\ 0 & 0 & 1 \end{bmatrix}$$

的逆矩阵。将式(6.53)代入式(6.51)，就可得到切削刃旋转体表面上一点的速度在旋转坐标系 $\xi^{(\mathrm{r})}$ 中的表示：

$$\boldsymbol{v}_{sf}^{(\mathrm{r})}(\phi,z,t) = \boldsymbol{v}^{(\mathrm{r})}(t) + \boldsymbol{\omega}^{(\mathrm{r})}(t) \times \boldsymbol{sf}_{\mathrm{ce}}^{(\mathrm{r})}(\phi,z) \tag{6.54}$$

将旋转坐标系下式(6.48)表示的 $\boldsymbol{n}_{sf}^{(\mathrm{r})}(\boldsymbol{P}^{(\mathrm{r})})$ 和式(6.54)表示的速度矢量 $\boldsymbol{v}_{sf}^{(\mathrm{r})}(\phi,z,t)$ 代入扫掠面生成线 $\boldsymbol{sf}_{\mathrm{ce}}^{(\mathrm{r},0)}(\phi,z)$ 的定义式(6.46)，可得

$$\begin{aligned} \boldsymbol{n}_{sf}^{(\mathrm{r})}(\phi,z) \cdot \boldsymbol{v}_{sf}^{(\mathrm{r})}(\phi,z,t) &= [\boldsymbol{sf}_{\mathrm{ce}}^{(\mathrm{r})}(\phi,z) - \boldsymbol{O}^{(\mathrm{r})}] \cdot [\boldsymbol{v}^{(\mathrm{r})}(t) + \boldsymbol{\omega}^{(\mathrm{r})}(t) \times \boldsymbol{sf}_{\mathrm{ce}}^{(\mathrm{r})}(\phi,z)] \\ &= \boldsymbol{sf}_{\mathrm{ce}}^{(\mathrm{r})}(\phi,z) \cdot \boldsymbol{v}^{(\mathrm{r})}(t) + \boldsymbol{sf}_{\mathrm{ce}}^{(\mathrm{r})}(\phi,z) \cdot [\boldsymbol{\omega}^{(\mathrm{r})}(t) \times \boldsymbol{sf}_{\mathrm{ce}}^{(\mathrm{r})}(\phi,z)] \\ &\quad - \boldsymbol{O}^{(\mathrm{r})} \cdot \boldsymbol{v}^{(\mathrm{r})}(t) - \boldsymbol{O}^{(\mathrm{r})} \cdot [\boldsymbol{\omega}^{(\mathrm{r})}(t) \times \boldsymbol{sf}_{\mathrm{ce}}^{(\mathrm{r})}(\phi,z)] \end{aligned} \tag{6.55}$$

从式(6.55)可以看到下式必然成立：

$$\boldsymbol{sf}_{\mathrm{ce}}^{(\mathrm{r})}(\phi,z)\cdot[\boldsymbol{\omega}^{(\mathrm{r})}(t)\times\boldsymbol{sf}_{\mathrm{ce}}^{(\mathrm{r})}(\phi,z)]=0 \tag{6.56}$$

式(6.55)可以进一步简化为

$$D\sin\phi+E\cos\phi=F \tag{6.57}$$

式中

$$\begin{cases}D=z_r(z)[\omega_x^{(\mathrm{r})}p_x^{(\mathrm{r})}+\omega_y^{(\mathrm{r})}p_y^{(\mathrm{r})}]-[v_y^{(\mathrm{r})}p_x^{(\mathrm{r})}+v_x^{(\mathrm{r})}p_y^{(\mathrm{r})}]\\E=z_r(z)[\omega_x^{(\mathrm{r})}p_y^{(\mathrm{r})}+\omega_y^{(\mathrm{r})}p_x^{(\mathrm{r})}]-[v_y^{(\mathrm{r})}p_y^{(\mathrm{r})}+v_x^{(\mathrm{r})}p_x^{(\mathrm{r})}]\\F=v_z^{(\mathrm{r})}p_z^{(\mathrm{r})}+v_z^{(\mathrm{r})}z_r(z)\end{cases}$$

其中，$z_r(z)$为式(6.50)中 $\boldsymbol{O}_P^{(\mathrm{r})}$ 点的 z 向分量：

$$z_r(z)=\frac{\tau_x^{(P)}p_x^{(\mathrm{r})}+\tau_y^{(P)}p_y^{(\mathrm{r})}}{\tau_z^{(P)}}+p_z^{(\mathrm{r})}$$

求解式(6.57)，就可得到

$$\phi=\begin{cases}\arcsin\left(\dfrac{F}{\sqrt{D^2+E^2}}\right)-\arcsin\left(\dfrac{D}{\sqrt{D^2+E^2}}\right), & E\geqslant 0\\\arcsin\left(\dfrac{F}{\sqrt{D^2+E^2}}\right)+\arcsin\left(\dfrac{D}{\sqrt{D^2+E^2}}\right), & E<0\end{cases} \tag{6.58}$$

把计算出的 ϕ 代入式(6.45)，就可计算出切削刃绕主轴旋转所形成的旋转体表面上位于刀具包络面上的点，从而得到该切削刃的扫掠包络面。应注意的是，刀具扫掠包络面的计算并不是某单一切削刃旋转体的扫掠包络面，而是所有切削刃旋转体运动扫掠包络面的并集。该并集指的是，选择在 z 高度处旋转半径$\{R_i\}_{i=1}^{k}$最大的那个切削刃旋转体扫掠包络面生成线上的点作为最终的刀具扫掠面生成线上的点，其中 k 为切削刃的条数。据此，刀具包络面生成线上的点 $\boldsymbol{P}^{(\mathrm{r})}(z,\phi)$可表示为

$$\begin{cases}\boldsymbol{P}^{(\mathrm{r})}(z,\phi)=\boldsymbol{P}^{(\mathrm{r})}(R_{\mathrm{c}},z,\phi)\\R_{\mathrm{c}}=\max\{R_1,\cdots,R_k\}\end{cases} \tag{6.59}$$

6.3.3　被加工表面的几何误差

在侧铣加工中，几何误差定义为被加工表面与刀具包络面之间的距离[15]。如图 6.16 所示，$\boldsymbol{P}_1$ 为被加工表面上的一点，过点 $\boldsymbol{P}_1$ 作刀轴面的垂线并与刀具的理想包络面交于一点 $\boldsymbol{P}_2$，在刀轴面上的垂足为 $\boldsymbol{P}_3$。在不考虑刀具跳动时，可将 $\boldsymbol{P}_1$ 与 $\boldsymbol{P}_2$ 之间的距离定义为侧铣加工的几何误差 ε：

$$\varepsilon=\frac{(\boldsymbol{P}_3-\boldsymbol{P}_1)}{\|\boldsymbol{P}_3-\boldsymbol{P}_1\|}(\boldsymbol{P}_2-\boldsymbol{P}_1) \tag{6.60}$$

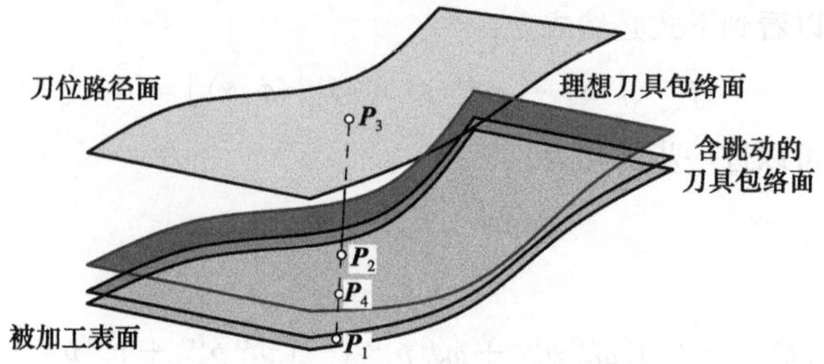

图 6.16　侧铣加工几何误差的定义

从式(6.60)可以看到，几何误差 ε 有正负之分，正的几何误差表示侧铣加工中被加工曲面发生欠切，即刀具在切削过程中没有达到预定位置，而使多余的材料留在了被加工表面；负的几何误差表示侧铣加工中被加工曲面过切，即加工过程中刀具超过预定位置，而过多地切除了一部分材料。一般而言，侧铣加工过程中几何误差的来源有如下两类：

(1) 被加工表面的因素造成的几何误差 ε_s；

(2) 刀具和机床的因素引起的几何误差 ε_o。

被加工表面因素造成的几何误差是指由于刀具包络面无法完全与被加工表面重合而造成的几何误差。从数学角度来讲，非可展直纹面和自由曲面是不能由半径大于零的圆柱滚动包络面形成的，因此当侧铣加工这些非可展曲面时，由被加工表面因素造成的几何误差是无法避免的。而刀具和机床等因素引起的几何误差是指由于刀具的制造精度和刀具在机床上的安装误差，导致刀具无法理想地加工出理想表面从而引起的几何误差，即由于刀具跳动引起的几何误差 ε_o。当考虑刀具跳动时，侧铣加工的几何误差可表示为

$$\varepsilon = \varepsilon_s + \varepsilon_o \tag{6.61}$$

如图 6.16 所示，$\boldsymbol{P}_4$ 为过点 $\boldsymbol{P}_1$ 的刀轴面的垂线与含有跳动的刀具包络面的交点，根据图中所示几何关系以及上述几何误差 ε_s 和 ε_o 的定义，可得

$$\begin{cases} \varepsilon_s = \dfrac{(\boldsymbol{P}_3 - \boldsymbol{P}_1)}{\|\boldsymbol{P}_3 - \boldsymbol{P}_1\|}(\boldsymbol{P}_2 - \boldsymbol{P}_1) \\ \varepsilon_o = \dfrac{(\boldsymbol{P}_3 - \boldsymbol{P}_1)}{\|\boldsymbol{P}_3 - \boldsymbol{P}_1\|}(\boldsymbol{P}_2 - \boldsymbol{P}_4) \end{cases} \tag{6.62}$$

计算侧铣加工几何误差的关键在于计算点 $\boldsymbol{P}_1$ 在刀轴面上的垂点 $\boldsymbol{P}_3$，可采用第 3 章中的 Newton-Raphson 迭代方法或者第 9 章将给出的基于曲面细分的最近点求解方法进行计算，在此不再赘述。得到点 $\boldsymbol{P}_3$ 后，通过求解直线段 $\boldsymbol{P}_1\boldsymbol{P}_3$ 与刀具包络面的交点得到点 $\boldsymbol{P}_2$ 和 $\boldsymbol{P}_4$，并代入式(6.62)和式(6.61)后，就可得到含有跳动的侧铣加工的几何误差 ε。

6.3.4　刀具跳动对被加工表面几何误差的影响

根据 6.3.2 节所述含有刀具跳动的刀具包络面模型和 6.3.3 节给出的被加工表面几何误差的定义，就可定量地考察平行轴跳动参数变化对被加工表面几何误差影响。给定被加工直纹面如图 6.17(a)所示，其数学方程为

$$\boldsymbol{r}(u,v)=\begin{bmatrix}100u\\-20uv/\tan40^\circ\\10+27v\end{bmatrix},\qquad u,v\in[0,1]\tag{6.63}$$

采用平底立铣刀进行加工，其刀具参数为半径 $R_c=6\text{mm}$，螺旋角 $\beta=45^\circ$，刀杆长度 $l_A=40\text{mm}$，切削刃个数 $N=4$。

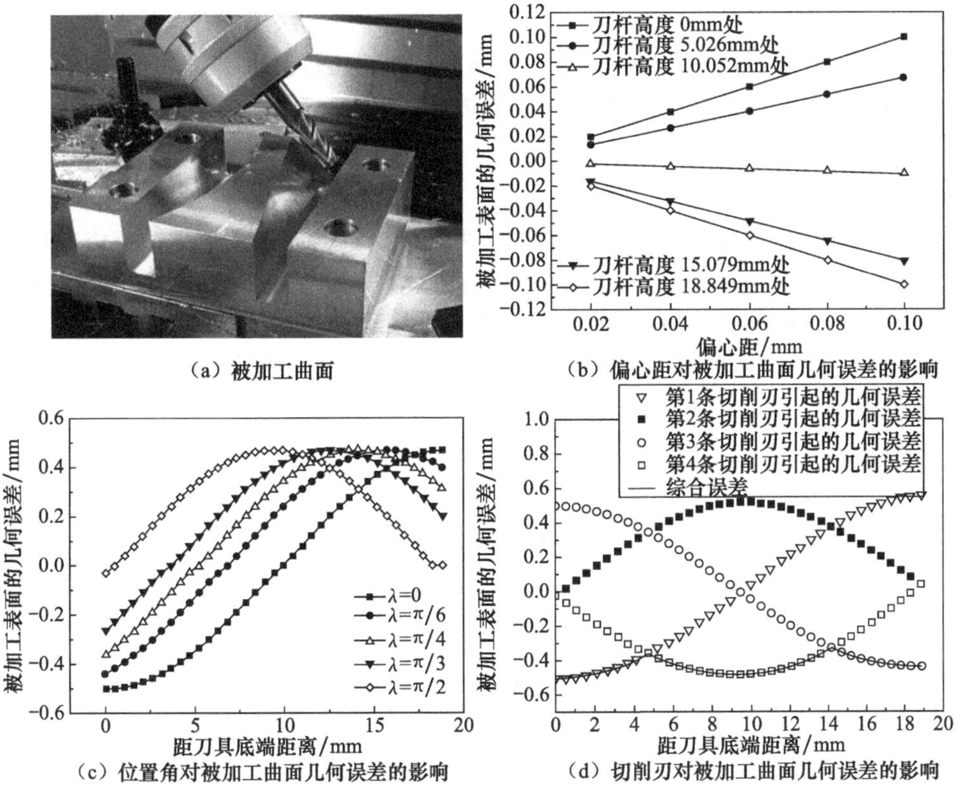

(a) 被加工曲面　(b) 偏心距对被加工曲面几何误差的影响

(c) 位置角对被加工曲面几何误差的影响　(d) 切削刃对被加工曲面几何误差的影响

图 6.17　刀具跳动对被加工表面几何误差的影响

图 6.17(b)给出了偏心距 ρ 为 0.02～0.1mm 时，不同刀杆高度处被加工表面几何误差 ε 与偏心距 ρ 之间的关系。从图中可以看到，在不同的刀杆高度处偏心距和被加工表面几何误差之间呈线性关系，偏心距对最大被加工表面几何误差的

贡献约与其本身相同。图 6.17(c)给出了不同位置角 λ 对被加工表面几何误差的影响,可以看到沿刀杆长度方向被加工表面几何误差呈正弦/余弦分布,并且随着位置角的改变,该曲线发生平移现象。由此可以看到,位置角只改变被加工表面几何误差的分布,而不影响被加工表面最大加工误差。图 6.17(d)给出了偏心距 $\rho=0.5$mm 时,4 个切削刃对被加工表面几何误差的影响。可以看到,当刀具含有多个切削刃并且存在刀具跳动效应时,沿着刀杆方向某一段高度区域内只有一个切削刃对被加工表面几何误差产生作用,如图 6.17(d)中黑实线所示。

6.3.5 融合刀具跳动的侧铣刀位整体优化方法

常用的侧铣刀位规划方法除了前面提到的几种局部优化方法外,研究人员已发展出了其他更为有效的刀位规划方法[16~21]。但到目前为止,真正将刀具跳动对加工曲面几何误差的影响融入侧铣加工刀位规划中的方法还鲜有文献涉及。本节将在前面所述刀具扫掠包络面的建模和被加工曲面几何误差计算等相关内容基础上,给出融合刀具跳动误差的侧铣刀位整体优化方法。

1. 误差映射面的定义

整体刀位优化方法的基本思想就是,先利用现有的刀位规划方法生成刀具路径曲面 $\boldsymbol{r}_a(u,v)$,然后通过对刀位路径曲面 $\boldsymbol{r}_a(u,v)$ 的调整,使刀具扫掠包络面最大限度地逼近被加工曲面,以达到减小被加工表面几何误差的目的。为了实现这一目的,引入了误差映射面的概念。如图 6.18 所示,误差映射曲面 $\boldsymbol{r}_e(u,v)$ 上一点 $\boldsymbol{P}_e$ 被表示为

$$\boldsymbol{P}_e = \boldsymbol{P}_3 + \varepsilon(\boldsymbol{P}_1 - \boldsymbol{P}_3) \tag{6.64}$$

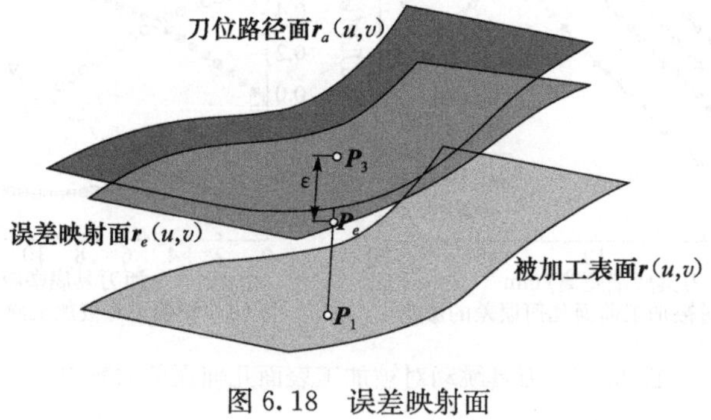

图 6.18 误差映射面

误差映射面 $\boldsymbol{r}_e(u,v)$ 定义为初始刀位路径曲面 $\boldsymbol{r}_e(u,v)$ 的偏置曲面,每一点处的偏置距离为利用式(6.61)计算得到的实际加工误差 ε,即

$$\boldsymbol{r}_e(u,v)=\boldsymbol{r}_a(u,v)+\varepsilon(u,v)\frac{\partial \boldsymbol{r}_a(u,v)}{\partial u}\times\frac{\partial \boldsymbol{r}_a(u,v)}{\partial v}\Big/\left\|\frac{\partial \boldsymbol{r}_a(u,v)}{\partial u}\times\frac{\partial \boldsymbol{r}_a(u,v)}{\partial v}\right\| \tag{6.65}$$

可以看到，误差映射面 $\boldsymbol{r}_e(u,v)$ 到刀轴面 $\boldsymbol{r}_a(u,v)$ 距离的大小，反映了被加工表面几何误差的变化。这样，就可根据误差映射面 $\boldsymbol{r}_e(u,v)$ 去调整刀轴面 $\boldsymbol{r}_a(u,v)$，从而改变被加工表面的几何误差，达到优化刀轴矢量，减小加工误差的目的。

2. 刀位路径曲面的整体优化

如前所述，刀轴面的整体优化就是要通过对初始刀轴曲面 $\boldsymbol{r}_a(u,v)$ 的调整，使刀轴面 $\boldsymbol{r}_a(u,v)$ 到误差映射面 $\boldsymbol{r}_e(u,v)$ 的距离达到最小。这里，初始刀位路径曲面采用 6.1.4 节所述的 B 样条曲面形式进行描述，这样就可以方便地通过改变其控制顶点 $\{\boldsymbol{d}_j\}$ 和 $\{\boldsymbol{d}_j^u\}$ 的位置，动态地调整刀位路径曲面。考虑到连续参数曲面相关几何计算的复杂性以及数控加工的离散本质，在调整刀位曲面 $\boldsymbol{r}_a(u,v)$ 的过程中，可对刀位面进行给定精度下的离散采样，只需要使在刀位面离散采样线（由刀位点和对应的刀位矢量确定）处最大加工误差 $\varepsilon_{\max}(u_i)$ 达到最小，即

$$\varepsilon=\min\{\varepsilon_{\max}(u_0),\cdots,\varepsilon_{\max}(u_n)\} \tag{6.66}$$

这样既能满足加工精度的要求，又能达到简化计算过程的目的。根据式(6.65)，在每条采样线处的几何误差可表示为

$$\begin{aligned}\|\varepsilon(u_i,v)\| &= \|\boldsymbol{r}_e(u_i,v)-\boldsymbol{r}_a(u_i,v)\|\\ &=\left\|\boldsymbol{r}_e(u_i,v)-\Big[(1-v)\sum_{j=0}^{n}\boldsymbol{d}_jN_{j,k}(u_i)+v\sum_{j=0}^{n}\boldsymbol{d}_j^uN_{j,k}(u_i)\Big]\right\|\end{aligned} \tag{6.67}$$

将每条刀位曲面采样线上点所对应的误差映射曲面 $\boldsymbol{r}_e(u,v)$ 上的误差点 $\boldsymbol{P}_e$ 代入式(6.67)，就可得到刀位整体优化的目标函数：

$$\min_{u,v}\|\varepsilon(u,v)\| = \min_{u,v}\left\|\boldsymbol{P}_e-\Big[(1-v)\sum_{j=0}^{n}\boldsymbol{d}_jN_{j,k}(u)+v\sum_{j=0}^{n}\boldsymbol{d}_j^uN_{j,k}(u)\Big]\right\| \tag{6.68}$$

式(6.68)可采用最小二乘法原理进行求解，关于最小二乘求解方法在前面章节中已多次论述，在此不再赘述。得到新的刀位曲面 $\boldsymbol{r}_a^{(i)}$ 后，重复上述采样和误差计算过程，直到下面的迭代终止条件被满足：

$$\|\varepsilon^{(i+1)}-\varepsilon^{(i)}\|<\delta \tag{6.69}$$

式中，δ 为给定计算精度。由此就可实现侧铣刀位的整体优化。图 6.19 给出了侧铣刀位优化前和采用上述方法优化后的结果对比，最大几何误差从 0.11mm 减小到了 0.025mm，精度提高了 77.3%，可以看到本节所述方法能够有效减小由刀具跳动等因素引起的加工曲面的几何误差。

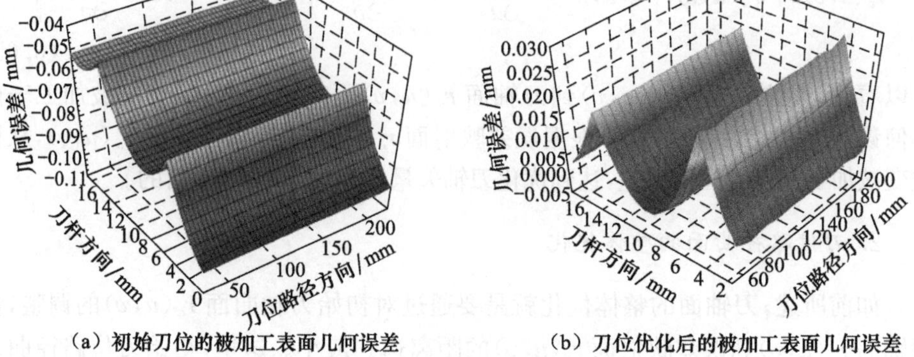

（a）初始刀位的被加工表面几何误差　　（b）刀位优化后的被加工表面几何误差

图 6.19　融合刀具跳动的侧铣刀位整体优化结果

6.4　薄壁件侧铣加工变形预测与刀位补偿方法

重量轻、比强度高的薄壁整体结构件已广泛应用于航空航天、能源等装备制造领域，如飞机大梁、火箭整流罩、舱体和汽轮机叶轮等。此类薄壁件重量轻、易变形、相对刚度低，侧铣加工中工件的变形是影响薄壁零件加工精度的突出问题，也是造成薄壁件几何尺寸超差甚至导致工件报废的主要原因。目前，基于有限元分析的薄壁件侧铣加工变形预测，已成为实现工艺优化和误差补偿的有效方法（图 6.20）。影响零件加工变形的因素有很多，如零件材料特性、切削力、切削热、装夹方式和加工路径等。理论上，要建立精确的薄壁件侧铣加工有限元模型必须充分考虑上述各种因素，但这在实际的处理中却是很难做到的。一般情况下，都是根据具体的工况进行一定的简化。本节将详细论述薄壁件侧铣加工有限元分析模型的构建方法以及在此基础上给出的薄壁件侧铣加工刀位的补偿方法。

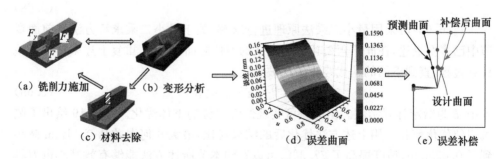

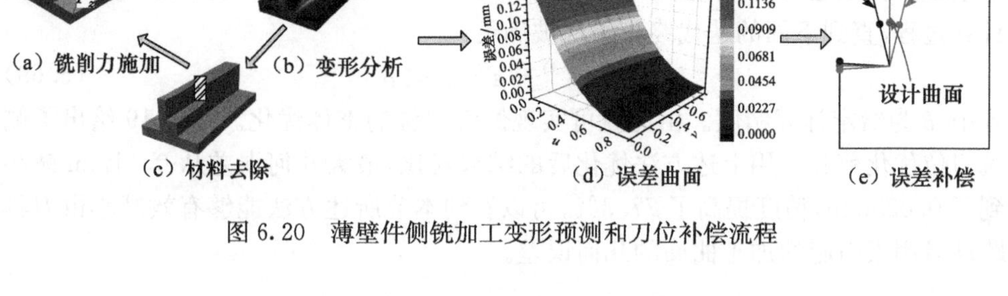

（a）铣削力施加　（b）变形分析　（c）材料去除　（d）误差曲面　（e）误差补偿

图 6.20　薄壁件侧铣加工变形预测和刀位补偿流程

6.4.1　材料模型确定

首先，建立描述材料性能的本构关系。本构关系描述了流变应力随应变、变形温度、应变率的变化规律，体现了在动态加载过程中材料对热力参数的动态响应，是利用有限元对材料的变形过程进行数值模拟的重要基础。在金属切削过程有限元分析中，常采用的材料模型有 Johnson-Cook(J-C)模型[22]，其数学表示为

$$\sigma = (A + B\varepsilon_p^n)(1 + C\ln\dot{\varepsilon}^*)(1 - T^{*m}) \tag{6.70}$$

式中，σ 为工件材料的屈服应力；A、B、n、C、m 为工件材料的材料特性常数，可由材料实验确定；ε_p 为等效塑性应变；$\dot{\varepsilon}^*$ 为无量纲的等效塑性应变率：

$$\dot{\varepsilon}^* = \frac{\dot{\varepsilon}}{\dot{\varepsilon}_0} \tag{6.71}$$

式中，$\dot{\varepsilon}$ 为实际应变率；$\dot{\varepsilon}_0$ 为参考应变率，可取准静态时的应变率，一般情况下为 $10^{-3}/\mathrm{s}$。式(6.70)中 T^* 为约化温度，可由下式计算：

$$T^{*m} = \left(\frac{T - T_{\mathrm{r}}}{T_{\mathrm{m}} - T_{\mathrm{r}}}\right)^m \tag{6.72}$$

式中，T_{r} 为参考温度，一般取室温；T_{m} 为工件材料的熔点；T 为加工中切削区的实际温度。式(6.70)中，$(A + B\varepsilon_p^n)$表示应变强化效应对屈服应力的影响，$(1 + C\ln\dot{\varepsilon}^*)$表示材料对应变率的敏感性，$(1 - T^{*m})$表示工件材料对温度的敏感性。对于这些材料模型参数，可以通过静态拉伸实验和压杆实验，对材料在大变形不同应变温度和不同应变率下的流动应力进行实验，建立应力与应变、温度以及应变率之间的关系，具体的实验方法可参见文献[23]。

6.4.2　有限元模型的构造

(1) 约束条件。对于薄壁件加工，在工装系统的接触处理上，一般直接对接触面施加刚性约束，如果工装对工件变形的影响不可忽略不计，也可采用弹性无接触模型对接触问题进行简化，接触面切向上自由度固定，在法向上施加面载荷夹紧力。

(2) 网格划分和材料去除。有限元模型网格需要根据薄壁件的具体切削参数进行划分，以体现出切削深度、切削宽度和每齿进给量。铣削时，刀齿从切入到切出工件的过程中，形成如图 6.21(a)所示的变厚度切屑，但在有限元模拟中很难提取出符合实际切屑形状的待去除材料单元。因此，通常将与未变形切屑有位置重叠的单元均视为已被完全去除，或如图 6.21 所示，将变厚度切屑直接简化成长方体等厚度切削层，既便于确定单元尺寸和利用“单元生死”技术对切屑材料进行去除，同时对有限元仿真精度的影响也极其有限，可忽略不计。

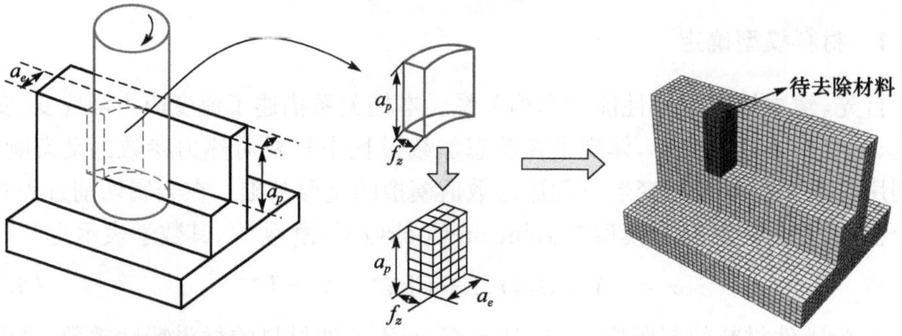

（a）薄壁件侧铣加工　　　　（b）切屑简化　　　　（c）有限元材料去除

图 6.21　薄壁件侧铣加工过程简化和网格划分示意图

(3) 施加载荷。侧铣加工过程中，铣削力/热与工件变形之间存在高度的耦合关系。随着工件的变形，刀具的切入切出状态也在不断变化，未变形切屑厚度也成为关于工件变形误差的函数，从而导致铣削力/热的不断改变。这里将用到切削力，有关切削力预测的相关内容将在第 7 章进行详细论述。如图 6.22 所示，设刀具转角为 θ 时，第 i 个切削刃第 j 个切削微元对应的瞬时未变形切屑厚度为 $t_n(i,j,\theta)$，相应的位置角 ϕ 可用下式表示：

$$\phi = \theta + \frac{2(i-1)\pi}{N} - j\gamma(\mathrm{d}b) \tag{6.73}$$

式中，N 为切削刃的个数；$\gamma(\mathrm{d}b)$ 表示厚度为 db 的微元所对应的滞后角，对于立铣刀，$\gamma(\mathrm{d}b) = \mathrm{d}b\tan\beta/R_c$，$R_c$ 为刀具半径，β 为铣刀螺旋角。在铣削力的作用下，令工件的径向变形量为 $\delta(i,j,\theta)$，则可以得到新的径向切深 $a'_e(i,j,\theta)$ 为

$$a'_e(i,j,\theta) = a_e(i,j,\theta) - \delta(i,j,\theta) \tag{6.74}$$

切入角 ϕ_{st}、切出角 ϕ_{ex} 和接触角 ϕ_{se} 也相应地变化为

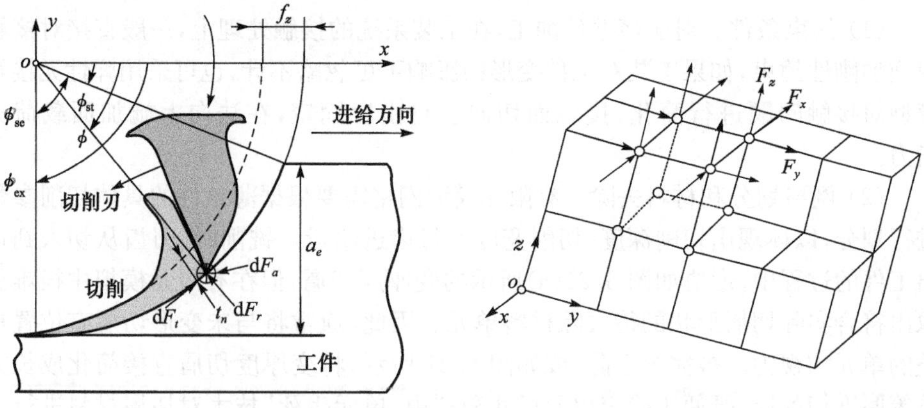

图 6.22　侧铣加工铣削力示意图

$$\begin{cases}\phi'_{\mathrm{st}}=\dfrac{\pi}{2}-\arccos\left(1-\dfrac{a'_e}{R_{\mathrm{c}}}\right)\\ \phi'_{\mathrm{ex}}=\dfrac{\pi}{2}\\ \phi'_{\mathrm{se}}=\arccos\left(1-\dfrac{a'_e}{R_{\mathrm{c}}}\right)\end{cases}\tag{6.75}$$

可以通过一个系数 w，进一步修正未变形切屑厚度 $t_n(i,j,\theta)$：

$$t'_n(i,j,\theta)=wt_n(i,j,\theta)\tag{6.76}$$

式中，系数 w 为

$$w=\begin{cases}1, & \phi\in\left[\phi_{\mathrm{ex}},\phi_{\mathrm{ex}}+\phi'_{\mathrm{se}}-\dfrac{\gamma}{2}\right]\\ \dfrac{2(\phi_{\mathrm{ex}}+\phi'_{\mathrm{se}}-\phi)}{\gamma}, & \phi\in\left[\phi_{\mathrm{ex}}+\phi'_{\mathrm{se}}-\dfrac{\gamma}{2},\phi_{\mathrm{ex}}+\phi'_{\mathrm{se}}\right]\\ 0, & \text{其他}\end{cases}$$

进而，利用商业 CAM 软件如 UG、PowerMILL 等将连续走刀路径离散成 n 个刀位，利用铣削力模型求解每个刀位处的铣削力分量 F_x、F_y 和 F_z，最终以集中载荷的形式平均施加在如图 6.22 所示的单元节点上。另外，热载荷加载于切削区域中以模拟金属加工过程中的塑性变形生热、摩擦生热现象，单位时间内流入工件的切削热可表示为[24]

$$U_{\mathrm{w}}=(K_{\mathrm{c}}\times t_n\times a_p)\times V\times H_{\mathrm{w}}\tag{6.77}$$

式中，H_{w} 为产生的热流入工件的系数；K_{c} 为指定的切削压力；V 为切削速度。

6.4.3　加工变形误差预测

在切削过程中，薄壁件的变形可分为弹性变形和塑性变形，弹性变形引起的回弹是造成薄壁件加工几何误差的直接因素，而塑性变形主要与残余应力的释放有关，主要是通过对残余应力分布的控制来解决残余应力对被加工零件几何误差的影响，所以本节只讨论弹性变形回弹所造成的几何误差。实际处理中，被加工表面可以被认为是由一系列刀具与被加工表面的接触线构成的，而每一条刀具接触线都对应一个刀位点和一个刀轴矢量。如果在每一个刀位点处能够预测出工件的加工变形误差，就可以通过曲面拟合的方法得到插值于所有刀位点误差曲线的误差曲面，这样就可以得到任意切削位置处的加工误差。

如图 6.23 所示，在实际加工过程中，工件沿厚度方向的变形对尺寸误差的影响最大，而工件沿进给和刀轴方向的变形很小，它们对薄壁件形状和尺寸误差的影响可忽略不计。在预测工件变形误差时，应首先计算未考虑工件变形的切削力/热，然后把初始条件加进有限元的仿真模型中，再执行直接热力耦合分析，从而得到工件的变形误差。应注意的是，由于工件变形会引起切削力的变化，从而导致工件的变形也会随之发生改变，因此需要用更新后的切削力去修正有限元模型中切削区的切削条件，以此迭代使所计算刀位处切削力 F 和加工变形量 δ 或径向切削深度 a_e 之间达到平衡状态[25]。假设给定计算误差为 ε，则上述迭代过程的收敛准则可描述为

$$\Delta\delta_i = \| a_{e,i}^{(k+1)} - a_{e,i}^{(k)} \| = \| \delta_i^{(k+1)} - \delta_i^{(k)} \| \leqslant \varepsilon \tag{6.78}$$

这样，经过迭代计算，得到第 i 个刀位处加工误差曲线，然后去除材料并移动到下一个刀位点继续进行计算，直至处理完成所有刀位点变形数据，由此就可以通过插值方式得到薄壁件的变形误差曲面，为后续的变形误差补偿奠定基础。

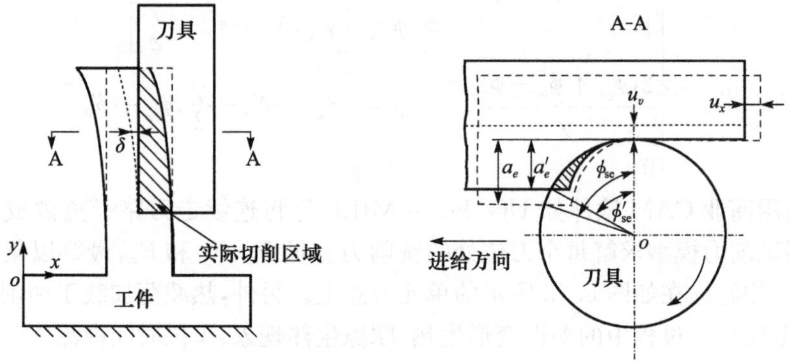

图 6.23　薄壁件侧铣加工变形示意图

6.4.4　薄壁件侧铣加工误差的刀位补偿

常用的误差处理方法有两种：误差控制和误差补偿。误差控制是指在设计和加工阶段通过改进工件和工装结构（如真空夹具、石膏填充等）以及保守选取加工工艺参数等方式，从误差产生的源头对误差进行控制，但在零件的加工精度要求以线性增加的情况下，相应误差控制产生的加工费用将会以指数的形式增长。误差补偿是指在对加工误差产生的原因、表现形式准确分析和预测的基础上，通过合理地调整加工参数实现对加工误差的补偿，从而在现有设备上加工出高精度的零件。本节将从刀位补偿的角度论述薄壁件侧铣加工误差的补偿方法。

1. 刀位补偿的基本过程

图 6.24 给出了侧铣加工误差的刀位补偿的基本过程。如图 6.24(a)所示，在切削过程中由于径向的切削力使工件沿着壁厚方向发生变形，导致产生变形误差。当刀具离开当前切削位置后，由于工件的弹性回弹产生加工误差，该误差可由上述有限元分析方法得到，而误差曲线和名义加工面之间的区域就是需要补偿去消除的部分，如图 6.24(b)所示。可以直线逼近误差曲线，并通过镜像方式得到刀具与

工件的接触补偿线，以使补偿后的最大误差满足加工精度要求，如图 6.24(c)所示。然后，根据补偿线，生成新的侧铣刀位，如图 6.24(d)所示。

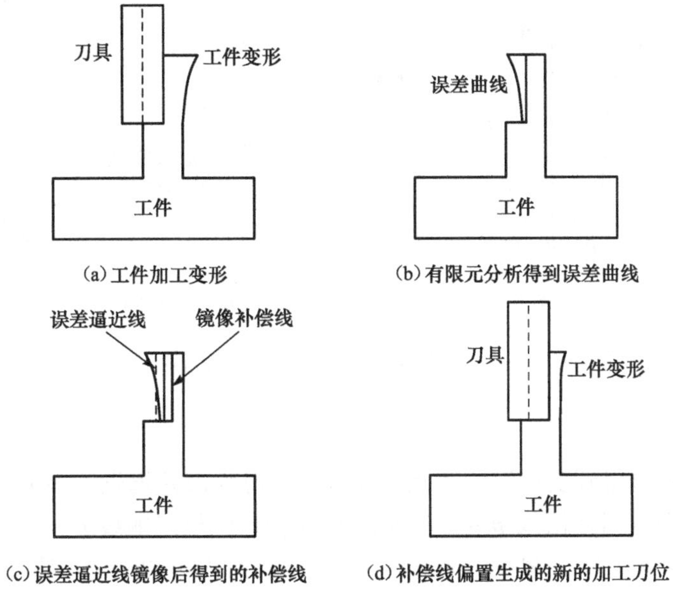

图 6.24　薄壁件侧铣刀位补偿的基本过程

2. *刀位补偿方法*

由上述刀位补偿的基本过程可知，在利用有限元分析得到工件变形误差曲线后，刀位补偿的关键就在于误差逼近线的构造。如图 6.25 所示，刀触线 $\boldsymbol{p}_i\boldsymbol{p}_i^u$ 为直纹面 $\boldsymbol{r}(u,v)$ 上任意一条直母线 $u=u_0$，在 $\boldsymbol{p}_i$ 处构建局部坐标系 $\xi^{(L)}=\{\boldsymbol{p}_i;\boldsymbol{e}_1^{(L)},\boldsymbol{e}_2^{(L)},\boldsymbol{e}_3^{(L)}\}$：

$$\begin{cases}\boldsymbol{e}_1^{(L)}=\dfrac{\partial\boldsymbol{r}(u,v)}{\partial u}\times\dfrac{\partial\boldsymbol{r}(u,v)}{\partial v}\Big/\left\|\dfrac{\partial\boldsymbol{r}(u,v)}{\partial u}\times\dfrac{\partial\boldsymbol{r}(u,v)}{\partial v}\right\|\\ \boldsymbol{e}_2^{(L)}=\dfrac{\partial\boldsymbol{r}(u,v)}{\partial v}\Big/\left\|\dfrac{\partial\boldsymbol{r}(u,v)}{\partial v}\right\|\Bigg|_{u=u_0}\\ \boldsymbol{e}_3^{(L)}=\boldsymbol{e}_1^{(L)}\times\boldsymbol{e}_2^{(L)}\end{cases}\tag{6.79}$$

式中，$\boldsymbol{e}_1^{(L)}$ 为曲面在点 $\boldsymbol{p}_i$ 处的单位法矢量；$\boldsymbol{e}_2^{(L)}$ 为刀触线 $\boldsymbol{p}_i\boldsymbol{p}_i^u$ 的单位方向矢量；$\boldsymbol{e}_3^{(L)}$ 为矢量 $\boldsymbol{e}_1^{(L)}$ 和 $\boldsymbol{e}_2^{(L)}$ 的矢量积。在如图 6.25 所示的名义切削位置时，利用侧铣加工变形预测模型得到的误差曲线如图 6.25 所示。在局部坐标系 $\xi^{(L)}$ 下，将误差曲线离散成一系列数据点$(x_i,y_i)(i=0,1,\cdots,m)$，采用最小二乘法对误差曲线进行线性逼近，其中逼近直线 $\boldsymbol{p}_i^a\boldsymbol{p}_i^{u,a}$ 方程可以表示为

$$ax+b-y=0\tag{6.80}$$

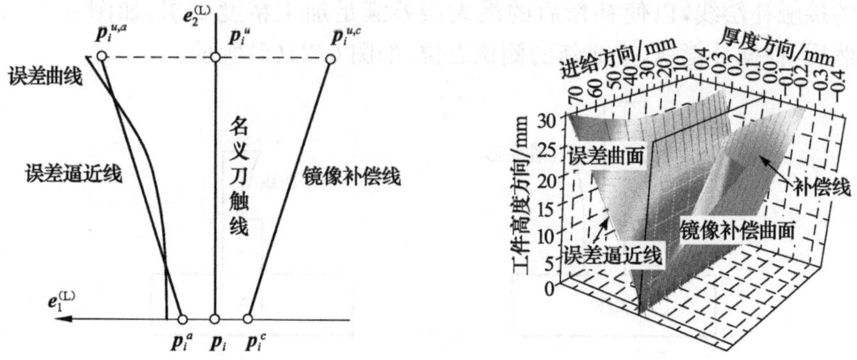

图 6.25　侧铣加工误差的刀位补偿示意图

这样，逼近直线应满足各误差数据点的平方和最小：

$$\varepsilon = \sum_{i=0}^{m} \| ax_i + b - y_i \|^2 \tag{6.81}$$

解式(6.81)就可得到变形误差逼近线 $\boldsymbol{p}_i^a\boldsymbol{p}_i^{u,a}$。得到误差逼近线 $\boldsymbol{p}_i^a\boldsymbol{p}_i^{u,a}$ 后，就可以通过镜像原理得到补偿线 $\boldsymbol{p}_i^c\boldsymbol{p}_i^{u,c}$。设逼近线 $\boldsymbol{p}_i^a\boldsymbol{p}_i^{u,a}$ 与刀触线 $\boldsymbol{p}_i\boldsymbol{p}_i^u$ 之间的夹角为 α，则补偿线 $\boldsymbol{p}_i^c\boldsymbol{p}_i^{u,c}$ 在矢量 $\boldsymbol{e}_1^{(L)}$ 和 $\boldsymbol{e}_2^{(L)}$ 确定的平面内可以通过旋转、平移刀触线 $\boldsymbol{p}_i\boldsymbol{p}_i^u$ 得到

$$\begin{cases} \boldsymbol{p}_i^c = \boldsymbol{p}_i - b\boldsymbol{e}_1^{(L)} \\ \boldsymbol{d}^c = -\sin\alpha\boldsymbol{e}_1^{(L)} + \cos\alpha\boldsymbol{e}_2^{(L)} \end{cases} \tag{6.82}$$

式中，$\boldsymbol{d}^c$ 为补偿线 $\boldsymbol{p}_i^c\boldsymbol{p}_i^{u,c}$ 的单位方向矢量。计算出所有的采样点处对应的补偿线 $\{\boldsymbol{p}_i^c,\boldsymbol{d}^c\}$后，利用 6.1.4 节所述的插值方法就可得到补偿后的加工目标曲面，进而偏置一个刀具半径的距离就可得到新的刀轴面，实现对加工变形误差的刀位规划补偿。

参 考 文 献

[1] 周济，周艳红. 数控加工技术. 北京：国防工业出版社，2002.

[2] 梅向明，黄敬之. 微分几何. 3 版. 北京：高等教育出版社，2003.

[3] Gong H, Cao L X, Liu J. Improved positioning of cylindrical cutter of flank milling ruled surfaces. Computer-Aided Design, 2005, 37(12): 1205-1213.

[4] 宫虎. 五坐标数控加工运动几何学基础及刀位规划原理与方法的研究. 大连：大连理工大学博士学位论文，2005.

[5] Abdel-Malek K, Yeh H J. Geometric representation of the swept volume using Jacobian rank-deficiency conditions. Computer-Aided Design, 1997, 29(6): 457-468.

[6] Blackmore D, Leu M C, Wang L P. The sweep-envelope differential equation algorithm and its application to NC machining verification. Computer-Aided Design, 1997, 29(9): 629-637.

[7] Roth D, Bedi S, Ismail F, et al. Surface swept by a toroidal cutter during 5-axis machining. Computer-Aided Design, 2001, 33(1): 57-63.

[8] Aras E. Generating cutter swept envelopes in five-axis milling by two-parameter families of spheres. Computer-Aided Design, 2009, 41(2): 95-105.

[9] Zhu L M, Zhang X M, Zheng G, et al. Analytical expression of the swept surface of a rotary cutter using the envelope theory of sphere congruence. Journal of Manufacturing Science and Engineering, ASME, 2009, 131(4): 041017.

[10] Weinert K, Du S, Damm P, et al. Swept volume generation for the simulation of machining processes. International Journal of Machine Tools and Manufacture, 2004, 44(6): 617-628.

[11] Yang J, Abdel-Malek K. Approximate swept volumes of NURBS surfaces or solids. Computer Aided Geometric Design, 2005, 22(1): 1-26.

[12] Chen Z C, Cai W. An efficient, accurate approach to representing cutter-swept envelopes and its applications to three-axis virtual milling of sculptured surfaces. Journal of Manufacturing Science and Engineering, ASME, 2008, 130(3): 031004-031012.

[13] Sun Y W, Guo Q. Analytical modeling and simulation of the envelope surface in five axis flank milling with cutter runout. Journal of Manufacturing Science and Engineering, ASME, 2012, 134(2): 021010-1-021010-11.

[14] 郭强. 高性能复杂曲面侧铣加工关键基础技术研究. 大连：大连理工大学博士学位论文，2013.

[15] Guo Q, Sun Y W, Guo D M. Analytical modeling of geometric errors induced by cutter runout and tool path optimization for five-axis flank machining. Science China Technological Sciences, 2011, 54(12): 3180-3190.

[16] Monies F, Redonnet J M, Rubio W, et al. Improved positioning of a conical mill for machining ruled surfaces: Application to turbine blades. Proceedings of the Institution of Mechanical Engineers, Part B: Journal of Engineering Manufacture, 2000, 214(7): 625-634.

[17] Lartigue C, Duc E, Affouard A. Tool path deformation in 5-axis flank milling using envelope surface. Computer-Aided Design, 2003, 35(4): 375-382.

[18] Chiou C J. Accurate tool position for five-axis ruled surface machining by swept envelope approach. Computer-Aided Design, 2004, 36(10): 967-974.

[19] Chu C H, Chen J T. Tool path planning for five-axis flank milling with developable surface approximation. International Journal of Advanced Manufacturing Technology, 2005, 29(7/8): 707-713.

[20] Senatore J, Monies F, Landon Y. Optimizing positioning of the axis of a milling cutter on an offset surface by geometric error minimization. International Journal of Advance Manufacturing Technology, 2007, 37(9/10): 861-871.

[21] Gong H, Wang N. Optimize tool paths of flank milling with generic cutters based on approximation using the tool envelope surface. Computer-Aided Design, 2009, 41(12): 981-989.

［22］ Johnson G R, Cook W H. A constitutive model and data for metals subjected to large strain, high strain rates and high temperature. Proceedings of the 7th International Symposium on Ballistics, 1983: 541-546.

［23］ 常列珍，潘玉田，张治民，等. 一种调质 50SiMnVB 钢 Johnson-Cook 本构模型的建立. 兵器材料科学与工程，2010，33(4)：68-72.

［24］ Stephenson D A, Agapiou J S. Metal Cutting Theory and Practice. 2nd ed. London: Taylor & Francis, 2006.

［25］ Jia Z Y, Guo Q, Sun Y W. Redesigned surface based machining strategy and method in peripheral milling of thin-walled parts. Chinese Journal of Mechanical Engineering, 2010, 23(3): 282-288.

第 7 章　切削力预测与切削稳定性分析

数控加工既是一个动态的几何成形过程，又是一个复杂的物理过程。随着数控机床切削加工进给率和转速的不断提高，着眼于高性能加工的工艺规划不仅要重视几何学层面的走刀路径设计，也要考虑对加工过程物理特性有重要影响的工艺参数优化组合，以实现对高主轴转速、大进给切削过程中刀具负载、磨损和表面完整性的有效控制，特别是要避免加工过程中出现因切削力周期性变化所引起的切削系统不稳定性等问题。为此，本章将围绕动态切削力的准确预测与加工过程的切削稳定性分析展开论述，着重讨论曲线加工轨迹、变进给和连续刀轴矢量变化条件下的五轴加工切削力精确预测问题，并在此基础上对加工过程的切削稳定性分析方法进行详细讨论。

7.1　切削力预测的理论模型

目前，关于切削力预测的理论模型主要分为三类，基于神经网络的切削力模型[1~4]、基于切削机理的切削力预测模型[5~9]和基于经验公式的铣削力模型[10~14]。其中，以基于经验公式的铣削力模型的研究和应用最为深入和广泛，其主要研究内容包括刀具切削刃建模、微元切削力模型构造、未变形切屑厚度计算和切削力系数识别等方面。6.1.2 节已经详细给出了刀具切削刃的建模过程，本节将详细讨论刀具跳动效应下的刀刃微元切削力模型和由此给出的刀具切削力模型。

7.1.1　刀刃微元切削力模型

如图 7.1 所示，沿刀具轴线方向用一组垂直于刀轴的平行截面截交刀杆，将刀具离散成一系列等厚度的切削微元，每一个切削微元所含切削刃个数与刀具所含切削刃个数相同，其切削过程可视为正交或斜角切削。这样，根据切削力与瞬时未变形切屑厚度成正比这一切削力学中的基本假设[15]，便可采用等效剪切力模型来建立微元铣削力模型：

$$
\begin{cases}
\mathrm{d}F_t[\psi_{i,j}(t)] = K_t(t_n)t_n(i,j,t)\mathrm{d}z \\
\mathrm{d}F_r[\psi_{i,j}(t)] = K_r(t_n)t_n(i,j,t)\mathrm{d}z \\
\mathrm{d}F_a[\psi_{i,j}(t)] = K_a(t_n)t_n(i,j,t)\mathrm{d}z
\end{cases}
\tag{7.1}
$$

式中，$\mathrm{d}F_t$、$\mathrm{d}F_r$ 和 $\mathrm{d}F_a$ 分别为刀刃微元 $\Delta_{i,j}$ 的切向切削力、径向切削力和轴向切削力；$t_n(i,j,t)$ 为 t 时刻第 i 条切削刃的第 j 个刀刃微元 $\Delta_{i,j}$ 处的瞬时未变形切屑厚度；

$K_t(t_n)$、$K_r(t_n)$和$K_a(t_n)$分别为与未变形切屑厚度t_n有关的切向、径向和轴向的切削力系数，单位量纲为N/mm^2，可通过铣削实验进行识别；dz表示刀刃微元的厚度；$\psi_{i,j}(t)$表示刀具转角为ωt时第i个切削刃在z高度处的刀刃微元$\Delta_{i,j}$的位置角，ω为主轴转速。微元切削刃高度z和其序号j之间的关系可以用下式表示：

$$z=\frac{2j-1}{2}dz \tag{7.2}$$

注意，刀刃微元铣削力dF_t、dF_r和dF_a的方向随刀刃微元位置角ψ的变化而不同。

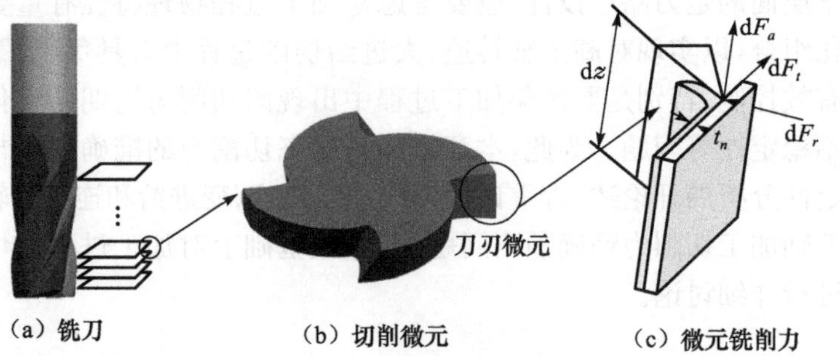

图 7.1 微元切削力模型示意图

下面给出刀刃微元切削力dF_t、dF_r和dF_a在旋转坐标系$\xi^{(r)}=\{\boldsymbol{o}^{(r)};\boldsymbol{e}_1^{(r)},\boldsymbol{e}_2^{(r)},\boldsymbol{e}_3^{(r)}\}$中的表示，关于旋转坐标系的定义可以参考第6章的相关内容。图7.2为一般锥形球头铣刀的微元铣削力变换示意图，根据图中所示切削力dF_t、dF_r和dF_a及其方向和旋转坐标系各轴间角度的变换关系，刀具球头部分(Ⅰ)和刀杆部分(Ⅱ)的微元切削力在旋转坐标系$\xi^{(r)}$下各坐标轴的分量$dF_X^{(r)}$、$dF_Y^{(r)}$和$dF_Z^{(r)}$可统一表示为

$$\begin{cases}dF_X^{(r)}(i,j,t)=-\cos\psi dF_t-\sin\psi\cos\nu dF_r+\sin\psi\sin\nu dF_a\\ dF_Y^{(r)}(i,j,t)=\sin\psi dF_t-\cos\psi\cos\nu dF_r+\cos\psi\sin\nu dF_a\\ dF_Z^{(r)}(i,j,t)=\sin\nu dF_r+\cos\nu dF_a\end{cases} \tag{7.3}$$

式中，ψ、ν分别为$\psi_{i,j}(t)$和$\nu_{i,j}(t)$的简写，如图7.2所示。$\psi_{i,j}(t)$和$\nu_{i,j}(t)$分别表示t时刻第i条切削刃的第j个刀刃微元$\Delta_{i,j}$的径向和轴向的位置角，其计算公式如下：

$$\begin{cases}\psi_{i,j}(t)=\omega t+\dfrac{2(i-1)\pi}{N}+\dfrac{\pi}{2}-\varphi_j(z)\\ \nu_{i,j}(t)=\begin{cases}\beta, & \text{Ⅱ}\\ \kappa(z), & \text{Ⅰ}\end{cases}\end{cases} \tag{7.4}$$

式中，N为刀具切削刃的个数；$\kappa(z)$和β分别是刀具球头部分(Ⅰ)和刀杆部分(Ⅱ)刀刃微元的轴向位置角，统一用$\nu_{i,j}(t)$来表示，其中$\beta=\theta/2$，θ为图7.2中所示的锥形铣刀的锥顶角，其定义可参考 6.1.2 节相关内容；$\varphi_j(z)$在本章中被定义为刀刃微元的滞后角，可利用式(6.10)进行计算。

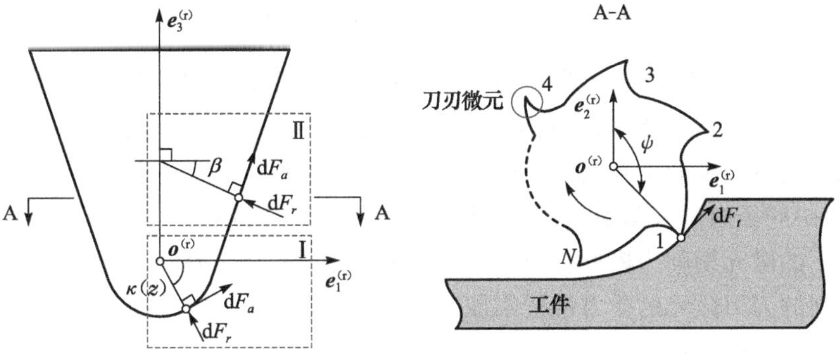

图 7.2　微元切削力坐标变换示意图

为了测量和分析方便，有时需要将旋转坐标系 $\xi^{(r)}$ 下刀刃微元切削力 $dF_X^{(r)}$、$dF_Y^{(r)}$ 和 $dF_Z^{(r)}$ 转化到机床坐标系 $\xi^{(m)}$ 下。不失一般性，假定加工中所采用的机床为 A-C 双摆头型五轴数控机床，那么只要将刀具绕机床 A、C 轴的旋转角 θ_A 和 θ_C 加入式(7.3)，就可得到机床坐标系 $\xi^{(m)}$ 下 t 时刻第 i 条切削刃的第 j 个刀刃微元的切削力模型：

$$\begin{bmatrix} dF_X^{(m)}(i,j,t) \\ dF_Y^{(m)}(i,j,t) \\ dF_Z^{(m)}(i,j,t) \end{bmatrix} = \boldsymbol{T}_r(C,\theta_C)\boldsymbol{T}_r(A,\theta_A)\begin{bmatrix} dF_X^{(r)}(i,j,t) \\ dF_Y^{(r)}(i,j,t) \\ dF_Z^{(r)}(i,j,t) \end{bmatrix} \tag{7.5}$$

式中，$\boldsymbol{T}_r(A,\theta_A)$、$\boldsymbol{T}_r(C,\theta_C)$是刀具绕机床 A、C 轴的旋转矩阵：

$$\boldsymbol{T}_r(A,\theta_A) = \begin{bmatrix} 1 & 0 & 0 \\ 0 & \cos\theta_A & -\sin\theta_A \\ 0 & \sin\theta_A & \cos\theta_A \end{bmatrix}, \quad \boldsymbol{T}_r(C,\theta_C) = \begin{bmatrix} \cos\theta_A & -\sin\theta_A & 0 \\ \sin\theta_A & \cos\theta_A & 0 \\ 0 & 0 & 1 \end{bmatrix} \tag{7.6}$$

7.1.2　刀具跳动效应下的切削力模型

式(7.4)是在不考虑刀具跳动时，刀刃微元径向位置角和轴向位置角的经典计算公式，由此得到的旋转坐标系 $\xi^{(r)}$ 和机床坐标系 $\xi^{(m)}$ 下的刀刃微元切削力模型(式(7.3)和式(7.5))并不能反映刀具跳动效应对切削力变化的影响。若考虑 6.3.1 节所述的平行轴跳动效应，则刀具轴线与机床主轴轴线将不再重合，刀刃微元的径向位置角 $\psi_{i,j}(t)$需根据式(7.7)进行计算：

$$\psi_{i,j}(t)=\begin{cases}\arccos\left[\dfrac{\boldsymbol{r}_{i,j}^{(\mathrm{r},\Gamma)}(t)\cdot\boldsymbol{e}_2^{(\mathrm{r})}}{\|\boldsymbol{r}_{i,j}^{(\mathrm{r},\Gamma)}(t)\|\,\|\boldsymbol{e}_2^{(\mathrm{r})}\|}\right], & \boldsymbol{r}_{i,j}^{(\mathrm{r},\Gamma)}\cdot\boldsymbol{e}_1^{(\mathrm{r})}>0\\ \arccos\left[\dfrac{\boldsymbol{r}_{i,j}^{(\mathrm{r},\Gamma)}(t)\cdot\boldsymbol{e}_2^{(\mathrm{r})}}{\|\boldsymbol{r}_{i,j}^{(\mathrm{r},\Gamma)}(t)\|\,\|\boldsymbol{e}_2^{(\mathrm{r})}\|}\right]+\pi, & \boldsymbol{r}_{i,j}^{(\mathrm{r},\Gamma)}\cdot\boldsymbol{e}_1^{(\mathrm{r})}<0\end{cases}\tag{7.7}$$

式中，$\boldsymbol{r}_{i,j}^{(\mathrm{r},\Gamma)}(t)$表示旋转坐标系 $\xi^{(\mathrm{r})}$ 中 t 时刻第 i 条切削刃的第 j 个刀刃微元的位置矢量 $\boldsymbol{r}_{i,j}^{(\mathrm{r})}(t)$在 $\boldsymbol{e}_1^{(\mathrm{r})}$-$\boldsymbol{e}_2^{(\mathrm{r})}$ 坐标平面 Γ 上的投影矢量，其中 $\boldsymbol{r}_{i,j}^{(\mathrm{r})}(t)$可利式(6.40)得到。平行轴跳动下的轴向位置角 $\nu_{i,j}(t)$仍可按式(7.4)进行计算。这样，将式(7.3)和式(7.5)中的径向位置角用式(7.7)计算得到的径向位置角替换，就可得到刀具跳动效应下的微元切削力模型。根据力的合成原理，将 t 时刻机床坐标系 $\xi^{(\mathrm{m})}$ 下所有参与切削的刀刃微元的受力进行累加，就可得到实际加工中存在刀具跳动效应条件下的切削力模型：

$$\boldsymbol{F}^{(\mathrm{m})}(t)=\begin{bmatrix}\sum_{i=1}^{N}\sum_{j=1}^{M}\mathrm{d}F_X^{(\mathrm{m})}(i,j,t)\\ \sum_{i=1}^{N}\sum_{j=1}^{M}\mathrm{d}F_Y^{(\mathrm{m})}(i,j,t)\\ \sum_{i=1}^{N}\sum_{j=1}^{M}\mathrm{d}F_Z^{(\mathrm{m})}(i,j,t)\end{bmatrix}=\boldsymbol{T}_r(C,\theta_C)\boldsymbol{T}_r(A,\theta_A)\begin{bmatrix}\sum_{i=1}^{N}\sum_{j=1}^{M}\mathrm{d}F_X^{(\mathrm{r})}(i,j,t)\\ \sum_{i=1}^{N}\sum_{j=1}^{M}\mathrm{d}F_Y^{(\mathrm{r})}(i,j,t)\\ \sum_{i=1}^{N}\sum_{j=1}^{M}\mathrm{d}F_Z^{(\mathrm{r})}(i,j,t)\end{bmatrix}\tag{7.8}$$

式中，N 为刀具切削刃的个数；M 为每条切削刃上参与切削的刀刃微元个数。

7.2 切削力模型参数的计算

由上述切削力模型的推导过程可以看到，在给定切削工艺参数的前提下，切削力预测的关键在于瞬时未变形切屑厚度 $t_n(i,j,t)$、参与切削的刀刃微元的判断以及切削力系数 $K_t(t_n)$、$K_r(t_n)$和 $K_a(t_n)$的准确识别。为此，本节将围绕这些内容展开详细论述。

7.2.1 瞬时未变形切屑厚度计算

当刀具沿规则走刀路径以高转速低进给进行加工时，切削刃运动轨迹可以用圆弧近似表达。此时，瞬时未变形切屑厚度可采用如下经典计算公式：

$$t_n(i,j,t)=f_z\times\sin[\psi_{i,j}(t)]\times\cos[\nu_{i,j}(t)]\tag{7.9}$$

计算并能给出较好的切削力预测结果。式中，f_z 为每齿进给量。

随着数控机床主轴转速和进给速度的不断提高，特别是进入大进给率/转速比的高速加工阶段，复杂的刀具路径拓扑、不断变化的刀轴矢量，使得用圆弧代替刀刃微元真实运动轨迹存在较大的逼近误差。图 7.3 给出了同一转速(n=2000r/min),不同加工路径和不同进给量 f_z(每齿进给量)下,同一刀刃微元的运动轨迹。从图中可以看到,在沿直线加工路径加工时,只有当转速和每齿进给量的比很大,如图中 n/f_z=2000/0.05=40000 时,刀刃切削微元的运动轨迹才能用圆弧近似代替;随着每齿进给量的进一步提高,即随着转速与进给率的比值降低,如图中 n/f_z=2000/0.2=10000 时,刀刃切削微元的运动轨迹已不适合用圆弧近似代替;此外,当刀具沿曲线加工路径加工时,即使转速与进给率的比值为 n/f_z=40000,刀刃微元的运动轨迹也不适合用圆弧近似替代。特别是当存在刀具跳动时,切削刃不再按理想的位置形成切削刃扫掠面,刀刃微元随刀具运动所划出的空间曲线轨迹更不能再用圆弧来简单近似。

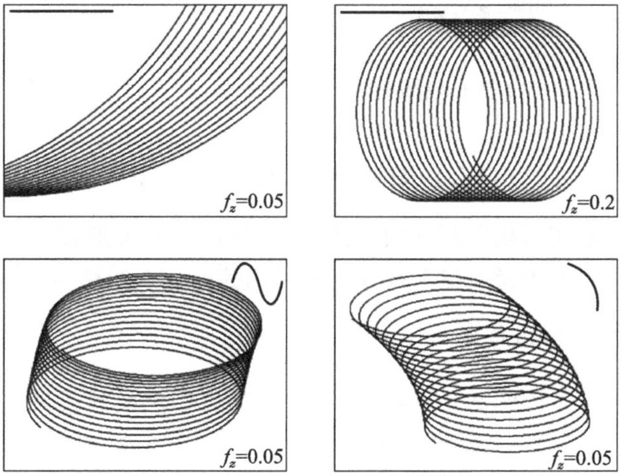

图 7.3　同一刀刃微元沿不同加工路径的运动轨迹

1. 瞬时未变形切屑厚度的计算依据

实际加工的切屑是由刀具切削刃不断交替地切入、切出工件材料所形成的。据此,可将切屑定义为两相邻切削刃扫掠面之间所要去除的材料[16]。这样,任一刀刃微元所对应的未变形切屑厚度就可定义为过刀刃微元,作垂直于刀具旋转轴线的参考线,该参考线与刀刃扫掠面交于 N 个交点,将该刀刃微元与距其最近的交点之间的距离定义为 t 时刻该刀刃微元所对应的瞬时未变形切屑厚度 $t_n(i,j,t)$。如图 7.4(a)所示,在刃切微元 $\Delta_{i,j}$ 切入工件的 t 时刻,$\boldsymbol{P}_{i,j}$ 表示刀刃微元 $\Delta_{i,j}$ 上的参考点,$\boldsymbol{Q}_k$ 为已切出工件的切削刃的扫掠面与参考线的交点,则刀刃切削微元 $\Delta_{i,j}$ 在 t 时刻所对应的瞬时未变形切屑厚度 $t_n(i,j,t)$ 为

$$t_n(i,j,t) = \min\{\,\|\boldsymbol{P}_{i,j} - \boldsymbol{Q}_k\|\,\}, \qquad k = 1,\cdots,N \tag{7.10}$$

在理想情况下，瞬时未变形切屑厚度 t_n 就是刀刃微元参考点 $\boldsymbol{P}_{i,j}$ 与前一个刀刃扫掠面和参考线间交点 $\boldsymbol{Q}_k$ 之间的距离。但当存在刀具跳动时，当前刀刃微元切削的材料可能是其前几个切削刃加工后留下的材料，如图 7.4(b)所示。此时，应从第 1～N个瞬时未变形切屑厚度{ $\|\boldsymbol{P}_{i,j}-\boldsymbol{Q}_k\|$ }中选择最小的厚度，作为该刀刃切削微元 $\Delta_{i,j}$ 所对应的瞬时未变形切屑厚度 $t_n(i,j,t)$。

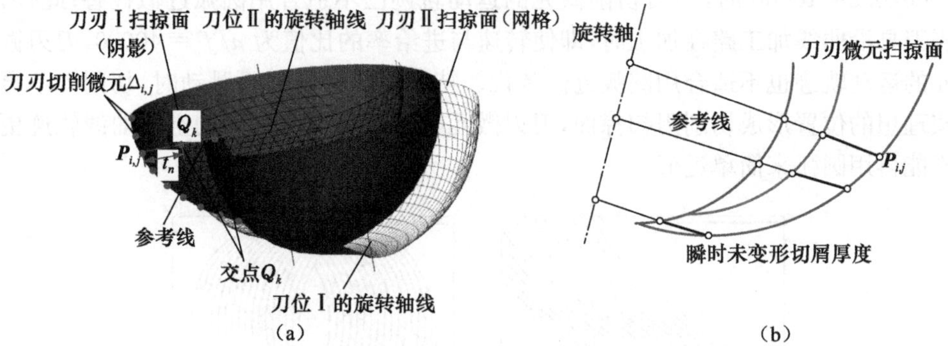

图 7.4　瞬时未变形切屑厚度的计算

由上面瞬时未变形切屑厚度的定义可知，其计算的关键在于切削刃运动扫掠面的准确建模以及刀刃微元参考线与切削刃扫掠面交点的精确计算。

2. 切削刃的运动扫掠面

在刀具相对于工件的运动过程中，刀具切削刃划出的轨迹就是扫掠面。根据该定义，将任意时刻任意位置处刀具坐标系 $\xi^{(c)}$ 下切削刃的数学表达转换到工件坐标系 $\xi^{(w)}$ 中，就可给出工件坐标系 $\xi^{(w)}$ 下切削刃的扫掠面方程。

下面以典型的双摆头型(A-C)五轴机床球头铣刀加工为例，详细讨论切削刃扫掠面的计算过程。假设刀具运动路径为 $\boldsymbol{r}_0(t)$，机床主轴旋转速度为 n，刀具坐标系 $\xi^{(c)}$ 下切削刃的几何模型为 $\boldsymbol{r}^{(c)}(i,z)$：

$$\boldsymbol{r}^{(c)}(i,z)=\begin{bmatrix}\rho(z)\cos\left[\varphi(z)+\dfrac{2(i-1)\pi}{N}\right]\\\rho(z)\sin\left[\varphi(z)+\dfrac{2(i-1)\pi}{N}\right]\\z\end{bmatrix}\tag{7.11}$$

式中，$\varphi(z)$的计算可以参考 6.1.2 节的相关公式；N 为切削刃的条数；$\rho(z)$为刀具旋转体的母线。当考虑平行轴跳动时，将式(7.11)代入式(6.45)中，就可得到旋转坐标系 $\xi^{(r)}$ 下，机床主轴旋转速度为 n 时，切削刃的回转面方程 $\boldsymbol{sf}_{ce}^{(r)}(t,z)$：

$$\boldsymbol{sf}_{ce}^{(r)}(t,z)=\boldsymbol{T}_r(\boldsymbol{A}_m,\omega t)\left[\boldsymbol{r}^{(c)}(i,z)+\boldsymbol{T}_t(\boldsymbol{o}^{(c)}\rightarrow\boldsymbol{o}^{(r)})\right]\tag{7.12}$$

式中，$\omega=2\pi n/60$，为切削刃绕机床主轴的旋转角速度。一般情况下，工件坐标系

$\xi^{(w)}$ 与机床坐标系 $\xi^{(m)}$ 的各坐标轴是相互平行的,只是原点位置不同。这样,根据旋转坐标系 $\xi^{(r)}$ 与工件坐标系 $\xi^{(w)}$ 之间的转换关系,可得工件坐标系 $\xi^{(w)}$ 下的切削刃扫掠面方程:

$$\boldsymbol{r}^{(w)}(i,z)=\boldsymbol{r}_0(t)+\boldsymbol{T}_r(C,\theta_C)\boldsymbol{T}_r(A,\theta_A)\boldsymbol{sf}_{ce}^{(r)}(t,z) \tag{7.13}$$

式中,$\boldsymbol{T}_r(A,\theta_A)$、$\boldsymbol{T}_r(C,\theta_C)$ 是刀具绕机床 A、C 轴的旋转矩阵,其具体计算见式(7.6)。若工件坐标系 $\xi^{(w)}$ 的原点 $\boldsymbol{o}^{(w)}$ 在机床坐标系 $\xi^{(m)}$ 中的位置坐标为 $\boldsymbol{o}_w^{(m)}$,则切削刃扫掠面在机床坐标系 $\xi^{(m)}$ 下可表示为

$$\boldsymbol{r}^{(m)}(i,z)=\boldsymbol{o}_w^{(m)}+\boldsymbol{r}^{(w)}(i,z) \tag{7.14}$$

为了得到切削刃扫掠面的具体表达式,需要求解刀轴矢量所对应的机床 A、C 轴的转角 θ_A 和 θ_C。假定在工件坐标系 $\xi^{(w)}$ 下,刀轴矢量 $\boldsymbol{A}_c^{(w)}$ 表示为

$$\boldsymbol{A}_c^{(w)}=[a_x^{(w)},a_y^{(w)},a_z^{(w)}]^T \tag{7.15}$$

当前刀轴矢量 $\boldsymbol{A}_c^{(w)}$ 是由初始刀轴 $[0,0,1]^T$ 绕机床 A、C 轴旋转 θ_A 和 θ_C 角得到的,即满足

$$\begin{bmatrix}a_x^{(w)}\\a_y^{(w)}\\a_z^{(w)}\end{bmatrix}=\boldsymbol{T}_r(C,\theta_C)\boldsymbol{T}_r(A,\theta_A)\begin{bmatrix}0\\0\\1\end{bmatrix}=\begin{bmatrix}\sin\theta_A\sin\theta_C\\-\sin\theta_A\cos\theta_C\\\cos\theta_A\end{bmatrix} \tag{7.16}$$

由此,可得到刀具绕机床 A 轴和 C 轴的旋转角度 θ_A 和 θ_C:

$$\begin{cases}\theta_A=\arccos[a_z^{(w)}]\\\theta_C=\arctan2[a_x^{(w)},a_y^{(w)}]\end{cases} \tag{7.17}$$

将已知的路径轨迹 $\boldsymbol{r}_0(t)$、刀轴位向 $\boldsymbol{A}_c^{(w)}$ 所对应的机床转角 θ_A 和 θ_C、切削刃方程 $\boldsymbol{r}^{(c)}$ 以及刀具跳动等参数代入式(7.13)或式(7.14),就可得到工件坐标系 $\xi^{(w)}$ 或机床坐标系 $\xi^{(m)}$ 下的刀具切削刃的扫掠面方程,从而为后续瞬时未变形切屑厚度的计算奠定基础。由此也可以看到,所给出的瞬时未变形切屑厚度计算方法适用于任意形状的刀具运动轨迹和连续变化的刀轴矢量。图 7.5 为刀具沿给定路径加工叶轮零件时的刀刃扫掠面。

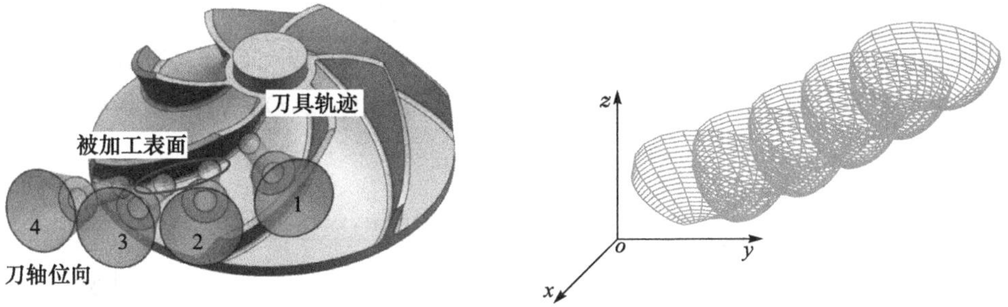

(a) 叶轮零件五轴加工　　(b) 刀具从2运动到3的切削刃扫掠面

图 7.5　五轴加工中刀具切削刃的运动扫掠面

3. *刀刃微元参考线的构造*

根据前面所述刀刃微元参考线的定义，要构造刀刃微元的参考线，必须先计算出刀刃微元在旋转坐标系 $\xi^{(r)}$ 的 z 轴即 $\boldsymbol{e}_3^{(r)}$ 轴上的垂足。如图 7.6 所示，$\boldsymbol{r}^{(r)}(i,j,t)$ 为 t 时刻旋转坐标系 $\xi^{(r)}$ 下刀刃切削微元 $\Delta_{i,j}$ 上的参考点。令 $\boldsymbol{r}^{(r)}(i,j,t)$ 在旋转轴（即 $\boldsymbol{e}_3^{(r)}$ 轴）上的投影点为 $\boldsymbol{p}^{(r)}(i,j)$，并表示为

$$\boldsymbol{p}^{(r)}(i,j)=[0,0,\boldsymbol{r}^{(r)}(i,j,t)\cdot\boldsymbol{e}_3^{(r)}]^{\mathrm{T}} \tag{7.18}$$

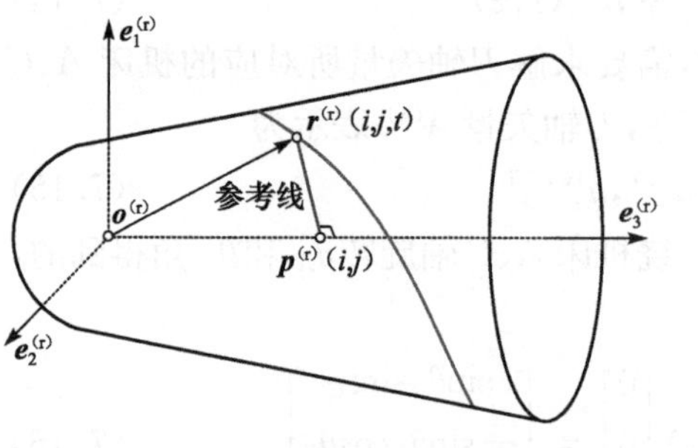

图 7.6　刀刃切削微元参考线的构造

则在旋转坐标系 $\xi^{(r)}$ 下参考线 $\boldsymbol{L}^{(r)}(i,j,t,u)$ 的方程可表示为

$$\boldsymbol{L}^{(r)}(i,j,t,u)=\boldsymbol{p}^{(r)}(i,j)+u[\boldsymbol{r}^{(r)}(i,j,t)-\boldsymbol{p}^{(r)}(i,j)] \tag{7.19}$$

式中，u 为参考线 $\boldsymbol{L}^{(r)}(i,j,t,u)$ 的参数。将式(7.18)中的切削刃回转面 $\boldsymbol{sf}_{ce}^{(r)}(t,z)$ 替换为参考线 $\boldsymbol{L}^{(r)}(i,j,t,u)$，就可得到工件坐标系 $\xi^{(w)}$ 下的参考线方程 $\boldsymbol{L}^{(w)}(i,j,t,u)$：

$$\boldsymbol{L}^{(w)}(i,j,t,u)=\boldsymbol{r}_0(t)+\boldsymbol{T}_r(C,\theta_C)\boldsymbol{T}_r(A,\theta_A)\boldsymbol{L}^{(r)}(i,j,t,u) \tag{7.20}$$

4. *刀刃微元参考线与扫掠面交点的计算*

直线与曲面交点的计算常被简化为直线与曲面逼近三角网格间的求交问题[17,18]，这一简化给未变形切屑厚度的计算带来了三角化误差，密集的网格划分能够减少三角化误差对交点计算精度的影响，但这又会影响交点计算的效率。为此，本节将采用数值迭代的方法直接计算切削微元参考线与切削刃扫掠面间的交点。

在 t 时刻，第 i 条切削刃上第 j 个刀刃微元的参考线 $\boldsymbol{L}^{(w)}(i,j,t,u)$ 与其他切削刃 l 的扫掠面 $\boldsymbol{r}^{(w)}(l,z)$ 间的交点满足

$$\boldsymbol{L}^{(w)}(i,j,t,u)-\boldsymbol{r}^{(w)}(l,z)=0 \tag{7.21}$$

式中，$l=1,\cdots,N$ 且 $l\neq i$。设 $\boldsymbol{F}(u,z,t)=\boldsymbol{L}^{(w)}(i,j,t,u)-\boldsymbol{r}^{(w)}(l,z)$，则式(7.21)的求解就转化为函数 $\boldsymbol{F}(u,z,t)$ 零点的计算。将函数 $\boldsymbol{F}(u,z,t)$ 进行一阶泰勒展开并略去二阶小量：

$$\boldsymbol{F}(u,z,t)=\boldsymbol{F}(u_0,z_0,t_0)+\left[\frac{\partial\boldsymbol{F}(u,z,t)}{\partial u},\frac{\partial\boldsymbol{F}(u,z,t)}{\partial z},\frac{\partial\boldsymbol{F}(u,z,t)}{\partial t}\right]\begin{bmatrix}\Delta u\\ \Delta z\\ \Delta t\end{bmatrix} \tag{7.22}$$

设 $\boldsymbol{F}(u,z,t)=[x_f(u,z,t),y_f(u,z,t),z_f(u,z,t)]^{\mathrm{T}}$，则 $\boldsymbol{F}(u,z,t)$ 零点的计算又可

转化为如下牛顿数值迭代格式的数值求解：

$$\begin{bmatrix} u_{k+1} \\ z_{k+1} \\ t_{k+1} \end{bmatrix} = \begin{bmatrix} u_k \\ z_k \\ t_k \end{bmatrix} - \boldsymbol{J}^{-1}\boldsymbol{F}(u_k, z_k, t_k) \tag{7.23}$$

式中，$\boldsymbol{J}$ 为雅可比矩阵：

$$\boldsymbol{J} = \begin{bmatrix} \dfrac{\partial x_f(u,z,t)}{\partial u} & \dfrac{\partial x_f(u,z,t)}{\partial z} & \dfrac{\partial x_f(u,z,t)}{\partial t} \\ \dfrac{\partial y_f(u,z,t)}{\partial u} & \dfrac{\partial y_f(u,z,t)}{\partial z} & \dfrac{\partial y_f(u,z,t)}{\partial t} \\ \dfrac{\partial z_f(u,z,t)}{\partial u} & \dfrac{\partial z_f(u,z,t)}{\partial z} & \dfrac{\partial z_f(u,z,t)}{\partial t} \end{bmatrix}$$

上述牛顿数值迭代的终止条件为

$$\sqrt{(u_{k+1}-u_k)^2 + (z_{k+1}-z_k)^2 + (t_{k+1}-t_k)^2} \leqslant \varepsilon_0 \tag{7.24}$$

式中，ε_0 为给定的计算精度。得到切削刃扫掠面与刀刃切削微元参考线的交点 $\boldsymbol{Q}(u_{k+1}, z_{k+1}, t_{k+1})$后，就可得到刀刃微元参考点 $\boldsymbol{r}^{(r)}(i,j,t)$与交点 $\boldsymbol{Q}$ 之间未变形切屑厚度 t_n。对于具有多条切削刃的刀具，切削刃扫掠面与参考线的交点有多个，表示为$\{\boldsymbol{Q}_1,\cdots,\boldsymbol{Q}_m\}$，相应可得到多个未变形切屑厚度$\{t_n^1,\cdots,t_n^m\}$。根据前面所述切屑成形的基本原理，所求瞬时未变形切屑厚度为$\{t_n^1,\cdots,t_n^m\}$中的最小值，即

$$t_n(i,j,t) = \min\{t_n^k(i,j,t)\}, \qquad k = 1,\cdots,m \tag{7.25}$$

图 7.7 给出了传统圆弧逼近法和本节所述扫掠面法所计算的瞬时未变形切屑厚度的比较结果。实验中，每齿进给率 f_z=0.25mm/齿，主轴转速 n=2000r/min。由于扫掠面法是基于切屑形成的真实过程进行计算的，所得结果被认为是瞬时未变形切屑厚度的精确值 t_n^*，并由此考察经典圆弧逼近法的计算精度，$\varepsilon_s = t_n^* - t_n^c$，其中 t_n^c 为用圆弧逼近法计算得到的瞬时未变形切屑厚度。从图 7.7 中可以看到，圆弧逼近法所得到的瞬时未变形切屑厚度 t_n^c 始终存在计算误差。当刀具沿图 7.7(a)所示直线轨迹运动时，圆弧逼近法的计算误差随角度变化呈近似正弦曲线，这主要是由逼近圆弧无法精确表示刀刃真实的摆线运动轨迹造成的；当刀具沿图 7.7(b)和(c)中所示空间曲线进行加工时，进给方向的连续变化对刀刃微元的前刀刃轨迹产生了很大影响，加剧了传统圆弧逼近法的计算误差。这进一步说明，在预测刀具沿复杂加工路径加工的切削力时，必须根据其真实的瞬时未变形切削厚度进行计算。

7.2.2　参与切削的刀刃微元判断

在实际加工中的任意 t 时刻，并不是所有的切削刃都同时切入工件。未切入工件的刀刃微元对切削力的产生没有任何贡献，只需要计算参与切削的刀刃微元

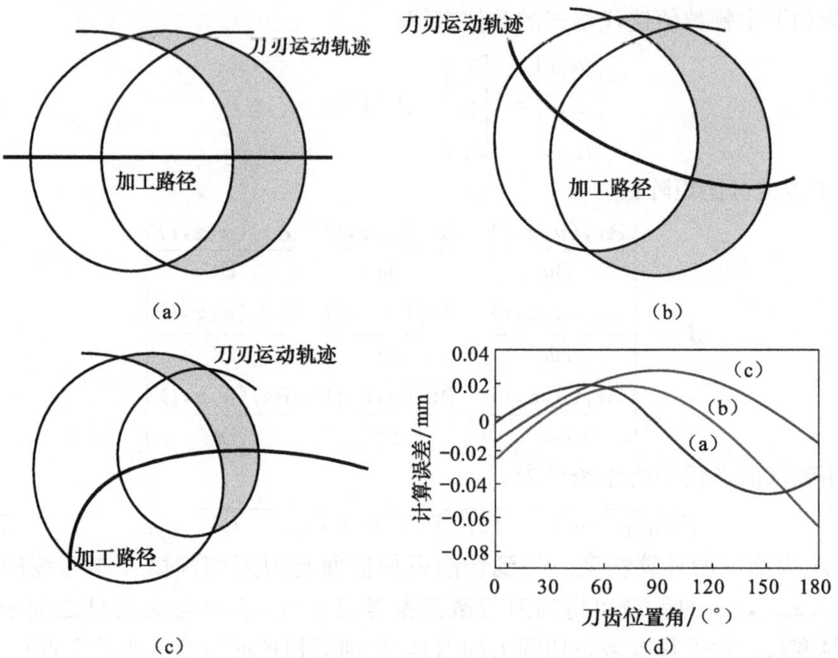

图 7.7　真实未变形切屑厚度与经典圆弧逼近法所得未变形切屑厚度的误差分析

所对应的瞬时未变形切屑厚度。为此，应首先对 t 时刻刀刃微元是否参与了切削做出判断。当使用经典瞬时未变形切屑厚度计算公式(7.9)时，刀刃微元参与切削的条件是刀刃微元位于切入切出角所包含的范围之内，也可利用构造实体几何的布尔运算或 Z-map 模型进行切削判断[17]。本节将给出一种更为精确的判断方法，利用 7.2.1 节中的“刀刃微元参考线与扫掠面交点的计算”给出的交点计算公式，求解参考线与工件表面和前切削刃扫掠面的交点，以此判断刀刃微元与工件表面、前切削刃扫掠面之间的位置关系，识别参与切削的刀刃微元。

刀刃微元从切入工件到切出工件的整个过程，可以看成切入、切出工件表面或前切削刃扫掠面的过程。如图 7.8 所示，在起始切削位置Ⅰ，刀刃微元切入工件表面，而在中间切削位置如Ⅱ和Ⅲ处，刀刃微元将在前切削刃扫掠面上 $\boldsymbol{p}_1$ 点处切入工件，从前切削刃扫掠面或工件表面 $\boldsymbol{p}_2$ 点处切出，$\boldsymbol{p}_3$ 点处表示刀刃微元不再切除工件材料。据此，就可把刀刃微元是否参与切削的判断，转化为首先判断切削微元与工件表面之间的位置关系，如果切削微元在加工表面之下，则再判断其与前切削刃扫掠面之间的位置关系[19]。只有当刀刃切削微元既位于工件表面之下，又位于前切削刃扫掠面之内时，才认为其真正参与了切削过程。

如图 7.9 所示，在工件坐标系 $\xi^{(\mathrm{w})}$ 中，刀刃微元参考点 $\boldsymbol{r}^{(\mathrm{w})}$ 到旋转主轴轴线的参考线为 $\boldsymbol{L}^{(\mathrm{w})}$(式(7.20))，其与工件表面和旋转轴线的交点分别为 $\boldsymbol{p}_s^{(\mathrm{w})}$ 和 $\boldsymbol{p}^{(\mathrm{w})}$。

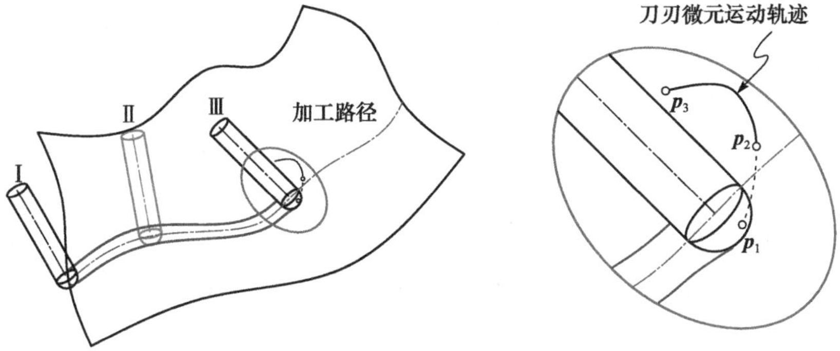

图 7.8　刀刃切削微元运动轨迹和切入切出工件示意图

假设参考线与工件表面的交点 $\boldsymbol{p}_s^{(\mathrm{w})}$ 所对应的参考线参数为 u_s，则刀刃微元与工件表面之间的关系如下：

(1) 当 $0<u_s<1$ 时，刀刃微元在工件内部；

(2) 当 $u_s=1$ 时，刀刃微元在工件表面上；

(3) 当 $u_s>1$ 或 $u_s\leqslant 0$ 时，刀刃微元在工件外部。

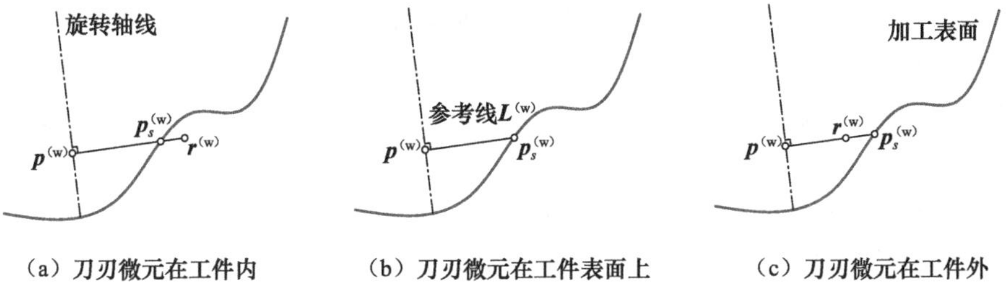

图 7.9　刀刃微元参考点与工件表面之间的关系

应注意的是，完成切削微元和工件表面之间关系的判断后，仍不能确定刀刃微元是否真正切入工件，还需要判断刀刃微元与前面切削刃扫掠面之间的关系。与上面所述刀刃微元与工件表面之间的关系类似，刀刃微元与前切削刃扫掠面之间也存在着如图 7.10 所示的 3 种位置关系。图 7.10 中，参考线 $\boldsymbol{L}^{(\mathrm{w})}$ 与前刀刃扫掠面的交点为 $\boldsymbol{p}_{\mathrm{c}}^{(\mathrm{w})}$，点 $\boldsymbol{r}^{(\mathrm{w})}$ 和 $\boldsymbol{p}^{(\mathrm{w})}$ 与图 7.9 中表示一致。假设参考线与前刀刃扫掠面的交点 $\boldsymbol{p}_{\mathrm{c}}^{(\mathrm{w})}$ 所对应的参考线参数为 u_{c}，则刀刃微元是否参与切削工件材料由如下准则判断：

(1) 当 $0<u_{\mathrm{c}}<1$ 时，刀刃微元参与切削；

(2) 当 $u_{\mathrm{c}}=1$ 时，刀刃微元在前刀刃扫掠面上；

(3) 当 $u_{\mathrm{c}}>1$ 或 $u_{\mathrm{c}}\leqslant 0$ 时，刀刃微元不参与切削。

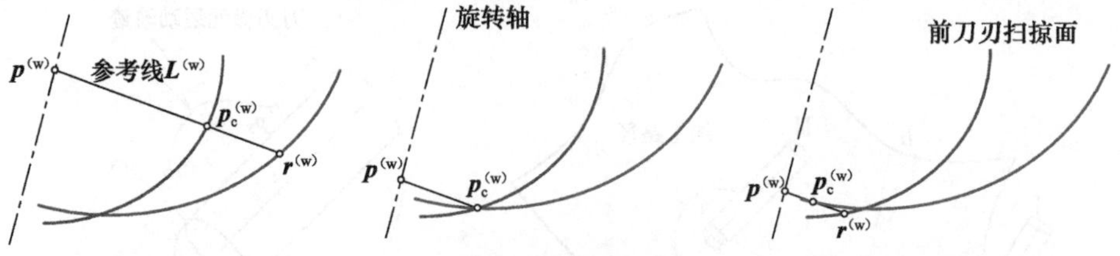

(a) 刀刃微元切入工件　(b) 刀刃微元在前刀刃扫掠面上　(c) 刀刃微元未切入工件

图 7.10　刀刃微元参考点与前刀刃扫掠面之间的关系

7.2.3　切削力系数识别

常用的切削力系数识别方法分为切削机理法[20]和机械模型法两类[13,21~23]。虽然对于不同刀具/材料配对,机械模型法必须进行一组铣削实验才能确定切削力系数,但该方法融合了刀具与工件之间的力、热耦合效应。本节将详细论述基于机械模型的切削力系数识别方法,并通过单次水平切削实验,给出切削力系数曲线。

1. 切削力系数识别模型

在刀具切入和切出工件的过程中,沿轴向不同高度处的刀刃微元对应的加工条件相差很大,切屑厚度或从零逐渐变为最大值,或从最大值逐渐变为零,所以相应的切削力实验必须能够获得覆盖较大范围加工条件的切削力系数。由于切削力系数只与瞬时未变形切屑厚度有关,可通过简单的三轴切削力实验进行识别。

t 时刻第 i 条切削刃的第 j 个刀刃微元$\Delta_{i,j}$的切削力可由(7.3)式表示,并可写为如下的矩阵形式:

$$\begin{bmatrix} \mathrm{d}F_X^{(r)}(i,j,t) \\ \mathrm{d}F_Y^{(r)}(i,j,t) \\ \mathrm{d}F_Z^{(r)}(i,j,t) \end{bmatrix} = \boldsymbol{A}(i,j,t) \begin{bmatrix} K_t(t_n) \\ K_r(t_n) \\ K_a(t_n) \end{bmatrix} t_n(i,j,t)\mathrm{d}z \tag{7.26}$$

式中,$\boldsymbol{A}(i,j,t)$为刀刃切削微元切向、径向和轴向切削力到旋转坐标系 $\xi^{(r)}$ 各轴的变换矩阵:

$$\boldsymbol{A}(i,j,t) = \begin{bmatrix} -\cos\psi & -\sin\psi\cos\nu & \sin\psi\sin\nu \\ \sin\psi & -\cos\psi\cos\nu & \cos\psi\sin\nu \\ 0 & \sin\nu & \cos\nu \end{bmatrix} \tag{7.27}$$

利用 7.2.1 节所述未变形切屑厚度方法计算每一个参与切削的刀刃微元所对应的瞬时未变形切屑厚度 $t_n(i,j,t)$,并根据各刀刃微元切削半径 $r_{i,j}(z)$和滞后角 $\varphi_{i,j}(z)$计算瞬时未变形切屑厚度的平均值$\overline{t_n}$:

$$\overline{t_n} = \sum_{i=1}^{N}\sum_{j=1}^{M}[t_n(i,j,t)r_{i,j}(z)\varphi_j(z)] \Big/ \sum_{i=1}^{N}\sum_{j=1}^{M}[\varphi_{i,j}(z)r_{i,j}(z)] \tag{7.28}$$

将式(7.28)代入式(7.26)中，并将刀刃微元所对应的切削力沿刀轴方向求和，可得

$$\begin{bmatrix} F_X^{(r)}(t) \\ F_Y^{(r)}(t) \\ F_Z^{(r)}(t) \end{bmatrix} = \sum_{i=1}^{N}\sum_{j=1}^{M}\mathbf{A}(i,j,t)\begin{bmatrix} K_t(\overline{t_n}) \\ K_r(\overline{t_n}) \\ K_a(\overline{t_n}) \end{bmatrix}\overline{t_n}\mathrm{d}z \tag{7.29}$$

从而可以得到

$$\begin{bmatrix} K_t(\overline{t_n}) \\ K_r(\overline{t_n}) \\ K_a(\overline{t_n}) \end{bmatrix} = \frac{1}{\overline{t_n}\mathrm{d}z}\left[\sum_{i=1}^{N}\sum_{j=1}^{M}\mathbf{A}(i,j,t)\right]^{-1}\begin{bmatrix} F_X^{(r)}(t) \\ F_Y^{(r)}(t) \\ F_Z^{(r)}(t) \end{bmatrix} \tag{7.30}$$

将测力仪输出的瞬时铣削力分量 F_X、F_Y、F_Z 代入式(7.30)，就可得到平均瞬时未变形切屑厚度$\overline{t_n}$所对应的切削力系数 K_t、K_r 和 K_a。这样，对于不同的刀具转角，应用式(7.30)，就可得到一系列瞬时未变形切屑厚度所对应的切削力系数数据。利用最小二乘法，就可快速地建立铣削力系数和瞬时未变形切屑厚度之间的指数函数关系：

$$K_l = a_l + b_l \mathrm{e}^{c_l t_n}, \qquad l = t、r、a \tag{7.31}$$

式中，a_l、b_l、c_l 为待定系数。

2. 切削力系数识别实验

在立式数控加工中心上，对高速钢刀具和铝合金(7075-T6)工件组合，进行单次水平加工实验，切削力数据采用三向测力仪 YDX-III97 进行采集，利用前面给出的方法识别铣削力系数。所采用的刀具参数如表 7.1 所示，切削工艺参数如表 7.2 所示。图 7.11 为得到的切削力系数曲线。在实际加工实验中，需要注意的是，在选择加工参数时，最好保证任意时刻时只有一个切削刃参与切削，这样可以有效地消除初始刀具转角对铣削力系数识别模型的影响，保证实际测量结果和仿真结果的同步。

表 7.1　铣削力系数识别实验中的刀具参数

刀具类型	刀具材料	刀具半径/mm	切削刃数	螺旋角/(°)
圆柱立铣刀	高速钢	6	3	30

表 7.2　铣削力系数识别实验中的加工工艺参数

加工类型	径向切深/mm	轴向切深/mm	进给率/(mm/min)	转速/(r/min)
顺铣	6	1	270	450

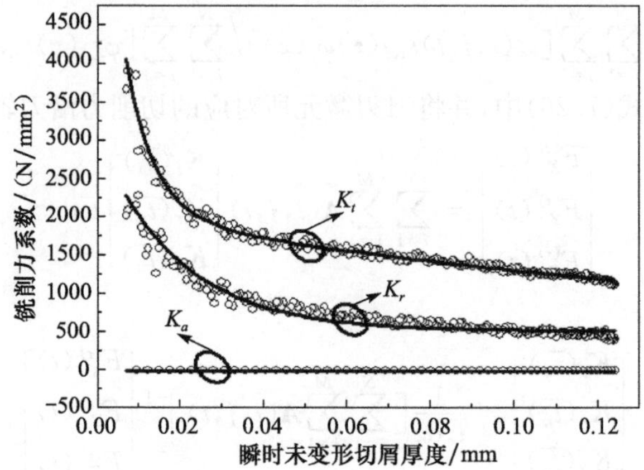

图 7.11　切削力系数曲线图

7.2.4　刀具跳动参数的获取

刀具跳动是数控加工中最普遍的加工现象之一，虽然人们很早就发现刀具跳动的存在并知道它对切削力有重要的影响，却很少有文献研究其描述参数的获取方法[24,25]。如前面章节所述，刀具跳动源于刀具、机床的制造和安装误差等，而这些误差的产生带有很大的随机性，导致刀具跳动参数并不能直接通过理论分析的方法获得，往往要通过加工实验与理论分析相结合的方式进行计算。一般情况下，可通过相应的检测手段和对刀仪等仪器获得刀具平行轴跳动的参数。结合前面给出的切削力预测模型，本节将根据理想加工情况下和刀具偏心跳动情况下刀具容屑角的改变，给出一种刀具平行轴跳动参数的快速获取方法。

在理想情况下，刀具的容屑角 $\phi_{i-1,i}$ 是定值：

$$\phi_{i-1,i}=\frac{2\pi}{N} \tag{7.32}$$

当存在刀具跳动时，刀具实际的容屑角发生变化[26]，如图 7.12 所示，并由下式计算：

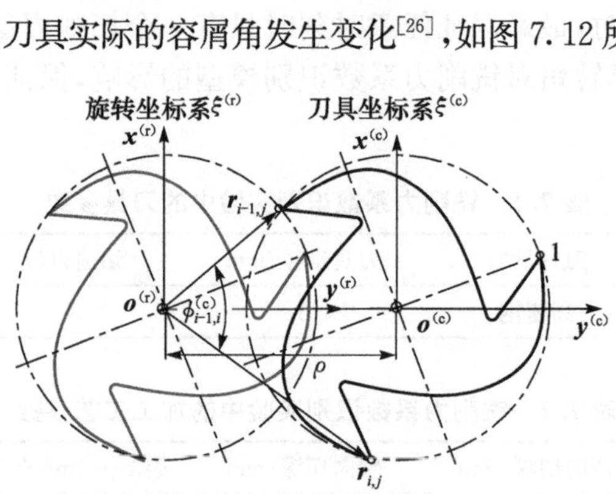

图 7.12　刀具跳动下的容屑角

$$\phi_{i-1,i}^{(c)} = \arccos\left[\frac{\boldsymbol{r}_{i,j}(z) \cdot \boldsymbol{r}_{i-1,j}(z)}{\| \boldsymbol{r}_{i,j}(z) \| \ \| \boldsymbol{r}_{i-1,j}(z) \|}\right] \tag{7.33}$$

式中，$\boldsymbol{r}_{i,j}(z)$表示第 i 条切削刃上轴向分量为 z 的第 j 个刀刃切削微元的实际切削半径：

$$\boldsymbol{r}_{i,j}(z) = \begin{bmatrix} 0 \\ \rho \end{bmatrix} + \begin{bmatrix} R(z)\cos\left[\varphi_j(z) + \dfrac{2(i-1)\pi}{N}\right] \\ R(z)\sin\left[\varphi_j(z) + \dfrac{2(i-1)\pi}{N}\right] \end{bmatrix} \tag{7.34}$$

式中，$R(z)$表示轴向坐标分量为 z 的刀刃切削微元的半径。考虑刀具容屑角变化对每齿进给率和瞬时未变形切屑厚度的影响，刀具跳动下作用在工件上的切削力（式(7.29)）可改写为

$$\begin{bmatrix} F_X^{(r)}(t) \\ F_Y^{(r)}(t) \\ F_Z^{(r)}(t) \end{bmatrix} = c_{i-1,i}\,\overline{t_n} \sum_{i=1}^{N} \sum_{j=1}^{M} \mathbf{A}(i,j,t) \begin{bmatrix} K_t(\overline{t_n}) \\ K_r(\overline{t_n}) \\ K_a(\overline{t_n}) \end{bmatrix} \mathrm{d}z \tag{7.35}$$

式中，$c_{i-1,i}=\phi_{i-1,i}^{(c)}/\phi_{i-1,i}$为容屑角变化系数。若不考虑跳动的切削力由下式给出：

$$\begin{bmatrix} f_X^{(r)}(t) \\ f_Y^{(r)}(t) \\ f_Z^{(r)}(t) \end{bmatrix} = \overline{t_n} \sum_{i=1}^{N} \sum_{j=1}^{M} \mathbf{A}(i,j,t) \begin{bmatrix} K_t(\overline{t_n}) \\ K_r(\overline{t_n}) \\ K_a(\overline{t_n}) \end{bmatrix} \mathrm{d}z \tag{7.36}$$

则通过联立式(7.32)、式(7.35)和式(7.36)进行求解，可得到实际的容屑角 $\phi_{i-1,i}^{(c)}$：

$$\begin{bmatrix} \phi_{i-1,i}^{(c)} \\ \phi_{i-1,i}^{(c)} \\ \phi_{i-1,i}^{(c)} \end{bmatrix} = \frac{2\pi}{N} \begin{bmatrix} F_X^{(r)}(t)/f_X^{(r)}(t) \\ F_Y^{(r)}(t)/f_Y^{(r)}(t) \\ F_Z^{(r)}(t)/f_Z^{(r)}(t) \end{bmatrix} = \begin{bmatrix} C_X \\ C_Y \\ C_Z \end{bmatrix} \tag{7.37}$$

从式(7.37)可以看到，$C_X=C_Y=C_Z=\phi_{i-1,i}^{(c)}$，因此在计算平行轴跳动参数时，可采用任一切削力分力 $F_X^{(r)}$、$F_Y^{(r)}$ 或 $F_Z^{(r)}$ 进行计算。当某个或某两个切削分力测量数据不精确时，上面这一特性就显得非常重要。根据式(7.33)，可以得到

$$\frac{\boldsymbol{r}_{i,j}(z) \cdot \boldsymbol{r}_{i-1,j}(z)}{\| \boldsymbol{r}_{i,j}(z) \| \ \| \boldsymbol{r}_{i-1,j}(z) \|} = \cos\left(\frac{1}{n_f}\sum C_i\right) \tag{7.38}$$

式中，n_f 为精确的切削力测量值的数目；C_i 为精确测量切削力所对应的系数 C_X、C_Y 或 C_Z。联合式(7.34)和式(7.38)就可得到平行轴跳动的基本参数，偏心距 ρ。这样，就可根据测量的铣削力分量的精确程度，灵活地利用式(7.38)获取平行轴跳动的参数。

7.3　铣削力模型仿真与实验

本节采用前面给出的切削力预测模型和相应的模型参数的求解方法，对硬质

合金球头铣刀沿自由曲线路径加工半椭圆圆柱面的切削力进行预测，并与实际的切削力测量结果进行对比分析。刀具参数如表 7.3 所示，所采用的切削工艺参数如表 7.4 所示。从图 7.13 给出的切削力预测结果和实际加工实验的测量结果可以看到，切削力的预测值在幅值和波形上都很好地反映了实际切削力的变化。

表 7.3 铣削力仿真与实验中的刀具参数

刀具类型	刀具材料	刀具半径/mm	切削刃数	螺旋角/(°)
球头铣刀	硬质合金	6	3	30

表 7.4 铣削力仿真与实验中的加工工艺参数

加工类型	工件材料	轴向切深/mm	进给率/(mm/min)	转速/(r/min)
顺铣	AL2024	1	500	1000

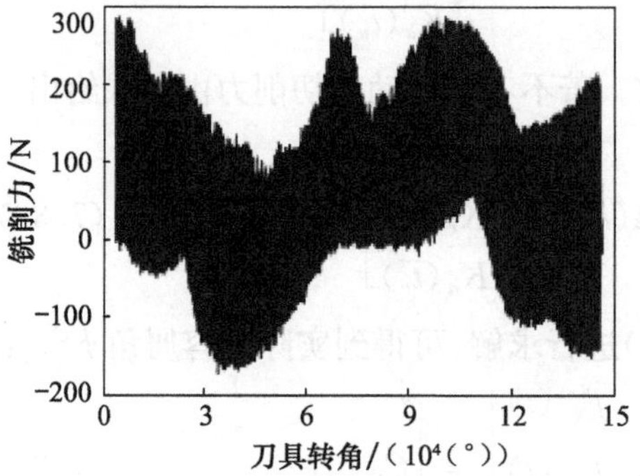

(a) 切削力的测量结果

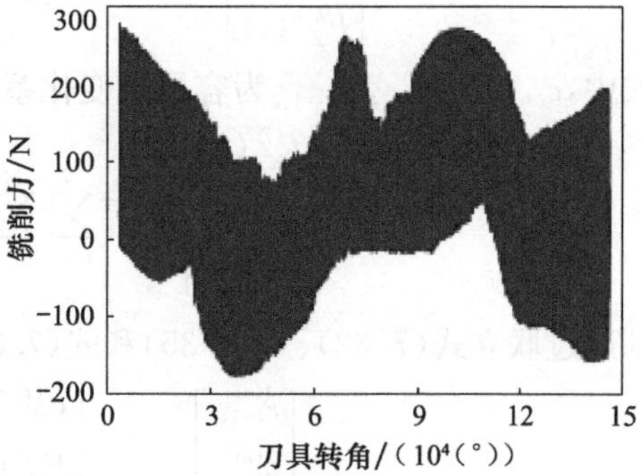

(b) 切削力的仿真结果

图 7.13 球头刀加工的铣削力测量和仿真结果

7.4 动态切削系统的动力学模型

动态切削过程稳定性分析的理论基础是切削系统的动力学模型。一般情况下，n 个自由度动态系统的动力学模型可用如下微分方程表示：

$$\boldsymbol{M}\frac{\mathrm{d}^2\boldsymbol{q}}{\mathrm{d}t^2}+\boldsymbol{C}\frac{\mathrm{d}\boldsymbol{q}}{\mathrm{d}t}+\boldsymbol{K}\boldsymbol{q}=\boldsymbol{F} \tag{7.39}$$

式中，$\boldsymbol{M}$、$\boldsymbol{C}$ 和 $\boldsymbol{K}$ 分别为该系统的模态质量矩阵、模态阻尼矩阵和模态刚度矩阵；$\mathrm{d}^2\boldsymbol{q}/\mathrm{d}t^2$、$\mathrm{d}\boldsymbol{q}/\mathrm{d}t$ 和 $\boldsymbol{q}$ 分别表示加速度、速度和位移矢量，其中 $\boldsymbol{q}=[q_1,q_2,\cdots,q_n]^{\mathrm{T}}$。方程的左端表示系统的动态特性，而方程的右端表示系统的激励。对于切削加工过程，$\boldsymbol{F}$ 主要表示刀具与工件之间的相互作用力。根据具有刚性或柔性等特点的工件和刀具的组合，切削系统的动力学模型可分为 3 类：柔性刀具-刚性工件的动力学模型、刚性刀具-柔性工件的动力学模型和刀具工件双柔性的动力学模型。下面将以平底立铣刀加工过程为例，详细论述上述 3 种动力学模型的建立过程。

7.4.1　柔性刀具-刚性工件系统的动力学方程

刀具为柔性、工件为刚性的动态切削系统，可简化为如图 7.14(a)所示的相互垂直的双自由度系统。该系统的动态响应以刀具的模态为主，并且只考虑其在 $x(\boldsymbol{e}_1^{(r)})$ 方向和 $y(\boldsymbol{e}_2^{(r)})$ 方向的单模态。

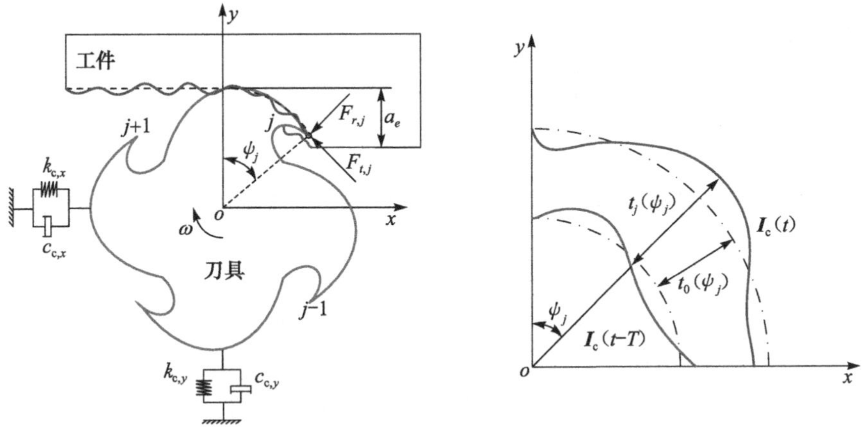

图 7.14　柔性刀具-刚性工件的动力学模型

如图 7.14(b)所示，由于切削过程的再生效应，瞬时未变形切屑厚度发生了变化。此时，刀具第 j 个切削刃的瞬时未变形切屑厚度 $t_j(\psi_j)$ 可表示为

$$t_j(\psi_j) = t_0(\psi_j) + [\sin\psi_j, \cos\psi_j][\boldsymbol{I}_c(t) - \boldsymbol{I}_c(t-T)] \tag{7.40}$$

式中，$\boldsymbol{I}_c(t)$ 和 $\boldsymbol{I}_c(t-T)$ 表示刀具在 t 时刻和 $t-T$ 时刻的位移矢量；T 表示时滞量，通常情况下为切削周期；$t_0(\psi_j)$ 为名义切屑厚度，可由式(7.9)进行计算。当轴向切深较小时，可忽略滞后角(由螺旋角效应产生的)对未变形切屑厚度和切削力产生的影响，此时的径向位置角 ψ_j 为

$$\psi_j = \omega t + \frac{2(j-1)\pi}{N} \tag{7.41}$$

根据 7.1 节给出的切削力模型，可将作用在刀具的第 j 个切削刃上的切削力改写为

$$\begin{cases} F_{t,j} = g(\psi_j) K_t a t_j(\psi_j) \\ F_{r,j} = g(\psi_j) K_r a t_j(\psi_j) \end{cases} \tag{7.42}$$

式中，a 为轴向切削深度；$F_{t,j}$ 和 $F_{r,j}$ 表示刀具的第 j 个切削刃切向和径向切削力分

量；K_t 和 K_r 表示切向和径向切削力系数；$g(\psi_j)$ 为单位阶跃函数，用来表示切削刃是否参与切削：

$$g(\psi_j)=\begin{cases}1, & \psi_{st}\leqslant\psi_j\leqslant\psi_{ex}\\ 0, & \psi_j<\psi_{st}\text{ 或 }\psi_j>\psi_{ex}\end{cases}\tag{7.43}$$

式中，ψ_{st} 和 ψ_{ex} 分别表示刀具第 j 个切削刃的切入角和切出角。当采用逆铣时：

$$\begin{cases}\psi_{st}=0\\ \psi_{ex}=\arccos\left(1-\dfrac{2a_e}{D}\right)\end{cases}\tag{7.44}$$

当采用顺铣时：

$$\begin{cases}\psi_{st}=\pi-\arccos\left(1-\dfrac{2a_e}{D}\right)\\ \psi_{ex}=\pi\end{cases}\tag{7.45}$$

式中，a_e/D 为径向切深与刀具直径比。将式(7.42)中切向力、径向力变换为在旋转坐标系的 x 方向和 y 方向上的切削力，可表示为

$$\begin{cases}F_{c,x}=-\sum\limits_{j=1}^{N}(F_{r,j}\sin\psi_j+F_{t,j}\cos\psi_j)\\ F_{c,y}=-\sum\limits_{j=1}^{N}(F_{r,j}\cos\psi_j-F_{t,j}\sin\psi_j)\end{cases}\tag{7.46}$$

设 $\boldsymbol{F}_c=[F_{c,x},F_{c,y}]^T$，联立式(7.40)、式(7.42)和式(7.46)，可得

$$\boldsymbol{F}_c=a\boldsymbol{H}(t)[\boldsymbol{q}_c(t)-\boldsymbol{q}_c(t-T)]+a\boldsymbol{f}_0(t)\tag{7.47}$$

式中，$\boldsymbol{q}_c(t)=[x_c(t),y_c(t)]^T$ 为刀具的物理坐标；$\boldsymbol{H}(t)$ 为切削力系数矩阵，其各元素为

$$\begin{cases}h_{xx}=-\sum\limits_{j=1}^{N}g(\psi_j)[K_t\sin\psi_j\cos\psi_j+K_r\sin\psi_j\sin\psi_j]\\ h_{xy}=-\sum\limits_{j=1}^{N}g(\psi_j)[K_r\sin\psi_j\cos\psi_j+K_t\cos\psi_j\cos\psi_j]\\ h_{yx}=-\sum\limits_{j=1}^{N}g(\psi_j)[K_r\sin\psi_j\cos\psi_j-K_t\sin\psi_j\sin\psi_j]\\ h_{yy}=-\sum\limits_{j=1}^{N}g(\psi_j)[-K_t\sin\psi_j\cos\psi_j+K_r\cos\psi_j\cos\psi_j]\end{cases}\tag{7.48}$$

$\boldsymbol{f}_0(t)$ 为由瞬时切屑厚度中静态部分产生的静态力分量。对于线性切削力模型，$\boldsymbol{f}_0(t)$ 并不影响再生效应产生的动态切屑厚度[27]，故在分析切削系统的稳定性时，可将该项忽略。但对于非线性切削力模型，则不能忽略 $\boldsymbol{f}_0(t)$ 对切削系统稳定性的影响。本节主要针对最常用的线性切削力模型进行讨论，故切削系统的动力学方程可写为

$$M_c \frac{d^2 q_c(t)}{dt^2} + C_c \frac{dq_c(t)}{dt} + K_c q_c(t) = aH(t)[q_c(t) - q_c(t-T)] \quad (7.49)$$

式中，$\boldsymbol{M}_c$、$\boldsymbol{C}_c$ 和 $\boldsymbol{K}_c$ 为刀具的模态质量矩阵、模态阻尼矩阵和模态刚度矩阵：

$$\boldsymbol{M}_c = \begin{bmatrix} m_{xx} & m_{xy} \\ m_{yx} & m_{yy} \end{bmatrix}, \quad \boldsymbol{C}_c = \begin{bmatrix} c_{xx} & c_{xy} \\ c_{yx} & c_{yy} \end{bmatrix}, \quad \boldsymbol{K}_c = \begin{bmatrix} k_{xx} & k_{xy} \\ k_{yx} & k_{yy} \end{bmatrix} \quad (7.50)$$

式中，下标 xx 和 yy 表示刀具沿 x 和 y 方向的模态质量、模态阻尼和模态刚度，而 xy 和 yx 则分别表示 y 方向的激励在 x 方向产生的影响以及 x 方向的激励在 y 方向产生的影响。目前的研究大都对式(7.49)进行解耦处理，即 m_{xy}、m_{yx}、c_{xy}、c_{yx}、k_{xy}和 k_{yx}为 0。这样，各自由度的运动方程是相互独立的，此时的 $\boldsymbol{q}_c(t)$又被称为刀具的模态坐标。

应注意的是，当采用大轴向切深时，径向位置角(接触角)ψ_j 必须考虑刀具滞后角的影响。如图 7.1 所示，将刀具参与切削部分离散成 M 个厚度为 Δh 的切削微元。则随着高度 z 的增加，每个刀刃微元相对于刀尖点的滞后角为 $\varphi_k = 2k\Delta h\tan\beta/D$，$\beta$ 为刀具螺旋角，$k=0,1,\cdots,M$，$M=f(a/\Delta h)$，其中 $f(a/\Delta h)$表示小于 $a/\Delta h$ 的最大整数。此时，铣削力系数矩阵 $\boldsymbol{H}(t)$的各元素为

$$\begin{cases} h_{xx} = -\left(\dfrac{\Delta h}{a}\right)\displaystyle\sum_{i=1}^{M}\sum_{j=1}^{N} g(\psi_{k,j})[K_t \sin\psi_{k,j}\cos\psi_{k,j} + K_r \sin\psi_{k,j}\sin\psi_{k,j}] \\ h_{xy} = -\left(\dfrac{\Delta h}{a}\right)\displaystyle\sum_{i=1}^{M}\sum_{j=1}^{N} g(\psi_{k,j})[K_r \sin\psi_{k,j}\cos\psi_{k,j} + K_t \cos\psi_{k,j}\cos\psi_{k,j}] \\ h_{yx} = -\left(\dfrac{\Delta h}{a}\right)\displaystyle\sum_{i=1}^{M}\sum_{j=1}^{N} g(\psi_{k,j})[K_r \sin\psi_{k,j}\cos\psi_{k,j} - K_t \sin\psi_{k,j}\sin\psi_{k,j}] \\ h_{yy} = -\left(\dfrac{\Delta h}{a}\right)\displaystyle\sum_{i=1}^{M}\sum_{j=1}^{N} g(\psi_{k,j})[-K_t \sin\psi_{k,j}\cos\psi_{k,j} + K_r \cos\psi_{k,j}\cos\psi_{k,j}] \end{cases} \quad (7.51)$$

对于考虑刀具在 x 和 y 方向的多模态动力学模型，也可以类似地导出其动力学方程[28]。

7.4.2 刚性刀具-柔性工件系统的动力学方程

刀具为刚性、工件为柔性的动态切削系统，也可简化为如图 7.15 所示的双自由度系统。该系统的动态响应以工件的模态为主，同样也只考虑其在 x 和 y 方向的单模态。

在该动态切削系统中，瞬时未变形切屑厚度 $t_j(\psi_j)$只受工件颤振的影响，并可用下式表示：

$$t_j(\psi_j) = t_0(\psi_j) + [\sin\psi_j, \cos\psi_j][\boldsymbol{I}_w(t) - \boldsymbol{I}_w(t-T)] \quad (7.52)$$

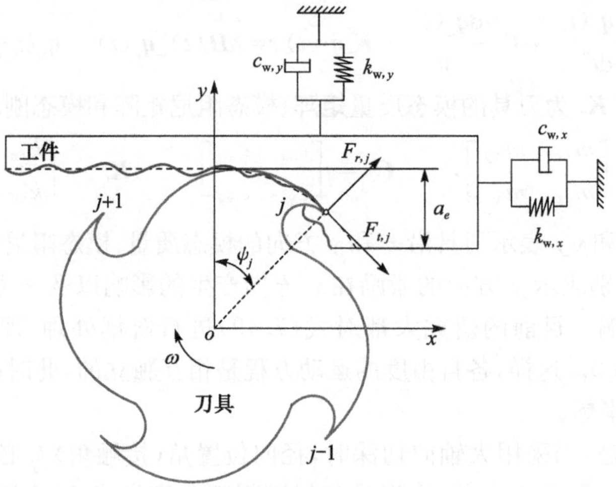

图 7.15 刚性刀具-柔性工件的动力学模型

式中，$\boldsymbol{I}_{\mathrm{w}}(t)$和$\boldsymbol{I}_{\mathrm{w}}(t-T)$表示工件在$t$时刻和$t-T$时刻$x$和$y$方向的位移矢量。与 7.4.1 节推导的过程类似，在线性切削力模型的假设下，该动态切削系统的动力学方程可表示为

$$\boldsymbol{M}_{\mathrm{w}}\frac{\mathrm{d}^2\boldsymbol{q}_{\mathrm{w}}(t)}{\mathrm{d}t^2}+\boldsymbol{C}_{\mathrm{w}}\frac{\mathrm{d}\boldsymbol{q}_{\mathrm{w}}(t)}{\mathrm{d}t}+\boldsymbol{K}_{\mathrm{w}}\boldsymbol{q}_{\mathrm{w}}(t)=-a\boldsymbol{H}(t)[\boldsymbol{q}_{\mathrm{w}}(t)-\boldsymbol{q}_{\mathrm{w}}(t-T)] \tag{7.53}$$

式中，$\boldsymbol{M}_{\mathrm{w}}$、$\boldsymbol{C}_{\mathrm{w}}$和$\boldsymbol{K}_{\mathrm{w}}$分别为工件的模态质量矩阵、模态阻尼矩阵和模态刚度矩阵；$\boldsymbol{q}_{\mathrm{w}}$为工件的模态坐标，即$\boldsymbol{q}_{\mathrm{w}}(t)=[x_{\mathrm{w}}(t),y_{\mathrm{w}}(t)]^{\mathrm{T}}$。由于在该系统中，工件在$x$方向的颤振并不明显，在实际处理时，可忽略$x$方向的振动位移对未变形切屑厚度的影响。

7.4.3 刀具工件双柔性系统的动力学方程

刀具工件双柔性切削系统，也可简化为如图 7.16 所示的双自由度系统。该系统的动态响应要同时考虑工件和刀具的模态，但同样也只考虑其在x和y方向的单模态。

在该动态切削系统中瞬时未变形切屑厚度$t_j(\psi_j)$受到刀具和工件颤振的共同影响，并可用下式表示：

$$\begin{aligned}t_j(\psi_j)=&t_0(\psi_j)+[\sin\psi_j,\cos\psi_j][\boldsymbol{I}_{\mathrm{c}}(t)-\boldsymbol{I}_{\mathrm{c}}(t-T)]\\&-[\sin\psi_j,\cos\psi_j][\boldsymbol{I}_{\mathrm{w}}(t)-\boldsymbol{I}_{\mathrm{w}}(t-T)]\end{aligned} \tag{7.54}$$

式中，下标 c 和 w 分别表示刀具和工件。刀具与工件受到的切削力是一对作用力与反作用力，即$\boldsymbol{F}_{\mathrm{c}}=-\boldsymbol{F}_{\mathrm{w}}$。据此，结合式(7.49)和式(7.53)，就可得到线性切削力模型条件的刀具工件双柔性系统的动力学方程：

$$\boldsymbol{M}\frac{\mathrm{d}^2\boldsymbol{q}_{\mathrm{cw}}(t)}{\mathrm{d}t^2}+\boldsymbol{C}\frac{\mathrm{d}\boldsymbol{q}_{\mathrm{cw}}(t)}{\mathrm{d}t}+\boldsymbol{K}\boldsymbol{q}_{\mathrm{cw}}(t)=a\overline{\boldsymbol{H}}(t)[\boldsymbol{q}_{\mathrm{cw}}(t)-\boldsymbol{q}_{\mathrm{cw}}(t-T)] \tag{7.55}$$

式中，$\boldsymbol{M}$、$\boldsymbol{C}$ 和 $\boldsymbol{K}$ 分别为该系统的模态质量矩阵、模态阻尼矩阵和模态刚度矩阵：

$$\boldsymbol{M}=\begin{bmatrix}\boldsymbol{M}_{\mathrm{c}} & \\ & \boldsymbol{M}_{\mathrm{w}}\end{bmatrix},\quad \boldsymbol{C}=\begin{bmatrix}\boldsymbol{C}_{\mathrm{c}} & \\ & \boldsymbol{C}_{\mathrm{w}}\end{bmatrix},\quad \boldsymbol{K}=\begin{bmatrix}\boldsymbol{K}_{\mathrm{c}} & \\ & \boldsymbol{K}_{\mathrm{w}}\end{bmatrix} \tag{7.56}$$

式(7.55)等号右侧为该动态切削系统激励，$\boldsymbol{q}_{\mathrm{cw}}(t)=[\boldsymbol{q}_{\mathrm{c}}(t),\boldsymbol{q}_{\mathrm{w}}(t)]^{\mathrm{T}}$ 为切削系统的模态坐标，其中 $\boldsymbol{q}_{\mathrm{c}}(t)=[x_{\mathrm{c}}(t),y_{\mathrm{c}}(t)]$，$\boldsymbol{q}_{\mathrm{w}}(t)=[x_{\mathrm{w}}(t),y_{\mathrm{w}}(t)]$，$\overline{\boldsymbol{H}}(t)$为该动态切削系统的切削力系数矩阵：

$$\overline{\boldsymbol{H}}(t)=\begin{bmatrix}\boldsymbol{H}(t) & -\boldsymbol{H}(t)\\ -\boldsymbol{H}(t) & \boldsymbol{H}(t)\end{bmatrix} \tag{7.57}$$

该动态切削系统也可忽略工件在 x 方向的振动位移对切屑厚度产生的影响。

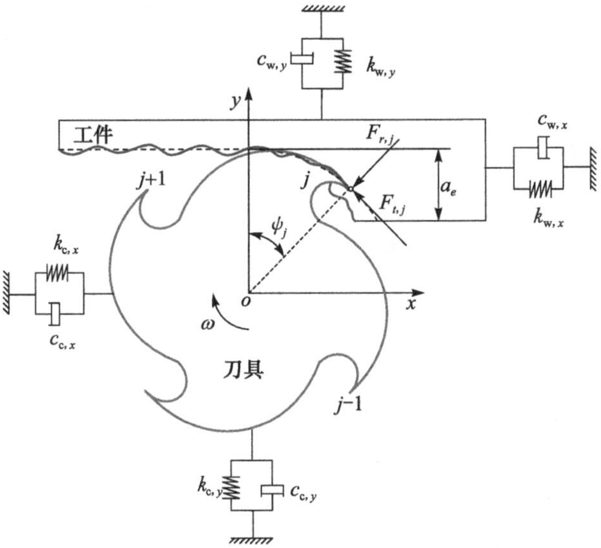

图 7.16　工件刀具双柔性切削系统的动力学模型

在刀具与工件一直接触、小轴向切深和线性切削力模型等条件下，上述 3 种切削系统的动力学模型在本质上是一样的，都是含单时滞量的周期系数微分方程。它们之间最大的区别在于，当工件为柔性时，工件材料不断地被去除，导致工件的模态参数具有时变性。在对此类系统进行稳定性分析时，其模态参数不断地发生变化，对于刀具相对工件不同刀位处的模态参数，可使用有限元法或实验模态法来获取。

7.5　动态切削系统稳定域的求解方法

前述动态切削系统的动力学方程都具有无穷维状态空间，故对于此类动态切削系统稳定域的求解，主要集中在其近似的求解方法上。目前常用的求解方法可分为频域法和时域法两类，其中频域法主要有单频域法和多频域法[29]，而时域法又可分为时域有限元法[30]、半离散法[31]和全离散法[32]等方法。本节将首先介绍这些常用的稳定域求解方法，在此基础上详细讨论求解更精确且考虑了刀具跳动影响的三阶全离散方法。

7.5.1　常用的稳定域求解方法

1. 频域法

根据 7.4 节给出的动态切削系统的动力学方程，切削力在时域中表示为

$$\boldsymbol{F}(t) = a\boldsymbol{H}(t)[\boldsymbol{q}(t) - \boldsymbol{q}(t-T)] \tag{7.58}$$

式中，T 为刀齿切削周期，$T=2\pi/\omega$，$\omega=2\pi\Omega N/60$ 为刀齿切削圆频率。将动态铣削力系数矩阵 $\boldsymbol{H}(t)$进行傅里叶展开：

$$\boldsymbol{H}(t) = \sum_{r=-\infty}^{\infty}\boldsymbol{H}_r \mathrm{e}^{\mathrm{i}r\omega t}, \qquad \boldsymbol{H}_r = \frac{1}{T}\int_0^T \boldsymbol{H}(t)\mathrm{e}^{-\mathrm{i}r\omega t}\,\mathrm{d}t \tag{7.59}$$

式中，r 是刀齿频率的谐波次数。由于切削系统在颤振频率处产生的振动振幅大于在刀齿切削频率及其谐波频率处产生的振动振幅，如果只考虑颤振频率处产生的振动，则忽略谐波项，只对 $\boldsymbol{H}_0$ 取平均值，即只考虑 $r=0$ 时的 $\boldsymbol{H}_0$：

$$\boldsymbol{H}_0 = \frac{1}{T}\int_0^T \boldsymbol{H}(t)\,\mathrm{d}t \tag{7.60}$$

这种方法便称为单频域法。但如果考虑刀齿频率及其谐波频率中动态铣削力系数变化的影响，则必须计入谐波项的影响，这便是多频域法。设 $\Delta\boldsymbol{q}(t)=\boldsymbol{q}(t)-\boldsymbol{q}(t-T)$，式(7.58)中的位移项在频域内可表示为

$$\Delta\boldsymbol{q}(\mathrm{i}\omega_{\mathrm{c}}) = (1-\mathrm{e}^{-\mathrm{i}\omega_{\mathrm{c}}T})\boldsymbol{G}(\mathrm{i}\omega_{\mathrm{c}})\boldsymbol{F}\mathrm{e}^{\mathrm{i}\omega_{\mathrm{c}}t} \tag{7.61}$$

式中，$\boldsymbol{G}(\mathrm{i}\omega_{\mathrm{c}})$为根据系统频率响应函数定义的刀具工件啮合处的频响函数，ω_{c} 为颤振频率。将式(7.61)代入式(7.58)中，可得

$$\boldsymbol{F}\mathrm{e}^{\mathrm{i}\omega_{\mathrm{c}}t} = a\boldsymbol{H}(t)(1-\mathrm{e}^{-\mathrm{i}\omega_{\mathrm{c}}T})\boldsymbol{G}(\mathrm{i}\omega_{\mathrm{c}})\boldsymbol{F}\mathrm{e}^{\mathrm{i}\omega_{\mathrm{c}}t} \tag{7.62}$$

计算

$$\det[\boldsymbol{I} - a\boldsymbol{H}(t)(1-\mathrm{e}^{-\mathrm{i}\omega_{\mathrm{c}}T})\boldsymbol{G}(\mathrm{i}\omega_{\mathrm{c}})] = 0 \tag{7.63}$$

得到该特征方程的特征值，进而求出轴向极限切深与主轴转速之间的关系，绘制出稳定性叶瓣图。

2. 时域有限元法

时域有限元法是在刀具自由振动解析解和刀具-工件接触(强迫振动)过程的假设位移模式基础上提出的。如前所述,动态切削系统的动力学方程为

$$\boldsymbol{M}\frac{\mathrm{d}^2\boldsymbol{q}(t)}{\mathrm{d}t^2}+\boldsymbol{C}\frac{\mathrm{d}\boldsymbol{q}(t)}{\mathrm{d}t}+\boldsymbol{K}\boldsymbol{q}(t)=a\boldsymbol{H}(t)[\boldsymbol{q}(t)-\boldsymbol{q}(t-T)] \tag{7.64}$$

式中,T 为刀齿周期。设 t_c 为一个刀齿与工件的接触时间,并将其分割为 m 个小区间。在第 k 个区间长度为 t_k 的区间,$\boldsymbol{q}(t)$的 Hermite 插值表示为

$$\boldsymbol{q}(t)=\sum_{i=1}^{4}[s_{k,i}^{n}\psi_k(\tau)] \tag{7.65}$$

式中,$\psi_k(\tau)$为 Hermite 多项式;$s_{k,1}^n$、$s_{k,2}^n$和 $s_{k,3}^n$、$s_{k,4}^n$分别表示第 n 个周期中的第 k 个区间的起始位移、速度系数和结束位移、速度系数,并具有如下关系:

$$\begin{bmatrix} s_{k,1}^n \\ s_{k,2}^n \end{bmatrix}=\begin{bmatrix} s_{k-1,3}^n \\ s_{k-1,4}^n \end{bmatrix},\qquad \begin{bmatrix} s_{1,1}^n \\ s_{2,2}^n \end{bmatrix}=\boldsymbol{W}\begin{bmatrix} s_{m,1}^{n-1} \\ s_{m,2}^{n-1} \end{bmatrix} \tag{7.66}$$

式中,$\boldsymbol{W}$ 表示关系矩阵。式(7.66)的两端乘以加权函数矩阵,并在区间$[0,t_k]$($k=1,\cdots,m$)上进行积分,整理后可得

$$\boldsymbol{S}_n=\boldsymbol{D}\boldsymbol{S}_{n-1} \tag{7.67}$$

式中,$\boldsymbol{D}$ 为一个周期内的传递矩阵。进而,求解传递矩阵 $\boldsymbol{D}$ 的特征值,就可绘制出切削系统的稳定性叶瓣图。

3. 半离散法

半离散法是对时滞项进行离散,并对每一时间段上的时间周期项进行零阶平均处理,将切削动力学时滞方程转化成一系列常微分方程,设

$$\boldsymbol{x}(t)=\left[\boldsymbol{q}(t),\frac{\mathrm{d}\boldsymbol{q}(t)}{\mathrm{d}t}\right]^{\mathrm{T}},\qquad \overline{\boldsymbol{A}}(t)=\begin{bmatrix} \boldsymbol{0} & \boldsymbol{I} \\ a\boldsymbol{H}(t)\boldsymbol{M}^{-1}-\boldsymbol{K}\boldsymbol{M}^{-1} & -\boldsymbol{C}\boldsymbol{M}^{-1} \end{bmatrix},$$

$$\overline{\boldsymbol{B}}(t)=\begin{bmatrix} \boldsymbol{0} & \boldsymbol{0} \\ a\boldsymbol{H}(t)\boldsymbol{M}^{-1} & \boldsymbol{0} \end{bmatrix}$$

则式(7.64)可转换为一阶时滞微分方程:

$$\frac{\mathrm{d}\boldsymbol{x}(t)}{\mathrm{d}t}=\overline{\boldsymbol{A}}(t)\boldsymbol{x}(t)+\overline{\boldsymbol{B}}(t)\boldsymbol{x}(t-T) \tag{7.68}$$

首先,将时滞量 T 等分为区间长度为 τ 的 m 个小区间。在第 k 个区间$[t_k,t_{k+1}]$上,式(7.68)可写为

$$\frac{\mathrm{d}\boldsymbol{x}(t)}{\mathrm{d}t}=\overline{\boldsymbol{A}}_k\boldsymbol{x}(t)+\overline{\boldsymbol{B}}_k\boldsymbol{x}(t-T) \tag{7.69}$$

式中,$\overline{\boldsymbol{A}}_k$、$\overline{\boldsymbol{B}}_k$ 可按下式计算:

$$\overline{\boldsymbol{A}}_k = \frac{1}{\tau}\int_{t_k}^{t_{k+1}} \overline{\boldsymbol{A}}(t)\mathrm{d}t, \qquad \overline{\boldsymbol{B}}_k = \frac{1}{\tau}\int_{t_k}^{t_{k+1}} \overline{\boldsymbol{B}}(t)\mathrm{d}t \tag{7.70}$$

时滞项 $\boldsymbol{x}(t-T)$可用其在第 k 个小区间上的两个边值 $\boldsymbol{x}_{k-m}$、$\boldsymbol{x}_{k-m+1}$进行近似估计：

$$\boldsymbol{x}(t-T) = \frac{\boldsymbol{x}_{k-m+1} + \boldsymbol{x}_{k-m}}{2} \tag{7.71}$$

将式(7.70)和式(7.71)代入式(7.69)中进行整理，令 $t=t_{k+1}$，$\boldsymbol{x}(t_{k+1})=\boldsymbol{x}_{k+1}$，可得

$$\boldsymbol{x}_{k+1} = \mathrm{e}^{\overline{\boldsymbol{A}}_k\tau}\boldsymbol{x}_k + (\mathrm{e}^{\overline{\boldsymbol{A}}_k\tau} - \boldsymbol{I})\overline{\boldsymbol{A}}_k^{-1}\overline{\boldsymbol{B}}_k(\boldsymbol{x}_{k-m+1} + \boldsymbol{x}_{k-m})/2 \tag{7.72}$$

将式(7.72)写成 $\boldsymbol{X}_{k+1}=\boldsymbol{D}_k\boldsymbol{X}_k$ 形式，$\boldsymbol{D}_k$ 为第 k 个区间的传递矩阵，通过迭代得到一个周期的传递矩阵 $\boldsymbol{D}$。最后基于 Floquet 理论[33]判断切削稳定性。

7.5.2 稳定域的三阶全离散求解方法

与 7.5.1 节“半离散法”小节所述的半离散法相比，三阶全离散法不仅离散时滞项 $\boldsymbol{x}(t-T)$，还离散状态项 $\boldsymbol{x}(t)$，并对周期矩阵 $\boldsymbol{A}(t)$和 $\boldsymbol{B}(t)$在每个离散区间内进行线性插值[34,35]。它的计算量不仅比半离散法小，而且求解速度更快、收敛性更高。本节将对三阶全离散法的数学模型、收敛性及其应用实例进行详细讨论。

1. 理想情况下的三阶全离散方法

如 7.4 节所述，在刀具不存在跳动、使用线性切削力模型等理想条件下，切削系统的动力学模型可统一描述为

$$\boldsymbol{M}\frac{\mathrm{d}^2\boldsymbol{q}(t)}{\mathrm{d}t^2} + \boldsymbol{C}\frac{\mathrm{d}\boldsymbol{q}(t)}{\mathrm{d}t} + \boldsymbol{K}\boldsymbol{q}(t) = a\boldsymbol{H}^*(t)[\boldsymbol{q}(t) - \boldsymbol{q}(t-T)] \tag{7.73}$$

式中，$\boldsymbol{H}^*(t)$可根据动力学方程类型取为 $\boldsymbol{H}(t)$、$-\boldsymbol{H}(t)$或 $\overline{\boldsymbol{H}}(t)$。

首先，将式(7.73)所示的二阶动态系统时滞微分方程转化为一阶时滞微分方程。令 $\boldsymbol{x}(t)=[\boldsymbol{q}(t),\boldsymbol{M}\mathrm{d}\boldsymbol{q}(t)/\mathrm{d}t+\boldsymbol{C}\boldsymbol{q}(t)/2]^{\mathrm{T}}$，则式(7.73)可转换为一阶时滞微分方程：

$$\frac{\mathrm{d}\boldsymbol{x}(t)}{\mathrm{d}t} = \boldsymbol{A}_0\boldsymbol{x}(t) + \boldsymbol{A}(t)\boldsymbol{x}(t) + \boldsymbol{B}(t)\boldsymbol{x}(t-T) \tag{7.74}$$

式中，$\boldsymbol{A}_0$ 为常系数矩阵；$\boldsymbol{A}(t)$和 $\boldsymbol{B}(t)$表示周期为 T 的周期系数矩阵：

$$\boldsymbol{A}_0 = \begin{bmatrix} -\dfrac{\boldsymbol{M}^{-1}\boldsymbol{C}}{2} & \boldsymbol{M}^{-1} \\ \dfrac{\boldsymbol{C}\boldsymbol{M}^{-1}\boldsymbol{C}}{4} - \boldsymbol{K} & -\dfrac{\boldsymbol{C}\boldsymbol{M}^{-1}}{2} \end{bmatrix}, \qquad \boldsymbol{B}(t) = -\boldsymbol{A}(t) = -a\begin{bmatrix} \boldsymbol{0} & \boldsymbol{0} \\ \boldsymbol{H}^*(t) & \boldsymbol{0} \end{bmatrix} \tag{7.75}$$

设初始条件 $t=t_0$，则在一个周期 T 中，式(7.74)的解可用如下积分形式表示：

$$\boldsymbol{x}(t) = \mathrm{e}^{\boldsymbol{A}_0(t-t_0)}\boldsymbol{x}(t_0) + \int_{t_0}^{t} \mathrm{e}^{\boldsymbol{A}_0(t-\sigma)}[\boldsymbol{A}(\sigma)\boldsymbol{x}(\sigma) + \boldsymbol{B}(\sigma)\boldsymbol{x}(\sigma-T)]\mathrm{d}\sigma \tag{7.76}$$

式中，T 为刀齿切削周期，$T=60/(N\Omega)$，其中 N 为刀齿数，Ω 为主轴转速(r/min)。如果将切削周期 T 等分为 m 个长度为 τ 的小区间，则在第 k 个区间上，式(7.76)

可改写为

$$\boldsymbol{x}(t)=\mathrm{e}^{\boldsymbol{A}_0(t-k\tau)}\boldsymbol{x}(k\tau)+\int_{k\tau}^{t}\mathrm{e}^{\boldsymbol{A}_0(t-\sigma)}[\boldsymbol{A}(\sigma)\boldsymbol{x}(\sigma)+\boldsymbol{B}(\sigma)\boldsymbol{x}(\sigma-T)]\mathrm{d}\sigma \tag{7.77}$$

式中，$k\tau\leqslant t\leqslant k\tau+\tau$。令 $\sigma=\varepsilon+k\tau$，则式(7.77)可转化为

$$\begin{aligned}\boldsymbol{x}(t)=&\mathrm{e}^{\boldsymbol{A}_0(t-k\tau)}\boldsymbol{x}(k\tau)+\int_{0}^{t-k\tau}\mathrm{e}^{\boldsymbol{A}_0(t-\varepsilon-k\tau)}[\boldsymbol{A}(\varepsilon+k\tau)\boldsymbol{x}(\varepsilon+k\tau)\\&+\boldsymbol{B}(\varepsilon+k\tau)\boldsymbol{x}(\varepsilon+k\tau-T)]\mathrm{d}\varepsilon\end{aligned} \tag{7.78}$$

当 $t=k\tau+\tau$ 时，用 $\boldsymbol{x}_k$ 表示 $\boldsymbol{x}(k\tau)$，则式(7.78)可进一步改写为

$$\boldsymbol{x}_{k+1}=\mathrm{e}^{\boldsymbol{A}_0\tau}\boldsymbol{x}_k+\int_{0}^{\tau}\mathrm{e}^{\boldsymbol{A}_0(\tau-\varepsilon)}[\boldsymbol{A}(\varepsilon+k\tau)\boldsymbol{x}(\varepsilon+k\tau)+\boldsymbol{B}(\varepsilon+k\tau)\boldsymbol{x}(\varepsilon+k\tau-T)]\mathrm{d}\varepsilon \tag{7.79}$$

对于周期系数矩阵 $\boldsymbol{A}(\varepsilon+k\tau)$ 和 $\boldsymbol{B}(\varepsilon+k\tau)$、时滞项 $\boldsymbol{x}(\varepsilon+k\tau-T)$，可利用它们在区间$[0,\tau]$上对应边值$[\boldsymbol{A}_k,\boldsymbol{A}_{k+1}]$、$[\boldsymbol{B}_k,\boldsymbol{B}_{k+1}]$和$[\boldsymbol{x}_{k-m},\boldsymbol{x}_{k+1-m}]$的线性插值获得

$$\boldsymbol{A}(\varepsilon+k\tau)=\frac{\varepsilon}{\tau}\boldsymbol{A}_{k+1}+\frac{\tau-\varepsilon}{\tau}\boldsymbol{A}_k \tag{7.80}$$

$$\boldsymbol{B}(\varepsilon+k\tau)=\frac{\varepsilon}{\tau}\boldsymbol{B}_{k+1}+\frac{\tau-\varepsilon}{\tau}\boldsymbol{B}_k \tag{7.81}$$

$$\boldsymbol{x}(\varepsilon+k\tau-T)=\frac{\varepsilon}{\tau}\boldsymbol{x}_{k+1-m}+\frac{\tau-\varepsilon}{\tau}\boldsymbol{x}_{k-m} \tag{7.82}$$

对于状态项 $\boldsymbol{x}(\varepsilon+k\tau)$，则可对 $\boldsymbol{x}_{k+1}$、$\boldsymbol{x}_k$、$\boldsymbol{x}_{k-1}$ 和 $\boldsymbol{x}_{k-2}$ 进行三阶牛顿插值得到

$$\boldsymbol{x}(\varepsilon)=a\boldsymbol{x}_{k+1}+b\boldsymbol{x}_k+c\boldsymbol{x}_{k-1}+d\boldsymbol{x}_{k-2} \tag{7.83}$$

式中，系数 a、b、c 和 d 为

$$\begin{cases}a=\dfrac{\varepsilon^3+3\varepsilon^2\tau+2\varepsilon\tau^2}{6\tau^3}\\b=\dfrac{\varepsilon^2+3\varepsilon\tau+2\tau^2}{2\tau^2}-\dfrac{\varepsilon^3+3\varepsilon^2\tau+2\varepsilon\tau^2}{2\tau^3}\\c=\dfrac{\varepsilon+2\tau}{\tau}-\dfrac{\varepsilon^2+3\varepsilon\tau+2\tau^2}{\tau^2}+\dfrac{\varepsilon^3+3\varepsilon^2\tau+2\varepsilon\tau^2}{2\tau^3}\\d=1-\dfrac{\varepsilon+2\tau}{\tau}+\dfrac{\varepsilon^2+3\varepsilon\tau+2\tau^2}{2\tau^2}-\dfrac{\varepsilon^3+3\varepsilon^2\tau+2\varepsilon\tau^2}{6\tau^3}\end{cases} \tag{7.84}$$

最后将式(7.80)～式(7.83)代入式(7.79)，整理可得

$$\boldsymbol{x}_{k+1}=\boldsymbol{Q}_k\boldsymbol{x}_k+\boldsymbol{Q}_{k-1}\boldsymbol{x}_{k-1}+\boldsymbol{Q}_{k-2}\boldsymbol{x}_{k-2}+\boldsymbol{Q}_{m-1}\boldsymbol{x}_{k+1-m}+\boldsymbol{Q}_m\boldsymbol{x}_{k-m} \tag{7.85}$$

式中，系数 $\boldsymbol{Q}_k$、$\boldsymbol{Q}_{k-1}$、$\boldsymbol{Q}_{k-2}$、$\boldsymbol{Q}_{m-1}$ 和 $\boldsymbol{Q}_m$ 为

$$\begin{cases}\boldsymbol{Q}_k=(\boldsymbol{I}-\boldsymbol{F}_1)^{-1}(\boldsymbol{F}_0+\boldsymbol{F}_2)\\\boldsymbol{Q}_{k-1}=(\boldsymbol{I}-\boldsymbol{F}_1)^{-1}\boldsymbol{F}_3\\\boldsymbol{Q}_{k-2}=(\boldsymbol{I}-\boldsymbol{F}_1)^{-1}\boldsymbol{F}_4\\\boldsymbol{Q}_{m-1}=(\boldsymbol{I}-\boldsymbol{F}_1)^{-1}\boldsymbol{F}_{m-1}\\\boldsymbol{Q}_m=(\boldsymbol{I}-\boldsymbol{F}_1)^{-1}\boldsymbol{F}_m\end{cases} \tag{7.86}$$

式中

$$\begin{cases} \boldsymbol{F}_0 = \boldsymbol{f}_0 = \mathrm{e}^{\boldsymbol{A}_0 \tau} \\ \boldsymbol{F}_1 = \dfrac{\boldsymbol{f}_0(\boldsymbol{f}_5 + 3\tau \boldsymbol{f}_4 + 2\tau^2 \boldsymbol{f}_3)}{6\tau^4}\boldsymbol{A}_{k+1} + \dfrac{\boldsymbol{f}_0(2\tau^3 \boldsymbol{f}_2 + \tau^2 \boldsymbol{f}_3 - 2\tau \boldsymbol{f}_4 - \boldsymbol{f}_5)}{6\tau^4}\boldsymbol{A}_k \\ \boldsymbol{F}_2 = \dfrac{\boldsymbol{f}_0(\boldsymbol{f}_4 + 3\tau \boldsymbol{f}_3 + 2\tau^2 \boldsymbol{f}_2)}{2\tau^3}\boldsymbol{A}_{k+1} + \dfrac{\boldsymbol{f}_0(2\tau^3 \boldsymbol{f}_1 + \tau^2 \boldsymbol{f}_2 - 2\tau \boldsymbol{f}_3 - \boldsymbol{f}_4)}{2\tau^3}\boldsymbol{A}_k - 3\boldsymbol{F}_1 \\ \boldsymbol{F}_3 = \dfrac{\boldsymbol{f}_0(\boldsymbol{f}_3 + 2\tau \boldsymbol{f}_2)}{\tau^2}\boldsymbol{A}_{k+1} + \dfrac{\boldsymbol{f}_0(2\tau^2 \boldsymbol{f}_1 - \tau \boldsymbol{f}_2 - \boldsymbol{f}_3)}{\tau^2}\boldsymbol{A}_k - 2\boldsymbol{F}_2 - 3\boldsymbol{F}_1 \\ \boldsymbol{F}_4 = \boldsymbol{f}_0 \dfrac{\boldsymbol{f}_2}{\tau}\boldsymbol{A}_{k+1} + \boldsymbol{f}_0\left(\boldsymbol{f}_1 - \dfrac{\boldsymbol{f}_2}{\tau}\right)\boldsymbol{A}_k - \boldsymbol{F}_3 - \boldsymbol{F}_2 - \boldsymbol{F}_1 \end{cases} \tag{7.87a}$$

$$\vdots$$

$$\begin{cases} \boldsymbol{F}_{m-1} = \dfrac{\boldsymbol{f}_0 \boldsymbol{f}_3}{\tau^2}\boldsymbol{B}_{k+1} + \dfrac{\boldsymbol{f}_0(\tau \boldsymbol{f}_2 - \boldsymbol{f}_3)}{\tau^2}\boldsymbol{B}_k \\ \boldsymbol{F}_m = \dfrac{\boldsymbol{f}_0(\tau \boldsymbol{f}_2 - \boldsymbol{f}_3)}{\tau^2}\boldsymbol{B}_{k+1} + \dfrac{\boldsymbol{f}_0(\tau^2 \boldsymbol{f}_1 - 2\tau \boldsymbol{f}_2 + \boldsymbol{f}_3)}{\tau^2}\boldsymbol{B}_k \end{cases} \tag{7.87b}$$

其中

$$\begin{gathered} \boldsymbol{f}_1 = \int_0^\tau \mathrm{e}^{-\boldsymbol{A}_0 \varepsilon} \mathrm{d}\varepsilon, \quad \boldsymbol{f}_2 = \int_0^\tau \mathrm{e}^{-\boldsymbol{A}_0 \varepsilon} \varepsilon \, \mathrm{d}\varepsilon, \quad \boldsymbol{f}_3 = \int_0^\tau \mathrm{e}^{-\boldsymbol{A}_0 \varepsilon} \varepsilon^2 \mathrm{d}\varepsilon, \\ \boldsymbol{f}_4 = \int_0^\tau \mathrm{e}^{-\boldsymbol{A}_0 \varepsilon} \varepsilon^3 \mathrm{d}\varepsilon, \quad \boldsymbol{f}_5 = \int_0^\tau \mathrm{e}^{-\boldsymbol{A}_0 \varepsilon} \varepsilon^4 \mathrm{d}\varepsilon \end{gathered} \tag{7.88}$$

注意，如果式(7.86)中矩阵$(\boldsymbol{I}-\boldsymbol{F}_1)$不存在逆矩阵，可利用$(\boldsymbol{I}-\boldsymbol{F}_1)$的广义逆矩阵进行计算。此时，式(7.85)可进一步改写为

$$\boldsymbol{X}_{k+1} = \boldsymbol{D}_k \boldsymbol{X}_k \tag{7.89}$$

式中，$\boldsymbol{D}_k(k=0,1,\cdots,m-1)$为传递矩阵；$\boldsymbol{X}_k$ 为$(m+1)\times n$ 维列向量，其中 n 表示系统的模态总数。$\boldsymbol{D}_k$ 和 $\boldsymbol{X}_k$ 分别为

$$\boldsymbol{D}_k = \begin{bmatrix} \boldsymbol{Q}_k & \boldsymbol{Q}_{k-1} & \boldsymbol{Q}_{k-2} & \cdots & \boldsymbol{0} & \boldsymbol{Q}_{m-1} & \boldsymbol{Q}_m \\ \boldsymbol{I} & \boldsymbol{0} & \boldsymbol{0} & \cdots & \boldsymbol{0} & \boldsymbol{0} & \boldsymbol{0} \\ \boldsymbol{0} & \boldsymbol{I} & \boldsymbol{0} & \cdots & \boldsymbol{0} & \boldsymbol{0} & \boldsymbol{0} \\ \boldsymbol{0} & \boldsymbol{0} & \boldsymbol{I} & \cdots & \boldsymbol{0} & \boldsymbol{0} & \boldsymbol{0} \\ \vdots & \vdots & \vdots & & \vdots & \vdots & \vdots \\ \boldsymbol{0} & \boldsymbol{0} & \boldsymbol{0} & \cdots & \boldsymbol{I} & \boldsymbol{0} & \boldsymbol{0} \\ \boldsymbol{0} & \boldsymbol{0} & \boldsymbol{0} & \cdots & \boldsymbol{0} & \boldsymbol{I} & \boldsymbol{0} \end{bmatrix}, \quad \boldsymbol{X}_k = \begin{bmatrix} \boldsymbol{x}_k \\ \boldsymbol{x}_{k-1} \\ \boldsymbol{x}_{k-2} \\ \vdots \\ \boldsymbol{x}_{k-m} \end{bmatrix} \tag{7.90}$$

在一个周期内，当 $t=0$ 时，$\boldsymbol{X}_k=\boldsymbol{X}_0$，当 $t=T$ 时，$\boldsymbol{X}_k=\boldsymbol{X}_m$，对式(7.89)进行迭代计算，可得 $\boldsymbol{X}_m=\boldsymbol{D}_{m-1}\boldsymbol{D}_{m-2}\boldsymbol{D}_{m-3}\cdots\boldsymbol{D}_0\boldsymbol{X}_0$。从而，得到一个周期内的传递矩阵 $\boldsymbol{D}$：

$$\boldsymbol{D} = \boldsymbol{D}_{m-1}\boldsymbol{D}_{m-2}\boldsymbol{D}_{m-3}\cdots\boldsymbol{D}_0 \tag{7.91}$$

根据 Floquet 理论[33]，若传递矩阵 $\boldsymbol{D}$ 的任一特征值的模不大于 1，则该系统为稳定系统；反之，该系统为不稳定系统，系统处于失稳状态。在给定主轴转速 Ω 下，就可计算出传递矩阵 $\boldsymbol{D}$ 最大特征值模为 1 的轴向切削深度。这样，一系列主轴转速及其对应的极限轴向切削深度就构成了切削系统的稳定域，即二维稳定性叶瓣图。

2. 三阶全离散法的收敛性

以柔性刀具-刚性工件下的 x 方向单自由度系统为例，通过实际计算给出三阶全离散方法的收敛性。

采用的工艺参数如下：顺铣加工，主轴转速 $\Omega=5000\text{r/mim}$，刀齿数 $N=2$，模态质量 $m_t=0.03993\text{kg}$，自然圆频率 $\omega_n=922\times2\pi\text{rad/s}$，阻尼比 $\xi=0.011$，轴向切削深度 $a=0.004\text{m}$，径向切深与刀具直径比 $a_e/D=0.4$，切削力系数 $K_t=6\times10^8\text{N/m}^2$、$K_r=2\times10^8\text{N/m}^2$。利用所提出的三阶全离散方法，求解不同刀齿铣削周期离散数 m 所对应的传递矩阵临界特征值的模 $\|u\|$。当 m 取不同数值时，计算 $\|u\|$ 与 $\|u_0\|$ 间的误差为

$$\varepsilon = \big|\|u\| - \|u_0\|\big| \tag{7.92}$$

式中，ε 表示采用不同离散区间数 m 时引起的误差；$\|u_0\|$ 为 $m=200$ 时采用全离散法获得的特征值作为关键特征值 $\|u\|$ 的精确值，$\|u_0\|=0.6846$。图 7.17 给出了三阶全离散法得到的关键特征值的收敛性。从图中可以看到，随着铣削周期离散数 m 的增大，ε 逐渐接近零，故三阶全离散法是收敛的。

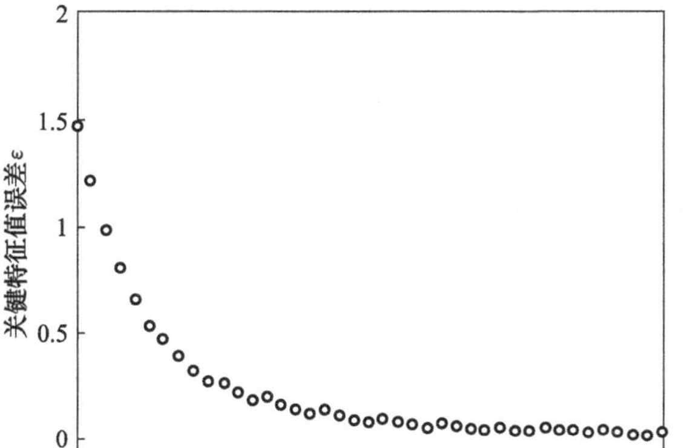

图 7.17　三阶全离散法关键特征值的收敛性

3. 三阶全离散法的算例

算例 7.1　以柔性刀具-刚性工件情况下 x 方向单自由度系统为例，对理想情况下采用小轴向切深(即可忽略螺旋角效应)的动态铣削系统进行稳定性分析。

该系统的动力学方程可写为

$$\frac{d^2x(t)}{dt^2}+2\xi\omega_n\frac{dx(t)}{dt}+\omega_n^2x(t)=-\frac{ah(t)}{m_t}[x(t)-x(t-T)] \tag{7.93}$$

式中，ξ、ω_n 和 m_t 分别为阻尼比、刀具的自然圆频率和刀具的模态质量；a 为轴向切削深度；$h(t)$为切削力系数：

$$h(t)=\sum_{j=1}^{N}\{g(\phi_j(t))\sin\phi_j(t)[K_t\cos\phi_j(t)+K_r\sin\phi_j(t)]\} \tag{7.94}$$

令 $\boldsymbol{x}(t)=[x(t),m_t\dot{x}(t)+m_t\xi\omega_nx(t)]^{\mathrm{T}}$，式(7.93)可改写为

$$\frac{d\boldsymbol{x}(t)}{dt}=\boldsymbol{A}_0\boldsymbol{x}(t)+\boldsymbol{A}(t)\boldsymbol{x}(t)+\boldsymbol{B}(t)\boldsymbol{x}(t-T) \tag{7.95}$$

式中，系数矩阵 $\boldsymbol{A}_0$、$\boldsymbol{A}(t)$和 $\boldsymbol{B}(t)$分别为

$$\boldsymbol{A}_0=\begin{bmatrix}-\xi\omega_n & 1/m_t\\ m_t(\xi\omega_n)^2-m_t\omega_n{}^2 & -\xi\omega_n\end{bmatrix},\quad \boldsymbol{A}(t)=\begin{bmatrix}0 & 0\\ -ah(t) & 0\end{bmatrix}$$

$$\boldsymbol{B}(t)=\begin{bmatrix}0 & 0\\ ah(t) & 0\end{bmatrix} \tag{7.96}$$

具体加工参数与 7.5.2 节的“三阶全离散法的收敛性”小节所用加工参数相同，径向切深与刀具直径比 $a_e/D=0.05$。利用三阶全离散法得到的稳定性叶瓣图如图 7.18 所示。

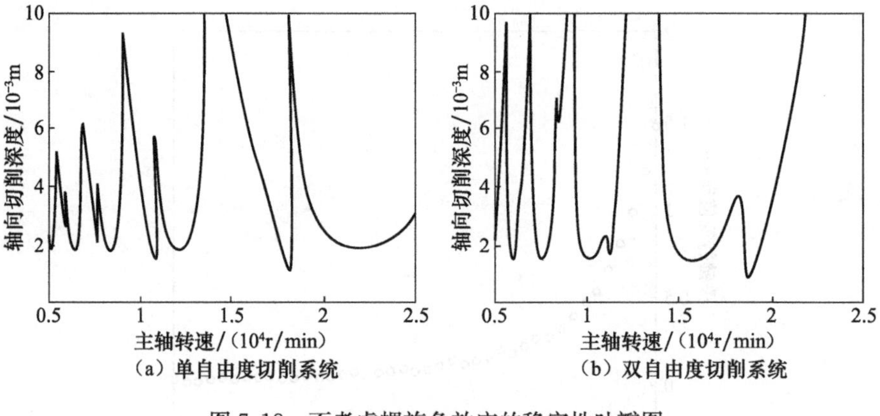

图 7.18　不考虑螺旋角效应的稳定性叶瓣图

算例 7.2　以柔性刀具-刚性工件情况下 x 和 y 方向的双自由度系统为例，在理想情况下对采用小轴向切深的动态铣削系统进行稳定性分析。

双自由度铣削动力学模型为

$$\begin{bmatrix} m_t & 0 \\ 0 & m_t \end{bmatrix}\begin{bmatrix} \dfrac{d^2x(t)}{dt^2} \\ \dfrac{d^2y(t)}{dt^2} \end{bmatrix}+\begin{bmatrix} 2\xi\omega_n m_t & 0 \\ 0 & 2\xi\omega_n m_t \end{bmatrix}\begin{bmatrix} \dfrac{dx(t)}{dt} \\ \dfrac{dy(t)}{dt} \end{bmatrix}+\begin{bmatrix} \omega_n^2 m_t & 0 \\ 0 & \omega_n^2 m_t \end{bmatrix}\begin{bmatrix} x(t) \\ y(t) \end{bmatrix}$$

$$=\begin{bmatrix} ah_{xx}(t) & ah_{xy}(t) \\ ah_{yx}(t) & ah_{yy}(t) \end{bmatrix}\begin{bmatrix} x(t) \\ y(t) \end{bmatrix}-\begin{bmatrix} ah_{xx}(t) & ah_{xy}(t) \\ ah_{yx}(t) & ah_{yy}(t) \end{bmatrix}\begin{bmatrix} x(t-T) \\ y(t-T) \end{bmatrix} \tag{7.97}$$

式中，ξ、ω_n 和 m_t 分别为阻尼比、刀具的自然圆频率和刀具的模态质量；$h_{xx}(t)$、$h_{xy}(t)$、$h_{yx}(t)$和 $h_{yy}(t)$采用式(7.48)计算。利用 7.5.2 节中的“理想情况下的三阶全离散方法”小节所述方法，将式(7.97)转化为式(7.74)的形式，具体加工参数与前面所述单自由度动力学模型中的参数相同。利用三阶全离散法得到的稳定性叶瓣图如图 7.18(b)所示。

算例 7.3　以柔性刀具-刚性工件情况下 x 方向单自由度系统为例，对采用大轴向切深(即考虑螺旋角效应)的动态铣削系统进行稳定性分析。

切削动力学模型与式(7.93)相同，但相应的切削力系数应按式(7.51)进行计算。具体加工参数为：采用逆铣加工，刀齿数 $N=1$，模态质量 $m_t=0.23\text{kg}$，自然圆频率 $\omega_n=304\times2\pi\text{rad/s}$，阻尼比 $\xi=0.0179$，径向切深与刀具直径比 $a_e/D=0.02$，$D=12\text{mm}$，螺旋角 $\beta=30°$，切削力系数 $K_t=5.36\times10^8\text{N/m}^2$、$K_r=1.87\times10^8\text{N/m}^2$。利用三阶全离散法得到的稳定性叶瓣图如图 7.19 所示。从图中可以看出，当考虑刀具的螺旋角效应时，稳定性叶瓣图中会有不稳定的孤岛出现。因为考虑螺旋角效应时，系统切削时间的变长对周期 2 颤振产生影响，随着 a_e/D 的逐渐减小，周期 2 颤振与准周期颤振开始发生分离，从而形成不稳定的孤岛。不稳定孤岛区域内部为周期 2 颤振，而其他曲线上部的不稳定区域为准周期颤振。

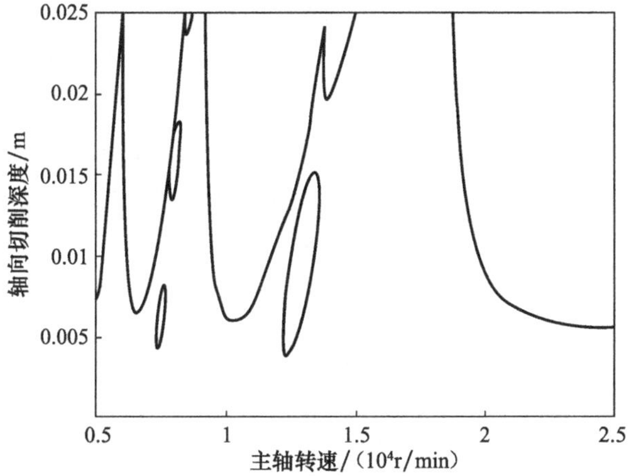

图 7.19　考虑螺旋角效应的稳定性叶瓣图

7.5.3 刀具跳动下稳定域的三阶全离散求解方法

如 7.2.4 节所述，刀具跳动的存在，使刀具的容屑角发生了改变，加工过程也由等容屑角切削变为变容屑角切削。刀具跳动不仅改变了刀具的容屑角，还导致各个切削刃的实际切削半径发生变化。在这种情况下，进行稳定性分析的周期就不再是刀齿的切削周期，必须使用主轴的旋转周期。本节将以 x 和 y 方向的双自由度柔性刀具-刚性工件动态切削系统为例，详细论述刀具跳动下切削系统稳定域的三阶全离散求解方法。

1. *刀具跳动下的动力学方程和参数*

在动态切削系统中，刀具第 j 个切削刃的瞬时切屑厚度 $t_j(\psi_j)$ 表示为

$$t_j(\psi_j) = t_0(\psi_j) + [\sin\psi_j, \cos\psi_j][\boldsymbol{I}(t) - \boldsymbol{I}(t - T_j)] \tag{7.98}$$

式中，$T_j(j=1,\cdots,N)$ 表示刀具第 j 个切削刃在主轴旋转周期 T 中所占时间：

$$T_j = \frac{60}{\Omega}\frac{\phi_{j,j+1}}{2\pi} \tag{7.99}$$

式中，Ω 为主轴转速；$\phi_{j,j+1}$ 为刀具的容屑角，可利用式(7.33)进行计算，也可利用下式进行计算：

$$\phi_{j,j+1} = \arccos\left(\frac{R_{j+1}^2 + R_j^2 - R_{j+1,j}^2}{2R_{j+1}R_j}\right) \tag{7.100}$$

式中

$$\begin{cases} R_{j+1,j} = \sqrt{2R_c^2\left[1 - \cos\left(\dfrac{2\pi}{N}\right)\right]} \\ R_j = \sqrt{\rho^2 + R_c^2 - 2\rho R_c \cos\varphi_j} \end{cases}$$

式中，R_j 为刀具第 j 个刀齿的切削半径；$R_{j+1,j}$ 为第 $j+1$ 个刀尖点和第 j 个刀尖点之间的距离；R_c 为刀具半径；ρ 为描述刀具平行轴跳动的偏心距参数；φ_j 为偏心距向量与第 j 个刀齿刀尖点和刀具坐标系原点连线之间的夹角。

结合 7.4 节的相关论述和式(7.98)，一个切削周期 T 内，t 时刻的切削力 $\boldsymbol{F}$ 为

$$\boldsymbol{F} = a\boldsymbol{H}_j(t)[\boldsymbol{q}(t) - \boldsymbol{q}(t - T_j)] + a\boldsymbol{f}_0(t) \tag{7.101}$$

式中，$\boldsymbol{H}_j(t)$ 中各元素为

$$\begin{cases} h_{j,xx} = -g(\psi_j)[K_t \sin\psi_j \cos\psi_j + K_r \sin\psi_j \sin\psi_j] \\ h_{j,xy} = -g(\psi_j)[K_r \sin\psi_j \cos\psi_j + K_t \cos\psi_j \cos\psi_j] \\ h_{j,yx} = -g(\psi_j)[K_r \sin\psi_j \cos\psi_j - K_t \sin\psi_j \sin\psi_j] \\ h_{j,yy} = -g(\psi_j)[K_r \cos\psi_j \cos\psi_j - K_t \sin\psi_j \cos\psi_j] \end{cases} \tag{7.102}$$

式中，单位阶跃函数 $g(\psi_j)$ 的取值取决于切削刃的切入角与切出角。由于刀具跳动的存在，每个切削刃的切入角与切出角各不相同。为了便于计算，第 j 条切削刃的切入切出角可按下式计算。当逆铣加工时：

$$\begin{cases}\psi_{j,\mathrm{st}}=0\\ \psi_{j,\mathrm{ex}}=\arccos\left(1-\dfrac{a_e}{R_j}\right)\end{cases}\tag{7.103}$$

当顺铣加工时：

$$\begin{cases}\psi_{j,\mathrm{st}}=\pi-\arccos\left(1-\dfrac{a_e}{R_j}\right)\\ \psi_{j,\mathrm{ex}}=\pi\end{cases}\tag{7.104}$$

根据式(7.103)和式(7.104)，单位阶跃函数 $g(\psi_j)$ 的值可由式(7.43)给出。假设 $j=1$ 的切削刃为参考切削刃，在忽略螺旋角效应的前提下，刀具第 j 个切削刃的接触角 ψ_j 为

$$\psi_j=\begin{cases}\omega t, & j=1\\ \omega t+\sum\limits_{i=1}^{j}\phi_{i-1,i}, & j>1\end{cases}\tag{7.105}$$

式中，ω 为主轴的旋转角速度，$\omega=2\pi\Omega/60$。根据前面得到的相关参数，在线性切削力模型等条件下，刀具跳动下的动态切削系统的动力学模型为

$$\boldsymbol{M}\frac{\mathrm{d}^2\boldsymbol{q}(t)}{\mathrm{d}t^2}+\boldsymbol{C}\frac{\mathrm{d}\boldsymbol{q}(t)}{\mathrm{d}t}+\boldsymbol{Kq}(t)=\sum_{j=1}^{N}a\boldsymbol{H}_j(t)[\boldsymbol{q}(t)-\boldsymbol{q}(t-T_j)]\tag{7.106}$$

2. 稳定域的三阶全离散求解方法

令 $\boldsymbol{x}(t)=[\boldsymbol{q}(t),\boldsymbol{M}\mathrm{d}\boldsymbol{q}(t)/\mathrm{d}t+\boldsymbol{Cq}(t)/2]^{\mathrm{T}}$，则式(7.106)可转化为一阶时滞微分方程：

$$\frac{\mathrm{d}\boldsymbol{x}(t)}{\mathrm{d}t}=\boldsymbol{A}_0\boldsymbol{x}(t)+\sum_{j=1}^{N}[\boldsymbol{A}_j(t)\boldsymbol{x}(t)+\boldsymbol{B}_j(t)\boldsymbol{x}(t-T_j)]\tag{7.107}$$

式中，常数矩阵 $\boldsymbol{A}_0$ 可用式(7.75)表示，周期矩阵 $\boldsymbol{A}_j(t)$ 和 $\boldsymbol{B}_j(t)$ 为

$$\boldsymbol{B}_j(t)=-\boldsymbol{A}_j(t)=-a\begin{bmatrix}\boldsymbol{0} & \boldsymbol{0}\\ \boldsymbol{H}_j(t) & \boldsymbol{0}\end{bmatrix}\tag{7.108}$$

设初始条件 $t=t_0$，则在一个主轴转动周期 T 中，即 $t_0\leqslant t\leqslant t_0+T$，式(7.107)的解可用如下的积分形式表示：

$$\boldsymbol{x}(t)=\mathrm{e}^{\boldsymbol{A}_0(t-t_0)}\boldsymbol{x}(t_0)+\int_{t_0}^{t}\mathrm{e}^{\boldsymbol{A}_0(t-\sigma)}\sum_{j=1}^{N}[\boldsymbol{A}_j(\sigma)\boldsymbol{x}(\sigma)+\boldsymbol{B}_j(\sigma)\boldsymbol{x}(t-T_j)]\mathrm{d}\sigma\tag{7.109}$$

接下来，将第 j 个切削刃的切削周期 T_j 等分为 m_j 个长度为 τ_j 的区间，则主

轴的旋转周期 T 被分割的区间总数 $m=\sum_{j=1}^{N}m_j$ 。根据式(7.109)，在第 j 个切削刃的切削周期 T_j 上的第 k_j 个小区间，下式成立：

$$\begin{aligned}\boldsymbol{x}(t)=&\mathrm{e}^{\boldsymbol{A}_0(t-i-k_j\tau_j)}\boldsymbol{x}(i+k_j\tau_j)\\&+\int_{i+k_j\tau_j}^{t}\mathrm{e}^{\boldsymbol{A}_0(t-\sigma)}\sum_{j=1}^{N}[\boldsymbol{A}_j(\sigma)\boldsymbol{x}(\sigma)+\boldsymbol{B}_j(\sigma)\boldsymbol{x}(t-T_j)]\mathrm{d}\sigma\end{aligned}\tag{7.110}$$

式中，$i=\sum_{i=1}^{j-1}T_i$，$i+k_j\tau_j\leqslant t\leqslant i+k_j\tau_j+\tau_j$。令 $\sigma=\varepsilon+i+k_j\tau_j$，式(7.110)可改写为

$$\begin{aligned}\boldsymbol{x}(t)=&\mathrm{e}^{\boldsymbol{A}_0(t-i-k_j\tau_j)}\boldsymbol{x}(i+k_j\tau_j)\\&+\int_{0}^{t-i-k_j\tau_j}\mathrm{e}^{\boldsymbol{A}_0(t-\varepsilon-i-k_j\tau_j)}\sum_{s=1}^{N}[\boldsymbol{A}_s(\varepsilon+i+k_j\tau_j)\boldsymbol{x}(\varepsilon+i+k_j\tau_j)\\&+\boldsymbol{B}_s(\varepsilon+i+k_j\tau_j)\boldsymbol{x}(\varepsilon+i+k_j\tau_j-T_s)]\mathrm{d}\varepsilon\end{aligned}\tag{7.111}$$

进而，令 $t=i+k_j\tau_j+\tau_j$，用 $\boldsymbol{x}_{k_j}$ 表示 $\boldsymbol{x}(i+k_j\tau_j)$，式(7.111)可进一步改写为

$$\begin{aligned}\boldsymbol{x}_{k_j+1}=&\mathrm{e}^{\boldsymbol{A}_0\tau_j}\boldsymbol{x}_{k_j}+\int_{0}^{\tau_j}e^{\boldsymbol{A}_0(\tau_j-\varepsilon)}\sum_{s=1}^{N}[\boldsymbol{A}_s(\varepsilon+i+k_j\tau_j)\boldsymbol{x}(\varepsilon+i+k_j\tau_j)\\&+\boldsymbol{B}_s(\varepsilon+i+k_j\tau_j)\boldsymbol{x}(\varepsilon+i+k_j\tau_j-T_s)]\mathrm{d}\varepsilon\end{aligned}\tag{7.112}$$

对于周期系数矩阵 $\boldsymbol{A}_s(\varepsilon+i+k_j\tau_j)$、$\boldsymbol{B}_s(\varepsilon+i+k_j\tau_j)$ 和时滞项 $\boldsymbol{x}(\varepsilon+i+k_j\tau_j-T_s)$，同样是由它们在区间$[0,\tau_j]$上的两个边值$(\boldsymbol{A}_{s,k_j},\boldsymbol{A}_{s,k_j+1})$、$(\boldsymbol{B}_{s,k_j},\boldsymbol{B}_{s,k_j+1})$和$(\boldsymbol{x}_{k_j-m_s},\boldsymbol{x}_{k_j-m_s+1})$，通过线性插值获得：

$$\begin{cases}\boldsymbol{A}_s(\varepsilon+i+k_j\tau_j)=\dfrac{\varepsilon}{\tau_j}\boldsymbol{A}_{s,k_j+1}+\dfrac{\tau_j-\varepsilon}{\tau_j}\boldsymbol{A}_{s,k_j}\\\boldsymbol{B}_s(\varepsilon+i+k_j\tau_j)=\dfrac{\varepsilon}{\tau_j}\boldsymbol{B}_{s,k_j+1}+\dfrac{\tau_j-\varepsilon}{\tau_j}\boldsymbol{B}_{s,k_j}\\\boldsymbol{x}(\varepsilon+i+k_j\tau_j-T_s)=\dfrac{\varepsilon}{\tau_j}\boldsymbol{x}_{k_j-m_s+1}+\dfrac{\tau_j-\varepsilon}{\tau_j}\boldsymbol{x}_{k_j-m_s}\end{cases}\tag{7.113}$$

对于状态项 $\boldsymbol{x}(\varepsilon+i+k_j\tau_j)$，也是对 $\boldsymbol{x}_{k_j+1}$、$\boldsymbol{x}_{k_j}$、$\boldsymbol{x}_{k_j-1}$ 和 $\boldsymbol{x}_{k_j-2}$ 进行三阶牛顿插值得到：

$$\boldsymbol{x}(\varepsilon+i+k_j\tau_j)=a_j\boldsymbol{x}_{k_j+1}+b_j\boldsymbol{x}_{k_j}+c_j\boldsymbol{x}_{k_j-1}+d_j\boldsymbol{x}_{k_j-2}\tag{7.114}$$

式中，系数 a_j、b_j、c_j 和 d_j 的计算公式与式(7.84)相同。将式(7.113)和式(7.114)代入式(7.112)，可得

$$\begin{aligned}\boldsymbol{x}_{k_j+1}=&\boldsymbol{Q}_{k_j}\boldsymbol{x}_{k_j}+\boldsymbol{Q}_{k_j-1}\boldsymbol{x}_{k_j-1}+\boldsymbol{Q}_{k_j-2}\boldsymbol{x}_{k_j-2}\\&+\sum_{s=1}^{N}[\boldsymbol{Q}_{k_j-m_s+1}\boldsymbol{x}_{k_j-m_s+1}+\boldsymbol{Q}_{k_j-m_s}\boldsymbol{x}_{k_j-m_s}]\end{aligned}\tag{7.115}$$

式中

$$\begin{cases} \boldsymbol{Q}_{k_j} = (\boldsymbol{I}-\boldsymbol{F}_{1,j})^{-1}(\boldsymbol{F}_0+\boldsymbol{F}_{2,j}) \\ \boldsymbol{Q}_{k_j-1} = (\boldsymbol{I}-\boldsymbol{F}_{1,j})^{-1}\boldsymbol{F}_{3,j} \\ \boldsymbol{Q}_{k_j-2} = (\boldsymbol{I}-\boldsymbol{F}_{1,j})^{-1}\boldsymbol{F}_{4,j} \\ \boldsymbol{Q}_{k_j-m_s+1} = (\boldsymbol{I}-\boldsymbol{F}_{1,j})^{-1}\boldsymbol{F}_{j,m_s-1} \\ \boldsymbol{Q}_{k_j-m_s} = (\boldsymbol{I}-\boldsymbol{F}_{1,\mathrm{j}})^{-1}\boldsymbol{F}_{j,m_s} \end{cases} \tag{7.116}$$

式中

$$\boldsymbol{F}_{0,j}=\boldsymbol{f}_{0,j}=\mathrm{e}^{\boldsymbol{A}_0\tau_j} \tag{7.117}$$

$$\begin{aligned}\boldsymbol{F}_{1,j}= &\frac{\boldsymbol{f}_{0,j}(\boldsymbol{f}_{5,j}+3\tau_j\boldsymbol{f}_{4,j}+2\tau_j^2\boldsymbol{f}_{3,j})}{6\tau_j^4}\sum_{s=1}^{N}\boldsymbol{A}_{s,k_j+1} \\ &+\frac{\boldsymbol{f}_{0,j}(2\tau_j^3\boldsymbol{f}_{2,j}+\tau_j^2\boldsymbol{f}_{3,j}-2\tau_j\boldsymbol{f}_{4,j}-\boldsymbol{f}_{5,j})}{6\tau_j^4}\sum_{s=1}^{N}\boldsymbol{A}_{s,k_j}\end{aligned} \tag{7.118}$$

$$\begin{aligned}\boldsymbol{F}_{2,j}= &\frac{\boldsymbol{f}_{0,j}(\boldsymbol{f}_{4,j}+3\tau_j\boldsymbol{f}_{3,j}+2\tau_j^2\boldsymbol{f}_{2,j})}{2\tau_j^3}\sum_{s=1}^{N}\boldsymbol{A}_{s,k_j+1} \\ &+\frac{\boldsymbol{f}_{0,j}(2\tau_j^3\boldsymbol{f}_{1,j}+\tau_j^2\boldsymbol{f}_{2,j}-2\tau_j\boldsymbol{f}_{3,j}-\boldsymbol{f}_{4,j})}{2\tau_j^3}\sum_{s=1}^{N}\boldsymbol{A}_{s,k_j}-3\boldsymbol{F}_{1,j}\end{aligned} \tag{7.119}$$

$$\begin{aligned}\boldsymbol{F}_{3,j}= &\frac{\boldsymbol{f}_{0,j}(\boldsymbol{f}_{3,j}+2\tau_j\boldsymbol{f}_{2,j})}{\tau_j^2}\sum_{s=1}^{N}\boldsymbol{A}_{s,k_j+1} \\ &+\frac{\boldsymbol{f}_{0,j}(2\tau_j^2\boldsymbol{f}_{1,j}-\tau_j\boldsymbol{f}_{2,j}-\boldsymbol{f}_{3,j})}{\tau_j^2}\sum_{s=1}^{N}\boldsymbol{A}_{s,k_j}-2\boldsymbol{F}_{2,j}-3\boldsymbol{F}_{1,j}\end{aligned} \tag{7.120}$$

$$\boldsymbol{F}_{4,j}=\boldsymbol{f}_{0,j}\frac{\boldsymbol{f}_{2,j}}{\tau_j}\sum_{s=1}^{N}\boldsymbol{A}_{s,k_j+1}+\boldsymbol{f}_{0,j}\left(\boldsymbol{f}_{1,j}-\frac{\boldsymbol{f}_{2,j}}{\tau_j}\right)\sum_{s=1}^{N}\boldsymbol{A}_{s,k_j}-\boldsymbol{F}_{3,j}-\boldsymbol{F}_{2,j}-\boldsymbol{F}_{1,j} \tag{7.121}$$

$$\boldsymbol{F}_{j,m_s-1}=\frac{\boldsymbol{f}_{0,j}\boldsymbol{f}_{3,j}}{\tau_j^2}\boldsymbol{B}_{s,k_j+1}+\frac{\boldsymbol{f}_{0,j}(\tau_j\boldsymbol{f}_{2,j}-\boldsymbol{f}_{3,j})}{\tau_j^2}\boldsymbol{B}_{s,k_j} \tag{7.122}$$

$$\boldsymbol{F}_{j,m_s}=\frac{\boldsymbol{f}_0(\tau_j\boldsymbol{f}_{2,j}-\boldsymbol{f}_{3,j})}{\tau_j^2}\boldsymbol{B}_{s,k_j+1}+\frac{\boldsymbol{f}_0(\tau_j^2\boldsymbol{f}_{1,j}-2\tau_j\boldsymbol{f}_{2,j}+\boldsymbol{f}_{3,j})}{\tau_j^2}\boldsymbol{B}_{s,k_j} \tag{7.123}$$

式(7.118)～式(7.123)中的 $\boldsymbol{f}_{1,j}$、$\boldsymbol{f}_{2,j}$、$\boldsymbol{f}_{3,j}$、$\boldsymbol{f}_{4,j}$ 和 $\boldsymbol{f}_{5,j}$ 可用式(7.88)进行计算。据此,式(7.115)可改写为

$$\boldsymbol{X}_{k_j+1}=\boldsymbol{D}_{k_j}\boldsymbol{X}_{k_j} \tag{7.124}$$

式中,$\boldsymbol{D}_{k_j}$ 和 $\boldsymbol{X}_{k_j}$ 为与式(7.90)类似的传递矩阵和 $(m+1)\times n$ 维的列向量。在一个周期内,当 $t=0$ 时,$\boldsymbol{X}_{k_j}=\boldsymbol{X}_0$;$t=T$ 时,$\boldsymbol{X}_{k_j}=\boldsymbol{X}_m$,以此对式(7.124)进行迭代计算,可得

$$\boldsymbol{X}_m = \boldsymbol{D}_{m-1}\boldsymbol{D}_{m-2}\cdots\boldsymbol{D}_{m-\sum_{i=1}^{j} m_i}\cdots\boldsymbol{D}_0\boldsymbol{X}_0 \tag{7.125}$$

由此,可得到一个周期内的传递矩阵 $\boldsymbol{D}$:

$$\boldsymbol{D} = \boldsymbol{D}_{m-1}\boldsymbol{D}_{m-2}\cdots\boldsymbol{D}_{m-\sum_{i=1}^{j} m_i}\cdots\boldsymbol{D}_0 \tag{7.126}$$

在给定主轴转速下,就可计算传递矩阵 $\boldsymbol{D}$ 最大特征值模为 1 时的极限轴向切削深度。通过一系列主轴转速及其对应的极限轴向切削深度就构成了切削系统的二维稳定性叶瓣图。

3. 刀具跳动下三阶全离散法的算例

以双自由度动态切削系统为例,利用上述三阶全离散方法对刀具跳动下铣削系统的稳定性进行分析。

刀具跳动由变容屑角表示,采用与文献[36]相同的加工工艺参数:顺铣加工,刀齿数 $N=4$,容屑角呈 70°-110°-70°-110°分布,径向切深与刀具直径比 $a_e/D=0.5$,切削力系数 $K_t=679$MPa,$K_r=249.193$MPa。动态切削系统的模态参数如表 7.5 所示。利用三阶全离散方法得到的该切削系统的稳定性叶瓣图如图 7.20(a)所示。从图 7.20 中选取点 A(8000r/min,0.004m)、点 B(8000r/min,0.0045m)和点 C(8000r/min,0.0055m)三个点,计算这三个点处 x 和 y 方向的振动位移,如图 7.20(b)所示。从图中可以看到,在 A、B 两点处切削系统处于稳定状态,而 C 点处切削振动严重,表明系统处于失稳状态。这与稳定性叶瓣图上的 A、B、C 所处的区域是吻合的,表明前面所述的三阶全离散法可以准确地分析刀具跳动情况下切削系统的稳定性。

表 7.5　动态切削系统的模态参数

方向	模态数	自然频率/Hz	模态质量/kg	阻尼比
x	1	441.64	11.125	0.028722
x	2	563.60	1.4986	0.055801
y	3	778.56	13.036	0.058996
y	1	516.21	1.199	0.025004

4. 刀具跳动对切削系统稳定性的影响

刀具跳动不仅影响切削系统的切削力和加工几何精度,对加工过程中的振动也有重要影响[37]。本节将进一步讨论刀具跳动对切削系统稳定性叶瓣图和颤振频率的影响。

动态切削系统失稳时的颤振可分为三种:准周期颤振(Q)、周期 1 颤振(1)和周期 2 颤振(2)。当存在刀具跳动时,系统周期为主轴的旋转周期 $T_s=60/\Omega$,对应的系统频率为 $f_s=\Omega/60$。上述三种颤振情况所对应的颤振频率分别为

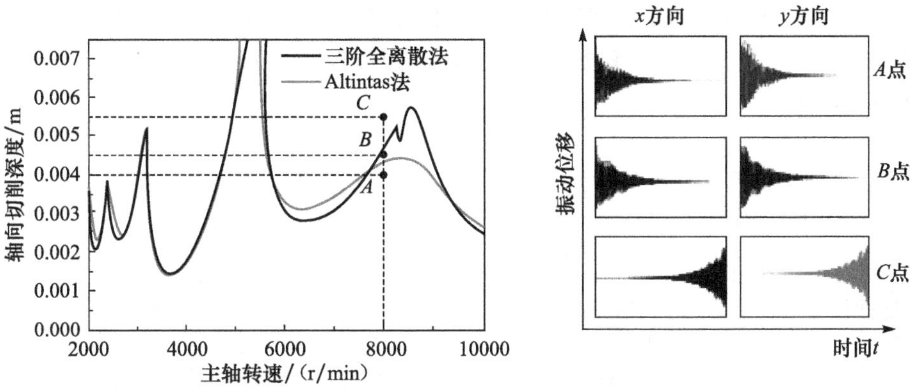

(a) 稳定性叶瓣图　　(b) A、B、C三点处的振动位移

图 7.20　考虑刀具跳动的三阶全离散法算例

$$
\begin{cases}
f_s^{Q} = \pm \dfrac{\omega_1}{2\pi} + \dfrac{k\Omega}{60} \\
f_s^{1} = \dfrac{k\Omega}{60} \\
f_s^{2} = \dfrac{\Omega}{120} + \dfrac{k\Omega}{60}
\end{cases}, \quad k = 0, \pm 1, \pm 2, \cdots \tag{7.127}
$$

式中，ω_1 为相位角，用来表示 u 在复平面中的方向：

$$
\omega_1 = \frac{1}{T}\arctan\left(\frac{\mathrm{Im}u}{\mathrm{Re}u}\right) \tag{7.128}
$$

式中，u 为传递矩阵 $\boldsymbol{D}$ 的临界特征值。在不考虑刀具跳动的情况下，系统周期为刀齿切削周期 $T_n = 60/(N\Omega)$，对应的系统频率为 $f_n = N\Omega/60$。在这一条件下，当切削系统失稳时，不会产生周期 1 颤振，只存在准周期颤振(Q)和周期 2 颤振(2)。这两个颤振的频率为

$$
\begin{cases}
f_n^{Q} = \pm \dfrac{\omega_1}{2\pi} + \dfrac{kN\Omega}{60} \\
f_n^{2} = \dfrac{N\Omega}{120} + \dfrac{kN\Omega}{60}
\end{cases}, \quad k = 0, \pm 1, \pm 2, \cdots \tag{7.129}
$$

通过式(7.127)、式(7.129)和文献[37]的具体参数，对理想情况下和刀具跳动下的动态切削系统进行稳定性分析并绘制相应的颤振频率图。图 7.21 和图 7.22 分别为理想情况和考虑刀具跳动情况下动态铣削系统稳定性叶瓣图和颤振频率图。通过比较如图 7.21(a)和图 7.22(a)所示的稳定性叶瓣图可以看到，刀具跳动对铣削系统稳定性叶瓣图的影响很小。从如图 7.21(b)和图 7.22(b)所示的颤振频率可以看到，理想情况下，主轴转速的两个区间[8,10]kr/min 和[11,15]kr/min

内分别含有 5 个和 3.5 个频率叶瓣，但当加工过程存在刀具跳动效应时，这两个区间却含有 10.5 个和 6.5 个频率叶瓣，这说明刀具跳动对动态铣削系统的颤振频率有很大的影响。

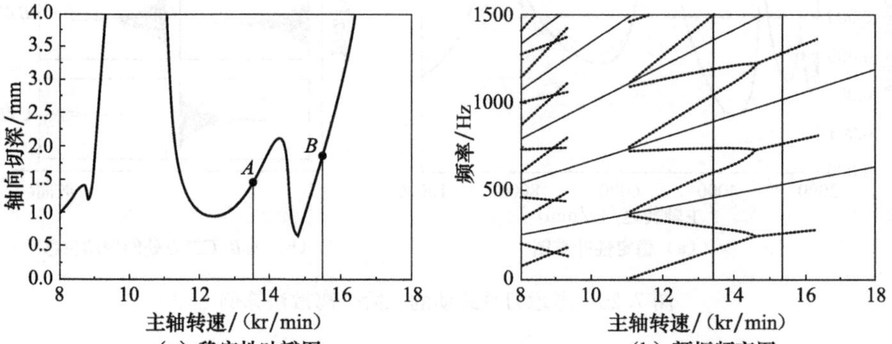

(a) 稳定性叶瓣图　　(b) 颤振频率图

图 7.21　理想情况下切削系统的稳定性叶瓣图和颤振频率图

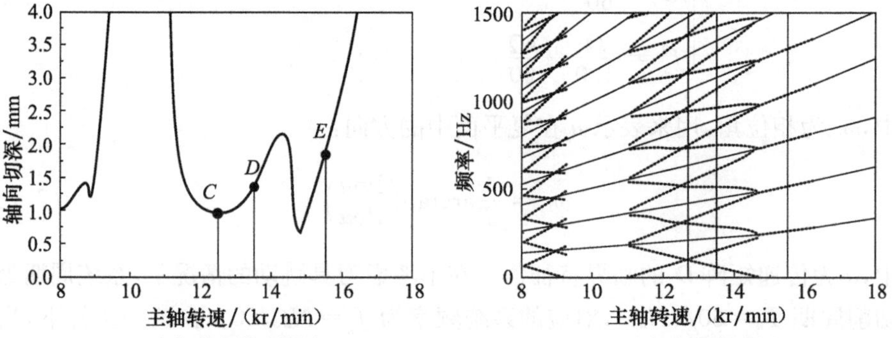

(a) 稳定性叶瓣图　　(b) 颤振频率图

图 7.22　刀具跳动下切削系统的稳定性叶瓣图和颤振频率图

从图 7.21(a)和图 7.22(a)中选取 A、B、C、D、E 五个不稳定的加工点，将这些点处的临界特征值在复平面单位圆上的位置显示在图 7.23 中。从图 7.23 中可以看出，点 A 为准周期颤振，其临界特征值为共轭复数 $|u_1|=1$。点 B 为周期 2 颤振，其临界特征值 $u_1=-1$，$\omega_1=\pi/T_n$。点 C、点 D 和点 E 为铣削系统在刀具跳动时的不稳定点，点 E 为周期 1 颤振，其临界特征值 $u_1=1$，$\omega_1=0$。点 C 与点 D 分别为周期 2 颤振与准周期颤振，其临界特征值与点 B 和点 A 处相同。进一步分析可知，当动态铣削系统出现刀具跳动时，周期由 T_n 变成 T_s，周期 2 颤振开始向周期 1 颤振转变；另外，由于交点 C 处的临界特征值由共轭复数变为 -1，准周期颤振的交点 C 处产生了周期 2 颤振。

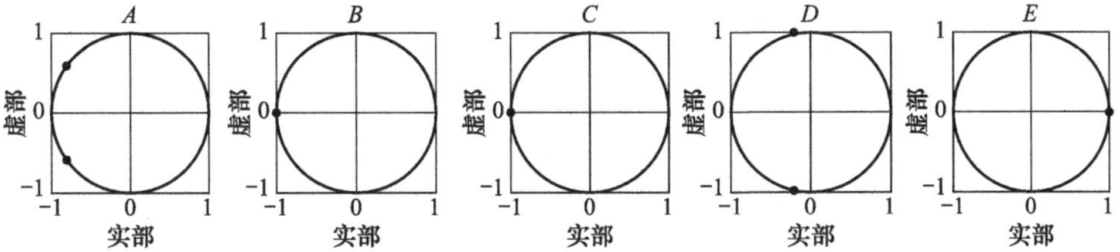

图 7.23　不稳定加工点处的临界特征值 u 在复平面上单位圆的位置

参 考 文 献

[1] Szecsi T. Cutting force modeling using artificial neural networks. Journal of Materials Processing Technology,1999,92/93:344-349.

[2] Hao W S,Zhu X S,Li X F,et al. Prediction of cutting force for self-propelled rotary tool using artificial neural networks. Journal of Materials Processing Technology,2006,180(1/2/3):23-29.

[3] Aykut S,Gölcü M, Semiz S, et al. S. Modeling of cutting forces as function of cutting parameters for face milling of satellite 6 using an artificial neural network. Journal of Materials Processing Technology,2007,190(1/2/3):199-203.

[4] Seong S T,Jo K T,Lee Y M. Cutting force signal pattern recognition using hybrid neural network in end milling. Transactions of Nonferrous Metals Society of China,2009,19(Supplement 1):s209-s214.

[5] Armarego E J A,Smith A J R,Karri V. Mechanics of cutting model for simulated oblique rotary tool cutting processes. Journal of Materials Processing Technology,1991,28(1/2):3-14.

[6] Moufki A,Molinari A,Dudzinski D. Modeling of orthogonal cutting with a temperature dependent friction law. Journal of the Mechanics and Physics of Solids,1998,46(10):2103-2138.

[7] Molicari A,Estrii Y,Mercier S. Dependent of the coefficient of friction on the sliding conditions on high velocity range. Journal of Tribology,1999,12(1):35-41.

[8] Shet C,Deng X M. Finite element analysis of the orthogonal metal cutting process. Journal of Materials Processing Technology,2000,105(1/2):95-109.

[9] Shi B,Attia H. Current status and future direction in the numerical modeling and simulation of machining processes: A critical literature review. Machining Science and Technology,2010,14(2):149-188.

[10] Fu H J,De Vor R E,Kapoor S G. A mechanistic model for the prediction of the force system in face milling operations. Journal of Engineering for Industry,ASME,1984,106(1):81-88.

[11] Bayoumi A E,Yucesan G,Kendall L A. An analytic mechanistic cutting force model for

milling operations: A theory and methodology. Journal of Engineering for Industry, ASME,1994,116(3):324-330.

[12] Feng H Y, Su N. A mechanistic cutting force model for 3D ball-end milling. Journal of Manufacturing Science and Engineering, ASME, 2001, 123(1):23-29.

[13] Ko J H, Cho Q W. 3D ball-end milling force model using instantaneous cutting force coefficients. Journal of Manufacturing Science and Engineering, ASME, 2005, 127(1): 1-12.

[14] Budak E. Analytical models for high performance milling. Part Ⅰ: Cutting forces, structural deformations and tolerance integrity. International Journal of Machine Tools and Manufacture, 2006, 46(12/13):1478-1488.

[15] Klinea W A, De Vor R E, Lindbergb J R. The prediction of cutting forces in end milling with application to cornering cuts. International Journal of Machine Tool Design and Research, 1982, 22(1):7-22.

[16] Sun Y W, Ren F, Guo D M, et al. Estimation and experimental validation of cutting forces in ball-end milling of sculptured surfaces. International Journal of Machine Tools and Manufacture, 2009, 49(15):1238-1244.

[17] Tai C, Fuh K. A predictive force model in ball-end milling including eccentricity effects. International Journal of Advanced Manufacturing Technology, 1994, 34(7):959-979.

[18] Guo D M, Ren F, Sun Y W. An approach to modeling cutting forces in five-axis ball-end milling of curved geometries based on tool motion analysis. Journal of Manufacturing Science and Engineering, ASME, 2010, 132(4):041004-041008.

[19] Sun Y W, Guo Q. Numerical simulation and prediction of cutting forces in five-axis milling processes with cutter run-out. International Journal of Machine Tools and Manufacture, 2011, 51(10/11):806-815.

[20] Budak E, Altintas Y, Armarego E J A. Prediction of milling force coefficients from orthogonal cutting data. Journal of Manufacturing Science and Engineering, ASME, 1996, 118(2):216-224.

[21] Jayaram S, Kapoor S G, De Vor R E. Estimation of the specific cutting pressures for mechanistic cutting force models. International Journal of Machine Tool & Manufacture, 2001, 41(2):265-281.

[22] Yun W S, Cho D W. Accurate 3-D cutting force prediction using cutting condition independent coefficients in end milling. International Journal of Machine Tools and Manufacture, 2001, 41(4):463-478.

[23] Wan M, Zhang W H. Systematic study on cutting force modelling methods for peripheral milling. International Journal of Machine Tools and Manufacture, 2009, 49(5):424-432.

[24] Wang J J J, Zheng C M. Identification of cutter offset in end milling without a prior knowledge of cutting coefficients. International Journal of Machine Tools and Manufacture, 2003, 43(7):687-697.

[25] Ko J H, Cho D W. Determination of cutting condition independent coefficients and runout parameters in ball-end milling. Interactional Journal of Advanced Manufacturing Technology, 2005, 26(11/12): 1211-1221.

[26] Guo Q, Sun Y W, Guo D M, et al. New mathematical method for the determination of cutter runout parameters in flat-end milling. Chinese Journal of Mechanical Engineering, 2012, 25(5): 947-952.

[27] Altintas Y. 数控技术与制造自动化. 北京: 化学工业出版社, 2002.

[28] Mann B P, Young K A, Schmitz T L, et al. Simultaneous stability and surface location error predictions in milling. Journal of Manufacturing Science and Engineering, ASME, 2005, 127(3): 446-453.

[29] Budak E, Altintas Y. Analytical prediction of chatter stability in milling—Part Ⅰ: General formulation. Journal of Dynamic Systems, Measurement and Control, ASME, 1998, 120(1): 22-30.

[30] Bayly P V, Halley J E, Mann B P, et al. Stability of interrupted cutting by temporal finite element analysis. Journal of Manufacturing Science and Engineering, ASME, 2003, 125(2): 220-225.

[31] Insperger T, Stépán G. Updated semi-discretization method for periodic delay-differential equations with discrete delay. International Journal for Numerical Methods in Engineering, 2004, 61(1): 117-141.

[32] Ding Y, Zhu L M, Zhang X J, et al. A full of-discretization method for prediction of milling stability. International Journal of Machine Tools and Manufacture, 2010, 50(5): 502-509.

[33] Farkas M. Periodic Motions. New York: Springer-Verlag, 1994.

[34] Guo Q, Sun Y W, Jiang Y. On the accurate calculation of milling stability limits using third-order full-discretization method. International Journal of Machine Tools and Manufacture, 2012, 62: 61-66.

[35] Guo Q, Sun Y W, Jiang Y, et al. Prediction of stability limit for multi-regenerative chatter in high performance milling. International Journal of Dynamics and Control, 2014, 2(1): 35-45.

[36] Altintas Y, Engin S, Budak E. Analytical stability prediction and design of variable pitch cutters. Journal of Manufacturing Science and Engineering, ASME, 1999, 121(2): 173-178.

[37] Insperger T, Mann B P, Surmann T, et al. On the chatter frequencies of milling processes with runout. International Journal of Machine Tools and Manufacture, 2008, 48(10): 1081-1089.

第 8 章　参数曲线插补与刀具进给率定制

多轴数控加工中，刀具进给率与刀位的协调规划是实现高性能加工的有效途径和必要手段。进给率是数控加工的重要加工参数，其规划质量的优劣不仅直接影响加工的效率、精度和刀具的切削特性，也直接关系到机床的运行安全和使用寿命，是高性能插补的一个重要环节。高性能多轴联动加工的进给率规划需要考虑加工路径的几何特性、运动学特性与机床各进给轴驱动特性之间的内在联系，并在切削负载恒定或加工时间最短等条件下尽可能减小或避免进给率的过分波动，使得加工过程高效、平稳、冲击小，且始终处于机床加工能力范围内。适应性进给率规划正由常规三轴加工转向高速、五轴加工，考虑的约束由弦高差、刀具角速度等单一约束趋向复合。本章将主要围绕参数曲面加工时的刀具进给率规划技术展开论述，对参数曲线插补的基本原理、插补位置点的确定方法、微分运动分析的活动标架方法和适应性进给率定制的约束满足条件等问题进行详细讨论，并重点提出几何、工艺与机床驱动特性约束下适应性刀具进给率定制的线性规划方法和曲线演化方法。

8.1　参数曲线插补的基本描述

参数曲线插补就是用以插补周期 T 为间隔的时间序列$\{t_0, t_1, \cdots, t_n\}$对曲线参数进行分割$\{u_0, u_1, \cdots, u_n\}$，从而得到轨迹曲线离散插补点$\{\boldsymbol{r}(u_0), \boldsymbol{r}(u_1), \cdots, \boldsymbol{r}(u_n)\}$的过程。如图 8.1 所示，相邻两个插补点 $\boldsymbol{r}(u_i)$和 $\boldsymbol{r}(u_{i+1})$之间的距离 ΔL_i 被定义为第 i 个插补周期内刀具的瞬时进给量，也称为进给步长。在一个插补周期 T 内，进给步长 ΔL_i 与轨迹曲线上插补点 $\boldsymbol{r}(u_i)$处的瞬时进给率 $V_i(u)$满足如下关系：

$$\Delta L_i = \| \boldsymbol{r}(u_{i+1}) - \boldsymbol{r}(u_i) \| = V_i(u) T \tag{8.1}$$

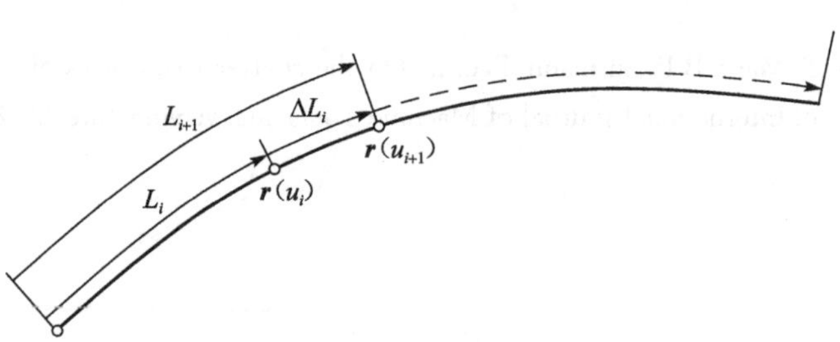

图 8.1　参数曲线插补

根据轨迹曲线上插补点与曲线参数之间的一一对应关系，可将轨迹曲线上插补点的计算转化为其对应参数的求解。这样，曲线插补就被分为两步：①计算进给步长 ΔL_i 对应的参数增量 Δu_i 并更新下一个插补点的参数值 $u_{i+1}=u_i+\Delta u_i$；②将得到的参数值 u_{i+1} 代入轨迹曲线的方程，得到下一个插补点 $\boldsymbol{r}(u_{i+1})$。从计算的角度来看，参数曲线插补的关键在于插补参数 u_{i+1} 或参数增量 Δu_i 的计算。为此，后面将对参数曲线的插补方法进行简要介绍，在此基础上重点讨论插补点参数的计算方法。

8.2　常用的曲线插补方法

根据不同曲线插补方法的目标和关注的侧重点不同，目前常用的曲线插补方法可分为等参数增量插补、恒定进给率插补和自适应进给率插补等三种方法。本节将主要围绕这些方法进行讨论，着重介绍这些常用曲线插补方法的数学模型。

8.2.1　等参数增量插补法

等参数增量插补的基本思想就是，将轨迹曲线的参数域等分为 N 个区间，将每一个子区间节点 u_s 所对应的曲线点作为插补点。插补点的参数值由下式计算：

$$u_{i+1}=u_i+\Delta u \tag{8.2}$$

式中，Δu 为等参数增量。注意，对于等参数增量 Δu 的选择，应保证两相邻插补点间连线对轨迹曲线的逼近误差不大于所允许的插补误差 ε_0。在实际处理中，插补误差 ε 常用插补区间上曲线段的中点与其所对应弦长中点之间的距离来表示：

$$\varepsilon=\left\|\boldsymbol{r}\left(\frac{u_i+u_{i+1}}{2}\right)-\frac{\boldsymbol{r}(u_i)+\boldsymbol{r}(u_{i+1})}{2}\right\| \tag{8.3}$$

在这种表示方式下，插补误差的最大值出现在第一个或最后一个小区间处[1]。当 $u=0$ 时：

$$\Delta u_0=2\sqrt{2\varepsilon_0/\sqrt{(3A_x+2B_x)^2+(3A_y+2B_y)^2+(3A_z+2B_z)^2}} \tag{8.4}$$

当 $u=1$ 时：

$$\Delta u_1=2\sqrt{2\varepsilon_0/\sqrt{(9A_x+2B_x)^2+(9A_y+2B_y)^2+(9A_z+2B_z)^2}} \tag{8.5}$$

式(8.4)和式(8.5)中，A_x、A_y、A_z 和 B_x、B_y、B_z 分别为式(8.8)中幂基形式的轨迹曲线控制顶点 $\boldsymbol{A}_i$ 和 $\boldsymbol{B}_i$ 在各坐标轴上的分量。这样，参数增量 Δu 由 Δu_0 和 Δu_1 中的最小值决定：

$$\Delta u=\min\{\Delta u_0,\Delta u_1\} \tag{8.6}$$

将得到的 Δu 代入式(8.2)中就可得到下一个插补点的参数值 u_{i+1}，进而将 u_{i+1} 代入轨迹曲线的参数方程就可计算出下一个插补点。

由于参数曲线通常由B样条曲线方程表示，直接将参数值 u_{i+1} 代入B样条曲线方程计算插补点，需要计算相对复杂的B样条基函数。为了实现插补点的快速计算，经常把B样条形式的轨迹曲线转化为幂基多项式曲线[2]。根据B样条基函数的局部支撑性质，顺序 $k+1$ 个控制顶点就定义一段B样条曲线。第 i 段轨迹曲线可表示为

$$\boldsymbol{r}_i(u) = \sum_{j=i}^{k+i} \boldsymbol{d}_j N_{j,k}(u) \tag{8.7}$$

式中，$\boldsymbol{d}_j$ 为B样条曲线段的控制顶点；$N_{j,k}(u)$为标准B样条的基函数。对于常用的表示刀具轨迹的三次B样条曲线，式(8.7)可改写为如下三次幂基多项式曲线形式：

$$\boldsymbol{r}_i(u) = \boldsymbol{A}_i u^3 + \boldsymbol{B}_i u^2 + \boldsymbol{C}_i u + \boldsymbol{D}_i \tag{8.8}$$

式中，$\boldsymbol{A}_i$、$\boldsymbol{B}_i$、$\boldsymbol{C}_i$、$\boldsymbol{D}_i$ 为控制顶点，计算公式如下：

$$\begin{cases} \boldsymbol{A}_i = \dfrac{1}{6}(\boldsymbol{d}_{i+3} - 3\boldsymbol{d}_{i+2} + 3\boldsymbol{d}_{i+1} - \boldsymbol{d}_i) \\ \boldsymbol{B}_i = \dfrac{1}{2}(\boldsymbol{d}_{i+2} - 2\boldsymbol{d}_{i+1} + \boldsymbol{d}_i) \\ \boldsymbol{C}_i = \dfrac{1}{2}(\boldsymbol{d}_{i+2} - \boldsymbol{d}_i) \\ \boldsymbol{D}_i = \dfrac{1}{6}(\boldsymbol{d}_{i+2} + 4\boldsymbol{d}_{i+1} + \boldsymbol{d}_i) \end{cases} \tag{8.9}$$

如图8.2所示，根据等参数增量 Δu，将轨迹曲线 $\boldsymbol{r}_i(u)$的参数区间等分为 N 个小区间。在这 N 个小区间上，根据式(8.9)，给出能够实现插补点 $\boldsymbol{p}_s$ 高效计算的有限向前差分格式：

$$\begin{cases} \boldsymbol{p}_0 = \boldsymbol{D}_i \\ \boldsymbol{p}_s = \boldsymbol{p}_{s-1} + \Delta_1 \\ \Delta_1 = \Delta_1 + \Delta_2 \\ \Delta_2 = \Delta_2 + \Delta_3 \end{cases} \tag{8.10}$$

式中，Δ_1、Δ_2 和 Δ_3 可按下式计算：

$$\begin{cases} \Delta_1 = \boldsymbol{A}_i \Delta u^3 + \boldsymbol{B}_i \Delta u^2 + \boldsymbol{C}_i \Delta u \\ \Delta_2 = 6\boldsymbol{A}_i \Delta u^3 + 2\boldsymbol{B}_i \Delta u^2 \\ \Delta_3 = 6\boldsymbol{A}_i \Delta u^3 \end{cases} \tag{8.11}$$

由前面的讨论可以看到，等参数增量插补法原理简单、计算方便，但是由于曲线弧长与曲线参数之间的非线性关系，每个插补周期内的进给步长 ΔL_i 往往并不相等，必然造成进给率出现波动，甚至可能会引起机床发生振动，从而影响工件的加工精度。

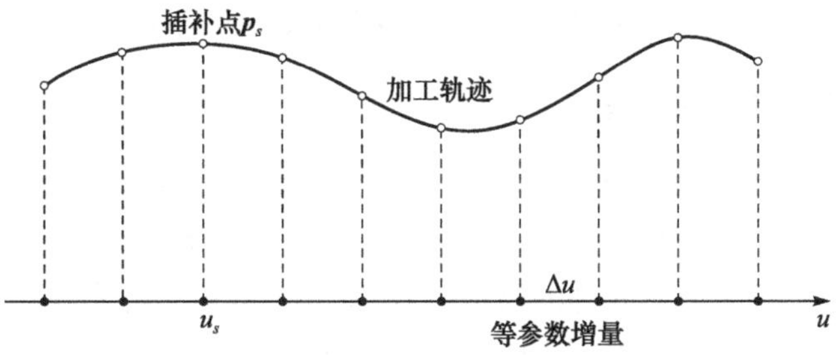

图 8.2　等参数增量插补方法

8.2.2　恒定进给率插补法

与等参数增量插补法不同，恒定进给率插补法是在每一个插补周期 T 内以恒定的进给步长 ΔL 去计算下一个插补点，从而使整个加工过程中刀具的进给率 V 保持恒定，从而减少进给率波动，维持加工系统的稳定性[3,4]。如图 8.3 所示，在恒定进给率插补中，轨迹曲线 $\boldsymbol{r}(u)$上相邻两个插补点 $\boldsymbol{r}(u_i)$和 $\boldsymbol{r}(u_{i+1})$之间应该满足如下关系：

$$\| \boldsymbol{r}(u_i) - \boldsymbol{r}(u_{i+1}) \| = VT \tag{8.12}$$

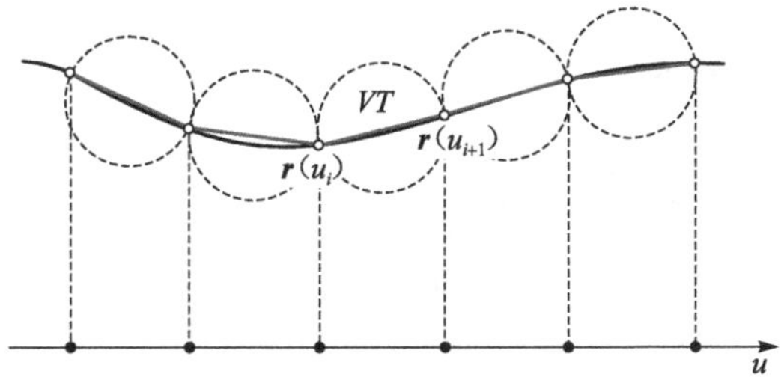

图 8.3　恒定进给率插补方法

数学上，可利用 Newton-Raphson 法求解式(8.12)，得到下一个插补点 $\boldsymbol{r}(u_{i+1})$，但该方法复杂耗时的迭代过程难以满足数控系统对曲线插补的实时性要求，必须在一个插补周期内快速地计算出下一个插补点。根据式(8.12)，刀具沿轨迹曲线的进给率可定义为

$$V = \left\| \frac{\mathrm{d}\boldsymbol{r}(u)}{\mathrm{d}t} \right\| = \left\| \frac{\mathrm{d}\boldsymbol{r}(u)}{\mathrm{d}u} \frac{\mathrm{d}u}{\mathrm{d}t} \right\| = \| \dot{\boldsymbol{r}}(u) \| \frac{\mathrm{d}u}{\mathrm{d}t} \tag{8.13}$$

根据式(8.13)，可以得到曲线参数 u 关于时间 t 的微分方程为

$$\frac{\mathrm{d}u}{\mathrm{d}t} = \frac{V}{\| \dot{\boldsymbol{r}}(u) \|} \tag{8.14}$$

对上述微分方程进行求解，就可得到下一个插补点所对应的参数值 $u_{i+1} = u(t_i + T)$。

关于式(8.14)所示常微分方程的求解方法，将在第 8.3 节中详细论述。

8.2.3 自适应进给率插补法

前面所述恒定进给率插补法能够实现加工过程的恒速进给，加工过程中刀具进给率波动较小，但该方法并没有考虑加工路径的几何特性。在加工路径曲率较大处，插补误差容易超出所允许的阈值[5]，如图 8.3 所示。为实现对插补误差的精确控制，刀具的进给率应根据加工路径几何特性(如曲率)的变化自动调整，以保证插补误差被控制在合理范围内。刀具进给步长和插补误差可表示如下：

$$\begin{cases} \| \boldsymbol{r}(u_i) - \boldsymbol{r}(u_{i+1}) \| = V(u_i)T \\ d_{i,i+1}^r(u_i) = \varepsilon_0 \end{cases} \tag{8.15}$$

式中，$d_{i,i+1}^r(u_i)$为相邻两插补点 $\boldsymbol{r}(u_i)$和 $\boldsymbol{r}(u_{i+1})$之间连线对加工路径曲线 $\boldsymbol{r}(u)$的逼近误差；ε_0 为给定的插补误差。如图 8.4 所示，逼近误差 $d_{i,i+1}^r(u_i)$一般可利用 $\boldsymbol{r}(u_i)$点处的密切圆近似计算：

$$d_{i,i+1}^r(u_i) = \rho(u_i) - \sqrt{\rho^2(u_i) - \left[\frac{V(u_i)T}{2}\right]^2} \tag{8.16}$$

式中，$\rho(u_i)$为该密切圆的半径，即点 $\boldsymbol{r}(u_i)$处加工路径的曲率半径。根据式(8.16)，可得允许插补误差 ε_0 下，插补点 u_i 处的最大进给率为

$$V(u_i) = \frac{2}{T}\sqrt{\rho^2(u_i) - [\rho(u_i) - \varepsilon_0]^2} \tag{8.17}$$

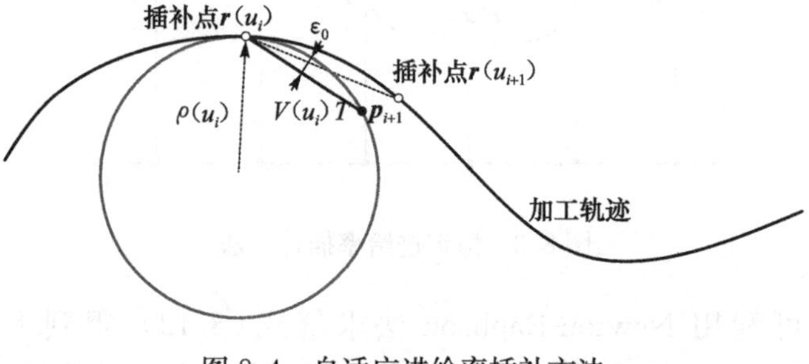

图 8.4 自适应进给率插补方法

这样，当以给定的进给率 V 进行插补引起的插补误差超出插补阈值 ε_0 的限制时，实际采用的进给率可根据式(8.17)进行自动调整，而在其他区域的进给率保持不变。于是，自适应进给率的调整机制可表示为

$$V(u_i) = \begin{cases} V, & d_{i,i+1}^r(u_i) \leqslant \varepsilon_0 \\ \dfrac{2}{T}\sqrt{\rho^2(u_i) - [\rho(u_i) - \varepsilon_0]^2}, & d_{i,i+1}^r(u_i) > \varepsilon_0 \end{cases} \tag{8.18}$$

式(8.18)是目前参数曲线插补中最常用的自适应进给率调整方法，它可以很好地实现插补精度与进给率之间的平衡。然而，式(8.18)所示进给率虽能满足插补误

差的要求，但并未考虑机床本身驱动特性对相邻插补点间进给率变化的限制。换句话说，进给率不仅要适应加工路径几何特性的变化，满足插补精度的要求，还应满足机床驱动特性约束、刀尖点速度、加速度和加加速度等运动学约束，这些内容将在第 8.4 节详细讨论。

8.3 插补点参数的求解方法

由前面参数曲线插补方法的讨论可知，参数曲线插补点计算的关键在于插补点参数的快速求解。目前，常用的插补点参数的计算方法有泰勒展开法[6]、常微分方程法[7]和预估校正法[8]等三种方法。本节将对这些方法进行详细介绍。

8.3.1 泰勒展开法

计算插补点参数的泰勒展开法可分为一阶泰勒展开法和二阶泰勒展开法两种。这两种方法是目前应用最广泛的插补点参数的计算方法。

1. 一阶泰勒展开法

参数曲线插补计算中，曲线参数 u 被看成时间 t 的函数，即 $u=u(t)$。将 $u(t)$ 在参数 $u_i=u(t_i)$处进行一阶泰勒展开：

$$u(t)=u_i+\left.\frac{\mathrm{d}u(t)}{\mathrm{d}t}\right|_{t=t_i}(t-t_i)+O(\Delta t^2) \tag{8.19}$$

设时间参数 t 的采样周期为数控系统的插补周期 T，略去式(8.19)的二阶误差项 $O(\Delta t^2)$，则相邻插补点参数 u_i 和 u_{i+1}之间满足

$$u_{i+1}=u_i+\left.\frac{\mathrm{d}u(t)}{\mathrm{d}t}\right|_{t=t_i}T \tag{8.20}$$

将式(8.14)中的恒定进给率 V 用 $V(u_i)$替换并代入式(8.20)，就可得到计算插补点参数的一阶泰勒展开公式为

$$u_{i+1}=u_i+\frac{V(u_i)}{\|\dot{\boldsymbol{r}}(u)\|\big|_{u=u_i}}T \tag{8.21}$$

一阶泰勒展开公式的形式比较简单，计算方便，但它的截断误差 $O(T^2)$相对较大，由此导致的计算误差会影响实际的进给步长，从而造成较大的加工速度波动，影响加工过程的稳定性。

2. 二阶泰勒展开法

为了减少由于一阶泰勒展开法的截断误差 $O(T^2)$所造成的加工速度波动，可将 $u(t)$在参数 $u_i=u(t_i)$处进行二阶泰勒展开：

$$u_{i+1}=u_i+\left.\frac{\mathrm{d}u(t)}{\mathrm{d}t}\right|_{t=t_i}T+\frac{1}{2}\left.\frac{\mathrm{d}^2u(t)}{\mathrm{d}t^2}\right|_{t=t_i}T^2+O(T^3) \tag{8.22}$$

式中，曲线参数函数 $u(t)$ 对时间参数 t 的二阶导数 $\mathrm{d}^2u(t)/\mathrm{d}t^2$ 为

$$\frac{\mathrm{d}^2u(t)}{\mathrm{d}t^2}=\frac{\dfrac{\mathrm{d}V(u)}{\mathrm{d}u}\dfrac{\mathrm{d}u}{\mathrm{d}t}}{\|\dot{\boldsymbol{r}}(u)\|}-V(u)\frac{\dfrac{\mathrm{d}(\|\dot{\boldsymbol{r}}(u)\|)}{\mathrm{d}u}\dfrac{\mathrm{d}u}{\mathrm{d}t}}{\|\dot{\boldsymbol{r}}(u)\|^2} \tag{8.23}$$

式中

$$\frac{\mathrm{d}(\|\dot{\boldsymbol{r}}(u)\|)}{\mathrm{d}u}=\frac{\ddot{\boldsymbol{r}}(u)\cdot\dot{\boldsymbol{r}}(u)}{\|\dot{\boldsymbol{r}}(u)\|} \tag{8.24}$$

将式(8.24)代入式(8.23)，可得

$$\frac{\mathrm{d}^2u(t)}{\mathrm{d}t^2}=\frac{\dot{V}(u)}{\|\dot{\boldsymbol{r}}(u)\|^2}V(u)-\frac{\ddot{\boldsymbol{r}}(u)\cdot\dot{\boldsymbol{r}}(u)}{\|\dot{\boldsymbol{r}}(u)\|^4}V^2(u) \tag{8.25}$$

然后，将式(8.25)代入式(8.22)，并略去三阶误差项 $O(T^3)$，就可得到计算插补参数的二阶泰勒展开公式为

$$\begin{aligned}u_{i+1}=&u_i+\left.\frac{V(u)}{\|\dot{\boldsymbol{r}}(u)\|}\right|_{u=u_i}T\\&+\frac{1}{2}\left[\left.\frac{\dot{V}(u)}{\|\dot{\boldsymbol{r}}(u)\|^2}\right|_{u=u_i}V(u_i)-\left.\frac{\ddot{\boldsymbol{r}}(u)\cdot\dot{\boldsymbol{r}}(u)}{\|\dot{\boldsymbol{r}}(u)\|^4}\right|_{u=u_i}V^2(u_i)\right]T^2\end{aligned} \tag{8.26}$$

当式(8.26)应用于恒定进给率插补时，由于进给率 $V(u)=V$ 为定值，式(8.26)可改写为

$$u_{i+1}=u_i+\frac{V}{\|\dot{\boldsymbol{r}}(u)\|_{u=u_i}}T-\frac{1}{2}\left.\frac{\ddot{\boldsymbol{r}}(u)\cdot\dot{\boldsymbol{r}}(u)}{\|\dot{\boldsymbol{r}}(u)\|^4}\right|_{u=u_i}V^2T^2 \tag{8.27}$$

8.3.2 常微分方程法

式(8.14)是典型的常微分方程，故可利用常微分方程的数值求解方法来计算插补点的参数值，从而避免上述泰勒展开法的高阶求导。本节将简单介绍两种常用的微分方程求解方法，即四阶显式 Rung-Kutta 法和四阶 Adams 方法。

1. 四阶显式 Rung-Kutta 法

用 $V(u)$ 替换式(8.14)中的进给率 V，将其改写为如下常微分方程的初始值问题：

$$\begin{cases}f(u,t)=\dfrac{\mathrm{d}u}{\mathrm{d}t}=\dfrac{V(u(t))}{\|\dot{\boldsymbol{r}}(u)\|}\\u_0=u(0)=0\end{cases} \tag{8.28}$$

在数值计算方法中，求解上述常微分方程的经典四阶显式 Rung-Kutta 法的计算公式为

$$u_{i+1} = u_i + \frac{T}{6}(k_1 + 2k_2 + 2k_3 + k_4) \tag{8.29}$$

式中，可取数控系统的插补周期 T 作为计算步长；k_1、k_2、k_3 和 k_4 为时间参数 t 和曲线参数 u 的函数：

$$\begin{cases} k_1 = f(u_i, t_i) \\ k_2 = f\left(t_i + \frac{1}{2}T, u_i + \frac{1}{2}Tk_1\right) \\ k_3 = f\left(t_i + \frac{1}{2}T, u_i + \frac{1}{2}Tk_2\right) \\ k_4 = f(t_i + T, u_i + Tk_3) \end{cases} \tag{8.30}$$

由于 Rung-Kutta 法的截断误差为 $O(T^5)$，相应的插补算法具有更高的插补精度。

2. 四阶 Adams 方法

求解式(8.28)的三步四阶隐式 Adams 方法的计算公式为

$$u_{i+1} = u_i + \frac{T}{24}(9f_{i+1} + 19f_i - 5f_{i-1} + f_{i-2}) \tag{8.31}$$

四步四阶显式 Adams 方法的计算公式为

$$u_{i+1} = u_i + \frac{T}{24}(55f_i - 59f_{i-1} + 37f_{i-2} - 9f_{i-3}) \tag{8.32}$$

式(8.31)和式(8.32)中的 f_{i+1}、f_i、f_{i-1}、f_{i-2}、f_{i-3} 由式(8.28)计算。上述四阶 Adams 法的截断误差同样为 $O(T^5)$，所以该方法也具有较高的插补精度，但需要用到前 4 个插补周期的参数值，而且初值的计算需要进行求导运算，因此计算量相对较大。

8.3.3 预估校正法

前述插补点参数逼近计算方法引起的进给率波动，虽然可以被定量地估算，但由于在计算过程中不能实现对进给率波动的实时反馈，这些方法是无法对进给率的波动进行实时控制的。为了能够精确地控制进给率的波动误差，按照某种规则对插补点参数进行预估，再在进给率波动的限制条件下，对预估参数进行迭代优化的“预估-校正”(P-C)法得到迅速发展。本节将对常用的预估-校正方法进行简要介绍。

1. 插补点参数的预估

式(8.22)可简写为

$$u_{i+1} = u_i + \dot{u}_i T + \frac{1}{2}\ddot{u}_i T^2 \tag{8.33}$$

为了避免泰勒展开法和微分方程法中一阶、二阶导数的计算，可采用向后差分法计算曲线参数 u 对时间参数 t 的一阶导数和二阶导数：

$$\begin{cases}\dot{u}_i = \dfrac{3u_i - 4u_{i-1} + u_{i-2}}{2T} \\ \ddot{u}_i = \dfrac{u_i - 2u_{i-1} + u_{i-2}}{T^2}\end{cases} \tag{8.34}$$

将式(8.34)代入式(8.33)，可得下一个插补参数 u_{i+1} 的预估参数 $\tilde{u}_{i+1}$ 的计算公式为

$$\tilde{u}_{i+1} = 3u_i - 3u_{i-1} + u_{i-2}, \qquad i \geqslant 2 \tag{8.35}$$

2. 插补点参数的校正

参数 $\tilde{u}_{i+1}$ 只是插补参数 u_{i+1} 的一个初始估计，为了将由 $\tilde{u}_{i+1}$ 导致的进给率波动限制在给定的误差范围内，需要对预估参数 $\tilde{u}_{i+1}$ 进行迭代优化。具体迭代公式如下：

$$\begin{cases}\tilde{u}_{i+1}^{(j+1)} = \alpha\tilde{u}_{i+1}^{(j)} + (1-\alpha)u_i \\ \alpha = \dfrac{V_i}{\beta\tilde{V}_i^{(j)} + (1-\beta)V_i}, \qquad 0 < \beta \leqslant 1\end{cases} \tag{8.36}$$

式中，α、β 为插补参数的调整系数；$\tilde{V}_i^{(j)}$ 为根据预估参数 $\tilde{u}_{i+1}^{(j)}$ 得到的进给率：

$$\tilde{V}_i^{(j)} = \frac{\| r(\tilde{u}_{i+1}^{(j)}) - r(u_i) \|}{T} \tag{8.37}$$

上述迭代过程的终止条件为

$$\left| \frac{\tilde{V}_i^{(j)} - V_i}{V_i} \right| \leqslant \varepsilon_v \tag{8.38}$$

式中，ε_v 为给定的进给率波动误差。

8.4 微分运动分析的活动标架方法

随曲线参数变化的活动标架与曲线本身具有密切的几何关系，其原点的运动轨迹就是所给定的曲线，而各标架轴的微分运动更深刻地表现了标架沿曲线的刚体运动与曲线本身几何特性之间的内在联系。这样，在研究刀具沿轨迹曲线的运动时，可将刀具放置到特定的活动标架之中，更有利于把握刀具运动与轨迹曲线参数变化以及其本身几何特性之间的联系。活动标架方法不仅可应用于本章所述的曲线插补、进给率定制，也可用于第 5 章所述的刀轴位向优化。本节将对常用的 Frenet 标架和 Darboux 标架及其微分运动进行详细论述，并对其在数控加工中的应用进行初步探讨。

8.4.1　加工路径的弧长参数化方法

无论对于活动标架还是对于加工路径曲线，曲线的弧长参数化都是一种非常有效的参数描述方式，可直接建立起刀具空间位置与时间参数之间的对应关系。在数学上，对于给定的一条参数曲线 $\boldsymbol{r}(u)$，其弧长为

$$s = \int_0^u \left\| \frac{\mathrm{d}\boldsymbol{r}(u)}{\mathrm{d}u} \right\| \mathrm{d}u \tag{8.39}$$

由于式(8.39)中的被积函数是正的，可以把 s 看成 u 的严格单调增函数。这样，u 参数区间$[0,u]$上的点与弧长参数区间$[0,s]$上的点成为一一对应关系。若曲线参数 u 是经过严格规范弧长参数化的参数，则曲线的弧长 s 与其参数 u 之间满足

$$\frac{\mathrm{d}s}{\mathrm{d}u} = \mu \tag{8.40}$$

式中，μ 为轨迹曲线的总长度。式(8.40)在后续刀具、机床运动特性相关公式的推导中具有重要的作用。下面首先介绍几种常用的规范弧长参数化方法。

1. 规范累积弦长参数化法

一般情况下，弧长并没有解析的表达式，弧长参数并不能通过精确求解弧长的反函数来实现。对于给定加工路径曲线上的数据点 $\boldsymbol{p}_i(i=0,1,\cdots,m)$，可采用规范累积弦长参数化方法对路径曲线上各点 $\boldsymbol{p}_i$ 进行拟弧长参数化。计算公式为

$$u_0 = 0, \qquad u_i = u_{i-1} + \| \boldsymbol{p}_i - \boldsymbol{p}_{i-1} \| \Big/ \sum_{j=1}^{m} \| \boldsymbol{p}_j - \boldsymbol{p}_{j-1} \|, \qquad i = 1,\cdots,m-1 \tag{8.41}$$

一般情况下，规范累积弦长参数化法可被看成近似弧长参数化。当对拟弧长参数具有更高的逼近精度要求时，可采用后面的数值逼近法或细分法计算路径点的拟弧长参数。

2. 数值逼近参数化法

由式(8.39)可得

$$\mathrm{d}s = \left\| \frac{\mathrm{d}\boldsymbol{r}(u)}{\mathrm{d}u} \right\| \mathrm{d}u = \sqrt{\left[\frac{\mathrm{d}x(u)}{\mathrm{d}u}\right]^2 + \left[\frac{\mathrm{d}y(u)}{\mathrm{d}u}\right]^2 + \left[\frac{\mathrm{d}z(u)}{\mathrm{d}u}\right]^2}\,\mathrm{d}u = f(u)\mathrm{d}u \tag{8.42}$$

对于 u 参数区间$[a,b]\in[0,1]$上的弧长 $s(a,b)$：

$$s(a,b) = \int_a^b f(u)\mathrm{d}u \tag{8.43}$$

可采用 Simpson 公式进行计算：

$$s(a,b) \approx s_p(a,b) = \frac{h}{6}[f(a) + 4f(c) + f(b)] \tag{8.44}$$

式中，$c=(a+b)/2$，为给定 u 参数区间$[a,b]$的中点；$h=(b-a)/2$。为了进一步提高弧长的计算精度，可采用组合 Simpson 公式。首先，将参数区间$[a,b]$划分为两个相等的子区间$[a_1,b_1]$和$[a_2,b_2]$，在每个区间上应用式(8.44)，可得

$$s_p(a,b) = \frac{h_1}{6}[f(a_1) + 4f(c_1) + f(b_1)] + \frac{h_2}{6}[f(a_2) + 4f(c_2) + f(b_2)] \tag{8.45}$$

式中，$a_1=a, b_1=a_2=c; b_2=b$；c_1 和 c_2 分别为区间$[a_1,b_1]$和$[a_2,b_2]$的中点；$h_1=h_2=h/2$。从而得到新的弧长逼近计算表达式：

$$s(a,b) = \int_a^b f(u)\mathrm{d}u \approx s_p(a_1,b_1) + s_p(a_2,b_2) \tag{8.46}$$

将式(8.41)的弦长$\| \boldsymbol{p}_i - \boldsymbol{p}_{i-1} \|$用式(8.46)得到的弧长 $s(a,b)$进行替换，就实现了加工路径曲线点的规范弧长参数化。

3. 细分参数化法

除了采用前述数值逼近方式外，还可采用给定相邻数据点之间加密细分方式计算两点之间的弧长。计算公式如下：

$$\begin{cases} s_{i,i+1} = \sum_{j=0}^{n-1} \| \boldsymbol{r}(u_{j+1}) - \boldsymbol{r}(u_j) \| \\ u_j = u_i + \dfrac{u_{i+1} - u_i}{n} j \end{cases} \tag{8.47}$$

将得到的弧长 $s_{i,i+1}$代入式(8.41)替换弦长$\| \boldsymbol{p}_i - \boldsymbol{p}_{i-1} \|$，也可以实现加工路径曲线 $\boldsymbol{r}(u)$的规范弧长参数化。

8.4.2 Frenet 标架

本节首先讨论空间曲线上的 Frenet 标架及其微分运动方程，并给出 Frenet 标架沿曲线的刚体运动与曲线微分几何特性之间的内在联系。

1. Frenet 标架的描述和基本三棱形

为方便起见，取轨迹曲线的弧长 s 为参数，将其表示为弧长参数曲线 $\boldsymbol{r}(s)$。此时

$$\boldsymbol{t}(s) = \frac{\mathrm{d}\boldsymbol{r}(s)}{\mathrm{d}s} \tag{8.48}$$

为曲线 $\boldsymbol{r}(s)$的单位切向量，即$\| \boldsymbol{t}(s) \| = \sqrt{\boldsymbol{t}(s) \cdot \boldsymbol{t}(s)} = 1$。将$\| \boldsymbol{t}(s) \|$对 s 求导，可得

$$\boldsymbol{t}(s) \cdot \frac{\mathrm{d}\boldsymbol{t}(s)}{\mathrm{d}s} = 0 \tag{8.49}$$

注意到，$\boldsymbol{t}(s)$ 与 $\mathrm{d}\boldsymbol{t}(s)/\mathrm{d}s$ 所决定的平面就是密切平面这个事实，那么与切矢量 $\boldsymbol{t}(s)$ 垂直的矢量 $\mathrm{d}\boldsymbol{t}(s)/\mathrm{d}s$ 就朝向曲线的主法线方向。记主法线方向的单位矢量为 $\boldsymbol{n}(s)$，则

$$\boldsymbol{n}(s) = \frac{\mathrm{d}\boldsymbol{t}(s)}{\mathrm{d}s} \Big/ \left\| \frac{\mathrm{d}\boldsymbol{t}(s)}{\mathrm{d}s} \right\| = \frac{1}{\kappa(s)} \frac{\mathrm{d}\boldsymbol{t}(s)}{\mathrm{d}s} \tag{8.50}$$

式中，$\kappa(s)$ 称为曲线 $\boldsymbol{r}(s)$ 的曲率；$\mathrm{d}\boldsymbol{t}(s)/\mathrm{d}s$ 也称为曲线 $\boldsymbol{r}(s)$ 的曲率矢量。由式(8.50)可以看到，$\boldsymbol{t}(s)$ 和 $\boldsymbol{n}(s)$ 是以 $\boldsymbol{r}(s)$ 为起点的相互正交的单位矢量。令

$$\boldsymbol{b}(s) = \boldsymbol{t}(s) \times \boldsymbol{n}(s) \tag{8.51}$$

$\boldsymbol{b}(s)$ 称为曲线的副法线矢量。这样，沿曲线 $\boldsymbol{r}(s)$ 就形成一个正交标架：

$$\{\boldsymbol{r}(s);\boldsymbol{t}(s),\boldsymbol{n}(s),\boldsymbol{b}(s)\} \tag{8.52}$$

称为曲线的 Frenet 标架。Frenet 标架的三个坐标轴分别指向曲线的切线、主法线和副法线的正方向，其三个坐标平面分别称为曲线在 $\boldsymbol{r}(s)$ 点的法平面(以 $\boldsymbol{t}(s)$ 为法向量)、密切平面(以 $\boldsymbol{b}(s)$ 为法向量)和从切平面(以 $\boldsymbol{n}(s)$ 为法向量)。由 Frenet 标架的三个坐标轴和上面的三个坐标平面所构成的图形称为曲线的基本三棱形，如图 8.5 所示。

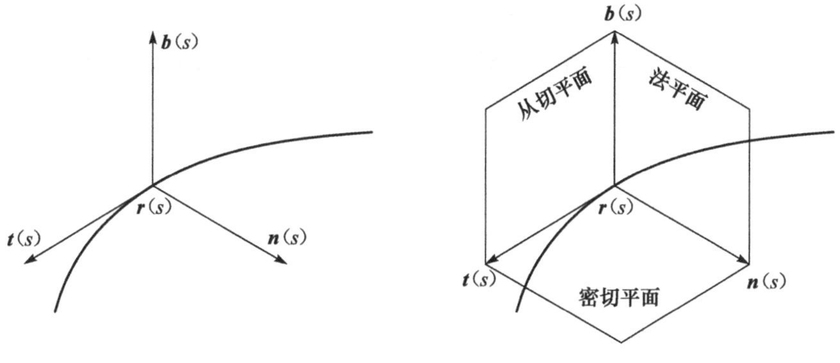

图 8.5　Frenet 标架和基本三棱形

2. Frenet 标架的微分运动方程

下面来求 Frenet 标架随弧长参数 s 的变化规律，也就是 Frenet 标架的运动微分方程。由式(8.50)，可得

$$\frac{\mathrm{d}\boldsymbol{t}(s)}{\mathrm{d}s} = \kappa(s)\boldsymbol{n}(s) \tag{8.53}$$

已知 $\boldsymbol{n}(s)$ 为单位矢量，其对弧长参数 s 的一阶导数为

$$\boldsymbol{n}(s) \cdot \frac{\mathrm{d}\boldsymbol{n}(s)}{\mathrm{d}s} = 0 \tag{8.54}$$

可见，$\mathrm{d}\boldsymbol{n}(s)/\mathrm{d}s$ 与切矢量 $\boldsymbol{n}(s)$ 正交，所以 $\mathrm{d}\boldsymbol{n}(s)/\mathrm{d}s$ 可写为

$$\frac{\mathrm{d}\boldsymbol{n}(s)}{\mathrm{d}s}=a_1\boldsymbol{t}(s)+a_2\boldsymbol{b}(s) \tag{8.55}$$

由于 $\boldsymbol{t}(s)$、$\boldsymbol{n}(s)$ 和 $\boldsymbol{b}(s)$ 两两正交，可得

$$a_1=\frac{\mathrm{d}\boldsymbol{n}(s)}{\mathrm{d}s}\cdot\boldsymbol{t}(s)=-\frac{\mathrm{d}\boldsymbol{t}(s)}{\mathrm{d}s}\cdot\boldsymbol{n}(s)=-\kappa(s) \tag{8.56}$$

同样

$$a_2=\frac{\mathrm{d}\boldsymbol{n}(s)}{\mathrm{d}s}\cdot\boldsymbol{b}(s) \tag{8.57}$$

改写 a_2 为 $\tau(s)$，也就是曲线的挠率。将式(8.56)和式(8.57)代入式(8.55)，则式(8.55)可改写为

$$\frac{\mathrm{d}\boldsymbol{n}(s)}{\mathrm{d}s}=-\kappa(s)\boldsymbol{t}(s)+\tau(s)\boldsymbol{b}(s) \tag{8.58}$$

与求解 $\mathrm{d}\boldsymbol{n}(s)/\mathrm{d}s$ 的过程类似，$\mathrm{d}\boldsymbol{b}(s)/\mathrm{d}s$ 可由下式表示：

$$\frac{\mathrm{d}\boldsymbol{b}(s)}{\mathrm{d}s}=b_1\boldsymbol{t}(s)+b_2\boldsymbol{n}(s) \tag{8.59}$$

将式(8.59)两边同点乘 $\boldsymbol{t}(s)$，可得

$$b_1=\frac{\mathrm{d}\boldsymbol{b}(s)}{\mathrm{d}s}\cdot\boldsymbol{t}(s)=-\frac{\mathrm{d}\boldsymbol{t}(s)}{\mathrm{d}s}\cdot\boldsymbol{b}(s)=\kappa(s)\boldsymbol{n}(s)\cdot\boldsymbol{b}(s)=0 \tag{8.60}$$

类似地，

$$b_2=\frac{\mathrm{d}\boldsymbol{b}(s)}{\mathrm{d}s}\cdot\boldsymbol{n}(s)=-\frac{\mathrm{d}\boldsymbol{n}(s)}{\mathrm{d}s}\cdot\boldsymbol{b}(s)=-\tau(s) \tag{8.61}$$

将式(8.60)和式(8.61)代入式(8.59)，则式(8.59)可改写为

$$\frac{\mathrm{d}\boldsymbol{b}(s)}{\mathrm{d}s}=-\tau(s)\boldsymbol{n}(s) \tag{8.62}$$

综合式(8.53)、式(8.58)和式(8.62)，便可得到 Frenet 标架的微分运动方程为

$$\frac{\mathrm{d}}{\mathrm{d}s}\begin{bmatrix}\boldsymbol{t}(s)\\ \boldsymbol{n}(s)\\ \boldsymbol{b}(s)\end{bmatrix}=\begin{bmatrix}0 & \kappa(s) & \\ -\kappa(s) & 0 & \tau(s)\\ & -\tau(s) & 0\end{bmatrix}\begin{bmatrix}\boldsymbol{t}(s)\\ \boldsymbol{n}(s)\\ \boldsymbol{b}(s)\end{bmatrix} \tag{8.63}$$

3. Frenet 标架的刚体运动

Frenet 标架$\{\boldsymbol{r}(s);\boldsymbol{t}(s),\boldsymbol{n}(s),\boldsymbol{b}(s)\}$沿曲线 $\boldsymbol{r}(s)$ 的平移速度可由式(8.48)表示，而其绕曲线 $\boldsymbol{r}(s)$ 的旋转由角速度 $\boldsymbol{\omega}(s)$ 描述。但应该注意，实际的运动速度还应乘以进给率 $\mathrm{d}s/\mathrm{d}t$，但为了描述方便起见，统一用弧长参数表示。根据刚体运动学，式(8.63)可改写为

$$\begin{cases} \dfrac{\mathrm{d}\boldsymbol{t}(s)}{\mathrm{d}s} = \kappa(s)\boldsymbol{n}(s) = \boldsymbol{\omega}(s) \times \boldsymbol{t}(s) \\ \dfrac{\mathrm{d}\boldsymbol{n}(s)}{\mathrm{d}s} = -\kappa(s)\boldsymbol{t}(s) + \tau(s)\boldsymbol{b}(s) = \boldsymbol{\omega}(s) \times \boldsymbol{n}(s) \\ \dfrac{\mathrm{d}\boldsymbol{t}(s)}{\mathrm{d}s} = -\tau(s)\boldsymbol{n}(s) = \boldsymbol{\omega}(s) \times \boldsymbol{b}(s) \end{cases} \tag{8.64}$$

角速度 $\boldsymbol{\omega}(s)$的大小 $\|\boldsymbol{\omega}(s)\|$ 和方向 $\boldsymbol{\omega}(s)/\|\boldsymbol{\omega}(s)\|$ 分别表示 Frenet 标架的瞬时旋转角速度的大小和标架的旋转轴。故角速度 $\boldsymbol{\omega}(s)$可表示为

$$\boldsymbol{\omega}(s) = \omega_1 \boldsymbol{t}(s) + \omega_2 \boldsymbol{n}(s) + \omega_3 \boldsymbol{b}(s) \tag{8.65}$$

将式(8.65)代入式(8.64),整理可得

$$\begin{cases} \kappa(s)\boldsymbol{n}(s) = \omega_3 \boldsymbol{n}(s) - \omega_2 \boldsymbol{b}(s) \\ -\kappa(s)\boldsymbol{t}(s) + \tau(s)\boldsymbol{b}(s) = \omega_1 \boldsymbol{b}(s) - \omega_3 \boldsymbol{t}(s) \\ -\tau(s)\boldsymbol{n}(s) = \omega_2 \boldsymbol{t}(s) - \omega_1 \boldsymbol{n}(s) \end{cases} \tag{8.66}$$

由此可得 Frenet 标架的旋转角速度为

$$\boldsymbol{\omega}(s) = \tau(s)\boldsymbol{t}(s) + 0\boldsymbol{n}(s) + \kappa(s)\boldsymbol{b}(s) = [\tau(s), 0, \kappa(s)]^{\mathrm{T}} \tag{8.67}$$

由此也可以看到,标架的旋转运动与曲线几何特性(如曲率和挠率)具有内在的联系。

8.4.3 Darboux 标架

8.4.2 节讨论了空间曲线上的 Frenet 标架,但数控加工中的轨迹曲线都是依附于被加工曲面之上的。为了实际应用的方便,往往需要在曲面上建立其他形式的单位正交标架。本节将讨论把曲面和曲面上的曲线紧密联系在一起的 Darboux 标架。

1. Darboux 标架的描述

为描述方便,仍取轨迹曲线的弧长 s 为参数,将其表示为曲面 $\boldsymbol{r}(u,v)$上的弧长参数曲线:

$$\boldsymbol{r}(s) = \boldsymbol{r}(u(s), v(s)) \tag{8.68}$$

这里,为了与 Frenet 标架中曲线单位切矢量 $\boldsymbol{t}(s)$的表示相区别,记曲面上曲线的单位切矢量为 $\boldsymbol{T}(s)$,则

$$\boldsymbol{T}(s) = \frac{\mathrm{d}\boldsymbol{r}(s)}{\mathrm{d}s} = \frac{\partial \boldsymbol{r}(u,v)}{\partial u}\frac{\mathrm{d}u}{\mathrm{d}s} + \frac{\partial \boldsymbol{r}(u,v)}{\partial v}\frac{\mathrm{d}v}{\mathrm{d}s} \tag{8.69}$$

曲面 $\boldsymbol{r}(u,v)$在该点处的单位法矢量 $\boldsymbol{N}(s)$可表示为

$$\boldsymbol{N}(s) = \frac{\dfrac{\partial \boldsymbol{r}(u,v)}{\partial u} \times \dfrac{\partial \boldsymbol{r}(u,v)}{\partial v}}{\left\| \dfrac{\partial \boldsymbol{r}(u,v)}{\partial u} \times \dfrac{\partial \boldsymbol{r}(u,v)}{\partial v} \right\|} \tag{8.70}$$

将式(8.69)和式(8.70)相乘，可得 $\boldsymbol{N}(s)\cdot\boldsymbol{T}(s)=0$。由此可以看到，$\boldsymbol{N}(s)$和$\boldsymbol{T}(s)$是以曲面上$\boldsymbol{r}(u(s),v(s))$为起点的相互正交的单位矢量。令

$$\boldsymbol{B}(s)=\boldsymbol{N}(s)\times\boldsymbol{T}(s) \tag{8.71}$$

这样，沿曲面上的曲线$\boldsymbol{r}(s)$就形成了一个正交标架：

$$\{\boldsymbol{r}(s);\boldsymbol{T}(s),\boldsymbol{B}(s),\boldsymbol{N}(s)\} \tag{8.72}$$

该正交标架称为曲面上的Darboux标架，如图8.6(a)所示。

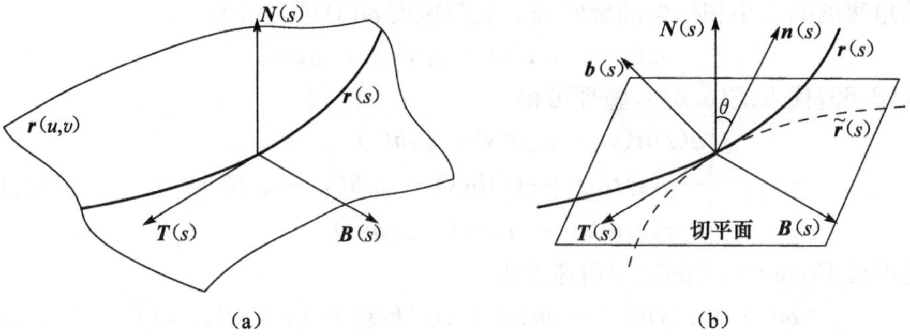

图8.6 Darboux标架

2. Darboux标架的运动微分方程

下面求Darboux标架随弧长参数s的变化规律，也就是Darboux标架的微分运动方程。由式(8.69)，可得

$$\frac{\mathrm{d}\boldsymbol{T}(s)}{\mathrm{d}s}=\frac{\mathrm{d}\boldsymbol{t}(s)}{\mathrm{d}s}=\kappa(s)\boldsymbol{n}(s) \tag{8.73}$$

如图8.6(a)所示，设曲面$\boldsymbol{r}(u,v)$法矢量$\boldsymbol{N}(s)$与曲线$\boldsymbol{r}(s)$主法线$\boldsymbol{n}(s)$之间的夹角为θ，则主法线$\boldsymbol{n}(s)$可表示为

$$\boldsymbol{n}(s)=\cos\theta\boldsymbol{N}(s)+\sin\theta\boldsymbol{B}(s) \tag{8.74}$$

将式(8.74)代入式(8.73)，可得

$$\frac{\mathrm{d}\boldsymbol{T}(s)}{\mathrm{d}s}=\kappa(s)\cos\theta\boldsymbol{N}(s)+\kappa(s)\sin\theta\boldsymbol{B}(s) \tag{8.75}$$

式(8.75)可进一步改写为

$$\frac{\mathrm{d}\boldsymbol{T}(s)}{\mathrm{d}s}=\kappa_n(s)\boldsymbol{N}(s)+\kappa_g(s)\boldsymbol{B}(s) \tag{8.76}$$

式中，$\kappa_n(s)=\kappa(s)\cos\theta$，称为曲面$\boldsymbol{r}(u,v)$沿切矢量$\boldsymbol{T}(s)$方向的法曲率，也就是曲线$\boldsymbol{r}(s)$的曲率矢量$\mathrm{d}\boldsymbol{t}(s)/\mathrm{d}s$在曲面法线方向的投影；$\kappa_g(s)=\kappa(s)\sin\theta$，称为曲面$\boldsymbol{r}(u,v)$上的曲线在$\boldsymbol{r}(s)$处的测地曲率，其绝对值等于曲线$\boldsymbol{r}(s)$在曲面该点处切平面上投影曲线$\tilde{\boldsymbol{r}}(s)$的曲率，如图8.6(b)所示。

由于$\boldsymbol{B}(s)$为单位矢量，故$\mathrm{d}\boldsymbol{B}(s)/\mathrm{d}s$与$\boldsymbol{B}(s)$正交，所以$\mathrm{d}\boldsymbol{B}(s)/\mathrm{d}s$可写为

$$\frac{\mathrm{d}\boldsymbol{B}(s)}{\mathrm{d}s}=a_1\boldsymbol{T}(s)+a_2\boldsymbol{N}(s) \tag{8.77}$$

由于 $\boldsymbol{T}(s)$、$\boldsymbol{B}(s)$和 $\boldsymbol{N}(s)$两两正交，故可得

$$a_1=\frac{\mathrm{d}\boldsymbol{B}(s)}{\mathrm{d}s}\cdot\boldsymbol{T}(s)=-\frac{\mathrm{d}\boldsymbol{T}(s)}{\mathrm{d}s}\cdot\boldsymbol{B}(s)=-\kappa_g(s) \tag{8.78}$$

类似地

$$a_2=\frac{\mathrm{d}\boldsymbol{B}(s)}{\mathrm{d}s}\cdot\boldsymbol{N}(s)=-\frac{\mathrm{d}\boldsymbol{N}(s)}{\mathrm{d}s}\cdot\boldsymbol{B}(s) \tag{8.79}$$

式中

$$-\frac{\mathrm{d}\boldsymbol{N}(s)}{\mathrm{d}s}\cdot\boldsymbol{B}(s)=\tau_g(s) \tag{8.80}$$

为曲面 $\boldsymbol{r}(u,v)$上的曲线在 $\boldsymbol{r}(s)$处的测地挠率。所以，式(8.77)可进一步改写为

$$\frac{\mathrm{d}\boldsymbol{B}(s)}{\mathrm{d}s}=-\kappa_g(s)\boldsymbol{T}(s)+\tau_g(s)\boldsymbol{N}(s) \tag{8.81}$$

与求解 $\mathrm{d}\boldsymbol{B}(s)/\mathrm{d}s$ 的过程类似，$\mathrm{d}\boldsymbol{N}(s)/\mathrm{d}s$ 可由下式表示

$$\frac{\mathrm{d}\boldsymbol{N}(s)}{\mathrm{d}s}=b_1\boldsymbol{T}(s)+b_2\boldsymbol{B}(s) \tag{8.82}$$

式(8.82)左右同点乘 $\boldsymbol{T}(s)$，可得

$$b_1=\frac{\mathrm{d}\boldsymbol{N}(s)}{\mathrm{d}s}\cdot\boldsymbol{T}(s)=-\frac{\mathrm{d}\boldsymbol{T}(s)}{\mathrm{d}s}\cdot\boldsymbol{N}(s)=-\kappa_n(s) \tag{8.83}$$

类似地

$$b_2=\frac{\mathrm{d}\boldsymbol{N}(s)}{\mathrm{d}s}\cdot\boldsymbol{B}(s)=-\tau_g(s) \tag{8.84}$$

将式(8.83)和式(8.84)代入式(8.82)，则式(8.82)可改写为

$$\frac{\mathrm{d}\boldsymbol{N}(s)}{\mathrm{d}s}=-\kappa_n(s)\boldsymbol{T}(s)-\tau_g(s)\boldsymbol{B}(s) \tag{8.85}$$

综合式(8.76)、式(8.81)和式(8.85)，便可得到 Darboux 标架的微分运动方程为

$$\frac{\mathrm{d}}{\mathrm{d}s}\begin{bmatrix}\boldsymbol{T}(s)\\ \boldsymbol{B}(s)\\ \boldsymbol{N}(s)\end{bmatrix}=\begin{bmatrix}0 & \kappa_g(s) & \kappa_n(s)\\ -\kappa_g(s) & 0 & \tau_g(s)\\ -\kappa_n(s) & -\tau_g(s) & 0\end{bmatrix}\begin{bmatrix}\boldsymbol{T}(s)\\ \boldsymbol{B}(s)\\ \boldsymbol{N}(s)\end{bmatrix} \tag{8.86}$$

3. Darboux 标架的刚体运动

为了描述方便起见，统一用弧长参数表示 Darboux 标架刚体运动的平移速度和旋转角速度。与 Frenet 标架类似，Darboux 标架$\{\boldsymbol{r}(s);\boldsymbol{T}(s),\boldsymbol{B}(s),\boldsymbol{N}(s)\}$沿曲线 $\boldsymbol{r}(s)$的平移速度可由式(8.69)表示，而其绕曲线 $\boldsymbol{r}(s)$的旋转角速度由$\boldsymbol{\Omega}(s)$表示。根据刚体运动学，式(8.86)可改写为

$$\begin{cases}\dfrac{\mathrm{d}\boldsymbol{T}(s)}{\mathrm{d}s}=\kappa_n(s)\boldsymbol{N}(s)+\kappa_g(s)\boldsymbol{B}(s)=\boldsymbol{\Omega}(s)\times\boldsymbol{T}(s)\\ \dfrac{\mathrm{d}\boldsymbol{B}(s)}{\mathrm{d}s}=-\kappa_g(s)\boldsymbol{T}(s)+\tau_g(s)\boldsymbol{N}(s)=\boldsymbol{\Omega}(s)\times\boldsymbol{B}(s)\\ \dfrac{\mathrm{d}\boldsymbol{N}(s)}{\mathrm{d}s}=-\kappa_n(s)\boldsymbol{T}(s)-\tau_g(s)\boldsymbol{B}(s)=\boldsymbol{\Omega}(s)\times\boldsymbol{N}(s)\end{cases}\tag{8.87}$$

Darboux标架瞬时旋转角速度的大小和旋转轴分别由角速度矢量$\boldsymbol{\Omega}(s)$的大小$\|\boldsymbol{\Omega}(s)\|$和单位方向矢量$\boldsymbol{\Omega}(s)/\|\boldsymbol{\Omega}(s)\|$表示。于是,角速度$\boldsymbol{\Omega}(s)$可表示为

$$\boldsymbol{\Omega}(s)=\Omega_1\boldsymbol{T}(s)+\Omega_2\boldsymbol{B}(s)+\Omega_3\boldsymbol{N}(s)\tag{8.88}$$

将式(8.88)代入式(8.87),整理可得

$$\begin{cases}\kappa_n(s)\boldsymbol{N}(s)+\kappa_g(s)\boldsymbol{B}(s)=-\Omega_2\boldsymbol{N}(s)+\Omega_3\boldsymbol{B}(s)\\ -\kappa_g(s)\boldsymbol{T}(s)+\tau_g(s)\boldsymbol{N}(s)=\Omega_1\boldsymbol{N}(s)-\Omega_3\boldsymbol{T}(s)\\ -\kappa_n(s)\boldsymbol{T}(s)-\tau_g(s)\boldsymbol{B}(s)=-\Omega_1\boldsymbol{B}(s)+\Omega_2\boldsymbol{T}(s)\end{cases}\tag{8.89}$$

由此,可得Darboux标架的旋转角速度为

$$\boldsymbol{\Omega}(s)=\tau_g(s)\boldsymbol{T}(s)-\kappa_n(s)\boldsymbol{B}(s)+\kappa_g(s)\boldsymbol{N}(s)=[\tau_g(s),-\kappa_n(s),\kappa_g(s)]^{\mathrm{T}}\tag{8.90}$$

由此也可以看到,Darboux标架的旋转运动与曲面上的曲线以及曲面本身的几何特性是紧密相关的。

8.4.4 刀具运动与曲线参数间的联系

1. 逆向运动学变换

不失一般性,仍以典型的双摆头型(A-C)五轴机床(图6.15)为例进行讨论。设绕机床A轴和C轴的转角分别为ϕ_A和ϕ_C,对应的旋转变换$\boldsymbol{M}_A$和$\boldsymbol{M}_C$为

$$\boldsymbol{M}_A=\begin{bmatrix}1&0&0\\0&\cos\phi_A&-\sin\phi_A\\0&\sin\phi_A&\cos\phi_A\end{bmatrix},\quad \boldsymbol{M}_C=\begin{bmatrix}\cos\phi_C&-\sin\phi_C&0\\\sin\phi_C&\cos\phi_C&0\\0&0&1\end{bmatrix}\tag{8.91}$$

对于A-C双摆头型五轴机床,旋转轴变换的顺序为$A\rightarrow C$,旋转变换$\boldsymbol{M}$为

$$\boldsymbol{M}=\boldsymbol{M}_C\boldsymbol{M}_A=\begin{bmatrix}\cos\phi_C&-\sin\phi_C\cos\phi_A&\sin\phi_C\sin\phi_A\\\sin\phi_C&\cos\phi_C\cos\phi_A&-\cos\phi_C\sin\phi_A\\0&\sin\phi_A&\cos\phi_A\end{bmatrix}\tag{8.92}$$

由于刀轴在初始状态下与工件坐标系的z轴重合,即$\boldsymbol{a}=[0,0,1]^{\mathrm{T}}$。在上述旋转变换$\boldsymbol{M}$下,刀轴矢量$\boldsymbol{a}$可表示为

$$\boldsymbol{a}=[a_x,a_y,a_z]^{\mathrm{T}}=[\sin\phi_C\sin\phi_A,-\cos\phi_C\sin\phi_A,\cos\phi_A]^{\mathrm{T}}\tag{8.93}$$

一般情况下,式(8.93)中的旋转角ϕ_A和ϕ_C需要根据刀具在工件坐标系中的实际

姿态来求解。而刀具的姿态通常是由刀具在 Darboux 标架中绕 $\boldsymbol{B}(s)$ 转过的后跟角 α 和绕法矢量 $\boldsymbol{N}(s)$ 转过的侧偏角 β 来描述的。据此，刀轴矢量 $\boldsymbol{a}(s)$ 在工件坐标系可表示为

$$\boldsymbol{a}(s)=\sin\alpha(s)\cos\beta(s)\boldsymbol{T}(s)+\sin\alpha(s)\sin\beta(s)\boldsymbol{B}(s)+\cos\alpha(s)\boldsymbol{N}(s) \tag{8.94}$$

联合式(8.93)和式(8.94)，可得到刀具绕机床 A 轴和 C 轴的旋转角度 ϕ_A 和 ϕ_C 为

$$\begin{cases}\phi_A=\arccos(a_z)\\ \phi_C=\arctan2(a_x,a_y)\end{cases} \tag{8.95}$$

2. 基于微分运动方程的逆向运动变换

尽管利用前述方法可得刀具摆动所对应的 A 轴和 C 轴的旋转角度变化量 $\Delta\phi_A$ 和 $\Delta\phi_C$，但是我们更希望由 8.3 节所计算的参数增量 $\mathrm{d}u\approx\Delta u$ 直接得到它对应的 $\Delta\phi_A$ 和 $\Delta\phi_C$。根据式(8.86)，Darboux 标架关于路径曲线参数增量 Δu 的变化为

$$\begin{cases}\mathrm{d}\boldsymbol{T}(s)=[\kappa_n(s)\boldsymbol{N}(s)+\kappa_g(s)\boldsymbol{B}(s)]\mu\,\mathrm{d}u\\ \mathrm{d}\boldsymbol{B}(s)=[-\kappa_g(s)\boldsymbol{T}(s)+\tau_g(s)\boldsymbol{N}(s)]\mu\,\mathrm{d}u\\ \mathrm{d}\boldsymbol{N}(s)=[-\kappa_n(s)\boldsymbol{T}(s)-\tau_g(s)\boldsymbol{B}(s)]\mu\,\mathrm{d}u\end{cases} \tag{8.96}$$

这里，假定路径曲线是严格按规范弧长参数化的。为计算一个插补周期 T 内，参数增量 $\mathrm{d}u$ 引起的刀轴矢量的变化 $\mathrm{d}\boldsymbol{a}(s)$。根据式(8.94)，可得

$$\begin{aligned}\mathrm{d}\boldsymbol{a}(s)=&\cos\alpha(s)\mathrm{d}\boldsymbol{N}(s)+\sin\alpha(s)[\cos\beta(s)\mathrm{d}\boldsymbol{T}(s)+\sin\beta(s)\mathrm{d}\boldsymbol{B}(s)]\\ &+\{\cos\alpha(s)[\cos\beta(s)\boldsymbol{T}(s)+\sin\beta(s)\boldsymbol{B}(s)]-\sin\alpha(s)\boldsymbol{N}(s)\}\mathrm{d}\alpha(s)\\ &+\sin\alpha(s)[\cos\beta(s)\boldsymbol{B}(s)-\sin\beta(s)\boldsymbol{T}(s)]\mathrm{d}\beta(s)\end{aligned} \tag{8.97}$$

在这里，假设后跟角 α 和侧偏角 β 沿轨迹变化的函数是已知的，设为 $\alpha=\alpha(s)$，$\beta=\beta(s)$，对弧长 s 的一阶导数为

$$\mathrm{d}\alpha(s)=\dot{\alpha}(s)\mathrm{d}s=\dot{\alpha}(s)\mu\,\mathrm{d}u,\qquad \mathrm{d}\beta(s)=\dot{\beta}(s)\mathrm{d}s=\dot{\beta}(s)\mu\,\mathrm{d}u \tag{8.98}$$

将式(8.96)和式(8.98)代入式(8.97)，整理可得

$$\mathrm{d}\boldsymbol{a}(s)=\begin{bmatrix}\dot{\alpha}(s)\cos\alpha(s)\cos\beta(s)-\dot{\beta}(s)\sin\alpha(s)\sin\beta(s)\\ \quad-\kappa_n(s)\cos\alpha(s)-\kappa_g(s)\sin\alpha(s)\sin\beta(s)\\ \kappa_g(s)\sin\alpha(s)\cos\beta(s)-\tau_g(s)\cos\alpha(s)\\ \quad+\dot{\alpha}(s)\cos\alpha(s)\sin\beta(s)+\dot{\beta}(s)\sin\alpha(s)\cos\beta(s)\\ \kappa_n(s)\sin\alpha(s)\cos\beta(s)+\tau_g(s)\sin\alpha(s)\sin\beta(s)\\ \quad-\dot{\alpha}(s)\sin\alpha(s)\end{bmatrix}^{\mathrm{T}}\begin{bmatrix}\boldsymbol{T}(s)\\ \boldsymbol{B}(s)\\ \boldsymbol{N}(s)\end{bmatrix}\mu\,\mathrm{d}u \tag{8.99}$$

当前刀轴矢量的变化 $\mathrm{d}\boldsymbol{a}(s)$，可通过绕 A 轴和 C 轴的转动 $\mathrm{d}\phi_A$ 和 $\mathrm{d}\phi_C$ 角度来实现。对于微小转角的变化，可设

$$\begin{cases}[\cos\mathrm{d}\phi_A,\sin\mathrm{d}\phi_A]\approx[1,\mathrm{d}\phi_A]\\ [\cos\mathrm{d}\phi_C,\sin\mathrm{d}\phi_C]\approx[1,\mathrm{d}\phi_C]\end{cases} \tag{8.100}$$

将式(8.100)代入式(8.92)中,可得

$$\boldsymbol{M}=\begin{bmatrix}1 & -\mathrm{d}\phi_C & \mathrm{d}\phi_A\mathrm{d}\phi_C \\ \mathrm{d}\phi_C & 1 & -\mathrm{d}\phi_A \\ 0 & \mathrm{d}\phi_A & 1\end{bmatrix} \tag{8.101}$$

由此,可以得到

$$\boldsymbol{M}\boldsymbol{a}=\boldsymbol{a}+\mathrm{d}\boldsymbol{a} \quad 或 \quad (\boldsymbol{M}-\boldsymbol{I})\boldsymbol{a}=\mathrm{d}\boldsymbol{a} \tag{8.102}$$

式中

$$\boldsymbol{M}-\boldsymbol{I}=\begin{bmatrix}0 & -\mathrm{d}\phi_C & \mathrm{d}\phi_A\mathrm{d}\phi_C \\ \mathrm{d}\phi_C & 0 & -\mathrm{d}\phi_A \\ 0 & \mathrm{d}\phi_A & 0\end{bmatrix} \tag{8.103}$$

将 $\boldsymbol{a}=[a_x,a_y,a_z]^{\mathrm{T}}$、$\mathrm{d}\boldsymbol{a}=[\mathrm{d}a_x,\mathrm{d}a_y,\mathrm{d}a_z]^{\mathrm{T}}$ 和式(8.103)代入式(8.102)可得

$$\begin{cases}-\mathrm{d}\phi_C a_y+\mathrm{d}\phi_A\mathrm{d}\phi_C a_z=\mathrm{d}a_x \\ \mathrm{d}\phi_C a_x-\mathrm{d}\phi_A a_z=\mathrm{d}a_y \\ \mathrm{d}\phi_A a_y=\mathrm{d}a_z\end{cases} \tag{8.104}$$

解式(8.104),可得

$$\begin{cases}\mathrm{d}\phi_A=\dfrac{\mathrm{d}a_z}{a_y} \\ \mathrm{d}\phi_C=\dfrac{a_y\mathrm{d}a_y+a_z\mathrm{d}a_z}{a_x a_y}\end{cases} \tag{8.105}$$

因为 $\boldsymbol{a}$ 为单位矢量,所以

$$\boldsymbol{a}\cdot\mathrm{d}\boldsymbol{a}=a_x\mathrm{d}a_x+a_y\mathrm{d}a_y+a_z\mathrm{d}a_z=0 \tag{8.106}$$

将式(8.106)代入式(8.105),可得

$$\begin{cases}\mathrm{d}\phi_A=\dfrac{\mathrm{d}a_z}{a_y} \\ \mathrm{d}\phi_C=-\dfrac{\mathrm{d}a_x}{a_y}\end{cases} \tag{8.107}$$

式中

$$\begin{aligned}\mathrm{d}a_x=&[\dot{\alpha}(s)\cos\alpha(s)\cos\beta(s)-\dot{\beta}(s)\sin\alpha(s)\sin\beta(s)\\&-\kappa_n(s)\cos\alpha(s)-\kappa_g(s)\sin\alpha(s)\sin\beta(s)]\mu\,\mathrm{d}u\end{aligned}$$

$$\mathrm{d}a_z=[\kappa_n(s)\sin\alpha(s)\cos\beta(s)+\tau_g(s)\sin\alpha(s)\sin\beta(s)-\dot{\alpha}(s)\sin\alpha(s)]\mu\,\mathrm{d}u$$

$$a_y=\sin\alpha(s)\cos\beta(s)T_y(s)+\sin\alpha(s)\sin\beta(s)T_y(s)+\cos\alpha N_y(s)$$

式中,$T_y(s)$和 $N_y(s)$为矢量 $\boldsymbol{T}$ 和 $\boldsymbol{N}$ 的 y 轴分量。这样,给定轨迹曲线的当前参数 $u=s/\mu$ 就可计算出 $\kappa_n(s)$、$\kappa_g(s)$、$\tau_g(s)$、$\dot{\alpha}(s)$和 $\dot{\beta}(s)$,再把当前后跟角 $\alpha(s)$和侧偏角 $\beta(s)$以及 8.3 节得到的参数增量 Δu 代入式(8.107),就可得到刀具运动到下一

个插补点时，机床两旋转轴应旋转的角度。对于其他结构形式的五轴机床也可进行类似推导，在此不再赘述。

8.5　进给率定制中运动几何学特性的数学描述

进给率定制就是将进给率规划从实时插补的计算中剥离出来，在离线状态下根据加工路径曲线的几何特征、加工精度、运动学特性和机床动力学特性等在内的诸多约束条件[9~13]，在曲线插补前合理地规划出一条与加工路径有共同参数的进给率曲线，从而为加工路径的实时插补计算提供瞬时进给率信息，减轻数控系统的实时计算负担。为此，本节将围绕刀具进给率定制中几何特性、运动学特性和机床驱动特性的建模展开论述。

8.5.1　几何精度

几何精度是指以进给步长为单位的小直线段逼近路径曲线时所引起的加工误差，是参数曲线插补误差的主要来源。对于复杂曲面零件加工特别是在高速数控加工中，为了保证零件的加工精度，在进给率规划时必须考虑曲线插补误差的影响。

目前，表示几何精度的弦高差主要有直接中点计算法和密切圆逼近法两种。

(1) 直接中点计算法。如图 8.7(a)所示，弦高差 ε_i 用路径曲线上两相邻插补点 $\boldsymbol{r}(u_i)$和 $\boldsymbol{r}(u_{i+1})$连线的中点与其参数平均值$(u_i+u_{i+1})/2$ 所对应的曲线点之间的距离来表示：

$$\varepsilon_i=\left\|\frac{\boldsymbol{r}(u_i)+\boldsymbol{r}(u_{i+1})}{2}-\boldsymbol{r}\left(\frac{u_i+u_{i+1}}{2}\right)\right\| \tag{8.108}$$

该方法计算量小，但计算误差较大。在实际应用中，有时为了控制计算误差，可采用将插补参数增量或者插补步长减半使用的处理方法。

(2) 密切圆逼近法。如图 8.7(b)所示，用路径曲线点 $\boldsymbol{r}(u_i)$处的密切圆逼近相邻插补点 $\boldsymbol{r}(u_i)$和 $\boldsymbol{r}(u_{i+1})$间的曲线段。据此，可按下式计算弦高差：

$$\varepsilon_i=\rho(u_i)-\sqrt{\rho^2(u_i)-\left[\frac{V(u_i)T}{2}\right]^2} \tag{8.109}$$

式中，T 为插补采样周期；$\rho(u_i)$为路径曲线点 $\boldsymbol{r}(u_i)$处密切圆的半径。计算公式为

$$\rho(u)=\frac{\|\dot{\boldsymbol{r}}(u)\|^3}{\|\dot{\boldsymbol{r}}(u)\times\ddot{\boldsymbol{r}}(u)\|} \tag{8.110}$$

与直接中点计算法相比，密切圆逼近法的结果相对更为精确，但由于需要求解插补点处的一阶和二阶导数，计算过程相对复杂耗时。

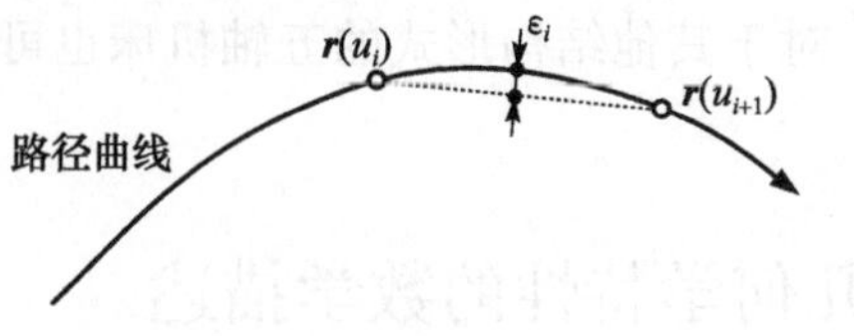

（a）直接中点计算法

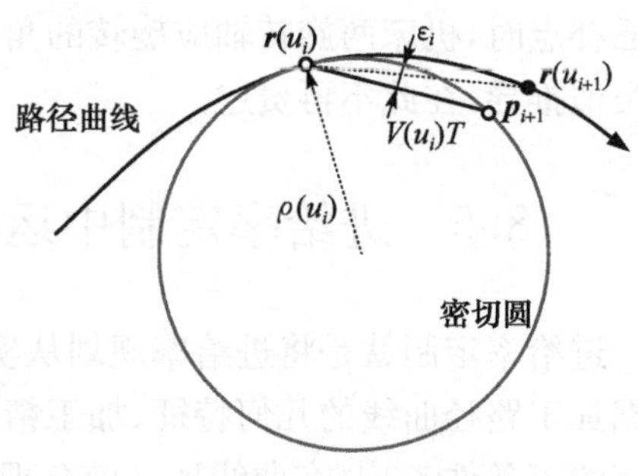

（b）密切圆逼近法

图 8.7　弦高误差计算方法

8.5.2　运动学特性

为了保证零件的成形质量和刀具的使用寿命，在进给率定制中有时要对刀尖点速度、加速度、加加速度以及刀具摆动的角速度和角加速度等加工过程中的运动学特性加以限制。本节将对这些内容进行详细讨论。

1. 刀尖点的速度、加速度和加加速度

式(8.13)已给出了刀具进给率 $V(u)$ 的定义，其可进一步写为

$$V(u(t)) = \frac{\mathrm{d}s}{\mathrm{d}t} = \frac{\mathrm{d}s}{\mathrm{d}u}\frac{\mathrm{d}u}{\mathrm{d}t} \tag{8.111}$$

式中，s 为加工路径 $\boldsymbol{r}(u)$ 的弧长。比较式(8.13)和式(8.111)，可得

$$\frac{\mathrm{d}s}{\mathrm{d}u} = \|\dot{\boldsymbol{r}}(u)\| \tag{8.112}$$

将刀尖点速度 $V(u)$ 进一步对时间参数 t 求一阶和二阶导数，就可得到刀尖点的切向加速度和加加速度：

$$A(u(t)) = \frac{\mathrm{d}V(u(t))}{\mathrm{d}t}, \quad J(u(t)) = \frac{\mathrm{d}^2V(u(t))}{\mathrm{d}t^2} \tag{8.113}$$

2. 刀轴的角速度和角加速度

对于五轴加工，除了要对刀尖点速度、加速度和加加速度进行限制外，还需要对刀轴摆动的角速度和角加速度进行约束。这里用由刀尖点轨迹曲线 $\boldsymbol{r}(u)$ 和刀轴上除刀尖点外任意一点的轨迹曲线 $\boldsymbol{r}^a(u)$ 构成的双 NURBS 曲线来表示五轴加工路径，具体表示方法可参考 6.1.4 节中刀位路径面的数学描述。

(1) 角速度。设 $\boldsymbol{r}(u)$ 和 $\boldsymbol{r}^a(u)$ 间的距离为 L，刀轴矢量为 $\boldsymbol{a}(u)$，则 $\boldsymbol{r}^a(u)$ 可表示为

$$\boldsymbol{r}^a(u) = \boldsymbol{r}(u) + L\boldsymbol{a}(u) \tag{8.114}$$

$\boldsymbol{r}(u)$ 和 $\boldsymbol{r}^a(u)$ 对时间 t 的导数分别为刀轴上这两点处的速度矢量：

$$\boldsymbol{V}(u)=\frac{\mathrm{d}\boldsymbol{r}(u)}{\mathrm{d}t}=\frac{\mathrm{d}\boldsymbol{r}(u)}{\mathrm{d}u}\frac{\mathrm{d}u}{\mathrm{d}t}=\frac{\mathrm{d}\boldsymbol{r}(u)}{\mathrm{d}u}\frac{V(u)}{\sigma(u)} \tag{8.115}$$

$$\boldsymbol{V}_a(u)=\boldsymbol{V}(u)+L\frac{\mathrm{d}\boldsymbol{a}(u)}{\mathrm{d}u}\frac{\mathrm{d}u}{\mathrm{d}t}=\boldsymbol{V}(u)+L\frac{\mathrm{d}\boldsymbol{a}(u)}{\mathrm{d}u}\frac{V(u)}{\sigma(u)} \tag{8.116}$$

式中，$\sigma(u)=\|\mathrm{d}\boldsymbol{r}(u)/\mathrm{d}u\|$。不考虑加工过程中的刀具变形，刀具作刚体运动，由沿路径曲线的平移运动和刀具自身的旋转构成。根据刚体运动学原理，刀轴上任一点 $\boldsymbol{r}^a(u)$的速度矢量可写为

$$\boldsymbol{V}_a(u)=\boldsymbol{V}(u)+\boldsymbol{\omega}(u)\times[L\boldsymbol{a}(u)] \tag{8.117}$$

比较式(8.116)和式(8.117)，不难发现下式成立：

$$\boldsymbol{\omega}(u)\times\boldsymbol{a}(u)=\frac{\mathrm{d}\boldsymbol{a}(u)}{\mathrm{d}u}\frac{V(u)}{\sigma(u)} \tag{8.118}$$

将式(8.13)代入式(8.118)中，可得

$$\boldsymbol{\omega}(u)\times\boldsymbol{a}(u)=\frac{\mathrm{d}\boldsymbol{a}(u)}{\mathrm{d}t} \tag{8.119}$$

式(8.119)也可根据刚体运动学原理直接给出。考虑到刀轴矢量 $\boldsymbol{a}(u)$为单位矢量，对式(8.118)和式(8.119)两边取模，可得角速度幅值(通常称为角速度)的计算公式为

$$\omega(u)=\left\|\frac{\mathrm{d}\boldsymbol{a}(u)}{\mathrm{d}t}\right\|=\left\|\frac{\mathrm{d}\boldsymbol{a}(u)}{\mathrm{d}u}\right\|\frac{V(u)}{\sigma(u)}=\|\dot{\boldsymbol{a}}(u)\|\frac{V(u)}{\sigma(u)} \tag{8.120}$$

由式(8.120)可以看到，刀轴摆动角速度的大小等于刀轴矢量对时间 t 一阶导数的模，其方向由刀轴矢量 $\boldsymbol{a}(u)$和刀轴矢量的一阶导数 $\mathrm{d}\boldsymbol{a}(u)/\mathrm{d}t$ 按右手定则决定。如果加工路径是严格按规范弧长参数化的，式(8.120)可改写为

$$\omega(u)=\|\dot{\boldsymbol{a}}(u)\|\frac{V(u)}{\mu} \tag{8.121}$$

(2) 角加速度。根据式(8.116)和式(8.117)，计算刀轴上 $\boldsymbol{r}^a(u)$点的速度矢量 $\boldsymbol{V}_a$ 对时间 t 的一阶导数：

$$\frac{\mathrm{d}\boldsymbol{V}_a(u)}{\mathrm{d}t}=\frac{\mathrm{d}\boldsymbol{V}(u)}{\mathrm{d}t}+L\frac{\mathrm{d}^2\boldsymbol{a}(u)}{\mathrm{d}u^2}\left[\frac{V(u)}{\sigma(u)}\right]^2+L\frac{\mathrm{d}\boldsymbol{a}(u)}{\mathrm{d}u}\varphi(u) \tag{8.122}$$

$$\frac{\mathrm{d}\boldsymbol{V}_a(u)}{\mathrm{d}t}=\frac{\mathrm{d}\boldsymbol{V}(u)}{\mathrm{d}t}+L\left[\frac{\mathrm{d}\boldsymbol{\omega}(u)}{\mathrm{d}t}\times\boldsymbol{a}(u)+\boldsymbol{\omega}(u)\times\frac{\mathrm{d}\boldsymbol{a}(u)}{\mathrm{d}t}\right] \tag{8.123}$$

式(8.122)中，$\varphi(u)=\mathrm{d}^2u/\mathrm{d}t^2$，具体表达式参考式(8.25)。比较式(8.122)和式(8.123)，可得

$$\frac{\mathrm{d}\boldsymbol{\omega}(u)}{\mathrm{d}t}\times\boldsymbol{a}(u)+\boldsymbol{\omega}(u)\times\frac{\mathrm{d}\boldsymbol{a}(u)}{\mathrm{d}t}=\frac{\mathrm{d}^2\boldsymbol{a}(u)}{\mathrm{d}u^2}\left[\frac{V(u)}{\sigma(u)}\right]^2+\frac{\mathrm{d}\boldsymbol{a}(u)}{\mathrm{d}u}\varphi(u) \tag{8.124}$$

将式(8.124)两端同时点乘矢量 $\mathrm{d}\boldsymbol{a}(u)/\mathrm{d}u$，可得

$$\left[\frac{\mathrm{d}\boldsymbol{\omega}(u)}{\mathrm{d}t}\times\boldsymbol{a}(u)\right]\cdot\frac{\mathrm{d}\boldsymbol{a}(u)}{\mathrm{d}u}=\left[\frac{\mathrm{d}^2\boldsymbol{a}(u)}{\mathrm{d}u^2}\cdot\frac{\mathrm{d}\boldsymbol{a}(u)}{\mathrm{d}u}\right]\left[\frac{V(u)}{\sigma(u)}\right]^2+\left\|\frac{\mathrm{d}\boldsymbol{a}(u)}{\mathrm{d}u}\right\|^2\varphi(u) \tag{8.125}$$

由于$\boldsymbol{\omega}(u)\cdot\boldsymbol{a}(u)=0$,则可得

$$\frac{\mathrm{d}\boldsymbol{\omega}(u)}{\mathrm{d}t}\cdot\boldsymbol{a}(u)+\boldsymbol{\omega}(u)\cdot\frac{\mathrm{d}\boldsymbol{a}(u)}{\mathrm{d}t}=0 \tag{8.126}$$

根据式(8.119),不难看出角速度矢量$\boldsymbol{\omega}(u)$与矢量$\mathrm{d}\boldsymbol{a}(u)/\mathrm{d}t$正交,故式(8.126)可改写为

$$\frac{\mathrm{d}\boldsymbol{\omega}(u)}{\mathrm{d}t}\cdot\boldsymbol{a}(u)=0 \tag{8.127}$$

设角速度的方向矢量为$\tilde{\boldsymbol{\omega}}(u)$,即$\boldsymbol{\omega}(u)=\omega(u)\tilde{\boldsymbol{\omega}}(u)$,其与轴矢量$\boldsymbol{a}(u)$正交,故存在

$$\frac{\mathrm{d}\tilde{\boldsymbol{\omega}}}{\mathrm{d}t}\cdot\frac{\mathrm{d}\boldsymbol{a}(u)}{\mathrm{d}u}=0 \tag{8.128}$$

由此

$$\frac{\mathrm{d}\boldsymbol{\omega}(u)}{\mathrm{d}t}\cdot\frac{\mathrm{d}\boldsymbol{a}(u)}{\mathrm{d}u}=\left[\frac{\mathrm{d}\omega(u)}{\mathrm{d}t}\tilde{\boldsymbol{\omega}}+\omega(u)\frac{\mathrm{d}\tilde{\boldsymbol{\omega}}}{\mathrm{d}t}\right]\cdot\frac{\mathrm{d}\boldsymbol{a}(u)}{\mathrm{d}u}=0 \tag{8.129}$$

根据式(8.127)和式(8.129),可以看到式(8.125)左边三矢量$\mathrm{d}\boldsymbol{\omega}(u)/\mathrm{d}t$、$\boldsymbol{a}(u)$和$\mathrm{d}\boldsymbol{a}(u)/\mathrm{d}u$是两两正交的。由此,对式(8.125)两边取模,就可以得到角速度幅值的变化率(这里称为角加速度)$\omega_a(u)$为

$$\omega_a(u)=\left\|\frac{\mathrm{d}\omega(u)}{\mathrm{d}t}\right\|=\left|\frac{\dfrac{\mathrm{d}^2\boldsymbol{a}(u)}{\mathrm{d}u^2}\cdot\dfrac{\mathrm{d}\boldsymbol{a}(u)}{\mathrm{d}u}}{\left\|\dfrac{\mathrm{d}\boldsymbol{a}(u)}{\mathrm{d}u}\right\|}\left[\frac{V(u)}{\sigma(u)}\right]^2+\left\|\frac{\mathrm{d}\boldsymbol{a}(u)}{\mathrm{d}u}\right\|\varphi(u)\right| \tag{8.130}$$

在严格规范弧长参数化条件下,式(8.130)可改写为

$$\omega_a(u)=\left|\frac{\ddot{\boldsymbol{a}}(u)\cdot\dot{\boldsymbol{a}}(u)}{\|\dot{\boldsymbol{a}}(u)\|}\left[\frac{V(u)}{\mu}\right]^2+\|\dot{\boldsymbol{a}}(u)\|\frac{A(u)}{\mu}\right| \tag{8.131}$$

8.5.3 机床驱动特性

在五轴加工中,受两旋转轴对机床各轴运动分配的影响,刀具进给率即使被设置为定值,各驱动轴的运动也可能导致各轴速度突变,甚至超出机床电机的驱动极限,引起机床振动甚至会损坏机床结构。因此,在规划进给率曲线时,必须考虑机床各轴本身对加工进给率、加速度和加加速度的限制。

刀具位姿变化引起的机床各驱动轴的运动与不同结构机床的逆向运动变换有关,但本节不对不同结构机床的运动学变换展开论述,而是讨论一般意义下机床驱动特性的计算表达。设x、y、z表示五轴数控机床的三个平动轴,Φ和Ψ表示两回转轴。将各轴运动曲线$r^j(u)$分别对时间t求一阶、二阶和三阶导数,可得各轴速度$V^j(u)$、加速度$A^j(u)$和加加速度$J^j(u)$的表达式为

$$
\begin{cases}
V^j(u) = \dfrac{\mathrm{d}r^j(u)}{\mathrm{d}t} = \dot{r}^j(u)\dfrac{\mathrm{d}u}{\mathrm{d}t} \\
A^j(u) = \dfrac{\mathrm{d}V^j(u)}{\mathrm{d}t} = \ddot{r}^j(u)\left(\dfrac{\mathrm{d}u}{\mathrm{d}t}\right)^2 + \dot{r}^j(u)\dfrac{\mathrm{d}^2u}{\mathrm{d}t^2} \\
J^j(u) = \dfrac{\mathrm{d}a^j(u)}{\mathrm{d}t} = \dddot{r}^j(u)\left(\dfrac{\mathrm{d}u}{\mathrm{d}t}\right)^3 + 3\ddot{r}^j(u)\left(\dfrac{\mathrm{d}^2u}{\mathrm{d}t^2}\right)\left(\dfrac{\mathrm{d}u}{\mathrm{d}t}\right) + \dot{r}^j(u)\dfrac{\mathrm{d}^3u}{\mathrm{d}t^3}
\end{cases}
\tag{8.132}
$$

式中，$j=X、Y、Z、\Phi、\Psi$。将

$$
\frac{\mathrm{d}u}{\mathrm{d}t} = \frac{\mathrm{d}u}{\mathrm{d}s}\frac{\mathrm{d}s}{\mathrm{d}t} = \frac{\mathrm{d}u}{\mathrm{d}s}V(u) \tag{8.133}
$$

代入式(8.132)，并结合式(8.113)，整理可得

$$
\begin{cases}
V^j(u) = \dot{r}^j(u)\dfrac{\mathrm{d}u}{\mathrm{d}s}V(u) \\
A^j(u) = \left[\ddot{r}^j(u)\left(\dfrac{\mathrm{d}u}{\mathrm{d}s}\right)^2 + \dot{r}^j(u)\dfrac{\mathrm{d}^2u}{\mathrm{d}s^2}\right]V^2(u) + \dot{r}^j(u)\dfrac{\mathrm{d}u}{\mathrm{d}s}A(u) \\
J^j(u) = \left[\dddot{r}^j(u)\left(\dfrac{\mathrm{d}u}{\mathrm{d}s}\right)^3 + 3\ddot{r}^j(u)\dfrac{\mathrm{d}u}{\mathrm{d}s}\dfrac{\mathrm{d}^2u}{\mathrm{d}s^2} + \dot{r}^j(u)\dfrac{\mathrm{d}^3u}{\mathrm{d}s^3}\right]V^3(u) \\
\qquad + 3\left[\ddot{r}^j(u)\left(\dfrac{\mathrm{d}u}{\mathrm{d}s}\right)^2 + \dot{r}^j(u)\dfrac{\mathrm{d}^2u}{\mathrm{d}s^2}\right]V(u)A(u) + \dot{r}^j(u)\dfrac{\mathrm{d}u}{\mathrm{d}s}J(u)
\end{cases}
\tag{8.134}
$$

如果路径曲线参数 u 经过严格规范弧长参数化，则机床各轴的速度、加速度和加加速度的计算公式(8.134)可进一步简化为

$$
\begin{cases}
V^j(u) = \dot{r}^j(u)\dfrac{V(u)}{\mu} \\
A^j(u) = \ddot{r}^j(u)\left[\dfrac{V(u)}{\mu}\right]^2 + \dot{r}^j(u)\dfrac{A(u)}{\mu} \\
J^j(u) = \dddot{r}^j(u)\left[\dfrac{V(u)}{\mu}\right]^3 + 3\ddot{r}^j(u)\dfrac{V(u)A(u)}{\mu^2} + \dot{r}^j(u)\dfrac{J(u)}{\mu}
\end{cases}
\tag{8.135}
$$

从机床各驱动轴速度和加速度的计算公式(8.135)可以看出，对于加工路径按给定的进给率曲线进行插补时，机床各驱动轴的速度只与插补点处的进给率有关，而且随着进给率的增大而增大；而机床各驱动轴的加速度除了与当前插补点处刀具进给率有关外，还受到该插补点处刀具的加速度影响，若要使该插补点处机床分驱动轴的加速度满足指定的约束条件，除了要对当前插补点处的进给率进行调节外，还必须调节相邻插补点处的进给率。

8.6　进给率定制的线性规划算法

进给率规划是前面所述几何、物理特性约束下典型的非线性约束优化问题。

由于几何约束、物理约束之间的相互耦合，给进给率曲线的优化求解带来很大困难。本节将避开采用非线性优化的繁琐处理过程，给出基于线性规划的多约束自适应进给率的定制算法。

8.6.1　线性规划算法的数学模型

这里，进给率定制的线性规划算法是以经过严格规范弧长参数化的双NURBS加工路径为例来进行论述的，其目标是使加工路径上各离散点 $\boldsymbol{r}(u_i)$ 处的进给率 $V(u_i)$ 的平方和最大[14,15]。在目前进给率规划的研究中，大都是以切削时间最短为优化目标：

$$\min\{T_a\} = \min\int_0^s \frac{\mathrm{d}s}{\dot{s}} = \min\int_0^1 \frac{\mathrm{d}u}{\dot{u}} \tag{8.136}$$

式中，T_a 为切削时间；s、u 分别为加工路径的弧长参数和曲线参数，$\dot{s}$、$\dot{u}$ 分别表示弧长参数和曲线参数对时间 t 的一阶导数。式(8.136)涉及定积分的计算和非线性优化的求解，求解过程相对复杂。理论上，切削时间最短意味着在任意参数 u 处刀具进给率达到最大，那么在所有插补点处进给率的平方和也将达到最大。据此，可将式(8.136)改写为以加工路径上各离散点 $\boldsymbol{r}(u_i)$ 处进给率 $V(u_i)$ 的平方和最大为目标的线性规划的目标函数：

$$\begin{cases} E(x) = \max\left\{\sum_{i=1}^{n} x_i\right\} = \max\left\{\sum_{i=1}^{n} V^2(u_i)\right\} \\ \text{s. t. } \boldsymbol{Ax} \leqslant \boldsymbol{b} \end{cases} \tag{8.137}$$

式中，$x_i = V^2(u_i)$；$\boldsymbol{x} = [x_1, x_2, \cdots, x_n]^{\mathrm{T}}$。上述目标函数在使各离散点 $\boldsymbol{r}(u_i)$ 处进给率 $V(u_i)$ 平方和最大的同时，也能保证得到的进给率曲线不超出由矩阵不等式 $\boldsymbol{Ax} \leqslant \boldsymbol{b}$ 所表示的约束条件的限制。矩阵不等式 $\boldsymbol{Ax} \leqslant \boldsymbol{b}$ 是由进给率优化中所考虑的几何、物理约束条件的数学表达式转换得到的，其具体构成将在后面进行详细论述。上述进给率定制的线性规划模型，将各约束间复杂的非线性关系转化为线性关系，简化了求解过程。该模型虽没有直接以切削时间最短为优化目标，但因为任意参数 u 处的进给率达到最大极限，对于刀具轨迹曲线上任意数目的离散点而言，其进给率的平方和也一定是最大的，这也就意味着所得的进给率曲线是时间最优的。

8.6.2　线性规划算法的约束条件

进给率线性规划模型所受约束的数学表达在 8.6.1 节已给出，但要写成以 $V^2(u)$ 为自变量的线性方程的形式，还必须进行进一步处理。这里，式(8.137)中的约束条件可分为两类，第一类约束条件和第二类约束条件。下面将对这两类约束条件进行详细讨论。

1. 第一类约束条件

只与当前加工路径位置点进给率 $V(u)$ 有关的约束条件被称为第一类约束条件，如弦高差约束、机床各分轴速度约束、刀具角速度约束和刀尖点速度约束。显然，不同的速度约束条件对应着不同的临界进给率，从这些临界进给率中选取最小者，就可保证所有约束条件都被满足。

(1) 弦高差约束。根据式(8.17)，对于给定的最大弦高差 $\varepsilon_{\max}$，刀具的进给率应满足如下约束条件：

$$V(u_i) \leqslant \frac{2}{T}\sqrt{\rho^2(u_i) - [\rho(u_i) - \varepsilon_{\max}]^2} \tag{8.138}$$

如果忽略式(8.138)中的二阶小量 $\varepsilon_{\max}^2$，该式可进一步简化为

$$V(u_i) \leqslant \frac{2}{T}\sqrt{2\rho_i\,\varepsilon_{\max}} \tag{8.139}$$

(2) 机床各分轴的最大速度约束。根据式(8.135)，给定各分轴的速度上限 $V_{\max}^j$，刀具的进给率应满足如下约束条件：

$$V(u_i) \leqslant \frac{\mu V_{\max}^j}{\| \dot{r}^j(u_i) \|} \tag{8.140}$$

(3) 刀具角速度约束。根据式(8.121)，给定刀轴摆动角速度上限 $\omega_{\max}$，刀具的进给率应满足如下约束条件：

$$V(u_i) \leqslant \frac{\mu\omega_{\max}}{\| \dot{\boldsymbol{a}}(u_i) \|} \tag{8.141}$$

(4) 刀尖点最大速度约束。给定刀尖点最大速度 $V_{\max}$，则该约束条件可由下式直接给出：

$$V(u_i) \leqslant V_{\max} \tag{8.142}$$

将式(8.139)～式(8.142)所述约束条件两边平方，并将式中的 $V^2(u_i)$ 用 x_i 进行替换，从而可将上述约束条件写为以 x_i 为自变量的线性约束条件：

$$\begin{cases} x_i \leqslant \dfrac{8\rho_i\,\varepsilon_{\max}}{T^2} \\ x_i \leqslant \left[\dfrac{\mu V_{\max}^j}{\| \dot{r}^j(u_i) \|}\right]^2 \\ x_i \leqslant \left[\dfrac{\mu\omega_{\max}}{\| \dot{\boldsymbol{a}}(u_i) \|}\right]^2 \\ x_i \leqslant V_{\max}^2 \end{cases} \tag{8.143}$$

在实际处理中，还可对第一类约束条件进行简化处理，即在每个离散点 u_i 处，只选取式(8.139)～式(8.142)中不等式约束条件右侧的最小值作为刀具进给率 $V(u_i)$

的上限：

$$V(u_i) \leqslant V_0(u_i) = \min\left\{\frac{2}{T}\sqrt{2\rho_i \varepsilon_{\max}}, \frac{\mu V_{\max}^j}{\|\dot{r}^j(u_i)\|}, \frac{\mu\omega_{\max}}{\|\dot{\boldsymbol{a}}(u_i)\|}, V_{\max}\right\} \tag{8.144}$$

这样，线性规划目标函数(式(8.137))中的第一类约束条件(式(8.143))就方便地改写为 $\boldsymbol{Ax} \leqslant \boldsymbol{b}$ 的矩阵形式，其中

$$\boldsymbol{A} = \mathrm{diag}(1,\cdots,1), \quad \boldsymbol{b} = [V_0^2(u_1),\cdots,V_0^2(u_n)]^{\mathrm{T}} \tag{8.145}$$

2. 第二类约束条件

第二类约束条件不仅与当前插补点处刀尖点速度 $V(u_i)$ 有关，还与加速度 $A(u_i)$ 有关，如刀尖点切向加速度约束、机床各驱动轴加速度约束和刀具角加速度约束等。要使刀具进给率曲线满足这些约束条件，除了要对当前插补点处的进给率进行调节外，还必须调节相邻插补点处的进给率。

(1) 刀尖点切向加速度约束。设轨迹曲线的离散点为 $\boldsymbol{r}(u_i)$，则参数 u_i 处的切向加速度 $A(u_i)$ 可近似表示为

$$A(u_i) \approx \frac{\Delta V_i}{\Delta t_i} = \frac{V^2(u_{i+1}) - V^2(u_i)}{2\|\boldsymbol{P}(u_{i+1}) - \boldsymbol{P}(u_i)\|} = \frac{V^2(u_{i+1}) - V^2(u_i)}{2\mu(u_{i+1} - u_i)} \tag{8.146}$$

根据式(8.146)，就可得到限制刀尖点切向加速度的约束条件为

$$-A_{\max} \leqslant \frac{V^2(u_{i+1}) - V^2(u_i)}{2\mu(u_{i+1} - u_i)} \leqslant A_{\max} \tag{8.147}$$

式中，$A_{\max}$ 为刀尖点切向加速度的上限值。将式(8.147)中的 $V^2(u_i)$ 和 $V^2(u_{i+1})$ 分别用 x_i 和 x_{i+1} 进行替换，可将上述约束条件写为以 x_i 为自变量的线性约束条件：

$$\begin{bmatrix} -1 & 1 \\ 1 & -1 \end{bmatrix}\begin{bmatrix} x_i \\ x_{i+1} \end{bmatrix} \leqslant \begin{bmatrix} 2\mu(u_{i+1} - u_i)A_{\max} \\ 2\mu(u_{i+1} - u_i)A_{\max} \end{bmatrix} \tag{8.148}$$

(2) 机床各驱动轴加速度约束。将式(8.146)代入式(8.135)，整理可得机床各驱动轴的加速度约束为

$$-A_{\max}^j \leqslant \frac{\dot{r}^j(u_i)}{2\mu^2(u_{i+1} - u_i)}V^2(u_{i+1}) + \left[\frac{\ddot{r}^j(u_i)}{\mu^2} - \frac{\dot{r}^j(u_i)}{2\mu^2(u_{i+1} - u_i)}\right]V^2(u_i) \leqslant A_{\max}^j \tag{8.149}$$

式中，$A_{\max}^j$ 为各驱动轴加速度上限值。同样，将式(8.149)中的 $V^2(u_i)$ 和 $V^2(u_{i+1})$ 分别用 x_i 和 x_{i+1} 进行替换，可将其改写为

$$\begin{bmatrix} \left[\dfrac{\ddot{r}^j(u_i)}{\mu^2} - \dfrac{\dot{r}^j(u_i)}{2\mu^2(u_{i+1} - u_i)}\right] & \dfrac{\dot{r}^j(u_i)}{2\mu^2(u_{i+1} - u_i)} \\ -\left[\dfrac{\ddot{r}^j(u_i)}{\mu^2} - \dfrac{\dot{r}^j(u_i)}{2\mu^2(u_{i+1} - u_i)}\right] & -\dfrac{\dot{r}^j(u_i)}{2\mu^2(u_{i+1} - u_i)} \end{bmatrix}\begin{bmatrix} x_i \\ x_{i+1} \end{bmatrix} \leqslant \begin{bmatrix} A_{\max}^j \\ A_{\max}^j \end{bmatrix} \tag{8.150}$$

(3) 刀具角加速度约束。将刀尖点切向加速度的近似表达式(8.147)代入刀轴角加速度的计算公式(8.131)中，就可得到刀轴摆动的角加速度约束条件：

$$-\omega_{a,\max} \leqslant \frac{\|\dot{\boldsymbol{a}}(u_i)\|}{2\mu^2\Delta u_i}V^2(u_{i+1}) - \left[\frac{\ddot{\boldsymbol{a}}(u_i)\cdot\dot{\boldsymbol{a}}(u_i)}{\mu^2\|\dot{\boldsymbol{a}}(u_i)\|} - \frac{\|\dot{\boldsymbol{a}}(u_i)\|}{2\mu^2\Delta u_i}\right]V^2(u_i) \leqslant \omega_{a,\max} \tag{8.151}$$

式中，$\omega_{a,\max}$为刀轴角加速度的上限值；$\Delta u_i = u_{i+1} - u_i$。同样，式(8.151)可改写为如下的矩阵不等式：

$$\begin{bmatrix} -\left[\frac{\ddot{\boldsymbol{a}}(u_i)\cdot\dot{\boldsymbol{a}}(u_i)}{\mu^2\|\dot{\boldsymbol{a}}(u_i)\|} - \frac{\|\dot{\boldsymbol{a}}(u_i)\|}{2\mu^2\Delta u_i}\right] & \frac{\|\dot{\boldsymbol{a}}(u_i)\|}{2\mu^2\Delta u_i} \\ \left[\frac{\ddot{\boldsymbol{a}}(u_i)\cdot\dot{\boldsymbol{a}}(u_i)}{\mu^2\|\dot{\boldsymbol{a}}(u_i)\|} - \frac{\|\dot{\boldsymbol{a}}(u_i)\|}{2\mu^2\Delta u_i}\right] & -\frac{\|\dot{\boldsymbol{a}}(u_i)\|}{2\mu^2\Delta u_i} \end{bmatrix} \begin{bmatrix} x_i \\ x_{i+1} \end{bmatrix} \leqslant \begin{bmatrix} \omega_{a,\max} \\ -\omega_{a,\max} \end{bmatrix} \tag{8.152}$$

这样，根据式(8.148)、式(8.150)和式(8.152)，就可将第二类约束条件方便地改写为矩阵不等式 $\boldsymbol{Ax} \leqslant \boldsymbol{b}$ 的形式。

8.6.3　线性规划算法的算例

刀具轨迹曲线用双 NURBS 曲线形式表示，如图 8.8 所示。数控系统的插补周期和第一、第二类约束条件的限制值如表 8.1 所示。首先，根据具体机床结构形式的逆向运动变换，得到机床各驱动轴轨迹的样条表达形式；然后，选取一个合适的参数间隔 Δu 对轨迹曲线进行离散，并求取各离散点处曲率半径以及各样条曲线的一阶、二阶导矢，得到第一、第二类约束条件的具体表达式。在此基础上，求解式(8.137)的标准线性规划问题，得到满足给定约束条件下的各离散点处的进给速率，再对离散数据进行 NURBS 曲线拟合，从而得到最终的刀具进给率曲线。

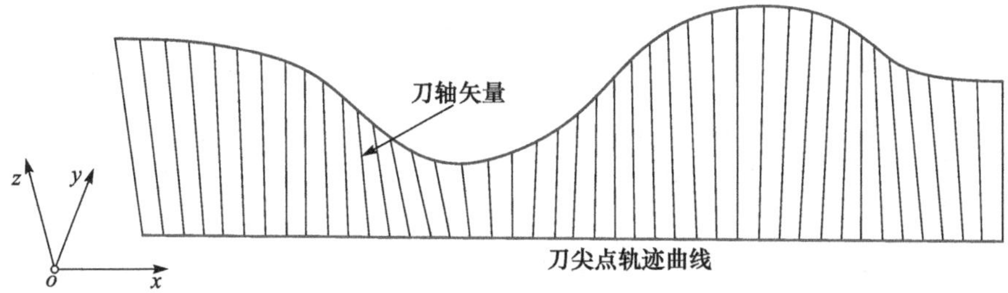

图 8.8　双 NURBS 曲线形式的加工路径

表 8.1　进给率线性规划算例中的第一、第二类约束条件的上限值

加工参数	上限值
插补周期/s	0.004
弦高差/mm	0.0005
x、y、z 平动轴的速度/(mm/s)	100、100、100
x、y、z 平动轴的加速度/(mm/s^2)	200、200、200
A、B 旋转轴角速度/((°)/s)	20、20
A、B 旋转轴角加速度/((°)/s^2)	30、30
刀轴角速度/(rad/s)	0.3
刀轴角加速度/(rad/s^2)	1.0

图 8.9 为进给率定制线性规划算法的模拟仿真结果，其中图 8.9(b)～(h)分别为各给定约束条件的特性图。由于本算例中刀尖点轨迹曲线各处的曲率变化很小，弦高差的仿真结果接近于零，远小于预先设定的弦高差上限值0.0005mm，故在给出的仿真结果中没有显示弦高差约束的特性图。将这些特性图与表 8.1 中各约束所对应的上限值对比，可以看到所有约束条件都得到了很好满足。这样，在相应的数控加工中，就可根据图 8.9 中各种约束下得到的进给率曲线进行插补计算。

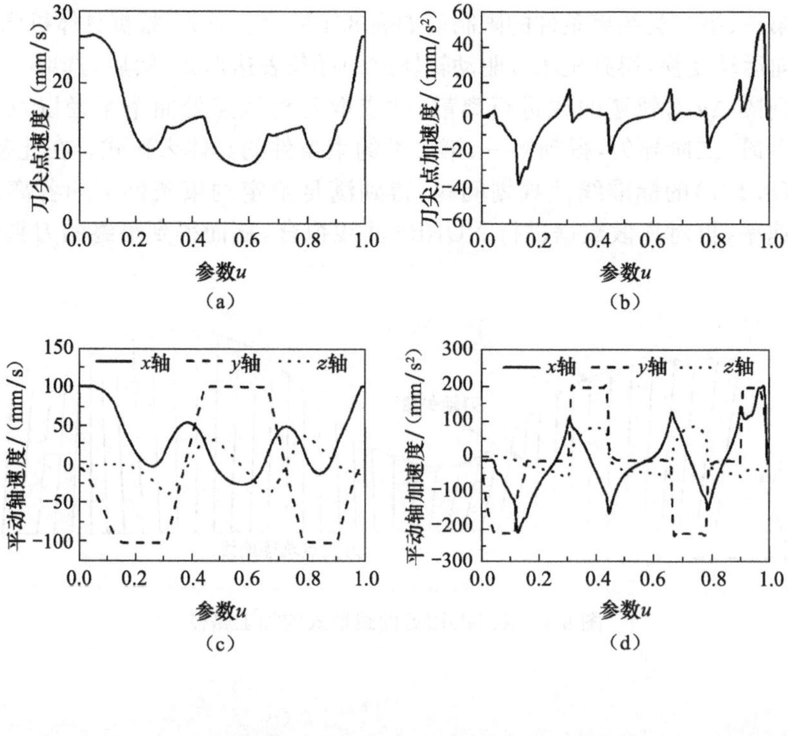

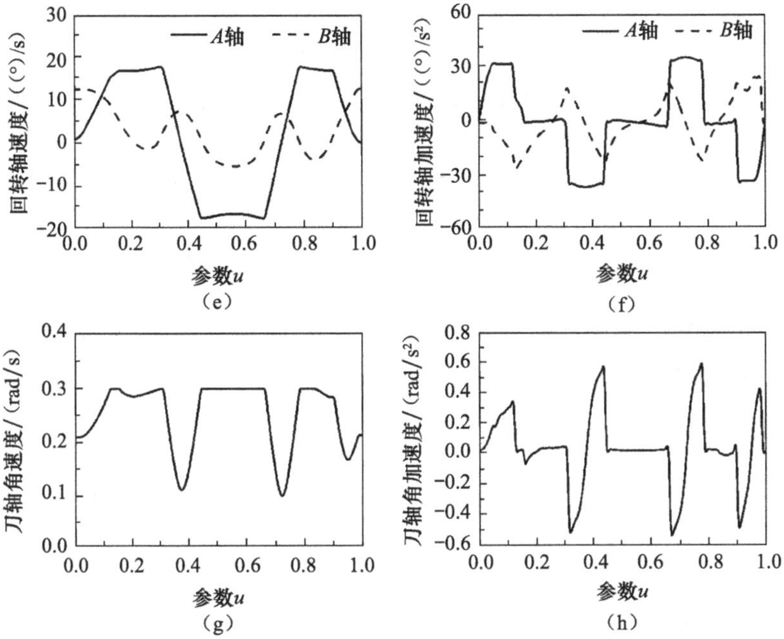

图 8.9　进给率定制线性规划算法的模拟仿真结果

8.7　进给率定制的曲线演化算法

8.6 节给出了在各种约束条件下进给率曲线的线性规划算法。本节将从另一个角度，讨论在给定初始进给率曲线的情况下，如何通过对初始进给率曲线形状的调整，生成能够满足各种加工约束的进给率曲线[16,17]，也就是进给率定制的曲线演化算法。其基本思想是，在约束超差区域内对各离散点处的进给率值进行等比例调节，并利用曲线迭代变形策略将初始进给率曲线调整到指定的目标位置，以保证初始进给率曲线调整区域与非调整区域间的光滑过渡。下面将详细讨论曲线演化算法的理论基础和具体实施过程。

8.7.1　约束条件的等比例调节

本节将给出超差区域各采样点处进给率等比例调节方法的理论基础，以保证刀尖点速度、加速度和加加速度，机床各驱动轴的速度、加速度和加加速度以及刀具摆动的角速度和角加速度，具有与约束超差点处进给率等比例调整的同向变化规律。

1. *刀尖点运动约束的等比例调节*

在刀具运动约束的超差区域，可用等比例系数 λ（取值范围通常为[0.9,0.99]）

调节刀尖点速度：

$$V^*(u)=\lambda V(u) \tag{8.153}$$

根据式(8.153)，刀尖点速度等比例调节后，新的刀尖点加速度和加加速度为

$$\begin{cases}A^*(u)=\dfrac{\mathrm{d}[\lambda V(u)]}{\mathrm{d}u}\dfrac{\mathrm{d}u}{\mathrm{d}t}=\dfrac{\lambda^2}{\mu}\dot{V}(u)V(u)\\ J^*(u)=\dfrac{\mathrm{d}^3 s}{\mathrm{d}t^3}=\dfrac{\lambda^2}{\mu}\left[\ddot{V}(u)V(u)\dfrac{\lambda V(u)}{\mu}+\dot{V}^2(u)\dfrac{\lambda V(u)}{\mu}\right]=\dfrac{\lambda^3}{\mu^2}[\ddot{V}(u)+\dot{V}^2(u)]V(u)\end{cases} \tag{8.154}$$

式中，$A^*(u)$ 和 $J^*(u)$ 分别为调整后的刀尖点加速度和加加速度。根据式(8.113)，调整前刀尖点的加速度和加加速度改为

$$\begin{cases}A(u)=\dfrac{\mathrm{d}V(u)}{\mathrm{d}t}=\dot{V}(u)\dfrac{V(u)}{\mu}\\ J(u)=\dfrac{\mathrm{d}A(u)}{\mathrm{d}t}=\ddot{V}(u)\left[\dfrac{V(u)}{\mu}\right]^2+\dfrac{\dot{V}^2(u)}{\mu}\dfrac{V(u)}{\mu}=\dfrac{[\ddot{V}(u)+\dot{V}^2(u)]}{\mu^2}V(u)\end{cases} \tag{8.155}$$

比较式(8.154)和式(8.155)，可得调整后刀尖点加速度、加加速度与调整前刀尖点加速度、加加速度之间满足如下比例关系：

$$\frac{A^*(u)}{A(u)}=\lambda^2,\qquad \frac{J^*(u)}{J(u)}=\lambda^3 \tag{8.156}$$

由式(8.153)和式(8.156)可看出，利用等比例调节方法重新确定在刀具运动约束超差点处的进给率值，会使刀尖点的加速度和加加速度按同向规律变化并逐步减少。

2. 驱动约束的等比例调节

式(8.153)和式(8.154)给出了调整后的刀尖点速度、加速度和加加速度的计算公式，将这两式代入式(8.135)，就可得到进给率等比例调整后的机床各驱动轴速度、加速度和加加速度的计算公式：

$$\begin{cases}V^{j,*}(u)=\dot{r}^j(u)\dfrac{\lambda V(u)}{\mu}=\lambda V^j(u)\\ A^{j,*}(u)=\ddot{r}^j(u)\left[\dfrac{\lambda V(u)}{\mu}\right]^2+\dot{r}^j(u)\dfrac{\lambda^2 A(u)}{\mu}=\lambda^2 A^j(u)\\ J^{j,*}(u)=\dddot{r}^j(u)\left[\dfrac{\lambda V(u)}{\mu}\right]^3+3\ddot{r}^j(u)\dfrac{\lambda^3 V(u)A(u)}{\mu^2}+\dot{r}^j(u)\dfrac{\lambda^3 J(u)}{\mu}=\lambda^3 J^j(u)\end{cases} \tag{8.157}$$

比较进给率等比例调整前后机床各驱动轴速度、加速度和加加速度的计算公式(8.135)和(8.157)，可以得到调整前后的机床各轴的速度、加速度和加加速度间也具有与刀尖点速度、加速度和加加速度调整前后所示的比例关系：

$$\frac{V^{j,*}(u)}{V^{j}(u)}=\lambda,\qquad \frac{A^{j,*}(u)}{A^{j}(u)}=\lambda^{2},\qquad \frac{J^{j,*}(u)}{J^{j}(u)}=\lambda^{3} \tag{8.158}$$

式(8.158)表明，利用等比例调节方法重新确定超差点处的进给率值，也会使机床各驱动轴的速度、加速度和加加速度按同向规律变化。

3. 刀具角速度和角加速度约束的等比例调节

与前面的推导过程类似，超差区域进给率等比例调整后，刀轴摆动的角速度和角加速度可由式(8.121)和式(8.131)改写为

$$\begin{cases}\omega^{*}(u)=\|\dot{\boldsymbol{a}}(u)\|\dfrac{\lambda V(u)}{\mu}=\lambda\omega(u)\\ \omega_a^{*}(u)=\left|\dfrac{\ddot{\boldsymbol{a}}(u)\cdot\dot{\boldsymbol{a}}(u)}{\|\dot{\boldsymbol{a}}(u)\|}\left[\dfrac{\lambda V(u)}{\mu}\right]^{2}+\|\dot{\boldsymbol{a}}(u)\|\dfrac{\lambda^{2}A(u)}{\mu^{2}}\right|=\lambda^{2}\omega_a(u)\end{cases} \tag{8.159}$$

由此，就可得到进给率等比例调节前后的刀轴角速度和角加速度之间的比例关系：

$$\frac{\omega^{*}(u)}{\omega(u)}=\lambda,\qquad \frac{\omega_a^{*}(u)}{\omega_a(u)}=\lambda^{2} \tag{8.160}$$

与刀具运动约束和机床驱动约束调整规律类似，当刀具进给率乘以一个比例系数 λ 进行调整后，刀轴摆动的角速度和角加速度也将按同向规律变化。

8.7.2　进给率曲线的演化

在 8.7.1 节所述约束条件等比例调节方法的基础上，本节将详细论述约束超差区域进给率的等比例调节以及由其驱动的进给率曲线演化的具体实施过程。通过对初始进给率曲线的一点约束或多点约束变形，使之光滑变形到指定的进给率更新位置，实现进给率曲线调整区域与非调整区域间的光滑过渡，其过程示意如图 8.10 所示。

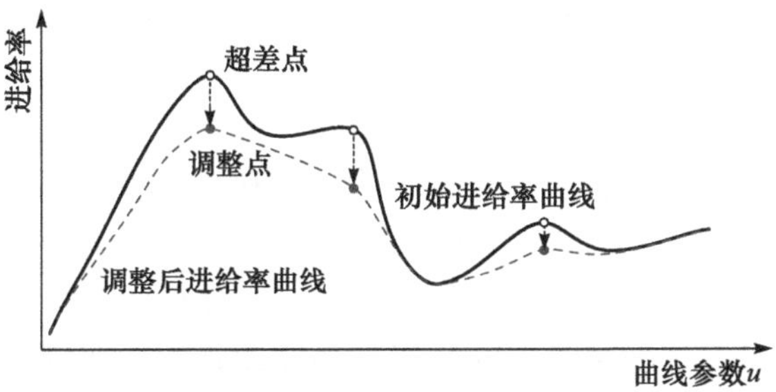

图 8.10　进给率曲线演化算法示意图

1. 初始进给率曲线

为计算方便，在给定初始进给率曲线时，可只考虑 8.6.2 节中的第一类约束条件，选择第一类约束条件中最小约束阈值 $V^0(u_s)$ 作为采样点处的初始进给率 $V(u_s)$。

设加工路径为 $r(u)$，并对加工路径 $r(u)$ 进行离散采样，采样点参数为 $u_s(s=1,\cdots,n)$。按式(8.139)～式(8.142)分别计算出，采样点处弦高误差约束下的最大进给率 $V_{\max}^{g}(u_s)$ 为

$$V_{\max}^{g}(u_s)=\frac{2}{T}\sqrt{2\rho_s\varepsilon_{\max}} \tag{8.161}$$

机床各驱动轴约束下的最大进给率 $V_{\max}^{t}(u_s)$ 为

$$V_{\max}^{t}(u_s)=\min_{j=x,y,z,\Phi,\Psi}\left[\frac{\mu V_{\max}^{j}}{\|\dot{r}^{j}(u_s)\|}\right] \tag{8.162}$$

刀轴摆动角速度约束下的最大进给率 $V_{\max}^{\omega}(u_s)$ 为

$$V_{\max}^{\omega}(u_s)=\frac{\mu\omega_{\max}}{\|\dot{\boldsymbol{a}}(u_s)\|} \tag{8.163}$$

结合加工所允许的最大进给率 $V_{\max}$，选择 $V_{\max}^{g}(u_s)$、$V_{\max}^{t}(u_s)$、$V_{\max}^{\omega}(u_s)$、$V_{\max}$ 中的最小值作为采样点 u_s 处的初始进给率：

$$V^0(u_s)=\min\{V_{\max}^{g}(u_s),V_{\max}^{t}(u_s),V_{\max}^{\omega}(u_s),V_{\max}\} \tag{8.164}$$

然后，采用第 3 章中的 B 样条曲线拟合方法，拟合各采样点处进给率 $V^0(u_s)$ $(s=1,\cdots,n)$，得到初始进给率曲线 $V^0(u)$。在实际处理中，为了简便起见，初始进给率曲线也常选择为一条直线，其纵坐标恒为所有采样点 u_s 初始进给率最小值：

$$V^0(u)=\min\{V^0(u_s)\} \tag{8.165}$$

2. 约束超差区域的检查和等比例调整

由于初始进给曲线 $V^0(u)$ 已满足第一类约束条件，在约束超差区域的计算和后续进给率调整中，就可略过第一类约束的检查，只检查刀尖点加速度和加加速度、机床各驱动轴的加速度和加加速度以及刀轴摆动的角加速度是否满足相关约束条件。

设刀尖点加速度和加加速度的上限值为 $A_{\max}$ 和 $J_{\max}$，机床各驱动轴的加速度和加加速度的上限值为 $A_{\max}^{j}$ 和 $J_{\max}^{j}$，刀轴摆动角加速度的上限值为 $\omega_{a,\max}$。可根据前面所述相关公式(式(8.113)、式(8.135)和式(8.131))，计算各采样点 $u_s(s=1,\cdots,n)$ 处刀尖点加速度 $A(u_s)$ 和加加速度 $J(u_s)$、机床各驱动轴的加速度 $A^j(u_s)$ 和加加速度 $J^j(u_s)$ 以及刀轴摆动的角加速度 $\omega_a(u_s)$，并利用式(8.166)判断采样点 u_s 是否满足上述约束条件：

$$\begin{cases} A(u_s) \leqslant A_{\max} \\ J(u_s) \leqslant J_{\max} \\ A^j(u_s) \leqslant A^j_{\max} \\ J^j(u_s) \leqslant J^j_{\max} \\ \omega_a(u_s) \leqslant \omega_{a,\max} \end{cases} \tag{8.166}$$

对于每一个采样点 u_s，利用上述方法判断约束条件(8.166)是否满足。如果采样点 u_s 处约束超差，就利用第 8.7.1 节所述等比例调节法对该采样点处的进给率进行调整，调整后的进给率为 $V^*(u_s)$。然后，就可利用后面所述曲线变形方法，将进给率曲线从原始位置光滑变形到目标位置，即使进给率曲线通过超差点 u_s 的调整进给率 $V^*(u_s)$位置处。

3. 进给率曲线的变形

利用比例调节方法得到所有超差点$\{u_t\}(t=1,\cdots,l)$处进给率的目标值$\{V^*(u_t)\}$后，就可采用第 2 章中所述曲线变形方法，将进给率曲线光滑变形到其相应的目标位置。在实际中，当处理单条 B 样条曲线表示的进给率曲线 $V(u)$时：

$$V(u) = \sum_{i=0}^{n} N_{i,k}(u) d_i \tag{8.167}$$

也可采用调整曲线控制顶点的方法，快速实现进给率曲线到目标位置的变形。式(8.167)中，$N_{i,k}(u)$为 B 样条基函数，d_i 为控制顶点。设进给率曲线控制顶点的变化量为 $\boldsymbol{\delta}=[\delta_0,\cdots,\delta_n]^{\mathrm{T}}$，则变形后的进给率曲线可表示为

$$V^*(u) = \sum_{i=0}^{n} N_{i,k}(u)(d_i + \delta_i) \tag{8.168}$$

根据式(8.167)和式(8.168)可得原始进给率曲线与变形后进给率曲线间的变形量为

$$V^*(u) - V(u) = \sum_{i=0}^{n} N_{i,k}(u)\delta_i \tag{8.169}$$

设前面得到的超差点$\{u_t\}$处进给率的变化量为$[\Delta V(u_1),\cdots,\Delta V(u_l)]^{\mathrm{T}}$，$l$ 为超差点的数目。将其代入式(8.169)，可得到求解进给率曲线控制顶点变形量 $\boldsymbol{\delta}$ 的数学模型为

$$\begin{bmatrix} N_{0,w}(u_0) & \cdots & N_{n,w}(u_0) \\ \vdots & & \vdots \\ N_{0,w}(u_l) & \cdots & N_{n,w}(u_l) \end{bmatrix} \begin{bmatrix} \delta_0 \\ \vdots \\ \delta_n \end{bmatrix} = \begin{bmatrix} \Delta V(u_0) \\ \vdots \\ \Delta V(u_l) \end{bmatrix} \tag{8.170}$$

式(8.170)可简写为 $\boldsymbol{A\delta}=\boldsymbol{B}$ 的形式。式(8.170)可利用 2.3.1 节所述方法进行快速求解，在此不再赘述。将进给率曲线控制顶点的偏移量 $\boldsymbol{\delta}$ 代入式(8.168)中，就得到新

进给率曲线。然后，验证新的进给率曲线是否满足各约束条件的限制，如果仍存在超差区域，则重复上述调整、计算过程，直到所有约束处于合理范围之内。

8.7.3　曲线演化算法的算例

为简便起见，本节以三轴加工为例验证所述曲线演化算法的有效性。所加约束条件仅为 x 轴和 y 轴的加速度和加加速度约束，其上限值如表 8.2 所示，所用加工路径如图 8.11(a)所示，初始进给率曲线选择为直线，$V=30\text{mm/s}$。首先，计算初始进给率曲线的采样点处的 x 轴和 y 轴的加速度和加加速度，并与设定的各轴加速度、加加速度上限值进行比较，标记并存储进给率曲线上的超差点；然后，对所有约束超差点的进给率乘以比例调节系数 λ，得到超差点处新的进给率值，再利用前面所述自由曲线变形方法，将初始进给率曲线从当前位置光滑变形到目标位置，得到新的进给率曲线。不断重复前面调整、计算过程，直到所有约束条件得到满足。

表 8.2　曲线演化算例中约束条件的限制值

加工参数	上限值
x 轴加速度/(mm/s^2)	40
y 轴加速度/(mm/s^2)	40
x 轴加加速度/(mm/s^3)	200
y 轴加加速度/(mm/s^3)	200

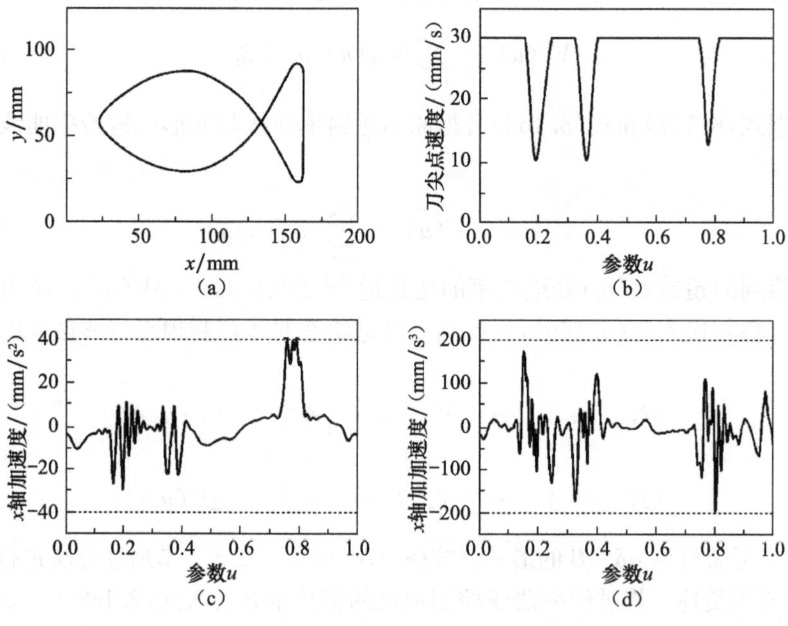

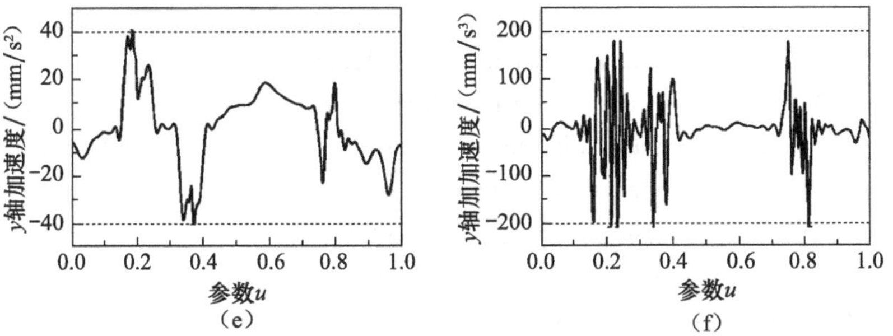

图8.11　进给率曲线演化算法的模拟仿真结果

图8.11(b)为调整后的进给率曲线。从图中可以看到，经曲线演化算法得到的进给率曲线比较光顺，重要的是在轨迹曲线曲率较大区域，刀具进给率也相应降低，从而可以有效地避免约束超差对零件加工质量和机床结构的损害。图8.11(c)～(f)为 x 轴和 y 轴加速度和加加速度的特性图。从图中可以看到，无论加速度还是加加速度都小于给定的上限值，这也进一步说明了所述方法对刀具进给率控制的有效性。

参考文献

[1] Bahr B, Xiao X, Krishnan K. A real-time scheme of cubic parametric curve interpolations for CNC systems. Computers in Industry, 2001, 45(3): 309-317.

[2] Bedi S, Ali I, Quan N. Advanced interpolation techniques for CNC machines. Journal of Engineering for Industry, 1993, 115(3): 329-336.

[3] Shpitalni M, Koren Y, Lo C C. Realtime curve interpolators. Computer-Aided Design, 1994, 26(11): 832-838.

[4] Yeh S S, Hsu P L. The speed-controlled interpolator for machining parametric curves. Computer-Aided Design, 1999, 31(5): 347-359.

[5] Yeh S S, Hsu P L. Adaptive-feedrate interpolation for parametric curves with a confined chord error. Computer-Aided Design, 2002, 34(3): 229-237.

[6] Farouki R T, Tsai Y F. Exact Taylor series coefficients for variable-feedrate CNC curve interpolators. Computer-Aided Design, 2001, 33(2): 155-165.

[7] Cheng M Y, Tsai M C, Kuo J C. Real-time NURBS command generators for CNC servo controllers. International Journal of Machine Tools and Manufacture, 2002, 42(7): 801-813.

[8] Tsai M C, Cheng C W. A real-time predictor-corrector interpolator for CNC machining. Journal of Manufacturing Science and Engineering, ASME, 2003, 125(3): 449-460.

[9] Lee A C, Lin M T, Pan Y R, et al. The feedrate scheduling of NURBS interpolator for CNC machine tools. Computer-Aided Design, 2011, 43(6): 612-628.

[10] Guzel B U, Lazoglu I. Increasing productivity in sculpture surface machining via off-line

piecewise variable feedrate scheduling based on the force system model. International Journal of Machine Tools and Manufacture, 2004, 44(1): 21-28.

[11] Sun Y W, Jia Z Y, Ren F, et al. Adaptive feedrate scheduling for NC machining along curvilinear paths with improved kinematic and geometric properties. The International Journal of Advanced Manufacturing Technology, 2008, 36(1/2): 60-68.

[12] Sun Y W, Bao Y R, Kang K X, et al. An adaptive feedrate scheduling method of dual NURBS curve interpolator for precision five-axis CNC machining. International Journal of Advanced Manufacturing Technology, 2013, 68(9/10/11112): 1977-1987.

[13] Sencer B, Altintas Y, Croft E. Feed optimization for five-axis CNC machine tools with drive constraints. International Journal of Machine Tools and Manufacture, 2008, 48(7): 733-745.

[14] Sun Y W, Zhou J F, Guo D M. Variable feedrate interpolation of NURBS toolpath with geometric and kinematical constraints for five-axis CNC machining. Journal of Systems Science and Complexity, 2013, 26(5): 757-776.

[15] Zhou J F, Sun Y W, Guo D M. Adaptive feedrate interpolation with multi-constraints for five-axis parametric toolpath. The International Journal of Advanced Manufacturing Technology, 2014, 71(9/10/11/12): 1873-1882.

[16] Sun Y W, Zhao Y, Bao Y, et al. A novel adaptive-feedrate interpolation method for NURBS tool path with drive constraints. International Journal of Machine Tools and Manufacture, 2014, 77: 74-81.

[17] Sun Y W, Zhao Y, Xu J T, et al. The feedrate scheduling of parametric interpolator with geometry, process and drive constraints for multi-axis CNC machine tools. International Journal of Machine Tools and Manufacture, 2014, 85: 49-57.

第 9 章　复杂曲面加工中的最优匹配策略

三维测量技术的快速发展，使工件任意位姿下的寻位加工、毛坯加工余量的均布优化和设计模型驱动的加工质量评价，成为获得高精度、高性能复杂曲面零件的重要手段。这些关键技术之间并非彼此孤立，而是具有共性的科学问题，都需要经过三维测量数据与理想设计模型之间的最优匹配才能获得所期望的零件定位姿态、毛坯余量和加工误差等信息。本章将围绕复杂曲面加工中的最优匹配策略展开详细论述，解决无预知定位信息下多视测量数据的自动融合、设计模型驱动的加工质量评价、工件整体/局部区域的加工余量优化和任意位姿下的自动寻位加工等问题。在此基础上，结合第 2 章的自由变形，发展出可用于变形或破损零件模型重构的非刚性匹配方法。

9.1　曲面匹配中的基本问题

9.1.1　曲面最优匹配的数学模型

如图 9.1 所示，受测量设备或工件形状的限制，零件的测量坐标系和模型的设计坐标系很难完全一致。为了使测量数据与模型曲面之间的比较成为可能，实现两者之间的最优匹配就成为加工定位、毛坯余量优化和加工质量评价的前提。通过测量获得工件表面的三维数据信息，并建立测量数据与设计模型之间的对应联系，然后采用解析或数值计算的方法确定设计坐标系或模型坐标系 $\xi^{(w)}$ 与测量坐标系 $\xi^{(m)}$ 之间的变换关系，以调整设计曲面或测量数据的位姿，从而实现设计曲面

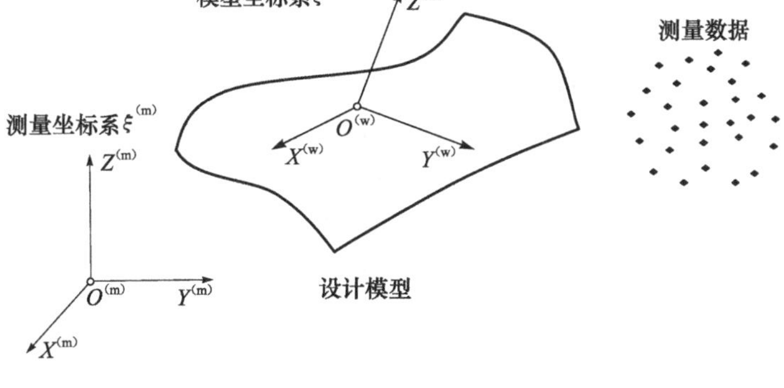

图 9.1　设计曲面与测量数据间的最优匹配

与测量数据之间的最优匹配。

设 $\boldsymbol{P}=\{\boldsymbol{p}_i\in\mathbf{R}^3, i=0,1,\cdots,n\}$ 为工件表面的测量数据，$\boldsymbol{r}(u,v)$ 为工件的设计模型，则上述模型曲面与测量数据间最优匹配的数学模型，可用如下非线性最小二乘(LS)模型来描述：

$$E(\boldsymbol{g})=\min_{\boldsymbol{g}}\left\{\sum_{i=0}^{n}\|d_{p_i,r}^{\mathrm{c}}(\boldsymbol{g}\boldsymbol{p}_i)\|^2\right\}=\min_{\boldsymbol{g}}\left\{\sum_{i=0}^{n}\|\min_{u,v}(\|\boldsymbol{g}\boldsymbol{p}_i-\boldsymbol{r}(u,v)\|)\|^2\right\} \tag{9.1}$$

式中，$\boldsymbol{g}$ 为测量数据 $\boldsymbol{P}$ 到模型曲面 $\boldsymbol{r}(u,v)$ 的刚体运动变换矩阵；$d_{p_i,r}^{\mathrm{c}}(\boldsymbol{g}\boldsymbol{p}_i)$ 为测量点 $\boldsymbol{p}_i$ 在刚体变换 $\boldsymbol{g}$ 下到模型曲面 $\boldsymbol{r}(u,v)$ 的最小距离，也就是点 $\boldsymbol{g}\boldsymbol{p}_i$ 到曲面 $\boldsymbol{r}(u,v)$ 的最小距离：

$$d_{p_i,r}^{\mathrm{c}}(\boldsymbol{g}\boldsymbol{p}_i)=\min_{u,v}\{\|\boldsymbol{g}\boldsymbol{p}_i-\boldsymbol{r}(u,v)\|\} \tag{9.2}$$

式(9.1)的最优解就给出了测量坐标系与模型坐标系之间的最优坐标变换 $\boldsymbol{g}_o$。

9.1.2 坐标系间的刚体运动变换

如上所述，$\boldsymbol{g}$ 为测量数据 $\boldsymbol{P}$ 到模型曲面 $\boldsymbol{r}(u,v)$ 的刚体运动变换矩阵，它给出了测量坐标系 $\xi^{(\mathrm{m})}$ 中任意一点到模型坐标系 $\xi^{(\mathrm{w})}$ 中的坐标变换，而 $\boldsymbol{g}$ 的逆 $\boldsymbol{g}^{-1}$ 则给出了设计模型在测量坐标系 $\xi^{(\mathrm{w})}$ 下的位姿。数学上，$\boldsymbol{g}$ 可表示为

$$\boldsymbol{g}=(\boldsymbol{R},\boldsymbol{t}) \tag{9.3}$$

式中，$\boldsymbol{t}\in\mathbf{R}^3$ 为物体沿坐标系 X、Y 和 Z 轴的平移量 x、y 和 z 所构成的平移变换；$\boldsymbol{R}\in\mathbf{R}^{3\times3}$ 为物体绕坐标系 X、Y 和 Z 轴的旋转角度 α、β 和 γ 所构成的旋转矩阵。$\boldsymbol{R}$ 和 $\boldsymbol{t}$ 的数学表达如下：

$$\begin{cases}\boldsymbol{R}=\boldsymbol{R}(\alpha)\boldsymbol{R}(\beta)\boldsymbol{R}(\gamma)\\ \boldsymbol{t}=[x,y,z]^{\mathrm{T}}\end{cases} \tag{9.4}$$

式中，$\boldsymbol{R}(\alpha)$、$\boldsymbol{R}(\beta)$ 和 $\boldsymbol{R}(\gamma)$ 分别表示物体绕坐标系 X、Y 和 Z 轴的旋转变换矩阵：

$$\boldsymbol{R}(\alpha)=\begin{bmatrix}1 & 0 & 0\\ 0 & \cos\alpha & -\sin\alpha\\ 0 & \sin\alpha & \cos\alpha\end{bmatrix} \tag{9.5a}$$

$$\boldsymbol{R}(\beta)=\begin{bmatrix}\cos\beta & 0 & \sin\beta\\ 0 & 1 & 0\\ -\sin\beta & 0 & \cos\beta\end{bmatrix} \tag{9.5b}$$

$$\boldsymbol{R}(\gamma)=\begin{bmatrix}\cos\gamma & -\sin\gamma & 0\\ \sin\gamma & \cos\gamma & 0\\ 0 & 0 & 1\end{bmatrix} \tag{9.5c}$$

9.1.3　刚体运动变换的求解

1. 三点法

数学上，利用不同坐标系中不共线的三对对应点就可以快速地确定坐标系间的刚体运动变换矩阵。据此，下面给出求解坐标系间刚体运动变换的三点法。

如图 9.2 所示，$\boldsymbol{s}_1$、$\boldsymbol{s}_2$ 和 $\boldsymbol{s}_3$ 为从零件测量数据中选取的三个种子点，$\boldsymbol{m}_1$、$\boldsymbol{m}_2$ 和 $\boldsymbol{m}_3$ 为种子点 $\boldsymbol{s}_1$、$\boldsymbol{s}_2$ 和 $\boldsymbol{s}_3$ 在模型曲面上的对应点。通过种子点 $\boldsymbol{s}_1$、$\boldsymbol{s}_2$、$\boldsymbol{s}_3$，构建局部坐标系 $\xi^{(s)}=\{\boldsymbol{s}_1;\boldsymbol{e}_1^{(s)},\boldsymbol{e}_2^{(s)},\boldsymbol{e}_3^{(s)}\}$，坐标系 $\xi^{(s)}$ 的原点为种子点 $\boldsymbol{s}_1$，各坐标轴矢量为

$$\begin{cases}\boldsymbol{e}_1^{(s)}=\dfrac{\boldsymbol{s}_3-\boldsymbol{s}_1}{\|\boldsymbol{s}_3-\boldsymbol{s}_1\|}\\[2mm]\boldsymbol{e}_2^{(s)}=\dfrac{(\boldsymbol{s}_3-\boldsymbol{s}_1)\times(\boldsymbol{s}_2-\boldsymbol{s}_1)}{\|(\boldsymbol{s}_3-\boldsymbol{s}_1)\times(\boldsymbol{s}_2-\boldsymbol{s}_1)\|}\\[2mm]\boldsymbol{e}_3^{(s)}=\boldsymbol{e}_1^{(s)}\times\boldsymbol{e}_2^{(s)}\end{cases}\tag{9.6}$$

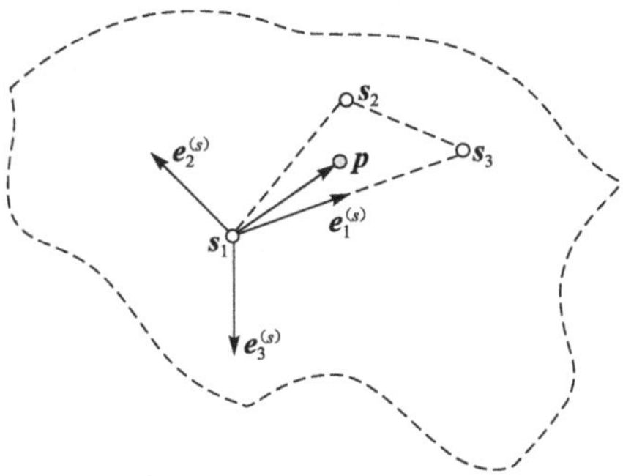

(a) 测量数据中的种子点

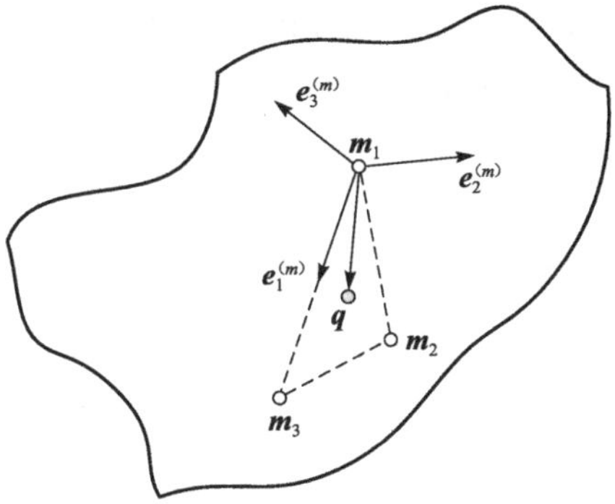

(b) 模型曲面上的对应点

图 9.2　求解刚体运动变换的三点法

类似地，通过 $\boldsymbol{m}_1$、$\boldsymbol{m}_2$、$\boldsymbol{m}_3$ 快速构建模型曲面上的局部坐标系 $\xi^{(m)}=\{\boldsymbol{m}_1;\boldsymbol{e}_1^{(m)},\boldsymbol{e}_2^{(m)},\boldsymbol{e}_3^{(m)}\}$，其中 $\boldsymbol{m}_1$ 为局部坐标系 $\xi^{(m)}$ 的原点。如图 9.2 所示，$\boldsymbol{q}$ 为测量数据点 $\boldsymbol{p}$ 在模型曲面上的对应点，$\boldsymbol{p}$ 到局部坐标系 $\xi^{(s)}$ 的原点 $\boldsymbol{s}_1$ 的方向矢量为 $\boldsymbol{d}_s=\boldsymbol{p}-\boldsymbol{s}_1$，$\boldsymbol{q}$ 到局部坐标系 $\xi^{(m)}$ 的原点 $\boldsymbol{m}_1$ 的方向矢量为 $\boldsymbol{d}_m=\boldsymbol{q}-\boldsymbol{m}_1$。由于刚体变换不改变矢量之间的点乘，方向矢量 $\boldsymbol{d}_s$ 和 $\boldsymbol{d}_m$ 在各自局部坐标系 $\xi^{(s)}$ 和 $\xi^{(m)}$ 坐标轴上的投影具有如下对应关系：

$$\begin{cases}\boldsymbol{e}_1^{(s)}\cdot\boldsymbol{d}_s=\boldsymbol{e}_1^{(m)}\cdot\boldsymbol{d}_m\\\boldsymbol{e}_2^{(s)}\cdot\boldsymbol{d}_s=\boldsymbol{e}_2^{(m)}\cdot\boldsymbol{d}_{\mathrm{m}}\\\boldsymbol{e}_3^{(s)}\cdot\boldsymbol{d}_s=\boldsymbol{e}_3^{(m)}\cdot\boldsymbol{d}_m\end{cases}\tag{9.7}$$

根据 $\xi^{(s)}=\{\boldsymbol{s}_1;\boldsymbol{e}_1^{(s)},\boldsymbol{e}_2^{(s)},\boldsymbol{e}_3^{(s)}\}$，$\xi^{(m)}=\{\boldsymbol{m}_1;\boldsymbol{e}_1^{(m)},\boldsymbol{e}_2^{(m)},\boldsymbol{e}_3^{(m)}\}$，式(9.7)可改写为

$$[\boldsymbol{e}_1^{(s)}, \boldsymbol{e}_2^{(s)}, \boldsymbol{e}_3^{(s)}]^{\mathrm{T}} \boldsymbol{d}_s = [\boldsymbol{e}_1^{(m)}, \boldsymbol{e}_2^{(m)}, \boldsymbol{e}_3^{(m)}]^{\mathrm{T}} \boldsymbol{d}_m \tag{9.8}$$

进而,可得

$$\boldsymbol{d}_m = \{[\boldsymbol{e}_1^{(m)}, \boldsymbol{e}_2^{(m)}, \boldsymbol{e}_3^{(m)}]^{\mathrm{T}}\}^{-1} [\boldsymbol{e}_1^{(s)}, \boldsymbol{e}_2^{(s)}, \boldsymbol{e}_3^{(s)}]^{\mathrm{T}} \boldsymbol{d}_s \tag{9.9}$$

根据式(9.9),就可得到测量坐标系相对于模型坐标系的刚体旋转变换矩阵 $\boldsymbol{R}$ 和平移矢量 $\boldsymbol{t}$ 分别为

$$\begin{cases} \boldsymbol{R} = ([\boldsymbol{e}_1^{(m)}, \boldsymbol{e}_2^{(m)}, \boldsymbol{e}_3^{(m)}]^{\mathrm{T}})^{-1} [\boldsymbol{e}_1^{(s)}, \boldsymbol{e}_2^{(s)}, \boldsymbol{e}_3^{(s)}]^{\mathrm{T}} \\ \boldsymbol{t} = \boldsymbol{\mu}_{\mathrm{c}}^{(m)} - \boldsymbol{R}\boldsymbol{\mu}_{\mathrm{c}}^{(s)} \end{cases} \tag{9.10}$$

式中,$\boldsymbol{\mu}_{\mathrm{c}}^{(s)} = (\boldsymbol{s}_1 + \boldsymbol{s}_2 + \boldsymbol{s}_3)/3$ 和 $\boldsymbol{\mu}_{\mathrm{c}}^{(m)} = (\boldsymbol{m}_1 + \boldsymbol{m}_2 + \boldsymbol{m}_3)/3$ 分别为测量数据种子点 $\boldsymbol{s}_1$、$\boldsymbol{s}_2$、$\boldsymbol{s}_3$ 和它们在模型曲面上的对应目标点 $\boldsymbol{m}_1$、$\boldsymbol{m}_2$、$\boldsymbol{m}_3$ 组成的三角形的形心。

2. 奇异值分解法

由于测量误差的存在,三点法一般只用于粗略地估算测量坐标系与模型坐标系之间的刚体变换。为了减小单个点的测量误差对计算结果的影响,得到更为精确的坐标变换关系,必须充分考虑所有测量数据与模型曲面间的对应关系,求解式(9.1)所示的最小二乘问题。下面给出求解该非线性最小二乘问题的奇异值分解法。

设测量数据 $\boldsymbol{P} = \{\boldsymbol{p}_i \in \mathbf{R}^3, i = 0, 1, \cdots, n\}$ 在模型曲面上的对应点为 $\boldsymbol{Q} = \{\boldsymbol{q}_i \in \mathbf{R}^3, i = 0, 1, \cdots, n\}$,其中 $\{\boldsymbol{p}_i, \boldsymbol{q}_i\}$ 为对应点对,则测量数据 $\boldsymbol{P}$ 与其对应点集 $\boldsymbol{Q}$ 的形心为

$$\boldsymbol{\mu}_{\mathrm{c}}^{(p)} = \frac{1}{n+1} \sum_{i=0}^{n} \boldsymbol{p}_i, \qquad \boldsymbol{\mu}_{\mathrm{c}}^{(q)} = \frac{1}{n+1} \sum_{i=0}^{n} \boldsymbol{q}_i \tag{9.11}$$

设式(9.1)的最优解为 $\boldsymbol{g}_o$,经 $\boldsymbol{g}_o$ 坐标变换后的测量数据为 $\boldsymbol{P}^{(g)} = \{\boldsymbol{g}_o \boldsymbol{p}_i, i = 0, 1, \cdots, n\}$。在理论上,$\boldsymbol{P}^{(g)}$ 应与模型曲面上的对应点集 $\boldsymbol{Q}$ 具有相同的形心,即满足 $\boldsymbol{\mu}_{\mathrm{c}}^{(p,g)} = \boldsymbol{g}_o \boldsymbol{\mu}_{\mathrm{c}}^{(p)} = \boldsymbol{\mu}_{\mathrm{c}}^{(q)}$。据此,将 $\boldsymbol{d}_i^{(p)} = \boldsymbol{p}_i - \boldsymbol{\mu}_{\mathrm{c}}^{(p)}$,$\boldsymbol{d}_i^{(q)} = \boldsymbol{q}_i - \boldsymbol{\mu}_{\mathrm{c}}^{(q)}$ 代入式(9.1)并整理,可得

$$E(\boldsymbol{R}) = \min_{\boldsymbol{R}} \left\{ \sum_{i=0}^{n} \| \boldsymbol{R}\boldsymbol{d}_i^{(p)} - \boldsymbol{d}_i^{(q)} \|^2 \right\} \tag{9.12}$$

这样,式(9.1)的求解就被分为两步:先计算使式(9.12)取得最小值的旋转变换矩阵 $\boldsymbol{R}$,再计算平移矢量 $\boldsymbol{t} = \boldsymbol{\mu}_{\mathrm{c}}^{(q)} - \boldsymbol{R}\boldsymbol{\mu}_{\mathrm{c}}^{(p)}$。对于式(9.12)中旋转变换矩阵 $\boldsymbol{R}$,可利用奇异值分解法快速求解[1,2]。首先,计算测量数据 $\boldsymbol{P}$ 与其在模型曲面上对应点集 $\boldsymbol{Q}$ 间的协方差矩阵 $\boldsymbol{H}$:

$$\boldsymbol{H} = \frac{1}{n+1} \sum_{i=0}^{n} \boldsymbol{d}_i^{(p)} \boldsymbol{d}_i^{(q)\mathrm{T}} = \frac{1}{n+1} \sum_{i=0}^{n} [\boldsymbol{p}_i - \boldsymbol{\mu}_{\mathrm{c}}^{(p)}][\boldsymbol{q}_i - \boldsymbol{\mu}_{\mathrm{c}}^{(q)}]^{\mathrm{T}} \tag{9.13}$$

对协方差矩阵 $\boldsymbol{H}$ 进行奇异值分解,即 $\boldsymbol{H} = \boldsymbol{U}\boldsymbol{\Lambda}\boldsymbol{V}^{\mathrm{T}}$,并计算行列式 $\det(\boldsymbol{U}\boldsymbol{V}^{\mathrm{T}})$,如果 $\det(\boldsymbol{U}\boldsymbol{V}^{T}) = 1$,则旋转变换矩阵 $\boldsymbol{R} = \boldsymbol{U}\boldsymbol{V}^{\mathrm{T}}$;如果 $\det(\boldsymbol{U}\boldsymbol{V}^{\mathrm{T}}) = -1$,则计算失败,但一

般情况下，此种情况发生的可能性很小。

3. 四元数法

前面给出了直接求解测量数据与模型曲面之间刚体变换的奇异值分解法，本节将给出也经常用于不同坐标系间刚体变换求解的四元数法[3]。

根据前面得到的测量数据 $\boldsymbol{P}$ 与其在模型曲面上的对应点集 $\boldsymbol{Q}$ 之间的协方差矩阵 $\boldsymbol{H}$，构造如下的 4×4 的实对称矩阵 $\boldsymbol{M}_{4\times4}$：

$$\boldsymbol{M}_{4\times4}=\begin{bmatrix}\mathrm{trace}(\boldsymbol{H}) & \boldsymbol{\Delta}^{\mathrm{T}}\\ \boldsymbol{\Delta} & \boldsymbol{H}+\boldsymbol{H}^{\mathrm{T}}-\mathrm{trace}(\boldsymbol{H})\boldsymbol{I}_{3\times3}\end{bmatrix} \tag{9.14}$$

式中，$\boldsymbol{\Delta}=[A_{23},A_{31},A_{12}]^{\mathrm{T}}$，$A_{ij}=H_{ij}-H_{ji}$；$\boldsymbol{I}_{3\times3}$ 为 3×3 的单位阵；$\mathrm{trace}(\boldsymbol{H})$ 为协方差矩阵 $\boldsymbol{H}$ 的迹。对矩阵 $\boldsymbol{M}_{4\times4}$ 进行特征值分解，并设 $\boldsymbol{M}_{4\times4}$ 最大特征值所对应的特征向量为 $\boldsymbol{e}_{\max}=[e_0,e_1,e_2,e_3]^{\mathrm{T}}$。由 $\boldsymbol{e}_{\max}$ 就可构造出测量数据相对于模型曲面的旋转矩阵 $\boldsymbol{R}$：

$$\boldsymbol{R}=\begin{bmatrix}e_0^2+e_1^2-e_2^2-e_3^2 & 2(e_1e_2+e_0e_3) & 2(e_1e_3-e_0e_2)\\ 2(e_1e_2-e_0e_3) & e_0^2+e_2^2-e_1^2-e_3^2 & 2(e_2e_3+e_0e_1)\\ 2(e_1e_3+e_0e_2) & 2(e_2e_3-e_0e_1) & e_0^2+e_3^2-e_1^2-e_2^2\end{bmatrix} \tag{9.15}$$

进而得到平移矢量 $\boldsymbol{t}=\boldsymbol{\mu}_{\mathrm{c}}^{(q)}-\boldsymbol{R}\boldsymbol{\mu}_{\mathrm{c}}^{(p)}$，其中 $\boldsymbol{\mu}_{\mathrm{c}}^{(p)}$ 和 $\boldsymbol{\mu}_{\mathrm{c}}^{(q)}$ 分别为测量数据 $\boldsymbol{P}$ 与其在模型曲面上对应点集 $\boldsymbol{Q}$ 的形心。

9.1.4　坐标系间对应关系的构造

测量数据到模型曲面最优定位的实现，在于不同坐标系间对应关系的构造。任何能够唯一标识曲面点的几何特征都可被用于构造不同测量数据或模型曲面间的对应关系，如曲面的曲率[4,5]、Dupin 标形[6]、惯性不变量[7]等；也可以通过某些算法构造出能够唯一标识曲面点的特征参数，如点标[8]、面标[9]、旋量图[10]和有向脚标[11]等。上述这些对应关系的构造方法常用于三维测量中不同坐标系下多视测量数据的整体拼合，而对于本书主要讨论的加工定位、余量优化以及误差检测中的测量数据与模型曲面间的对应关系，常常采用最近点对的方式进行构造[12~18]。下面将主要论述基于曲面内在几何特性和最近点对的不同坐标系间对应关系的构造方法。

1. 曲面的内在几何特性

曲面的内在几何特性如主曲率、高斯曲率、平均曲率和脐点等仅依赖曲面的几何形状而与曲面的参数和描述方法无关，更重要的是，它们是刚体变换不变量，因此可以通过提取这些曲面的不变量特征以建立测量数据与模型曲面之间的对应关系。

模型曲面的曲率特征可根据微分几何的曲率公式进行计算，但对于测量数据，则需要估算处理点处的曲率特征。一般情况下，可先利用 3.1.3 节所述 k 邻域搜索方法快速地找到所处理点的局部邻域点集，然后根据 3.4 节所述曲面重构方法对局部邻域点集进行曲面重构，再根据参数曲面的曲率公式，计算该点处的曲率。在实际处理中，为了计算的方便，常只利用 3.1.4 节中"最小二乘二次曲面拟合"小节所述方法对局部邻域点集进行二次曲面拟合：

$$z(x,y) = ax^2 + bxy + cy^2 \tag{9.16}$$

式中，a、b、c 是二次曲面的系数。假设已经得到逼近局部邻域点集的二次曲面 $z(x,y)$，可将该二次曲面改写为(u,v)参数的表达形式：

$$\boldsymbol{r}(u,v) = \begin{bmatrix} u \\ v \\ au^2 + buv + cv^2 \end{bmatrix} \tag{9.17}$$

根据微分几何学中给出的高斯曲率 K、平均曲率 H 的计算公式，就可以得到 $\boldsymbol{p}_i$ 点处的高斯曲率和平均曲率：

$$K = 4(ac - b^2), \qquad H = a + c \tag{9.18}$$

并可进一步求取 $\boldsymbol{p}_i$ 点处的最大主曲率 $k_{\max}$ 和最小主曲率 $k_{\min}$。将高斯曲率、平均曲率或主曲率作为测量数据点的匹配特征，利用数值计算或离散近似求解的方法在模型曲面上找到具有相同几何特征的点，即可建立起测量数据与模型曲面之间的对应关系。

2. 曲面间的最近点对

考虑到测量数据的曲率估算对测量误差的敏感性，上述基于曲面曲率特征的对应关系一般只用于工件的初始匹配，实现工件位姿的基本找正，为后续的最优匹配算法如常用的迭代最近点(ICP)算法[19]提供良好的初始变换估计。在目前研究中，最优匹配算法大都采用测量数据到模型曲面的最近点对来建立点与点之间的对应关系。下面将给出最优匹配中两种常用的点到模型曲面距离函数的表示方法。

设 $\boldsymbol{r}(u,v)$ 为设计坐标系 $\xi^{(\mathrm{w})}$ 中的模型曲面，$\boldsymbol{p}\in\mathbf{R}^3$ 为测量坐标系 $\xi^{(\mathrm{m})}$ 下测量数据中的一点，则点 $\boldsymbol{p}$ 到模型曲面 $\boldsymbol{r}(u,v)$ 的最小距离 $d_{p,r}^{\mathrm{c}}(\boldsymbol{p})$ 为

$$d_{p,r}^{\mathrm{c}}(\boldsymbol{p}) = \min_{u,v}\{\, \| \boldsymbol{p} - \boldsymbol{r}(u,v) \| \,\} \tag{9.19}$$

使式(9.19)取得最小值的模型曲面上的点，就是 $\boldsymbol{p}$ 点在模型曲面上的对应点 $\boldsymbol{q}$。对于式(9.19)，可采用 3.2.3 节所述 Newton-Raphson 数值计算方法进行求解。此类迭代方法具有接近二阶的收敛速度，可达到很高的计算精度，但它对初始值的要求却比较苛刻，如果初始点选择不当，迭代过程可能会陷入局部极值甚至无法收敛[20~22]。这一问题对于加工定位、余量优化和误差检测至关重要。如果最近点计

算出现错误，工件的加工质量、定位精度和加工余量判断都可能出现偏差，不可避免地导致工件经常被重新加工、反复定位找正，将直接影响零件的加工效率和精度。对于实际的工业应用，与算法的运算效率相比，所采用方法的适应性和鲁棒性更为重要。在实际的应用中，为了避免迭代过程和初始值对计算结果的影响，可采用提出的基于曲线/曲面细分的最近点计算方法，在 9.2 节将给出该方法的详细论述。

得到测量数据 $\boldsymbol{p}$ 到模型曲面 $\boldsymbol{r}(u,v)$ 的最近点 $\boldsymbol{q}$ 后，就可建立由曲面间最近点对 $\{\boldsymbol{p},\boldsymbol{q}\}$ 表示的测量数据与模型曲面间的对应关系，进而利用 9.1.3 节所述刚体运动变换计算方法，得到测量数据与模型曲面间的坐标变换。一般情况下，最优匹配算法中所用到的点到曲面的最小距离 $d_{p,r}^{c}(\boldsymbol{p})$ 是点到曲面的绝对距离，并没有正负之分，但在后续所要讨论的毛坯加工余量均布优化问题中，加工余量是由点到曲面的有向距离来表示的，用以区分正负加工余量区域。如图 9.3 所示，点到曲面的有向距离 $d_{p,r}^{o}(\boldsymbol{p})$ 定义如下：

$$d_{p,r}^{o}(\boldsymbol{p}) = [\boldsymbol{p} - \boldsymbol{r}(u_q, v_q)] \cdot \boldsymbol{n}_q(u_q, v_q) \tag{9.20}$$

式中，$\boldsymbol{r}(u_q,v_q)=\boldsymbol{q}$ 为点 $\boldsymbol{p}$ 在模型曲面上的最近点；$\boldsymbol{n}_q$ 为模型曲面 $\boldsymbol{r}(u,v)$ 在最近点 $\boldsymbol{q}$ 处的法矢量。利用上述有向距离 $d_{p,r}^{o}(\boldsymbol{p})$ 就可表征工件毛坯表面的加工余量，用 $d_{p,r}^{o}(\boldsymbol{p})>0$ 作为后续加工余量均布优化中的约束，以保证工件毛坯上的每点都有正的加工余量。

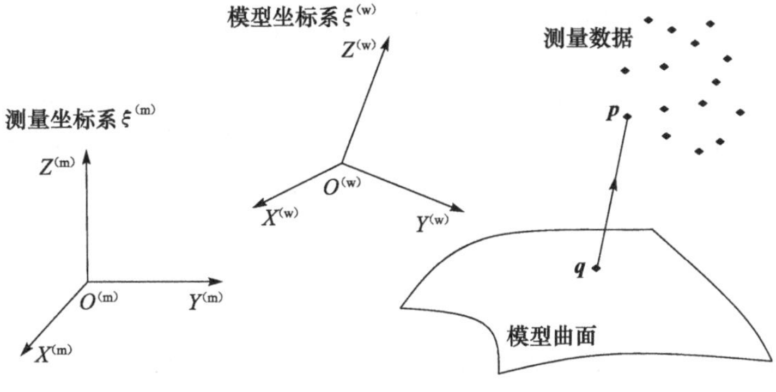

图 9.3 点到曲面的有向距离定义

9.2 点到曲线曲面最近点的计算

考虑到最优匹配方法对最近点计算可靠性和鲁棒性等方面的要求。本节将对点到曲线曲面的最近点问题进行深入地讨论，利用第 2 章所述 Bernstein 多项式算术运算，详细论述给定点在曲线曲面上的最近点计算模型的构建过程，并给出基于曲线曲面分割和树形结构递归分解的搜索策略。

9.2.1 点到B样条曲线的最近点

1. 点到曲线最近点的计算模型

为便于求解,先利用2.2.6节所述节点插入算法将B样条曲线转化为一组Bézier曲线,将点到B样条曲线的最近点问题转化为点到Bézier子曲线的最近点问题。

数学上,一条 m 次Bézier曲线可表示为一段Bernstein多项式函数曲线:

$$C^{B}:\boldsymbol{r}(u)=\sum_{i=0}^{m}\boldsymbol{b}_{i}B_{i,m}(u) \tag{9.21}$$

式中,$\boldsymbol{b}_i\in\mathbf{R}^3$ 为Bézier曲线 C^B 的控制顶点;u 为Bézier曲线的参数;m 为Bézier曲线的次数。对于曲线外任意一点 $\boldsymbol{p}_0\in\mathbf{R}^3$,它到曲线 C^B 的平方距离函数定义如下:

$$d_{p,c}^{s}(u)=\|\boldsymbol{r}(u)-\boldsymbol{p}_0\|^2=[\boldsymbol{r}(u)-\boldsymbol{p}_0]\cdot[\boldsymbol{r}(u)-\boldsymbol{p}_0] \tag{9.22}$$

求解上述平方距离函数 $d_{p,c}^{s}(u)$ 极值的一般方法就是,计算平方距离函数 $d_{p,c}^{s}(u)$ 的导数函数 $\mathrm{d}d_{p,c}^{s}(u)/\mathrm{d}u$ 的所有零点,即求解方程式 $\mathrm{d}d_{p,c}^{s}(u)/\mathrm{d}u=0$ 的所有根,并检查在这些零点处距离函数 $d_{p,c}^{s}(u)$ 是否达到最小值。距离函数 $d_{p,c}^{s}(u)$ 关于参数 u 的导数由下式计算:

$$\frac{\mathrm{d}d_{p,c}^{s}(u)}{\mathrm{d}u}=2\left\{\frac{\mathrm{d}\boldsymbol{r}(u)}{\mathrm{d}u}\cdot[\boldsymbol{r}(u)-\boldsymbol{p}_0]\right\} \tag{9.23}$$

对于非线性方程 $\mathrm{d}d_{p,c}^{s}(u)/\mathrm{d}u=0$ 的求解,可以直接利用Newton-Raphson或其他数值方法进行计算,而本节将充分利用De Casteljau分割算法和Bézier曲线的变差缩减性质对方程 $\mathrm{d}d_{p,c}^{s}(u)/\mathrm{d}u=0$ 进行求解。曲线 C^B 对于参数 u 的导数由下式计算:

$$\frac{\mathrm{d}\boldsymbol{r}(u)}{\mathrm{d}u}=m\sum_{i=0}^{m-1}\boldsymbol{b}_{i}^{1}B_{i,m-1}(u) \tag{9.24}$$

式中,$\boldsymbol{b}_i^1\in\mathbf{R}^3$ 为Bézier曲线 C^B 控制顶点的一阶向前差分矢量。利用Bernstein基函数的规范性,点 $\boldsymbol{p}_0$ 可改写为一条退化的Bézier曲线,如下所示:

$$C_0^{B}:\boldsymbol{r}_0(u)=\sum_{i=0}^{m}\boldsymbol{d}_{i}B_{i,m}(u) \tag{9.25}$$

式中,$\boldsymbol{d}_i=\boldsymbol{p}_0\,(i=0,1,\cdots,m)$ 为退化Bézier曲线 C_0^B 的控制顶点。将式(9.21)和式(9.25)代入 $\boldsymbol{r}(u)-\boldsymbol{p}_0$,并利用Bernstein多项式的加法和减法算术运算,可将其改写为

$$\boldsymbol{r}(u)-\boldsymbol{p}_0=\sum_{i=0}^{m}\boldsymbol{e}_{i}B_{i,m}(u) \tag{9.26}$$

式中，$\boldsymbol{e}_i=\boldsymbol{b}_i-\boldsymbol{d}_i(i=0,1,\cdots,m)$。进而，将式(9.24)和式(9.26)代入式(9.23)，并利用 Bernstein 多项式的乘法运算，平方距离函数 $d^s_{p,c}(u)$的导数 $\mathrm{d}d^s_{p,c}(u)/\mathrm{d}u$ 可被改写为一个 Bernstein 多项式 $s(u)$，其表达式如下：

$$\begin{cases} s(u)=\sum\limits_{i=0}^{2m-1} g_i B_{i,2m-1}(u) \\ g_i=\sum\limits_{k=\max(0,i-t)}^{\min(s,i)} \dfrac{C_s^k C_t^{i-k}}{C_{s+t}^i}(\boldsymbol{b}_k^1\cdot\boldsymbol{e}_{i-k}) \end{cases} \tag{9.27}$$

式中，g_i 为多项式 $s(u)$的 Bernstein 系数；s 和 t 分别是式(9.24)和式(9.26)中参数 u 的最高次数。为了得到更直观的数学模型，利用 Bernstein 基函数的线性精度性质，函数 $s(u)$在 u 参数轴上的图形可由如下所示的一条 Bézier 曲线表示：

$$\begin{cases} C:\boldsymbol{s}(u)=\begin{bmatrix} u \\ s(u) \end{bmatrix}=\sum\limits_{i=0}^{2m-1}\boldsymbol{g}_i B_{i,2m-1}(u) \\ \boldsymbol{g}_i=[i/(2m-1),g_i]^{\mathrm{T}} \end{cases} \tag{9.28}$$

式中，$\boldsymbol{g}_i\in\mathbf{R}^2$ 为曲线 C 的控制顶点，该曲线被称为一阶导数曲线。从前面的推导过程可以看到，如果平方距离函数 $d^s_{p,c}(u)$的导数为零，即 $d^s_{p,c}(u)=0$ 成立，则一阶导数曲线 $C:\boldsymbol{s}(u)$必与 u 参数轴相交。这样，点到曲线 C^{B} 最近点的计算问题就被转化为求解方程 $d^s_{p,c}(u)=0$ 的根的问题，由此又将抽象的最近点求解过程转化为直观的一阶导数曲线 $C:\boldsymbol{s}(u)$与 u 参数轴之间交点的计算问题。如图 9.4 所示，若曲线 C 与 u 轴无交点，则 $\mathrm{d}d^s_{p,c}(u)/\mathrm{d}u\neq0$，即点 $\boldsymbol{p}$ 到曲线 C^{B} 的平方距离函数不存在极值点，也就是说最近点不在曲线 C^{B} 上，否则将利用第 2 章所述的 De Casteljau 算法对曲线 C 进行细分，直至满足给定的计算精度。关于最近点的具体搜索策略如下所述。

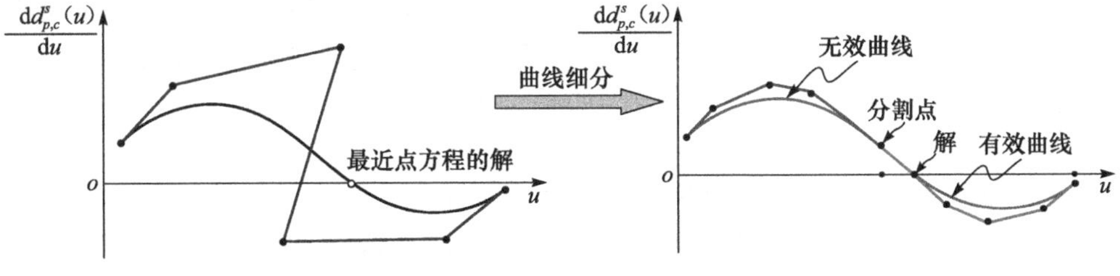

(a) 一阶导数曲线　　(b) 曲线细分过程

图 9.4　点到 Bézier 曲线最近点的计算过程

2. 点到曲线最近点的搜索策略

当利用一阶导数曲线 C 与 u 参数轴的交点计算点到曲线 C^{B} 的最近点时，一种特殊的情况必须被考虑[21,22]，即点到曲线的最近点是曲线 C^B 的端点，如图 9.5 所示。在这种情况下，上述最近点计算模型所依赖的基础 $\mathrm{d}d^s_{p,c}(u)/\mathrm{d}u=0$ 有可能不成立。此时，一阶导数曲线 C 与 u 参数轴不存在交点，也就无法计算点到曲线上的最近点。本节利用距离函数的一阶导矢信息给出了一种新的判断准则，通过分析一阶导数曲线 C 的控制顶点与 u 参数轴的位置关系，快速判断曲线 C 与 u 参数轴是否相交。根据 Bézier 曲线端点的插值特性和变差性质，判断准则如下。

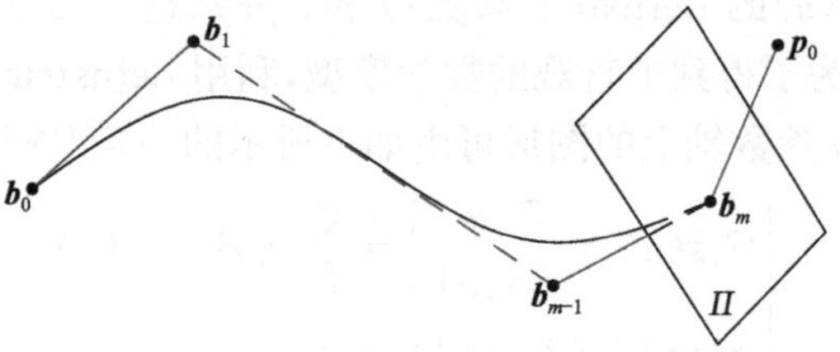

图 9.5 最近点是曲线端点的情形

判断准则 1 对于一条 m 次 Bézier 曲线 C^B：$\boldsymbol{r}(u)$ 和曲线外一点 $\boldsymbol{p}_0$，构造 Bernstein 多项式 $s(u)$。如果 $s(u)$ 的 Bernstein 系数满足 $g_i>0(i=0,1,\cdots,2m-1)$ 或 $g_i<0(i=0,1,\cdots,2m-1)$，则点 $\boldsymbol{p}_0$ 到曲线 C^B 的最近点必是曲线 C^B 的端点 $\boldsymbol{b}_0$ 或 $\boldsymbol{b}_m$。

证明 对于 Bézier 曲线 C^B 和曲线外一点 $\boldsymbol{p}_0$，平方距离函数 $d^s_{p,c}(u)$ 具有连续的导数 $\mathrm{d}d^s_{p,c}(u)/\mathrm{d}u$。如果 $\mathrm{d}d^s_{p,c}(u)/\mathrm{d}u>0, 0\leqslant u\leqslant 1$，则 $d^s_{p,c}(u)$ 为单调增函数，那么点 $\boldsymbol{p}_0$ 到曲线 C^B 的最近点必为曲线的末端点 $\boldsymbol{b}_0$；如果 $\mathrm{d}d^s_{p,c}(u)/\mathrm{d}u<0, 0\leqslant u\leqslant 1$，则 $d^s_{p,c}(u)$ 为单调减函数，那么点 $\boldsymbol{p}_0$ 到曲线 C^B 的最近点必为曲线的首端点 $\boldsymbol{b}_m$。由于 $d^s_{p,c}(u)$ 在 u 轴上的图形可由二维 Bézier 曲线 C：$\boldsymbol{s}(u)$ 描述，根据 Bézier 曲线的变差缩减性质，如一阶导数曲线 C 的控制多边形不与 u 参数轴相交，则一阶导数曲线 C 必不与 u 轴相交。这意味着，如果 $s(u)$ 的 Bernstein 系数 $g_i>0(i=0,1,\cdots,2m-1)$，则 $\mathrm{d}d^s_{p,c}(u)/\mathrm{d}u>0$，如图 9.6(a)所示；如果 $g_i<0(i=0,1,\cdots,2m-1)$，则 $\mathrm{d}d^s_{p,c}(u)/\mathrm{d}u<0$，如图 9.6(b)所示。证毕。

从图 9.6(d)可以看到，如果方程 $\mathrm{d}d^s_{p,c}(u)/\mathrm{d}u=0$ 成立，则一阶导数曲线 C 与 u 轴必存在交点，其控制多边形必与 u 轴相交。据此，将采用 u 参数轴上的递归二叉树分解(图 9.7)搜索 u 参数域，寻找点 $\boldsymbol{p}_0$ 到曲线 C^B 上的最近点。首先，判断一阶导数曲线 C 与 u 参数轴是否存在交点，如果不存在交点，则点到曲线 C^B 的最近点必为曲线的端点；否则利用 De Casteljau 算法在 u 参数域的中间点处将一阶导数曲线 C 分割为两段子曲线，然后对每一段子曲线进行递归分割。每一段子曲线所对应的 Bernstein 系数为其控制顶点 $\boldsymbol{g}_i$ 的分量 g_i，可由 De Casteljau 分割过程

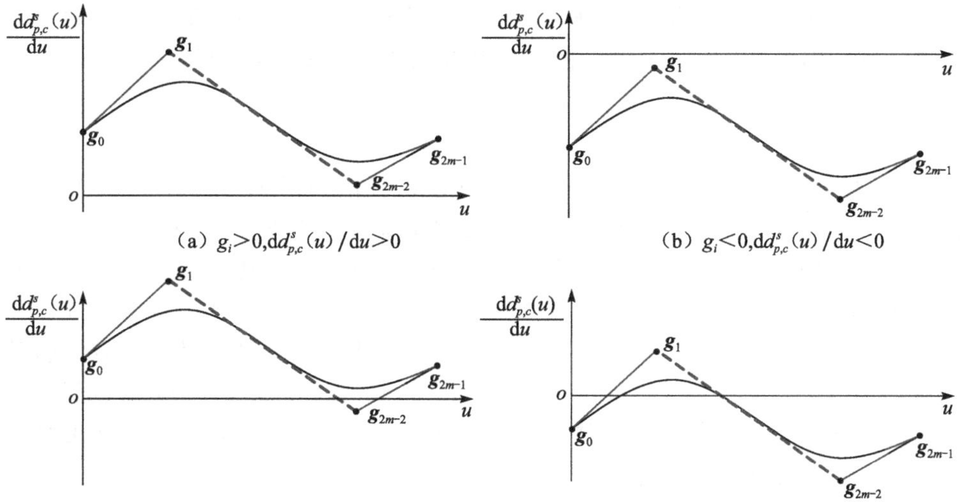

(a) $g_i>0, \mathrm{d}d^s_{p,c}(u)/\mathrm{d}u>0$　(b) $g_i<0, \mathrm{d}d^s_{p,c}(u)/\mathrm{d}u<0$

(c) g_i异号, $\mathrm{d}d^s_{p,c}(u)/\mathrm{d}u$同号　(d) g_i异号, $\mathrm{d}d^s_{p,c}(u)/\mathrm{d}u$异号

图 9.6　一阶导数曲线凸包与 u 参数轴的关系

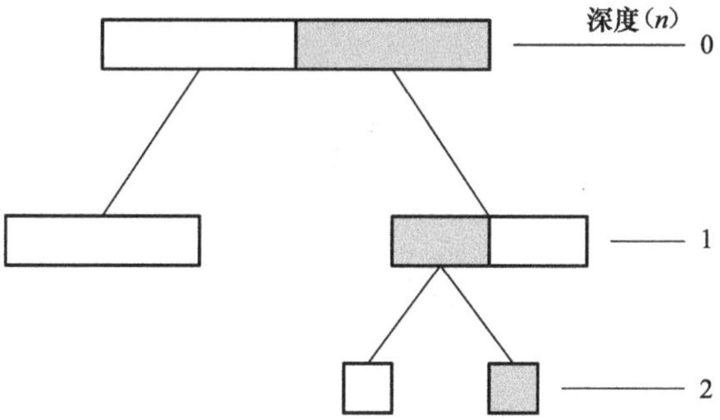

图 9.7　二叉树分解示意图

快速获得。具体过程如下：

(1) 在参数区间上检查 $s(u)$的 Bernstein 系数 g_i 的符号，如果系数异号，则该区域所对应的二叉树节点被标记为可能存在最近点区域，否则标记为无最近点区域。

(2) 在可能存在最近点的区域对曲线进行分割，然后对每一条子曲线重复上述检测分割过程，直至子区域的尺寸小于给定的计算精度 δ，即 $2^{-n}<\delta$，其中 n 为二叉树深度，则分割算法停止。

(3) 遍历二叉树的第 n 层，找到所有可能含最近点的区域，通过计算比较得到点到曲线的最近点，并计算其最小距离。

上述搜索策略充分利用了 De Casteljau 算法和 Bézier 曲线的变差缩减性质，因此非常适用于求解点到 Bézier 曲线或 B 样条曲线的最近点问题。

3. 算例分析

算例 9.1　本算例主要比较所提出的分割算法与经典 Newton-Raphson 方法的计算精度，验证分割法在计算点到复杂曲线最近点时的有效性。如图 9.8 所示，给定曲线为一条平面 5 次 Bézier 曲线，其控制顶点为(－212.236, 63.109)，(－146.321, 9.226)，(－42.485, －278.500)，(39.854, 466.742)，(124.559, －216.012)，(225.091, 5.824)。选择曲线外一点 A 作为测试点，其坐标为(20.031, 130.443)。利用分割法和 Newton-Raphson 法计算 A 点到曲线 C 的最近点。分割方法不需要其他额外操作，直接分割一阶偏导曲线和参数域搜索最近点。在相同计算精度 $\delta=0.0001$ 下，所得结果与 Newton-Raphson 法的结果几乎相同，如表 9.1 所示，这充分说明本节所提出的最近点计算方法是有效的，并具有良好的计算精度，而且它不需要事先给定非常靠近精确解的初始值以保证后续计算的收敛，避免了计算结果对初始值的依赖。另外分割法在低区间分割精度时的计算结果也可以作为迭代优化方法的初始输入，用于保证迭代方法的收敛性。

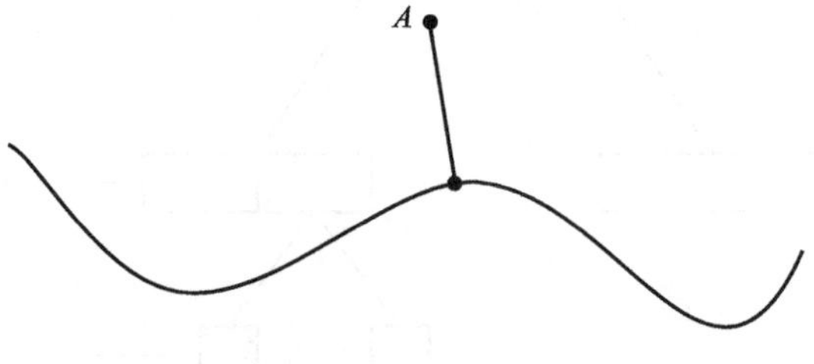

图 9.8　算例 9.1——点到曲线的最近点

表 9.1　分割法与 Newton-Raphson 法计算结果的比较

方法	最近点(x, y)/mm	最小距离/mm
分割法	(33.348, 42.225)	89.217
Newton-Raphson 法	(33.351, 42.228)	89.215

算例 9.2　图 9.9 为点到空间曲线的最近点。实验的结果显示，所述分割方法能够精确地找到所有测试点的最近点。

算例 9.3　本算例测试所提分割方法与 Newton-Raphson 方法在计算曲线交点或端点处最近点时的有效性。在如图 9.10(a)所示曲线的交点区域，当测试点靠近曲线的自交点，区间分割精度为 $\delta=10^{-3}$ 时，Newton-Raphson 方法将产生错误的计算结果，如图 9.10(b)所示。其原因在于细分区间为 10^{-3} 时所产生的初始

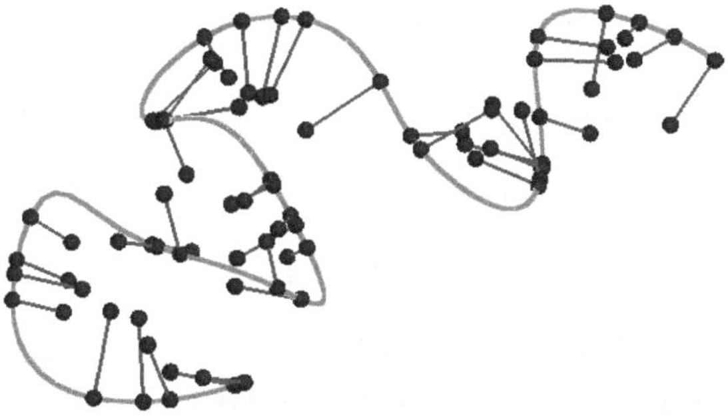

图 9.9　点到空间曲线的最近点计算

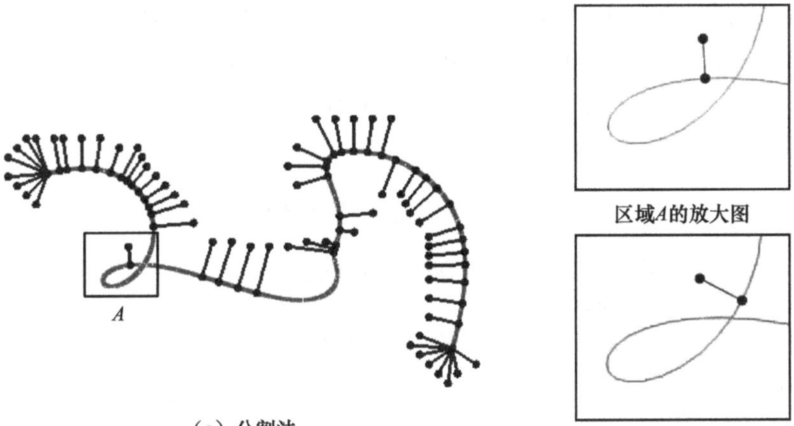

（a）分割法

（b）Newton-Raphson法

图 9.10　靠近曲线端点和自交点的最近点计算

迭代点可能更靠近错误的计算结果，从而导致迭代过程收敛到局部最优解而不是正确的最近点。当细分区间为 10^{-5} 或 10^{-6} 时，Newton-Raphson 方法可以得到与所述分割法相同的计算结果。可见，对于初始值的依赖使得基于迭代策略的数值计算方法，无法完全保证正确地找到所有测试点的最近点。更重要的是，对于具有复杂几何形状的曲线，合适的细分区间和良好的初始迭代点都是无法预知的；而这恰恰是本节所提方法的优势所在，不需要任何初始点，避免了计算结果对初始迭代点的依赖。另外，本节所提分割法也能正确找到靠近曲线端点的测试点的最近点，如图 9.10(a)所示。

9.2.2　点到 B 样条曲面最近点的计算方法

与点到曲线的最近点计算问题的处理类似，点到曲面最近点的计算也以 Bézier 曲面为基础，运用二元 Bernstein 多项式算术运算进行理论推导，再利用 B 样条曲面与 Bézier 曲面之间成熟的转换算法，将所述方法推广到应用更为广泛的

B样条曲面。

1. 点到曲面最近点的计算模型

在数学上，一张 $m\times n$ 次 Bézier 曲面可以表示为张量积曲面：

$$S^{\mathrm{B}}:\boldsymbol{r}(u,v)=\sum_{i=0}^{m}\sum_{j=0}^{n}\boldsymbol{b}_{i,j}B_{i,m}(u)B_{j,n}(v) \tag{9.29}$$

式中，$\boldsymbol{b}_{i,j}\in\mathbf{R}^3$ 为 Bézier 曲面控制网格的顶点；m、n 为曲面参数 u、v 的次数。对于曲面外任意一点 $\boldsymbol{p}_0\in\mathbf{R}^3$，它到曲面 S 的平方距离函数定义为

$$d_{p,s}^{s}(u,v)=\|\boldsymbol{r}(u,v)-\boldsymbol{p}_0\|^2=[\boldsymbol{r}(u,v)-\boldsymbol{p}_0]\cdot[\boldsymbol{r}(u,v)-\boldsymbol{p}_0] \tag{9.30}$$

如果点 $\boldsymbol{p}_0$ 在曲面 S^{B} 上存在最近点(在曲面边界曲线上的情况除外，此种特例将在后面论述)，即上述距离函数取得最小值时，必定满足 $\partial d_{p,s}^{s}(u,v)/\partial u=0$ 和 $\partial d_{p,s}^{s}(u,v)/\partial v=0$，即梯度函数场$\nabla d_{p,s}^{s}(u,v)=0$。平方距离函数 $d_{p,s}^{s}(u,v)$关于参数 u、v 的偏导为

$$\frac{\partial d_{p,s}^{s}(u,v)}{\partial u}=2\left\{\frac{\partial \boldsymbol{r}(u,v)}{\partial u}\cdot[\boldsymbol{r}(u,v)-\boldsymbol{p}_0]\right\} \tag{9.31a}$$

$$\frac{\partial d_{p,s}^{s}(u,v)}{\partial v}=2\left\{\frac{\partial \boldsymbol{r}(u,v)}{\partial v}\cdot[\boldsymbol{r}(u,v)-\boldsymbol{p}_0]\right\} \tag{9.31b}$$

式中，曲面 $S^{\mathrm{B}}:\boldsymbol{r}(u,v)$关于参数 u、v 的一阶偏导数 $\partial\boldsymbol{r}(u,v)/\partial u$ 和 $\partial\boldsymbol{r}(u,v)/\partial v$ 分别由下式给出：

$$\frac{\partial \boldsymbol{r}(u,v)}{\partial u}=m\sum_{i=0}^{m-1}\sum_{j=0}^{n}\boldsymbol{b}_{i,j}^{1,0}B_{i,m-1}(u)B_{j,n}(v) \tag{9.32a}$$

$$\frac{\partial \boldsymbol{r}(u,v)}{\partial v}=n\sum_{i=0}^{m}\sum_{j=0}^{n-1}\boldsymbol{b}_{i,j}^{0,1}B_{i,m}(u)B_{j,n-1}(v) \tag{9.32b}$$

式中，$\boldsymbol{b}_{i,j}^{1,0}$和 $\boldsymbol{b}_{i,j}^{0,1}$为 Bézier 曲面 S^{B} 控制顶点的一阶向前差分矢量。类似地，利用 Bernstein 基函数的规范性，点 $\boldsymbol{p}_0$ 可被改写为一张退化的 Bézier 曲面：

$$S_0^{\mathrm{B}}:\boldsymbol{r}_0(u,v)=\sum_{i=0}^{m}\sum_{j=0}^{n}\boldsymbol{d}_{i,j}B_{i,m}(u)B_{j,n}(v) \tag{9.33}$$

式中，$\boldsymbol{d}_{i,j}=\boldsymbol{p}_0(i=0,1,\cdots,m;j=0,1,\cdots,n)$为退化曲面 $S_0^{\mathrm{B}}:\boldsymbol{r}_0(u,v)$的控制顶点。为了后续计算的方便，对方程$\nabla d_{p,s}^{s}(u,v)=0$ 进行如下等价变换：

$$s(u,v)=\left[\frac{\partial d_{p,s}^{s}(u,v)}{\partial u}\right]^2+\left[\frac{\partial d_{p,s}^{s}(u,v)}{\partial v}\right]^2 \tag{9.34}$$

将式(9.29)和式(9.33)代入表达式 $\boldsymbol{r}(u,v)-\boldsymbol{p}_0$，并利用 Bernstein 多项式的加法和减法算术运算，可将其改写为

$$\boldsymbol{r}(u,v)-\boldsymbol{p}_0=\sum_{i=0}^{m}\sum_{j=0}^{n}\boldsymbol{e}_{i,j}B_{i,m}(u)B_{j,n}(v) \tag{9.35}$$

式中，$\boldsymbol{e}_{i,j}=\boldsymbol{b}_{i,j}-\boldsymbol{d}_{i,j}(i=0,1,\cdots,m;j=0,1,\cdots,n)$。进而，将式(9.32a)和式(9.35)代入式(9.31a)中，并利用二元 Bernstein 多项式的乘法运算公式，$\partial d_{p,s}^{s}(u,v)/\partial u$ 可被改写为一个 Bernstein 多项式，其表达式为

$$\begin{cases}\dfrac{\partial d_{p,s}^{s}(u,v)}{\partial u}=\displaystyle\sum_{i=0}^{2m}\sum_{j=0}^{2n}f_{i,j}B_{i,2m}(u)B_{j,2n}(v)\\ f_{i,j}=\displaystyle\sum_{k=\max(0,i-r)}^{\min(2m-1,i)}\sum_{l=\max(0,j-s)}^{\min(2n,j)}\frac{C_m^kC_1^{i-k}C_n^lC_0^{j-l}}{C_{2m}^iC_{2n}^j}F_{k,l}\\ F_{i,j}^{(2m-1,2n)}=\displaystyle\sum_{k=\max(0,i-p)}^{\min(s,i)}\sum_{l=\max(0,j-q)}^{\min(t,j)}\frac{C_s^lC_p^{i-l}C_t^kC_q^{j-k}}{C_{s+p}^iC_{t+q}^j}(\boldsymbol{b}_{l,k}^{1,0}\cdot\boldsymbol{e}_{i-l,j-k})\end{cases}\tag{9.36}$$

式中，$f_{i,j}$ 为多项式 $\partial\boldsymbol{r}(u,v)/\partial u$ 的 Bernstein 系数；s、t、p、q 分别是式(9.32a)和式(9.35)中参数 u、v 的最高次数。同理，式(9.31b)可改写为

$$\begin{cases}\dfrac{\partial d_{p,s}^{s}(u,v)}{\partial v}=\displaystyle\sum_{i=0}^{2m}\sum_{j=0}^{2n}h_{i,j}B_{i,2m}(u)B_{j,2n}(v)\\ h_{i,j}=\displaystyle\sum_{k=\max(0,i-r)}^{\min(2m,i)}\sum_{l=\max(0,j-s)}^{\min(2n-1,j)}\frac{C_m^kC_0^{i-k}C_n^lC_1^{j-l}}{C_{2m}^iC_{2n}^j}H_{k,l}\\ H_{i,j}^{(2m,2n-1)}=\displaystyle\sum_{k=\max(0,i-p)}^{\min(s,i)}\sum_{l=\max(0,j-q)}^{\min(t,j)}\frac{C_s^lC_p^{i-l}C_t^kC_q^{j-k}}{C_{s+p}^iC_{t+q}^j}(\boldsymbol{b}_{l,k}^{0,1}\cdot\boldsymbol{e}_{i-l,j-k})\end{cases}\tag{9.37}$$

式中，$h_{i,j}$ 为多项式 $\partial\boldsymbol{r}(u,v)/\partial v$ 的 Bernstein 系数；s、t、p、q 分别是式(9.32b)和式(9.35)中参数 u、v 的最高次数。类似地，将式(9.36)和式(9.37)代入式(9.34)，借助二元 Bernstein 多项式的算术运算，$s(u,v)$ 可被表示为一个二元 Bernstein 多项式：

$$\begin{cases}s(u,v)=\displaystyle\sum_{i=0}^{4m}\sum_{j=0}^{4n}g_{i,j}B_{i,4m}(u)B_{j,4n}(v)\\ g_{i,j}=x_{i,j}+y_{i,j}\\ x_{i,j}=\displaystyle\sum_{k=\max(0,i-p)}^{\min(s,i)}\sum_{l=\max(0,j-q)}^{\min(t,j)}\frac{C_s^lC_p^{i-l}C_t^kC_q^{j-k}}{C_{s+p}^iC_{t+q}^j}(f_{l,k}f_{i-l,j-k})\\ y_{i,j}=\displaystyle\sum_{k=\max(0,i-p)}^{\min(s,i)}\sum_{l=\max(0,j-q)}^{\min(t,j)}\frac{C_s^lC_p^{i-l}C_t^kC_q^{j-k}}{C_{s+p}^iC_{t+q}^j}(h_{l,k}h_{i-l,j-k})\end{cases}\tag{9.38}$$

式中，$g_{i,j}$ 为多项式 $s(u,v)$ 的 Bernstein 系数；s、p 的取值为 $2m$，t、q 的取值均为 $2n$。为了得到更为直观的数学模型，利用 Bernstein 基函数的线性精度性质，函数 $s(u,v)$ 在 u-v 参数平面上的图形可由如下所示的 Bézier 曲面表示：

$$\begin{cases}S:\boldsymbol{s}(u,v)=\displaystyle\sum_{i=0}^{4m}\sum_{j=0}^{4n}\boldsymbol{g}_{i,j}B_{i,4m}(u)B_{j,4n}(v)\\ \boldsymbol{g}_{i,j}=\left[\dfrac{i}{4m},\dfrac{j}{4n},g_{i,j}\right]^{\mathrm{T}}\end{cases}\tag{9.39}$$

式中，$g_{i,j}$ 为曲面 S：$\boldsymbol{s}(u,v)$ 的控制顶点，该曲面被称为一阶偏导曲面。从式(9.34)可以看到，$s(u,v)\geqslant 0$。这就意味着如果 $s(u,v)=0$ 成立，则一阶偏导曲面 S 与 u-v 参数平面必然相切，切点对应的参数值就是点到曲面的最近点所对应的(u,v)参数值，如图 9.11 所示。这样，点 $\boldsymbol{p}_0$ 到曲面 S^{B} 的最近点计算问题首先被转化为求解 $s(u,v)=0$ 的根的问题，进而又将抽象的求解过程转化为直观的曲面与参数平面之间切点的计算。

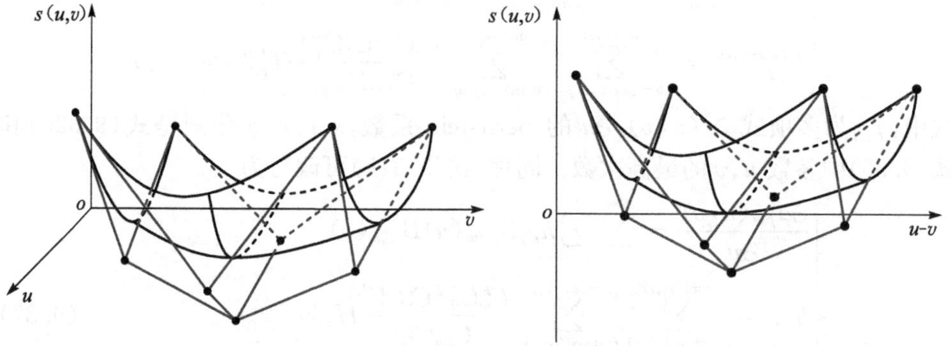

图 9.11　一阶偏导曲面与 u-v 参数平面相切

2. 点到曲面最近点的搜索策略

与曲线情形类似，根据 Bézier 曲面端点的插值特性和变差缩减性质，给出如下判断准则。

判断准则 2　对于一张 $m\times n$ 次 Bézier 曲面 S^{B}：$\boldsymbol{r}(u,v)$和曲面外一点 $\boldsymbol{p}_0$，构造 Bernstein 多项式 $s(u,v)$。如果 $s(u,v)$的 Bernstein 系数满足 $g_{i,j}>0(i=0,1,\cdots,4m;j=0,1,\cdots,4n)$，则点 $\boldsymbol{p}_0$ 到 Bézier 曲面 S^{B} 的最近点必在曲面的一条边界曲线上。

证明　与曲线情形的证明类似，略。

根据判断准则 2，如果判定条件 $g_{i,j}>0(i=0,1,\cdots,4m;j=0,1,\cdots,4n)$被满足，如图 9.12(a)所示，则点到曲面的最近点就退化为点到边界曲线上最近点的计算，可利用前面所述点到曲线的最近点方法进行计算；如果不满足判断准则 2，则必须按下面所述搜索策略寻找点在曲面上的最近点。

所提的搜索策略是根据一阶偏导曲面 S 控制顶点与 u-v 参数平面的位置关系，判断曲面 S 是否与 u-v 参数平面相切，从而确定其所对应的参数域是否含有最近点。从图 9.12(c)可以看出，如果 $s(u,v)=0$ 成立，即一阶偏导曲面 S 与 u-v 参数平面相切，则曲面 S 的控制网格必与 u-v 参数平面相交。此时，可将曲面 S 一分为四，快速排除不含最近点的区域，选择可能存在解的区域继续递归分割直至满足计算精度，如图 9.13 所示。

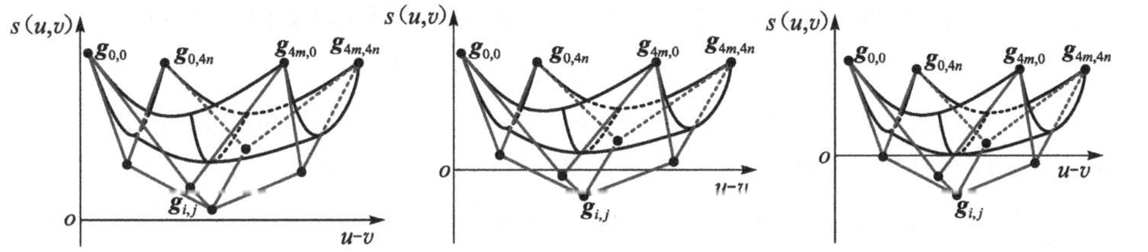

(a) $g_{i,j}>0$, $s(u,v)>0$　　(b) $g_{i,j}$异号,$s(u,v)>0$　　(c) $g_{i,j}$异号,曲面与u-v平面相切

图 9.12　一阶偏导曲面凸包与 u-v 参数平面的关系

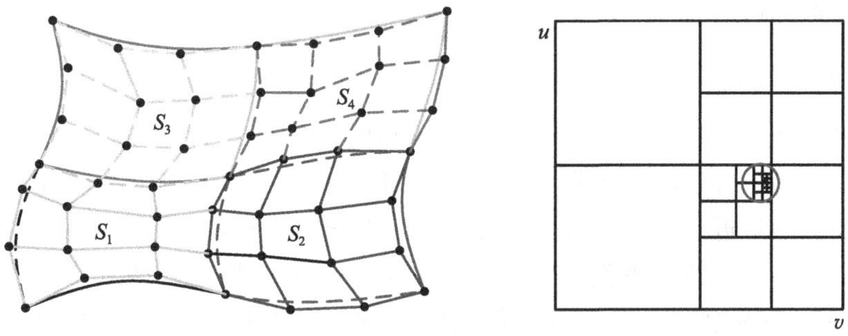

(a) 一阶偏导曲面的分割　　(b) 参数域的分割

图 9.13　一阶偏导曲面与参数区域的分割

与曲线情形的二叉树分解类似,采用 u-v 参数区域上的四叉树分解搜索参数域(图 9.14 为四叉树分解示意图,灰色标记表示可能存在最近点的区域,四叉树分解的深度依赖给定的计算精度),寻找点在曲面上的最近点。基本搜索策略是,确

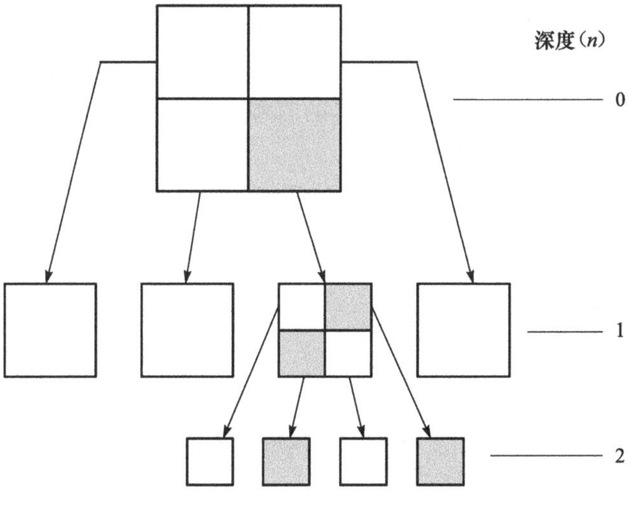

图 9.14　自适应四叉树分解示意图

定一阶偏导曲面 S 的凸包是否与 u-v 平面相交，从而判断四叉树根节点所代表的参数区域中是否存在使 $s(u,v)=0$ 成立的根。具体过程如下：

(1) 在参数域上检查 $s(u,v)$ 的 Bernstein 系数 $g_{i,j}$ 的符号，如果系数异号，则该区域所对应的四叉树节点被标记为可能存在最近点的区域；否则标记为无最近点区域。

(2) 在可能存在最近点的区域，对曲面 S 进行分割，并对每一张子曲面重复上述检测分割过程，直至子区域的尺寸小于给定的计算精度 δ，即 $2^{-n}<\delta$，n 为四叉树的深度，则分割算法停止。

(3) 遍历四叉树的第 n 层，找到所有可能含有最近点的区域，通过计算比较得到点到曲面的最近点。

3. 算例分析

算例 9.4 图 9.15(a)为 Bézier 曲面和曲面外一点 A，A 点坐标为(67.92, 37.31, 60.46)。分别利用前面所述分割法和 Newton-Raphson 迭代方法计算 A 点到该曲面的最近点。分割法直接分割一阶偏导曲面和它的 u-v 参数域以搜索最近点，曲面和 u-v 参数平面的分割结果如图 9.15(a)所示。图 9.15(b)描述了 Newton-Raphson 方法对不同初始值的收敛特性。从图中可以看到，当初始值靠近最优值时，Newton-Raphson 方法能够收敛到正确的最近点处；相反，一旦给定的初始值偏离最优值，Newton-Raphson 方法将无法收敛。与曲线情形类似，对于具有复杂形状的曲面，合适的细分区间和良好的初始迭代点也是无法预知的，这就给迭代类型算法的结果带来了不确定性，而本节所述的基于曲面分割的方法却有效地避免了对初始迭代结果的依赖，增强了最近点计算的稳定性和鲁棒性。表 9.2 给出了两种方法的计算结果比较。可以看到，在相同计算精度 $\delta=0.0001$ 下，分割法得到的计算结果与 Newton-Raphson 法得到的结果几乎相同，这也说明给出的分割法是可行、有效的，并且具有良好的计算精度。它不需要事先给定一个靠近精确解的初始值用以保证后续计算的收敛，其低区间分割精度时的分割结果同样可作为数值迭代法的初始输入。

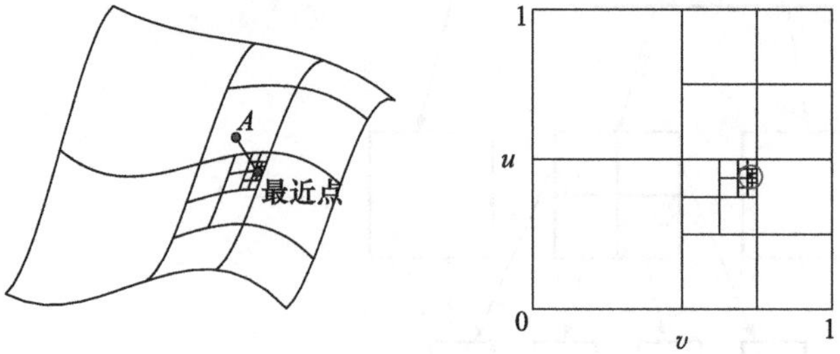

(a) 曲面和参数区域的分割

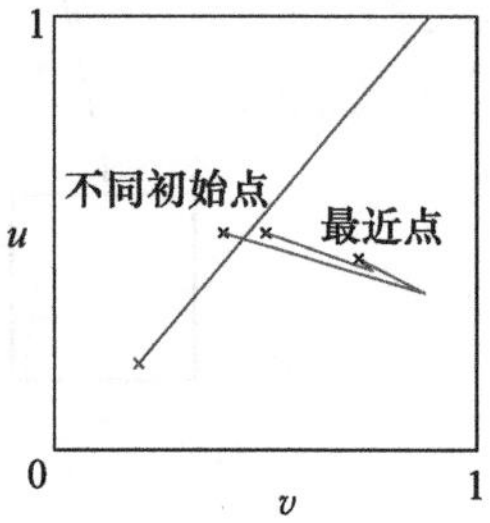

(b) Newton-Raphson方法

图 9.15　分割法与 Newton-Raphson 方法的比较

表 9.2　分割法与 Newton-Raphson 法计算结果的比较

方法	最近点(x,y,z)/mm	最小距离 d/mm
分割方法	(72.21,44.09,44.88)	17.525
Newton-Raphson 方法	(72.24,44.08,44.89)	17.519

算例 9.5　为了验证本节所述的基于曲面分割的最近点计算方法能够正确处理最近点在曲面边界曲线上的情形，选取了一系列曲面外的测试点，并且要求这些点的最近点正好落在曲面的边界曲线上，然后利用分割法计算所有测试点在曲面上的最近点。实验结果显示，分割法能够正确地找到所有测试点在边界曲线上的最近点，如图 9.16 所示。图 9.17 给出了利用曲面分割法将曲面外的测试点投影到曲面上的算例，实验的结果都显示所述分割法能够正确、可靠地得到测试数据点在模型曲面上的最近点，而且能够有效地处理迭代类方法在边界曲线、初始点估计不好时等经常出错的例外情形。

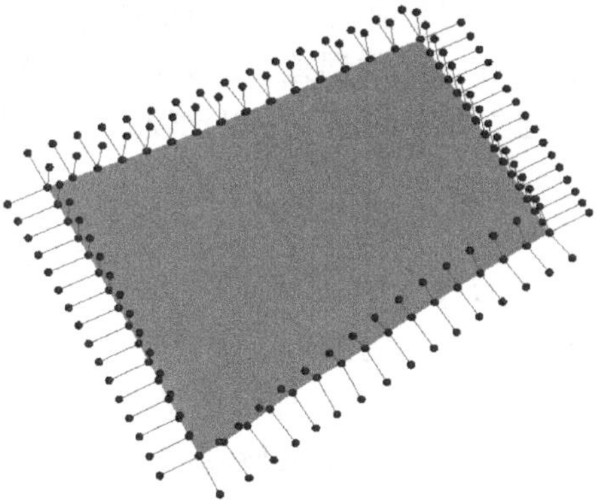

图 9.16　最近点在边界曲线上的情形

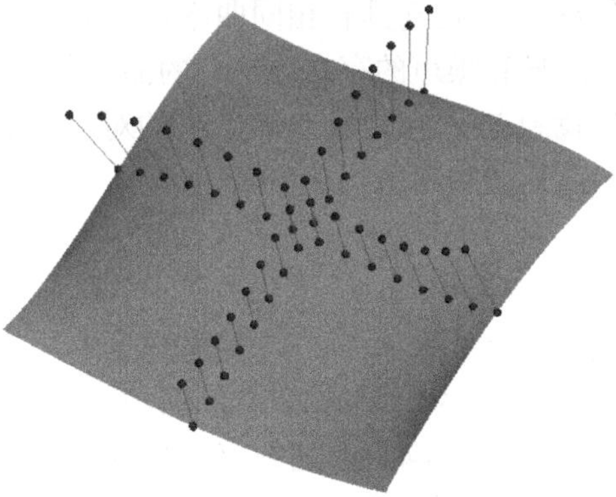

图 9.17　测试点到曲面的投影计算

9.3　多视测量点云的数据融合

受实际工件的几何尺寸、形状姿态或测量设备行程范围的限制，接触式测量或非接触式激光扫描有时很难通过对工件的一次定位就获取工件所有表面的数据信息，此时就需要在不同的定位状态，即不同的测量坐标系中测量工件的各个部分，再将不同坐标系中的测量数据变换到同一坐标系下形成完整的工件测量数据，这一过程就是多视数据的融合[23~25]。解决多视数据融合的关键在于建立不同定位状态下多视测量数据之间的联系，从而求得测量数据点云之间的刚体坐标变换。正如 9.1.4 节所述，高斯曲率和平均曲率等这些曲面的内在几何性质仅依赖曲面的几何形状，而与曲面的参数和描述方法无关，更重要的是它们是刚体变换不变量。因此，可通过提取这些曲面的不变特征以建立待拼合测量数据之间的联系，完成不同坐标系下测量数据的整体拼合。

9.3.1 点的曲率特征匹配

多视数据点云 $\boldsymbol{P}$、$\boldsymbol{Q}$ 能够进行拼合的前提条件是，两点云之间必须具有一定的重叠区域 Ω，即满足 $\boldsymbol{P}\cap\boldsymbol{Q}=\Omega$，其中 $\Omega\neq\varnothing$。这里假定任意两块相邻测量数据之间都具有一定的重叠测量区域。如前所述，在数学上，三对不共线的匹配点就可以确定不同坐标系下实测数据之间的刚体坐标变换，因此只要找到三对或三对以上的匹配点对 $\{\boldsymbol{p}_i,\boldsymbol{q}_i\}$，就可利用 9.1.3 节给出的刚体运动变换矩阵求解方法，得到多视数据点云 $\boldsymbol{P}$、$\boldsymbol{Q}$ 之间的坐标变换，从而实现多视点云 $\boldsymbol{P}$、$\boldsymbol{Q}$ 之间的完整拼合。

从测量数据 $\boldsymbol{P}$ 中选取不共线的三点 $\boldsymbol{p}_1$、$\boldsymbol{p}_2$ 和 $\boldsymbol{p}_3$ 作为实测数据 $\boldsymbol{P}$ 的种子点。注意，对于种子点的选择应尽量避免选取具有相似曲率特征的点，以减少对后续计算的影响。然后，以种子点的高斯曲率 $K(\boldsymbol{p}_i)$、平均曲率 $H(\boldsymbol{p}_i)$ 为特征搜索测量点集 $\boldsymbol{Q}$，希望找到具有相同曲率特征的点 $\boldsymbol{q}_j$ 作为点 $\boldsymbol{p}_i$ 的对应点。由于点的测量位置的差异和噪声的存在，点 $\boldsymbol{p}_i$ 的曲率特征计算会存在一定的误差。因此，为了正确地找到点 $\boldsymbol{p}_i$ 在测量点集 $\boldsymbol{Q}$ 中的对应点 $\boldsymbol{q}_j$，需要建立如下约束条件以比较二者之间的高斯曲率和平均曲率：

$$\left|\frac{K(\boldsymbol{p}_s)-K(\boldsymbol{q}_j)}{K(\boldsymbol{p}_s)}\right|\leqslant\varepsilon_K,\qquad \left|\frac{H(\boldsymbol{p}_s)-H(\boldsymbol{q}_j)}{H(\boldsymbol{p}_s)}\right|\leqslant\varepsilon_H \tag{9.40}$$

式中，$\boldsymbol{p}_s=\{\boldsymbol{p}_1,\boldsymbol{p}_2,\boldsymbol{p}_3\}$ 为测量数据 $\boldsymbol{P}$ 中选取的种子点；$\boldsymbol{q}_j$ 为测量点集 $\boldsymbol{Q}$ 中一点；ε_K 和 ε_H 分别为给定的高斯曲率计算误差和平均曲率计算误差。如果测量点集 $\boldsymbol{Q}$ 中的一点 $\boldsymbol{q}_j$ 不满足上述约束，那么该点 $\boldsymbol{q}_j$ 将被拒绝作为点 $\boldsymbol{p}_s$ 的对应点，再选取另外一点进行比较，直至搜索整个测量点集 $\boldsymbol{Q}$ 完毕，找到点 $\boldsymbol{p}_s$ 的所有可能对应点 $\{\boldsymbol{q}_i^s\}$。

9.3.2 三角约束条件

由于计算误差以及具有相似曲率特征点的存在，单纯的特征匹配将不可避免地产生多重对应联系，如点 $\boldsymbol{p}_s$ 可能在测量点集 $\boldsymbol{Q}$ 中存在多个具有相似曲率特征的对应点 $\{\boldsymbol{q}_i^s\}$。多重对应关系的存在，将降低测量数据拼合的效率，甚至会造成错误的拼合结果，导致数据拼合失败。因此，必须建立强约束条件以排除测量数据间的错误对应联系，以获得正确的坐标变换。为此，根据种子点法线之间的夹角和距离关系（图 9.18）建立了如下的三角约束条件，以进一步精炼测量数据 $\boldsymbol{P}$、$\boldsymbol{Q}$ 间的对应关系，剔出坏点匹配。

法线夹角约束条件：

$$\left|\frac{\mathrm{Angle}(\boldsymbol{p}_s)-\mathrm{Angle}(\boldsymbol{q}_i^s)}{\mathrm{Angle}(\boldsymbol{p}_s)}\right|\leqslant\varepsilon_{\mathrm{angle}} \tag{9.41}$$

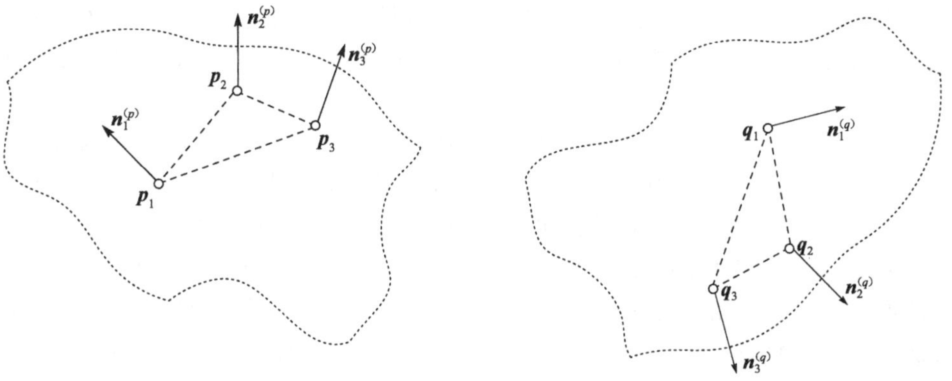

图 9.18　多视测量数据间的对应关系

距离约束条件：

$$\left|\frac{\text{Distance}(\boldsymbol{p}_s)-\text{Distance}(\boldsymbol{q}_i^s)}{\text{Distance}(\boldsymbol{p}_s)}\right|\leqslant\varepsilon_{\text{dist}} \tag{9.42}$$

式中，Angle($\boldsymbol{p}_s$)和 Distance($\boldsymbol{p}_s$)为种子点 $\boldsymbol{p}_1$、$\boldsymbol{p}_2$ 和 $\boldsymbol{p}_3$ 法线之间的夹角和相互之间的距离；Angle($\boldsymbol{q}_i^s$)和 Distance($\boldsymbol{q}_i^s$)为目标点 $\boldsymbol{q}_i^1$、$\boldsymbol{q}_i^2$ 和 $\boldsymbol{q}_i^3$ 法线之间的夹角和相互之间的距离；$\varepsilon_{\text{angle}}$和 $\varepsilon_{\text{dist}}$分别为给定的角度计算误差和距离计算误差。

经过上述三角约束的处理，可得与种子点 $\boldsymbol{p}_1$、$\boldsymbol{p}_2$ 和 $\boldsymbol{p}_3$ 对应的目标点 $\boldsymbol{q}_r^1(r=0,1,\cdots,n_r)$、$\boldsymbol{q}_s^2(s=0,1,\cdots,n_s)$和 $\boldsymbol{q}_t^3(t=0,1,\cdots,n_t)$，通过排列组合方式生成与种子三元组$\{\boldsymbol{p}_1,\boldsymbol{p}_2,\boldsymbol{p}_3\}$对应的目标三元组$\{\boldsymbol{q}_k^1,\boldsymbol{q}_k^2,\boldsymbol{q}_k^3,k=0,1,\cdots,n_k\}$，进而利用9.1.3 节所述的刚体运动变换计算方法，求解对应三元组之间的变换矩阵$\{\boldsymbol{g}_k,k=0,1,\cdots,n_k\}$，选取使 9.3.3 节所述最小距离目标函数取得最小值的坐标变换为最佳坐标变换。

9.3.3　最小距离目标函数

设测量数据 $\boldsymbol{P}$ 为 $\boldsymbol{P}=\{\boldsymbol{p}_i,i=0,1,\cdots,n_p\}$，$\boldsymbol{Q}$ 为 $\boldsymbol{Q}=\{\boldsymbol{q}_j,j=0,1,\cdots,n_q\}$，经 $\boldsymbol{g}_i$ 变换后的测量数据 $\boldsymbol{P}$ 中的点为 $\boldsymbol{g}_i\boldsymbol{p}_i$，$\boldsymbol{g}_i\boldsymbol{p}_i$ 到测量数据集 $\boldsymbol{Q}$ 的最小距离为

$$d_{p_i,Q}^{g_i}=\min_{\boldsymbol{q}_j\in\boldsymbol{Q}}\{\|\boldsymbol{g}_i\boldsymbol{p}_i-\boldsymbol{q}_j\|\} \tag{9.43}$$

根据式(9.43)，测量数据 $\boldsymbol{P}$ 与 $\boldsymbol{Q}$ 之间的最小距离目标函数定义为

$$d_{P,Q}^{g_i}=\min_{\boldsymbol{p}_i\in\boldsymbol{P}}\{d_{p_i,Q}^{g_i}\}=\min_{\boldsymbol{p}_i\in\boldsymbol{P}}\left\{\min_{\boldsymbol{q}_j\in\boldsymbol{Q}}\{\|\boldsymbol{g}_i\boldsymbol{p}_i-\boldsymbol{q}_j\|\}\right\} \tag{9.44}$$

在旋转平移变换列表$\{\boldsymbol{g}_k,k=0,1,\cdots,n_k\}$中选取使上述最小距离目标函数 $d_{P,Q}^{g_i}$取得最小值的坐标变换 $\boldsymbol{g}_i$ 作为最佳变换 $\boldsymbol{g}_o=\boldsymbol{g}_i$，将其应用到测量数据 $\boldsymbol{P}$，就可将其变换到测量数据 $\boldsymbol{Q}$ 所在的坐标系中，从而完成不同定位状态下多视测量数据的拼合。需要指出的是，式(9.44)是在 $\boldsymbol{P}\in\boldsymbol{Q}$ 的前提下得出的。在实际处理中，最

小距离目标函数 $d_{P,Q}^{g_i}$ 仅为不同视点重合区域测量数据的函数，在采用上述方法完成数据拼合之前，必须事先给定重叠区域的范围，重叠区域一般可在三维测量中事先指定。

图 9.19 为利用上述基于曲率特征的匹配方法完成的轿车座椅多视测量数据融合的算例。由于曲面的曲率能够反映曲面局部的微分特性，且与曲面的参数以及描述方法无关，利用此种性质就可很好地解决在无任何预知联系下复杂曲面的匹配问题，避免了繁琐的迭代计算和对初始值的选择。从实验的结果可以看到，利用曲面的曲率特征能够实现不同定位状态下多视测量数据的快速拼合。由于所述方法用到了曲面的二阶偏导数，这在一定程度上增加了测量噪声和计算误差对拼合结果的影响，但在测量精度和计算精度允许的条件下，基于曲率的匹配算法可以独立地完成曲面的整体和局部匹配而得到较为精确的匹配结果。当测量数据的噪声误差过大时，所提算法的输出结果可作为后续迭代定位算法的初始变换估计，再次进行精确匹配。

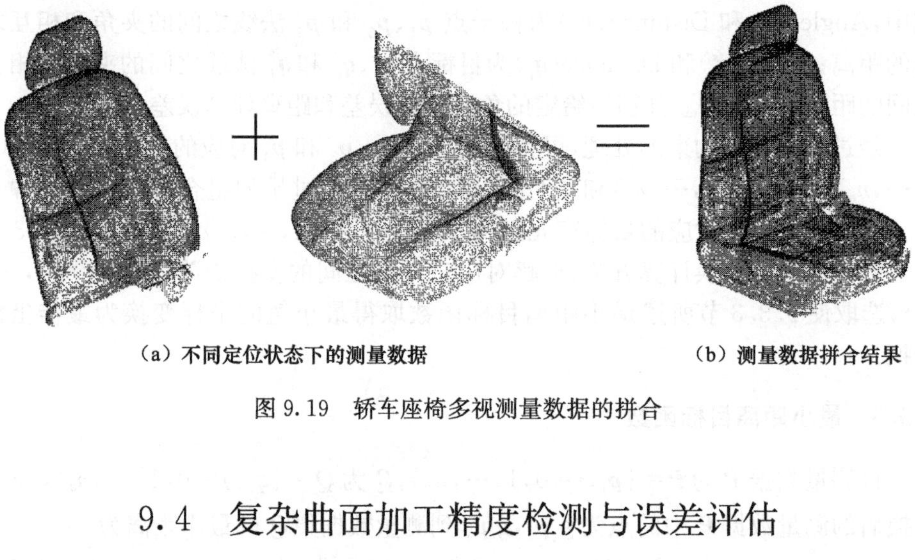

(a) 不同定位状态下的测量数据　　(b) 测量数据拼合结果

图 9.19　轿车座椅多视测量数据的拼合

9.4　复杂曲面加工精度检测与误差评估

在复杂曲面零件加工精度检测中，受测量设备的限制，待检测零件常常需要离线测量，这就使得模型设计坐标系与测量坐标系很难完全一致。如果直接进行测量数据与设计模型之间的比较，将不可避免地出现坐标偏差，导致无法正确评价零件实际的加工误差。为了能够实现零件加工质量的离线检测，必须实现测量坐标系与模型坐标系的统一，也就是完成测量数据到曲面模型之间的最优匹配，将测量数据转换到模型坐标系中，进而利用 9.2 节所述的测量数据到模型曲面的最近点计算方法，对被加工表面的加工精度进行评估。

9.4.1　复杂曲面上检测点的数量和分布

在零件检测中,可采用接触式或非接触式测量设备获取零件表面的数据信息。一般情况下,非接触式测量设备可直接对零件进行扫描获取测量数据,而接触式测量设备如三坐标测量机则需要事先规划测量路径,这样采样点的数量和分布形式就会影响最终的检测结果。因此,对于接触式测量,必须合理地确定检测点的数目和分布形式,在能够反映零件表面整体信息的前提下,还应尽量减少采样点的数量以提高检测过程的效率。下面将对接触式测量的采样点数及其分布形式进行简要地讨论。

1. 确定检测点的数目

考虑到零件设计和制造过程,可将影响采样点数目的因素简单地概括为两个:零件设计时的给定误差 σ_d 和实际可能的加工误差 σ_m。其中,加工误差 σ_m 可用加工机床的加工能力 M_c 表示,一般取为 $M_c=6\sigma_m$。假设加工误差服从正态分布:

$$\varepsilon = N(0,\sigma_m^2) \tag{9.45}$$

或

$$\varepsilon = \sigma_m z \tag{9.46}$$

式中,z 为标准正态分布。假设检测点在加工零件表面上随机分布,检测点的数目可由下式确定[12]:

$$n_p = \frac{1}{2}\left(\frac{k_c z_{1-\delta} - z_\gamma}{1-k_c}\right)^2 \tag{9.47}$$

式中,k_c 为工艺能力系数,为设计误差 σ_d 和加工误差 σ_m 之比,满足 $\sigma_d=k_c\sigma_m$;$z_{1-\delta}$ 和 z_γ 分别表示标准正态概率分布的 $1-\delta$ 和 γ 分位数。按式(9.47)确定检测点数,如果检测结果合格,则零件加工合格的概率为$(1-\gamma)\%$;反之,$(1-\gamma)\%$为不合格概率。如果取 $\delta=\gamma$ 即 $z_{1-\delta}=-z_\gamma$,式(9.47)改写为

$$n_p = \frac{1}{2}\left[\frac{1+k_c}{1-k_c}z_\gamma\right]^2 \tag{9.48}$$

式(9.47)或式(9.48)综合考虑了加工设备的工艺能力、测量的置信度和给定误差的大小。可以看到,当工艺能力系数 k_c 增大时,检测点的数目 n_p 变少;当工艺能力系数 k_c 减小时,检测点的数目 n_p 将增大。这说明,机床的加工能力直接影响到所需要检测点的数目,这也与直观观察是一致的。

2. 检测点的分布形式

前面假定检测点是随机分布的,但在实际测量中通常会事先确定分布比较合理的检测点。常采用的采样准则有 u-v 参数方向的均匀采样、按弦长采样和基于曲率的采样准则。下面对均匀采样和基于曲率的采样准则进行简要讨论。

(1) 均匀采样准则。利用式(9.47)计算样本大小 n_p，设 α 为被检测曲面 $S=\boldsymbol{r}(u,v)$在u、v 参数方向长度 d_u^s 和 d_v^s 的比值即 $\alpha=d_u^s/d_v^s$。在均匀分布的前提下，u、v 方向的检测点数 n_p^u、n_p^v 可分别表示为

$$n_p^u=[(\alpha n_p)^{1/2}],\qquad n_p^v=\frac{n_p^u}{\alpha} \tag{9.49}$$

式中，[·]表示取整。检测点 u、v 参数方向上的分布如下所示：

$$\begin{cases} u_i=\dfrac{(i-0.5)}{n_p^u}, & i=1,\cdots,n_p^u \\ v_j=\dfrac{(j-0.5)}{n_p^v}, & j=1,\cdots,n_p^v \end{cases} \tag{9.50}$$

式中，给定的 0.5 是为了避免检测点被分布到曲面的边界上。由式(9.50)就可得到待检测曲面 $S=\boldsymbol{r}(u,v)$上的均匀采样点$\{(u_i,v_j),i=1,\cdots,n_p^u;j=1,\cdots,n_p^v\}$。

(2) 基于曲率的采样准则。均匀分布测点简单方便，但对于复杂曲面上变化比较剧烈的大曲率区域，均匀分布测点的方式不仅可能会带来较大的检测误差，也会因增加平坦区域的测点数目而影响到检测的效率。因此，在进行检测时应适当增加大曲率区域的检测点数目。首先，将被检测曲面 $S=\boldsymbol{r}(u,v)$在 u、v 参数方向划分为 $m_u\times n_v$ 个网格，$m_u\times n_v$ 一般应为检测点数 n_p 的 2～5 倍，即 $m_u\times n_v>(2\sim5)n_p$，并保证 $m_u/n_v=\alpha$，即 u、v 参数方向的采样点数之比应等于被检测曲面 $S=\boldsymbol{r}(u,v)$在 u、v 方向的长度 d_u^s 和 d_v^s 的比值 α，按每一网格节点的坐标值(u_i,v_j)：

$$\begin{cases} u_i=\dfrac{(i-0.5)}{m_u}, & i=1,\cdots,m_u \\ v_j=\dfrac{(j-0.5)}{n_v}, & j=1,\cdots,n_v \end{cases} \tag{9.51}$$

计算该节点处的曲率信息如主曲率 $k_{\max}$ 和 $k_{\min}$。数学上，主曲率 $k_{\max}$ 和 $k_{\min}$ 是法曲率的极值，曲面上该点沿任意方向的法曲率满足不等式 $k_{\min}\leqslant k(\theta)\leqslant k_{\max}$。实际中，常取主曲率的平均值即平均曲率 $H=(k_{\max}+k_{\min})/2$ 表示曲面在一点邻域的弯曲程度，根据 H 与给定的曲率阈值 ε_H，决定该采样点是否被保留。

9.4.2 测量数据与设计模型间的精确匹配

如果加工曲面的测量过程是基于设计模型进行的，那么所获得的测量数据就可以直接用于评估零件的加工误差。但如果测量过程没有严格的定位过程，而是采用任意的基准进行检测，那么所获得的测量数据由于定位偏差的存在就不能直接用于加工零件的误差分析，而需要首先完成测量数据到设计曲面的匹配，即完成测量坐标系到设计坐标系的转换。在实际处理中，可利用 9.3 节所述匹配方法完成测量数据到设计模型的初始定位，实现测量坐标系与模型坐标系的基本重合，再

采用下面所述的迭代匹配算法进一步调整测量数据与模型曲面之间的位姿，实现测量数据到模型曲面的精确匹配。

如 9.1.1 节所述，测量数据到模型曲面的精确匹配可描述为如下的非线性最小二乘问题：

$$E(\boldsymbol{g}) = \min_{\boldsymbol{g}}\left\{\sum_{i=0}^{n} \| d^{c}_{p_i,r}(\boldsymbol{g}\boldsymbol{p}_i) \|^2\right\} = \min_{\boldsymbol{g}}\left\{\sum_{i=0}^{n} \| \min_{u,v}\{\| \boldsymbol{g}\boldsymbol{p}_i - \boldsymbol{r}(u,v) \|\} \|^2\right\} \tag{9.52}$$

式中，$\boldsymbol{p}_i \in \boldsymbol{P} = \{\boldsymbol{p}_i \in \mathbf{R}^3, i=0,1,\cdots,n\}$为复杂曲面零件的实际测量数据，所在坐标系为测量坐标系 $\xi^{(m)}$；$S=\boldsymbol{r}(u,v)$为设计坐标系 $\xi^{(w)}$ 中的模型曲面。目前，优化上述目标函数的迭代方法，如 ICP 算法[19]和 Menq 算法[12]等，大都采用了轮换变量法对迭代过程进行优化处理，该方法可在保证匹配精度的同时，加快迭代过程中目标函数向全局最优收敛的速度，特别适用于复杂曲面零件的匹配问题。本节也将采用此类方法，设经初始定位得到的变换矩阵为 $\boldsymbol{g}_0$，迭代次数 $k=0$，计算目标函数：

$$E(\boldsymbol{g}_0) = \sum_{i=0}^{n} \| \min_{u,v}\{\| \boldsymbol{g}\boldsymbol{p}_i - \boldsymbol{r}(u,v) \|\} \|^2 \tag{9.53}$$

设 $k=k+1$，将测量数据 $\boldsymbol{p}_i$ 更新为 $\boldsymbol{p}_i=\boldsymbol{g}_0\boldsymbol{p}_i$。通过求解如下非线性方程，得到第 k 次迭代的刚体变换矩阵 $\boldsymbol{g}_k$：

$$\begin{cases} \dfrac{\partial E(\boldsymbol{g})}{\partial \boldsymbol{g}} = 0 \\ \boldsymbol{g} = \boldsymbol{g}(\alpha,\beta,\gamma,\Delta x,\Delta y,\Delta z) \end{cases} \tag{9.54}$$

将式(9.54)的计算结果 $\boldsymbol{g}_k$ 代入式(9.52)，计算目标函数 $E(\boldsymbol{g}_k)$和迭代收敛准则 $\varepsilon_{\text{iter}}$：

$$\varepsilon_{\text{iter}} = 1 - \frac{E(\boldsymbol{g}_k)}{E(\boldsymbol{g}_{k-1})} \tag{9.55}$$

判断测量数据到模型曲面的匹配精度是否满足给定的误差要求，如果 $\varepsilon_{\text{iter}} \leqslant \varepsilon_e$，$\varepsilon_e$ 为给定的迭代终止的精度条件，则结束上述迭代过程；否则，令 $k=k+1$，并将测量数据 $\boldsymbol{p}_i$ 更新为 $\boldsymbol{p}_i=\boldsymbol{g}_k\boldsymbol{p}_i$，继续上述迭代过程。经过上述优化处理，就可实现测量数据到模型曲面的精确匹配，为后续误差评估奠定了基础。

9.4.3　加工曲面的误差评估

利用 9.4.2 节的迭代方法完成测量数据 $\boldsymbol{P}$ 到模型曲面 $S=\boldsymbol{r}(u,v)$的精确匹配后，就将测量数据 $\boldsymbol{P}$ 转换到了模型坐标系 $\xi^{(w)}$ 中，这样就可以在模型坐标系 $\xi^{(w)}$ 中计算被加工零件表面上的检测点 $\boldsymbol{p}_i$ 到设计曲面 S 的加工误差 ε_i。加工误差 ε_i 一般由检测点 $\boldsymbol{p}_i$ 到模型曲面的最小距离 $d^{c}_{p_i,r}(\boldsymbol{p}_i)$表示：

$$\varepsilon_i = d^{c}_{p_i,r}(\boldsymbol{p}_i) = \min_{u,v}\{\| \boldsymbol{p}_i - \boldsymbol{r}(u,v) \|\} \tag{9.56}$$

由此，设$\{\varepsilon_i, i=0,1,\cdots,n\}$为测量数据 $\boldsymbol{P}$ 到设计曲面 S 的误差集合，则可取$\{\varepsilon_i\}$中的最大值作为被加工曲面的精度指标 $\varepsilon_{\max}$：

$$\varepsilon_{\max} = \max\{\varepsilon_i\} = \max_{\boldsymbol{p}_i \in \boldsymbol{P}}\{\min_{u,v}\{\| \boldsymbol{p}_i - \boldsymbol{r}(u,v) \|\}\} \tag{9.57}$$

$\varepsilon_{\max}$就是零件的实际最大加工误差。

图 9.20 为上述用于加工精度检测的匹配方法的仿真实验算例。测量数据与模型曲面间的初始位置如图 9.20(a)所示。在测量数据中，选取不共线的三点用于初始定位的测量数据中的种子点，根据曲率特征、夹角和距离约束获得种子点的目标三元组。然后，在种子三元组与目标三元组之间，生成坐标变换列表$\{\boldsymbol{g}_i\}$，并选取使最小距离目标函数式(9.44)取得最小值的变换矩阵为初始坐标变换，完成测量数据的初始匹配。将初始匹配给出的坐标变换作为 9.4.2 节所述精确匹配算法的初始变换估计，经 23 次迭代计算后，完成了测量数据与模型曲面间的精确匹配，最终匹配结果如图 9.20(b)所示。利用 9.2 节所述的最近点计算方法，得到测量数据到模型曲面的平均加工误差为 0.00663mm。最大加工误差为 0.01145mm，如表 9.3 所示。实验证实，初始匹配算法和迭代匹配算法的结合可以快速、准确地实现测量数据与模型曲面之间的精确匹配，从而为复杂曲面的加工精度检测奠定基础。

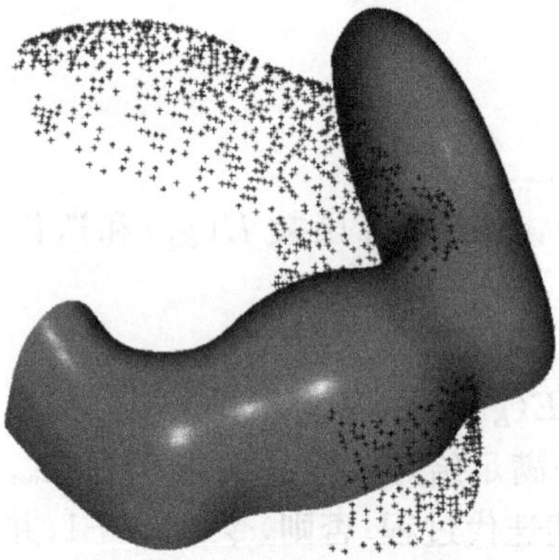

(a) 测量数据与模型曲面的初始位置

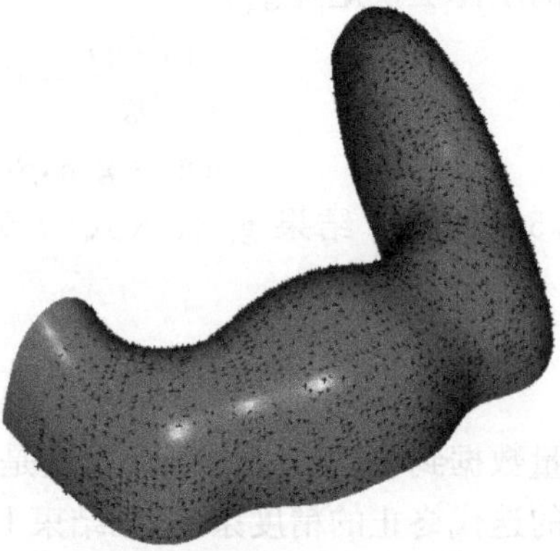

(b) 测量数据与模型曲面的精确匹配

图 9.20 测量数据的精确匹配的实验结果

表 9.3 测量数据初始匹配和精确匹配的实验结果

	初始匹配	精确匹配
旋转矩阵 $\boldsymbol{R}$	$\begin{bmatrix} 0.662 & -0.280 & 0.694 \\ 0.384 & 0.923 & 0.005 \\ -0.642 & 0.263 & 0.719 \end{bmatrix}$	$\begin{bmatrix} 0.663 & -0.279 & 0.693 \\ 0.383 & 0.923 & 0.005 \\ -0.642 & 0.263 & 0.720 \end{bmatrix}$
平移矢量 $\boldsymbol{t}$	$[13.19, -14.17, 3.91]^{\mathrm{T}}$	$[13.21, -14.11, -3.90]^{\mathrm{T}}$

续表

	初始匹配	精确匹配
平均加工误差/mm	0.01023	0.00663
最大加工误差/mm	0.02052	0.01145
迭代次数		23

9.5 复杂曲面整体/局部的加工余量优化

加工前为保证毛坯定位状态与曲面模型姿态保持一致,需要对毛坯在工作台上的位姿进行反复调整,有时几十分钟的加工却需要耗费数小时进行定位。为解决该问题,可利用在线测量设备获取毛坯表面的测量数据,通过测量数据与模型曲面的最优匹配,获取加工坐标系与设计坐标系之间的坐标变换,以此规划刀具运动,实现零件任意定位状态下的自动寻位加工。需要注意的是,当处理加工定位时,保证毛坯上的每点都有正的加工余量是必须考虑的定位约束[26~29]。与 9.4 节所述检测中的定位明显不同,检测中的测量定位是无约束非线性优化问题,其特点是测量数据定位后,测量点均匀分布在模型曲面的两侧,所考虑的最小距离仅是点到曲面的绝对最小距离 $d^{c}_{p_i,r}(\boldsymbol{gp}_i)$,而加工定位必须将点到曲面的有向距离 $d^{o}_{p_i,r}(\boldsymbol{gp}_i)$作为余量约束,是更为复杂的约束非线性优化问题。此时,加工坐标系与设计模型坐标系之间的坐标变换已不能用奇异值分解法、四元数法直接求解,必须寻求新的解决方法。本节将从约束非线性优化方法入手,给出加工余量约束条件下的最优定位方法,解决复杂曲面零件加工余量均布优化问题。

9.5.1 加工余量优化问题的数学描述

加工余量优化实际上就是利用前面所述的测量定位方法,在保证毛坯各处都具有充足加工余量的前提下,实现零件毛坯与设计模型之间的最优匹配,并保证毛坯各处加工余量分布尽量均匀。设 $\boldsymbol{P}=\{\boldsymbol{p}_i\in\mathbf{R}^3,i=0,1,\cdots,n\}$为毛坯的在线测量数据,$S=\boldsymbol{r}(u,v)$为模型曲面。受复杂工件定位状态的限制,工件的测量坐标系也就是加工坐标系 $\xi^{(m)}$ 与模型曲面的设计坐标系 $\xi^{(w)}$ 很难完全一致,如图 9.21 所示。为了使毛坯表面各点到模型曲面最近点的距离能够真实反映毛坯各点处的加工余量,必须使毛坯所在的加工坐标系 $\xi^{(m)}$ 与模型曲面所在的设计坐标系 $\xi^{(w)}$ 尽可能地完全重合。如 9.1.1 节所述,测量数据到模型曲面的加工定位数学模型的目标函数可描述如下:

$$E(\boldsymbol{g})=\min_{\boldsymbol{g}}\left\{\sum_{i=0}^{n}\|d^{c}_{p_i,r}(\boldsymbol{gp}_i)\|^2\right\}=\min_{\boldsymbol{g}}\left\{\sum_{i=0}^{n}\|\min_{u,v}\{\|\boldsymbol{gp}_i-\boldsymbol{r}(u,v)\|\}\|^2\right\}\tag{9.58}$$

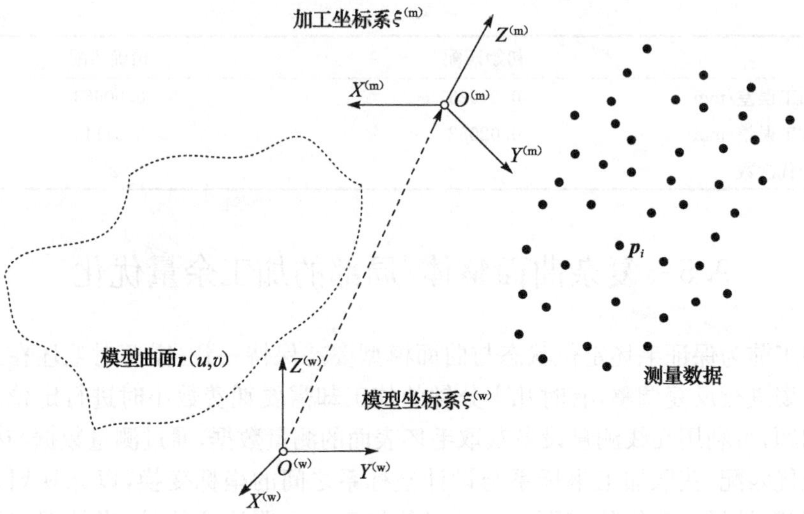

图 9.21　测量数据与模型曲面之间的坐标转换关系

式中，$d^{c}_{p_i,r}(\boldsymbol{gp}_i)$为刚体变换$\boldsymbol{g}$下测量点$\boldsymbol{p}_i$到模型曲面$\boldsymbol{r}(u,v)$的绝对最小距离，刚体坐标变换$\boldsymbol{g}$可表示为$\boldsymbol{g}=(\boldsymbol{R},\boldsymbol{t})=\boldsymbol{g}(\alpha,\beta,\gamma,x,y,z)$。对毛坯加工余量均布优化而言，测量定位的目的是使毛坯最大限度地包容模型曲面，以保证毛坯上的各点处都具有正的加工余量。据此建立如下约束条件：

$$d^{o}_{p_i,r}(\boldsymbol{gp}_i)\geqslant\varepsilon,\qquad i=0,1,\cdots,n \tag{9.59}$$

式中，ε为给定的加工余量阈值，$d^{o}_{p_i,r}(\boldsymbol{gp}_i)$为测量点$\boldsymbol{gp}_i$到模型曲面$\boldsymbol{r}(u,v)$的有向距离，如式(9.20)所示。式(9.59)就是要保证毛坯上各点处都具有不少于ε的加工余量。据此有向距离约束条件，可建立面向加工余量均布优化的测量定位数学模型：

$$\begin{cases} E(\boldsymbol{g})=\min\limits_{\boldsymbol{g}}\left\{\sum\limits_{i=0}^{n}\left\|\min\limits_{u,v}\{\|\boldsymbol{gp}_i-\boldsymbol{r}(u,v)\|\}\right\|^2\right\} \\ \text{s.t. } d^{o}_{p_i,r}(\boldsymbol{gp}_i)\geqslant\varepsilon,\qquad i=0,1,\cdots,n \end{cases} \tag{9.60}$$

对于毛坯工件完全包容设计模型的情形，即$d^{o}_{p_i,r}(\boldsymbol{gp}_i)>0(i=0,1,\cdots,n)$，上述模型可描述为在约束条件$d^{o}_{p_i,r}(\boldsymbol{gp}_i)\geqslant\varepsilon$下寻找最优坐标变换$\boldsymbol{g}_o$，使毛坯表面的加工余量更均匀。对于一些工件正常装夹条件下，存在的毛坯不能完全包容理想设计模型的情形，即存在点使$d^{o}_{p_i,r}(\boldsymbol{gp}_i)<0$，则可采用上述模型在给定余量约束的条件下，计算设计模型的最佳位姿，使毛坯表面都具有正的加工余量；如果经过上述余量优化处理，毛坯表面上仍存在点使$d^{o}_{p_i,r}(\boldsymbol{gp}_i)<0$，则毛坯需要进行补焊或重新制造。

9.5.2　加工余量的约束定位优化

复杂曲面加工余量优化问题就是在约束 $d^o_{p_i,r}(\boldsymbol{gp}_i)\geqslant\varepsilon(i=0,1,\cdots,n)$ 条件下，求解使目标函数 $E(\boldsymbol{g})$ 取得最小值的坐标变换 $\boldsymbol{g}$。数学上，对约束优化问题的求解，一般是将约束优化问题转化为无约束优化问题，如惩罚函数 SUMT 外点法和 SUMT 内点法等[30]。惩罚函数法具有原理简单、易于编程和对目标函数及约束函数要求不高、适用范围广等优点，但是当惩罚因子逐渐变大时，惩罚目标函数的黑塞矩阵的病态将越发严重，致使整个优化过程难以进行下去。为了克服这一问题，利用乘子法将增广拉格朗日函数引入目标函数 $E(\boldsymbol{g})$ 中，求解式(9.60)的加工余量约束优化问题。

1. 求解约束定位的优化模型

这里引入松弛变量 $z_i(i=0,1,\cdots,n)$，将式(9.60)中不等式约束 $d^o_{p_i,r}(\boldsymbol{gp}_i)\geqslant\varepsilon$ $(i=0,1,\cdots,n)$转化为等式约束，即 $d^o_{p_i,r}(\boldsymbol{gp}_i)-z_i^2=0(i=0,1,\cdots,n)$。然后，利用 Rockafellar 乘子法，将 9.5.1 节所述非线性约束优化问题(9.60)转化为如下无约束优化问题：

$$\Phi(\boldsymbol{g},\boldsymbol{z},\boldsymbol{\mu})=E(\boldsymbol{g})+\sum_{i=0}^{n}\mu_i[d^o_{p_i,r}(\boldsymbol{gp}_i)-z_i^2]+\frac{c}{2}\sum_{i=0}^{n}[d^o_{p_i,r}(\boldsymbol{gp}_i)-z_i^2]^2 \tag{9.61}$$

式中，$\boldsymbol{\mu}=\{\mu_i,i=0,1,\cdots,n\}$为拉格朗日乘子；$\boldsymbol{z}=\{z_i,i=0,1,\cdots,n\}$为松弛变量；$c$ 为惩罚因子。式(9.61)将求解式(9.60)所示约束优化问题转化为求解 $\Phi(\boldsymbol{g},\boldsymbol{z},\boldsymbol{\mu})$ 关于松弛变量 $\boldsymbol{z}$ 的极小值问题，于是可得如下新的无约束优化目标函数：

$$\varphi(\boldsymbol{g},\boldsymbol{\mu})=\min_{\boldsymbol{z}}\Phi(\boldsymbol{g},\boldsymbol{z},\boldsymbol{\mu})=E(\boldsymbol{g})+\frac{1}{2c}\sum_{i=0}^{n}[(\min\{0,\mu_i+cd^o_{p_i,r}(\boldsymbol{gp}_i)\})^2-\mu_i^2] \tag{9.62}$$

式中，拉格朗日乘子 $\boldsymbol{\mu}=\{\mu_i,i=0,1,\cdots,n\}$的迭代公式由下式给出：

$$\mu_i^{(k+1)}=\min\{0,\mu_i^{(k)}+cd^o_{p_i,r}(\boldsymbol{g}^{(k)}\boldsymbol{p}_i)\} \tag{9.63}$$

上述迭代优化过程的终止准则为

$$w(\boldsymbol{g}^{(k)})=\left[\sum_{i=0}^{n}\left(\min\left\{d^o_{p_i,r}(\boldsymbol{g}^{(k)}\boldsymbol{p}_i),-\frac{\mu_i}{c}\right\}\right)^2\right]^{\frac{1}{2}}<\delta \tag{9.64}$$

式中，δ 为迭代过程的计算精度，$\delta>0$。

2. 求解无约束优化问题的 BFGS 方法

直接搜索法，如 Hooke-Jeeves 法和单纯形法等，不涉及求解目标函数的一阶、二阶偏导数，所以经常被用来求解上述无约束优化问题(9.62)，但在收敛速度和计算精度等方面，直接搜索法都逊色于 Newton 类型的迭代方法，如共轭梯度法和 BFGS 法等。Newton 类迭代方法涉及梯度矢量和黑塞矩阵的计算，受限于目标函数 $\varphi(\boldsymbol{g},\boldsymbol{\mu})$的复杂性，梯度矢量和黑塞矩阵的计算也很复杂。

为了计算方便，可采用 9.4.2 所述轮换变量法求解无约束优化目标函数 $\varphi(\boldsymbol{g},\boldsymbol{\mu})$，即整个定位优化过程可分为两步：①测量数据 $\boldsymbol{p}_i$ 到模型曲面 $\boldsymbol{r}(u,v)$的最近点的计算；②刚体运动变换矩阵 $\boldsymbol{g}$ 的求解。这样，经过变量轮换处理，目标函数 $\varphi(\boldsymbol{g},\boldsymbol{\mu})$的梯度矢量和黑塞矩阵的计算将大为简化。为后续表示的方便，令

$$U(\boldsymbol{g})=\frac{1}{2c}\sum_{i=0}^{n}\left[\left(\min\{0,\mu_i+cd^o_{p_i,r}(\boldsymbol{gp}_i)\}\right)^2-\mu_i^2\right] \tag{9.65}$$

在每一次轮换变量迭代中，当计算刚体运动变换矩阵 $\boldsymbol{g}$ 时，目标函数 $\varphi(\boldsymbol{g},\boldsymbol{\mu})$可被重新描述为 $\varphi(\boldsymbol{g})=E(\boldsymbol{g})+U(\boldsymbol{g})$，它关于 $\boldsymbol{g}=\boldsymbol{g}(\alpha,\beta,\gamma,x,y,z)$中变量的一阶偏导为

$$\frac{\partial\varphi(\boldsymbol{g})}{\partial x}=\frac{\partial E(\boldsymbol{g})}{\partial x}+\frac{\partial U(\boldsymbol{g})}{\partial x} \tag{9.66}$$

式中，x 表示$(\alpha,\beta,\gamma,x,y,z)$中的任一变量。根据式(9.60)中 $E(\boldsymbol{g})$的表达式，$E(\boldsymbol{g})$关于变量 x 的偏导为

$$\frac{\partial E(\boldsymbol{g})}{\partial x}=2\sum_{i=0}^{n}\left[\boldsymbol{d}^o_{p_i,r}(\boldsymbol{gp}_i)\cdot\frac{\partial\boldsymbol{d}^o_{p_i,r}(\boldsymbol{gp}_i)}{\partial x}\right] \tag{9.67}$$

式中，$\boldsymbol{d}^o_{p_i,r}(\boldsymbol{gp}_i)$表示点 $\boldsymbol{gp}_i$ 到它在模型曲面 S 上最近点 $\boldsymbol{q}_i$ 的方向矢量，其模 $\|\boldsymbol{d}^o_{p_i,r}(\boldsymbol{gp}_i)\|$就是点 $\boldsymbol{gp}_i$ 到 $\boldsymbol{q}_i$ 的距离。由于在轮换变量迭代计算中，计算变换矩阵 $\boldsymbol{g}$ 时，最近点 $\boldsymbol{q}_i$ 是固定不变的，即满足 $\partial\boldsymbol{q}_i/\partial x=0$。这将极大简化 $\boldsymbol{d}^o_{p_i,r}(\boldsymbol{gp}_i)$关于变量 x 的偏导：

$$\frac{\partial\boldsymbol{d}^o_{p_i,r}(\boldsymbol{gp}_i)}{\partial x}=\frac{\partial\boldsymbol{R}(\boldsymbol{gp}_i)}{\partial x}\boldsymbol{p}_i+\frac{\partial\boldsymbol{t}(\boldsymbol{gp}_i)}{\partial x} \tag{9.68}$$

为了计算 $U(\boldsymbol{g})$相对于变换变量 x 的偏导数，令

$$v_i(\boldsymbol{g})=\frac{1}{2c}\left[\left(\min\{0,\mu_i+cd^o_{p_i,r}(\boldsymbol{gp}_i)\}\right)^2-\mu_i^2\right] \tag{9.69}$$

则 $v_i(\boldsymbol{g})$相对于变量 x 的偏导数为

$$\frac{\partial v_i(\boldsymbol{g})}{\partial x}=\begin{cases}0, & \mu_i+cd^o_{p_i,r}(\boldsymbol{g})\geqslant 0\\ \left[\mu_i+cd^o_{p_i,r}(\boldsymbol{gp}_i)\right]\left[\dfrac{\partial\boldsymbol{d}^o_{p_i,r}(\boldsymbol{gp}_i)}{\partial x}\boldsymbol{n}_{q_i}\right], & \mu_i+cd^o_{p_i,r}(\boldsymbol{g})<0\end{cases} \tag{9.70}$$

于是，可以得到 $U(\boldsymbol{g})$相对于变换变量 x 的偏导数为

$$\frac{\partial U(\boldsymbol{g})}{\partial x}=\sum_{i=0}^{n}\frac{\partial v_i(\boldsymbol{g})}{\partial x} \tag{9.71}$$

将式(9.67)和式(9.71)代入式(9.66)，就可得到目标函数 $\varphi(\boldsymbol{g})$ 相对于轮换变量 x 的偏导数 $\partial\varphi(\boldsymbol{g})/\partial x$：

$$\frac{\partial\varphi(\boldsymbol{g})}{\partial x}=2\sum_{i=0}^{n}\left[\boldsymbol{d}^{o}_{p_i,r}(\boldsymbol{g}\boldsymbol{p}_i)\cdot\frac{\partial\boldsymbol{d}^{o}_{p_i,r}(\boldsymbol{g}\boldsymbol{p}_i)}{\partial x}\right]+\sum_{i=0}^{n}\frac{\partial v_i(\boldsymbol{g})}{\partial x} \tag{9.72}$$

利用目标函数 $\varphi(\boldsymbol{g})$ 和上述偏导 $\partial\varphi(\boldsymbol{g})/\partial x$，就可以得到数值优化方法 BFGS 所要求的黑塞矩阵 $\boldsymbol{H}$，令

$$\begin{cases}\Delta\boldsymbol{g}_k=\boldsymbol{g}_{k+1}-\boldsymbol{g}_k\\ \boldsymbol{v}_k=\nabla\varphi(\boldsymbol{g})=\dfrac{\partial\varphi(\boldsymbol{g})}{\partial\boldsymbol{g}}\\ \Delta\boldsymbol{v}_k=\boldsymbol{v}_{k+1}-\boldsymbol{v}_k\end{cases} \tag{9.73}$$

则 BFGS 方法所要求的黑塞矩阵表达如下：

$$\boldsymbol{H}_{k+1}=\boldsymbol{H}_k+\frac{\rho_k\Delta\boldsymbol{g}_k\Delta\boldsymbol{g}_k^{\mathrm{T}}-\boldsymbol{H}_k\Delta\boldsymbol{v}_k\Delta\boldsymbol{g}_k^{\mathrm{T}}-\Delta\boldsymbol{g}_k\boldsymbol{v}_k^{\mathrm{T}}}{\Delta\boldsymbol{g}_k^{\mathrm{T}}\Delta\boldsymbol{v}_k} \tag{9.74}$$

式中

$$\rho_k=1+\frac{\Delta\boldsymbol{v}_k^{\mathrm{T}}\boldsymbol{H}_k\Delta\boldsymbol{v}_k}{\Delta\boldsymbol{g}_k^{\mathrm{T}}\Delta\boldsymbol{v}_k}$$

3. 约束定位优化算法

正如多数优化算法一样，利用上述方法求解测量数据的约束定位优化问题也需要事先给定一个初始变换估计 $\boldsymbol{g}_0$。这里，可采用 9.3.1 节所给出的基于曲率特征的初始匹配算法，完成测量数据 $\boldsymbol{P}$ 到模型曲面 $\boldsymbol{r}(u,v)$ 的初始定位，并利用 9.2 节所述的最近点计算方法计算测量点 $\boldsymbol{p}_i$ 到模型曲面 S 的最近点 $\boldsymbol{q}_i$。在这些工作基础上，采用前面所述的轮换变量 BFGS 数值优化方法求解无约束目标函数式(9.62)。具体优化步骤如下：

(1) 设 $k=0$，给定初始乘子矢量 $\boldsymbol{\mu}^{(0)}$，若无其他已知条件，则可选 $\boldsymbol{\mu}^{(0)}=\boldsymbol{0}$。

(2) $k=k+1$，以 $\boldsymbol{g}^{(k-1)}$ 为初始迭代值，求解目标函数 $\varphi(\boldsymbol{g},\boldsymbol{\mu}^{(k-1)})$ 的最优解 $\boldsymbol{g}^{(k)}$。

(3) 计算迭代终止准则 $w(\boldsymbol{g}^{(k)})$，如果 $w(\boldsymbol{g}^{(k)})>\delta$，则计算

$$\sigma=\frac{w(\boldsymbol{g}^{(k)})}{w(\boldsymbol{g}^{(k-1)})} \tag{9.75}$$

如果 $\sigma\leqslant r(0<r<1$，r 通常取为 0.25)，则转至步骤(4)；否则，令 $c=ac(a>1$，a 一般可取为 2～10)，转至步骤(5)。

(4) 更新拉格朗日乘子：

$$\mu_i^{(k+1)}=\min\{0,\mu_i^{(k)}+cd^{o}_{p_i,r}(\boldsymbol{g}^{(k)}\boldsymbol{p}_i)\},\qquad i=0,1,\cdots,n$$

转至步骤(2)。

(5) 如果满足迭代终止准则

$$w(\boldsymbol{g}^{(k)}) < \delta$$

则迭代结束,得到测量数据到模型曲面的最优矩阵变换,$\boldsymbol{g}_o=\boldsymbol{g}^{(k)}$。

4. 算例

测量数据相对于模型曲面的初始位置如图 9.22(a)所示。从图中可以看出,测量数据与模型曲面并未完全重合,利用上述约束定位优化方法完成测量数据到模型曲面的定位,要求每一测量点处都有正的加工余量,即 $d^o_{p_i,r}(\boldsymbol{g}\boldsymbol{p}_i)>0$。最终的定位结果如图 9.22(b)所示。上述方法能够保证每一测量数据到模型曲面的有向距离均为正值,即每点都有可加工的毛坯余量。如果在加工定位过程中不施加加工余量约束,单纯采用 9.4 节所述的无约束最小二乘定位方法,则测量点会均匀分布在模型曲面的两侧。如表 9.4 所示,实验结果显示,50%左右的测量点到模型曲面的有向距离均为负值,在这些点处无任何毛坯余量。这也说明加工余量约束的引入,改变了测量数据到模型曲面的定位状态,它将无约束定位中负余量点都尽可能推到模型曲面之外,使其具有充分的加工余量,保证加工过程的正常进行,减少零件毛坯的重加工和废品率。

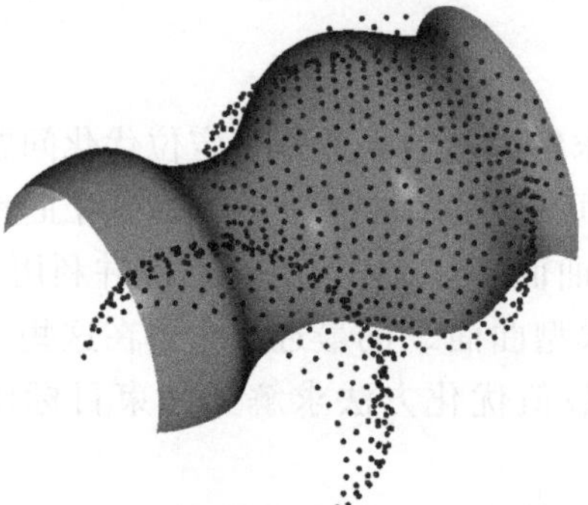

(a) 测量数据与模型曲面的初始位置

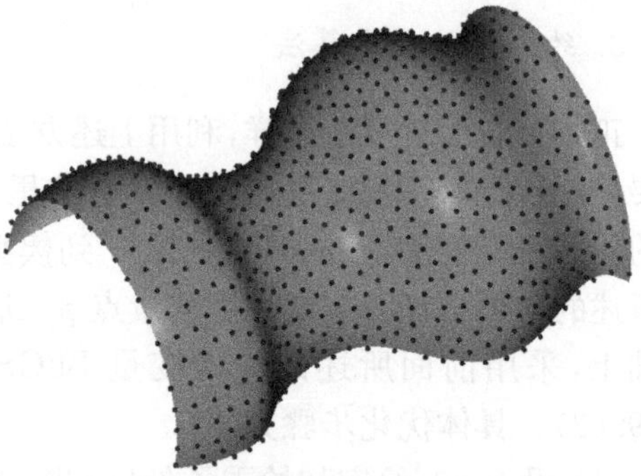

(b) 测量数据的约束定位结果

图 9.22　加工余量约束下测量数据与模型曲面间的最优匹配

表 9.4　约束加工定位与无约束加工定位的比较

	无约束定位	约束定位
旋转矩阵 $\boldsymbol{R}$	$\begin{bmatrix} 0.908 & -0.389 & 0.156 \\ 0.243 & 0.792 & 0.560 \\ -0.342 & -0.470 & 0.814 \end{bmatrix}$	$\begin{bmatrix} 0.909 & -0.388 & 0.157 \\ 0.243 & 0.793 & 0.559 \\ -0.341 & -0.469 & 0.814 \end{bmatrix}$
平移矢量 $\boldsymbol{t}$	$[-5.68, -19.75, -0.578]^{\mathrm{T}}$	$[-5.67, -19.78, -0.575]^{\mathrm{T}}$

续表

	无约束定位	约束定位
测量点数目	568	568
负余量点数	292	0
平均距离误差/mm	0.0568	0.1260

9.6　复杂曲面零件的非刚性匹配方法

前面所论述的测量数据到模型曲面的匹配属于刚性匹配，即测量数据或模型曲面的形状在旋转平移坐标变换下是不变的。本节将详细论述模型曲面到测量数据的另一种匹配方法，也称为非刚性匹配。非刚性匹配的提出是源自对工程实际问题的思考，在航空航天和运载工程领域，复杂曲面零件因长期在高温、高压和强载荷等复杂工况下运行使用，零件会产生不同程度的变形，导致其实际的几何形状与名义几何模型存在一定差异。在对实际零件进行修复加工时，如果单纯依靠名义几何模型进行加工修复，很难保证修复区和非修复区的光滑过渡和表面的整体光顺性。为了得到适合的零件破损或变形区域的表面形状，必须根据实际零件的测量数据重构出能够反映其真实形状几何特征的曲面模型[31,32]。但从第 3 章曲面重构的论述可知，散乱数据的曲面重构涉及繁琐的数据处理，如数据点序化、参数化以及节点矢量确定和节点矢量相容性处理等，任何一个环节处理不当都可能导致最终的曲面拟合结果不符合设计加工人员的预期。如果能够充分利用复杂曲面零件的名义几何模型，使其能够以最小的变形自动匹配到实际的测量数据，无疑能够越过从测量数据到模型曲面的繁琐构造过程，极大提高复杂曲面零件加工、修复的效率。为此，本节将围绕复杂曲面零件的非刚性匹配方法展开详细论述。

9.6.1　非刚性匹配的数学描述

如前所述，三维物体的刚体运动变换 $\boldsymbol{g}$ 是由绕三坐标轴的旋转矩阵 $\boldsymbol{R}$ 和沿坐标轴的平移矢量 $\boldsymbol{t}$ 构成的，即 $\boldsymbol{g}=(\boldsymbol{R},\boldsymbol{t})$。在刚体运动变换 $\boldsymbol{g}$ 下，物体只改变空间的相对位置，而不发生形状上的变化。与刚体运动变换恰恰相反，非刚体运动变换不仅改变物体的空间位置，也改变物体的形状。假设未变形的物体为 $\boldsymbol{O}_{\mathrm{f}}$，变形后物体为 $\boldsymbol{O}_{\mathrm{e}}$，那么物体形状上的改变就可表示为

$$\boldsymbol{\delta}=\boldsymbol{O}_{\mathrm{e}}-\boldsymbol{g}\boldsymbol{O}_{\mathrm{f}} \tag{9.76}$$

式中，$\boldsymbol{\delta}$ 表示物体的变形量。为了与刚体运动变换 $\boldsymbol{g}$ 相区别，记 $\boldsymbol{\psi}=(\boldsymbol{g},\boldsymbol{\delta})$ 为非刚体运动变换。本节所要讨论的复杂曲面的非刚性匹配，其本质就是求解名义几何模型到实际零件测量数据的非刚体运动变换 $\boldsymbol{\psi}$。在表达式 $\boldsymbol{\psi}=(\boldsymbol{g},\boldsymbol{\delta})$ 中，$\boldsymbol{\delta}$ 虽然表示物体的变形量，但对于自由曲线曲面的变形，$\boldsymbol{\delta}$ 又可用变形过程中曲线曲面控制

顶点的平移矢量或操纵曲线曲面变形的控制网格或控制体的控制顶点的平移矢量来表示。

假设要变形的名义几何模型为 $\boldsymbol{C}_t$，实际零件的测量数据为 $\boldsymbol{P}=\{\boldsymbol{p}_i, i=0,1,\cdots, n\}$，与处理刚性匹配问题时建立的最小二乘模型类似，名义几何模型 $\boldsymbol{C}_t$ 到实际零件测量数据 $\boldsymbol{P}$ 的非刚性匹配也可由如下非线性最小二乘模型描述：

$$E(\boldsymbol{\psi}) = \min_{\boldsymbol{\psi}}\left\{\sum_{i=0}^{n}\omega_{i,t}\,\|\, d^{c}_{p_i,C_t}(\boldsymbol{p}_i)\,\|^2\right\} = \min_{\boldsymbol{\psi}}\left\{\sum_{i=0}^{n}\omega_{i,t}\,\|\min\{\,\|\,\boldsymbol{p}_i - \boldsymbol{\psi}\boldsymbol{C}_t\,\|\,\}\,\|^2\right\} \tag{9.77}$$

式中，$d^{c}_{p_i,C_t}(\boldsymbol{p}_i)$为测量数据点 $\boldsymbol{p}_i$ 到变形曲线曲面 $\boldsymbol{\psi}\boldsymbol{C}_t$ 的最小距离；$\omega_{i,t}$为该最小距离的权因子，权因子 $\omega_{i,t}$的大小反映了最小距离 $d^{c}_{p_i,C_t}(\boldsymbol{p}_i)$对目标函数 $E(\boldsymbol{\psi})$的贡献。权因子 $\omega_{i,t}$选取的原则为最小距离 $d^{c}_{p_i,C_t}(\boldsymbol{p}_i)$越大，权因子 $\omega_{i,t}$越小；最小距离 $d^{c}_{p_i,C_t}(\boldsymbol{p}_i)$越小，权因子 $\omega_{i,t}$越大。在实际处理中，经过测试并结合指数函数的性质，给出如下的权因子 $\omega_{i,t}$计算公式：

$$\begin{cases}\omega_{i,t} = \exp\left\{-d^{c}_{p_i,C_t}(\boldsymbol{p}_i)\Big/\left[\dfrac{1}{n}\displaystyle\sum_{i=0}^{n} d^{c}_{p_i,C_t}(\boldsymbol{p}_i)\right]\right\} \\ \omega_{i,t} \leftarrow \omega_{i,t}\Big/\displaystyle\sum_{i=0}^{n}\omega_{i,t}\end{cases} \tag{9.78}$$

由式(9.78)可知，权因子 $\omega_{i,t}$满足 $\sum_{i=0}^{n}\omega_{i,t}=1, 0\leqslant\omega_{i,t}\leqslant 1$，且满足权因子的选取原则。在非刚性匹配中，实际上就是利用权因子 $\omega_{i,t}$控制曲线曲面形状向测量数据的变化过程，降低测量噪声点对曲线曲面变形过程的影响。

9.6.2 求解非刚性变换的轮换迭代策略

由前面可知，非刚性变换是由改变物体位置的旋转平移刚体运动和改变物体形状的曲线曲面变形组成的。在求解非刚性变换的过程中，可利用提出的刚性匹配算法调整曲线曲面与目标测量数据$\{\boldsymbol{p}_i, i=0,1,\cdots,n\}$之间的相对位置，以减小设计曲线曲面到目标测量数据的变形量，然后构建目标数据与其在曲线曲面上对应点$\{\boldsymbol{q}_i, i=0,1,\cdots,n\}$之间的变形矢量场，并采用第 8 章中的比例调节方法，计算中间目标点：

$$\boldsymbol{p}_{i,t} = \boldsymbol{q}_i + \lambda\boldsymbol{q}_i\boldsymbol{p}_i \tag{9.79}$$

式中，λ 为比例调节因子，取值范围为(0,0.1)。再利用第 2 章中所述曲线曲面变形方法将设计曲线曲面变形到中间目标点$\{\boldsymbol{p}_{i,t}, i=0,1,\cdots,n\}$处。然后，再次利用刚性匹配方法调整变形曲线曲面与目标测量数据$\{\boldsymbol{p}_i, i=0,1,\cdots,n\}$之间的相对位置，重复上述比例调整、曲线曲面的变形过程，从而以最小的变形实现设计曲线曲面到目标测量数据的最优匹配。上述非刚性变换的轮换迭代求解方法主要由如下三步构成：

(1) 设计曲线曲面到目标测量数据的刚性匹配；

(2) 利用比例调节方法确定中间目标点；

(3) 设计曲线曲面到目标点的变形。

在上述轮换迭代过程中，刚体匹配的目的是不断调整设计曲线曲面和中间变形曲线曲面与目标点之间的相对位置，更为精确地建立变形点和目标点之间的对应关系，以减小曲线曲面与目标点之间的变形量，从而保证整个非刚性匹配过程能以最小的变形使名义几何模型逐渐适应零件形状的变化。这样，也就将名义几何模型到测量数据非刚体变换 $\boldsymbol{\psi}$ 的计算，分解为刚性变换 $\boldsymbol{g}$ 和自由变形量 $\boldsymbol{\delta}$ 的求解，从而降低了直接求解非刚体变换 $\boldsymbol{\psi}$ 的复杂性。

9.6.3 基于非刚性匹配的截面轮廓重构

利用非刚性匹配方法可以方便地实现设计曲线曲面到目标测量数据的自动变形，避免了对测量数据进行序化、参数化和节点矢量确定等数据处理操作，极大简化测量数据的重构过程[33~35]。上述非刚性匹配方法可应用于变形或破损叶片截面轮廓的重构。

假设叶片的截面轮廓曲线为 $\boldsymbol{r}(u)$，截面测量数据为 $\boldsymbol{P}=\{\boldsymbol{p}_i, i=0,1,\cdots,n\}$。先利用刚性匹配方法使截面轮廓曲线 $\boldsymbol{r}(u)$ 与测量数据 $\boldsymbol{P}$ 基本重合，也就是将截面曲线 $\boldsymbol{r}(u)$ 和截面测量数据 $\boldsymbol{P}$ 代入刚体匹配方程：

$$E(\boldsymbol{g}) = \min_{\boldsymbol{g}}\left\{\sum_{i=0}^{n} \left\| \min_{u}\{\|\boldsymbol{g}\boldsymbol{p}_i - \boldsymbol{r}(u)\|\}\right\|^2\right\} \tag{9.80}$$

求解刚体变换 $\boldsymbol{g}$，以调整设计曲线曲面与目标测量数据之间的相对位置。利用 9.2 节所述最近点计算方法得到测量点 $\{\boldsymbol{p}_i\}$ 在截面曲线 $\boldsymbol{r}(u)$ 上的对应点 $\{\boldsymbol{q}_i\}$，并利用比例调节方法，计算中间目标点 $\{\boldsymbol{q}_{i,t}\}$。再根据 2.3.1 节所述的曲线自由变形方法，建立自由变形方程：

$$E(\boldsymbol{\delta}) = \sum_{s=0}^{n}\left\|\boldsymbol{p}_s - \left[\boldsymbol{q}_{s,t} + \sum_{i=0}^{m_u}\sum_{j=0}^{m_v}\boldsymbol{\delta}_{i,j}\boldsymbol{N}_{i,j}(u_s, v_s)\right]\right\|^2 \tag{9.81}$$

求解曲线变形控制网格顶点的变形量 $\boldsymbol{\delta}=\{\boldsymbol{\delta}_{i,j}\}$。由此，得到新的变形曲线 $\boldsymbol{r}^{(k)}(u)$，然后将截面数据 $\{\boldsymbol{p}_i\}$ 和变形曲线 $\boldsymbol{r}^{(k)}(u)$ 代入式(9.80)求解刚体变换 $\boldsymbol{g}^{(k+1)}$，再次调整变形曲线与目标测量数据之间的相对位置，进而更新变形点和目标点之间的对应关系，再次进行变形操作。在上述过程中，刚性匹配和自由变形过程不断地轮换交替迭代，直至式(9.77)中的目标函数 $E(\boldsymbol{\psi})$ 满足给定精度要求 $\varepsilon_{\mathrm{err}}$ 或者达到最大的迭代次数 K：

$$\|\Delta E(\boldsymbol{\psi})\| \leqslant \varepsilon_{\mathrm{err}} \quad 或 \quad k > K \tag{9.82}$$

图 9.23 给出了利用上述非刚体匹配方法进行复杂截面轮廓重构的结果。为了验证所述方法的有效性，名义几何曲线为任意给定的曲线，经过非刚性匹配处理，名义几何曲线逐渐变形到测量数据的形状。从上述测量数据的截面曲线构造过程可以看到，截面曲线的构造并不涉及任何数据处理，如数据点序化和参数化等操作，这在很大程度上减轻了设计人员的负担，避免了错误数据处理结果对最终重构曲线的影响；而且，采用这种方法可以对不同截面测量数据使用同一截面曲线模板经非刚体匹配构造各截面曲线。由于使用同一个曲线模板，各截面曲线的节点矢量是相同的，这就自然避免了传统曲面蒙皮操作中必须处理的节点相容性问题，从而可以进一步提高曲面重构的效率。

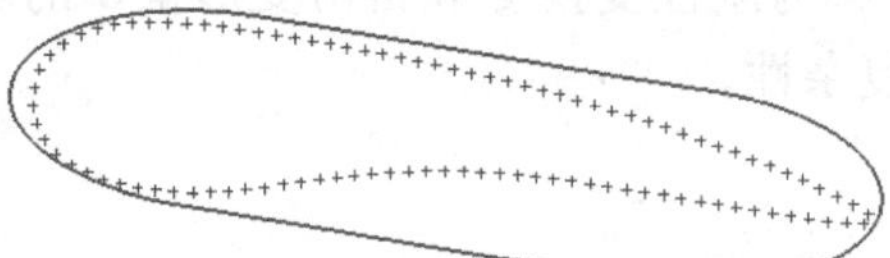

(a) 截面轮廓数据与名义几何曲线

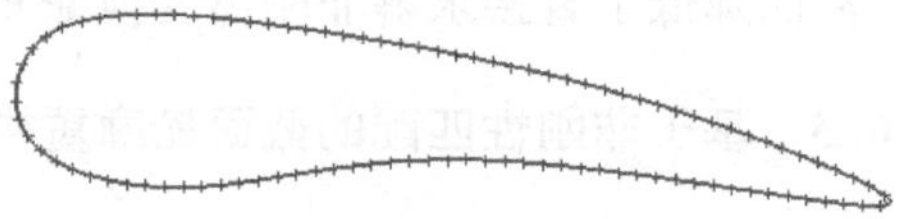

(b) 截面轮廓曲线的重构结果

图 9.23　基于非刚性匹配的复杂截面轮廓重构

参考文献

[1] Hanson R J, Norris M J. Analysis of measurements based on the singular value decomposition. SIAM Journal on Scientific and Statistical Computing, 1981, 2(3): 363-373.

[2] Arun K S, Huang T S, Blostein S D. Least-squares fitting of two 3-D point sets. IEEE Transactions on Pattern Analysis and Machine Intelligence, 1987, 9(5): 698-700.

[3] Horn B K P. Closed-form solution of absolute orientation using unit quaternions. Journal of Optical Society of America A, 1984, 4(4): 629-642.

[4] Ko K H, Maekawa T, Patrikalakis N M. An algorithm for optimal free-form object matching. Computer-Aided Design, 2003, 35(10): 913-923.

[5] 徐金亭，刘伟军，孙玉文. 基于曲率特征的自由曲面匹配算法. 计算机辅助设计与图形学学报，2007，19(2)：193-197.

[6] Chua C S, Jarvis R. 3D free-form surface registration and object recognition. International Journal of Computer Vision, 1996, 17(1): 77-99.

[7] Sharp G C, Lee S W, Wehe D K. ICP registration using invariant features. IEEE Transactions on Pattern Analysis and Machine Intelligence, 2002, 24(1): 90-102.

[8] Chua C S, Jarvis R. Point signature: A new representation for 3D object recognition. International Journal of Computer Vision, 1997, 25(1): 63-85.

[9] Yamany S M, Farag A A. Surface signatures: An orientation independent free-form surface representation scheme for the purpose of objects registration and matching. IEEE Transac-

tions on Pattern Analysis and Machine Intelligence,2002,24(8):1105-1120.

[10] Johnson A E,Hebert M. Using spin images for efficient object recognition in cluttered 3D scenes. IEEE Transactions on Pattern Analysis and Machine Intelligence,1999,21(5):433-449.

[11] Barequet G,Sharir M. Partial surface matching by using directed footprints. Computational Geometry,1999,12(1/2):45-62.

[12] Menq C H,Yau H T,Lai G Y. Automated precision measurement of surface profile in CAD-directed inspection. IEEE Transactions on Robotics and Automation,1992,8(2):268-278.

[13] Li Z X,Gou J B,Chu Y X. Geometric algorithms for workpiece localization. IEEE Transactions on Robotics and Automation,1998,14(6):864-878.

[14] Fan K C,Tsai T H. Optimal shape error analysis of the matching image for a free-form surface. Robotics and Computer Integrated Manufacturing,2001,17(3):215-222.

[15] Li Y D,Gu P H. Free-form surface inspection techniques state of the art review. Computer-Aided Design,2004,36(13):1395-1417.

[16] Zhu L M,Xiong Z H,Ding H,et al. A distance function based approach for localization and profile error evaluation of complex surface. ASME Transactions,Journal of Manufacturing Science and Engineering,2004,126(3):542-554.

[17] 徐金亭,孙玉文,刘伟军. 复杂曲面加工检测中的精确定位方法. 机械工程学报,2007,43(6):175-179.

[18] Sun Y W,Wang X M,Guo D M,et al. Machining localization and quality evaluation of parts with sculptured surfaces using SQP method. International Journal of Advanced Manufacturing Technology,2009,42(11/12):1131-1139.

[19] Besl P J,Mckay N D. A method for registration of 3-D shapes. IEEE Transactions on Pattern Analysis and Machine Intelligence,1992,14(2):239-256.

[20] Piegl L A,Tiller W. Parameterization for surface fitting in reverse engineering. Computer-Aided Design,2001,33(8):593-603.

[21] Ma Y L,Hewitt W T. Point inversion and projection for NURBS curve and surface:Control polygon approach. Computer Aided Geometric Design,2003,20(2):79-99.

[22] Selimovic I. Improved algorithm for the projection of points on NURBS curves and surfaces. Computer Aided Geometric Design,2006,23(5):439-445.

[23] Bergevin R,Soucy M,Gagnon H,et al. Towards a general multi-view registration technique. IEEE Transactions on Pattern Analysis and Machine Intelligence,1996,18(5):540-547.

[24] Dorai C,Wang G,Jain A K,et al. Registration and integration of multiple object views for 3D model construction. IEEE Transactions on Pattern Analysis and Machine Intelligence,1998,20(1):83-89.

[25] Sharp G C,Lee S W,Wehe D K. Multiview registration of 3D scenes by minimizing error

between coordinate frames. IEEE Transactions on Pattern Analysis and Machine Intelligence, 2004, 26(8): 1037-1050.

[26] Sun Y W, Xu J T, Guo D M, et al. A unified localization approach for machining allowance optimization of complex curved surfaces. Precision Engineering, 2009, 33(4): 516-523.

[27] Chatelain J F, Fortin C. A balancing technique for optimal blank part machining. Precision Engineering, 2001, 25(1): 13-23.

[28] Shen B, Huang G Q, Mak K L, et al. A best-fitting algorithm for optimal location of large-scale blanks with free-form surfaces. Journal of Materials Processing Technology, 2003, 139(1/2/3): 310-314.

[29] Chatelain J F. A level-based optimization algorithm for complex part localization. Precision Engineering, 2005, 29(2): 197-207.

[30] 唐焕文,秦学志. 实用最优化方法. 3 版. 大连:大连理工大学出版社,2004.

[31] Yilmaz O, Gindy N. A repair and overhaul methodology for aero-engine components. Robotics and Computer-Integrated Manufacturing, 2010, 26(2): 190-201.

[32] Gao J, Chen X, Yilmaz O, et al. An integrated adaptive repair solution for complex aerospace components through geometry reconstruction. International Journal of Advanced Manufacturing Technology, 2008, 36(11/12): 1170-1179.

[33] Li Y Q, Ni J. Constraints based nonrigid registration for 2D blade profile reconstruction in reverse engineering. Journal of Computing and Information Science in Engineering, AMSE, 2009, 9(3): 1-9.

[34] 玉荣,徐金亭,孙玉文. 基于变形模板的复杂截面轮廓重构方法研究. 大连理工大学学报, 2013, 52(2): 281-286.

[35] Yu R, Xu J T, Sun Y W. A surface reconstruction strategy based on deformable template for repairing damaged turbine blades. Proceedings of the IMechE, Part G: Journal of Aerospace Engineering, 2014, 228(12): 2358-2370.